CHAOLINJIE REDIAN LIANCHAN JIZU JISHU CONGSHU

超临界热电联产机组技术丛书

汽轮机及辅助设备

《超临界热电联产机组技术丛书》编委会　编

中国电力出版社
CHINA ELECTRIC POWER PRESS

内 容 提 要

《超临界热电联产机组技术丛书》详细介绍了超临界供热机组的结构、原理和特性，丛书包括《锅炉及辅助设备》《汽轮机及辅助设备》《发电机及辅助设备》三个分册。本书是《汽轮机及辅助设备》分册，以350MW超临界供热机组的汽轮机及辅助设备为基础，详细介绍了超临界热电联产汽轮机的发展、汽轮机及系统、汽轮机本体结构、汽轮机调节系统、汽轮机油系统、汽轮机辅助设备、热电联产与集中供热、汽轮机运行等内容。

本书可供超临界热电联产机组汽轮机专业人员培训使用，也可供与汽轮机专业相关的人员参考。

图书在版编目（CIP）数据

汽轮机及辅助设备/《超临界热电联产机组技术丛书》编委会编．—北京：中国电力出版社，2023.8

（超临界热电联产机组技术丛书）

ISBN 978-7-5198-7177-2

Ⅰ．①汽…　Ⅱ．①超…　Ⅲ．①火电厂-蒸汽透平②火电厂-蒸汽透平-附属装置　Ⅳ．①TM621.4

中国版本图书馆CIP数据核字（2022）第198403号

出版发行：中国电力出版社

地　　址：北京市东城区北京站西街19号（邮政编码100005）

网　　址：http://www.cepp.sgcc.com.cn

责任编辑：刘汝青（010-63412382）　董艳荣

责任校对：黄　蓓　常燕昆　于　维

装帧设计：赵姗姗

责任印制：吴　迪

印　　刷：望都天宇星书刊印刷有限公司

版　　次：2023年8月第一版

印　　次：2023年8月北京第一次印刷

开　　本：787毫米×1092毫米　16开本

印　　张：27.75

字　　数：690千字　1插页

印　　数：0001—1500册

定　　价：128.00元

《超临界热电联产机组技术丛书》

编委会

前言

超（超）临界燃煤发电技术是一种先进、高效的发电技术，与常规燃煤发电技术相比，优势十分明显。目前，我国新建的燃煤发电机组普遍采用超（超）临界发电技术，若该技术与先进的供热技术相结合，其效果更加明显。

太原第一热电厂始建于1953年，是国家“一五”期间重点工程项目之一，经过六期建设，共有16台燃煤锅炉、13台汽轮发电机，装机容量达到1461MW。除了发电和向附近化工企业供热外，还承担太原市2300万m^2的居民冬季供暖。几十年来，太原第一热电厂向太原地区源源不断地输送电能和热能，促进了经济社会发展，为太原市集中供热作出了重要贡献。

随着太原城市建设的快速发展，太原第一热电厂已从以往的郊区变为城市中心区，成为环境敏感区域。为了解决城市的污染问题，太原第一热电厂于2017年4月实施关停重建，规划在清徐县建设4×350MW超临界热电联产机组，在完成发电的同时，冬季向太原市居民供热。目前，太原第一热电厂重建工作正在有序推进，国家能源局已将太原第一热电厂重建项目列入山西省“十四五”发展规划。在项目重建期间，为了满足培训工作的需要，更好地帮助员工了解、学习、掌握超临界热电联产机组的生产技术和管理水平，充分发挥超临界热电联产机组优势，特成立《超临界热电联产机组技术丛书》编委会，组织相关专业技术人员进行广泛调研和资料收集，编写了《超临界热电联产机组技术丛书》。

本丛书包括《锅炉及辅助设备》《汽轮机及辅助设备》《发电机及辅助设备》三个分册。本书为《汽轮机及辅助设备》分册，以350MW超临界供热机组的汽轮机及辅助设备为基础，详细介绍了超临界热电联产汽轮机的发展、汽轮机及系统、汽轮机本体结构、汽轮机调节系统、汽轮机油系统、汽轮机辅助设备、热电联产与集中供热、汽轮机运行等内容。

《汽轮机及辅助设备》全书由石占山、文二小编写，由刘为众、崔拥军、乔宪堂、张永辉、郑宏春、张好德、高树芃、赵志、曹伟、王彦忠、游秦等校对审稿。在编写过程中，参编人员付出了辛勤的劳动，兄弟电厂、制造厂及科研院所的技术人员给予了大力支持和帮助，在此表示感谢。

由于时间、条件及编者能力所限，不妥之处在所难免，恳请批评指正。

编者

2023 年 3 月

目录

第一章

超（超）临界供热汽轮机

在超（超）临界机组的发展过程中，超（超）临界汽轮机的研发具有十分重要的作用，由工程热力学中水蒸气性质可知，水的临界点参数：临界压力 p_c＝22.064MPa，临界温度 t_c＝373.946℃。工程上，把主蒸汽压力大于水临界压力（22.064MPa）的汽轮机称为超临界汽轮机，把参数更高的汽轮机称为超超临界汽轮机；在国际上，超超临界汽轮机与超临界汽轮机的蒸汽参数划分还没有统一的方法。一种划分方法是主蒸汽压力为超临界压力且蒸汽温度大于或等于 593℃称为超超临界汽轮机（蒸汽温度 593℃既可以是主蒸汽温度，也可以是再热蒸汽温度）；另一种划分方法是主蒸汽压力大于 27.5MPa 且蒸汽温度大于 580℃称为超超临界汽轮机。总之，超超临界汽轮机的实质是在传统的超临界蒸汽参数（24.2MPa/538℃/538℃）的基础上，通过提高主蒸汽温度、再热蒸汽温度或主蒸汽压力改善热效率。因此，超超临界汽轮机也可称为高效超临界汽轮机。随着超（超）临界技术的成熟和供热需求的增加，利用超（超）临界汽轮机供热越来越普及。

第一节　超超临界技术的发展

超超临界火力发电技术属于高新技术，超超临界火电机组的研制和生产，反映和代表一个国家工业化的水平。随着科学技术的进步和材料技术的发展，超超临界汽轮机的主蒸汽温度达到 700℃即将成为现实，研发高效率、高可靠性超超临界火电机组现已成为国际上先进火力发电技术的发展趋势。因此，各国都在积极研发超超临界发电技术，研究成果各有所长，现对主要研究成果做一简要介绍。

一、日本超超临界技术开发

日本超超临界技术开发分阶段实施。第一阶段技术开发的目标是在传统超临界蒸汽参数（24.2MPa/538℃/538℃）的基础上，热效率提高 2.2%；主要技术研究工作包括初步试验（1981 年）、锅炉元件试验（1982—1989 年）、汽轮机转动试验（1983—1989 年）、超高温汽轮机示范电厂试验（1983—1993 年）、总体评价与分析（1994 年）。第二阶段技术开发的目标是将蒸汽温度提高至 630℃/630℃，在常规超临界蒸汽参数（24.2MPa/538℃/538℃）的基础上，热效率提高 4.8%；主要技术研究工作是对 9%Cr～12%Cr 新型铁素体钢进行研发和验证，包括初步试验（1995 年）、锅炉元件 630℃试验（1996—2001 年）、汽轮机转动

630℃试验（1996—2000 年）、总体评价和分析（2001 年）。第三阶段从 2000 年开始，首先进行了“700℃级别超超临界发电技术”可行性研究，2008 年正式启动“先进的超超临界压力发电”项目研究，目标是开发蒸汽参数为 35MPa/700℃/720℃等级的火电机组，最终将再热蒸汽温度提高到 750℃，机组的效率达到 48%以上。经过三个阶段的研究和试验，积累了丰富的经验，为日本发电设备制造企业研制和生产超超临界火电机组提供了科学依据。

二、欧盟超超临界技术开发

欧洲各国超超临界技术开发实施欧洲科技合作计划（COST 计划）。从 20 世纪 90 年代初，欧洲 13 个国家开始实施 COST501 计划和 COST522 计划，COST501 计划是进一步开发 9%Cr～12%Cr 铁素体钢，使蒸汽温度提升到 580℃/600℃，许多发电设备制造企业参与了 COST501 计划的研发工作，研究成果首先在丹麦投运的超超临界机组上应用，并在其他欧洲国家推广；COST522 计划是开发和验证新型铁素体钢和奥氏体钢，将 11%Cr 钢中 Co 的含量增加到 3%、B 的含量增加到 0.01% ，以提高材料的蠕变强度和抗高温氧化性能，使蒸汽温度提升到 600℃/620℃，开发出比燃气轮机联合循环更有竞争力的超超临界火电机组。从 20 世纪 90 年代末，欧洲在实施 COST501 计划和 COST522 计划的基础上，开始实施 COST536 计划，COST536 计划是研发蒸汽温度为 700℃的先进超超临界发电技术（简称欧洲 AD700），COST536 计划核心是新材料的开发和应用，通过使用镍基超级合金，使汽轮机的蒸汽温度由目前的 600℃/620℃提高到 700℃/720℃；具体目标有两个：一是供电热效率（发电净效率）由目前的 47%提高到 55%（深海海水冷却）或 52%（内陆厂）；二是厂房结构更加紧凑，以降低燃煤电厂的投资。欧盟 COST536 计划分 8 个阶段进行：第一阶段是初可研阶段（1998—2000 年）；第二阶段是材料性能示范试验阶段（1999—2003 年）；第三阶段是关键元件的详细设计阶段（2001—2003 年）；第四阶段是关键元件的示范试验和全尺寸实体试验阶段（2002—2006 年）；第五阶段是示范电厂施工准备阶段（2006 年）；第六阶段是示范电厂的设计和施工阶段（2007—2011 年），建造单机功率为 1000MW 的示范电厂，蒸汽参数为 37.5MPa/700℃/720℃/720℃，一次再热压力为 12MPa，二次再热压力为 3MPa，深海海水冷却，冷却水温度为 5～10℃；第七阶段是示范电厂的运行和试验阶段（2012—2014 年）；第八阶段是示范电厂的结果反馈阶段（2013—2014 年）。COST536 计划不仅可以提高燃煤火电机组的热效率、降低煤的消耗量，而且可以减少 CO_2 的排放量，使欧盟火电机组技术处于世界领先水平。

三、美国超超临界技术开发

美国从 20 世纪 50 年代初就进行超超临界技术的研究，是开发超超临界技术最早的国家，其在超超临界技术的研究成果一直处于世界领先地位。1999 年美国能源部（DOE）提出了火电新技术发展计划（Vision 21 计划），对美国 20 年的发电技术研发做出规划。在 Vision 21 计划中，有一个项目为超超临界机组材料的研发计划（DOE/OCDO）。DOE/OCDO 项目的核心技术包括选定在指定热效率和运行温度的发电厂中使用的材料，确定蒸汽温度为 760℃的锅炉管材（镍基超级合金）的制造工艺和喷涂工艺，确定蒸汽温度为 760℃的超超临界火电机组的设计和运行难点，促进新型管材技术的商业化开发和应用，通过美国机械工程师协会规范的认证；DOE/OCDO 项目的研究内容包括概念设计、机械性能、汽侧氧化、烟侧腐蚀、焊接技术开发、制造工艺、喷涂工艺、设计数据规范、项目管理，DOE/OCDO 项目完成后，美国可以制造蒸汽温度达到 760℃的锅炉管材和各种部件。美国能源部

（DOE）计划开发的35MPa/760℃/760℃/760℃超超临界火电机组（热效率高于55%）同蒸汽参数为16.7MPa/538℃/538℃的亚临界火电机组（热效率为35%～38%）相比，效率有了大幅度提高，CO_2 和其他污染物的排放约减少30%。美国能源部（DOE）开发超超临界技术的目标有两个：一是选择先进的材料使得超超临界火电机组的成本具有竞争性，在燃用高硫煤的前提下环保排放合格；二是提高美国发电设备（超超临界机组）在全世界范围内的竞争能力。

四、我国超超临界技术的发展情况

我国是世界上最大的发展中国家，我国电力工业总体水平与国外先进水平相比有较大差距，主要体现在能耗高和环境污染严重，这是目前我国火电机组存在的两大突出问题，并成为制约我国电力工业乃至整个国民经济发展的主要因素。因此，提高发电机组的热效率，实现节能降耗及降低污染排放是我国电力工业发展中的一项紧迫任务。为了迅速扭转我国火电机组煤耗长期居高不下的局面，缩小我国火电技术与国外先进水平的差距，发展国产大容量的超超临界火电机组十分必要。超超临界发电机组将是未来几十年我国电力工业生产的主要机组形式，如果我国600MW和1000MW等级的燃煤机组采用超超临界参数，将蒸汽压力提高到30MPa，蒸汽温度提高到593℃，供电标煤单耗可降低至275g/kWh，发电净效率约可达43.5%。比同容量亚临界机组的煤耗减少约30g/kWh ，按年运行5500h计算，一台600MW超超临界机组可比同容量亚临界机组节约标准煤6万t/年。因此，采用超超临界燃煤发电技术对于节约资源、保护环境、实现可持续发展具有十分重要的意义。

我国超超临界技术的发展走的是一条引进、消化、试制和改进提高的道路，先引进国外成熟的技术和设备进行深入试验研究，逐步实现国产化。

为了进一步提高火电机组的效率，我国于2002年把开发超超临界机组列为国家863重大项目攻关计划，2003年原国家经贸委和科技部都把超超临界机组列入国家重大技术装备研制计划，国内三大动力集团陆续引进国外先进超超临界机组的生产技术，我国超超临界机组的制造虽然起步较晚，但发展迅速，三大动力集团生产的超超临界机组相继投产发电。

我国首台超超临界机组安装在华能玉环电厂，该机组于2004年6月28日开工，2006年11月28日正式投入商业运行。华能玉环电厂一期2×100万kW机组是国家“十五”863计划“超超临界燃煤发电技术”课题的依托工程，也是我国超超临界国产化示范项目。锅炉是由哈尔滨锅炉有限责任公司引进日本三菱公司技术生产的超超临界变压运行垂直管屏直流炉，采用一次中间再热、平衡通风、固态排渣、π型布置、单炉膛、反向双切圆燃烧，炉膛容积为28 000m^3，最大连续蒸发量（B-MCR）为2953t/h，出口蒸汽参数为27.56MPa/605℃/603℃。汽轮机和发电机由上海汽轮机有限公司和上海汽轮发电机有限公司供货，均由德国西门子公司提供技术支持。汽轮机采用超超临界、一次中间再热、单轴、四缸四排汽、双背压、凝汽式、八级回热抽汽，额定功率为1000MW，参数为26.25MPa/600℃/600℃。发电机铭牌功率为1000MW，冷却方式为水-氢-氢，额定电压为27kV，F级绝缘，功率因数为0.9。另外，哈尔滨锅炉有限责任公司在完成玉环电厂1000MW超超临界锅炉制造的基础上完成了我国首台国产600MW超超临界机组的设计和制造，该锅炉安装在华能营口电厂，于2007年8月31日正式投入商业运行。

东方电气集团股份有限公司生产的1000MW华电国际邹县发电厂四期工程7号超超临界机组于2005年4月28日开工，2006年12月4日正式投入商业运行。该机组锅炉是由东方锅炉股份有限公司引进日本巴布科克日立公司技术生产的变压运行直流炉，采用单炉膛、一次中间再热、平衡通风、前后墙对冲燃烧、运转层以上露天布置、固态排渣、全钢构架、全悬吊结构π型锅炉；采用正压直吹式制粉系统，烟风系统按平衡通风设计，每台锅炉配置2台三室四电场静电除尘器，除尘效率大于或等于99.7%。汽轮机为东方汽轮机厂生产的超超临界、一次中间再热、单轴、四缸四排汽、双背压、凝汽式汽轮机；汽轮机具有八级非调整回热抽汽。发电机为东方电机股份有限公司生产的三相同步汽轮发电机。

上海电气集团股份有限公司生产的1000MW上海外高桥电厂三期工程7号超超临界机组于2005年9月23日开工，2008年3月26日正式投入商业运行。该机组的锅炉是由上海锅炉有限责任公司引进阿尔斯通公司技术，采用单炉膛、一次中间再热、四角切圆燃烧方式、平衡通风、固态排渣、全钢悬吊塔式结构、露天布置燃煤锅炉；采用带循环泵的启动系统。汽轮机和发电机是由上海汽轮发电机有限公司引进西门子公司技术生产，高压缸采用单流圆筒型汽缸，设计进汽压力为27MPa，进汽温度为600℃。

三大动力集团生产的百万级超超临界机组投产发电，标志着我国已经掌握了超超临界机组发电技术，为我国发电技术赶超世界先进水平奠定了基础。为了进一步提高发电机组效率，我国于2011年6月24日正式启动700℃超超临界燃煤发电技术研发计划，通过对700℃超超临界燃煤发电技术的研究，使超超临界燃煤发电技术的供电效率达到48%～50%，供电煤耗可再降低40～50g，二氧化碳排放减少14%，为电力行业的节能减排开辟新路径。

五、进一步提高超超临界机组效率的措施

经过几十年发展和完善，超超临界机组效率已经有了明显提高，但人们追求更高效率的愿望永无止境，进一步提高超超临界机组的效率是世界各国的共同目标，各国都在积极探索提高超超临界机组效率的有效途径。目前，主要从提高蒸汽参数、优化汽轮机结构和完善汽轮机系统三个方面采取措施，以提高超超临界机组效率。

（一）提高蒸汽参数

由热力学理论可知，提高新蒸汽参数可改善机组的经济性。根据计算分析可知：当其他参数相同、压力从18MPa提高到25MPa时，机组的热耗率可降低1.8%～2.0%；当初压力不变、蒸汽温度从540℃提高到565℃时，机组的热耗率可降低1.3%～1.5%（若蒸汽温度从540℃提高到600℃时，机组的热耗率可降低3%～3.5%）；当超临界机组采用二次中间再热时，机组的热耗率可降低4.1%。但是，蒸汽参数的提高受到金属材料耐温耐压性能的制约，必须研发新的耐温耐压金属材料。

（二）优化汽轮机结构

在单元发电机组中，影响机组效率的主要设备是汽轮机，而汽轮机热耗率对汽轮机的效率具有直接的影响。因此，降低汽轮机热耗率成为提高超超临界机组效率的主要研究课题，各大制造厂和科研院所都在积极研究降低超超临界机组热耗率的措施，现将目前主要研究成果作一简要介绍。

1. 优化机组通流设计

基于已投运验证的通流技术，进一步开发研究新一代高效通流技术。通过对叶片的积叠、弯曲和扭转等三维造型的设计和优化，来减小叶片端部的二次流损失；同时采用成熟的三维CFD（计算流体动力学）计算研究平台，综合考虑通流中诸如叶片流道、汽封流道、叶片根部和顶部倒圆角、抽汽口、补汽结构以及前后端部汽封结构，进行流场和效率的评估，并进行必要的局部优化设计。例如，低压缸内通流采用了以下先进技术：

（1）末级动叶采用成熟先进的长叶片，效率高。

（2）进一步调整低压焓降分配，优化低压缸入口参数。

（3）通流采用新设计的低压型线，叶型损失更低。

（4）提高叶片的相对叶高，二次流损失有效降低。

（5）动叶采用自带冠加城墙齿汽封，级间泄漏量更小。

（6）采用气动特性更佳的低压缸排汽结构。

根据CFD分析及厂内试验，新一代通流技术较上一代通流技术的效率明显提高。

2. 优化配汽方式

随着对经济性要求的不断提高，大功率超超临界机组通常采用全周进汽，没有调节级造成的部分进汽损失，提高了额定工况的经济性。计算结果表明，全周切向进汽方案能大大降低进汽总压损失系数，并且能使后续级次的流场更加均匀，提高整缸效率。

全周进汽机组采用旁通配汽，旁通配汽与节流配汽、喷嘴配汽的主要区别在于补汽阀的设置，机组在补汽阀开启时补汽流量进入主流，补汽阀可在任意负荷开启，不必通过高压调节阀的节流就具有一次调频功能，避免高压调节阀节流损失。在汽轮机处于零功率和设计点THA（额定工况）功率之间，补汽阀通常处于关闭状态，当功率从THA工况增大时补汽阀开启，蒸汽补进通流中，以满足流量增加的要求，在THA工况以上负荷时，补汽阀处于开启状态。

虽然采用旁通配汽的机组可以提高效率，但补汽阀开启时对机组轴系有一定影响，机组振动有所上升，运行中应加强监视，及时调整。

3. 优化阀门布置及进汽方式

阀门采用近缸布置，阀门与汽缸直连，取消导汽管，减少管道压损，同时采用水平切向进汽方式，改善进汽室流场均匀性，提高机组经济性。

4. 优化汽缸结构

对于高、中压分缸机组，高压缸采用筒形内缸＋中分面外缸型式，筒形内缸取消了中分面法兰，采用红套环紧固，承载能力强、受力均匀、可有效解决原高压内缸中分面变形引起机组漏汽的问题，从而保证机组高效和安全可靠；中压缸采用轴向分区和内缸分段，使得整个中压缸具有更合理的温度场，热应力小、变形小、胀差小，适应快速启停，可以有效防止中压缸变形，减少中分面漏汽，降低中分面螺栓受力，可靠性更高。

低压缸主要采取降低进汽压力的方法，取消低压进汽室，减少漏汽；低压内缸采用斜置支撑，各级间挡汽板倾斜为锥筒状并使用支撑梁相互连接，形成自密封结构，能够有效提高低压各级间的密封性，减少中分面漏汽，提高效率。

5. 优化汽封

超超临界机组蒸汽参数高，容积流量小，通流部分和轴端汽封的漏汽损失对机组经济性影响较大（与低参数机组相比较），需根据不同部位的要求进行汽封结构设计和选型，满足汽轮机安全性、汽封可靠性和机组经济性的要求。

（三）完善汽轮机系统

在超超临界机组运行中，汽轮机系统设计对机组效率影响很大，主要影响因素有辅助设备效率、回热方式及向外供热方式等。其中，向外供热方式对机组的效率影响最大，因此，当具备向外供热条件时，尽量采用热电联产方式。

第二节　超（超）临界汽轮机的关键技术

随着超（超）临界汽轮机的主（再热）蒸汽压力和温度的大幅升高，汽轮机的经济性也显著提高，同时对汽轮机的安全性和可靠性提出了更高的要求。因此，必须认真分析各种影响因素并采取相应措施。

一、蒸汽参数对超（超）临界汽轮机的影响

（一）蒸汽温度对超（超）临界汽轮机安全性和可靠性的影响

随着蒸汽温度的升高，超（超）临界汽轮机在安全性和可靠性方面存在的主要技术问题如下。

（1）材料力学性能和许用应力下降，超（超）临界汽轮机承压部件和转动部件的强度降低，需要开发和采用新材料，采用蒸汽冷却技术。

（2）超（超）临界机组锅炉过热器、再热器管子内表面剥离的氧化垢微型固体粒子进入汽轮机，对汽轮机高压部分造成固体颗粒冲蚀，对汽轮机低压部分易造成应力腐蚀和腐蚀疲劳。需要对调节级和再热第 1 级叶片开展固体颗粒冲蚀机理研究，采取防固体颗粒冲蚀措施；末三级叶片需要采用耐腐蚀疲劳材料，低压转子需要采用防应力腐蚀结构。

（3）超（超）临界汽轮机与高温有关的严重问题是工作应力下产生蠕变变形以及启停与负荷快速变化过程中过大的热应力产生热疲劳（低周疲劳）。超（超）临界汽轮机的绝大部分高温部件工作温度是不均匀的和变化的，厚截面部件如转子、汽缸、喷嘴室、阀壳等在启停过程与负荷快速变化过程中都承受很大的温度梯度，由此而产生的热应力接近或超过材料的屈服极限，严重影响这些部件的使用寿命。超（超）临界汽轮机参与调峰运行时，寿命问题更为突出，需要采用新材料和新结构，开展寿命设计。

（二）蒸汽压力对超（超）临界汽轮机安全性和可靠性的影响

随着蒸汽压力的升高，超（超）临界汽轮机可靠性面临的主要技术问题如下。

（1）汽缸、喷嘴室、阀壳、导汽管等承压部件应力增大，面临严峻的强度和寿命问题，需要采用新材料和新结构，开展强度和寿命设计。

（2）主蒸汽的密度高、比体积小，高压转子的偏心、间隙不对称等将产生汽流激振力，汽流激振容易引起轴系失稳，需要开展汽流激振机理研究，开发汽流激振设计分析软件。

（3）汽轮机各级间压差和轴封的压差也有增大，隔板汽封、叶顶汽封、轴封等部件蒸汽泄漏量增大，需要采用汽封新结构。

综上所述，蒸汽参数的提高对汽轮机安全性和可靠性的影响是多方面的，为了保证超（超）临界汽轮机安全可靠运行，必须解决新材料的研发、固体颗粒冲蚀、设备寿命、汽流激振、结构可靠性设计、蒸汽冷却技术、通流部分优化等技术问题。

二、超（超）临界汽轮机关键技术问题的解决方法

由前面分析可知，影响超（超）临界汽轮机发展的因素很多，可归纳为固体颗粒冲蚀、汽流激振、结构可靠性设计、新材料的研发与选用、蒸汽冷却等技术问题，针对这些技术问题，各国都进行了大量的研究工作，采取了有效的措施，为超（超）临界汽轮机的发展创造

了条件。

（一）防止固体颗粒冲蚀

由于超（超）临界机组均为直流锅炉，锅炉内无固定的汽水分界线，受热面温度变化幅度大，易造成受热面内壁氧化铁脱落，因此，固体粒子冲蚀是超临界机组面临的主要问题之一，随着超临界参数的提高，达到超超临界甚至更高参数，固体颗粒冲蚀会越来越严重。固体颗粒冲蚀一般发生在锅炉启动或长期低负荷运行情况下，特别在锅炉启动时，锅炉过热器管和再热器管由于受热冲击引起管子汽侧氧化铁剥离形成固体颗粒，使汽轮机第一级叶片产生固体颗粒冲蚀，当汽轮机不设高、低压旁路系统时，机组启动过程中固体粒子冲蚀更加严重。固体粒子冲蚀改变了动叶和静叶型线，增加了叶片表面粗糙度和汽封间隙，降低了超临界汽轮机的可靠性和经济性。

美国、日本及欧盟等发达国家和地区对超（超）临界汽轮机固体颗粒冲蚀做了大量研究，我国汽轮机制造厂在防止固体颗粒冲蚀问题方面吸取了先进国家在该领域的成熟经验和相关技术，采用抗固体颗粒物冲蚀性能好的喷嘴和叶片型线及材料，使用表面硬化喷涂工艺等，并且大多数电厂的机组设计了旁路系统。现将汽轮机防止固体颗粒冲刷的措施归纳如下。

（1）锅炉过热器管材应尽量采用具有抗剥层性能的细晶粒材料，减少 Fe_3O_4 氧化皮的剥落。

（2）尽量减少蒸汽温度剧烈变化次数。

（3）制定比亚临界机组更严格的给水水质标准，采取更加有效的控制水质措施，减少锅炉管壁的积垢（铜、硅、铁化合物）剥落对叶片的冲蚀。

（4）汽轮机本体采用有效减缓冲蚀损伤的措施：

1）由于反动式叶片的进汽冲角远大于冲动式，而进汽速度低于冲动式，因此，反动式叶片级的冲蚀明显小于冲动式。例如，上海汽轮机厂的机型除高压调节级外均采用反动式，显然在防止冲蚀方面比采用冲动式的机型更为有利。

2）优化静叶片型线，减少静叶出汽边的破裂。

（5）通过对管道表面脱落的固体颗粒在通流中三维轨迹的研究分析，揭示了固体粒子的冲击位置、冲击速度及角度等参数对固体颗粒物冲蚀强度的影响。研究表明，调节级与再热第一级固体颗粒物冲蚀机理有着本质的区别，应分别采用相应的防固体颗粒物冲蚀措施：

1）现场检查发现，调节级的固体颗粒物冲蚀主要发生在喷嘴出汽边内弧上，这主要是来自进汽管的固体颗粒物被汽流加速后以小角度冲击在喷嘴压力面出汽边上，加上喷嘴的转折角较大，出汽边内弧正好处于冲击射线上，因而在该部位产生严重冲蚀。从调节级的固体颗粒物冲蚀机理可知，解决调节级固体颗粒物冲蚀的有效措施是改变固体颗粒物的冲击角度，合理设计喷嘴型线，使出汽边内弧偏离冲击射线，从原理上可极大地减弱调节级固体颗粒物冲蚀。实践证明，采用新的斜面喷嘴型线技术和保护涂层技术，可有效地减小调节级的固体颗粒物冲蚀。对亚临界机组只需采用合理的喷嘴型线就可有效防止固体颗粒物冲蚀，保持较高的持久效率；对超临界机组不仅采用合理的喷嘴型线，且需采用保护涂层技术，才可有效防止固体颗粒物冲蚀，保持较高的持久效率。

2）再热第一级固体颗粒物冲蚀主要发生在导叶出口背弧上，说明固体颗粒物冲蚀机理不同于调节级，其机理是静、动叶片之间固体颗粒物复杂的多重反射冲击现象。来自导叶出口的粒子首先打在动叶进汽边背弧上，粒子在动叶上获得巨大切向速度，并以小角度冲击导叶出口背弧表面，对导叶形成严重的冲蚀。因此，防止再热第一级的固体颗粒物冲蚀的有效措施是合理加大动、静叶片的轴向间隙，使从动叶反射的固体颗粒物被汽流吹回动叶流道而不能打在静叶出口背弧上，切断固体颗粒物粒子多重反射的途径；同时，对静叶片采用等离子淬火层保护技术，动、静叶片采用特殊材料设计，提高耐冲蚀性能，从而有效防止固体颗粒物冲蚀。

（6）为防止固体颗粒物对高压调节级喷嘴的冲蚀，在调节级喷嘴表面进行渗硼处理，试验证明，经渗硼涂层处理后，表面固体颗粒物冲蚀程度下降为不处理表面的1/5。

（二）防止汽流激振

1. 蒸汽激振的机理

随着汽轮机进汽压力的升高，蒸汽的密度增大，在高压转子处易产生由蒸汽引起的低频振动，也称蒸汽激振。蒸汽激振力主要来自三个方面：一是动叶片叶顶间隙引起的激振；二是高压转子轴封、高压隔板及动叶片叶顶部汽封引起的激振；三是作用在转子上的静态蒸汽力引起的激振。这三类蒸汽激振力是目前公认的超临界机组轴系动力学研究中的重点问题。

汽轮机叶轮在偏心位置时，由于叶顶间隙沿圆周方向的不均匀性，蒸汽在不同间隙位置处的泄漏量不均匀，使作用在叶轮各个位置的圆周切向力不同，会产生一作用于叶轮中心的横向力，称为间隙激振力。该横向力垂直于叶轮中心偏移方向，趋向于使转子产生自激振动。在一个振动周期内，当系统阻尼消耗的能量损失小于横向力所做的功时，这种振动就会被激发起来。它的大小与叶轮的级功率成正比，与动叶的平均节径、高度和工作转速成反比。这也是叶顶间隙激振易发生在汽轮机大功率区段、叶轮直径较小和短叶片的转子上，即易发生在高参数大型汽轮机高压转子上的原因。

对带有叶顶围带汽封的动叶片，通过围带汽封，蒸汽的不均匀流动会形成不对称的压力分布，产生附加的蒸汽激振力，此时总的蒸汽激振力要大于上述的间隙激振力，特别是对反动度较小的汽轮机级，如冲动式汽轮机，两者差异更大。该附加力的大小与围带汽封的径向间隙成反比，与叶轮前后压差、围带宽度、围带半径成正比，而叶轮轴向间隙的减小在一定程度上可降低蒸汽激振力的影响。因此，适当放大汽封片的径向间隙、减小叶轮轴向间隙可减小该激振力。

由于高压进汽方式的影响，高压蒸汽产生一作用于转子的蒸汽力，可影响转子轴颈在轴承中的位置，改变了轴承动力学特性而造成转子运动失稳。另外，使转子在汽缸中的径向位置发生变化，引起通流部分间隙的变化。在采用喷嘴调节的汽轮机中，该蒸汽力是由部分进汽引起的，由于调节级喷嘴进汽的非对称性，引起不对称的蒸汽力作用在转子上，在某一工况下其合力可能是使转子向上抬起的力，降低了轴承的比压，导致轴承失稳。

2. 蒸汽激振的振动特征

蒸汽激振常出现在机组并网后负荷逐渐增加的过程中，其主要特征是振动敏感于机组负荷，一般发生在机组带较高负荷时。突发性振动通常有一个门槛负荷值，超过此门槛值，立即激发蒸汽激振，而当负荷降低到某一数值后，激振消失，具有重复性。与轴承油膜涡动不同，蒸汽激振产生的低频振动的频率与转子的工作转速无关。

3. 防止蒸汽激振的对策

根据上述蒸汽激振的机理及振动特征分析介绍，消除和减少超临界参数汽轮机蒸汽激振，应从增加转子刚度、增大系统阻尼和减小蒸汽激振力等方面着手。

（1）设计良好的超临界参数汽轮机组的轴系是避免发生蒸汽激振的根本保证。在进行超临界参数汽轮机轴系稳定性计算时，除了常规设计及转子、轴承、支撑、基础等因素外，还必须考虑叶顶间隙激振和汽封蒸汽力的影响。例如，提高高压转子的第一阶临界转速，采用稳定性较好的可倾瓦块轴承来增加系统阻尼，设计调节阀开启顺序时应保证在任何运行条件下高、中压转子都会产生适当向下作用力。

（2）采用先进的叶顶汽封结构或汽封布置，适当增大叶顶汽封径向间隙和减小叶轮轴向间隙，以消除或减少蒸汽激振力。

（3）机组安装时应严格控制轴系扬度、轴瓦紧力和各轴承的载荷分配；仔细调整高压转子围带汽封、隔板汽封、轴端汽封处的动静间隙，防止间隙偏差过大，以消除蒸汽激振力，避免蒸汽激振的发生。

（4）注意汽轮机的运行模式对机组蒸汽激振的发生和振动幅值的影响，必要时可采用调整高压调节阀的开启顺序和开度的方法，避免或消除蒸汽激振的发生。

（三）研发新材料

研发新材料比较直接，就是研发更耐高温的材料制成超超临界汽轮机高温部件。发达国家对研发新材料比较重视，在新材料的开发应用、原有钢种的改良以及加工工艺等方面都做了大量的研究工作，并取得了成功，开发出了用于不同蒸汽参数的各种12%Cr系材料以及12%Cr系材料大型铸锻件。

当只改变蒸汽压力，使亚临界参数（如16.7MPa/540℃/540℃）提高到超临界参数（如24MPa/540℃/540℃）时，汽轮机组所用高温部件材料不需作很大变动，仍可使用亚临界机组常用的成熟材料（CrMoV钢）。当蒸汽的压力与温度提高至24MPa和566℃（且进汽端不采用冷却技术）时，汽轮机的高温零部件需使用热强性较好的高合金耐热钢，如12%Cr钢和镍基高温合金钢等。当蒸汽的压力与温度提高至25～28MPa和600℃（且进汽端不采用冷却技术）时，汽轮机的高温零部件需使用热强性更好的奥氏体钢。超超临界汽轮机主要部件的材料选用参见表1-1。

表1-1　超超临界汽轮机主要部件的材料选用

汽轮机部件	蒸汽温度：≤566℃	蒸汽温度：593℃	蒸汽温度：621℃	蒸汽温度：649℃
高压、中压转子	CrMoV钢（锻造）	新12%Cr钢（锻造）	新12%Cr钢（锻造）	奥氏体超合金钢（锻造）
内缸	CrMo钢（铸造）	9%～12%钢（铸造）	9%～12%Cr铸钢	SUS316H锻钢
叶片	主要是12%Cr钢（压延、锻造）	高温部分用镍或钴基超合金（压延、锻造）		
蒸汽阀门	CrMoV钢（锻造）	9%～12%钢（锻造）	SUS316H锻造或9%～12%Cr锻钢	SUS316H锻钢
喷嘴室	CrMoV钢（锻造）	9%～12%Cr（铸造和锻造）	SUS316H锻钢或9%～12%Cr铸钢或锻钢	SUS316H锻钢
高温蒸汽进口管	CrMo钢（锻造），没有不同材料的接头	9%～12%C钢（锻造），有不同材料的接头	SUS316HTP（锻造）或9%～2%Cr，锻钢有不同材料的接头	SUS316HTP（锻造），有不同材料的接头

续表

汽轮机部件	蒸汽温度：≤566℃	蒸汽温度：593℃	蒸汽温度：621℃	蒸汽温度：649℃
外缸	CrMo 钢（铸造）		CrMo 钢或 9%～12%Cr 钢（锻造）	
低压转子	再热蒸汽温度≤566℃时，用 NiCrMoV 钢（锻造）	再热蒸汽温度≥593℃时，用没有回火脆化的材料（锻造）		

1. 转子材料

蒸汽温度为 540℃的超临界机组，其高、中压转子大量使用低合金 CrMoV 钢锻件；与亚临界机组用材相比，成分与性能没有很大差别，但对材料的纯净度和偏析程度越来越重视，且在锻件的成分与热处理参数上不断进行试验研究，以使该类钢的高温性能及综合性能得到进一步的改善与提高。蒸汽温度为 566℃的超临界机组，其高、中压转子多数采用 12%Cr 钢转子。12%Cr 钢转子与低合金 CrMoV 钢转子相比，具有许多优点，如高温持久强度可提高 30%～60%，长期运行后的蠕变变形量以及寿命损耗为低合金 CrMoV 钢的 1/2～1/3，韧性为 CrMoV 钢的 1.3～1.5 倍。两种材料在 10 万 h 持久强度为 98MPa 应力时所对应的温度分别是：低合金 CrMoV 钢为 566℃；12%Cr 钢为 582℃，若在 12%Cr 钢中添加少量的 Ta、N 或 Nb，这一温度可提高到 593℃以上。在新开发的改良 12%Cr 转子材料中添加 W、Co、B 等元素以进一步提高材料的高温性能和综合力学性能，使转子材料的使用温度提高到 600℃及更高。因此，汽轮机制造厂对超临界机组的高、中压转子已越来越倾向使用 12%Cr 钢。

根据汽轮机进汽温度的不同以及转子是否采用蒸汽冷却等情况，超临界机组的低压转子可选用常规纯度的 Ni-Cr-Mo-V 钢（与亚临界机组使用的低压转子材料相同）或超纯净的 Ni-Cr-Mo-V 钢转子。超纯净的 Ni-Cr-Mo-V 钢转子使用温度可达到 450℃时，不会产生时效脆化现象，已在超临界机组上大量使用。

2. 耐热铸钢件和模锻件

超临界机组的高中压内外缸、喷嘴室和高温阀门的阀壳等零部件，在温度为 540℃时，大多采用低合金 1Cr-1Mo-1/4V 或 2.25Cr-1Mo 钢铸件和模锻件。这两种钢中，含 V 元素材料的高温持久强度、蠕变强度较好，但铸造工艺性能较差。通过提高钢水的纯净度，采用 Ti 脱氧等技术，使 1Cr-1Mo-1/4V 钢的铸造工艺性能大大改善，制造的汽缸与阀壳等大型铸件的质量有很大提高。使用 1Cr-1Mo-1/4V 钢作汽缸和阀壳与 2.25Cr-1Mo 钢相比可减少设计壁厚，减小零件的热应力，因此，在超临界机组上，低合金 1Cr-1Mo-1/4V 钢被更多的汽轮机制造厂选用制造汽缸和阀壳等零部件。

对于蒸汽温度为 566℃的超临界机组以及 600℃的超超临界机组高中压内缸、喷嘴室和阀壳等零部件，多数采用 12%Cr 和 9%Cr 系钢大型铸件或模锻件（主要为阀壳）。铸件材料 12%Cr 的化学成分与 12%Cr 转子锻件材料成分相近，仅力学性能要求低一些。

3. 叶片材料

超临界汽轮机组的调节级和高温段叶片大多采用强化的 12%Cr 钢，对蒸汽温度高于 566℃的超临界汽轮机组和 600℃的超超临界汽轮机组，一般使用改良 12%Cr 钢（Cr-Mo-V-Nb-N-W）、新 12%Cr 钢（Cr-Mo-V-Nb-N-W-Co-B）和其他牌号的镍基高温合金材料。

超临界机组使用的低压叶片以及末级叶片与亚临界机组相同，一般采用强化的12%Cr系耐热钢、17-4PH沉淀硬化不锈钢和钛合金材料。强化的12%Cr系耐热钢因制造工艺简单、成本低廉而使用最广泛。

4. 高温紧固件

超临界机组用高温紧固件材料与亚临界机组用材基本相同，大多用强化的12%Cr系耐热钢，成分与调节级叶片相同；随着12%Cr钢研究的发展，改良12%Cr钢与新12%Cr钢开始大量被用于制造超临界与超超临界机组的高温紧固件。

5. 主蒸汽管

对使用温度在540℃以下工作的主蒸汽管，一般使用2.25Cr-1Mo钢，例如12Cr1MoV和12Cr1Mo1V钢，含V元素的大口径厚壁蒸汽管的高温性能对热处理工艺较敏感，易造成管子性能的不均匀。对使用温度在570℃以下工作的主蒸汽管，需使用9%Cr系耐热钢，例如P91（9Cr-1Mo-V-Nb），该钢在590～659℃范围内的高温持久强度与蠕变强度较高，组织稳定，具有优良的综合力学性能和焊接工艺性能。对使用温度在600℃以上工作的主蒸汽管，可使用P92、P112、E911等耐热钢。

（四）采用蒸汽冷却技术

蒸汽冷却是采用温度比较低的蒸汽（如高压排汽、高压抽汽或动叶后蒸汽）来冷却超（超）临界汽轮机高温部件，以降低超（超）临界汽轮机高温部件的工作温度。在工程实践中，对于汽轮机的高温部件，CrMoV钢应用于566℃、12%Cr钢应用于600℃、奥氏体钢应用于650℃时，需要采用蒸汽冷却技术。对于蒸汽参数为16.7MPa/540℃/540℃的亚临界汽轮机，高温部件使用CrMoV钢，可以不采用蒸汽冷却技术。对于蒸汽参数为24.1MPa/566℃/566℃的超临界汽轮机，高温部件使用12%Cr钢，可以不采用蒸汽冷却技术；但高温部件使用CrMoV钢时，必须采用蒸汽冷却技术。对于蒸汽参数为25～28MPa/600℃/600℃的超超临界汽轮机，高温部件使用12%Cr钢，需要采用蒸汽冷却技术。超（超）临界汽轮机的喷嘴室、转子、汽缸等部件采用蒸汽冷却技术，既可以提高现有材料使用等级，充分利用材料的机械性能，又可以延长这些部件的设计寿命。采用蒸汽冷却技术，可以降低超（超）临界汽轮机高温部件的工作温度和部件的温度差，在其他条件相同的情况下可以降低高温部件的热应力，延长设计寿命。因此，高温部件的蒸汽冷却技术已成为超（超）临界汽轮机研制和生产的关键技术之一，通过研究先进的蒸汽冷却技术，实现超（超）临界汽轮机部件高温部位工作温度的下降，是保证超（超）临界汽轮机安全运行的重要技术手段。超（超）临界汽轮机采用蒸汽冷却技术的部件包括高压喷嘴室、中压蒸汽室、高压转子、中压转子、高压汽缸、中压汽缸等，不同的部件有不同的冷却结构设计方案。

1. 喷嘴室和高压转子的冷却

（1）单流高压转子的冷却。超（超）临界汽轮机单流高压转子蒸汽冷却常用的方法有以下三种。

1）从调节级喷嘴根部流出的小部分蒸汽，经喷嘴室与转子之间的腔室流入汽缸夹层，使转子和喷嘴室得到冷却。

2）从汽轮机高压调节阀后引出少量主蒸汽，喷入凝结水使其温度降低后作为冷却蒸汽，通过改变喷入的凝结水量控制冷却蒸汽的温度，冷却蒸汽经高压第一级和第二级动叶叶根底部间隙以及静叶与动叶之间的间隙流入主流，使冷却蒸汽流过的转子表面得到冷却。

3）高压第一级后温度比较低的蒸汽中一小部分经喷嘴室与内缸之间的腔室，回流至高压第一级前轮面和前轴封之间的空间并引出汽缸，使喷嘴室、内缸和第一级叶轮的前轮面得到冷却，冷却结构见图 1-1。

（2）调节级为双流而压力级为单流的冷却。调节级采用双流而压力级为单流的优点是每个调节级的动叶片所承担的负荷减少一半，喷嘴室和动叶片的应力有所减少，对于大功率超（超）临界汽轮机可以使用现有成熟的动叶片；缺点是叶片数目增加、造价高、轴承跨度增大。采用调节级为双流而压力级为单流，喷嘴室和高压转子的冷却结构如图 1-2 所示，从前轴封侧喷嘴根部流出的小部分蒸汽，经喷嘴室与转子之间的腔室流入另外一侧喷嘴后主流。随着转子的转动，由于主流的抽吸作用，腔室中的蒸汽流出，使转子和喷嘴室得到冷却。

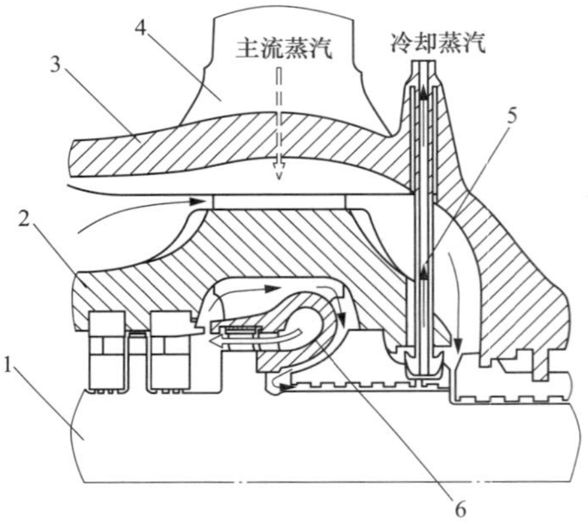

图 1-1　单流喷嘴室的冷却结构

1—转子；2—高压内缸；

3—高压外缸；4—高压进汽管；

5—冷却排汽管；6—喷嘴室

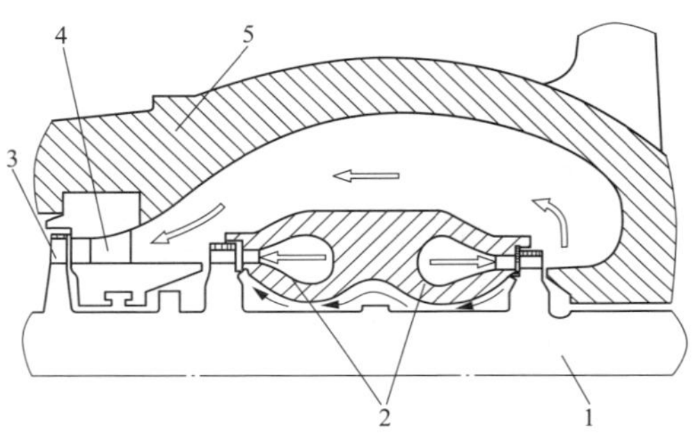

图 1-2　双流喷嘴室的冷却结构

1—转子；2—喷嘴室；3—动叶片；

4—静叶片；5—高压内缸

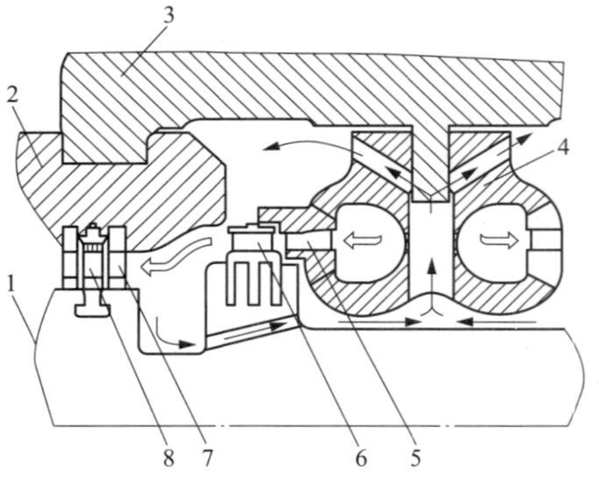

图 1-3　双流高压转子的冷却结构

1—转子；2—隔板套；3—内缸；4—喷嘴室；

5—喷嘴；6—调节级动叶；

7—静叶片；8—动叶片

（3）双流高压转子的冷却。大容量超（超）临界汽轮机通常采用双流高压转子，采用这种结构时作用在转子上的推力相互平衡，并有利于降低高温动叶片的应力。采用双流式高压转子结构，喷嘴室和高压转子的冷却结构如图 1-3 所示。调节级后一小部分蒸汽经过 180°转弯后，流经调节级叶轮上的冷却孔（斜孔）和喷嘴室外表面与转子之间的腔室，再流经双流喷嘴室中间小孔返回到调节级之后。在此流动过程中，冷却了高温喷嘴室和高压转子的外表面。调节级叶轮上打有斜孔，由于叶轮旋转产生离心泵的作用，把调节级出口小部分蒸汽吸过来，流过喷嘴室与转子之间的腔室，冷却了喷嘴室和高压转子高温部位的外表面。

2. 中压蒸汽室和中压转子的冷却

（1）用外部来汽冷却。为了提高超临界汽轮机中压转子的热疲劳强度和蠕变强度、降低中压转子高温区域的热应力，可采用外部来汽（高压缸排汽或高压缸抽汽）冷却，这种冷却技术既可用于反动式汽轮机，也可用于冲动式汽轮机。

1）反动式汽轮机双流中压蒸汽室和中压转子用外部来汽冷却。反动式汽轮机双流中压转子可把汽轮机高压缸排汽或350℃以下的抽汽引入汽轮机中压缸进口导流环下部的空间，对中压转子高温部位进行冷却，见图1-4。该冷却蒸汽中小部分通过第一级动叶与静叶之间的汽封流入主流；大部分冷却蒸汽通过第一级动叶枞树形叶根底部间隙（也称冷却蒸汽通路或蒸汽冷却孔）流入第二级静叶前和第二级静、动叶之间；还有一小部分冷却蒸汽通过第二级动叶枞树形叶根底部间隙，流入第三级静叶前和第三级静、动叶之间。在中压转子的冷却结构中，必须合理设计冷却蒸汽出口汽封与转子的间隙、第一级与第二级动叶枞树形叶根底部冷却蒸汽通道面积以及第二级与第三级静叶环内侧汽封间隙，这些参数对转子的冷却效果影响比较大。轴向插入的枞树形叶根底部间隙和动叶前后的压差保证冷却蒸汽流过。冷却蒸汽的流动，使中压转子高温部位得到了冷却。

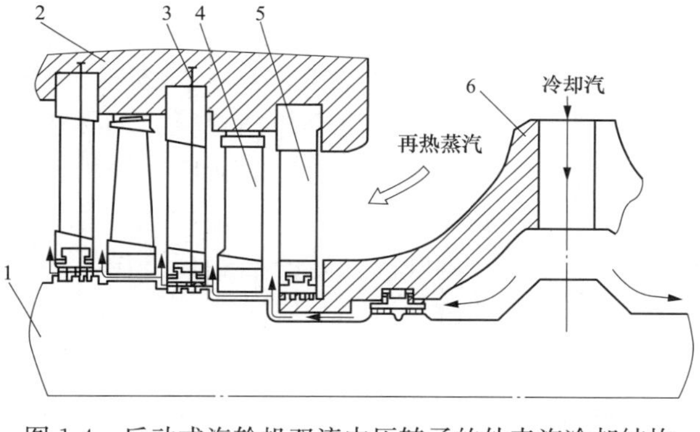

图1-4 反动式汽轮机双流中压转子的外来汽冷却结构

1—转子；2—静叶持环；3—温度计；4—动叶栅；5—静叶环；6—中压进口导流环

2）冲动式汽轮机双流中压蒸汽室和中压转子用外部来汽冷却。冲动式汽轮机双流中压转子的冷却是用汽轮机的高压抽汽通过汽轮机中压缸前两级的隔板汽封、前两级动叶枞树形叶根底部间隙或叶轮的冷却孔以及前级叶轮前后轮面，使中压转子高温部位得到了冷却，见图1-5。

（2）反动式汽轮机中压蒸汽室和中压转子的冷却。

1）中压第一级设计为负反动度。超（超）临界汽轮机双流式中压缸具有比较高的再热蒸汽温度，在转子中间，两个第一级叶轮组成封闭空间，由于转动产生的热量使转子温度上升。反动式汽轮机中压第一级叶形根部可设计成负反动度，在叶形根部，负反动度使动叶根部出汽侧的压力比静叶根部出汽侧的压力高，使做了功而降低了温度的动叶出口的蒸汽经动叶叶形根部和枞树形叶根底部间隙流向静叶出口。这种汽流的循环流动使轮缘和转子的表面得到了冷却。但是，叶形根部采用负反动度也有不足之处，就是叶形高度有所增加，引起叶根离心应力增加，抵消了一部分蒸汽冷却的效果（不采用叶形根部负反动度的动叶高为采用叶形根部负反动度动叶高的80%～90%）。

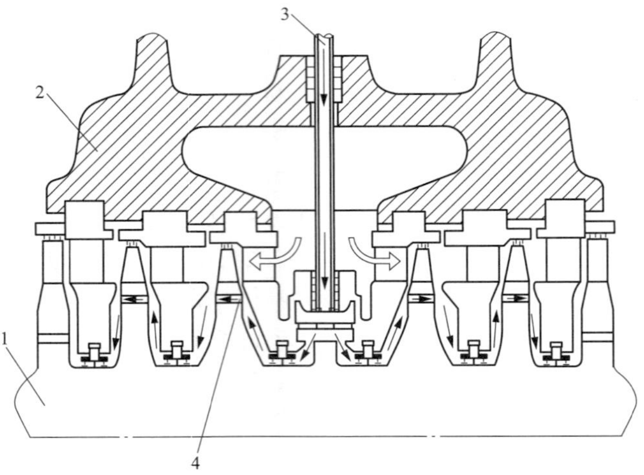

图 1-5　冲动式汽轮机双流中压转子的外来汽冷却结构
1—转子；2—中压内缸；3—冷却蒸汽来汽管；4—叶轮冷却孔

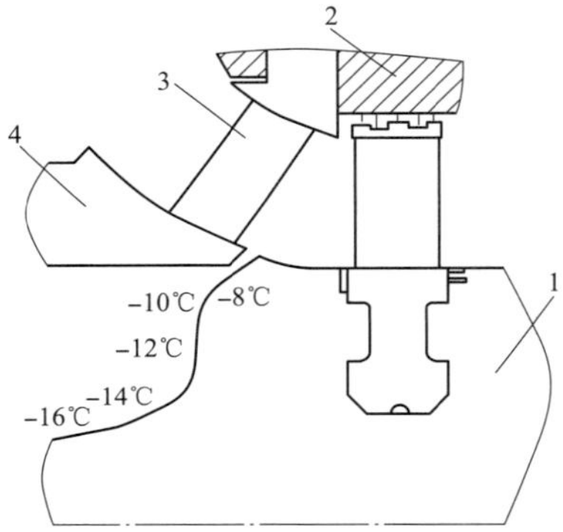

图 1-6　反动式汽轮机中压转子涡流冷却挡热板结构
1—转子；2—中压内缸；
3—中压静叶环；4—涡流冷却挡热板

2）中压第一级静叶内径处安装涡流冷却挡热板。在反动式双流中压转子进汽部分的中压第一级静叶内径处设计涡流冷却挡热板，如图 1-6 所示，中压第 1 级的反动度设计得比普通反动级小，使流经中压第 1 级静叶的蒸汽温度下降幅度增大，第 1 级静叶出口温度下降。在静叶内径处的挡热板上设计 4 个切向孔，静叶出口的蒸汽经过 4 个切向孔进入挡热板与转子之间的区域发生膨胀，使转子表面温度下降。

3. 低压转子的冷却

亚临界汽轮机再热蒸汽温度为 540℃，超临界汽轮机再热蒸汽温度为 566℃，通常低压缸进汽温度不会超过 350℃，低压转子采用普通的 NiCrMoV 钢（30Cr2Ni4MoV）即可；超超临界汽轮机再热蒸汽温度为 600℃，低压缸进汽温度有可能超过 350℃。为了防止超超临界汽轮机低压转子产生回火脆化，低压转子可采用超纯净冶炼技术生产的超纯净 NiCrMoV 钢；若低压转子为普通的 NiCrMoV 钢，则必须采用蒸汽冷却技术，把低压转子的工作温度降下来。

（1）冲动式汽轮机双流低压转子冷却。对于冲动式汽轮机双流低压转子，采用特殊结构的隔板使低压进汽与低压转子隔开。低压转子冷却结构见图 1-7，第一级叶轮设计了特殊的平衡孔，使第一级动叶后低于 350℃的蒸汽通过叶轮平衡孔，再流入第一级静叶和动叶之间，对低压转子进行冷却。在平衡孔处，由于叶轮的转动，把吸入的动压变成叶轮两侧的压差，温度比较低的蒸汽持续流动冷却了低压转子。

（2）反动式汽轮机双流低压转子冷却。对于反动式汽轮机双流低压转子，第一级叶型根部反动度设计为负值，动叶出口温度较低的蒸汽回流至第一级静叶出口，使转子和轮缘的工作温度下降。

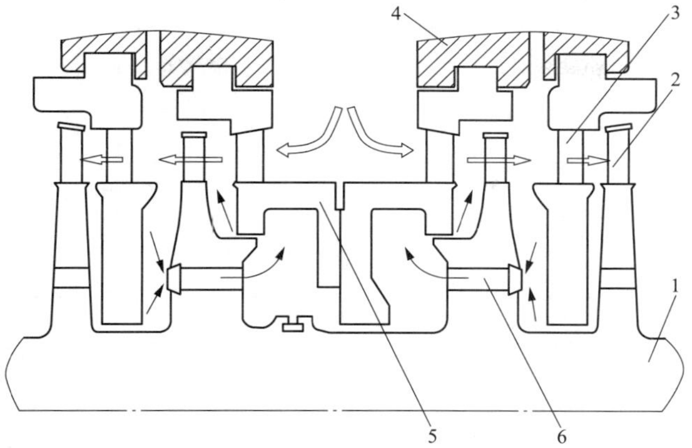

图 1-7 冲动式汽轮机双流低压转子的冷却结构

1—低压转子；2—动叶栅；3—静叶栅；4—低压内缸；5—导流环；6—平衡孔

4. 高压汽缸和中压汽缸的冷却

（1）高压汽缸的冷却。从高压缸通流部分引出部分蒸汽在内外汽缸夹层中流动，冷却内缸并限制内缸向外缸的热交换和热辐射。汽缸夹层应设计小的蒸汽流量，内缸外表面和外缸内表面对流换热的放热系数不宜过大。同时应注意：①防止汽缸的高温部位因被过度冷却而引起比较大的热应力；②避免内缸外表面的强对流，以减小内缸的热应力和热变形。

（2）中压汽缸的冷却。从中压缸通流部分引出部分蒸汽（或引入外来蒸汽）在内外汽缸夹层中流动，冷却内缸并限制内缸向外缸的热交换和热辐射。中压内缸内外表面的金属温度差比较大，运行中热应力有可能引起内缸热变形，为了减小中压内缸内外表面的金属温度差，在中压内缸的内表面设计一遮热罩。

三、我国超（超）临界汽轮机特点

国际上汽轮机的设计有多种流派，不同的制造厂有各自的设计理念。我国的汽轮机制造是在引进国外先进技术的基础上生产的，下面以我国三大动力厂（上海汽轮机厂、哈尔滨汽轮机厂、东方汽轮机厂）生产的超超临界 1000MW 汽轮机为例，介绍超超临界汽轮机的结构特点，见表 1-2。

表 1-2 我国三大动力厂生产的超超临界 1000MW 汽轮机技术特点对比

制造厂		上海汽轮机厂	哈尔滨汽轮机厂	东方汽轮机厂
引进技术		德国西门子	日本东芝	日本日立
型号		N1000-25.0/600/600	CCLN1000-25/600/600	N1000-25.0/600/600
本体结构		反动机型	冲动机型	冲动机型
进汽方式		全周进汽与补汽阀调节，无调节级	喷嘴调节	喷嘴调节与节流调节
高压模块	型式	单流	双流调节级＋单流压力级	双流调节级＋单流压力级
	级数	15	2×1+9	2×1+8
	转子	整锻无中心孔	整锻无中心孔	整锻无中心孔
	第一级叶片	斜置式静叶、全周进汽	高压喷嘴采用渗硼处理、部分进汽	调节级整体围带＋铆接围带成组

续表

制造厂		上海汽轮机厂	哈尔滨汽轮机厂	东方汽轮机厂
高压模块	其余叶片	整体围带，马刀形三维叶片	冲动式、三维、整体围带	高压1、2压力级铆接围带，其余级整体围带
	汽缸	轴向对分筒形外缸	内、外缸，螺栓连接水平中分面	内、外缸，螺栓连接水平中分面
中压模块	型式	双流	双流	双流
	级数	2×14	2×7	2×6
	转子	整锻无中心孔	整锻无中心孔	整锻无中心孔
	第一级叶片	斜置式静叶	喷嘴采用涂陶瓷材料	铆接围带、高负荷扭曲叶片
	其余叶片	整体围带叶片		铆接围带叶片
	汽缸	内、外缸，螺栓连接水平中分面	内、外缸，螺栓连接水平中分面	内、外缸，螺栓连接水平中分面
低压模块	型式	两缸四排汽	两缸四排汽	两缸四排汽
	级数	2×2×6	2×2×6	2×2×6
	转子	整锻无中心孔	整锻无中心孔	整锻无中心孔
	末级叶片	自由叶片、枞树形叶根、空心静叶、激光表面硬化	整体围带、套筒拉筋、圆弧枞树形叶根	整体围带和凸台拉筋，8叉叶根，加焊司太立合金片
	次末级叶片	整体围带，全三维	特殊的疏水收集器	整体围带，三维设计
	其余叶片	整体围带，马刀形三维叶片	整体围带	铆接围带、高负荷扭曲叶片
	末级排汽面积	4×10.96	4×11.87	4×10.11
	低压缸与凝汽器连接	刚性连接	弹性连接	弹性连接
转子支承方式		单轴承支撑（5个）	双轴承支撑（8个）	双轴承支撑（8个）
调节方式		滑压调节（定-滑）	喷嘴调节（定-滑-定）	喷嘴调节（定-滑-定）
防固体颗粒冲蚀（SPE）措施		全周进汽，20%反动级高、中压第一级斜置静叶加大了静、动间隙	高压喷嘴采用渗硼处理，中压喷嘴采用涂陶瓷材料处理	高压喷嘴和中压第一级静叶表面渗硼
末级叶片防水措施		有去湿槽空心静叶，动叶顶部进汽边激光硬化	末级隔板内环、外环、静叶采用空心去湿槽，动叶采用司太立合金钢	有去湿槽空心静叶，动叶片顶部进汽边高频蘸火
启动方式		高中压缸联合启动	高中压缸联合启动	高中压缸联合启动
型式		单轴、四缸四排汽		
外形尺寸（长×宽×高）（m×m×m）		29×10.4×7.75	40×10.1×7.5	37.9×9.9×6.8
大修周期（年）		12	6	8

第三节 供热式汽轮机

既带动发电机发电又对外供热的汽轮机称为供热式汽轮机，又称热电联产汽轮机。随着供热需求的增加和供热式汽轮机技术不断完善，供热式汽轮机经济性好的优势十分明显，应用越来越广泛。

一、供热式汽轮机的经济性

供热式汽轮机与凝汽式汽轮机相比节能效果十分明显，按照工程热力学对热力循环的分析，凝汽式汽轮机的工质从热源所吸收的热能不可能全部转变为功，工质在凝汽器中凝结时被冷却水带走大量热能，这种热能损失称冷源（凝汽）损失，凝汽式电站中燃料化学能转换为电能的热效率最高只有40%左右，而冷源损失占燃料化学能的45%左右，使循环的热效率降低。冷源损失是低位热能，其数量很大。凝汽式汽轮机的排汽压力一般为0.005MPa左右，排汽焓值和相应凝结水的焓值之差（h_c-h_c'）为2200kJ/kg，即1kg蒸汽在凝结时所放出的热能，这个数字比机组的整机理想焓降还要大（例如，国产200MW汽轮机，整机理想焓降为1720.7kJ/kg）。供热式汽轮机可充分利用冷源损失，提高火力发电厂的循环热效率。

对于凝汽式汽轮机，其理论热效率为

$$\eta_{el}=\frac{P_{el}}{Q_1}$$

式中 P_{el}——汽轮发电机组的电功率；

Q_1——单位时间内锅炉燃料所供给的总热能。

对于供热式汽轮机来说，同时发电 P_{el} 和供热（Q），其热效率为

$$\eta_{el'th}=\frac{P_{el}+Q}{Q_1}=\eta_{el}\left(1+\frac{Q}{P_{el}}\right)$$

式中，Q/P_{el} 称为供热式汽轮机热电比。由于 $\left(1+\frac{Q}{P_{el}}\right)>1$，因此，$\eta_{el'th}>\eta_{el}$。这就表明，供热式汽轮机的热效率比凝汽式汽轮机高。

目前，大功率凝汽式火电机组的热效率约为40%，由于供热式火电机组的热电比 Q/P_{el} 大于零，因此，供热式汽轮机的热效率明显高于凝汽式汽轮机。

二、供热式汽轮机的种类

供热式汽轮机分为背压式、高背压凝汽式和调节抽汽式三种。

（一）背压式汽轮机

背压式汽轮机是将汽轮机排汽全部用于向用户供热，工质在热力循环中的冷源损失全部利用，热电比可达6～8，整机热效率达85%左右。背压式汽轮机排汽压力（背压）一般高于一个大气压力（具体值根据用户需求确定），排汽全部供给热用户，其工作过程见图1-8（a）。新蒸汽进入背压式汽轮机膨胀做功后，排汽送到热用户。由于无回热抽汽，进汽量等于排汽量，当热负荷增大时，进汽量增大，发电功率增大；反之亦然。图1-8（b）所示为同功率同参数时背压式汽轮机和凝汽式汽轮机的汽耗线。

背压式汽轮机有以下特点：

（1）电负荷取决于热负荷，电负荷的调峰能力差。

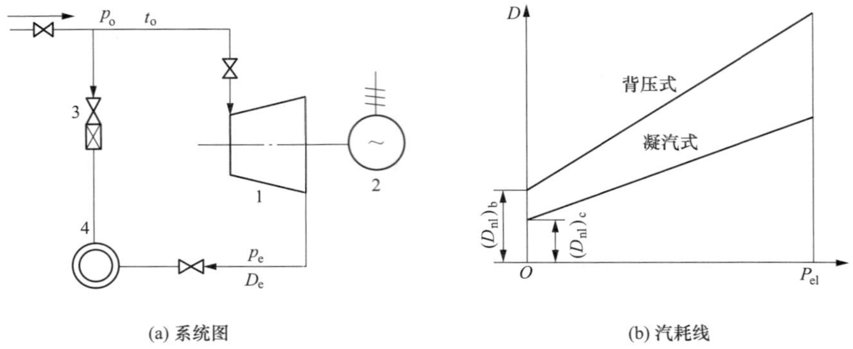

图 1-8　背压式汽轮机

1—背压式汽轮机；2—发电机；3—减温减压器；4—热用户；$(D_{nl})_c$—凝汽式汽轮机空载汽耗量；$(D_{nl})_b$—背压式汽轮机空载汽耗量

（2）没有回热抽汽，也没有凝汽器，排汽全部送到热用户。

（3）排汽参数高，整机理想焓降小，是凝汽式汽轮机的 1/8～1/3。

（4）由于整机理想焓降小，对于同功率大小的凝汽式汽轮机来说，背压式汽轮机的流量大，相应各级通流部分的几何尺寸就大。

（5）背压式汽轮机的初参数一般不会很高，多为中参数。

（6）排汽压力要根据热负荷的性质而定，既可用于工业用汽，也可用于采暖用汽，工业用汽的压力一般为 0.8～1.3MPa；采暖用汽的压力一般为 0.12～0.25MPa。

（二）高背压凝汽式汽轮机

高背压凝汽式汽轮机是将凝汽式汽轮机排汽凝结放出的热能向用户供热，工质在热力循环中的冷源损失几乎全部利用，效率与背压式汽轮机相近。高背压凝汽式汽轮机是在凝汽式汽轮机和背压式汽轮机的基础上发展而成的，综合了凝汽式汽轮机和背压式汽轮机的优点，其本质是降低凝汽式汽轮机的真空度，提高排汽压力和温度，使循环水温度升高，利用循环水向用户供热。由于这种供热方式的汽轮机排汽压力比凝汽式汽轮机排汽压力高，又有背压式汽轮机利用工质冷源损失供热的优点，所以称之为高背压凝汽式汽轮机。高背压凝汽式汽轮机的排汽压力低于大气压力（排汽压力一般在 35～85kPa），其工作过程与凝汽式汽轮机相似。高背压凝汽式汽轮机有以下特点。

（1）电负荷对热负荷的依赖性较小，电负荷调峰能力较好。

（2）与凝汽式汽轮机相似，装有回热抽汽和凝汽器。

（3）与背压式汽轮机相比，排汽参数降低，整机理想焓降明显提高，与凝汽式汽轮机相比，排汽参数有所提高，虽然整机理想焓降稍有减少，但由于利用了冷源损失，效率大幅度提高。

（4）初参数不受限制，已广泛应用超临界参数。

（5）只能用于采暖供热，在非供热期运行时，由于其排汽参数较高，效率较低，为了提高非供热期机组的效率，必须降低排汽参数（具体办法是更换低压转子并投入循环冷却水，使其效率与凝汽式汽轮机相当）。目前，高背压凝汽式汽轮机是我国北方冬季集中供暖的主要热源，将在第七章专门介绍。

（三）调节抽汽式汽轮机

调节抽汽式汽轮机是根据用户需要，将一部分做过功的蒸汽从汽轮机中抽出来供给热用户，另一部分蒸汽在汽轮机内继续做功后排入凝汽器凝结成水，由于存在部分冷源损失，其热效率高于凝汽式汽轮机而低于背压式汽轮机。调节抽汽式汽轮机同时发电和对外供热，并能在较大范围内同时满足热、电两负荷的要求。也就是说，当发电功率不变时，供热抽汽量可以在一定范围内任意变动；当供热量不变时，发电功率可以在一定范围内任意变动。根据热负荷的要求，调节抽汽式汽轮机可以向外提供一种或者两种不同参数的蒸汽，同时完成工业供热和居民采暖供热，并且，供汽流量大小可以调整。

1. 一次调节抽汽式汽轮机

一次调节抽汽式汽轮机由高压部分和低压部分所组成，其工作过程见图 1-9。从锅炉出来的蒸汽 D_o（参数为 p_o、t_o），经主汽阀、调节阀先在高压部分膨胀做功之后，分成两股，一股蒸汽 D_e（压力为 p_e）从高压部分抽出送到热用户；另一股蒸汽 D_c 经低压调节阀进入低压部分继续膨胀做功，做功后的乏汽最后排入凝汽器（压力为 p_c）。一次调节抽汽式汽轮机有高、低压两个调节阀，由机组本身的调节系统控制，同时满足热、电负荷的要求。也就是说，一次调节抽汽式汽轮机的控制系统可实现以下功能：①当热负荷改变时，电负荷不变；②当电负荷改变时，热负荷不变。

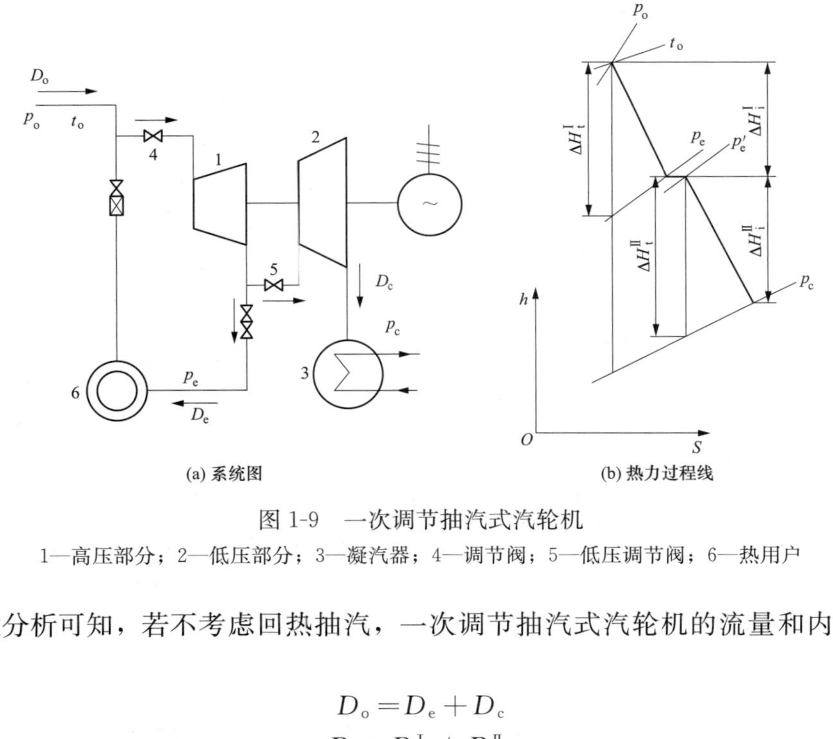

图 1-9 一次调节抽汽式汽轮机

1—高压部分；2—低压部分；3—凝汽器；4—调节阀；5—低压调节阀；6—热用户

从上述分析可知，若不考虑回热抽汽，一次调节抽汽式汽轮机的流量和内功率的计算式为

$$D_o = D_e + D_c$$

$$P_i = P_i^{I} + P_i^{II}$$

一次调节抽汽式汽轮机高压部分的内功率、低压部分的内功率和整机的内功率为

$$P_i^{I} = \frac{D_o \Delta H_t^{I} \eta_i^{I}}{3600}$$

$$P_i^{\mathrm{II}} = \frac{D_c \Delta H_t^{\mathrm{II}} \eta_i^{\mathrm{II}}}{3600}$$

$$P_i = \frac{D_o \Delta H_t^{\mathrm{I}} \eta_i^{\mathrm{I}}}{3600} + \frac{D_c \Delta H_t^{\mathrm{II}} \eta_i^{\mathrm{II}}}{3600} = \frac{D_o \Delta H_t^{\mathrm{I}} \eta_i^{\mathrm{I}}}{3600} + \frac{(D_o - D_e) \Delta H_t^{\mathrm{II}} \eta_i^{\mathrm{II}}}{3600}$$

式中 D_0、D_e、D_c——汽轮机的进汽量、抽汽量、凝汽量，t/h；

P_i、P_i^{I}、P_i^{II}——汽轮机的内功率、高压部分内功率、低压部分内功率，kW；

ΔH_t^{I}、ΔH_t^{II}——汽轮机高压部分、低压部分的理想焓降，kJ/kg；

η_i^{I}、η_i^{II}——汽轮机高压部分、低压部分的内效率，%。

由 P_i计算式可以看出，当进汽量一定时，可通过调节抽汽量得到不同的电功率。也就是说，一次调节抽汽式汽轮机在一定范围内，可同时满足热、电两负荷的需要。

2. 二次调节抽汽式汽轮机

二次调节抽汽式汽轮机的工作原理和一次调节抽汽式汽轮机大体相同，汽轮机由高、中、低压三部分所组成，三部分都具有各自的配汽机构，能同时向外供应两种不同参数的抽汽，其工作过程见图 1-10。进汽参数为 p_o、t_o 的蒸汽量 D_o 进入汽轮机高压部分，在高压部分内膨胀到压力 p_{e1}。在这个压力下，一部分蒸汽 D_{e1} 供给工业热用户；另一部分蒸汽 $D_2 = D_o - D_{e1}$ 经过调节阀进入中压部分，在其中膨胀至压力 p_{e2}，并在此压力下将第二次抽汽 D_{e2} 供给采暖用户，余下的蒸汽 D_c 经调节阀进入低压部分继续膨胀做功，直至压力为 p_c，最后排入凝汽器。

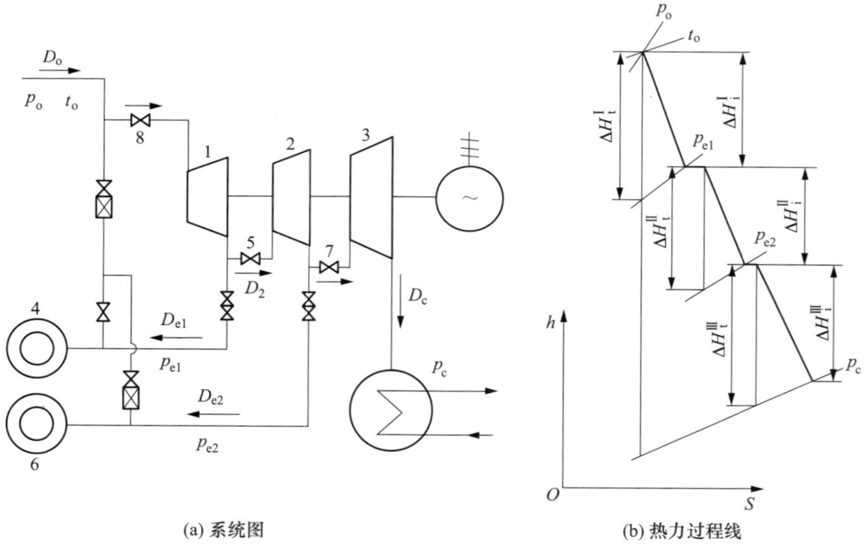

图 1-10 二次调节抽汽式汽轮机

1—高压部分；2—中压部分；3—低压部分；4、6—热用户；5、7、8—调节阀

从上述分析可知，如果不考虑回热抽汽，则汽轮机总的内功率和蒸汽流量的基本关系为

$$D_o = D_{e1} + D_{e2} + D_c$$

$$P_i = P_i^{\mathrm{I}} + P_i^{\mathrm{II}} + P_i^{\mathrm{III}}$$

式中 D_o、D_{e1}、D_{e2}、D_c——总进汽量和一、二次抽汽量及凝汽量，t/h；

P_i、P_i^{I}、P_i^{II}、P_i^{III}——整机和高、中、低压三部分的内功率，kW。

整个汽轮机的内功率为高、中、低压三部分内功率之和。

$$P_i = \frac{D_o \Delta H_t^{I} \eta_i^{I}}{3600} + \frac{D_2 \Delta H_t^{II} \eta_i^{II}}{3600} + \frac{D_c \Delta H_t^{III} \eta_i^{III}}{3600} = \frac{D_o \Delta H_t^{I} \eta_i^{I}}{3600} + \frac{(D_o - D_{e1}) \Delta H_t^{II} \eta_i^{II}}{3600} + \frac{(D_o - D_{e1} - D_{e2}) H_t^{III} \eta_i^{III}}{3600}$$

或者 $$P_i = \left[\frac{D_0 \Delta H_t \eta_i}{3600} - \frac{D_{e1}(\Delta H_t^{II} \eta_i^{II} + \Delta H_t^{III} \eta_i^{III})}{3600}\right] - \frac{D_{e2} \Delta H_t^{III} \eta_i^{III}}{3600} = P_i' - P_{e2}$$

式中 ΔH_t^{I}、ΔH_t^{II}、ΔH_t^{III}——高、中、低压三部分的理想焓降，kJ/kg；

η_i^{I}、η_i^{II}、η_i^{III}——高、中、低压三部分的相对内效率，%；

P_i'——没有 D_{e2} 抽汽时所发出的内功率，kW；

P_{e2}——由于 D_{e2} 抽汽时，在低压部分所少发的内功率，kW。

低压部分由于抽出 D_{e2} 少发的功率 ΔP_{e2} 可用下式确定，即

$$P_{e2} = \frac{D_{e2} \Delta H_t^{III} \eta_i^{III}}{3600}$$

如果已知总功率、抽汽量 D_{e1} 及 D_{e2} 和各部分的内效率，就可以根据 P_i 计算式算出满足以上条件的总蒸汽量。也就是说，只要通过调节系统对各部分进汽量进行合理调节，二次抽汽调节式汽轮机是可以同时满足电负荷及热负荷要求的。

三、抽汽式汽轮机与凝汽式汽轮机及背压式汽轮机的关系

抽汽式汽轮机的进汽量、抽汽量及电功率在各种运行条件下的关系可用图 1-11 中的曲线表示，图 1-11 中的曲线变化反映了抽汽式汽轮机与背压式汽轮机及凝汽式汽轮机的关系。

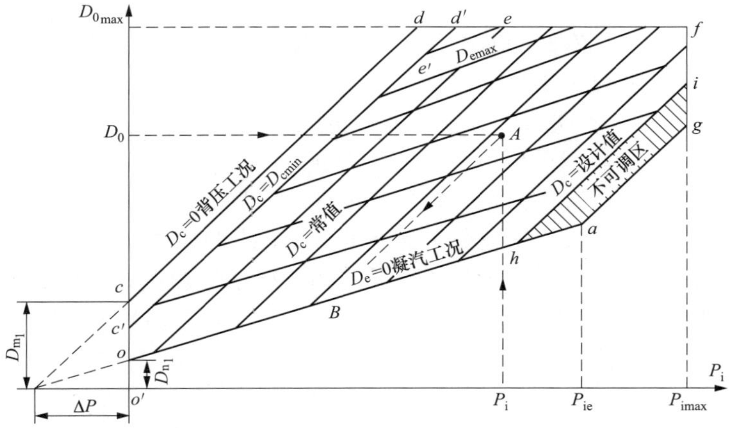

图 1-11 抽汽式汽轮机在各种运行条件下进汽量、抽汽量及电功率的关系曲线

1. 凝汽工况线

当机组抽汽量 $D_e = 0$ 时，机组的功率与流量的关系曲线称为凝汽工况线。这时，抽汽式汽轮机变成凝汽式汽轮机，机组的功率为

$$P_i = \frac{D_o H_t \eta_i}{3600} = B_c D_o$$

上式的 B_c 根据假设应为一常数，则功率 P_i 与流量 D_o 呈直线关系，如图 1-11 中的 *oa*

线所示。该线就是凝汽工况线，其斜率$d_c=\dfrac{3600}{\Delta H_t\eta_i}$。图 1-11 中线段 oo'表示机组有效功率为零时的空载汽耗量 D_{nl}，a 点所对应的功率为额定功率。

2. 背压工况线

当低压缸流量 $D_c=0$ 时，机组的功率与流量的关系曲线称为背压工况线。这时，机组相当于一台背压式汽轮机，供汽量等于进汽量，机组的功率为

$$P_i=\frac{D_o\Delta H_t^{\mathrm{I}}\eta_i^{\mathrm{I}}}{3600}=B_bD_o$$

上式的B_b根据假设也为一常数，但$B_b<B_c$。P_i与流量 D_o 也是直线关系，如图 1-11 中的 cd 线所示，称为理论背压线，其斜率$d_b=\dfrac{3600}{\Delta H_t^{\mathrm{I}}\eta_i^{\mathrm{I}}}$比凝汽工况线的斜率 $d_c=\dfrac{3600}{\Delta H_t\eta_i}$ 要大，其空载汽耗量 D_{nl1}（$o'c$ 线段）也比凝汽工况的大。在实际运行中，为了冷却低压缸，必须要有一个最小流量$D_{c\min}$通过低压缸，所以背压工况是不容易实现的，汽轮机所发出的功率要增大，即

$$P_i=B_bD_o+(\Delta P_i^{\mathrm{II}})_{\min}$$

式中：$(\Delta P_i^{\mathrm{II}})_{\min}$为低压缸通过最小流量时所发出的功率。由于为一常数，所以，在这种工况下机组的功率与流量的关系曲线应与 cd 线平行，如图 1-11 的 $c'd'$线所示，称为实际背压工况线（最小凝汽工况线）。随着 3S 离合器技术的成熟，可在凝汽、抽汽及背压工况运行的汽轮机成为现实，在背压工况下低压缸停止运行，机组按背压工况运行，汽轮机排汽可全部供给热用户。

3. 等抽汽量工况线

当抽汽量 D_e 为不同常数时，机组的功率与流量的一组关系曲线称为等抽汽量工况线。由于抽汽量的存在，机组的功率为

$$P_i=\frac{D_o\Delta H_t\Delta\eta_i}{3600}-\frac{D_e\Delta H_t^{\mathrm{II}}\eta_i^{\mathrm{II}}}{3600}=B_cD_o-P_{ie}^{\mathrm{II}}$$

式中：P_{ie}^{II}为由于抽汽量没通过低压缸而少发的功率，当抽汽量一定时，P_{ie}^{II}也为定值。这时，机组的功率与流量的关系曲线应是一组平行于 oa 线的曲线，如图 1-11 中的 ee'线等所示。很显然，当抽汽量 $D_e=0$ 时，P_{ie}^{II}也为零，其工况线就是凝汽量工况线。图 1-11 中的 ee'线为最大抽汽量工况线，即 $D_e=D_{e\max}$，$D_{e\max}$的大小决定于设计条件。在设计时，最大抽汽量只能在最大进汽量时抽出。

4. 等凝汽量工况线

当通过低压缸流量 D_c 为不同常数时，机组的功率与流量的一组关系曲线称为等凝汽量工况线。这时候，机组的功率为

$$P_i=\frac{D_o\Delta H_t^{\mathrm{I}}\eta_i^{\mathrm{I}}}{3600}+\frac{D_c\Delta H_t^{\mathrm{II}}\eta_i^{\mathrm{II}}}{3600}=B_bD_o+P_i^{\mathrm{II}}$$

当 $D_c=0$ 时，则 $P_i=B_bD_0$，即背压工况线（$c'd'$线）。因此，在不同的 D_c 下就可以得到一组平行于 $c'd'$的直线，在这组直线中，凝汽量 D_c 越大，则等凝汽量工况线的位置越向右方移动，图 1-11 中的 hi 线段表示通过低压缸为设计流量时的工况线，此时低压缸调节阀已全开，抽汽室中的压力维持设计值。若低压缸流量进一步增加，抽汽室中的压力也随之升高，这种调节抽汽室中压力高于设计值的工况称为抽汽压力不可调节工况。当低压缸流量增

大到最大值 D_{cmax}时，其功率就增大到额定值（即 a 点工况），这时抽汽压力升高到上限值。ag 线表示低压缸通过最大流量时的工况，图中斜线部分 $higa$ 称为抽汽压力不可调区。

图 1-11 中的 df 线表示通过高压缸为最大流量时的工况线，这时高压缸调节阀已完全开启，因为进入汽轮机的流量为一常数，所以它是一平行于横坐标的直线。在同一 D_{cmax}下，可以改变调节抽汽量来改变进入低压缸的进汽量，使汽轮机发出不同的功率。例如减小 D_c，D_e 增大，汽轮机功率也随着增大，但汽轮机最大功率受发电机所允许的功率限制，图中 fg 线表示发电机所允许的最大功率。

上述各线所围成的一块封闭面积 $aoc'd'efga$，即为一次调整抽汽式汽轮机的工况图，区内任意一点都代表汽轮机实际运行中的一种工况。因此，在工作区内，只要知道 4 个参数 D_o、D_e、D_c、P_i中的任意两个，就可以通过查工况图而求得另外两个量。例如，已知汽轮机功率 P_i和 D_o，则在工况图上找到 P_i和 D_o的交点 A，然后经过 A 点引一条凝汽量为常数的直线，使其与凝汽工况线 oa 交得 B 点，此点的纵坐标就代表了低压缸的流量 D_e，而抽汽量 $D_c=D_o-D_e$。

四、超临界供热汽轮机

提高汽轮机参数和汽轮机供热都能有效提高汽轮机的效率，因此利用超临界汽轮机供热可最大限度提高汽轮机效率。为了确保供热的安全和稳定，目前超临界汽轮机供热以 350MW 和 600MW 机组为主，也有少数 1000MW 的超超临界供热机组投入运行。由于供热所需的热源均为低参数蒸汽，这些蒸汽来自汽轮机中压缸和低压缸，所以超临界汽轮机的供热与亚临界汽轮机的供热相同，不再特别说明。

第二章

350MW 超临界抽汽凝汽式汽轮机及系统

超临界机组和集中供热都具有显著的节能和环保效果，随着超临界技术的不断发展和集中供热的不断完善，利用超临界机组集中供热越来越普及，下面以 C350-24.2/0.343/566/566 型汽轮机为例，对超临界供热汽轮机及其系统作一简要介绍。

第一节 汽轮机简介

C350-24.2/0.343/566/566 型汽轮机为超临界、单轴、一次中间再热、两缸两排汽、抽汽、凝汽式汽轮机。调节系统采用数字电液调节系统，操作简便，运行安全可靠。既可提供压力可调整的供热网抽汽（压力调整范围在 0.245～0.58MPa 之间，压力低于 0.343MPa 时，通过抽汽管道上的抽汽阀节流实现）；也可同时提供 0.9MPa 或 2MPa 的非调整工业抽汽。高中压部分采用合缸反流布置，高压调节级为顺流布置，低压缸采用双流反向两层缸结构，汽轮机的结构见图 2-1～图 2-3（其中图 2-1 见文后插页）。

一、汽轮机配汽

汽轮机配汽包括主蒸汽配汽和再热蒸汽配汽。

1. 主蒸汽配汽

主蒸汽采用节流-喷嘴联合配汽，控制系统具有阀门管理功能。主蒸汽配汽由主蒸汽管道、三通管、两个高压主汽阀、4 个高压调节阀及 4 组调节级喷嘴组成。锅炉主蒸汽由一根主蒸汽管引至汽机房，经一个三通管分成两根分路管，两根分路管分别与两个高压主汽阀入口焊接；每一个高压主汽阀对应两个高压调节阀，高压主汽阀和对应的两个高压调节阀外壳铸成一体，高压主汽阀和高压调节阀由各自的油动机驱动，每个高压主汽阀出来的蒸汽直接进入两个高压调节阀的入口；每个高压调节阀出口与一根支管焊接，4 根支管中两根与高压外缸上半的高压进汽管座焊接，另两根与高压外缸下半的高压进汽管座焊接，4 根支管将主蒸汽送入高压蒸汽室，然后进入对应的 4 组喷嘴。

2. 再热蒸汽配汽

再热蒸汽采用节流配汽，再热蒸汽配汽由再热蒸汽管道、三通管、两个中压主汽阀及两个中压调节阀组成。高温再热蒸汽由一根热段再热蒸汽管引至汽机房，经一个三通管分成两根分路管，两根分路管分别与两个中压主汽阀入口焊接；每一个中压主汽阀对应一个中压调

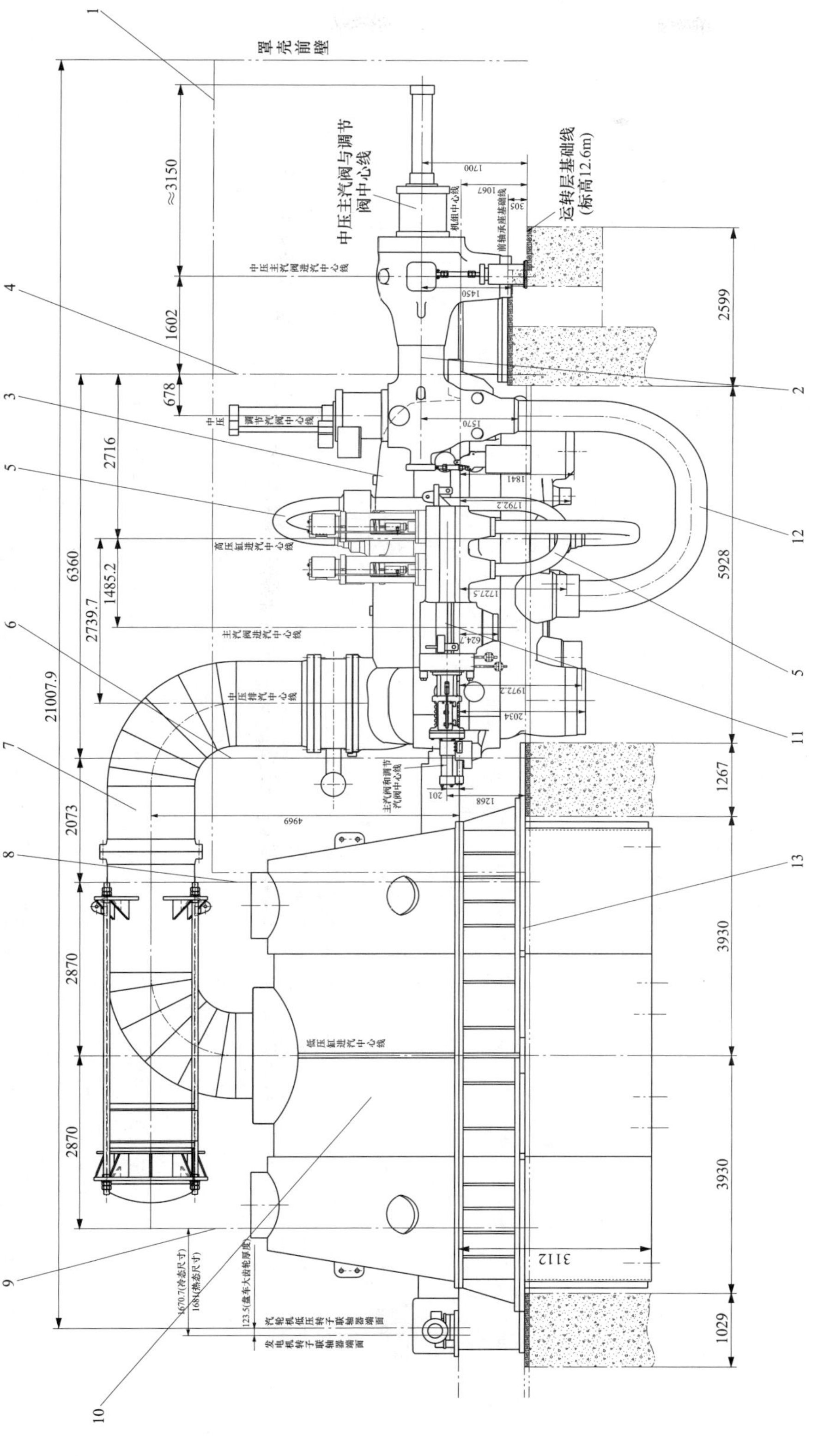

图 2-2 汽轮机侧视图

1—罩壳；2—中压联合供汽阀；3—高中压缸；4—1号轴承中心线；5—主蒸汽供汽管；6—2号轴承中心线；
7—中低压连通管；8—3号轴承中心线；9—4号轴承中心线；10—低压缸；11—高压联合供汽阀；12—再热蒸汽供汽管；13—台板

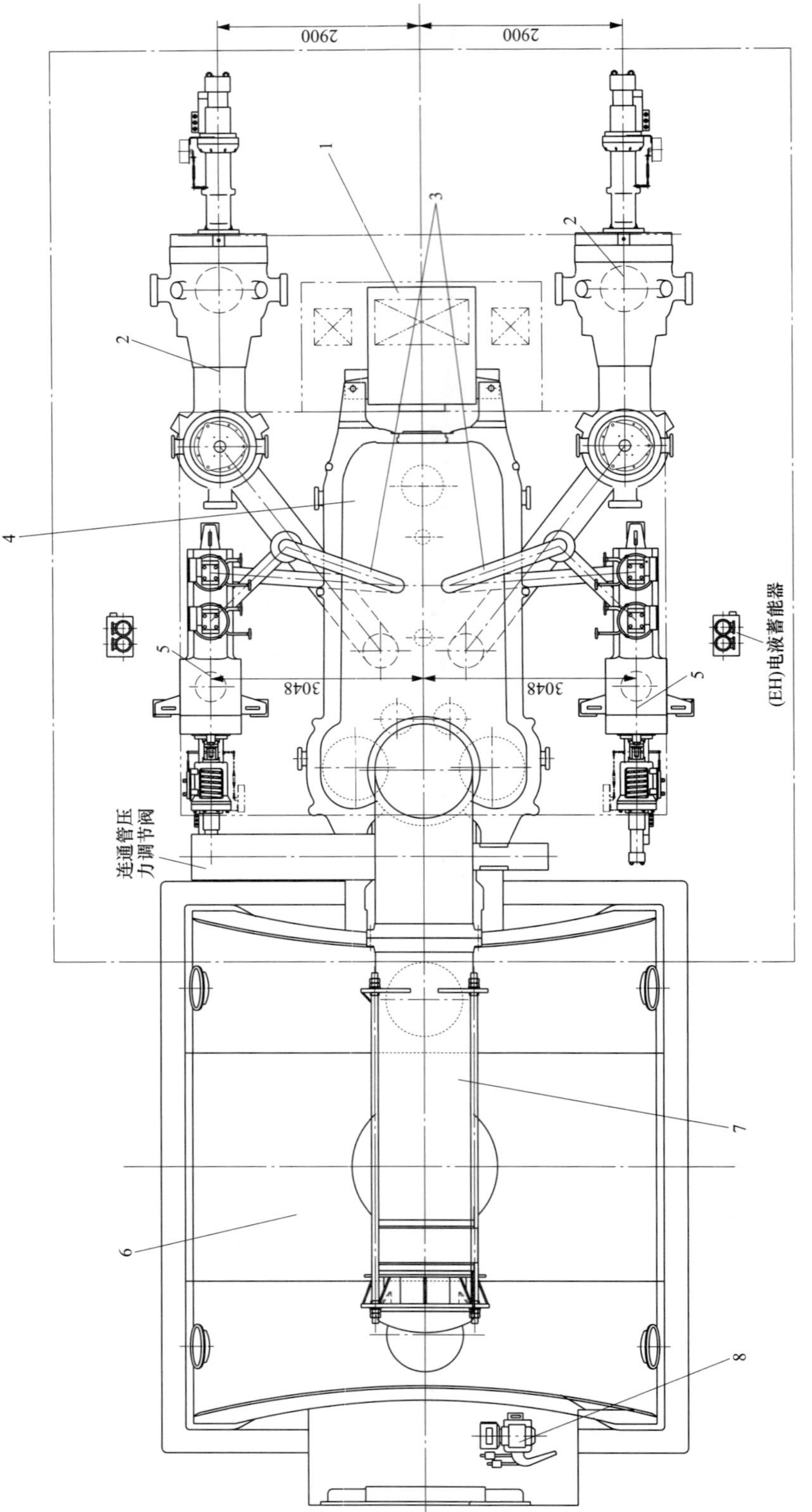

图 2-3　汽轮机俯视图

1—前轴承箱；2—中压联合供汽阀中心线；3—主蒸汽供汽管；4—高中压缸；5—高压联合供汽阀中心线；6—低压缸；7—中低压连通管；8—盘车装置

节阀，中压主汽阀和对应的中压调节阀外壳铸成一体，中压主汽阀和中压调节阀由各自的油动机驱动，从中压主汽阀出来的蒸汽直接进入对应的中压调节阀的入口；每个中压调节阀出口与一根支管焊接，两根支管与中压外缸下半的中压进汽管座焊接，两根支管将再热蒸汽通过中压进汽室送入中压通流部分。

二、通流部分

汽轮机通流部分与汽缸相对应，分为高压、中压和低压三个部分，共 38 级，高压通流部分 15 级，中压通流部分 11 级，低压通流部分 2×6 级。

1. 高压通流部分

高压通流部分由 1 个单列调节级（冲动式）和 14 个压力级（反动式）组成，调节级和压力级的蒸汽流动方向一致，为顺流布置。高压喷嘴安装于蒸汽室，14 级静叶环均装于高压静叶持环上，高压静叶持环由汽缸支承。主蒸汽经过布置在高压缸两侧的两个高压主汽阀和 4 个高压调节阀，从位于高中压缸中部的 4 个（上下各两个）进汽口进入喷嘴室和调节级，然后再流经高压缸内的各压力级。一部分蒸汽从高压第 12 级后的一段抽汽口抽出，送至 1 号高压加热器。高压缸排汽从下部排出，经再热冷段蒸汽管回到锅炉再热器（其中部分蒸汽由二段抽汽口抽出，送至 2 号高压加热器）。从锅炉再热器出来的高温再热蒸汽经过再热热段蒸汽管送至汽轮机两侧的中压主汽阀与中压调节阀，并从下部两侧进入中压缸。

2. 中压通流部分

中压通流部分共有 11 级，全部为反动式压力级。中压第 1～4 级静叶环安装于中压 1 号静叶持环上，中压第 5～11 级静叶环安装于中压 2 号静叶持环上。中压 1 号静叶持环由中压内缸支承，而中压 2 号静叶持环则由中压外缸支承。中压缸第 4 级后抽出一部分蒸汽流经内外缸之间的夹层空间，对中压内缸外壁进行冷却，经过中压外缸下半的三段抽汽口送至 3 号高压加热器及备用工业抽汽。中压缸第 9 级后抽出的一部分蒸汽经过两个四段抽汽口引至汽动给水泵及除氧器，还向厂用蒸汽集箱供汽并具备提供一部分工业抽汽的能力。中压缸排汽（向上）经一根中、低压缸连通管导入低压缸中部。同时，中压缸排汽端的下部有两个对称的五段抽汽口，其抽汽的一部分送至 5 号低压加热器，另一部分送至热网。

3. 低压通流部分

低压通流部分是双流反动式压力级，共 2×6 级。蒸汽从低压缸中部进入，然后分别流向两侧对称布置的通流部分做功后经低压缸排汽口进入凝汽器。由于低压通流部分的结构为对称双流，所以低压转子轴向力相互平衡。在低压缸调节阀端的第 3、4、5 级和低压缸电机端的第 3 级、4 级、5 级后分别设有完全对称的抽汽口，所有抽汽至低压加热器。其中，第 3 级后的六段抽汽至 6 号低压加热器，第 4 级后的七段抽汽至 7 号低压加热器，第 5 级后的八段抽汽至 8 号低压加热器，7 号、8 号低压加热器为共用一个壳体的复式加热器，卧式布置在凝汽器喉部，各级加热器疏水采用逐级自流。

三、汽缸

汽缸与通流部分相对应，分为高压汽缸、中压汽缸和低压汽缸，均采用内外双层缸结构，外缸上装有供汽管、排汽管和各段抽汽管。高、中压汽缸为铬钼钒钢铸件（ZG15Cr1Mo1V），高、中压外缸整体铸造，高、中压内缸分体铸造；低压缸为双流布置双层结构，用普通碳钢焊接而成，每个低压缸上半部设置有排汽隔膜阀（即大气阀），该阀具有足够的排汽面积，其爆破压力值为 0.034～0.048 2MPa（高背压供热机组需相应提高）。在低压外缸内装有喷水减温装置，以降低排汽温度。高、中、低压缸共有 8 段抽汽口，抽汽口的分布见表 2-1。

表 2-1　　汽轮机各抽汽口的位置、数量及用途

抽汽号（段）	级后抽汽	抽汽口数	用　　途
1（高压缸）	12	1	1 号高压加热器
2（高压缸排汽）	15	1	2 号高压加热器
3（中压缸）	19	1	3 号高压加热器、备用工业抽汽
4（中压缸）	24	2	除氧器、给水泵汽轮机、备用工业抽汽和厂用汽
5（中压缸排汽）	26	2	5 号低压加热器、热网供汽
6（低压缸）	29	2	6 号低压加热器
7（低压缸）	30	2	7 号低压加热器
8（低压缸）	31	4	8 号低压加热器

四、汽封

为了减小汽轮机动、静部分之间的漏汽，提高汽轮机效率，在各静叶环（隔板）内侧与转子之间以及各动叶栅顶部与静叶持环（内缸）之间装有通流汽封；为了防止蒸汽沿轴与高中压汽缸之间向缸外泄漏（或空气沿低压轴与低压缸之间向低压缸内泄漏），在轴穿过外缸处装有轴端汽封（通常称轴封）；由于反动式汽轮机的轴向推力较大，为了平衡轴向推力，在高压缸进汽与排汽侧的转子上装有平衡活塞，平衡活塞与高压缸之间装有平衡活塞汽封。

五、汽轮机的支承和固定

汽轮机质量大且转子高速运转，只有保证汽轮机转子和定子良好地支承和固定，才能确保汽轮机安全运行。

1. 定子的支承和固定

汽轮机的低压缸和前轴承箱通过台板支承于水泥基础上，高中压缸位于低压缸和前轴承箱之间，用 4 个猫爪搭接于低压缸调节阀端轴承箱和前轴承箱上，这种支承方式有利于布置供汽和抽汽管道。

2. 转子的支承和固定

汽轮机转子采用双支点轴承支承，高中压转子由 1、2 号轴承支承（1 号轴承位于前轴承箱内，2 号轴承位于低压缸调节阀端轴承箱内），低压转子由 3、4 号轴承支承（3、4 号轴承分别位于低压缸调节阀端轴承箱和电机端轴承箱内）。推力轴承装于前轴承箱中，它是汽轮机和发电机轴系的轴向定位点，即轴系相对膨胀的“死点”。1、2、3、4 号轴承将汽轮机转子的重量通过轴承座和台板传至水泥基础。

3. 滑销系统

汽轮机各部件在加热过程中会受热膨胀，为了保证各部件合理膨胀，设计了滑销系统。汽轮机定子死点位于低压缸中心，即轴向和横向定位固定板中心线的交点。低压缸的底脚自由地安放在低压缸基础台板上，高中压外缸两端有 H 形定中心梁，通过它与前轴承箱和低压外缸（调节阀端）轴承箱连接，在汽缸热胀冷缩时起推拉作用，同时又保证了汽缸与轴系的中心不变，以保证自由膨胀。

六、盘车装置

汽轮机装有一转子盘车装置，盘车装置安装在低压缸（发电机侧）的轴承座上，采用侧装式。该盘车装置是利用链条和蜗轮蜗杆减速的低速（2.51r/min）电动盘车装置。

七、超临界汽轮机关键技术的应用

在超临界汽轮机发展过程中，由于蒸汽参数的提高，遇到影响超临界汽轮机发展的因素很多，主要表现为固体颗粒冲蚀、汽流激振、转子和定子的冷却等技术问题，针对这些问题，采取了相应的措施。

（一）防止固体颗粒冲蚀的措施

为了有效防止固体颗粒对通流部分的冲蚀，主要采取了以下措施：

（1）采用反动式叶片时，由于反动式叶片的进汽冲角远大于冲动式，而进汽速度低于冲动式，反动式叶片级的冲蚀明显小于冲动式，因此，除高压调节级为冲动式外，其余均为反动式。

（2）优化静叶片型线，减少静叶出汽边的冲蚀。

（3）在进汽喷嘴或叶片采用表面镀层技术。

（4）配置了汽轮机旁路系统，启动时将固体颗粒直接排入凝汽器。

（二）防止汽流激振的措施

为了有效防止汽流激振，采取了以下措施：

（1）采用了稳定性较好的可倾瓦块轴承来增加系统阻尼。

（2）采用合理的叶顶汽封结构或汽封布置。

（三）转子和定子的冷却措施

汽轮机的主蒸汽和再热蒸汽温度均为566℃，接近于CrMoV钢应用的极限温度，为了防止汽轮机各部件超温，适当提高了动叶和静叶的材料等级，并对高中压缸的内外缸夹层、蒸汽室及高中压轴过渡段进行蒸汽冷却。

1. 高压内缸、高压蒸汽室、高中压轴过渡段及中压转子蒸汽冷却

高压蒸汽经过调节级喷嘴后，温度和压力已有明显下降，将调节级喷嘴后的一部分蒸汽依次经过高压蒸汽室与高中压轴过渡段的间隙和高压内缸与高中压轴过渡段的间隙后分成两路。第一路穿过高压内缸斜孔进入高压内外缸的夹层，最后与高压排汽汇合，在蒸汽流动过程中对高中压轴过渡段、高压蒸汽室及高压内缸冷却；第二路穿过高压内缸与高中压轴过渡段的间隙进入中压通流部分，在蒸汽流动过程中对高中压轴过渡段、高压内缸及中压转子冷却。

2. 中压内缸的冷却

从中压第4级动叶后1、2号中压静叶持环之间引出一部分蒸汽，流过中压内外缸的夹层向调节阀端流动，最后经三段抽汽口排走，在蒸汽流动过程中对中压内缸冷却。

八、汽轮机的主要热力工况

1. 额定工况（THA工况）

额定工况是指汽轮机在额定的主蒸汽参数及再热蒸汽温度、回热系统正常投运、背压为4.9kPa、发电机效率不低于98.7%、补给水率为0%，机组能安全连续运行，发出额定功率。

此工况下的进汽量称为额定进汽量，额定工况也是热耗保证值的验收工况。

2. 铭牌工况（TRL 工况）

铭牌工况是指汽轮机在额定的主蒸汽参数及再热蒸汽温度、回热系统正常投运、背压为 11.8kPa，发电机效率不低于 98.7%、补给水率为 3%，机组能安全连续运行，发出额定功率。此工况下进汽量为铭牌进汽量。

3. 最大连续出力工况（T-MCR 工况）

最大连续出力工况是指汽轮机在额定的主蒸汽参数及再热蒸汽温度、回热系统及汽动给水泵正常投运、背压为 4.9kPa、补给水率为 0%，进汽量等于铭牌进汽量。

此工况下发电机输出的功率称为最大连续功率。

4. 汽轮机调节阀全开工况（VWO）

汽轮机调节阀全开工况是指汽轮机在调节阀全开，额定蒸汽参数、额定背压、回热系统正常投运，机组连续运行的工况。一般在 VWO 下的进汽量至少应为额定进汽量的 1.05 倍，此流量应为保证值。汽轮机调节阀全开工况与锅炉最大连续出力工况（BMCR）相对应。

5. 高压加热器切除工况

高压加热器切除工况是指汽轮机在额定的主蒸汽参数及再热蒸汽温度、背压为 4.9kPa，补给水率为 0%时，高压加热器全部停运时能输出额定功率的运行工况。

6. 额定抽汽工况

汽轮机在额定的主蒸汽参数及再热蒸汽温度、回热系统及汽动给水泵正常投运、背压为 4.9kPa，补给水率为 0%，进汽量等于 THA 工况进汽量，采暖抽汽为额定抽汽量，此工况称为额定抽汽工况。

7. 最大抽汽工况

汽轮机在额定的主蒸汽参数及再热蒸汽温度、回热系统及汽动给水泵正常投运、背压 4.9kPa，补给水率为 0%，进汽量等于 VWO 工况进汽量，采暖抽汽为最大抽汽量，此工况称为最大抽汽工况。

九、汽轮机主要性能参数

C350-24.2/0.343/566/566 型汽轮机的主要技术性能参数见表 2-2～表 2-4。

表 2-2　　C350-24.2/0.343/566/566 型汽轮机设计参数

序号	项　目	单　位	规　范
1	制造厂	上海汽轮机厂	
2	型式	超临界、一次中间再热、单轴、两缸两排汽、凝汽式汽轮机	
3	汽轮机型号	C350-24.2/0.343/566/566	
4	额定功率	MW	350
5	额定主蒸汽压力	MPa	24.2
6	额定主蒸汽温度	℃	566
7	额定高压缸排汽口压力	MPa	4.033
8	额定高压缸排汽口温度	℃	303.2
9	额定再热蒸汽压力	MPa	3.883

续表

序号	项　　目	单　　位	规　　范	
10	额定再热蒸汽温度	℃	566	
11	主蒸汽额定进汽量	t/h	1007	
12	再热蒸汽额定进汽量	t/h	842.6	
13	额定排汽压力	kPa	4.9	
14	最高允许排汽温度	℃	120	
15	配汽方式	单阀/顺序阀		
16	设计冷却水温度	℃	20	
17	额定给水温度	℃	278.2	
18	额定转速	r/min	3000	
19	转向	从机头侧看，顺时针方向		
20	保证热耗率	kJ/kWh	7726	
21	给水回热段数	8 段（3 高压加热器+1 除氧器+4 低压加热器）		
22	低压末级叶片长度	mm	1050	
23	通流级数	级	38	
		级	高压缸	1+14
		级	中压缸	11
		级	低压缸	2×6
24	临界转速一阶高中压转子	r/min	1548	
25	临界转速一阶低压转子	r/min	1510	
26	发电机转子	r/min	一阶 850；二阶 2393	
27	低压叶片共振转速	r/min	1900～2280；2600～2910	
28	运行层标高	m	12.6	
29	启动方式	高中压缸联合启动		
30	轴颈振动两个方向最大值	mm	0.05	
31	临界转速时轴振动最大值	mm	0.15	

表 2-3　　C350-24.2/0.343/566/566 型汽轮机运行参数

序号	项　　目	单　　位	数　　据
1	全真空惰走时间	min	45
2	无真空惰走时间	min	20
3	主开关断开不超速跳闸的最高负荷	MW	387.588
4	OPC（超速保护）动作转速	r/min	3090
5	机械超速跳闸转速	r/min	3300～3360
6	电气超速跳闸转速	r/min	3300
7	汽轮机正常运行允许的最高背压	kPa	24.7
8	汽轮机报警背压	kPa	28
9	汽轮机持续运行允许的最高背压值	kPa	31.3

续表

序号	项　　目	单　　位	数　　据
10	汽轮机在允许的最高背压值持续运行时间	min	15
11	汽轮机正常运行允许的最高排汽温度	℃	50
12	汽轮机排汽报警温度	℃	79
13	汽轮机排汽跳闸温度	℃	120
14	盘车转速	r/min	2.51
15	盘车可停止时汽缸的最高温度	℃	<150
16	盘车可停止时转子的最高温度	℃	<150
17	汽轮机停机后需盘车运行的冷却时间	h	45
18	汽轮机轴承最高允许回油温度	℃	<71
19	汽轮机轴承最高回油温度	℃	82（停机）
20	高压缸末级叶片最高允许温度	℃	427
21	低压缸末级叶片最高允许温度	℃	120

表 2-4　C350-24.2/0.343/566/566 型汽轮机额定负荷（THA 工况）时各段抽汽参数

序号	抽汽段数	流量（t/h）	压力（MPa）	温度（℃）
1	第一段（至 1 号高压加热器）	58.965	6.277	361.2
2	第二段（至 2 号高压加热器）	78.975	4.392	316.7
3	第三段（至 3 号高压加热器）	46.389	2.22	476.6
4	第四段（至除氧器）	24.896	0.913	349.5
5	第四段（至给水泵汽轮机）	54.297	0.913	349.5
6	第五段（至 5 号低压加热器）	65.192	0.592	294.3
7	第六段（至 6 号低压加热器）	29.417	0.132	142.4
8	第七段（至 7 号低压加热器）	27.509	0.056	84.2
9	第八段（至 8 号低压加热器）	29.336	0.022	61.7

十、汽轮机的主要监测内容

汽轮机在高温高压下高速运转，其转子与定子之间必须保持合理的间隙。间隙过大，汽轮机漏汽量增加，经济性差；间隙过小，汽轮机可能发生动、静摩擦，严重影响汽轮机安全运行。汽轮机动、静之间的间隙是通过合理的设计、正确的操作和准确的监测来保证，下面主要对监测参数及监测手段作简要说明。

1. 汽缸膨胀

汽轮机从冷态到带负荷状态，温度的变化必然会导致汽缸膨胀。汽缸膨胀仪用来测定自低压缸的固定点至前轴承箱间轴向尺寸的伸长或收缩。设计时考虑使前轴承箱可在经过润滑的纵销上自由滑动。如汽缸膨胀时滑动受阻，则可能会导致机组的严重损坏。汽缸膨胀仪测得的前轴承座相对于基础固定点的位移显示了汽轮机在启动、停机、负荷变化及蒸汽参数变化时汽缸的膨胀和收缩量。当汽缸膨胀仪不能显示出上述各种瞬态值时，必须及时分析处理。当负荷、蒸汽状态、真空度等参数一定时，汽缸膨胀仪测得的值是固定的。

2. 轴向位移

轴向位移是转子沿轴方向的位移，轴向位移反映的是汽轮机转动部分和静止部分的相对位置，轴向位移变化，表明定子和转子轴向相对位置发生了变化。一般情况下，将全冷状态下转子推力盘紧贴推力瓦定为零位，轴向位移测量装置安装在推力轴承附近，当转子受力沿轴向移动时，将转子的轴向位移量显示出来。当转子的轴向位移达到Ⅰ值时，发出报警；当转子的轴向位移达到Ⅱ值时，汽轮机紧急停机。

3. 胀差

当汽轮机启动加热或停机冷却以及负荷发生变化时，汽缸和转子都会产生受热膨胀或冷却收缩。由于转子受热表面积比汽缸大，且转子的质量比相对应的汽缸小，蒸汽对转子表面的放热系数较大。因此，在相同条件下，转子的温度变化比汽缸快，转子与汽缸之间存在膨胀差，而这差值是指转子相对于汽缸而言，故称为相对膨胀差（即胀差）。习惯上规定转子膨胀大于汽缸膨胀时的胀差值为正胀差，汽缸膨胀大于转子膨胀时的胀差值为负胀差。若胀差为正值，表明转子膨胀较汽缸大，即转子以推力轴承为固定点，相对于汽缸往后伸长；若胀差为负值，则表明转子收缩比汽缸快；胀差值变化时，转子和定子之间的轴向间隙也相应变化。当转子和定子的温度逐步趋向一致时，胀差绝对值随之减少，使转子和定子之间的轴向间隙恢复到正常值。

汽轮机的转子和定子之间允许有一定的胀差，但如胀差值超过允许值，就可能导致转动部分和固定部分相碰，因此必须严格监视胀差。胀差测量装置安装在各轴承附近，可以精确测量转动部分和固定部分之间的相对轴向位移。当胀差达到Ⅰ值时，发出报警；当胀差达到Ⅱ值时，汽轮机紧急停机。

4. 转子偏心和振动

转子偏心和振动的大小是汽轮机安全运行的重要指标，一般情况下，汽轮机转速在200r/min以下监视转子偏心值，汽轮机转速在200～600r/min转子偏心和振动均可监视，汽轮机转速在600r/min以上监视转子振动。转子偏心是汽轮机在低转速运转的情况下，对轴弯曲的测量；汽轮机启动或停机过程中，偏心测量已成为必不可少的测量项目。转子振动就是汽轮机在高转速的情况下，转子从其平衡位置所做的往复运动，振动可测量的参数有幅值、频率和相位；汽轮机正常运行过程中，必须对汽轮机转子的振动进行监测。振幅是振动极限位置与平衡位置之间的距离，频率是每一秒钟振动的次数，振动相位是一个振动部件相对于机器的另一个振动部件在某一固定参考点处的相对移动（通常以汽轮机前轴承箱内主轴上的键相标记作为固定参考点）。

振动相位是一个很有用的设备故障诊断工具，因为许多设备问题（例如：不平衡、不对中、偏心、轴弯曲、软地脚、齿轮断齿、共振、紧固螺栓松动等）都会引起工作转速下的较大振动，这些设备问题产生振动相位不同，可根据振动相位分析判断汽轮机振动值增大的原因，采取针对性措施消除设备隐患。

5. 转速

汽轮机在高速旋转状态下工作，如果转动力矩不平衡，转速就会发生变化。当转速失去控制时，可能发生严重超速现象。汽轮机转动部分的零部件在工作过程中已承受很大的离心力，转速增高将使转动部件的离心力急剧增加（离心力与转速的平方成正比）。当转速超出额定转速一定数值时，转动部件就会严重损坏，甚至发生“飞车”的恶性事故。为了保证机组的安全运行，必须严格监视汽轮机的转速。当转速上升至103%额定转速时，OPC超速保护动作，高、中压调节阀关闭；当转速上升至110%额定转速时，110%超速保护动作，危急遮断停机（高、中压主汽阀及调节阀关闭）。

汽轮机转速利用转速监视器连续进行测量，测得的转速有前转速、后转速和零转速。前转速是汽轮机前箱测速齿盘测得的转速，包括DEH（数字电液调节系统）、TSI（汽轮机监测系统）和机头转速表的探头。DEH有3个转速探头，TSI有4个转速探头（3个是110%超速保护探头，另一个是零转速探头），机头转速表有1个探头。后转速指的是发电机侧转速，探头安装在发电机侧。正常情况下后转速没什么作用，只有在前箱带主油泵和测速齿盘的轴与主轴刚性连接处发生断裂，导致升速时测得转速远低于实际转速时，用于综合判断汽轮机转速。

零转速是用来和其他信号（润滑油压正常、顶轴油压正常等）作为启动盘车装置的条件，例如，当测得转速小于1r/min时，使盘车装置啮合。

第二节　汽轮机辅助系统简介

汽轮机是火力发电厂中能量转换的核心设备，在发电过程中汽轮机与配置的各辅助系统相互配合，确保汽轮机安全、稳定、高效运行。下面对汽轮机的主要辅助系统作一简要介绍，辅助系统中的图例说明见表2-5，被测变量和仪表功能字母代号见表2-6。

表2-5　辅助系统的图例说明

图例	名称	图例	名称
	汽、水、油管道		三通阀
	疏放水管道		球形阀
	蒸汽空气混合管道		水封阀
	空气管道		真空破坏阀
	管道三通		平衡阀
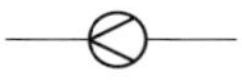	减温器		差压阀
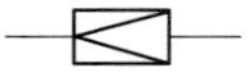	减压器	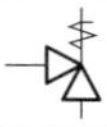	角式弹簧安全阀
	减温减压器	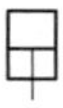	气动执行器
	主汽阀		气动执行机构
	调节阀	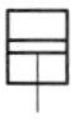	液压执行机构

续表

图例	名称	图例	名称
	截止阀		电动执行机构
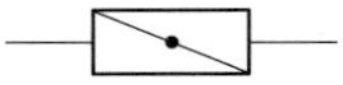	蝶阀		电气执行机构
 或 	止回阀		离心泵
	单向阀		柱塞泵
	齿轮泵	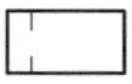	节流测量孔板
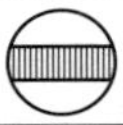	蒸汽滤网		多级水封
	水泵入口滤网	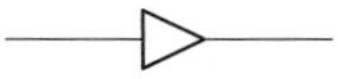	大小头
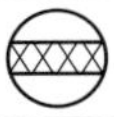	滤油器		排大气
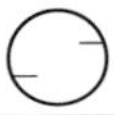	滤水器		补偿器
	空气过滤器		漏斗
	滤水器		疏放水母管
	疏水器	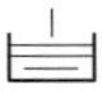	排地沟
	节流孔板		带接头金属软管
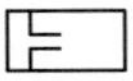	流量测量喷嘴		疏水罐

表 2-6　　被测变量和仪表功能字母代号

第一位字母	被测变量	后续字母	功能
P	压力或真空	I	指示
F	流量	R	记录
T	温度	C	控制
L	液位	T	变送
A	分析	Q	质量、浓度
C	电导率	S	开关
D	密度	A	报警
S	速度或频率	D（d）	差
Z	位置	F（f）	比率
		Q（q）	积算、累计

一、主蒸汽与再热蒸汽系统

汽轮机主、再热蒸汽系统均为单元制系统，见图 2-4，该系统具有系统简单、调节灵活、运行可靠等优点。

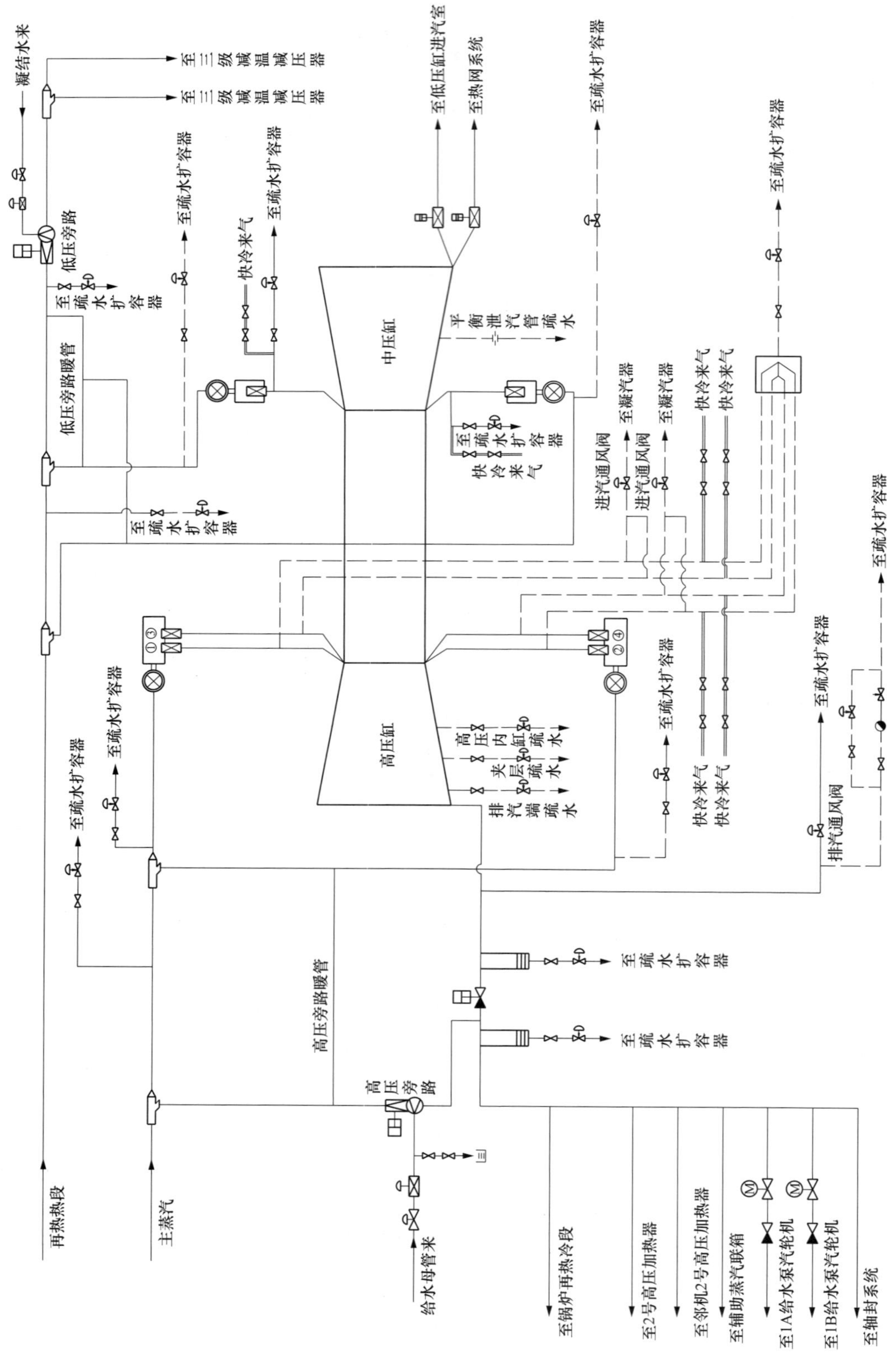

图 2-4　主、再热蒸汽及疏水系统

1. 主蒸汽与再热蒸汽系统的布置

从锅炉出口的主蒸汽以单根管（主蒸汽管）引出，到汽轮机前分成两根分路管进入两侧高压主汽阀，主蒸汽经两侧高压主汽阀和高压调节阀后由 4 根支管引入高压蒸汽室，主蒸汽在高压缸内做功后从高压缸排汽口排出，由一根管（冷段再热蒸汽管）送到锅炉侧分成两根分路管进入两个再热器入口集箱。再热蒸汽从锅炉再热器出口集箱以单根管（热段再热蒸汽管）引出，到汽轮机前分两根分路管进入两侧中压主汽阀，再热蒸汽经两侧中压主汽阀和中压调节阀后由两根支管引入中压蒸汽室，再热蒸汽在中压缸做功后排汽由一根可自由膨胀的连接管引入低压缸中部的低压进汽室（或供热网系统），蒸汽在低压进汽室沿轴向分成两路，分别进入两个轴向对称的低压缸做功，做功后的蒸汽经两个低压缸排汽口排入凝汽器。这种布置方式有利于消除汽轮机的主、再热蒸汽的温度和压力偏差，简化管道布置，节省管道材料。

2. 主蒸汽与再热蒸汽系统的功能

主蒸汽系统的功能是将锅炉生产的新蒸汽从过热器出口送至汽轮机做功，并将高压缸内做过功的蒸汽送至锅炉再热器；再热蒸汽系统的功能是将在锅炉再热器中加热后的再热蒸汽送至汽轮机中、低压缸继续做功，以提高循环的经济性和改善汽轮机低压部分的工作条件。

3. 防止主蒸汽与再热蒸汽管道积水

主蒸汽与再热蒸汽管道内积水时，可能引起汽轮机水冲击、上下缸温差大、增大热应力等，严重时会造成设备损坏。因此，主蒸汽与再热蒸汽管道上装有疏放水管道和阀门（见图 2-4），将疏水及时送到凝汽器，在下列情况下应打开疏放水阀将积水放掉。

（1）启动及停机后一段时间内，主、再热蒸汽管道内蒸汽遇冷凝结成水，应打开疏放水阀门。

（2）启动暖管时，为加速暖管升温，应及时打开疏放水阀门。

（3）机组运行中，由于锅炉燃烧或调整不当造成主蒸汽或再热蒸汽温度降至一定值时，应打开疏放水阀门。

4. 旁路系统

为了确保汽轮机安全，设计了 30% B-MCR 的高、低压旁路系统。在机组启动时，主蒸汽可从高压旁路阀经再热冷段管道进入再热器，再热蒸汽从低压旁路阀经三级减温减压器进入凝汽器，以防止汽轮机启动期间再热器干烧和蒸汽中固体颗粒对通流部分的冲蚀。

二、回热抽汽系统

为了提高热经济性，火力发电厂都采用回热循环，回热加热器是电厂热力系统中的重要设备之一，设备完善程度、运行的管理水平及运行参数的变化，都将影响机组的热经济性。高、低压加热器为表面式，汽水两种介质通过金属受热面来实现热量传递，按表面式加热器水侧承受压力不同，分为低压加热器和高压加热器两种，低压加热器是指位于凝结水泵和除氧器之间的加热器，因水侧承受压力低称为低压加热器；高压加热器是指给水泵和省煤器之间的加热器，因水侧压力高称为高压加热器。下面对回热抽汽系统作简要介绍。

（一）回热抽汽系统的组成

回热抽汽系统由 3 台高压加热器、1 台除氧器、4 台低压加热器、抽汽管道和阀门等组成，共有八段抽汽，见图 2-5。加热器的编号按抽汽压力由高向低排列，即第一、二、三段抽汽分别供 1 号、2 号、3 号高压加热器，第四段抽汽供混合式除氧器、两台给水泵汽轮机

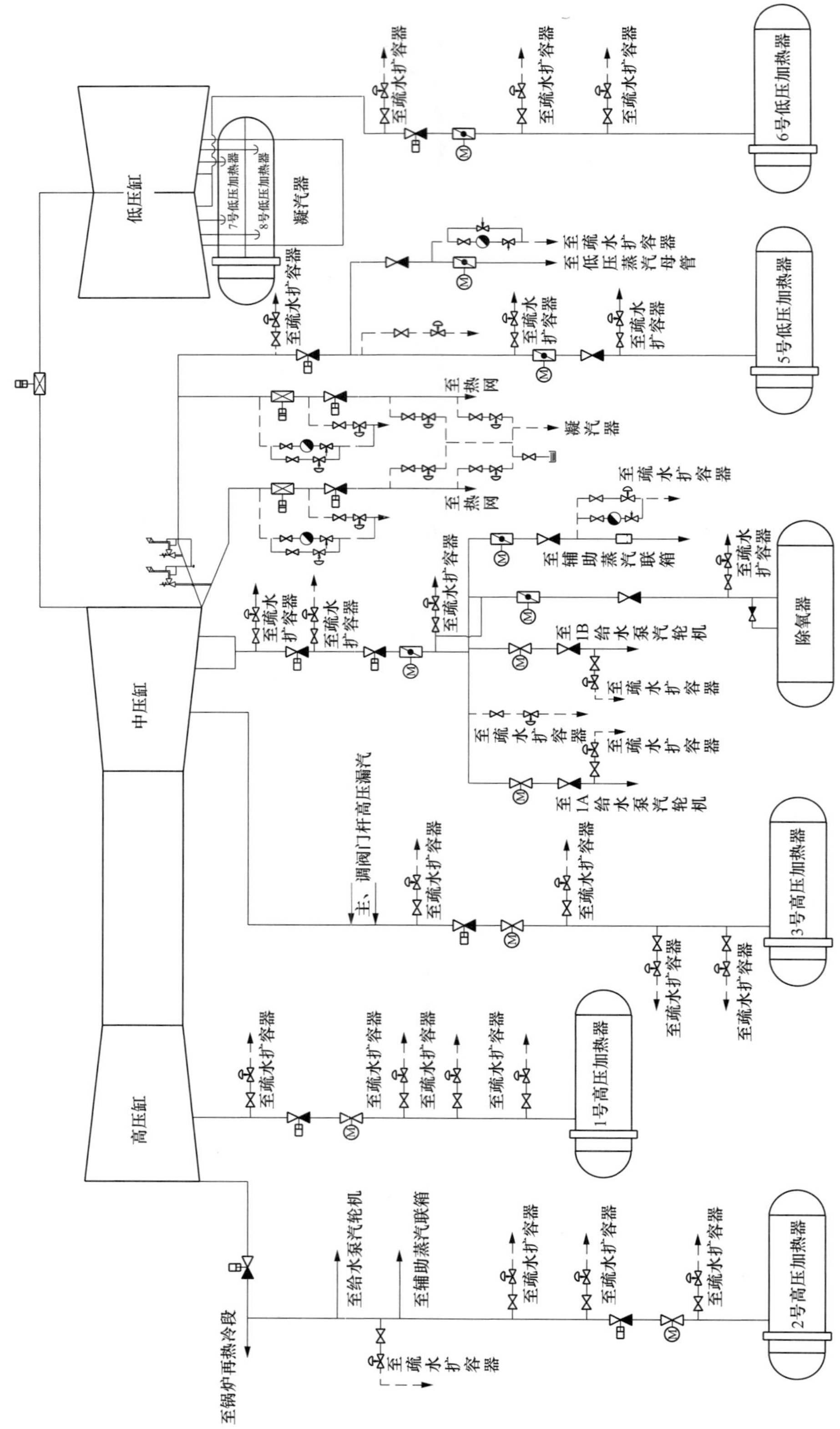

低压缸
中压缸
高压缸
凝汽器
7号低压加热器
8号低压加热器
6号低压加热器
5号低压加热器
除氧器
3号高压加热器
1号高压加热器
2号高压加热器
至疏水扩容器
至低压蒸汽母管
至热网
凝汽器
至辅助蒸汽联箱
至1B给水泵汽轮机
至1A给水泵汽轮机
主、调阀门杆高压漏汽
至给水泵汽轮机
至辅助蒸汽联箱
至锅炉再热冷段

图 2-5　抽汽及疏水系统

及辅助蒸汽联箱，第五、六、七、八段抽汽分别供5号、6号、7号、8号低压加热器。其中第一、二段抽汽由高压缸引出，第三、四、五段抽汽由中压缸引出，第六、七、八段抽汽由低压缸引出，第一～六段抽汽管道上均装有电动截止阀和气动止回阀，防止汽、水倒流入汽缸；为了疏水和加速暖管，在第一～六段抽汽管接有疏水管，将疏水送至疏水扩容器。7号、8号低压加热器直接布置在凝汽器喉部，因为第七、八段抽汽参数低，甩负荷时对汽轮机超速影响不大，所以，第七、八段抽汽管道上没有装截止阀和止回阀。

（二）回热抽汽系统的特点

3台高压加热器结构型式基本相同，为卧式、U形管、双流程表面式加热器，半球形封头，传热区均设有过热蒸汽冷却段、蒸汽凝结段和疏水冷却段；4台低压加热器均为卧式、U形管、双流程表面式加热器，各加热器均设有疏水冷却段，7号、8号低压加热器为组合式复合结构，5号、6号低压加热器为凝结水小旁路系统，7号、8号低压加热器为凝结水大旁路系统。6号低压加热器、2号高压加热器布置在6.3m运转层，5号低压加热器、1号高压加热器布置在12.6m运转层，3号高压加热器布置在22m除氧层，7号、8号低压加热器布置在凝汽器喉部，第一～六段抽汽管道上装有电动截止阀和气动止回阀，电动截止阀是防止汽轮机进水的一级保护，气动止回阀是防止汽轮机进水的二级保护（也是汽轮机超速保护的重要设备）。

四段抽汽除了向除氧器供汽还向给水泵汽轮机和辅助蒸汽联箱供汽，在四段抽汽总管靠近汽轮机处装设一只电动阀和串联的两只气动止回阀，在通往除氧器、给水泵汽轮机和辅助蒸汽联箱的抽汽管道上再设一个电动阀和一个止回阀，这是因为除氧器是一个水容积很大的混合式加热器，一旦汽轮机甩负荷，抽汽压力突降，除氧器中的饱和水将迅速汽化，产生大量的蒸汽，若蒸汽倒流入抽汽管内，将使汽轮机超速，造成严重事故，因此，采取了上述更严密的防止倒流措施。

（三）回热抽汽系统的疏水及排气

1. 低压加热器的疏水及排气

（1）低压加热器的疏水。正常运行时，低压加热器疏水为逐级自流，即依靠相邻加热器之间的压差，使疏水自高向低流动，最后由8号低压加热器疏至凝汽器，见图2-6。为了保证各加热器的正常水位，在各个加热器的疏水管上均装有气动调节阀（并在调节阀前后各装有一只手动阀），以调节低压加热器的水位。另外，在每个低压加热器底部装有疏水直排管，疏水直排管上均装有气动调节阀，水位超过规定值时，将疏水直接排至凝汽器（低压加热器事故疏水）。

（2）低压加热器的排气。为了防止空气或其他不凝结气体积聚在加热器内形成空气膜，以影响传热效果，并对管束造成腐蚀，每台低压加热器汽侧均设有排气管，排气管上装有节流孔板和水封阀，运行中将排气送至凝汽器汽侧，见图2-6。运行中每台低压加热器水室、汽室及疏水调节阀前疏水管上均设有放水阀，当系统停运检修时供放水使用。

2. 高压加热器的疏水及排气

（1）高压加热器的疏水。高压加热器疏水采用逐级自流疏水方式，见图2-7。从较高压力的高压加热器自流到下一级较低压力的高压加热器，为保证各高压加热器的正常水位，在各高压加热器疏水管上均设有气动调节阀（气动调节阀前后装设了手动截止阀）。每台高压

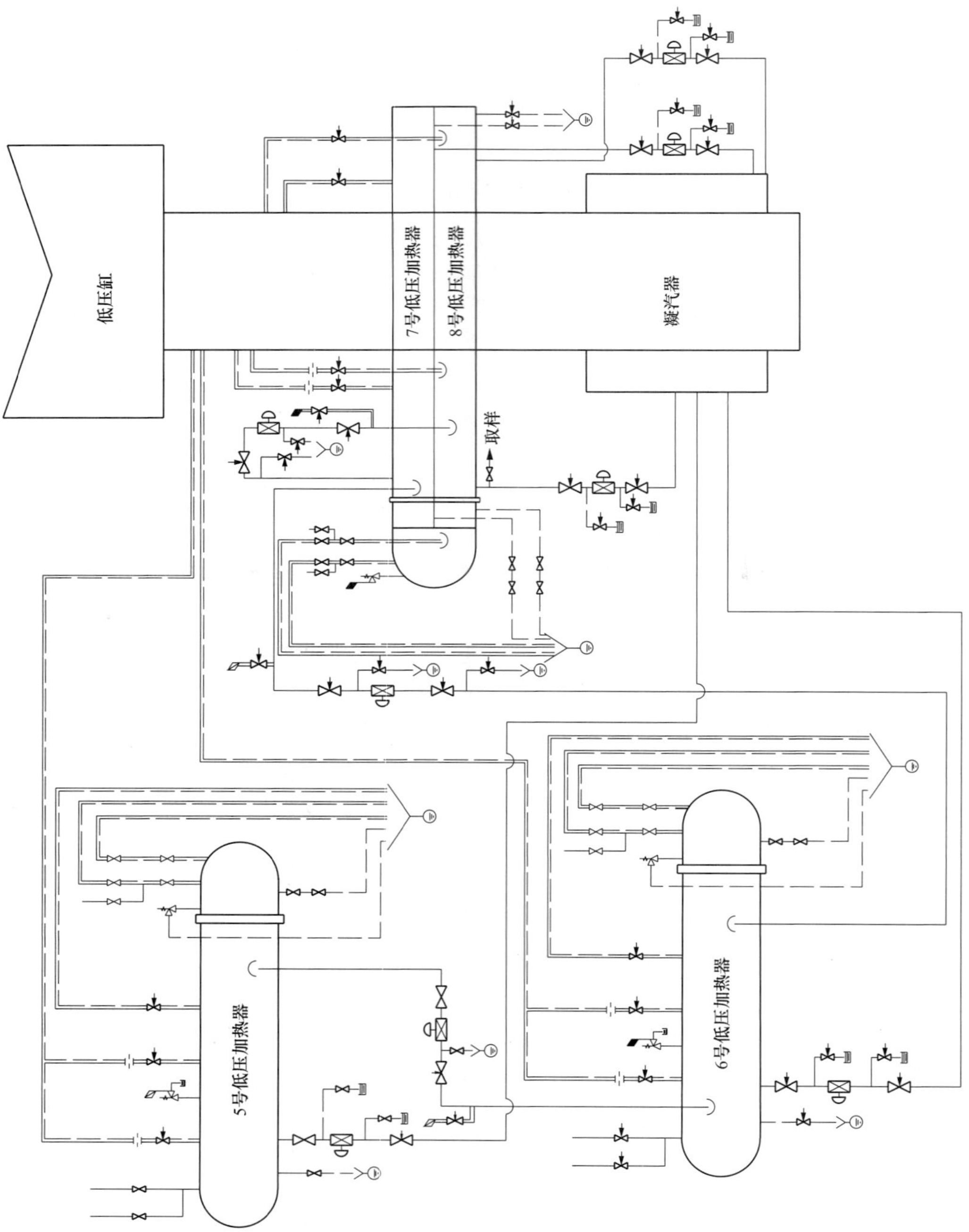

图 2-6　低压加热器疏水排气系统

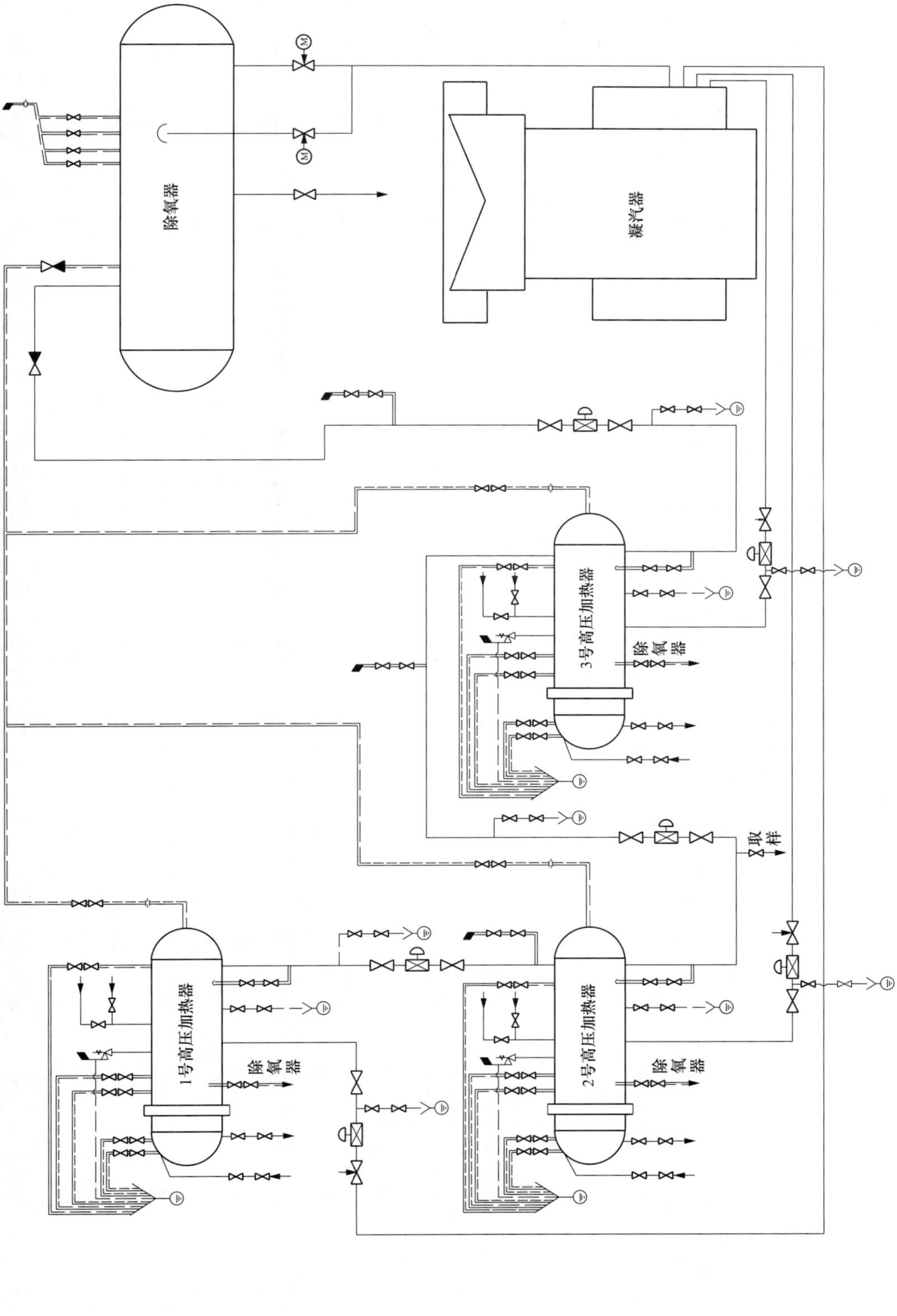

图 2-7 高压加热器疏水排气系统

加热器底部设有一危急疏水管，危急疏水管上装有一个危急疏水气动调节阀。机组运行中，负荷大于30%时，高压加热器疏水逐级自流从3号加热器至除氧器；当负荷小于或等于30%时，高压加热器疏水经高压加热器危急疏水管道和扩容器排至凝汽器。

（2）高压加热器的排气。每台高压加热器汽室装有两只排气阀。其中一只排大气，高压加热器投运前开启，有蒸汽冒出即可关闭；另一只连续排汽（气）至除氧器，将高压加热器运行时不凝结的气体排出，保证了加热器运行中的传热效果，并能防止加热器腐蚀，因此高压加热器运行时连续排汽（气）阀是开启的，见图2-7。

为了防止高压加热器运行中超压，在高压加热器汽侧和水侧均装有安全阀，当压力超过规定值时，会自动泄压。每台高压加热器汽室和水室均设有放水门，当系统停运检修时供放水使用。

三、凝结水系统

凝结水系统的作用是收集汽轮机排汽凝结成的水和低压加热器疏水，由凝结水泵升压后经低压加热器加热送往除氧器加热除氧，然后与高压加热器疏水汇合送至给水泵。

（一）凝结水系统的组成

凝结水系统由凝汽器、凝结水泵、精处理装置、轴封加热器、低压加热器、烟气换热器、热网疏水冷却器及管道阀门等组成。凝汽器底部的凝结水由凝结水泵升压后，经过精处理装置、轴封加热器、低压加热器及烟气换热器（供热季还经过热网疏水冷却器）进入除氧器，见图2-8。下面对凝结水系统作几点说明。

（1）轴封加热器为表面式热交换器，用以凝结回收轴封漏汽和阀杆漏汽。轴封加热器依靠轴封抽吸风机维持真空。

（2）精处理装置、轴封加热器及低压加热器等都设有旁路，异常情况下可将上述设备从系统中切除。

（3）在轴封加热器后设一再循环管至凝汽器，再循环管装有调节阀及旁路阀。当除氧器水箱水位升高时，关小去除氧器的调节阀，自动开启凝结水再循环管的调节阀，将凝结水排至凝汽器。

（4）为了利用锅炉烟气余热，在除尘器出口装有一烟气换热器，烟气换热器水侧与6号低压加热器并联，流过烟气换热器的流量由调节阀调整。

（5）为了回收供热季热网疏水的余热，系统中装有两台热网疏水冷却器，热网疏水冷却器与6号、7号、8号低压加热器整体并联，热网疏水冷却器的疏水送回凝汽器（热网疏水冷却器只有冬季供热期投运），流过热网疏水冷却器的凝结水流量由调节阀调整。

（二）凝结水系统的运行

1. 凝结水系统正常运行

正常运行时，凝结水系统能适应各种变工况运行。除氧器、凝汽器热水井、凝结水补水箱等的水位可自动调节，最小流量阀在低负荷时自动投入。

2. 凝结水系统非正常运行

（1）由于低压加热器管子泄漏或疏水不当形成高水位时，低压加热器解列，此时，凝结水从其旁路管通过。

（2）轴封加热器故障停运时，凝结水从其旁路管通过。

（3）汽轮机故障停机，负荷降至零时，除氧器水位控制器自动调到低水位，凝结水从再

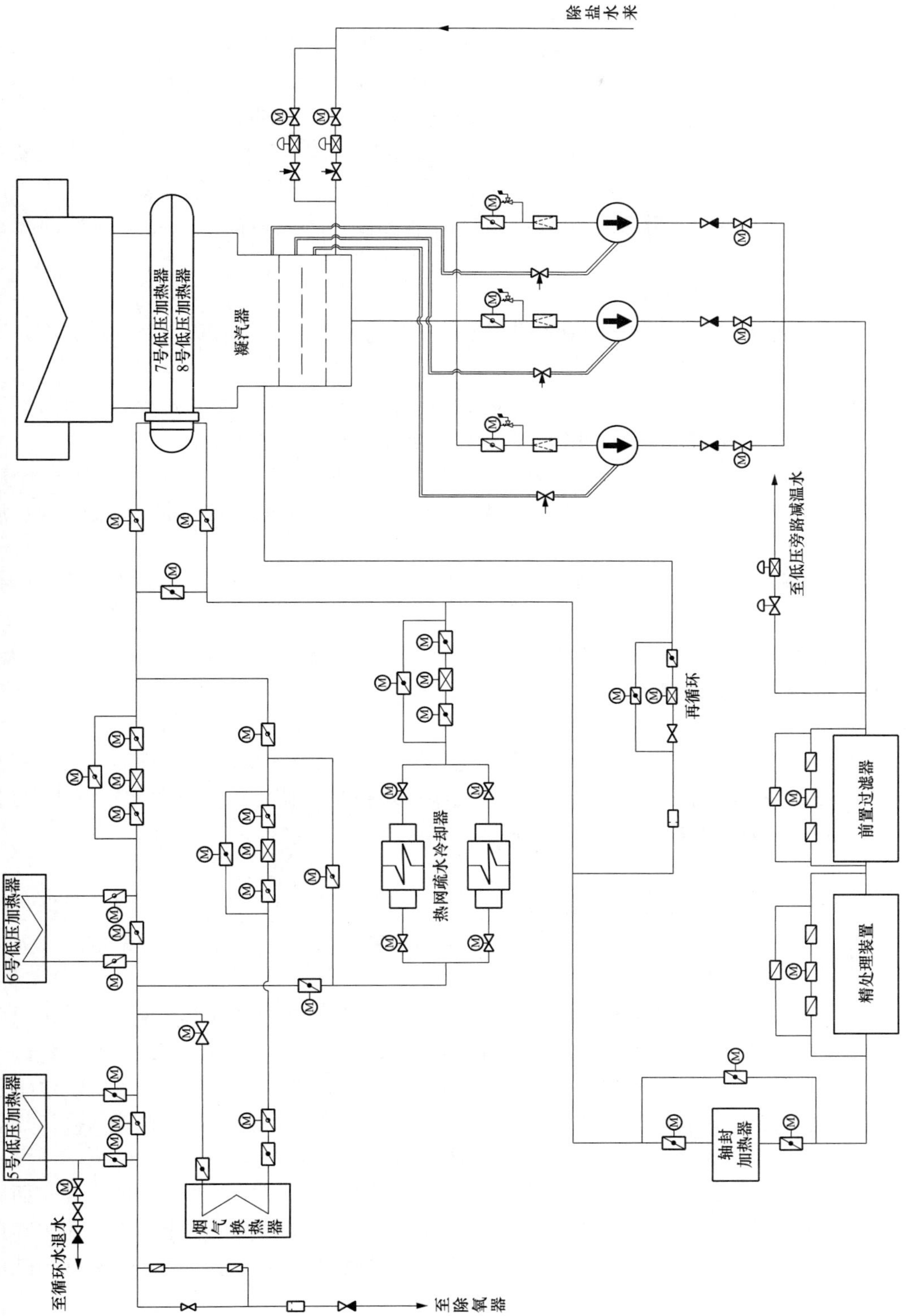
除盐水来
7号低压加热器
8号低压加热器
凝汽器
至低压旁路减温水
再循环
前置过滤器
精处理装置
轴封加热器
热网疏水冷却器
6号低压加热器
5号低压加热器
烟气换热器
至循环水退水
至除氧器

图 2-8 凝结水系统

循环管返回凝汽器。

四、给水除氧系统

给水除氧系统的主要作用是除去锅炉给水中的氧气和二氧化碳，同时加热给水。给水中溶解的气体危害最大的是氧气，它是腐蚀热力设备和管道的主要因素，给水中含有不凝结气体还会使传热恶化，降低热经济性，因此高参数机组对给水除氧有极严格的要求。

350MW 热电联产机组的给水除氧系统采用内置式除氧器，见图 2-9。内置式除氧器在国外已有多年的运行经验，我国从 1998 年开始与荷兰 stork 公司合作引进该技术，由于内置式除氧器技术成熟可靠、除氧效果好、系统简单可靠，已成为国内电站除氧器的首选产品。

（一）给水除氧系统的组成

给水除氧系统由内置式除氧器和附属设备组成，内置式除氧器将在第六章详细介绍，下面主要介绍内置式除氧器的附属设备。

（1）除氧器下部连接的管道有事故放水管、溢流管、至锅炉启动疏水扩容器放水管、至 A 号汽动给水泵进水管、至 B 号汽动给水泵进水管和至电动给水泵进水管。

（2）除氧器上部连接的管道有 A 号汽动给水泵再循环管、B 号汽动给水泵再循环管、电动给水泵再循环管、辅助蒸汽来汽管、四段抽汽来汽管、3 号高压加热器疏水管、锅炉启动疏水管和凝结水来水管。

（3）除氧器排大气管道有 4 根排气管和两个除氧器安全阀排汽管，安全阀的动作压力为 1.39MPa。

（4）除氧器的测量装置有 2 个就地水位计、3 个水位测量（平衡容器）变送器、1 个液位开关以及温度和压力就地测量装置。

（二）除氧器的安全保护

除氧器的水位保护分为三挡：水位高Ⅰ值时，发出报警信号；水位高Ⅱ值时，自动打开溢流阀，水位降至正常水位后，溢流阀应自动关闭；水位高Ⅲ值时，强行关闭抽汽止回阀，关闭除氧器水位调节阀及高压加热器疏水阀，并且联开事故放水阀。

五、给水系统

350MW 热电联产机组给水系统设有两台汽动给水泵（每台为 50%容量）和一台 30%容量的电动给水泵（两台机组公用），见图 2-10。机组正常运行时，由两台汽动给水泵并列运行向锅炉供水，电动给水泵在机组启停时使用。

给水从除氧器经入口电动阀和粗滤网进入前置泵，再经精滤网进入给水泵。给水泵出口管电动门前设有再循环管至除氧器，再循环管上设有电动再循环阀，该阀在给水泵流量小于一定值时自动开启（防止给水泵流量小而发生汽蚀），流量大于一定值时自动关闭。由给水泵升压后的给水经止回阀和出口电动阀进入给水母管，再经高压加热器进水阀进入高压加热器，高压加热器水侧为大旁路布置（3 台高压加热器共用一旁路）。

汽动给水泵和电动给水泵均在泵的第二级设有中间抽头管，从抽头管引出的水经止回阀和手动截止阀进入母管向锅炉再热器提供减温水；在给水泵出口给水母管上，有一路去高压旁路阀的减温水管；在 1 号高压加热器出口，有一路去锅炉过热器Ⅰ、Ⅱ级减温器的减温水管。

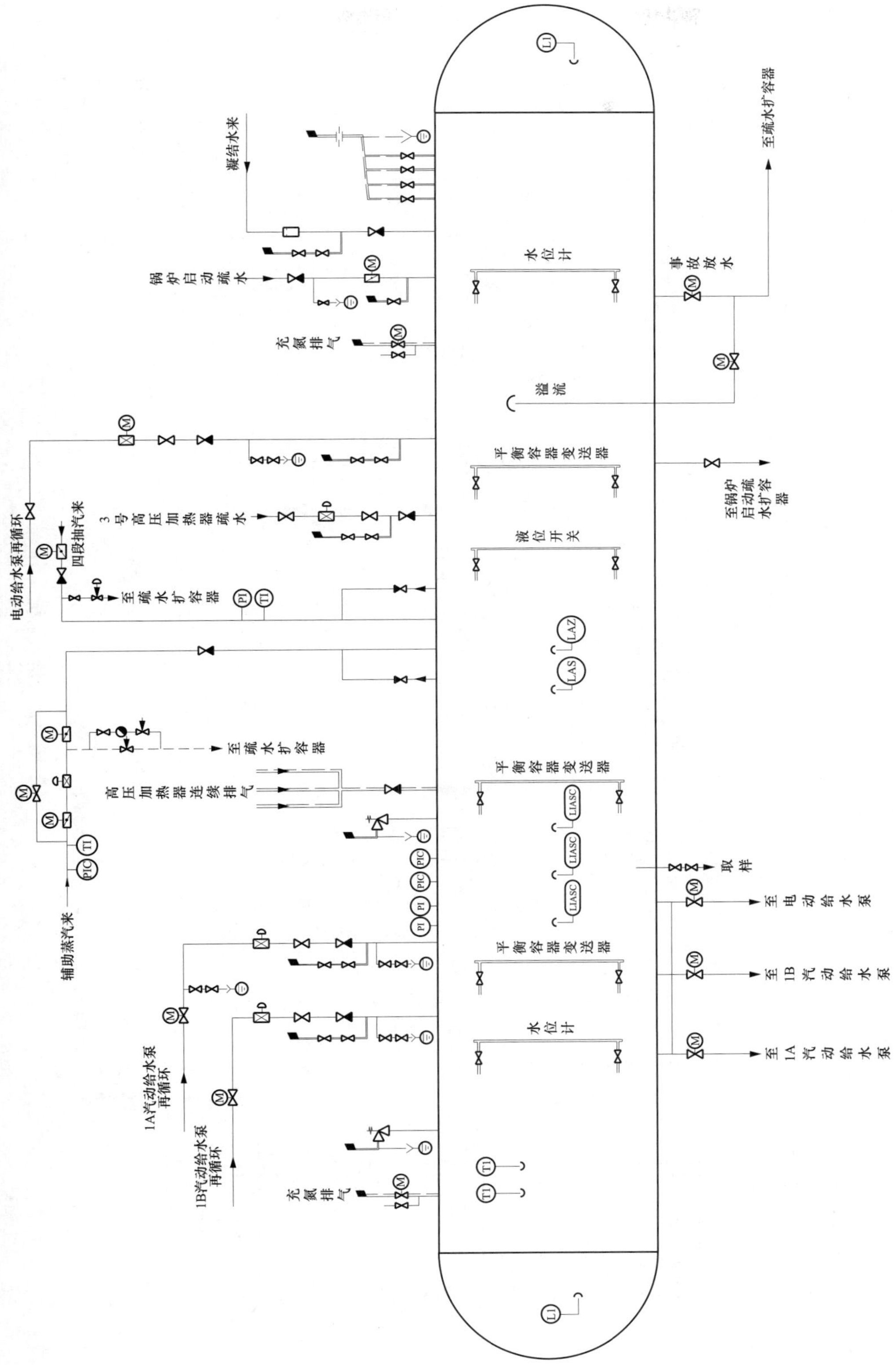

LI
凝结水来
至疏水扩容器
水位计
事故放水
锅炉启动疏水
充氮排气
溢流
平衡容器变送器
至锅炉启动疏水扩容器
电动给水泵再循环
3号高压加热器疏水
四段抽汽来
液位开关
至疏水扩容器
PI
TI
LAZ
LAS
至疏水扩容器
平衡容器变送器
高压加热器连续排气
LIASC
LIASC
LIASC
PIC
PIC
PI
PI
取样
至电动给水泵
辅助蒸汽来
平衡容器变送器
至1B汽动给水泵
1A汽动给水泵再循环
水位计
至1A汽动给水泵
1B汽动给水泵再循环
TI
TI
充氮排气
LI

图 2-9 给水除氧系统

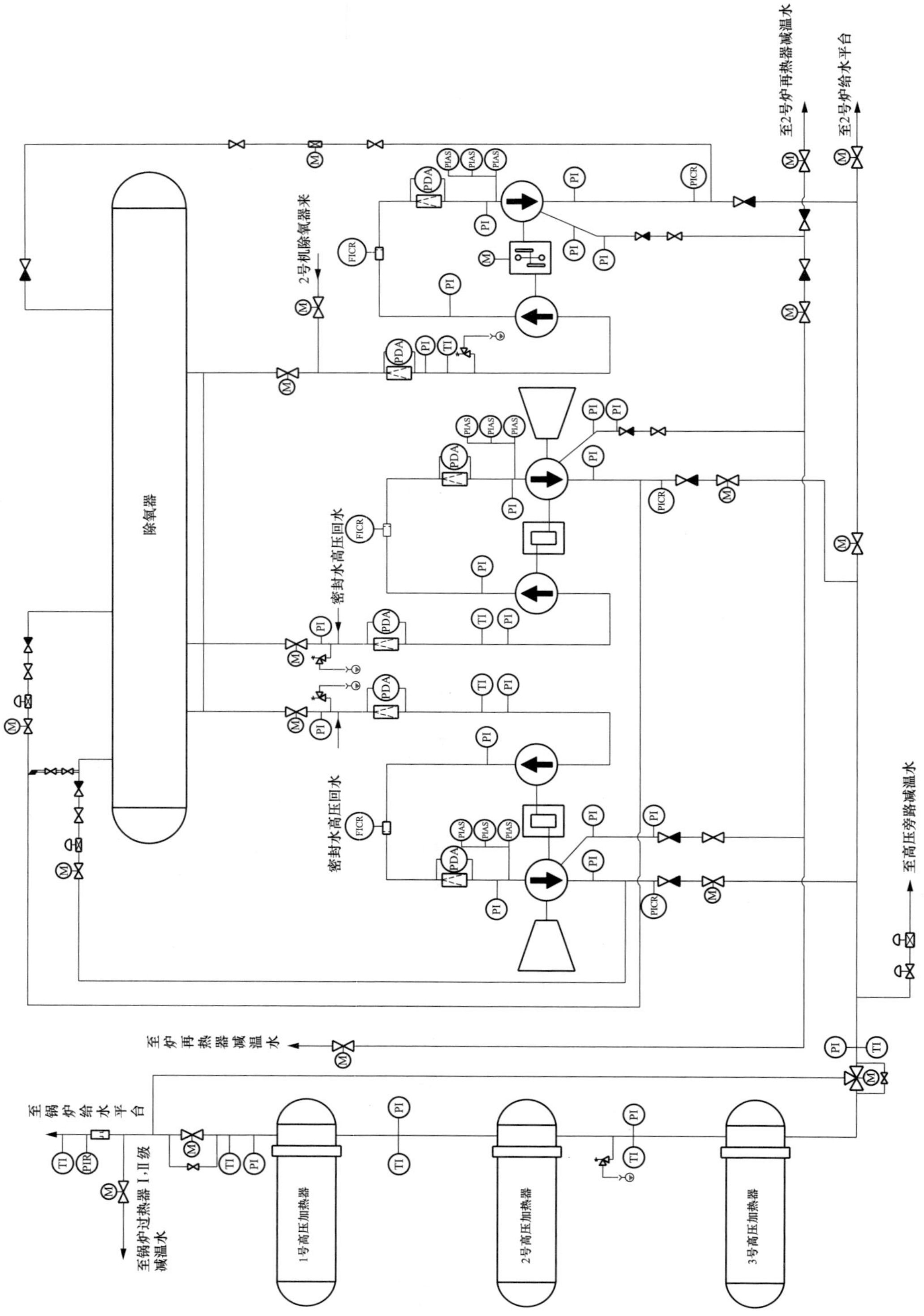
至2号炉再热器减温水
至2号炉给水平台
2号机除氧器来
除氧器
密封水高压回水
密封水高压回水
至高压旁路减温水
至炉再热器减温水
至锅炉给水平台
至锅炉过热器Ⅰ、Ⅱ级减温水
1号高压加热器
2号高压加热器
3号高压加热器

图 2-10　给水系统

六、自密封轴封系统

轴封系统的作用是防止高、中压缸内蒸汽向外泄漏，同时也防止外部空气漏入低压缸内影响机组真空。机组正常运行时，由高、中压缸轴封的漏汽经减温（减温水来自凝结水母管）后送入低压轴封，而多余的漏汽溢流至疏水扩容器；机组启动或低负荷时，轴封系统利用外供蒸汽（包括再热冷端蒸汽和辅助蒸汽联箱蒸汽）分别向高、中、低压轴封供汽。

（一）自密封轴封系统的组成

自密封轴封系统由供汽管路、回汽管路、轴封压力自动调整装置、溢流泄压装置、轴封加热器、蒸汽过滤器、轴封减温减压装置和轴封抽气装置等组成，该系统还向给水泵汽轮机供轴封汽源，见图2-11。为了防止轴封母管超过系统的设计压力，确保机组安全运行，供汽母管上装有一只安全阀和一只爆破盘。当轴封母管压力达到0.175MPa时，安全阀开启，释放多余蒸汽；若安全阀的释放能力不足，轴封母管压力进一步升高，当压力达到0.69MPa时，爆破盘动作。爆破盘是轴封母管压力的最后一道安全装置。爆破盘的爆破膜片破裂是不可逆的，系统压力降低后，也不能自行复原，因此，当爆破膜片破裂后，应停机处理。

（二）轴封系统的特点

（1）在汽缸两端转子穿过处，设置了迷宫式轴封，以阻止汽缸内蒸汽泄出及外界空气漏入。高、中压缸排汽端各有两根轴封管道：内侧轴封管道把漏汽引入轴封母管，或从轴封母管把汽引入轴封；外侧轴封管道把轴封漏汽及外界漏入的空气引入轴封加热器。低压缸两排汽端也各有两根轴封管道：内侧轴封管道把轴封母管蒸汽引入轴封，外侧轴封管道把轴封漏汽和外界漏入的空气引入轴封加热器。当机组负荷大于25%额定负荷时，汽轮机轴封系统进入自密封状态，其压力和温度自动控制。

（2）轴封母管上设有3个阀门站，即辅助蒸汽供汽站、冷段再热蒸汽供汽站和溢流站，其作用是调节轴封母管的压力。机组启动时，通过辅助蒸汽站向轴封母管供汽，作为机组的轴封供汽；在低负荷时，通过再热冷段（高压缸排汽）向轴封母管供汽，作为机组的轴封供汽；随着机组负荷的升高，高、中压轴封漏汽量增加，足以满足低压轴封的需要，轴封系统实现自密封。当高、中压缸轴封漏汽量超过低压缸轴封需要的蒸汽量时，多余的蒸汽通过溢流站进入疏水扩容器。

（3）给水泵汽轮机的轴封系统也由主机轴封母管供给。

（4）阀门站的调节阀装有一个压力控制器及一个带有内置滤网的空气减压阀，减压阀以气压稳定的压缩空气供给压力控制器，控制器则根据轴封母管传压管传来的蒸汽压力信号产生出一个相应的空气压力输出，调节通往轴封母管的蒸汽量，使轴封母管的压力维持在0.024～0.031MPa范围内。

（5）为防止进入低压缸轴封的蒸汽温度与轴封区的低压转子温度相差过大，轴封体产生变形而损坏转子，在轴封母管至低压缸轴封的管道上装有喷水减温器，以确保低压缸轴封供汽管中蒸汽的温度保持在121～177℃之间。喷水减温水来自凝结水泵出口的凝结水管道，喷水量的多少受一薄膜阀控制。薄膜阀上的温度调节器根据装在轴封体上的传感器传来的信号，输出一空气压力信号来操纵薄膜阀的开度，改变喷水量。

（6）轴封加热器内的蒸汽凝结成水，可使汽轮机外侧轴封腔室保持略低于大气压力（通常为−0.5kPa）。汽轮机轴封排汽、给水泵汽轮机轴封排汽及阀杆漏汽进入轴封加热器冷却凝结成水，排入凝汽器热水井；轴封加热器内负压由两台离心式风机（轴封加热器风机）维持。

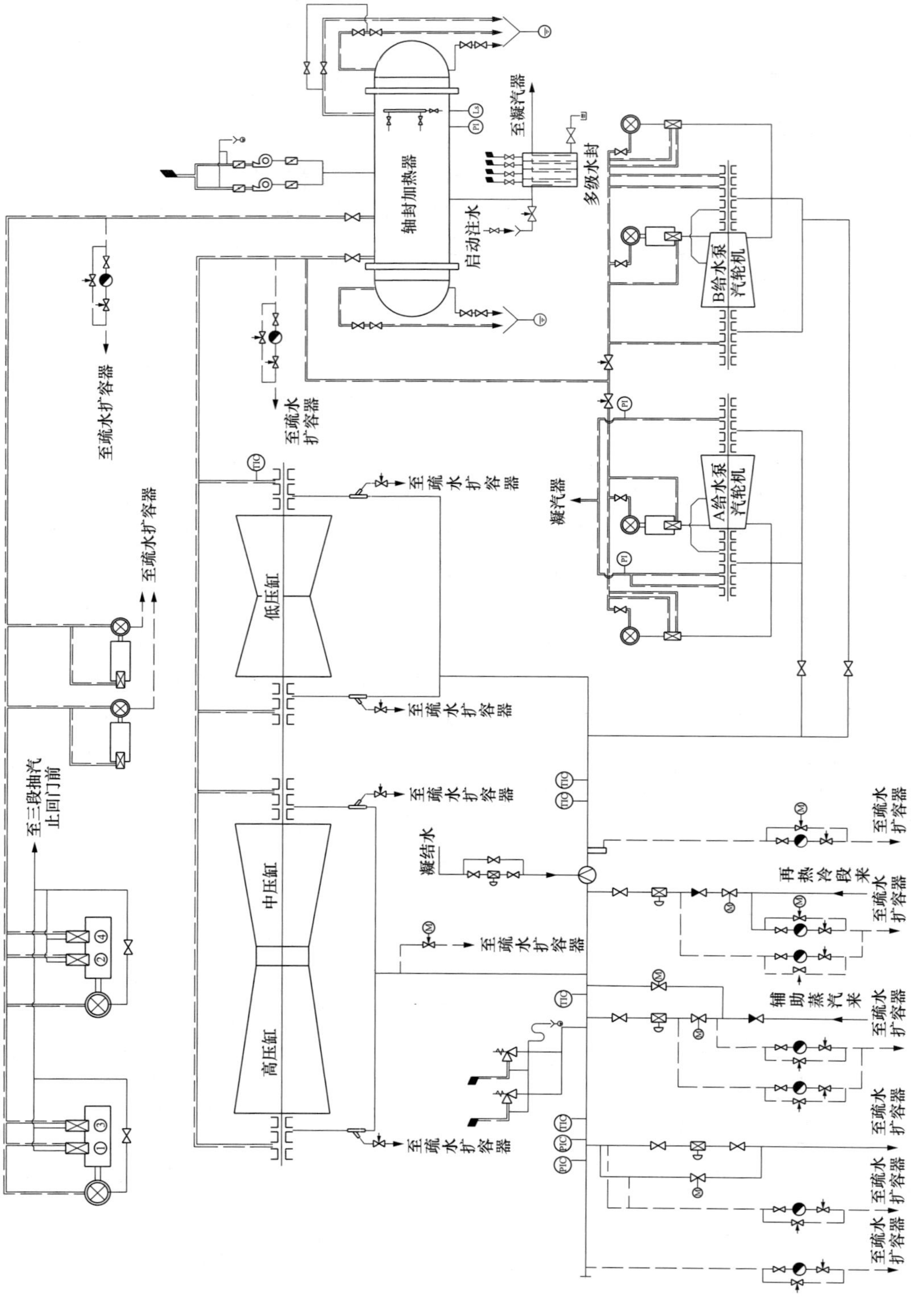
轴封加热器
至凝汽器
多级水封
启动注水
B给水泵汽轮机
A给水泵汽轮机
凝汽器
至疏水扩容器
低压缸
中压缸
高压缸
至三段抽汽止回门前
凝结水
再热冷段来
辅助蒸汽来

图 2-11　轴封系统

(7) 为了防止轴封母管中蒸汽的压力大于系统的允许压力，轴封母管设有安全阀，当母管蒸汽压力达到 0.175MPa 时，安全阀打开，对空排汽。

(三) 轴封系统的设备规范

轴封系统的设备规范见表 2-7。

表 2-7 轴封系统的设备规范

轴封加热器风机		轴封加热器风机电动机	
型号	AZYV09.81-030.0-01	型号	YX3-160M1-2
功率	11kW	功率	11kW
转速	2950r/min	电流	21A
流量	$2000m^3/h$	电压	380V
排汽压力	4.9kPa	转速	2950r/min
型式	离心式	频率	50Hz
轴封加热器			
型式	管壳式	冷却水流量	$300m^3/h$
冷却表面积	$130m^2$	管程设计压力	4.0MPa

七、真空抽气系统

350MW 热电联产机组配有两套真空抽气系统，正常情况下一套运行，另一套备用。真空抽气系统由双级水环式真空泵、气水分离器、工作水冷却器、气动蝶阀、水位调节器、阀门及连接的管道等组成，见图 2-12。真空抽气系统的主要设备是双级水环式真空泵，其工作性能对真空抽气系统起着重要作用，真空泵的结构与原理将在第六章介绍。凝汽器真空较低时，不凝结气体由第一级压缩后，经旁路止回阀排入气水分离器，此时真空泵为单级运行，第二级并未起压缩作用；当凝汽器真空较高时，不凝结气体由第一级压缩后，进入第二级进一步压缩排入气水分离器，此时真空泵为双级运行。为了保持该系统的严密性，系统上所有阀门均为水封式阀门。

八、辅助蒸汽系统

辅助蒸汽系统是指火力发电厂主要汽水循环以外，与锅炉和汽轮机及其辅助设备启动、停机和正常运行有关的加热和保护用汽的供汽系统（也称厂用蒸汽系统）。现以 350MW 热电联产机组为例，介绍辅助蒸汽系统，见图 2-13。

(一) 辅助蒸汽系统汽源

辅助蒸汽系统蒸汽来源有 3 个：20t/h 启动锅炉、机组再热冷段蒸汽和四段抽汽。1、2 号机组辅助蒸汽联箱之间可以互为备用汽源，机组再热冷段供汽作为辅助蒸汽系统的备用汽源，四段抽汽作为辅助蒸汽系统的正常汽源。

(二) 辅助蒸汽系统汽源切换

机组启动初期，辅助蒸汽汽源由 20t/h 启动锅炉或邻炉四段抽汽供汽；当机组再热冷段蒸汽压力大于 0.8MPa 时，切为再热冷段蒸汽供汽；当机组四段抽汽压力大于 0.6MPa 时，切为四段抽汽供汽。两台机组正常运行时，辅助蒸汽联箱由一台机组四段抽汽供汽，另一台机组四段抽汽作为备用，两机辅助蒸汽联箱联络门开启；当一台机组四段抽汽不能满足供汽需求时，由两台机组的四段抽汽供汽；当两台机组的四段抽汽也不能满足供汽要求时，可利用再热冷段蒸汽供汽。辅助蒸汽系统的压力应保持在 0.808～1.275MPa，温度应保持在 300～350℃。

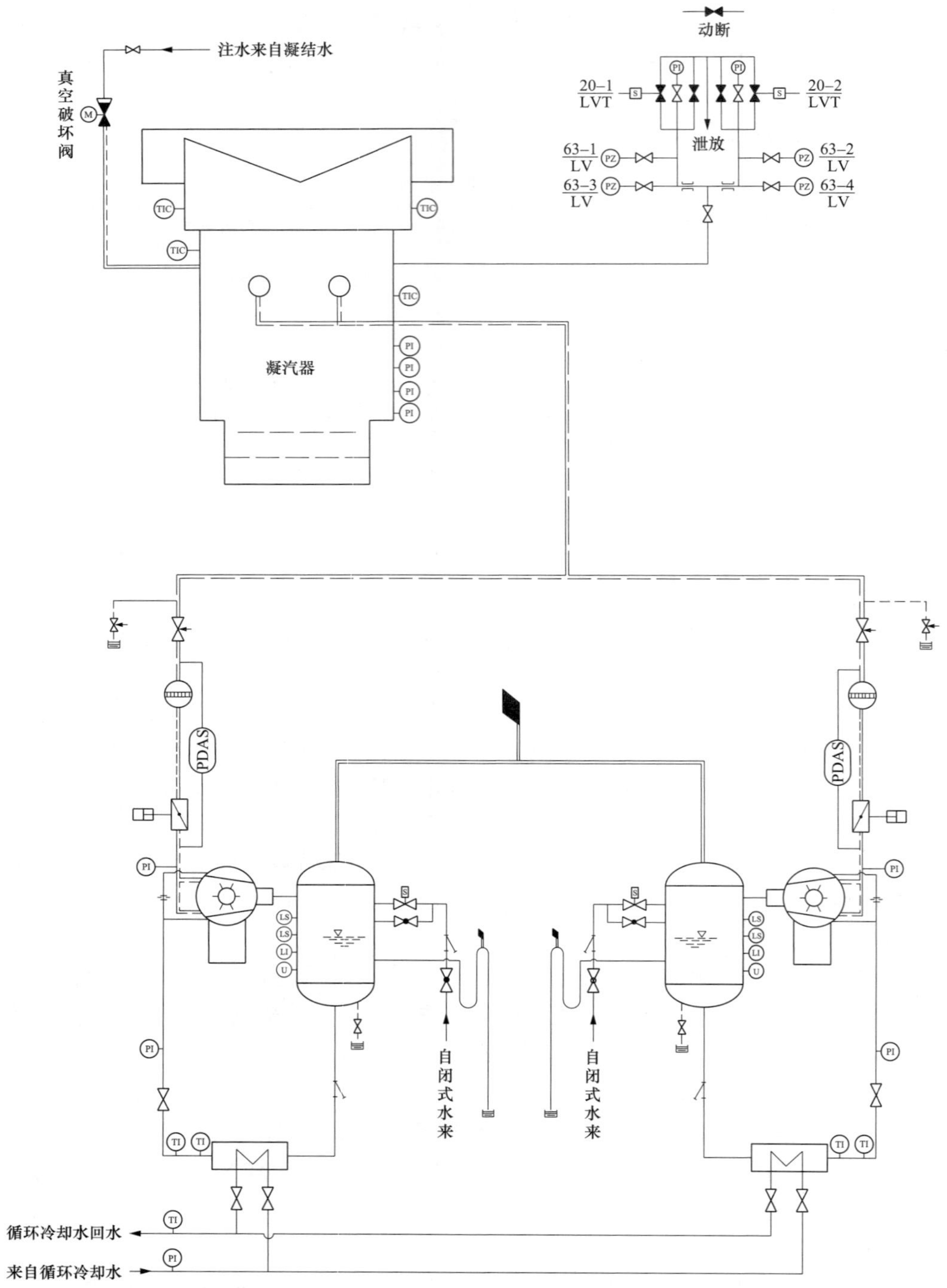

图 2-12　真空抽气系统

九、闭式循环冷却水系统

闭式循环冷却水系统的作用是向主厂房内的各主、辅设备供冷却用水，再通过对回水进行升压、冷却和调节，形成闭式循环。闭式循环冷却水系统由两台冷却水泵、一个 10m^3 补水箱、两台水-水热交换器、供水母管、各设备冷却器、回水母管及阀门和控制装置等组成，见图 2-14。冷

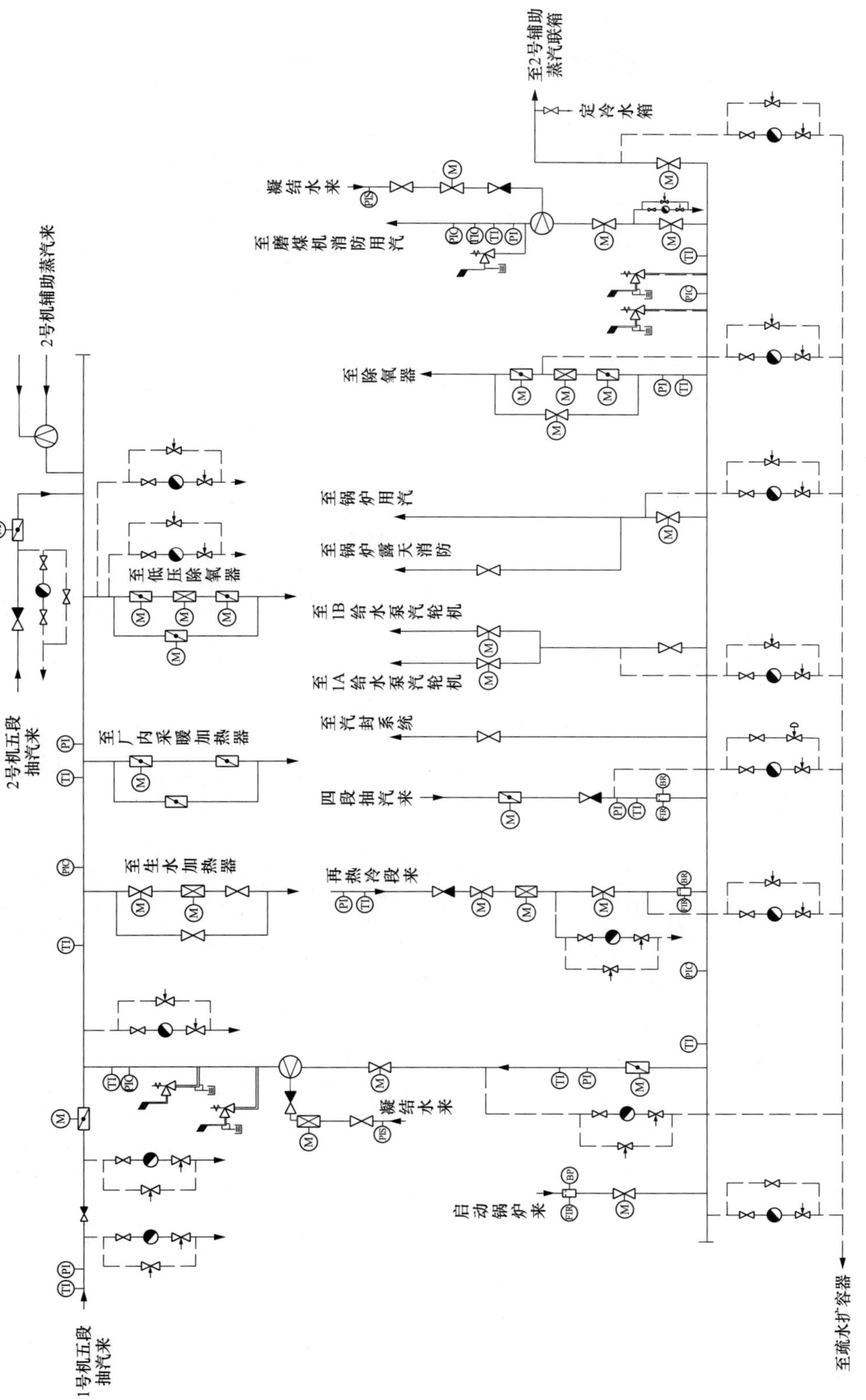

2号机辅助蒸汽来
2号机五段抽汽来
1号机五段抽汽来
至低压除氧器
至厂内采暖加热器
至生水加热器
凝结水来
至2号辅助蒸汽联箱
定冷水箱
至磨煤机消防用汽
至除氧器
至锅炉用汽
至锅炉露天消防
至1B给水泵汽轮机
至1A给水泵汽轮机
至汽封系统
四段抽汽来
再热冷段来
启动锅炉来
至疏水扩容器

图 2-13 辅助蒸汽系统

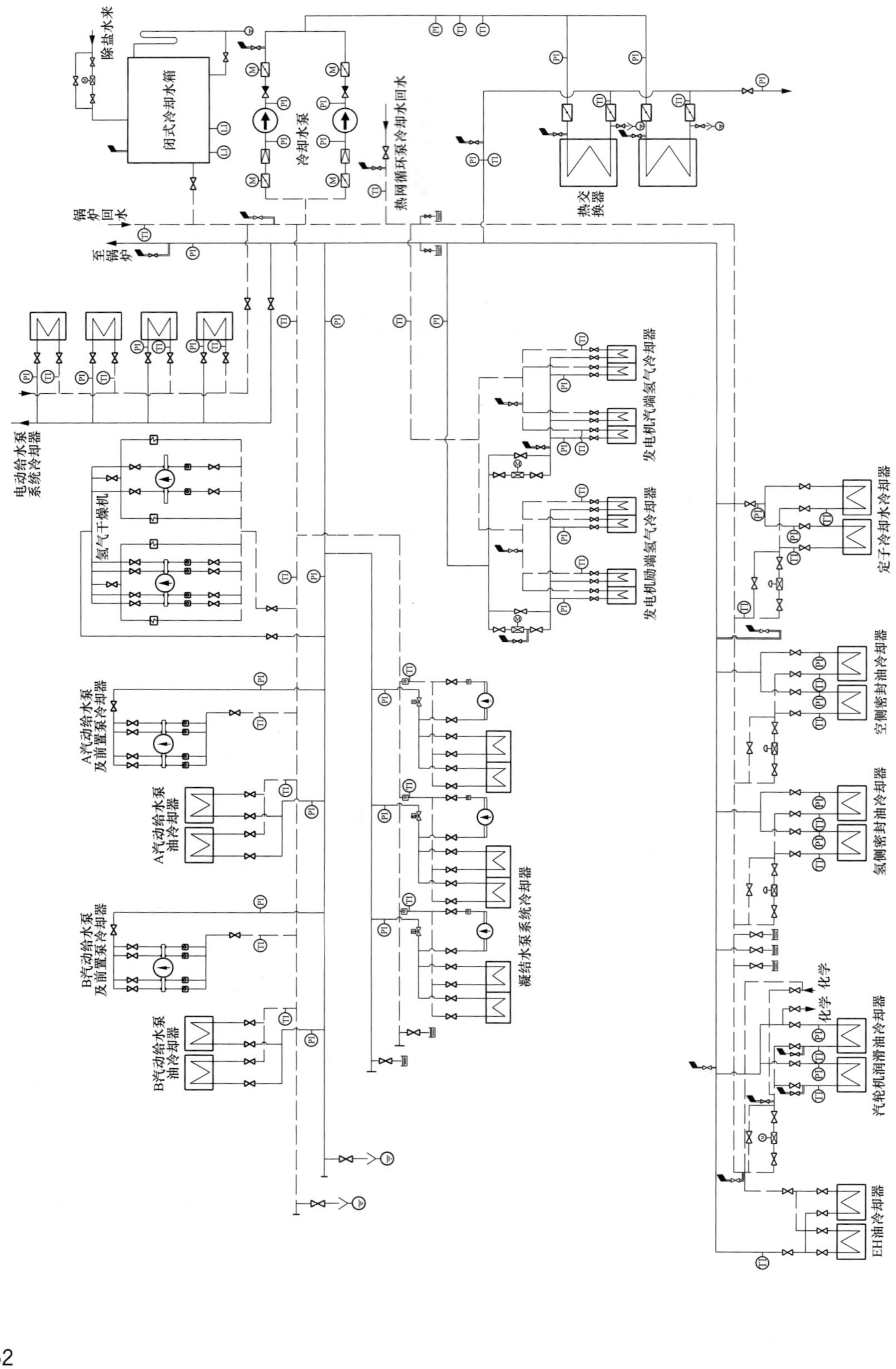

图 2-14　闭式冷却水系统

却水泵采用变频调节，正常情况下一台运行，一台备用；当供水温度低于30℃时，一台水-水热交换器运行（另一台备用）；当供水温度高于30℃时，两台同时运行。

（一）闭式循环冷却水的流程

闭式循环冷却水流程是冷却水在冷却水泵升压后，经水-水热交换器冷却降温输送到主、辅设备冷却器，回水经回水管道进入冷却水泵，形成闭式循环。冷却水补水由一只气动调节阀控制进入补水箱，靠水位高度的静压力进入冷却水回水管。水箱设有放水管和溢流管，运行时应保持水箱水位正常，供水温度低于38℃。闭式循环冷却水系统的补水为除盐水，冷却介质为循环水。

（二）闭式循环冷却水设备规范

冷却水泵设备规范见表2-8，热交换器设备规范见表2-9。

表2-8　　冷却水泵设备规范

冷却水泵		冷却水泵电动机	
型号	SM300-440（1）	型号	YKKP400-4
型式	卧式双吸中开离心泵	型式	卧式高压空冷变频电机
流量	2100m^3/h	额定功率	315kW
扬程	36m	额定电压	6kV
转速	1488r/min	额定电流	37.3A
必需汽蚀余量	6.5m	同步转速	1487r/min
最小流量	1260m^3/h	旋转方向	顺时针（从电动机向泵看）
轴承振动报警值	0.016mm	功率因数	0.871
绝缘等级	F（B级升温）		

表2-9　　热交换器设备规范

序号	名称	单位	闭式水侧	开式水侧
1	最大工况流量	t/h	2200	2300
2	最大工况工作压力	MPa	0.6	0.22～0.36
3	设计/试验压力	MPa	1/1.5	0.6/0.9
4	压力降	MPa	<0.1	<0.1
5	最大工况进口温度	℃	45	33
6	最大工况出口温度	℃	38	40
7	设计温度	℃	80	
8	传热面积	m^2	544.8	

十、循环水系统

为了冷却汽轮机低压缸排汽，并在凝汽器内建立真空，两台350MW热电联产机组装有一套循环水系统，该系统除了向凝汽器提供循环冷却水外，还向闭式冷却器和真空泵冷却器提供冷却水。

（一）循环水系统的组成

循环水系统由4台循环水泵（循环水泵采用双速电动机）、两个冷却塔、管道及阀门等设备组成，见图2-15。双机运行时，两台机的循环水系统并联运行，根据机组负荷选择最经

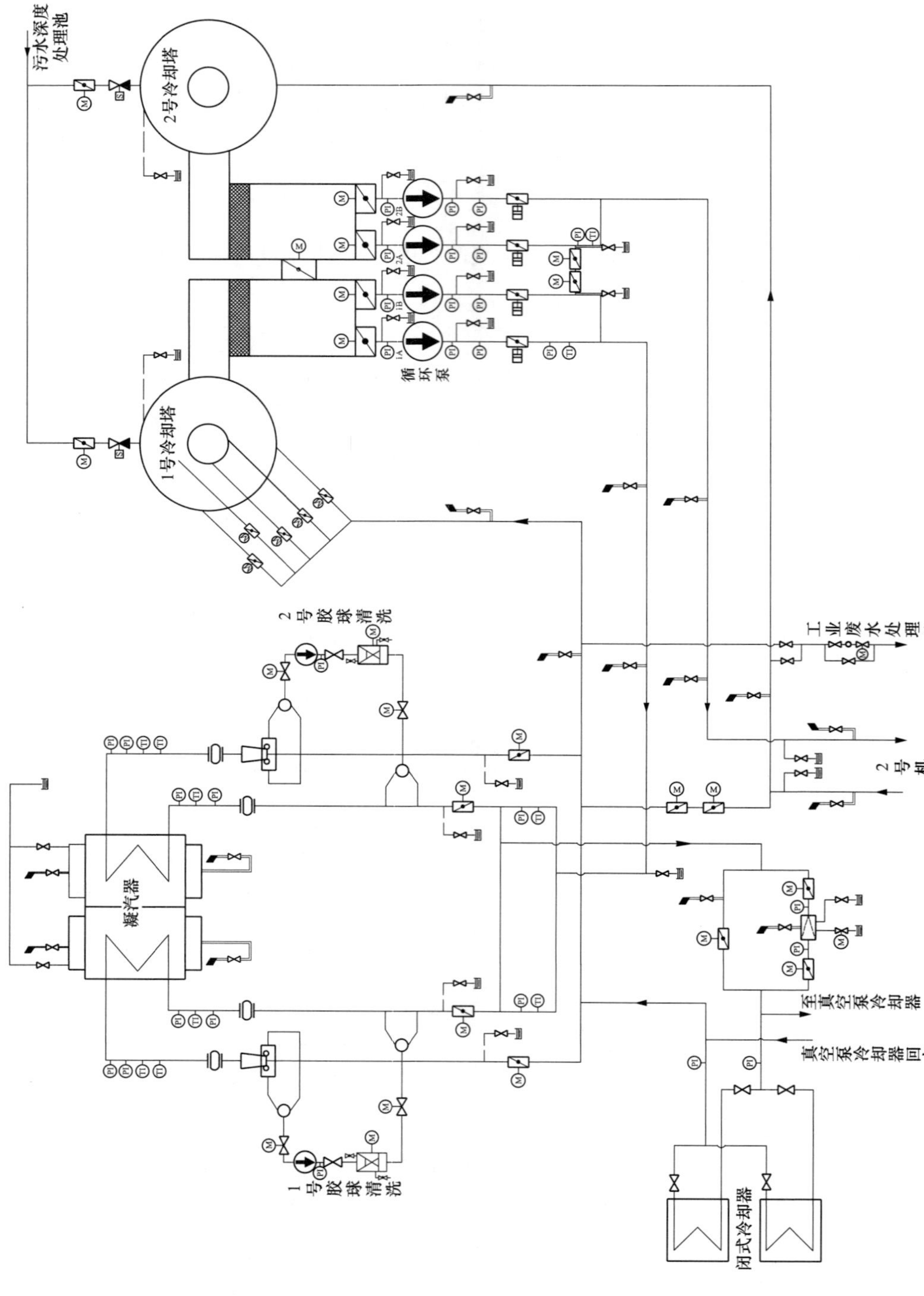
污水深度处理池
2号冷却塔
1号冷却塔
循环泵
2B
2A
1B
1A
凝汽器
2号胶球清洗
1号胶球清洗
工业废水处理站
2号机
至真空泵冷却器
真空泵冷却器回水
闭式冷却器

图 2-15　循环水系统

济的方式运行。夏季每台汽轮机由2台循环水泵高速运行供水；冬季每台机由一台循环水泵低速运行供水，并关闭冷却塔内区配水，保留外区配水，保证冷却塔出水温度大于15℃，若水温小于5℃时，应开启冷却塔防冻门，防止冷却塔大面积结冰。一台机组运行时，循环水系统独立运行，两台机组的循环水系统应可靠隔离。为了在运行中清理凝汽器冷却水管内壁，凝汽器两侧各装有一套胶球清洗装置，应定期对凝汽器冷却水管内壁进行清理。运行中凝汽器冷却水管泄漏时，可停运半侧凝汽器，保持一台循环水泵运行，凝汽器运行侧进、退水阀全开，机组负荷最高不得超过75%额定负荷。

（二）凝汽器胶球清洗装置

凝汽器运行时，凝汽器冷却水管会发生结垢、有机物沉淀和腐蚀等现象，使凝汽器传热效果变差，循环水流动阻力增大，冷却水量减少，导致凝汽器真空恶化，影响汽轮机运行经济性。因此，在每台机组的循环水系统装有两套胶球清洗装置，胶球清洗装置由胶球泵、收球网和收球室等设备组成，清洗工具是海绵胶球，胶球的直径比冷却水管的直径大1～2mm，当胶球送入凝汽器冷却水管内时，胶球被挤压变形，与水管全周接触，胶球通过一次就把管壁清洗一次。清洗前，先将胶球装入胶球室，启动胶球清洗泵，胶球被送入凝汽器循环水进水管中与循环水一起进入凝汽器，流经冷却水管进行清洗，胶球随水流到凝汽器的出水管时，被收球网收集，再由循环水带回胶球清洗泵，进行循环清洗。

十一、发电机定子冷却水系统

发电机定子冷却水系统的主要作用是向定子绕组连续供水，使定子绕组得到冷却。运行中应监视水温、水压和水的导电率等参数。为了保证冷却水的水质，系统还设置了离子交换器。

（一）发电机定子冷却水系统的组成

发电机定子冷却水系统由定子冷却水箱、定子冷却水泵、定子水冷却器、离子交换器、管道及阀门等组成，见图2-16。

1. 定子冷却水箱

定子冷却水箱是一个2.3m^3储水容器。发电机回水管口伸入水箱内液面以下，可以消除发电机回水的汽化，回水中如含有微量氢气也可在水箱内释放，当水箱内气体压力高于设计值时，安全阀自动排气。水箱上装有水位控制开关和玻璃管水位计，当水箱水位下降时，控制开关动作，通过电气控制回路自动向水箱内补水，补水来自化学除盐水或凝结水。

2. 定子冷却水泵

定子冷却水系统装有两台并联的定子冷却水泵（离心泵），泵的出口装有止回阀。正常运行时一台运行，一台备用。当泵出口压力低于整定值时，联动备用泵，以维持系统正常运行。

3. 定子水冷却器

定子冷却水系统中装有两台并联的定子水冷却器，正常情况下一台运行，一台备用。

4. 定子冷却水滤网

定子冷却水系统中装有两台并联的定子冷却水滤网，正常情况下一台运行，一台备用。定子冷却水滤网的滤芯用不锈钢网制成，滤网筒体底部设有排污口，滤网的两端跨接着差压开关，当差压增大到比正常压差高0.02MPa时，发出报警信号，此时应及时将备用滤网投入运行，并清理被堵的滤网滤芯。

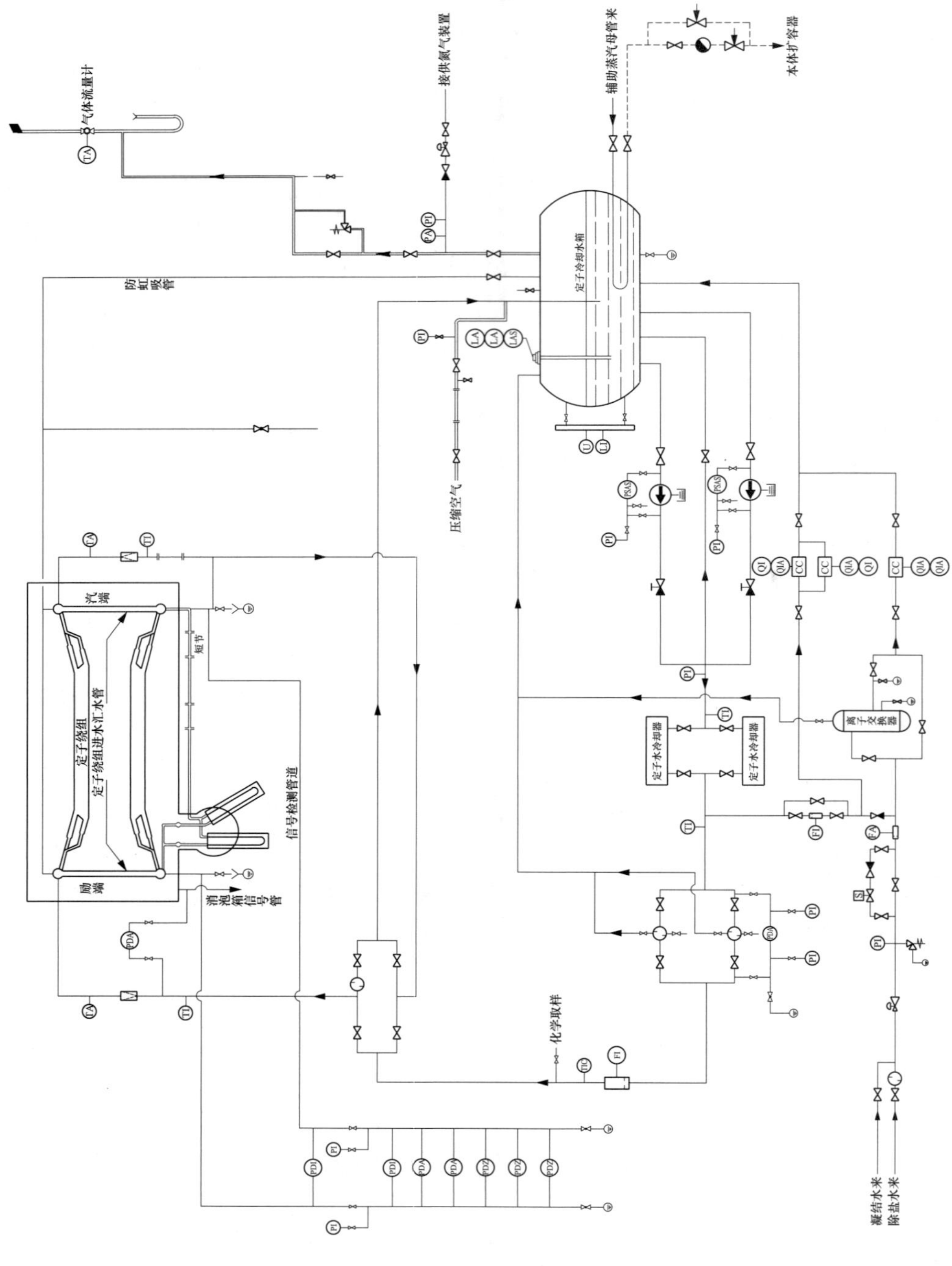

图 2-16　发电机定子冷却水系统

5. 离子交换器

定子冷却水系统中进入定子绕组冷却水的导电率必须处于较低的规定值，因为绝缘引水管承受绕组对地的全电压。为了确保冷却水的导电率符合要求，定子冷却水系统中装有一台混床式离子交换器，将系统中循环的部分冷却水引入离子交换器，以降低定子冷却水的导电率。流经离子交换器的冷却水量由调节阀控制，在正常情况下，只需有极少量的冷却水经过离子交换器即可保证循环水路中冷却水的导电率低于规定值，当定子冷水系统刚充入水时或不慎补充了不纯洁水时，必须增大流经离子交换器的水量。

6. 导电度仪

定子绕组冷却水导电率由 3 个导电度仪来监测，其中两个串联安装在定子绕组进水管路上，另一个安装在离子交换器的出水管路上。导电度仪的读数以“μS/cm”为单位。当主管路中水导电率达到一定值时发出报警。

7. 定子冷却水箱氢气压力控制

定子冷却水箱是密闭的，在水箱液位以上的空间充有具有一定压力的氢气，水箱内的氢气压力控制在 0.014MPa。发电机正常运行时机内处于高氢压状态，少量氢气可能通过绝缘引入管渗入定子冷却水并在定子冷却水箱内释放，使定子冷却水箱内的氢气压力升高。为防止定子冷却水箱内压力过高，水箱上装有安全阀，将定子冷却水箱内气体排出。当水箱内不充氢时，水系统仍可运行，但一般不采用这种运行方式，因为在这种情况下，由于氧的作用，空心导线的腐蚀速度将大大增加。

（二）定子冷却水系统的工作原理

定子冷却水系统为一个独立封闭循环系统，定子冷却水泵从定子冷却水箱中吸水升压后送入定子冷却水冷却器降温，然后在定子冷却水滤网中除去机械杂质，经流量孔板后进入发电机，出水流回定子冷却水箱完成循环。运行中，根据定子冷却水的导电率调节引入离子交换器的水量，确保定子冷却水系统冷却水的导电率合格。

（三）发电机定子冷却水系统的设备规范

发电机定子冷却水系统的设备规范见表 2-10。

表 2-10　　发电机定子冷却水系统的设备规范

定子冷却水泵		定子冷却水泵电动机	
型号	100-80-230	型号	YX3-200L1-2
型式	单级离心泵	功率	30kW
流量	$70m^3/h$	电压	380V
扬程	70m	电流	55.1A
转速	2900r/min	转速	2955r/min
必需汽蚀余量	4.5m	频率	50Hz
效率	70%	绝缘等级	F
转向		防护等级	IP44
离子交换器（树脂除盐器）			
最大交换能力	$8m^3/h$	最高进水温度	<60℃
设计压力	1MPa	试验压力	1.5MPa

续表

定子冷却水箱			
容积	2.3m^3	水位计规格	800mm
定子水冷却器			
型号	RSHL-1	热交换容量	1033kW
设计压力	1.0MPa	试验压力	1.5MPa

(四) 定子冷却水系统的运行及维护

(1) 定子冷却水系统充水时，应使水箱水位升高至最高位置，直至溢流管有水溢出为止，方可开启水泵，逐步提高压力至额定值。发电机定子冷却水进、出口管各有一个排气阀门，是为了防止绕组两端部汇流管内滞流空气而专设的，定子冷却水泵启动后，必须打开排气阀，待水流出并确定气体排完后关闭排气阀。

(2) 定子冷却水系统投入运行后，进水压力、流量一般固定不变，应加强监视，如果进水压力和流量发生变化时，应查明原因，及时消除故障。

(3) 定子冷却水箱上的取样门是供化验人员取样用的，在机组正常运行时，取样门是关闭的，取样时应先向定子冷却水箱内补水，待水位升高后，再打开取样门取样。

(4) 运行中，定子水冷却器出口水温不超过50℃。

(5) 当定子冷却水滤网两端的压差比正常值大0.01MPa时，应将备用定子冷却水滤网投入运行，然后关闭压差大的定子冷却水滤网两端阀门，拆出滤芯进行清理。

(6) 离子交换器在使用时，应根据定子水冷却器出口冷却水的导电率调节进入离子交换器的水量（离子交换器的最大处理水量为8t/h）。

(7) 离子交换器树脂在有效期内可高效地起到抑制冷却水导电度的作用，当离子交换器出水端的导电度无法降低时，说明树脂已失效，应及时更换树脂。

第三章

汽轮机本体结构

汽轮机本体由定子和转子组成，转子与定子之间安装了汽封装置。其中，定子由基础台板和滑销系统支承，转子由轴承支承。另外，为调节汽轮机的进汽量，装有配汽机构；为了确保汽轮机安全，还装有盘车装置。下面以 C350-24.2/0.343/566/566 型 350MW 中间再热抽汽凝汽式汽轮机为例，介绍超临界汽轮机的本体结构。该型汽轮机由高、中、低压三部分组成，共有 38 级，除高压调节级为冲动级外，其余均为反动级，高中压部分采用合缸反流结构，低压缸采用双流反向双层缸结构，以平衡轴向推力。

第一节　定　　子

定子包括汽缸、高压蒸汽室、静叶栅及紧固零件等，各部件精确配合，连接牢固，并在升温过程中按设计膨胀。

一、汽缸

汽缸是为了将通流部分与外界大气隔绝而构成的一个封闭压力容器。为了简化汽缸的结构，汽缸内设置了隔板套（静叶持环），以便设置抽汽腔室，汽缸通常分为高压缸、中压缸和低压缸。小型汽轮机（小于 125MW）的高压缸、中压缸和低压缸设计成一体，以减小汽轮机长度，但低压缸与高中压部分单独制造，在垂直结合面用螺栓进行拼缸；大型汽轮机（大于 700MW）为了提高单缸功率，简化进汽结构，高压缸、中压缸和低压缸分别独立布置；中型汽轮机（125～600MW）通常采用高中压合缸，低压缸单独布置。

（一）汽缸的特点

1. 汽缸的受力

汽缸主要承受以下几种力：①汽缸本身和装在其内部零部件的重量；②汽缸内外压差的作用力；③因沿汽缸轴向和径向温度分布不均匀而产生的热应力；④隔板前后压差的作用力和蒸汽通过喷嘴时的反作用力。

2. 高、中压汽缸设计要求

由于高、中压汽缸承受着巨大的内外压差、温度梯度、汽缸本身及其内部静止部件的重力，并承担着外部管道接口的推力和推力矩，所以高中压汽缸设计的基本要求是：①汽缸形状力求简单，回转体对称，壁厚均匀，在满足强度、刚度裕度要求的前提下，尽量减薄汽缸厚度；②汽缸高温高压区域，尽量避免包含过多的低参数区段，以合理使用贵金属材料，要考虑具有合理的冷、热工艺性能；③汽缸的支承方式应考虑热态下保证对中要求，并能保证汽缸胀缩可靠；④与汽缸连接的进汽管、喷嘴室等必须具有良好的汽密性及足够的弹性补偿能力，减少高温部分的热变形传递到缸体上；⑤保证汽缸顺利安装、揭缸以及运输。

3. 低压缸的设计要求

由于低压外缸要承受巨大的真空载荷，所以低压外缸设计时要特别注意刚度在冷态和热态的变化，而低压内缸的对中、支承与低压外缸尽量减少联系或相互影响。总体而言，低压缸的设计基本要求是：①结构简单，满足刚度要求；②在保证刚度的前提下，要充分考虑选择合理的、方便工艺与运输的结构形式；③设置排大气阀及一定量的人孔门；④选择合理的支承方式及与其他部件的连接方式；⑤设计合理的排汽蜗壳，以利于减小排汽总压损失，合理回收余速损失，提高整机效率。

（二）汽缸的种类

汽缸分为单层汽缸、双层汽缸和筒形缸三种。

1. 单层汽缸

单层汽缸结构简单，适合于小型低参数汽轮机，例如给水泵汽轮机一般为单层汽缸。单层汽缸的汽轮机可将蒸汽室与汽缸铸造成一体，也可将蒸汽室与汽缸分开铸造。

2. 双层汽缸

随着汽轮机初参数和机组容量的不断提高，为满足汽缸的强度和密封要求，汽缸壁和水平法兰尺寸必须相应增大。汽轮机启动和变工况运行时，汽缸和法兰内外壁的温差很大，产生较大的热应力，双层汽缸可有效减小热应力。内、外两层缸的夹层与内缸的排汽或某中间级相通，内外缸分别承受一部分压差与温差，双层汽缸有以下优点：①合理分配内外缸承受的压差，减小了汽缸壁和法兰厚度；②把高温蒸汽限制在喷嘴以后的内缸内，外缸容纳的蒸汽温度较低，合理区分温度区域，减少变工况运行时的温度差，减少热应力，提高汽轮机内各部套的使用寿命；③机组启、停时，可加快汽缸加热和冷却速度，缩短机组启、停时间；④内缸处于高温区域，应选取相应较好的材料，外缸温度较低，可选用较低等级的材料，以降低成本。

3. 筒形缸

筒形缸是双层汽缸的特例，内缸有垂直中分面，用螺栓紧固；外缸为筒形，端部设有端盖。筒型缸有以下优点：①结构简单，蒸汽温度变化时，热应力较小，可明显提高机组的启动速度；②由于外缸无水平中分面，解决了汽缸热变形和法兰翘曲漏汽问题，可以应用于更高参数的汽轮机。

超（超）临界汽轮机高中压缸均采用双层汽缸，600MW 及 600MW 以下一般为高中压合缸，高中压合缸的优点是：①结构紧凑、节省跨距，有效地缩短了汽轮机的长度；②进汽部分在汽缸中部，高、中压级反向布置，可平衡轴向推力；③高温部分集中在汽缸中段，两端轴承离高温区较远，热影响较小；④两端汽封漏汽也较分缸结构少。高中压合缸的缺点是：①合缸后结构复杂，动静部分的胀差计算复杂；②转子跨距增大从而要求提高转子刚度；③汽缸自身的刚度也因跨距的增加而降低，设计都应充分考虑；④高、中压进汽管均集中布置于汽缸中部，使得铸件更为复杂。综合上述优点和缺点，700MW 以上的汽轮机不用高中压合缸结构，通常采用高中压分缸双流结构。

超（超）临界汽轮机的低压缸也为双层汽缸，由于低压缸体积大，一般为焊接结构，以便采用各种型材提高汽缸的刚度。超（超）临界汽轮机的低压缸为一个低压缸双流两排汽布置或两个低压缸双流四排汽布置。

（三）汽缸的支承

1. 外缸的支承

外缸的支承方式有两种，一种是台板支承，另一种是猫爪支承。一般低压缸采用台板支承，高中压缸采用猫爪支承，猫爪支承分为上猫爪支承和下猫爪支承。上猫爪支承的猫爪位于上半汽缸，中分面螺栓承载下缸及其他部件重量，安装支承与运行支承不一致，通常中小功率汽轮机采用此种支承方式；下猫爪支承的猫爪位于下半汽缸，中分面螺栓不承载汽缸及其他部件重量，安装支承与运行支承一致，大功率机组广泛采用下猫爪支承方式。

2. 内缸的支承

内缸借助猫爪支承于对应的外缸的凹槽内，并由外缸固定。

（四）350MW 热电联产汽轮机的汽缸

350MW 热电联产汽轮机的汽缸由高中压缸和低压缸两部分组成，两者通过定中心梁相连接。

1. 高中压缸

汽轮机的高中压缸由高中压外缸、高压内缸和中压内缸组成，形成合缸双层缸结构，各缸均做成水平中分式，进汽阀分别布置在汽缸的左右两侧。

双层缸结构的优点是把原单层缸承受的巨大蒸汽压力分摊给内外两缸，减少了每层缸的压差与温差，缸壁和法兰可以相应减薄，在机组启停及变工况时，其热应力较小，可缩短启动时间和提高负荷的适应能力。内缸主要承受高温及部分蒸汽压力作用，且其尺寸小，故做得较薄，所耗用的高等级耐热金属材料也相对减少。外缸因设计有蒸汽内部冷却，运行温度较低，可用较低等级的合金钢制造。外缸的内外压差比采用单层汽缸降低明显，因此减少了漏汽的可能，汽缸结合面的严密性能够得到保障。

在内外缸夹层里引入一股中等压力的蒸汽流，当机组正常运行时，由于内缸温度很高，其热量源源不断地辐射到外缸，有使外缸超温的可能，此时夹层汽流对外缸起冷却作用。当机组冷态启动时，为使内缸尽可能迅速同步加热，以减小动静部分胀差和热应力，缩短启动时间，此时夹层汽流对汽缸起加热作用。内外缸夹层的冷却汽流是来自高压进汽侧平衡活塞汽封的漏汽，漏汽通过夹层对高压内缸冷却后与高压缸排汽汇合。汽缸夹层中的蒸汽状态决定了汽缸承受的压力情况。内缸两侧温差小而压差大，沿壁厚的温度梯度减至最低限度，热应力很小，故内缸主要承受压应力，起压力容器的作用；外缸内侧是冷却蒸汽，外侧是大气，其两侧温差大而压差小，主要承受温差的热应力，因此只需较薄的缸壁和较小的法兰，缸壁与法兰厚度相差不大，内外缸的法兰螺栓靠近缸壁，使得汽缸、法兰、螺栓都易于加热，汽缸法兰和螺栓均未采用加热装置，简化了系统及启动操作程序。

（1）高中压外缸。高中压外缸为铬钼钒钢铸件（ZG15Cr1Mo1V），在中分面处分开，形成上半和下半两部分。高中压外缸中部上半和下半各设有两个高压进汽口，通过 4 根挠性管道与调节阀出口相连，过热蒸汽通过焊接于进汽口的挠性套筒向高压缸供汽，高中压外缸调节阀端的下部设有一个高压排汽口；高中压外缸中部下半设有两个中压进汽口，中压排汽口位于高中压外缸发电机端的上部。汽缸上开有一、三、四段和五段抽汽口，均设在汽缸的下半部，二段抽汽由高压排汽管道上引出，从这些抽汽口抽出的蒸汽供至各级加热器、除氧器以及工业用汽、热网用汽等，见图 3-1。高中压外缸上半和下半各有两根连通管，连通管的一端位于高压排汽侧，另一端位于中压排汽侧。其作用是将高压排汽侧平衡活塞汽封后的蒸汽引至中压排汽口，降低高压排汽侧轴封的压力，防止轴封漏汽。

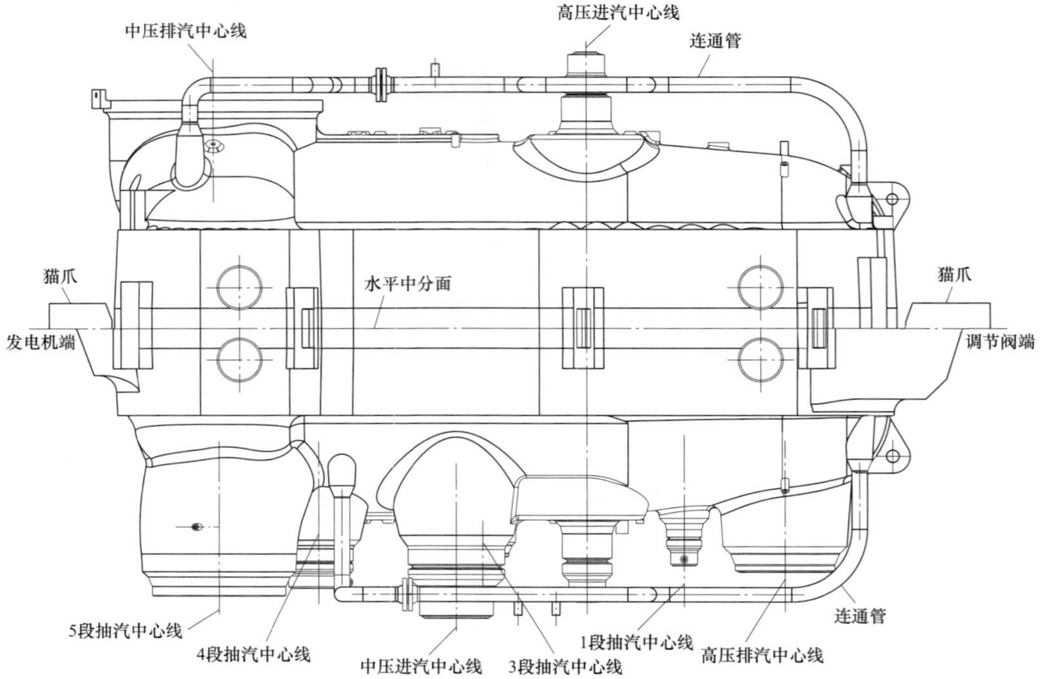

(a) 高中压外缸侧视图

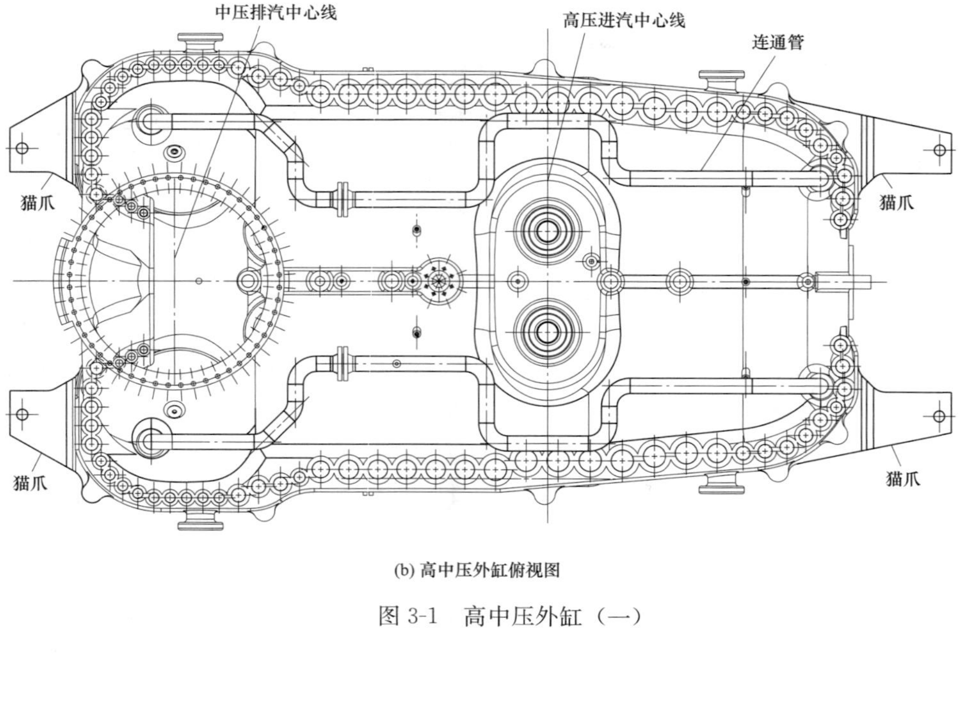

(b) 高中压外缸俯视图

图 3-1　高中压外缸（一）

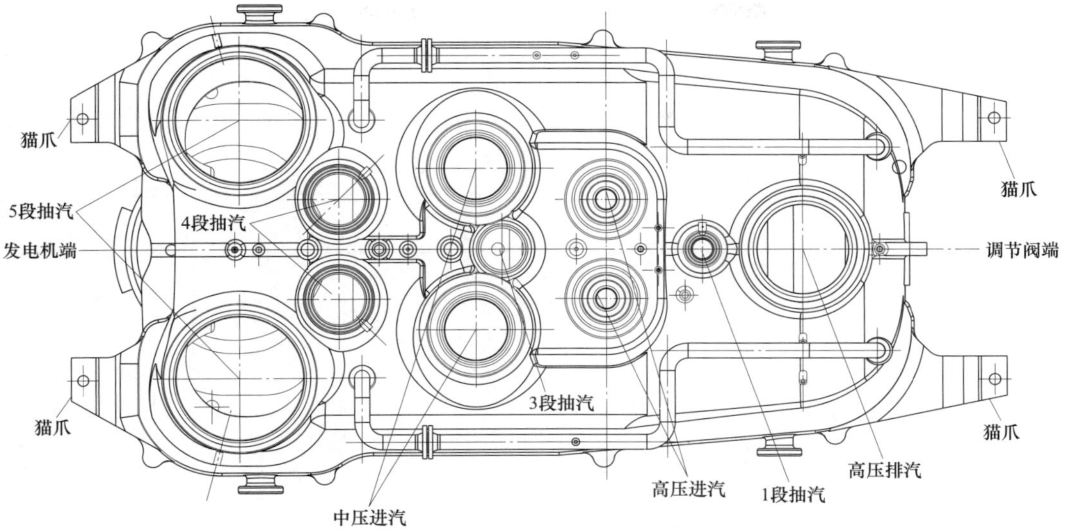

(c) 高中压外缸仰视图

图 3-1 高中压外缸（二）

高中压外缸内部装有蒸汽室、高压内缸、中压内缸、高压静叶持环、中压静叶持环、高压静叶环、中压静叶环等，两端壁的中心孔处装有端部汽封（轴封）以防漏汽。汽缸两端壁处还设有开孔，以供现场做动平衡时安装平衡螺塞。高中压外缸由 4 个与下缸铸成一体的猫爪支承。在发电机端，两只猫爪支承在低压外缸调节阀端下半轴承座的支承键上，在支承键上可自由滑动；在调节阀端，两只猫爪支承在前轴承座的支承键上，可以自由滑动。采用下半缸倒挂猫爪结构的优点是消除了下半缸重量、保温层重量以及管道作用力对汽缸中分面螺栓的影响，从而降低了螺栓应力，保证了汽缸中分面的严密性。

高中压外缸的水平中分面用双头螺栓连接，上、下缸中分面必须预紧以产生适当的应力，保证中分面的严密性。高中压外缸上还设有多个热电偶测点，测量汽缸的金属和蒸汽温度，监测汽缸进水的热电偶上、下缸成对设置，当汽缸进水时，将会出现上、下缸温差突变（下缸温度突然降低）现象。温差超过一定值时，机组会报警或跳闸，以防损坏转子和叶片。

（2）高压内缸。高压内缸为铬钼钒钢铸件（ZG15Cr1Mo1V），在中分面处分成上半和下半两部分，上、下半用法兰螺栓连接固定，见图 3-2，螺栓必须预紧产生一定的应力，保证内缸中分面的严密性。高压内缸由支承键（猫爪）支托于高中压外缸水平中分面上，由上垫片限制其向上窜动，以此保证高压内缸的水平位置。轴向定位通过位于水平中分面处上、下半共 4 处的凸肩配合来实现，横向采用位于顶部和底部的中心定位销与外缸定位，这样既能保证内缸轴线的正确位置，又能允许其自由膨胀。

在高压内缸内装有蒸汽室。蒸汽室与高压内缸的轴向定位靠凸肩配合来实现，横向定位靠设在内缸上半和下半的凸台卡在蒸汽室上实现，并可以通过垫片调整，高压内缸与蒸汽室进口间装有密封环，以防漏汽。

内、外缸的进汽口通过挠性进汽插管来连接。进汽插管焊接于高中压外缸接口上，通过挠性插管连接来吸收内外缸胀差及减小热应力，进汽插管与内缸进汽口间配有堆叠式密封

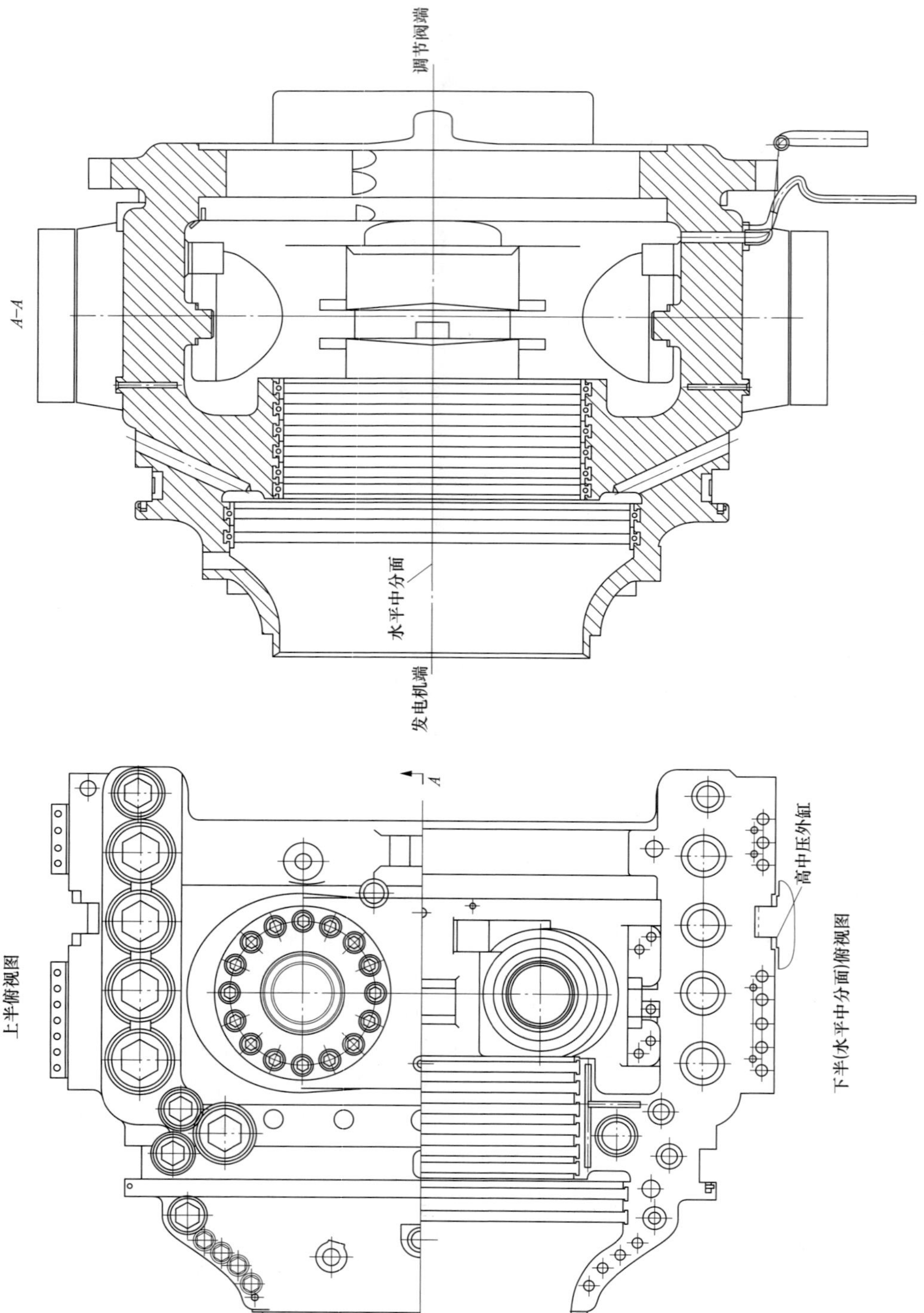

图 3-2　高压内缸外形图

环。高压内缸与各部套装配关系示意如图 3-3 所示。

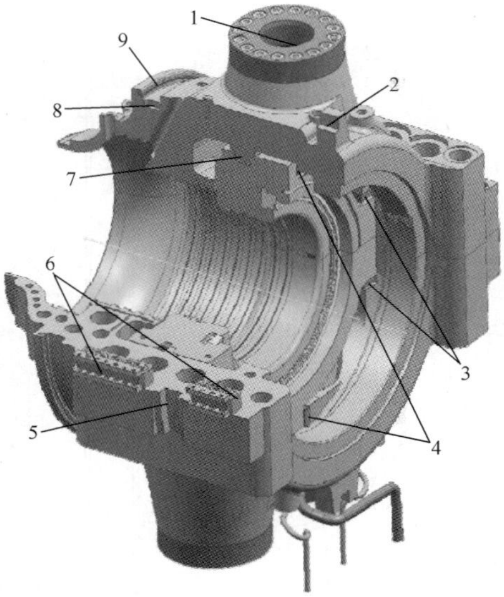

图 3-3 高压内缸与各部套装配关系示意

1—进汽插管处堆叠式密封；2—与高中压外缸横向配合防转销；3—与蒸汽室水平定位；4—与蒸汽室横向定位；5—与高中压外缸轴向定位（上、下半左右共 4 处）；6—中分面支撑键（与高中压外缸水平定位）；7—与蒸汽室轴向配合；8—与中压内缸横向配合防转销；9—与中压内缸轴向配合

在高压内缸上设有金属温度测点，用测得的内缸金属温度来代替高压转子第 1 级温度，用金属与蒸汽的温度差和预先规定的数值相比较，来控制汽轮机的启动与负荷变化，以达到限制转子热应力的目的。高压内缸下半底部开有疏水孔，疏水管穿过外缸引出，可排走进汽室的积水。

（3）中压内缸。中压内缸为铬钼钒钢铸件（ZG15Cr1Mo1V），在中分面处分成上半和下半两部分，上、下半用法兰螺栓连接固定，如图 3-4 所示，螺栓必须预紧产生适当的应力，保证中分面的严密性。中压内缸用支承键（猫爪）支托于高中压外缸水平中分面上，并由上垫片限制其向上窜动，以此保证其水平位置。轴向定位通过凸肩配合来实现，横向采用位于顶部和底部的中心定位销与高中压外缸定位，这样既能保证内缸轴线的正确位置，又能允许其自由膨胀。

中压内缸与外缸的进汽口通过挠性进汽插管来连接。进汽插管焊接于高中压外缸接口上，通过挠性插管连接来吸收内外缸胀差及减小热应力，进汽插管与内缸进汽口间装配有密封环以防止漏汽。

2. 低压缸

由于大功率凝汽式汽轮机的低压缸排汽压力低、排汽体积流量大，因而尺寸大，是汽轮机最庞大的部件，350MW 热电联产汽轮机低压缸为双排汽对称布置。低压缸的结构设计为水平中分式，两端轴承座与下外缸连为一体，四周均落地，低压下外缸利用基础中的锚固板固定在基础上。低压外缸顶部两端都装有排大气阀，作为安全保护措施。当低压缸内压力升高至一定值时，大气阀中石棉橡胶板破裂，使蒸汽排空，以保护低压缸、末级叶片和凝汽器的安全，排汽缸下部与凝汽器用不锈钢波形节弹性连接。

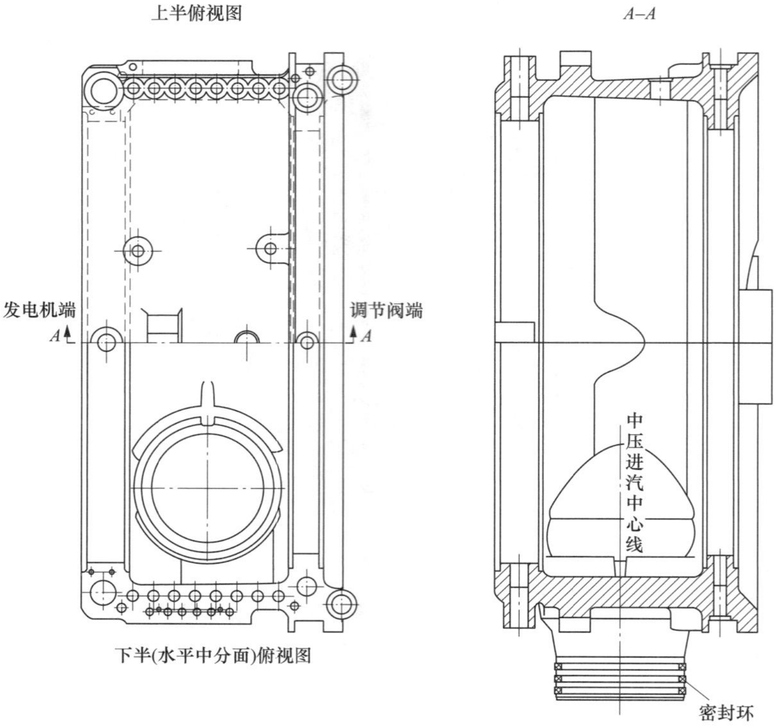

图 3-4　中压内缸外形

虽然低压缸内承受的蒸汽压力和温度都比较低，但体积较大，为防止因刚度不足而产生的变形，低压缸也分为内缸和外缸。为了减小流动损失，低压缸入口装有进汽导流环，低压缸出口装有排汽导流环。

另外，由于汽轮机启动、空载和低负荷运行时流过低压缸的流量很小，不足以带走由鼓风摩擦所产生的热量，可能引起排汽温度升高，排汽缸的温度也随之升高。排汽缸温度升高会引起汽缸热变形，转子的中心线改变，还可能造成机组振动甚至发生事故。因此，低压缸内部设置了喷水装置，其水源为凝结水，在排汽温度升高时将凝结水喷入低压缸排汽口，以降低排汽缸金属温度。

（1）低压外缸。低压外缸为碳钢板的大型焊接结构，它是汽轮机本体中尺寸最大的部件。为了减轻其重量和保证真空条件下的刚度，上半采用了大、小圆弧构成的薄壁拱顶，端壁焊有支撑管，下半为端壁与侧壁构成的长方形框式结构，在接近中分面处利用四周连续支脚进行加强，在排汽接口处，沿纵向与横向焊上加强肋与支撑管来增强刚性。

轴承座与低压外缸制成一体，轴承座与四周连续支脚一起支承于基础台板上。为了便于加工和运输，低压外缸增加了两个垂直中分面，见图 3-5。在底板上沿纵向凹口和横向的方孔与浇入基础的对中元件相匹配构成机组的滑销系统，在低压外缸调节阀端轴承座与高中压缸之间设有“H”形定中心梁，将低压缸与高中压缸沿轴向的膨胀联系在一起。

3、4 号轴承座与低压外缸连成一体，这种结构的特点决定了机组在运行时，需要注意的一个特性，即低压轴承座内的轴承标高将随着真空变化引起的低压缸变形而有所变化，为确保运行稳定，排汽真空度应保持在规定的范围内。外缸上半有 4 个人孔，每端两个，可在

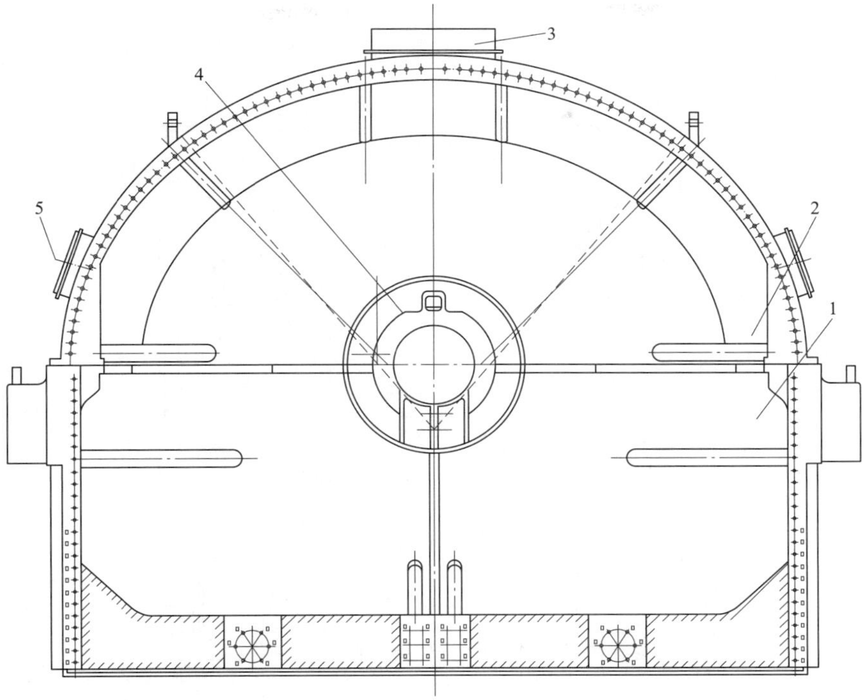

图 3-5 低压外缸

1—下半；2—上半；3—排大气门；4—轴承；5—人孔

不开缸情况下进入内部检查。两个排大气隔膜阀位于外缸上半的顶部。正常运行时，阀的盖板被大气压紧，当凝汽器真空被破坏而超压时，蒸汽能冲开盖板，撕裂铅隔膜向大气排放。低压外缸内装有内缸、进汽导流环、内缸隔热罩、静叶持环、静叶环（隔板）、排汽导流环等，外缸端壁中心孔处装有端汽封（轴封）。

（2）低压内缸。低压内缸为碳钢焊接（铸焊）结构，两端半环为铸件，其余均为钢板，低压内缸上、下半用螺栓紧固，见图 3-6。低压内缸借助下半中分面法兰两侧的凸边，支承于外缸下半中分面的凸台上，沿进汽中心线横向位置为榫槽配合定位。内缸与外缸顶部进汽口靠 4 个榫槽配合定位，在内缸底部进汽中心线设有偏心套筒定位销。

低压内缸进汽部分经连通管接头与低压进汽管相连接。通过垂直方向的榫槽使得内缸进汽口与内缸对中，连通管接头与外缸对中，在安装时可利用垫片进行调整。连接管接头穿过内缸与外缸处均采用不锈钢薄板焊成的膨胀节连接，它能补偿相互间的膨胀差，见图 3-7。

（3）低压缸进汽导流环。为保护转子免受气流直接冲刷，在内缸中间位置装有进汽导流环，构成了进汽通道，见图 3-8。进汽导流环不仅能防止汽流直接冲刷转子，而且构成的良好进汽通道可有效降低进汽压损，进汽导流环通过弹性汽封环与第一级静叶的内环形成零间隙汽封以减少泄漏损失。

进汽导流环分为上、下两半，并在中分面处用螺栓连接成完整的一圈。进汽导流环支承于低压内缸上，并用螺栓固定。进汽导流环通过中分面两侧的定位凹槽与低压内缸上的定位键配合确定轴向位置，并保证径向自由膨胀。

（4）低压排汽导流环。低压缸两端各有一个排汽导流环，排汽导流环分为上、下两部

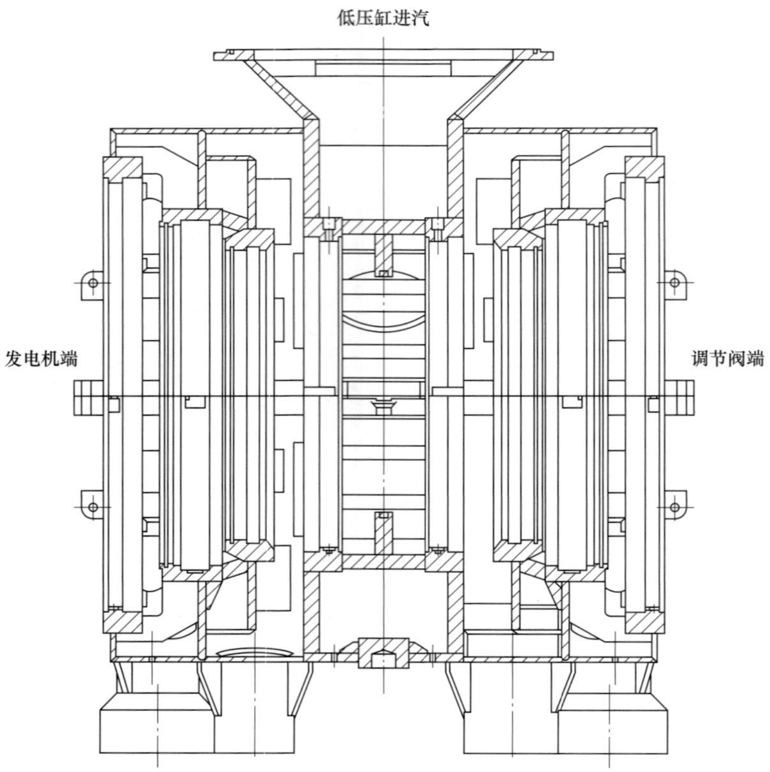

图 3-6　低压内缸装配

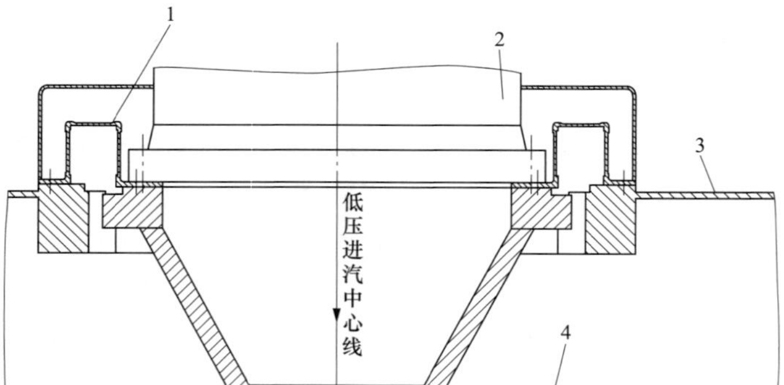

图 3-7　低压进汽部分连接

1—膨胀节；2—中低压连通管；3—低压外缸；4—低压内缸

分，装配完成后为一个整环，它与外缸的锥形端壁形成排汽扩压通道，可增加末级叶片的排汽速度，将速度能转换为压力能，从而提高汽轮机的效率，见图 3-9。在排汽导流环出口外缘上装有喷水装置，用来降低排汽缸温度。

（5）低压内缸隔热罩。为了防止低压内缸内外表面形成较大温差，引起低压内缸因热应力而产生热变形，在汽轮机低压内缸设计中采用了隔热罩。隔热罩覆盖在低压内缸外表面，

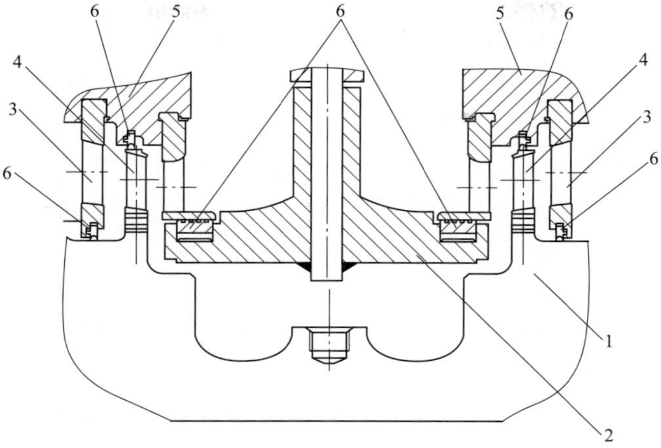

图 3-8 低压进汽导流环

1—低压轴；2—低压进汽导流环；3—低压静叶环；4—低压动叶栅；5—低压静叶持环；6—汽封

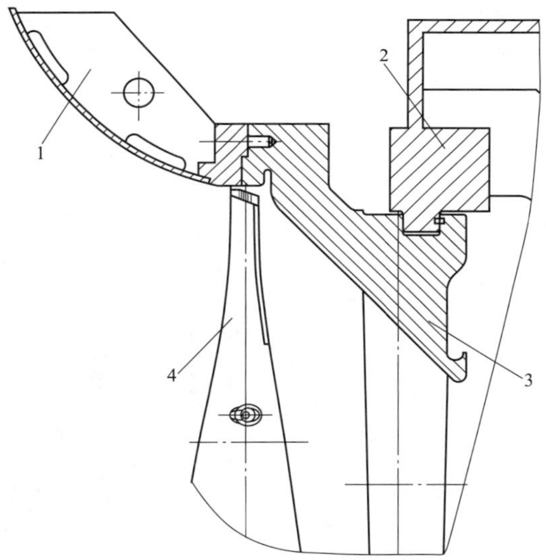

图 3-9 排汽导流环装配示意

1—排汽导流环；2—低压内缸；3—末级隔板；4—末级动叶栅

由 3～5mm 的不锈钢薄板制成，通过焊接搭子和螺栓固定在内缸外表面上。作用是防止因低压内缸内外表面形成较大温差而导致低压内缸变形，以提高低压缸的强度性能，延长低压缸的寿命；同时，可防止内缸外表面热量流失，提高机组热效率。

（6）低压缸的喷水装置。汽轮机启动、空负荷及低负荷运行时，由于蒸汽流量小，不能带走鼓风摩擦所产生的热量，会使排汽温度升高造成汽缸变形，引起机组振动或发生事故。为了防止上述情况的发生，在低压缸出口安装了喷水装置，将水顺着汽流呈一定的倾斜角喷入低压缸排汽，起降温作用。当排汽温度高于 80℃或机组启动中转速达 2600r/min 时，投入喷水装置；当汽轮机负荷大于 15%额定负荷时，喷水装置自动停运。

二、高压蒸汽室

为了使蒸汽均匀进入高压缸，降低能量损失，在高压内缸中装有高压蒸汽室。高压蒸汽室的作用是接受进汽管道进来的高压蒸汽，并支承调节级喷嘴组，使蒸汽在喷嘴中膨胀后进入调节级动叶。

350MW热电联产汽轮机的高压通流部分为顺流结构（调节级与压力级的蒸汽流向一致），在这种结构中，为封住喷嘴后的蒸汽使其向下流经调节级端面和蒸汽室内圆面，并使蒸汽室外壁和该段转子温度降低至接近喷嘴组后蒸汽的温度，设计了高压蒸汽室。高压蒸汽室采用上、下两半的整圈结构，如图3-10所示。蒸汽室上、下半各有2个进汽口，每个进汽口与内缸之间装有两道活塞式密封，且能在内缸进汽口中自由膨胀。蒸汽室上、下半间不用螺栓紧固，而是各自装入上、下半内缸中，上、下半在中分面两侧及垂直中心线上、下两处，每半各有3个榫槽与内缸上的凸缘相配合以固定轴向位置，而且允许热态自由膨胀；在内缸中分面法兰上凹处装有定位垫片，在上、下缸合拢后形成夹持状，在上、下最高及最低点处还有轴向凸缘与内缸上的槽相配合，这样就确定了蒸汽室在上、下及左、右的位置，即中心定位。该结构可以保证蒸汽室在径向、轴向的膨胀不受约束，极大地降低了热应力。安装在蒸汽室内的调节级喷嘴组把主蒸汽的压力能转换成动能，并能实现为调节级提供部分进汽。

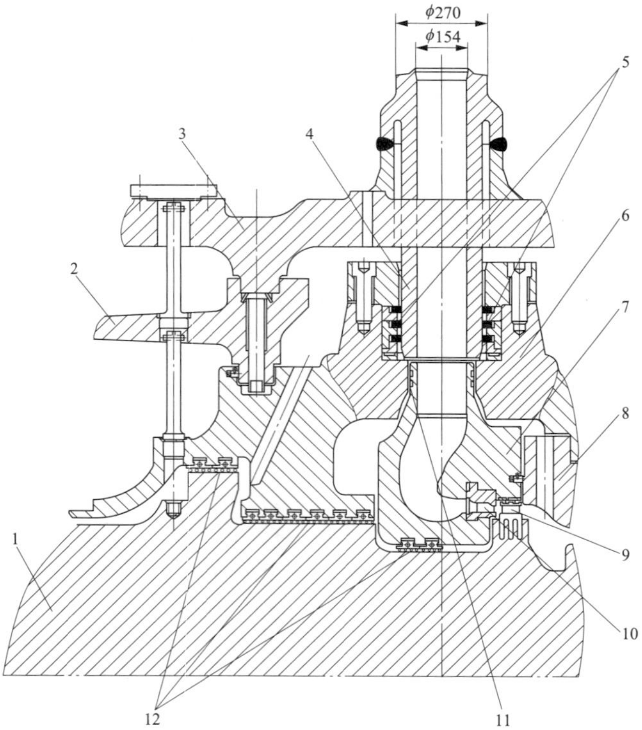

图3-10　蒸汽室

1—高中压轴；2—中压内缸；3—高中压外缸；4—高压进汽插管；5—堆叠式密封；6—高压内缸；7—蒸汽室（壳）；8—高压静叶持环；9—调节级动叶；10—喷嘴组；11—活塞式密封；12—汽封

蒸汽室没有采用悬臂结构，可有效消除疲劳问题；通过支撑键和销子形成的摩擦阻尼，可降低汽流激振对蒸汽室的影响；同时蒸汽室不与缸体直接相连，在负荷变化时，蒸汽室的膨胀与调节级一致，可有效地提高调节级的效率。蒸汽室的型线经过优化设计，改善了内部流动并降低配汽损失。蒸汽室和转子之间装有高低齿布莱登式汽封，减少调节级与转子之间的级间漏汽。

三、静叶栅

静叶栅是将蒸汽的热能转换成动能并对汽流起一定导向作用的部件，具有工作温度高、前后压差大、与转子间隙小等特点。通常把采用喷嘴调节配汽方式的汽轮机中每一个调节汽阀控制的喷嘴叫喷嘴组，为了适应结构上的需要，与冲动式动叶栅对应的静叶栅隔板，与反动式动叶栅对应的静叶栅叫静叶环。

在冲动式汽轮机中，隔板用以固定汽轮机各级的静叶片和阻止级间漏汽，并将汽轮机通流部分分割成若干个级。它可以直接安装在汽缸内壁的隔板槽中，也可以借助隔板套安装在汽缸上。现代大型汽轮机往往将相邻几级隔板装在一个隔板套中，然后将隔板套装在汽缸上。采用隔板套不仅便于拆装，而且可使级间距离不受或少受汽缸上抽汽口的影响，从而可以减小汽轮机的轴向尺寸，简化汽缸形状，有利于启停及负荷变化。但隔板套会增大汽缸的径向尺寸，相应的法兰厚度也将增大，延长了汽轮机的启动时间。在反动式汽轮机中，静叶环装在汽缸内壁或静叶持环上。350MW 热电联产汽轮机为反动式，除低压缸的后三级为隔板外，其余压力级均为静叶环。

（一）喷嘴组

喷嘴组是将汽轮机高压第一级的静叶（喷嘴）分成若干组，喷嘴组之间有间壁，每个喷嘴组与相应的蒸汽室构成了各自独立的高压进汽通道，通过高压调节阀对高压进汽流量进行控制调节，使各喷嘴组前建立不同的压力，通过不同的流量，以减少汽流的节流损失。喷嘴组通常采用整体铣制或精密浇铸，也有用锻件电脉冲加工或钻孔加工成整体喷嘴组弧段。喷嘴组与隔板（静叶环）不同的是它的内、外环均固定于喷嘴室上，其受力条件较隔板好；但是喷嘴组是汽轮机通流部分中承受蒸汽温度最高的部件，喷嘴组会因受到高速汽流的高频激振和蒸汽中夹带的异物颗粒的冲蚀而磨损。

350MW 热电联产汽轮机的喷嘴组与高压蒸汽室通过凸肩配合连接到一起，喷嘴组与转子之间有一圈固定汽封，如图 3-11 所示。高压进汽共有 4 个调节阀，对应于 4 组喷嘴。1 号高压调节阀对应第一组喷嘴（31 个），2 号高压调节阀对应第二组喷嘴（30 个），3 号高压调节阀对应第三组喷嘴（30 个），4 号高压调节阀对应第四组喷嘴（31 个）。阀门开启顺序为 3+4→1→2，即 3、4 号调节阀首先同时开启，然后 1 号调节阀开启，最后 2 号调节阀开启。

（二）静叶环与静叶持环

350MW 热电联产汽轮机为反动式汽轮机，共 38 级，高压缸 15 级（1 级冲动式调节级+14 级反动式压力级）、中压缸 11 级（反动式压力级）、低压缸 2×6 级（反动式压力级）。每个反动式压力级中有一个静叶环，静叶环安装在静叶持环上，静叶持环固定于汽缸上。静叶持环将汽缸分成相应的抽汽腔室，从这些腔室的抽汽口抽出蒸汽供给回热系统。采用静叶持环结构能使汽缸的形状简单，便于制造，并可减少汽轮机启停和负荷变化时的温差和热应力。

1. 高压静叶环和高压静叶持环

高压缸内共有 14 个静叶环，分别安装在一个静叶持环上。

（1）高压静叶环。高压静叶环由静叶片、内环和外环构成，静叶片由方钢铣制而成，为马刀型扭叶片，静叶片型线部分通过内、外环焊槽与内、外环焊接成为整圈高压静叶环，然后从水平中分面锯开后，分为上、下两半，每半块高压静叶环的内环上锯有若干膨胀槽，见

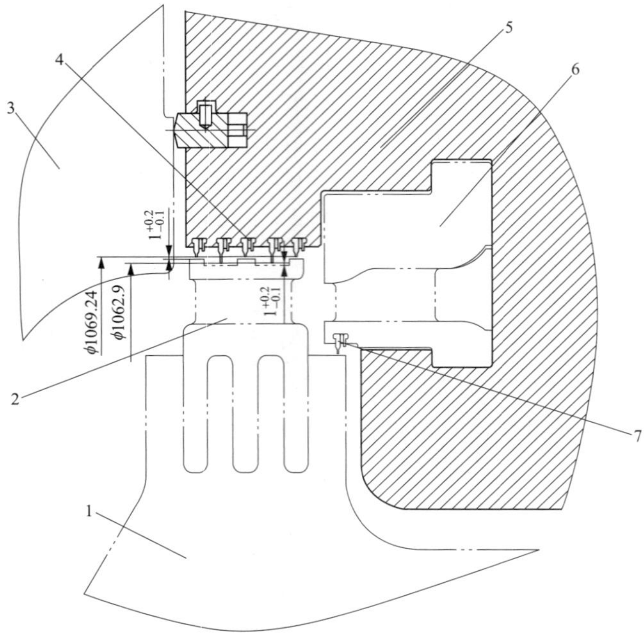

图 3-11　高压调节级汽封

1—转子；2—调节级动叶；3—高压持环；4—调节级动叶汽封；5—高压蒸汽室；6—调节级喷嘴；7—喷嘴汽封

图 3-12。高压静叶环安装于静叶持环的直槽内，并用一系列短的 L 形塞紧条锁紧。塞紧条装在直槽内侧加工出的附加槽内，并冲铆胀紧。每半块静叶环用 1 只紧定螺钉固定在静叶持环上，以防静叶环转动。为了防止漏汽，高压静叶环的内环与转子之间装有汽封。高压静叶环数据见表 3-1，中压静叶环数据见表 3-2，低压静叶环（隔板）数据见表 3-3。

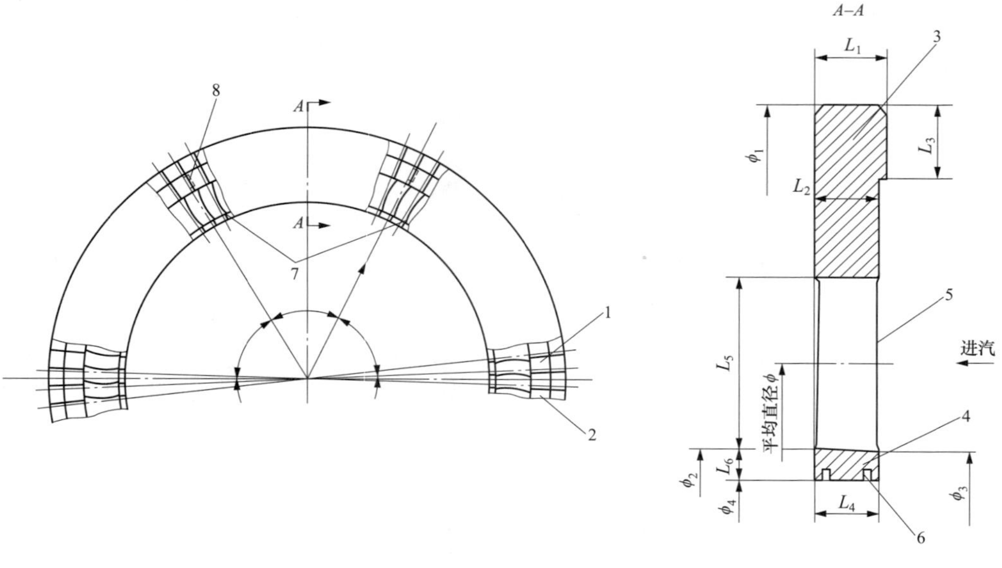

图 3-12　高压静叶环

1—静叶环上半；2—静叶环下半；3—外环；4—内环；5—静叶片；6—汽封槽；7—膨胀槽；8—出汽侧加强焊

表 3-1 高压静叶环数据 mm

静叶环	静叶数（片）	ϕ	ϕ_1	ϕ_2	ϕ_3	ϕ_4	L_1	L_2	L_3	L_4	L_5	L_6
第 1 级	76	862.31	1051.78	811.74	808.24	784.46	36.15	33.41	29.95	33.41	50.70	13.64
第 2 级	78	874.75	1067.68	820.72	817.22	793.44	36.15	33.41	29.95	33.41	54.16	13.64
第 3 级	100	886.29	1082.44	829.02	826.22	803.36	29.49	26.75	29.95	26.75	57.37	12.83
第 4 级	102	897.83	1097.18	837.36	834.56	811.68	29.49	26.75	29.95	26.75	60.57	12.84
第 5 级	104	909.38	1111.94	845.70	842.90	820.02	29.49	26.75	29.95	26.75	63.78	12.84
第 6 级	106	920.92	1126.68	854.03	851.23	828.36	29.49	26.75	29.95	26.75	66.99	12.84
第 7 级	108	932.46	1141.44	862.36	859.95	836.68	29.49	26.75	29.95	26.75	70.20	12.84
第 8 级	108	944.00	1156.18	870.68	867.88	845.02	29.49	26.75	29.95	26.75	73.42	12.83
第 9 级	108	955.55	1170.94	879.02	876.22	853.36	29.49	26.75	29.95	26.75	76.63	12.83
第 10 级	108	967.09	1185.70	887.36	884.55	861.68	29.49	26.75	29.95	26.75	79.84	12.84
第 11 级	108	978.63	1200.44	895.68	892.88	870.02	29.49	26.75	29.95	26.75	83.05	12.83
第 12 级	108	992.50	1218.80	908.54	905.74	882.88	29.49	26.75	29.95	26.75	84.06	12.83
第 13 级	110	1007.07	1239.60	916.88	914.08	891.20	29.49	26.75	29.95	26.75	90.35	12.84
第 14 级	110	1021.63	1260.40	925.20	922.40	899.54	29.49	26.75	29.95	26.75	96.59	12.83

表 3-2 中压静叶环数据 mm

静叶环	静叶数（片）	ϕ	ϕ_1	ϕ_2	ϕ_3	ϕ_4	L_1	L_2	L_3	L_4	L_5	L_6
第 1 级	52	1182.65	1438.74	1073.82	1066.92	1006.00	68.57	65.83	29.95	65.83	109.20	33.90
第 2 级	64	1203.91	1466.80	1088.30	1082.64	976.86	56.72	53.98	29.95	53.98	115.88	55.72
第 3 级	84	1224.38	1493.86	1102.14	1097.11	991.30	50.71	47.97	29.95	47.97	122.43	55.42

续表

静叶环	静叶数（片）	ϕ	ϕ_1	ϕ_2	ϕ_3	ϕ_4	L_1	L_2	L_3	L_4	L_5	L_6
第 4 级	94	1243.83	1519.94	1115.34	1111.01	1005.20	44.07	41.33	29.95	41.33	128.66	55.07
第 5 级	92	1263.84	1555.10	1132.80	1128.47	1014.20	44.07	41.33	29.95	41.33	131.55	59.30
第 6 级	100	1294.63	1603.64	1146.00	1141.67	1035.86	44.07	41.33	29.95	41.33	149.00	55.07
第 7 级	104	1325.42	1652.00	1159.20	1154.87	1049.06	44.07	41.33	29.95	41.33	166.19	55.07
第 8 级	106	1356.22	1696.40	1172.41	1168.08	1061.98	44.07	41.33	29.95	41.33	184.18	55.22
第 9 级	102	1387.01	1747.44	1185.61	1181.28	1075.46	44.07	41.33	29.95	41.33	201.77	55.08
第 10 级	78	1417.10	1815.34	1188.36	1186.40	1061.98	58.84	56.10	29.95	56.10	229.23	63.19
第 11 级	80	1438.01	1845.96	1195.02	1193.01	1061.98	60.24	57.50	29.95	57.50	243.32	66.52

表 3-3　　低压静叶环（隔板）数据　　mm

静叶环	静叶数（片）	ϕ	ϕ_1	ϕ_2	ϕ_3	ϕ_4	L_1	L_2	L_3	L_4	L_5	L_6
第 1 级	2×188	1929.39	2116.99	1830.22	1830.22	1803.40	36.09	33.35	17.25	37.69	99.06	13.46
第 2 级	2×164	1953.51	2211.98	1830.43	1826.93	1722.32	36.09	33.35	29.95	33.35	123.19	54.06
第 3 级	2×144	1993.09	2305.96	1830.40	1826.24	1683.72	42.44	39.7	29.95	39.7	163.58	73.34

（2）高压静叶持环。由于高压静叶环都安装在一个静叶持环上，静叶持环又固定于汽缸上，14 个压力级的压差通过高压静叶持环支承凸肩传递给汽缸，静叶持环承受了很大的压差。因此，高压静叶持环应具有足够的刚度，避免大的压差负荷下因变形过大而产生动、静部分碰磨。高压静叶持环内除了安装各级静叶环外，还装有径向汽封，它与动叶外缘围带相配合，以减少动叶顶部的蒸汽泄漏。高压静叶持环为上、下半结构，在中分面用长螺栓连接，高压静叶持环直接装于高压缸内，见图 3-13。高压静叶持环与汽缸之间既要保证其自由膨胀，又要保证其中心不变。高压静叶持环用支承键支托于汽缸水平中分面上，上、下垫片保证了中心的上、下位置。在高压静叶持环的顶部和底部设有定位销，以确定中心的左、右位置；轴向定位借助于支承凸缘（高压静叶持环在发电机端通过凹槽与高压内缸上的凸肩相配合并轴向定位）。

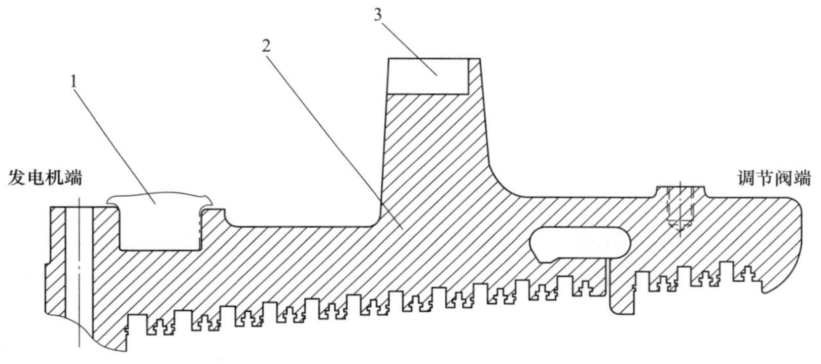

图 3-13 高压静叶持环

1—高压内缸；2—高压静叶持环；3—高中压外缸

2. 中压静叶环和中压静叶持环

中压缸内共有 11 个静叶环，分别安装在两个静叶持环上。

（1）中压静叶环。中压静叶环与高压静叶环相似，由静叶片、内环和外环构成，静叶片由方钢铣制而成，为变截面扭叶片，静叶片型线部分通过内外环焊槽与内外环焊接成为整圈中压静叶环，从水平中分面锯开后，分为上、下两半，每半块中压静叶环的内环上锯有若干膨胀槽。中压静叶环安装于静叶持环的直槽内，并用一系列短的 L 形塞紧条来锁紧。塞紧条装在直槽内侧加工出的附加槽内，并冲铆胀紧。每半块静叶环用 1 只紧定螺钉固定在静叶持环上，以防静叶环转动。为了防止漏汽，中压静叶环的内环与转子之间装有汽封。各级中压静叶环的相关资料见表 3-2。

（2）中压静叶持环。中压静叶持环同高压静叶持环一样，它也承受了很大的压差，并通过中压静叶持环的支承凸肩传递于汽缸，中压静叶持环也应具有足够的刚度，并装有叶顶径向汽封，以减小动叶顶部的蒸汽泄漏，见图 3-14。中压缸内装有两个中压静叶持环，1 号静叶持环装于中压内缸上，2 号静叶持环直接装于高中压外缸上。1 号静叶持环上装有中压 1～4 级静叶环，2 号静叶持环上装有中压 5～11 级静叶环。在第 4、9 级后各有一级回热抽汽，第 11 级后为中压排汽，并供一级回热抽汽和热网抽汽。安装时既要保证中压静叶持环能自由膨胀，又要保证其中心不变。中压静叶持环也是上、下半结构，在中分面用长螺栓连接。

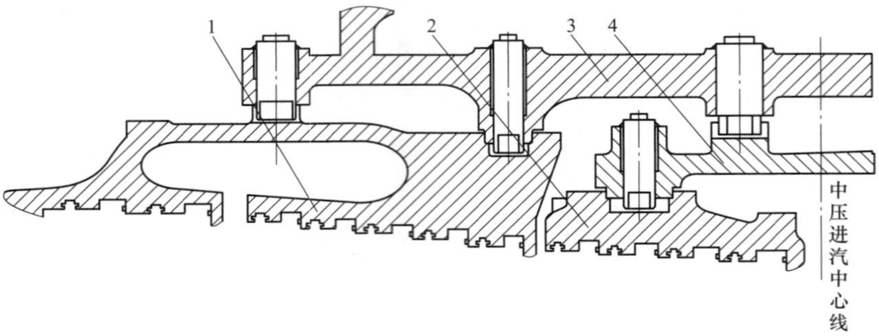

图 3-14　中压静叶持环

1—中压 2 号静叶持环；2—中压 1 号静叶持环；3—高中压外缸；4—中压内缸

3. 低压静叶环（隔板）和低压静叶持环

低压缸为双流反向双层缸，共有 2×6 级，均为反动式。当蒸汽进入低压缸的低压段时，由于蒸汽密度减小，容积流量显著增大，要求级的平均直径有较大增加。因此，低压缸第 1～3 级为鼓式，第 4～6 级采用盘式叶轮结构，可有效地减轻转子重量。第 1～3级的低压静叶环装在两个对称布置的低压静叶持环上，第 4～6 级的低压隔板对称装在低压内缸上。

(1) 低压静叶环（隔板）。低压缸第 1～3 级静叶栅为静叶环，静叶环由静叶片和内外环构成，安装在低压静叶持环内；低压缸第 4～6 级静叶栅为隔板，安装在低压内缸中。第 1～3级静叶片由方钢铣制而成，为变截面扭叶片，其装配方法与高中压静叶相似，相关资料见表 3-3；第 4～6 级静叶片精铸后经机械加工而成，为变截面马刀形扭叶片，其结构与前 3 级不同，静叶片安装在隔板上，见图 3-15。第四级隔板装有 2×146 静叶片，第五级隔板装有 2×62 静叶片，第六级隔板装有 2×66 静叶片。

(2) 低压静叶持环。低压静叶持环为碳钢铸件，位于低压内缸进汽中心线两端，对称布置，每个静叶持环除装有低压第 1～3 级静叶环外，还装有径向汽封，它与动叶外缘围带相配合，以减少动叶顶部蒸汽泄漏。低压静叶持环除与低压内缸凹凸肩配合定位外，还用支承键支托于汽缸水平中分面上，由上、下垫片来保证其中心的高、低位置，并在静叶持环的顶部和底部设有定位销，以确定中心的左、右位置，如图 3-16 所示。静叶持环所承受的压差通过与汽缸间的凹凸肩配合传递于汽缸上。静叶持环为上、下半结构，中分面用长螺栓连接。

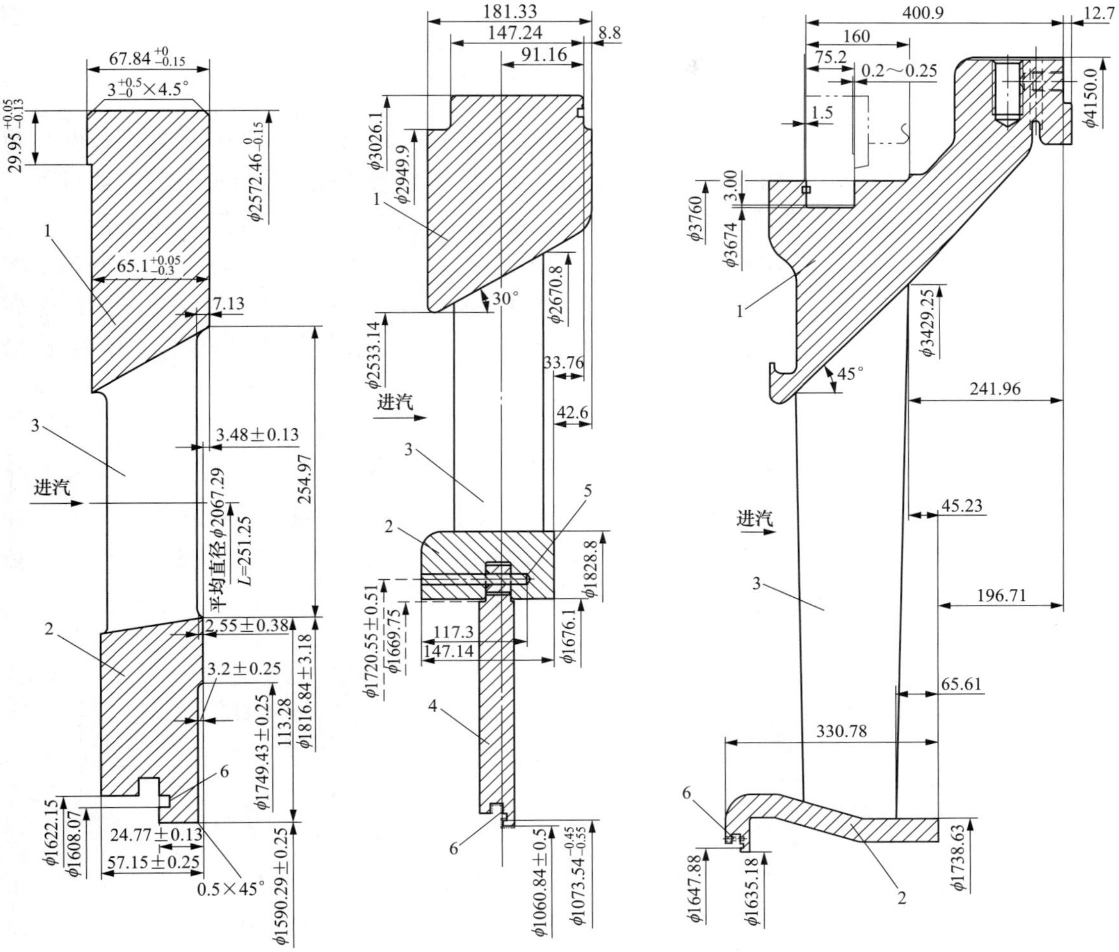

(a) 第四级低压隔板　(b) 第五级低压隔板　(c) 第六级低压隔板

图 3-15　低压第四～六级隔板

1—外环；2—内环；3—静叶片；4—汽封板；5—圆柱销；6—汽封槽

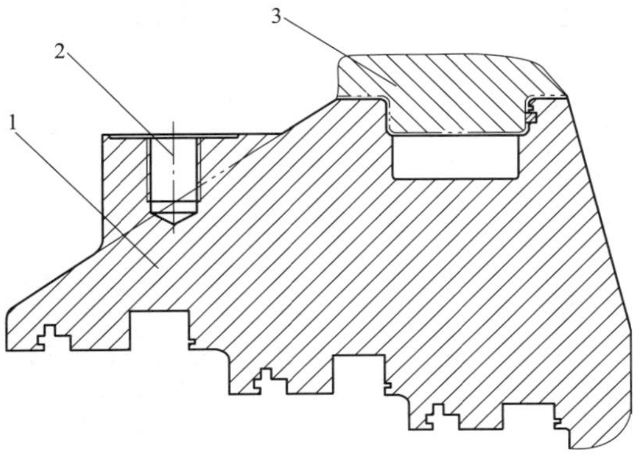

图 3-16　低压静叶持环外形

1—低压静叶持环；2—支承键；3—低压内缸

第二节　转　　子

汽轮机的转动部分总称转子，转子包括主轴、动叶栅、叶轮（反动式汽轮机为转鼓）和联轴器等，动叶栅与静叶栅构成汽轮机的通流部分，将蒸汽的热能转换成机械能，通过叶轮和主轴带动发电机做功。转子工作时，作高速旋转运动，它不仅要完成能量转换、扭矩传递，而且要承受动叶片、叶轮和主轴上各零件所产生的离心力等，并承受由于温度分布不均匀引起的热应力，因此转子要用高强度的金属材料制成，在高温区工作的转子要采用耐热高强度金属材料。为了提高通流部分的效率，转子与定子要保持较小的相对间隙，要求制造精密，装配正确。

一、转子的结构

汽轮机转子可分为轮式转子和鼓式转子两种基本类型，轮式转子装有安装动叶片的叶轮，鼓式转子则没有叶轮（或有叶轮但其径向尺寸很小），动叶片直接装在转鼓上。通常冲动式汽轮机采用轮式转子，见图 3-17（a）～图 3-17（d）；反动式汽轮机为了减小转子上的轴向推力，采用鼓式转子，见图 3-17（e）、图 3-17（f）。

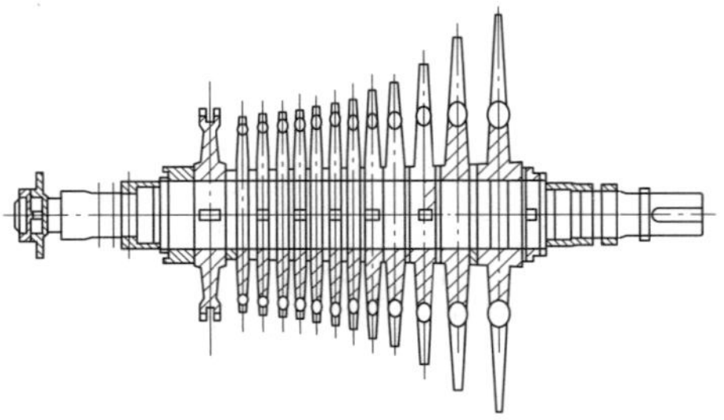

(a) 轮式套装转子

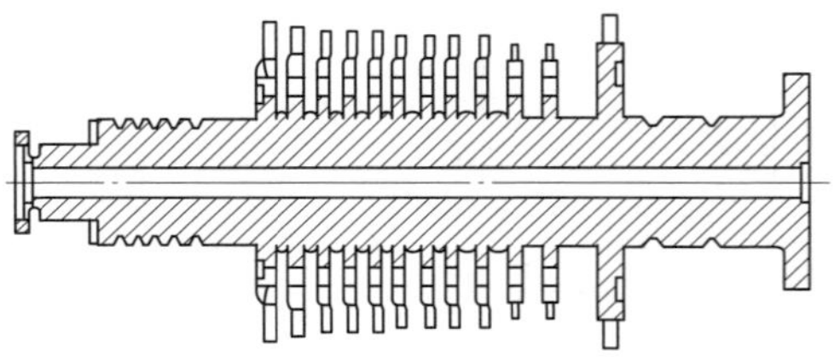

(b) 轮式整锻转子

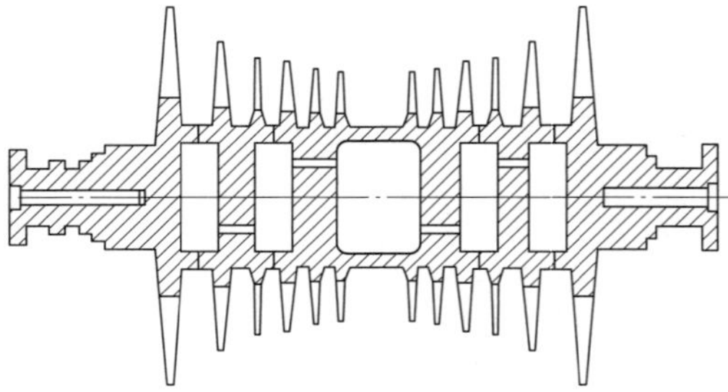

(c) 轮式焊接转子

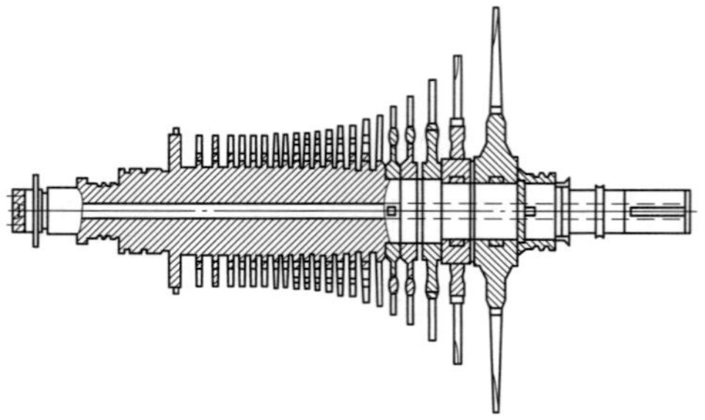

(d) 轮式组合转子

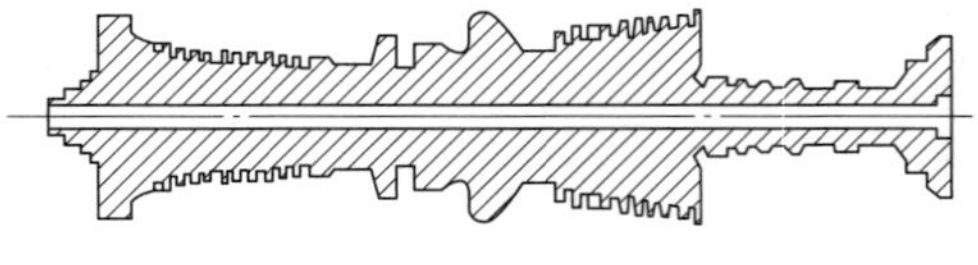

(e) 鼓式高中压转子

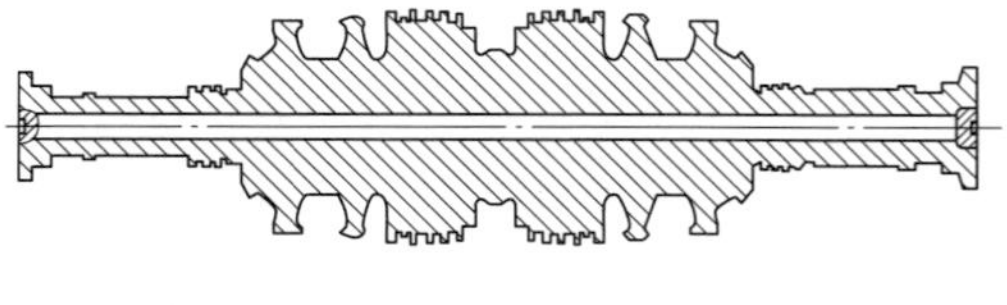

(f) 鼓式低压转子

图 3-17　汽轮机转子

（一）主轴与叶轮（转鼓）

1. 冲动级

冲动级按主轴与叶轮的组合方式可分为套装转子、整锻转子、焊接转子和组合转子四大类。套装转子的主轴和叶轮经过分别加工，将叶轮加热后装在阶梯形主轴上。整锻转子的主轴和叶轮是由一整锻件车削而成，这解决了高温下叶轮与主轴连接可能松动的问题，因此整锻转子常用作大型汽轮机的高、中压转子，国产大型机组高、中、低压转子基本上全部采用整锻转子。由于整锻转子的锻件尺寸太大，质量难以保证，有的机组采用分段锻造后焊接在一起，成为焊接转子。由于转子各段所处的工作条件不同，还可在高温段采用整锻结构，而在中、低温段采用套装结构，以减小锻件尺寸，形成组合转子。

叶轮是一种圆盘形的零件，它一般由轮缘、轮体和轮壳三部分组成。轮缘用来固定叶片，其具体结构与叶片的受力情况及叶根形状有关，大多数轮缘具有比轮体大的截面；轮壳是叶轮套于主轴上的配合部分，故只有套装转子才有，其结构取决于叶轮在主轴上的套装方式，为了保证轮壳有足够的强度，轮壳一般都要加厚；轮体是叶轮的中间部分，它起着连接轮缘与轮壳的作用，其断面应根据受力情况来确定，见图 3-18。

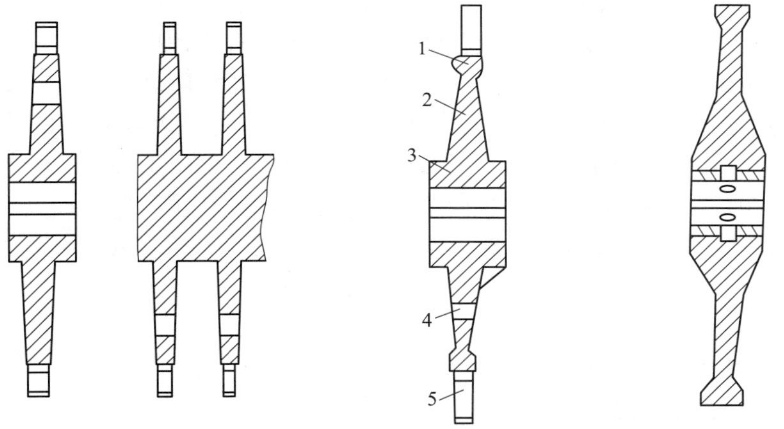

(a) 等厚度叶轮　(b) 锥形叶轮　(c) 双曲叶轮

图 3-18　叶轮形式

1—轮缘；2—轮体；3—轮壳；4—平衡孔；5—动叶栅

2. 反动级

反动式级的轴向推力大，为了减小转子的轴向推力，均采用鼓式转子，鼓式转子没有叶轮，主轴与转鼓为整体制造。

（二）动叶栅

动叶片是汽轮机中数量和种类最多的零件，它的结构、材料和装配质量对汽轮机的安全和经济运行有极大的影响。在汽轮机的事故中，叶片事故占汽轮机事故的 60%～70%，因此必须予以足够的重视。动叶片应具有良好的流动特性、足够的强度、良好的转动特性、合理的结构和良好的工艺性能。一定数量的相同动叶片以同样的间隔和角度在叶轮（或转鼓）上排列成转子动叶栅，动叶栅中的动叶片由叶身、叶根和连接件三部分组成（自由动叶片没有连接件），见图 3-19。叶根将叶身牢固地固定在叶轮上，叶身决定叶栅的形状，连接件可加强叶栅的刚度，使其自振频率合乎要求。

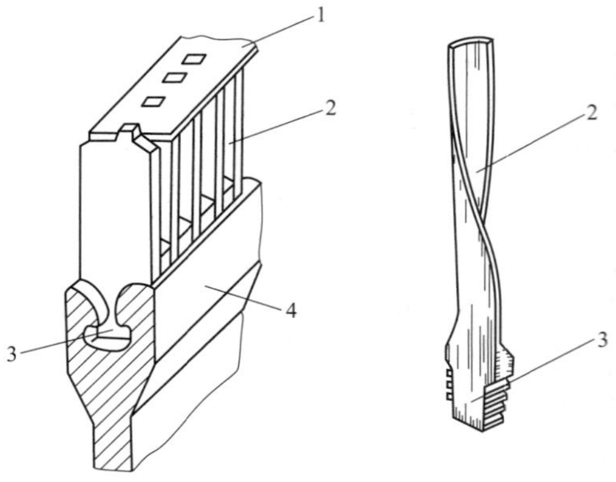

(a) 直叶片　　(b) 扭叶片

图 3-19　动叶栅

1—围带；2—叶身；3—叶根；4—叶轮

1. 叶身

叶身构成了动叶栅的汽流通道，叶身的横截面形状称为叶型，其周线称为型线。为了提高能量转换效率，叶型应符合气体动力学要求，同时还要满足结构强度和加工工艺的要求。汽流在动叶栅中的流动损失与叶身有很大关系，良好的叶身应全部由圆滑曲面组成，且曲率变化不能太大，以免由于汽流在叶栅中流动方向变化过急而产生附加损失。

按照蒸汽在动叶栅内能量转换的具体情况，可将汽轮机的级分为纯冲动级、反动级和带反动度的冲动级。蒸汽在汽轮机级内工作时，蒸汽在静叶栅内膨胀，将蒸汽的热能转变成动能；蒸汽在动叶栅内将蒸汽的动能转变成机械能，同时根据叶型的不同，蒸汽在动叶栅内也可以膨胀，将蒸汽的热能转变成动能。蒸汽在动叶栅中的膨胀程度用反动度表示，反动度等于蒸汽在动叶栅内膨胀时所降低的理想焓降与整个级的滞止理想焓降之比。反动度为 0 的级叫纯冲动级，反动度为 0.5 的级叫反动级，反动度为 0～0.5 的级叫带反动度的冲动级。冲动级的做功能力大，但效率低；因此，为了提高效率，纯冲动级已很少采用，冲动级和反动级的叶型见图 3-20。通常冲动式汽轮机的轴向推力小，采用轮式转子；反动式汽轮机的轴向推力大，采用鼓式转子，鼓式转子没有叶轮（或有叶轮但其径向尺寸很小），动叶片直接装在转鼓上。

按照叶栅截面形状沿叶片高度是否变化又可分成等截面叶片和变截面叶片两种。等截面叶片的叶型沿高度方向是完全相同的，加工简单，成本低，适用于离心力较小（叶片短而圆周速度低）的场合；变截面叶片的叶型沿高度方向是变化的，效率较高，叶片强度好，但加工要求高，适合于中、长叶片。一般等截面为直叶片，变截面叶片都是扭叶片，采用直叶片或扭叶片是由叶片的平均直径 D 和叶片的高度 L 之比决定的。当叶片较短时，叶片根部和顶部的汽流参数变化不大，可以用平均直径处的汽流参数代替，设计时一般选用直叶片，直叶片加工方便，且对级效率影响不大；当叶片较长（D/L 小于 10）时，叶片平均直径处的汽流参数与叶片根部和顶部的汽流参数偏差较大，就不能用它来代替整个叶片高度上的蒸汽参数了，为了提高效率，设计时一般选用变截面的扭叶片，变截面扭叶片不仅效率高，而且改善了叶片强度，但变截面扭叶片的加工要求高。随着加工工艺的提高，采用变截面扭叶片越来越广。

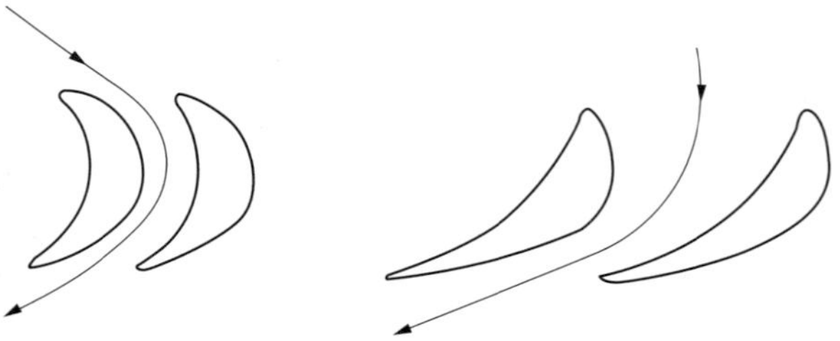

(a) 冲动式　　(b) 反动式

图 3-20　叶型

末级叶片的高度是限制汽轮机提高单机容量的主要因素，各国都很重视长叶片的研发。

汽轮机末级叶片工作在湿汽区，加上长叶片端部的圆周速度较高，易形成水蚀。为防止发生水蚀，在通流部分结构上采用去湿措施，并在叶片表面焊一层司太立合金。

2. 叶根

动叶片通过叶根固定在叶轮上，叶根与叶轮的连接应该牢固、可靠，而且应保证动叶片在任何运行条件下不会松动。同时，叶根的结构应在满足强度的条件下尽量简单，使制造、安装方便，并使叶轮轮缘的轴向尺寸为最小。汽轮机工作时，圆周速度和长度不同的动叶片，其叶根所受的作用力不同，不同的作用力都要通过叶根作用于轮（鼓）上。为了满足强度要求，且结构简单，必须采用不同结构的叶根。由于各制造厂的经验和习惯不同，叶根的形式较多。不同形式的叶根在轮（鼓）上的装配情况不同，适应的场合也不一样，图 3-21 是常见叶根的截面形状和对应的轮（鼓）结构。

（1）T 形叶根。

T 形叶根见图 3-21（a）、图 3-21（b），这种叶根结构简单，加工装配方便，工作可靠；但装配时叶片根部的片间贴合情况要求高。叶根底部垫条的紧度需合适，否则会造成叶片根部振动，使叶片的自振频率降低，陷入共振范围而导致叶片断裂。

（2）带外包小脚的 T 形叶根。

带外包小脚的 T 形叶根见图 3-21（c）～图 3-21（e），这种叶根利用外包小脚上支反力的作用，使轮缘外张减小，增加轮缘强度，可适当减小叶轮轮缘厚度。

（3）双 T 形叶根。

双 T 形叶根见图 3-21（f）、图 3-21（g），这种叶根用于叶片离心力较大的场合，但两承力面之间距离要求与轮缘需严格配合，不允许有偏差，保证受力均匀。

（4）菌形叶根。

菌形叶根见图 3-21（h）、图 3-21（i），这种叶根和轮缘的载荷分配较 T 形叶根合理，可用于离心力相当大的较长叶片级上，两侧凸肩同样是为了阻止叶根侧面在离心力的作用下分开，但该叶根的制造复杂。

（5）叉形叶根。

叉形叶根见图 3-21（j）～图 3-21（l），根据叶片离心力的大小，叶根的叉数为 2～7 个。叶根的叉从径向插入轮缘的叉槽中，并保证相邻叶片的根部径向面彼此紧密地贴合。一般用两个铆钉骑缝或在叶根中心线外和轮缘铆接固定。这些叶片上的铆钉孔是在装配后和轮盘一起钻出的，并铰到最终尺寸。叉形叶根的轮缘不承受偏心弯矩，叉数也可选择，增加叉数可得到牢固的根部结构。此外，叶根和轮缘加工较为方便，检修更换无需拆卸其他相邻叶片。

（6）枞树形叶根。

枞树形叶根见图 3-21（m）、图 3-21（n），叶根沿轴向插入轮缘上相应的枞树形叶根槽中，底部打入楔形垫片将叶片向外胀紧在轮缘上；另外，在两个相邻叶根的接缝处均有一个圆槽，用两根半圆斜销对插在槽中，使叶根整圈沿切向张紧。因该叶根和轮缘按载荷分布设计成等强度结构，承载能力高，叶根齿数可根据离心力大小选择，故强度适应性好，又可单个叶片拆装，安装检修方便。因此，枞树形叶根常用于大功率汽轮机的中、低压级叶片，但这种叶根加工要求高。

3. 叶片连接件

叶片连接件包括叶顶的围带和叶片中部拉筋。围带位于动叶栅的外圆柱面，可减少动叶

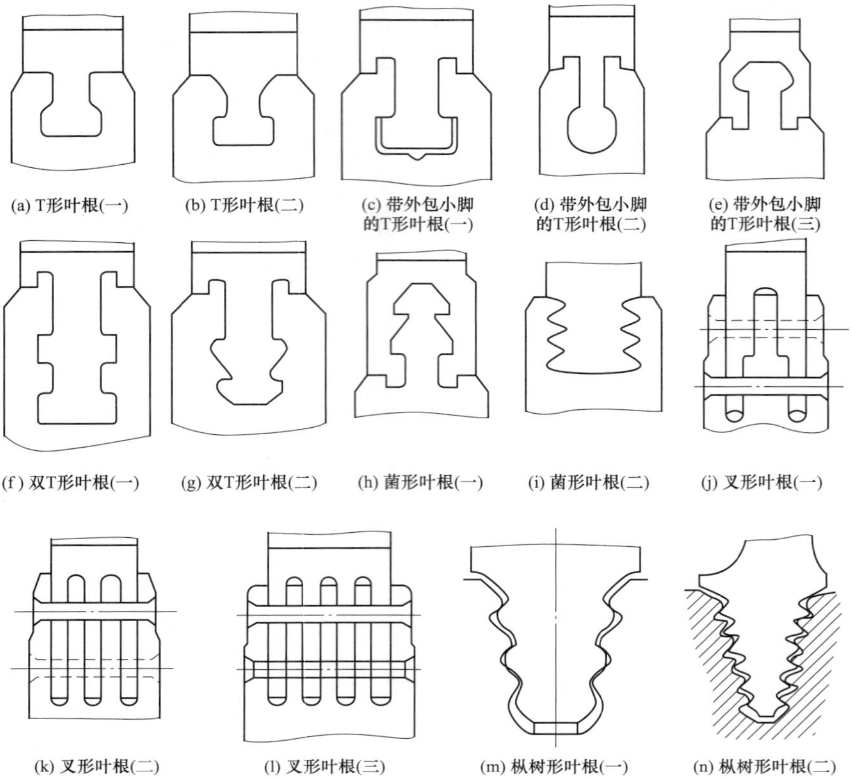

图 3-21　叶根与轮缘的连接

栅的叶顶漏汽；拉筋穿装于叶型中部。一般短叶片和中等长度叶片均用围带连接，主要有焊接、铆接和自带的围带结构；长叶片一般采用拉筋连接，也有少数采用焊接或拱型围带的。叶片连接件的主要作用是调整叶片的自振频率，提高动叶栅强度，围带还可形成汽封，防止蒸汽从叶顶逸出。拉筋的种类有焊接拉筋和松拉筋，拉筋的连接方式有分组连接、网状交错连接、整圈环形连接和Z形拉筋等。拉筋一般是以6～12mm的金属丝或金属管，穿在叶身的拉筋孔中。拉筋处在汽流通道中间，将影响级内汽流流动，同时拉筋孔削弱了叶片的强度，所以在满足振动和强度要求的情况下，有的长叶片可以设计成自由叶片。

（三）联轴器

联轴器是连接各转子的部件，主要作用是传递扭矩和轴向力。常用的联轴器可分为刚性联轴器、挠性联轴器和半挠性联轴器。刚性联轴器特点是结构简单、零件少、工作可靠，对安装要求高，连接的两个转子在轴向和径向不能有相对位移，某一转子的振动会传到另一转子上，有时对转子振动的原因不易查明。挠性联轴器常见的形式有齿形联轴器和蛇形弹簧联轴器，其特点是对中要求较低，基本不传递振动，结构复杂，不能传递轴向力，而且所能传递的力矩较小，运行中需要润滑。半挠性联轴器常见的结构是在两个连接轮之间用螺栓连接一个波形套筒，其刚性较差，只能传递较小的轴向力，其装配精度要求低于刚性联轴器，并能吸收一部分振动，可传递较大的力矩。

（四）转子的临界转速

在汽轮机转子制造和装配过程中，不可避免地会存在局部的质心偏移。当转子转动时，这些质心偏移产生的离心力就成为一种周期性的激振力作用在转子上，使转子产生受迫振动。当激振力的频率与转子系统在转动条件下的自振频率相接近时，转子就会发生共振，振幅急剧增大，产生剧烈振动，此时的转速就称为转子的临界转速。临界转速在运行中的表现：汽轮机启动升速过程中，在某个特定的转速下，机组振动急剧增大，超过这一转速后，振动便迅速减小。因为转子有一系列的自振频率，所以转子就有一系列的临界转速，依次称为第一、二、……阶临界转速。

如果转子在临界转速下持续运行，轻则使转子振动加剧，重则造成事故。这时可能导致叶片碰伤或折断，轴承和汽封磨损，甚至使大轴断裂；因此，必须对转子的临界转速给予足够的重视。在设计时，要精确计算出转子的临界转速，使工作转速避开临界转速。转子临界转速的大小与转子直径、转子重量、转子几何形状、转子两端轴承的跨距及轴承的刚度有关。

二、350MW 热电联产汽轮机转子

350MW 热电联产汽轮机高中压缸采用合缸反流双层缸结构，低压缸采用双流反向双层缸结构，整个转子由高中压转子和低压转子两部分组成，两者之间用刚性联轴器连接。

（一）高中压转子

高中压转子为鼓式转子，由高中压轴、高压动叶栅和中压动叶栅等组成，见图 3-22。

1. 高中压轴

350MW 热电联产汽轮机高中压各级除调节级外均为反动式，转子为鼓式结构。为了平衡轴向推力，高中压轴在高压进汽侧和出汽侧设置了平衡活塞，所谓平衡活塞就是将轴封处轴的直径加大，在转子上形成较大凸肩，当蒸汽通过凸肩处汽封的齿形间隙，由其一端流向另一端时，因节流作用而产生压降，由于凸肩两侧所承受的汽压不同，于是产生与转子通流部分固有推力方向相反的轴向附加力，并与轴向推力相平衡。在高压缸进汽侧高中压轴上设有两个平衡活塞，在高压缸排汽侧高中压轴上设有一个平衡活塞，用以平衡高、中压通流部分的轴向推力。高中压轴从前往后依次排序为 1 号轴承轴颈、高中压缸前汽封、高压排汽侧平衡活塞、高压通流部分反动式压力级转鼓（14 个）、冲动式调节级叶轮（1 个）、高压进汽侧平衡活塞、中压通流部分反动式压力级转鼓（11 个）、高中压缸后汽封、2 号轴承轴颈及联轴器对轮。

高中压轴调节阀端与主油泵轴用螺栓刚性连接，发电机端与低压转子的联轴器刚性连接。高中压轴由 30Cr1Mo1V 整体锻件加工而成，该轴无中心孔，中心部位的最大应力较低，可取消中速暖机，以缩短启动时间。高中压轴的高压与中压通流为反流布置，支承于两个径向轴承上（跨距为 6360mm），总长为 7712.9mm，发电机端轴颈直径为 ϕ380.24mm，调节阀端轴颈直径为 ϕ329.54mm，总质量为 31.767t（安装动叶片后的高中压转子质量约为 36t）。

2. 高压动叶栅

高压转子共有 1 个单列调节级和 14 个压力级，调节级为冲动式，压力级为反动式，调节级为顺流布置。每个级有一个动叶栅，每个动叶栅由若干个安装在转鼓（叶轮）上的动叶片组成，高压动叶栅的相关资料见表 3-4。

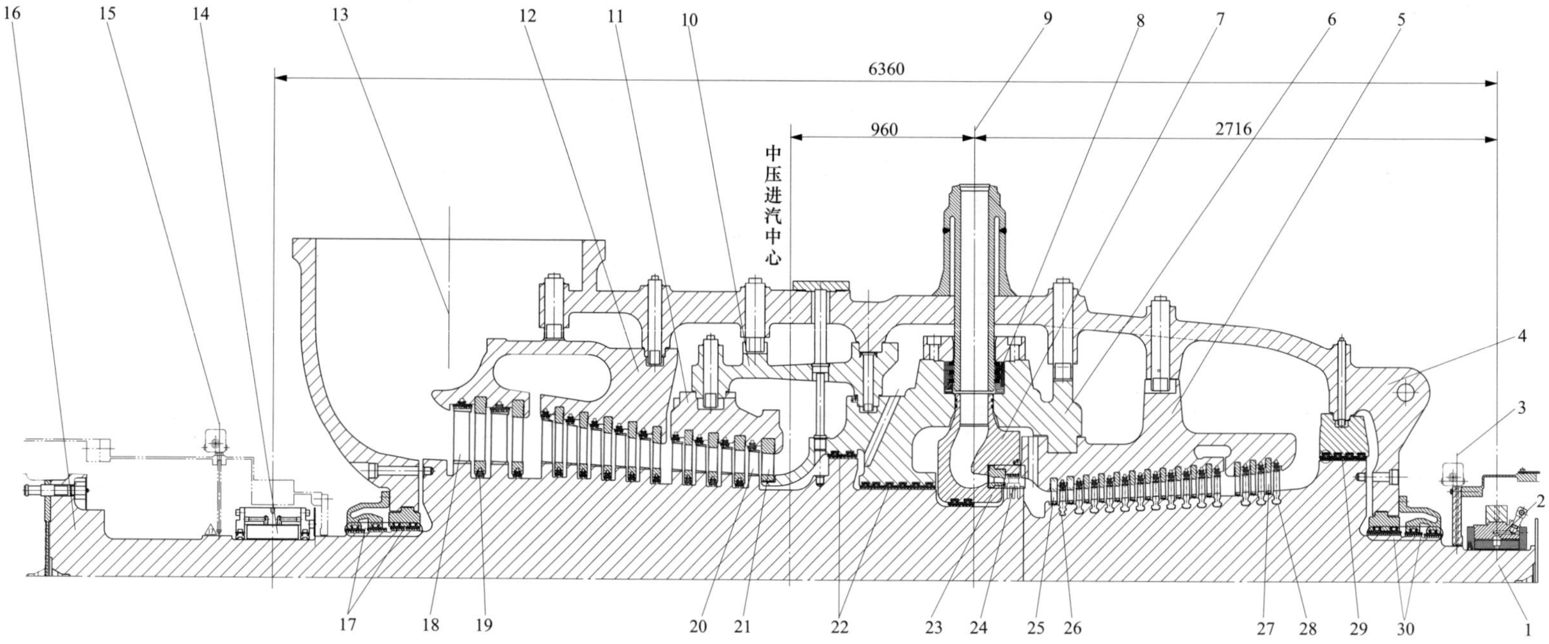

图 3-22　高中压缸装配图（单位：mm）

1—高中压轴；2—高中压转子前轴承（1号）；3—振动发送器（调节阀端）；4—高中压外缸；5—高压静叶持环；6—高压内缸；7—高压蒸汽室；8—堆叠式密封；9—高压进汽中心线；10—中压内缸；11—中压1号静叶持环；12—中压2号静叶持环；13—中压排汽中心线；14—高中压转子后轴承（2号）；15—振动发送器（发电机端）；16—高中压主轴对轮；17—高中压缸端部汽封（发电机端）；18—中压第11级动叶栅；19—中压第11级静叶环；20—中压第1级动叶栅；21—中压第1级静叶环；22—高压进汽侧平衡活塞及汽封；23—高压调节级喷嘴组；24—高压调节级动叶栅；25—高压第1级静叶环；26—高压第1级动叶栅；27—高压第14级静叶环；28—高压第14级动叶栅；29—高压排汽侧平衡活塞及汽封；30—高中压缸端部汽封（调节阀端）

表 3-4　　高压动叶栅的相关资料

级别	平均直径（mm）	出汽叶高（mm）	动叶数（片）	动叶线型	叶根线型	连接方式	材料	宽度（mm）	动静轴向间隙（前/后，mm）
调节级	1020. 83	24. 07	96	SH09 • 21 • 01 • 03	SH49 • 21 • 03 • 03	整体围带	2Cr11NiMoNbVN-5	50. 8	/8. 29
1	868. 56	52. 42	78	SH19 • 21 • 01 • 20A	SH39 • 21 • 03 • 02	整体围带	2Cr11NiMoNbVN-5	33. 35	11/8. 4
2	881. 00	55. 87	82	SH19 • 21 • 01 • 20A	SH09 • 21 • 03 • 04	整体围带	2Cr11NiMoNbVN-5	33. 35	11/8. 4
3	892. 54	59. 09	84	SH19 • 21 • 01 • 20A	SH09 • 21 • 03 • 04	整体围带	2Cr12NiMo1W1V-5	33. 35	11/8. 4
4	904. 09	62. 29	86	SH19 • 21 • 01 • 20A	SH09 • 21 • 03 • 04	整体围带	2Cr12NiMo1W1V-5	33. 35	11/8. 4
5	915. 63	65. 50	86	SH19 • 21 • 01 • 20A	SH09 • 21 • 03 • 04	整体围带	2Cr12NiMo1W1V-5	33. 35	11/8. 4
6	927. 17	68. 71	88	SH19 • 21 • 01 • 20A	SH09 • 21 • 03 • 04	整体围带	2Cr12NiMo1W1V-5	33. 35	11/8. 4
7	938. 71	71. 92	88	SH19 • 21 • 01 • 20A	SH09 • 21 • 03 • 04	整体围带	2Cr12NiMo1W1V-5	33. 35	11/8. 4
8	950. 25	75. 13	88	SH19 • 21 • 01 • 20A	SH09 • 21 • 03 • 04	整体围带	2Cr12NiMo1W1V-5	33. 35	11/8. 4
9	961. 80	78. 34	88	SH19 • 21 • 01 • 20A	SH09 • 21 • 03 • 04	整体围带	2Cr12NiMo1W1V-5	33. 35	11/8. 4
10	973. 34	81. 55	88	SH19 • 21 • 01 • 20A	SH09 • 21 • 03 • 04	整体围带	2Cr12NiMo1W1V-5	33. 35	11/8. 4
11	984. 88	84. 76	86	SH19 • 21 • 01 • 20A	SH09 • 21 • 03 • 04	整体围带	2Cr12NiMo1W1V-5	33. 35	11/75. 43
12	1000. 39	87. 41	88	SH19 • 21 • 01 • 20A	SH09 • 21 • 03 • 04	整体围带	2Cr12NiMo1W1V-5	33. 35	11/8. 4
13	1014. 95	93. 65	90	SH19 • 21 • 01 • 20A	SH09 • 21 • 03 • 04	整体围带	2Cr12NiMo1W1V-5	33. 35	11/8. 4
14	1029. 52	99. 88	90	SH19 • 21 • 01 • 20A	SH09 • 21 • 03 • 04	整体围带	2Cr12NiMo1W1V-5	33. 35	11/8. 4

（1）调节级动叶型式和固定方式。调节级动叶为单列冲动式，采用三叉三销三联体叶片结构，三个动叶一组，每组动叶由一块单独的材料通过电脉冲整体加工而成，叶片根部为三叉形，安装时插入叶轮上已加工好的与之配合的槽内，再由三只轴向装入的销子加以固定，这种结构的叶片具有良好的强度，能够承受最小的部分进汽运行工况。

为减少动叶片外围的蒸汽泄漏，安装了薄而平的汽封齿，因为汽封齿由薄的软钢制成，汽封齿和附近转动部件间可保持很小的间隙，如图 3-23 所示。

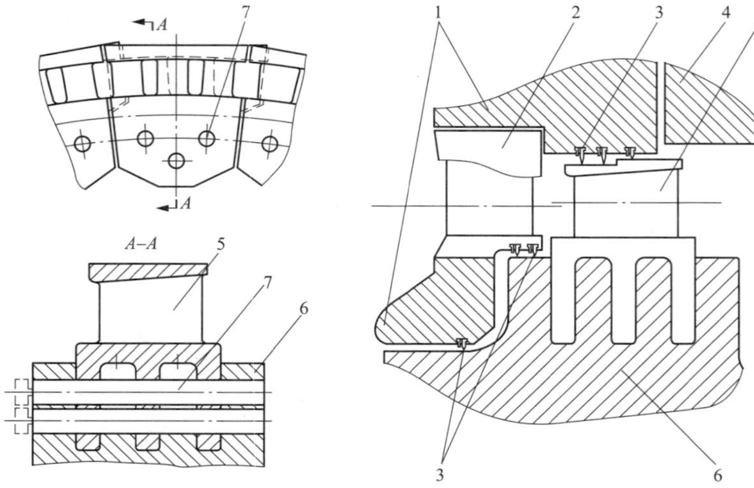

图 3-23　高压调节级动叶示意

1—喷嘴室；2—喷嘴组；3—汽封；4—高压静叶持环；5—调节级动叶；6—高中压转子；7—销子

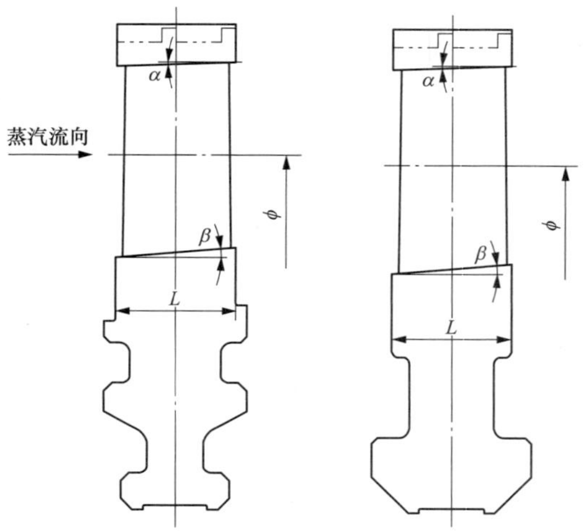

(a) 第1级压力级动叶　(b) 第2～14级压力级动叶

图 3-24　高压压力级动叶示意

（2）高压压力级动叶型式和固定方式。高压转子共有 14 个压力级，均为反动式，第 1 压力级为双 T 形叶根，第 2～14 压力级为 T 形叶根，如图 3-24 所示。

每个动叶片由方钢铣制而成，为马刀形扭叶片，采用整体围带结构。每级鼓槽均有一末叶窗口，叶片从末叶窗口插入，并沿着周向装入鼓槽内，叶片根部径向面相互贴合。为使叶根支承面与鼓槽紧密贴合，每只叶根底部均填入垫片。

高压静叶持环内径处装有退让式弹簧汽封或嵌入式汽封，与动叶围带形成较小的径向间隙，减少各级间漏汽。

3. 中压动叶栅

中压转子共有 11 个压力级，均为反动式，每个级有一个动叶栅，每个动叶栅装有若干个安装在转鼓上的动叶片，中压动叶栅的相关资料见表 3-5。

表 3-5 中压动叶栅的相关资料

级别	平均直径（mm）	出汽叶高（mm）	动叶数（片）	动叶线型	叶根线型	连接方式	材料	宽度（mm）	动静轴向间隙（前/后，mm）
1	1193.37	112.35	66	SH19·21·01·23B	SH59·21·03·25	整体围带	1Cr10NiMoW2VNbN-5	56.21	10.98/19.5
2	1214.60	119.18	66	SH19·21·01·23B	SH59·21·03·16	整体围带	2Cr11NiMoNbVN-5	56.21	10.98/19.5
3	1235.08	125.76	64	SH19·21·01·23B	SH59·21·03·16	整体围带	2Cr11NiMoNbVN-5	56.21	10.98/19.5
4	1254.86	132.11	70	SH19·21·01·23C	SH59·21·03·16	整体围带	2Cr11NiMoNbVN-5	56.21	10.98/60.14
5	1280.80	140.80	66	SH19·21·01·23B	SH59·21·03·16	整体围带	2Cr12NiMo1W1V-5	56.21	10.98/19.5
6	1311.58	158.39	70	SH19·21·01·23B	SH59·21·03·16	整体围带	2Cr12NiMo1W1V-5	56.21	10.98/19.5
7	1342.36	175.98	72	SH19·21·01·23B	SH59·21·03·16	整体围带	2Cr12NiMo1W1V-5	56.21	10.98/19.5
8	1373.17	193.57	72	SH19·21·01·23B	SH59·21·03·16	整体围带	2Cr12NiMo1W1V-5	56.21	10.98/19.5
9	1404.47	211.45	78	SH19·21·01·23C	SH59·21·03·16	整体围带	2Cr12NiMo1W1V-5	56.21	10.98/94.26
10	1429.21	237.09	52	SH19·21·01·55B	SH59·21·03·12	整体围带	2Cr12NiMo1W1V-5	90.54	18.6/27.4
11	1450.44	251.57	58	SH19·21·01·55C	SH59·21·03·12	整体围带	2Cr12NiMo1W1V-5	90.54	18.6/20

每个动叶片由方钢铣制而成，为变截面扭叶片，采用侧装式枞树形叶根及整体围带结构。动叶片安装在转鼓轴向加工出与叶根型线一致的叶根槽内，每只动叶片装入转鼓槽相应位置时，塞入定位销，防止叶片轴向窜动。为保证叶片的径向辐射线位置和相邻叶片围带之间的紧密接触，用专门的装配工艺、工装及量具逐一将叶片装入转鼓槽，前一叶片的定位销由后一叶片的无孔端中间体底部挡住，如图 3-25 所示。

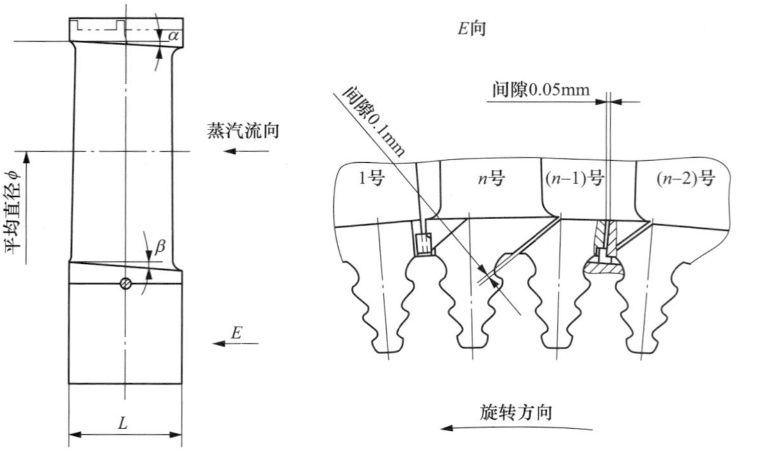

图 3-25　中压动叶栅

中压部分静叶持环内径处也装有退让式弹簧汽封或嵌入式汽封，与动叶围带形成较小的径向间隙，减少各级间漏汽。

（二）主油泵与主油泵轴

调节阀端高中压转子轴与主油泵轴之间通过内六角螺钉连接，主油泵轴上除装有主油泵外，还装有推力盘、危急遮断器等，如图 3-26 所示。

1. 主油泵

主油泵为蜗壳型双吸离心泵，汽轮机正常运行时，润滑油系统由主油泵供油，主油泵将 1.6～2.0MPa 的高压油送至机械保护系统、发电机备用密封油系统和位于油箱内的射油器（射油器为射流泵），主油泵来的高压油以很高的速度从喷嘴射出，在混合室中造成一个负压区，油箱中的油被吸入混合室，由于油的黏性，高速油流带动吸入混合室的油进入射油器喉部，油流通过喉部进入扩散管以后速度降低，速度能变为压力能，使压力有所升高，最后将 0.09～0.137MPa 的低压油供到主油泵入口及各润滑部位。在机组启停过程中，汽轮机转速较低时，主油泵不能正常工作，无法从油箱吸入润滑油，必须依靠交流油泵（或直流油泵）将 0.09～0.137MPa 的润滑油供至各润滑部位及主油泵入口，为主油泵正常工作做准备；汽轮机转速升到某一值（90%额定转速）时，主油泵开始正常工作，检查主油泵出口油压正常后可停运交流油泵或直流油泵。

2. 主油泵轴

主油泵轴用内六角螺钉与高中压转子刚性连接，可传递扭矩、轴向推力、横向剪切负荷与弯矩，并向主油泵传递能量。

（三）低压转子

低压转子为双流对称结构，以平衡轴向推力。低压转子共有 2×6 级，各级均为反动式，前

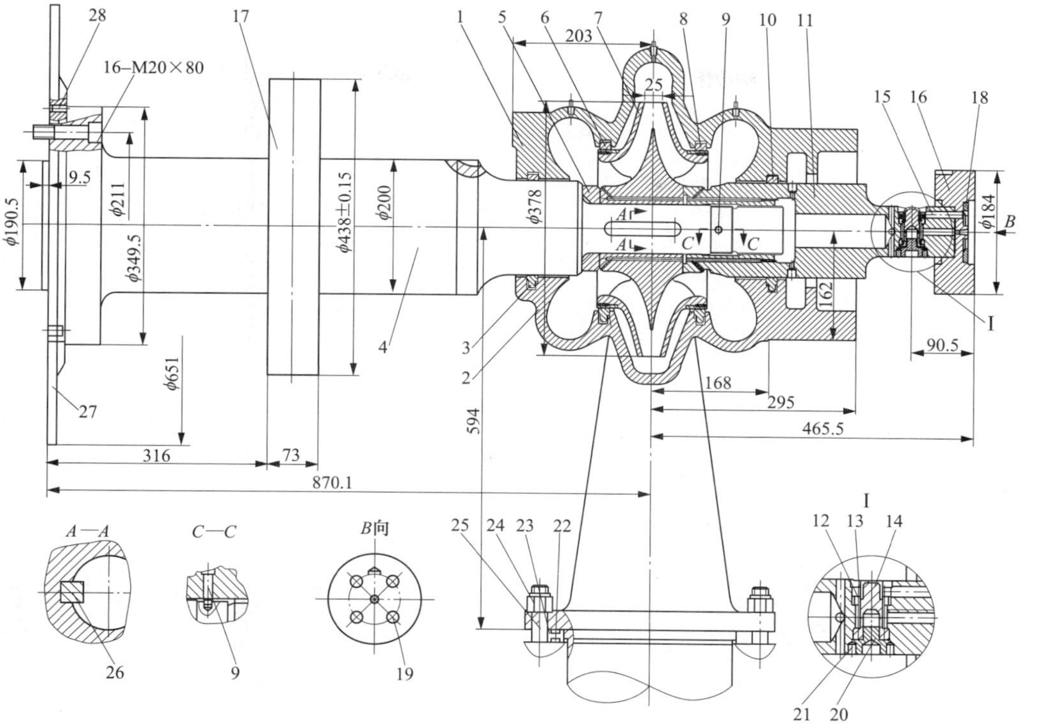

图 3-26　主油泵布置

1—上半壳体；2—下半壳体；3—油封环（左旋）；4—主油泵轴；5—垫片；6—油封环（左旋）；7—叶轮；8—油封环（右旋）；9—螺钉；10—油封环（右旋）；11—调速器体；12—弹簧固定器；13—弹簧；14—危急遮断器；15—固定杆；16—延伸盘；17—推力盘；18—弹簧座；19—紧定螺钉；20—平衡块；21—紧定螺钉；22—O 形圈；23—套筒；24—螺母；25—螺栓；26—固定键；27—轴向位移定位盘；28—销子

三级采用鼓式结构；在低压段由于蒸汽密度减小使容积流量显著增大，其容积流量成倍增加，使低压级的平均直径大幅度增加，为了减轻转子重量，后三级采用轮式结构，低压转子由低压轴和低压动叶栅组成，如图 3-27 所示。

1. 低压轴

低压轴由 30Cr2Ni4MoV-5+7 整体锻件加工而成，对称布置，无中心孔。低压轴从前往后依次排序为调节阀端联轴器对轮、3 号轴承轴颈、调节阀端低压缸轴封、低压通流部分反动式压力级转鼓及叶轮（2×6 个）、发电机端低压缸轴封、4 号轴承轴颈及发电机端联轴器对轮。低压轴支承于两个径向轴承上（跨距为 5740mm），低压轴总长为8179mm，调节阀端和发电机端轴颈直径均为 ϕ506.98mm，总质量为 71.1t（装好叶片的低压转子质量约为 80t）。

2. 低压动叶栅

低压转子共有 2×6 个压力级，均为反动式，每个级有一个动叶栅，每个动叶栅有若干安装在转鼓（叶轮）上的动叶片，各级动叶均为枞树形叶根（与中压叶片相似）。第 1～3 级动叶片由方钢铣制而成，为等截面直叶片，动叶片安装在转鼓上；第 4～6 级动叶片精锻后，经机械加工而成，为变截面扭叶片，动叶片安装在叶轮上。第 1～4 级动叶片的连接方式为整体围带，第 5、6 级动叶片的连接方式为整圈自锁围带。为了减少各级间漏汽，第 1～5 级叶顶都装有嵌入式汽封（第 6 级叶顶无汽封），低压动叶栅的相关资料见表 3-6。

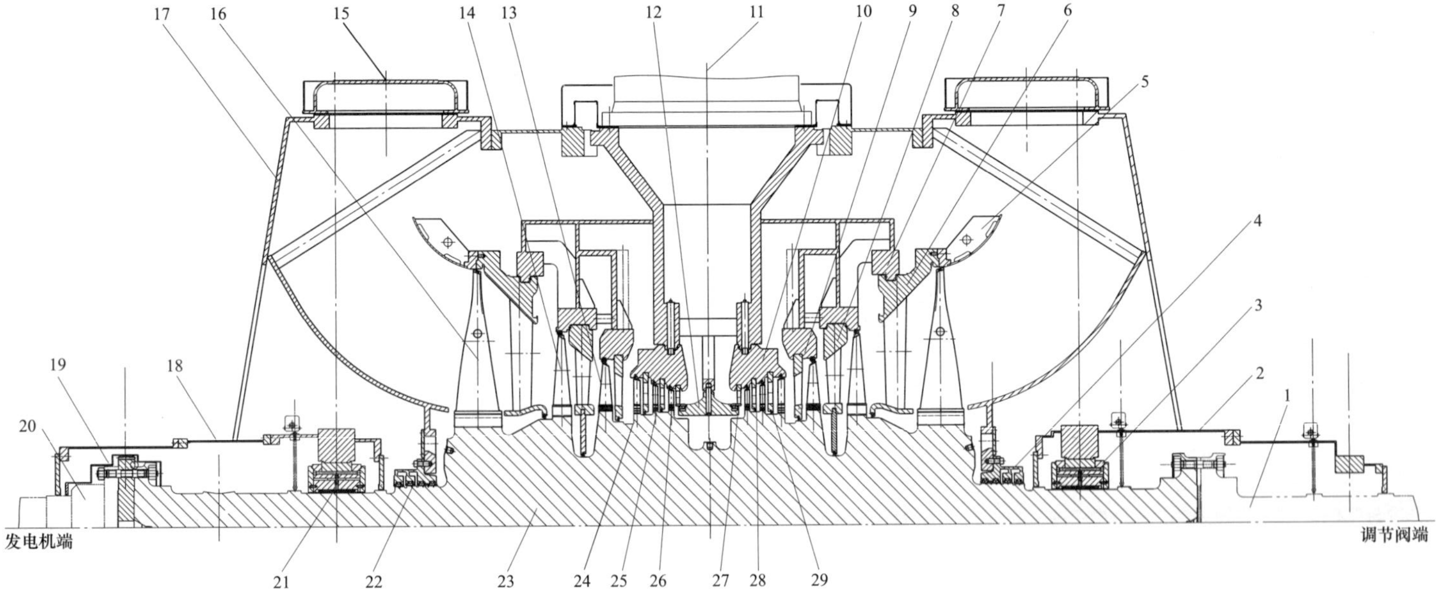

图 3-27　低压转子装配示意

1—高中压转子轴；2—低压转子前轴承箱；3—低压转子前轴承；4—前轴封；5—排汽导流环；6—第 6 级隔板；7—低压内缸；8—第 5 级隔板；9—第 4 级隔板；10—低压静叶持环；11—低压进汽中心线；12—低压进汽导流环；13—第 4 级动叶；14—第 5 级动叶；15—低压缸排大汽；16—第 6 级动叶；17—低压外缸；18—低压转子后轴承箱；19—盘车大齿轮；20—发电机轴；21—低压转子后轴承；22—后轴封；23—低压转子；24—第三级动叶；25—第二级动叶；26—第一级动叶；27—第一级静叶环；28—第二级静叶环；29—第三级静叶环

表 3-6　　**低压动叶栅的相关资料**

级别	平均直径（mm）	出汽叶高（mm）	动叶数	动叶线型	叶根线型	连接方式	材料	宽度（mm）	动静轴向间隙（前/后，mm）
1	1937.41	107.09	2×164	SH09·21·04·03·1	SH59·21·03·10	整体围带	1Cr12Mo-5	38.10	28.6/18.25
2	1971.93	141.61	2×138	SH09·21·04·33B	SH59·21·03·11	整体围带	1Cr12Mo-5	37.17	30.93/22.17
3	2018.89	188.57	2×108	SH09·21·04·34	SH59·21·03·12	整体围带	1Cr12Mo-5	50.80	36.32/74.99
4	2136.70	311.52	2×82	SH19·21·01·29	SH59·21·03·12	整体围带	0Cr17Ni4Cu4Nb-T61	92.71	33.2/22.26
5	2343.15	515.01	2×90	SH19·21·01·30	SH59·21·03·26	整圈自锁	0Cr17Ni4Cu4Nb-T61	112.92	40.1/30.13
6	2787.75	1050.90	2×64	SH39·21·01·06	SH59·21·03·27	整圈自锁及拉筋	0Cr17Ni4Cu4Nb-T611	325.12	35.28/(32±3)

（四）联轴器

350MW热电联产汽轮发电机组轴系由主油泵转子、高中压转子、低压转子、发电机转子、励磁机转子组成，各转子之间用联轴器连接。转子联轴器的主要功能是将转子连在一起并传递扭矩、推力负荷、横向剪切负荷和弯矩。除发电机转子与励磁机转子之间为半挠性联轴器外，其余均为刚性联轴器。

1. 高中压转子与主油泵轴之间的联轴器

高中压转子调节阀端的对轮与转子是一个整体（见图3-28），主油泵轴用内六角螺钉与高中压转子刚性连接，两者之间为轴向位移测量盘，也作为两根转子间的垫片来进行定位及调整主油泵轴的轴向位置。

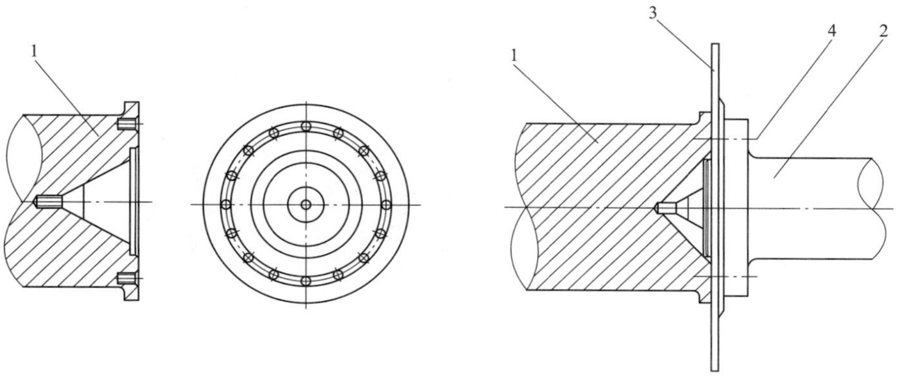

图3-28 高中压转子与主油泵轴之间的联轴器

1—高中压转子轴（调节阀端）；2—主油泵轴；3—轴向位移测量盘；4—螺钉

2. 高中压转子与低压转子之间的联轴器

高中压转子发电机端的对轮和低压转子调节阀端的对轮与各自的转子为一个整体，见图3-29。在两个对轮之间有一个垫片，该垫片加工成与对轮的凸缘相配合以便定位，通过调整垫片的厚度可以调整高中压转子与低压转子的轴向位置。

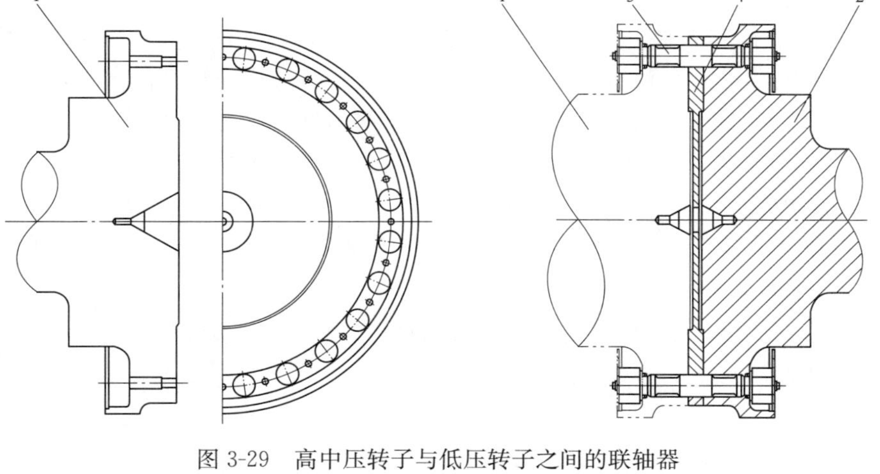

图3-29 高中压转子与低压转子之间的联轴器

1—低压转子轴（调节阀端）；2—高中压转子轴（发电机端）；3—螺栓；4—垫片

3. 低压转子与发电机转子之间的联轴器

低压转子对轮与低压转子为一体制造，低压转子对轮与发电机转子之间用螺栓刚性连接，在低压转子对轮与发电机转子对轮之间安装了一个盘车大齿轮，见图 3-30。这个盘车大齿轮既用于盘车，也作为两根转子间的垫片来进行定位及调整发电机转子与低压转子的轴向位置。盘车大齿轮吊装就位时，要确保正确对准整个部套的各匹配标记。

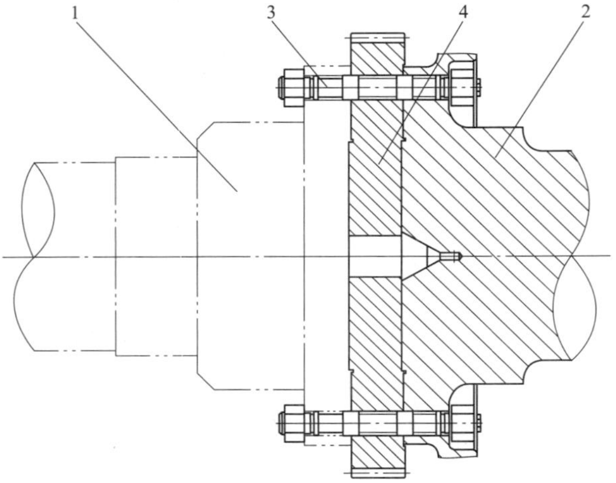

图 3-30　低压转子与发电机转子之间的联轴器

1—发电机轴；2—低压转子轴（发电机端）；3—螺栓；4—盘车大齿轮

第三节　汽　　封

汽轮机运转时，转子和定子之间需留有适当的间隙，才能不相互碰撞；间隙的存在会导致漏汽（气），不仅降低汽轮机效率，还影响安全运行。为了减少蒸汽的泄漏和防止空气漏入，需要在转子与定子接触处安装密封装置，通常称为汽封。

现代汽轮机主要采用迷宫汽封，或称曲径汽封。迷宫汽封一般由汽封体、汽封环、轴套三部分组成。汽封体固定在定子上，汽封环装在密封体内，一般由 6～8 个汽封块组成，汽封块内侧装有一定数量的汽封齿，并用弹簧压住，带有凹凸肩的轴套固定在轴上，汽封环上的梳齿与凹凸肩配合形成蒸汽曲道和膨胀室。蒸汽通过这些汽封齿和相应的汽封凸肩时，在依次连接的狭窄通道中反复节流降压和膨胀，以减少蒸汽的泄漏。

一、汽封的分类

汽封既可按其所处的位置分类，也可按汽封的具体结构分类，下面分别进行介绍。

（一）按汽封的安装位置分类

汽封按其所处的位置不同分为动叶汽封、隔板（静叶环）汽封及轴端汽封，反动式汽轮机还装有平衡活塞汽封。

1. 动叶汽封

在汽轮机的通流部分，由于动叶顶部与汽缸壁面（或静叶持环）之间、动叶栅根部和隔板（或静叶环）壁面之间都存在着间隙，而动叶两侧又具有一定的压差，因此在动叶顶部和根部必然会有蒸汽的泄漏，为减少蒸汽的漏汽损失，应安装动叶汽封，动叶汽封包括叶顶汽封（动叶顶部与汽缸之间）和叶根汽封（动叶根部与隔板之间）。

2. 隔板（或静叶环）汽封

冲动式汽轮机隔板前后压差大，而隔板与汽轮机轴之间又存在间隙，因此必定有一部分蒸汽从隔板前通过间隙漏到隔板后与叶轮之间的汽室里。这部分蒸汽不通过静叶栅，同时还影响蒸汽主流道的流动状态，形成了隔板漏汽损失。为减少该损失，必须将间隙设计得小一点，故设有隔板汽封。反动式汽轮机无隔板，只有静叶环，静叶环内圆处的汽封称为静叶环汽封。反动式汽轮机静叶环前后压差大约为冲动式汽轮机隔板前后压差的 1/3，漏汽损失的影响也较小；为了机组运行安全，静叶环与转子之间的径向间隙一般设计得较大。

3. 平衡活塞汽封

反动式汽轮机的轴向推力较大，通常在汽轮机转子上增设平衡活塞，利用平衡活塞前后的压差平衡轴向推力。为了保持平衡活塞两侧的压差，在平衡活塞与汽缸之间都装有平衡活塞汽封。平衡活塞汽封采用高低齿汽封，由于压降较大，齿数较多，故做成若干道汽封环，采用弹性支承。

4. 轴端汽封

汽轮机轴从汽缸穿出时，必须留有一定的径向间隙，由于汽缸内蒸汽压力与外界大气压力存在压差，必然会使汽轮机内的高压蒸汽通过间隙向外漏出，造成工质损失，恶化运行环境，还可能加热轴颈或冲进轴承使润滑油质恶化；或者是外界空气漏入低压缸破坏真空，从而增大抽气设备的负荷，降低机组效率。因此，在汽轮机轴穿过汽缸两端处都装有汽封，这种汽封称为轴端汽封，简称轴封。

大型汽轮机的轴封都比较长，通常分成若干段，相邻两段之间有一环形腔室，作为汇集引出或导入蒸汽的空间，并与相应的汽封管道连通。

（二）按汽封的结构分类

按汽封的结构可分为非接触式汽封和接触式汽封。

1. 非接触式汽封

非接触式汽封是指动、静部分之间留有一定的间隙，主要有迷宫汽封、蜂窝汽封、布莱登汽封和 DAS 汽封等。

（1）迷宫汽封。迷宫汽封是汽轮机应用较为广泛的基本型式，其密封机理是在汽封环的内圆及轴套（高温部分为转子轴）的外圆上车有许多相互配合的梳齿及凹凸肩，组成微小的环形间隙（称为汽封间隙）及蒸汽膨胀室，利用逐级节流膨胀增加流动阻力的方法来阻止蒸汽的泄漏。汽封环借助外圆上两凸肩安装在汽封体内圆车出的 T 形槽道内。每道汽封环分成 6 个弧块（称为汽封块），每个汽封块与汽封体之间装有弹簧，在弹簧力的作用下将汽封块压向中心，从而保持动静部分的最小间隙，见图 3-31。迷宫汽封安装好后，汽封间隙在无碰磨情况下运行中始终保持不变，如果汽封间隙过大，就会引起蒸汽的泄漏增加，导致汽轮机组热效率的降低；如果汽封间隙设置得太小，机组开、停机过程中过临界转速时转子如果发生较大振动，就会导致汽封齿与转子发生碰磨。当汽封块与转子发生碰磨时，汽封块背面弹簧能使汽封块向外退让，减小碰磨压力，但却不能避免碰磨，轻者会造成汽封齿磨损，增大汽封间隙，进而增大热耗；当碰磨严重时，会使汽封齿变形、变脆，甚至破裂；另外，碰磨会使转子局部受热，产生热变形，导致转子弯曲，加剧了汽封齿的进一步磨损。因此，考虑转子过临界转速时的振动因素，传统迷宫汽封安装时径向间隙一般为 0.60～0.80mm，根据转子不同情况，有的间隙更大。

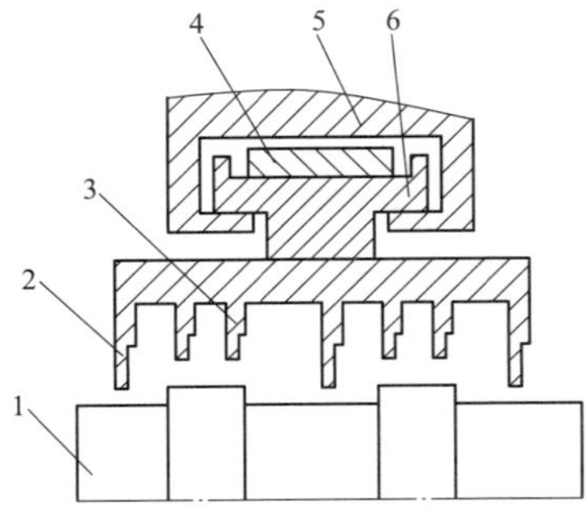

图 3-31　迷宫汽封

1—转子；2—高齿；3—低齿；4—弹簧（板弹簧）；5—汽封体；6—汽封块

迷宫汽封是最常用的汽封类型，它的主要优点是制造成本低，结构简单，安全可靠，易于安装，适应面广；但它的缺点是汽封齿易磨损，会造成因间隙大而影响机组的效率等。

（2）蜂窝汽封。蜂窝汽封是在迷宫汽封的基础上，将低齿车削后用蜂窝取代，蜂窝由六边形孔片组成，六边形单边尺寸为 2～3mm，材料是由厚度仅为 0.05～0.10mm 的镍基耐温薄板在特殊成型设备上制成的正六面体网格型材，再经过特殊焊接设备焊接在母体密封上，形成了蜂窝式密封，如图 3-32 所示。蜂窝汽封由于具有较宽的密封带，改变了传统迷宫汽封低齿齿数受结构限制，只能布置很少（一般 1～2 齿）的缺点，仍保留汽封高齿。相当于增加了汽封齿数量，加大了汽流阻力，提高了密封效果。因为蜂窝汽封退让仍采用传统汽封的背部板弹簧结构，所以安装间隙一般取传统汽封径向间隙设计值的上限。蜂窝汽封仍采用退让结构，在启动过程中可能会产生碰磨，但由于蜂窝材质较软，不会产生大的影响。

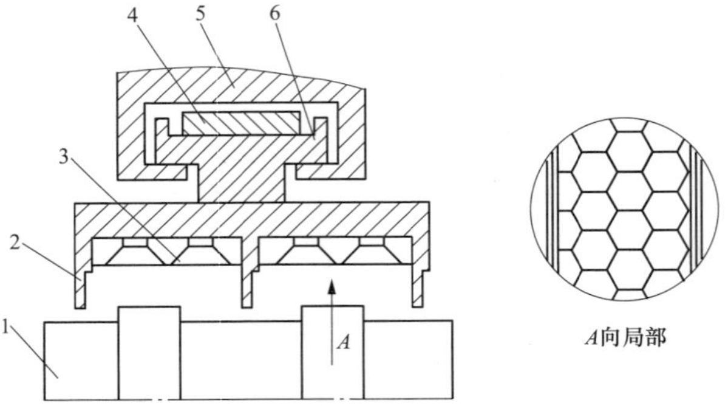

图 3-32　蜂窝汽封

1—转子；2—高齿；3—蜂窝；4—弹簧（板弹簧）；5—汽封体；6—汽封块

蜂窝汽封具有除湿能力，当汽流经过蜂窝汽封时，在前进方向上遇到阻力，从而改变汽流方向，进入蜂窝带，产生涡流，形成阻尼效果，根据这一特性，建议在低压部分采用蜂窝汽封。蜂窝汽封的缺点是易磨损、间隙无法恢复、若间隙过小或膨胀不均会造成蜂窝带与转子（或围带）面接触导致振动加剧甚至转子抱死的情况。

（3）布莱登汽封。由于汽轮机在启、停过程中转子在临界转速下振动较大，传统汽封无法将汽封间隙调到更小，因而机组漏汽损失不能进一步减小，机组热效率很难进一步提高。为了解决这一问题，美国科研人员研发了一种新型可调式汽封——布莱登汽封。这种汽封可使汽封间隙调到 0.35～0.45mm，并能避免汽轮机启、停过程中转子通过临界转速时因振动过大而引起汽封发生碰磨，见图 3-33。

布莱登汽封也是在迷宫汽封的基础上改进而成的，它取消了传统汽封背部的板弹簧，取而代之的是在每圈汽封的两个相邻汽封弧块的垂直端面之间加装了螺旋弹簧。自由状态时，

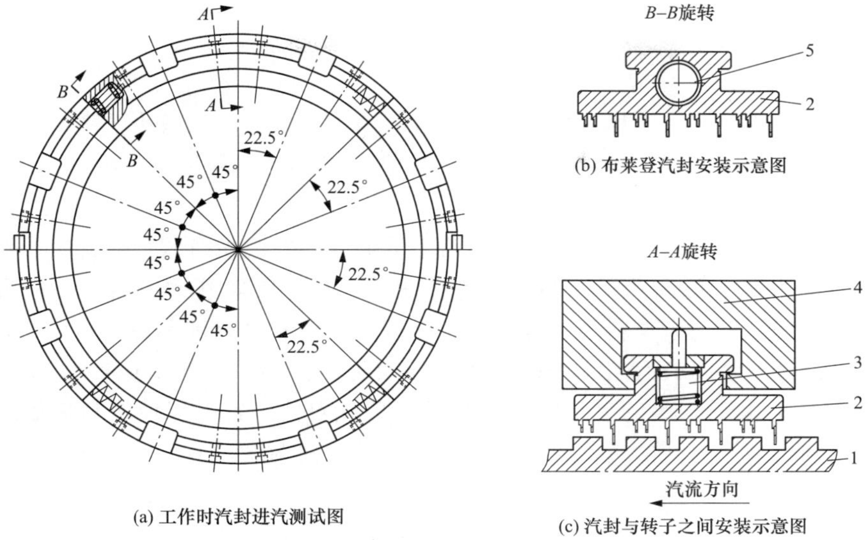

(a) 工作时汽封进汽测试图

(b) 布莱登汽封安装示意图

(c) 汽封与转子之间安装示意图

图 3-33 布莱登汽封

1—转子；2—汽封块；3—安装试验弹簧；4—汽封体；5—工作弹簧安装孔

在弹簧力作用下，汽封弧块处于张开状态而远离转子（间隙较大）；机组启机时，随着蒸汽流量的增加，作用在每圈汽封弧块背部的蒸汽压力逐渐增大，当这一压力足以克服弹簧力和摩擦阻力时，汽封弧块开始逐渐关闭，直至处于工作状态，并始终保持与转子的最小间隙运行；停机时，随着蒸汽流量的减小，在弹簧力作用下，推动汽封弧块远离转子，使汽封与转子的径向间隙达到最大值。在启、停过程中布莱登汽封间隙较大，解决了传统汽封存在的机组启、停机过程中转子通过临界转速时因振动过大而造成汽封擦碰问题；正常运行过程中汽封间隙较小，解决了正常运行过程中漏汽大的问题。因而布莱登汽封得到广泛的应用。

布莱登汽封一般用于高压部分隔板，原因为在此处汽轮机级的前后压差可以满足需要，而中低压部分及轴封则不适用。另外，由于叶顶处直径较大，如果采用布莱登汽封，每相邻两块汽封处的接缝间隙预留将会很大，在此处形成的泄漏量未必能补偿汽封间隙调整后所获得的收益，因此，叶顶处也不采用布莱登汽封。布莱登汽封的优点是可解决过临界转速振动大对汽封间隙造成永久增大的问题，能适应机组负荷的变化，自动调整密封间隙；缺点是对水质要求较高，长期运行可能造成弹簧结垢和疲劳失效，无法长期保持灵敏的自调整效果，后期使用效果会降低。

（4）DAS 汽封。DAS 汽封也是在迷宫汽封的基础上由东方汽轮机厂自主研制的汽封（也叫大齿汽封），其结构形式与迷宫汽封相似，但汽封块两侧的高齿部分齿宽加厚，它与轴的径向间隙略小于其他齿，并采用铁素体类材料将其嵌入汽封块中，与转子摩擦时产生的热量小，不易造成轴弯曲，见图 3-34。汽轮机启、停过程中转子通过临界转速时，如产生碰磨就会先与 DAS 片接触，由于 DAS 片较厚，不易磨掉，故不会磨到其他的齿，保证正常运行时的汽封间隙。

DAS 汽封的优点是密封间隙减小，用在各处其强度都能保证，相对原迷宫结构，能保护其他齿形不遭破坏；缺点是当 DAS 片与轴产生摩擦时仍会造成机组振动，密封效果会随运行时间的增加有所下降。建议用在过桥（中间）汽封或平衡活塞处，可以承受前后较高压差，减小间隙，降低蒸汽泄漏量。

2. 接触式汽封

为了提高汽轮机效率，应尽可能减小汽封的间隙，当汽封间隙减小至零时形成了接触式汽封（实际上只是某些齿与转动部分无间隙，其他齿与转动部分是有间隙的），接触式汽封主要包括复合塑料汽封和刷式汽封。

（1）复合塑料汽封。复合塑料汽封是由哈尔滨通能电气股份有限公司开发研制出的一种新型汽封产品，如图 3-35 所示。这种汽封是在迷宫汽封块中间开槽，加装一道可以与转子直接接触的汽封齿，汽封齿材料为复合塑料，具有自润滑特性，能承受 700℃的高温，并且具有耐磨性。设计安装时具有自动跟踪转轴偏摆及晃动性能，径向后退量为 2.5mm，径向前进量为 0.5mm，具有很高的灵敏度。同时具有精确限位装置，能使汽封齿始终与转轴零间隙运行。这种新型汽封开始主要应用在汽轮机排汽缸轴端汽封上，现已逐渐在高压缸隔板汽封和轴封上应用。

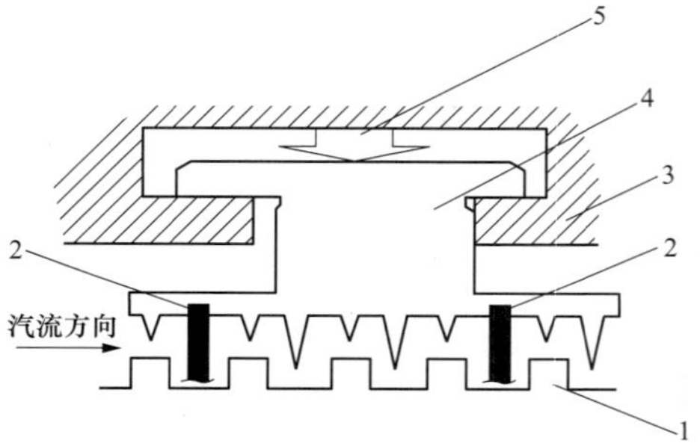

图 3-34　DSA 汽封结构

1—转子；2—DSA 片；3—汽封体；
4—汽封块；5—弹簧

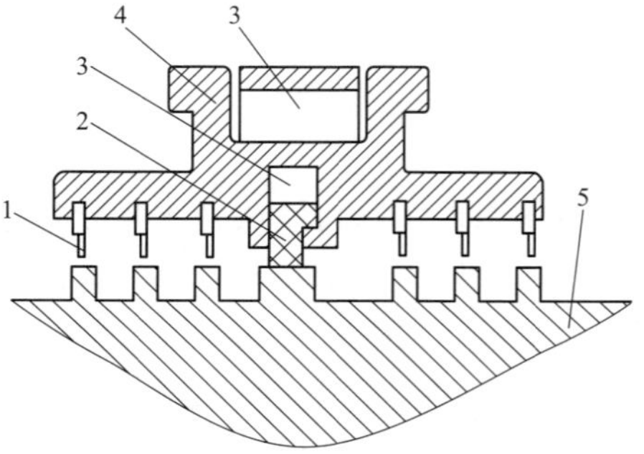

图 3-35　复合塑料汽封

1—铁素体齿；2—复合塑料齿；3—板弹簧；
4—汽封块；5—转子

复合塑料汽封的优点是可以与轴接触，属于柔性密封系列，能适应转子跳动，能长期保持间隙不变；缺点是长期与轴面接触，摩擦生热，对材料的强度、物理特性等有较高要求，且产生的热量如不能及时排走，可能导致过热变形，用在高温段须慎重。建议用在轴封最外侧（靠大气侧），既可以有效减少漏气，改善机组真空，也能顺着外界大气的漏入及时将产生的热量带走。

（2）刷式汽封。刷式汽封最早应用于航空发动机上，后由 GE 公司运用在工业燃气式汽轮机上，应用效果显著。20 世纪 90 年代传入国内，开始在汽轮机上运用。刷式汽封是在迷宫汽封基础上加装了一圈刷式密封条，此刷式密封条代替了迷宫汽封的部分高齿，高度比原高齿高，因减小了汽封间隙，从而减少了漏气（汽），刷式密封条的刷丝是顺着转子旋转方向排列的一圈耐高温的钴基合金细金属丝，可以耐 1200℃的高温不变形。运行时，散开的刷丝束类似于防护林的风阻效果，起到密封效果，当转子发生瞬态跳动时，可恢复原有的汽封间隙，能长期保证使用效果。因为刷丝有弹性，不会对机组振动造成大的影响。刷式汽封不受位置及压力的影响，应用范围较广，效果较明显，其结构如图 3-36 所示。

刷式汽封属于柔性密封，其优点是可以适应转子瞬态跳动而保持间隙不变，长期保证其

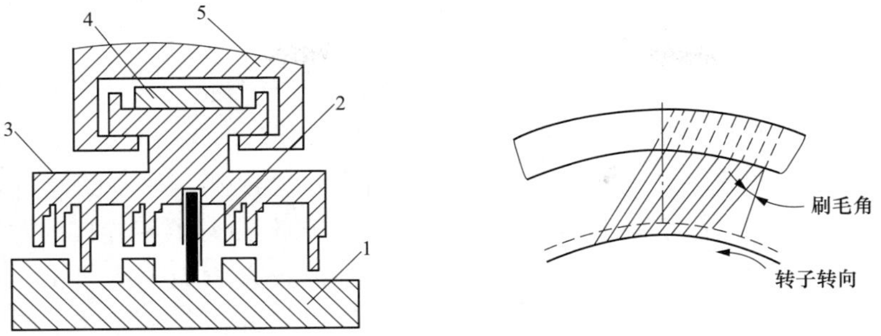

图 3-36 刷式汽封结构

1—转子；2—刷子；3—汽封块；4—板弹簧；5—汽封体

密封效果，刷丝耐高温，使用寿命长，顺转子旋转方向有角度排列，可以减小摩擦，对机组安全性的影响较小；缺点是刷丝价格昂贵，加工工艺要求较高，成本较高。建议用于高、中、低压缸轴封和中压缸隔板汽封；用作过桥（中间）汽封和平衡活塞汽封时须进行结构优化，以承受此处前后压差较大的要求。

二、汽封的工作原理

1. 汽封的基本原理

迷宫汽封是最基本的汽封，下面就以迷宫汽封为例介绍汽封的工作原理，蒸汽通过汽封的热力过程是一个节流过程，见图 3-37。蒸汽通过第一环形齿隙时，由于通道面积变小，在节流作用下速度增加，压力降低，从 p_0降到 p_1。当蒸汽进入齿后突然扩大的环形汽室时，由于产生涡流和碰撞，使蒸汽的大部分动能消耗转变为热能，并将蒸汽在这个汽室压力下加热，使蒸汽的焓有所增加。蒸汽依次通过以后的各个齿隙和汽室时，重复上述过程，压力不断降低，一直降至汽封后的压力 p_z为止。在上述过程中，由于汽封前后的总压降 p_0-p_z是在所有的齿隙中逐渐降落的，所以每一个齿隙只承担汽封总压力降中的一小部分。因此，蒸汽流过每一齿隙的速度小于总压降下所产生的速度，而且轴封齿越多，每个齿隙的压力降就越小，漏过的蒸汽量也越少。另外，在蒸汽通过汽封时压力越来越低，蒸汽比体积越来越大，若各齿的间隙面积相等，根据连续方程式，当一定量的蒸汽通过汽封时，各齿隙的汽流速度是逐渐增加的。也就是说，在迷宫汽封中汽流的速度是逐齿增加的，并在最后一个齿隙中达到最大值。

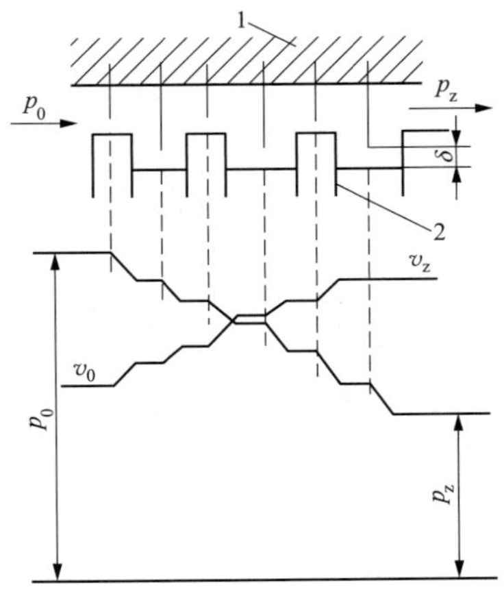

图 3-37 汽封蒸汽压力及速度的变化

1—定子；2—转子；

v_0、v_z—蒸汽进入、流出汽封时的流速；

p_0、p_z—蒸汽进入、流出汽封时的压力

2. 轴封系统的工作原理

轴封所处的位置比较特殊，其一端是汽缸内，另一端为汽缸外（大气），若蒸汽漏到汽缸外，不仅会造成能量损失，还会造成环境污染和人身伤害。因此，必须采取措施防止蒸汽外漏。最有效的方法是安装可靠的轴端汽封并加装与之相连接的管道及附属设备，组成汽轮

机的轴封系统，防止泄漏。轴封系统由轴端汽封（轴封）、轴封供汽母管压力调整机构、轴封冷却器、减温器以及有关管道组成。

轴封系统所需的蒸汽与汽轮机负荷有关。在启动和低负荷时，汽轮机两汽缸中的压力都低于大气压力，密封蒸汽由轴封母管进入“X”腔室，如图3-38所示。“X”腔室压力控制在规定值，“X”腔室蒸汽一路经过若干汽封齿后流向汽缸内部，另一路经过若干汽封齿后流到“Y”腔室，“Y”腔室与轴封冷却器相连，通过与轴封冷却器相连接的轴封风机抽吸此漏汽，使该腔室压力略低于当地大气压力。外界空气通过外汽封漏入“Y”腔室后，与从“X”腔室来的密封蒸汽混合，流向轴封冷却器。“Y”腔室漏汽与主汽阀、调节汽阀阀杆漏汽都进入轴封冷却器被凝结，凝结水被回收，空气和其他没有凝结的气体则用轴封风机排向大气。随着机组负荷的增大，汽缸内压力相应增大，当高中压缸的排汽压力高于“X”腔室压力时，汽流在汽封环内发生相反流动，高、中压缸内的蒸汽经过第一段汽封齿流向“X”腔室，见图3-39。随着排汽压力的升高，蒸汽流量也增加。大约在15%额定负荷时，高压缸的排汽压力已达到密封蒸汽压力，变成自密封。大约在25%额定负荷时，中压缸的排汽压力达到密封蒸汽压力，变成自密封。这时，密封蒸汽从高中压轴封的“X”腔室排出，流入轴封母管，经轴封母管流向低压轴封的“X”腔室。若从高中压轴封的“X”腔室流向轴封母管的蒸汽流量超过低压缸轴封所需的密封蒸汽量，则轴封供汽压力升高，这时供汽阀全关，由溢流阀控制轴封母管压力维持在设定值，并将过量的蒸汽排入疏水扩容器。从轴封供汽母管进入低压缸轴端汽封“X”腔室前，密封蒸汽需用喷水进行减温，使密封蒸汽温度控制在121～177℃之间，防止密封蒸汽温度过高使汽封体受热变形。

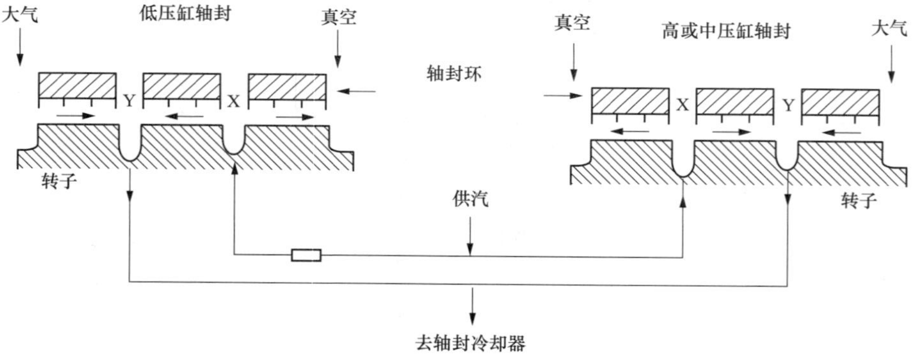

图3-38　启动或低负荷时轴封汽流流向图

三、350MW热电联产汽轮机的汽封

350MW热电联产汽轮机为反动式，装有通流汽封、轴端汽封及平衡活塞汽封，其中通流汽封包括动叶汽封和隔板（静叶环）汽封。

（一）通流汽封

通流汽封是指高压缸、中压缸和低压缸内的动叶汽封和隔板（静叶环）汽封。

1. 高压缸通流汽封

高压缸内共有1个调节级和14个压力级，每个动叶栅的顶部以及每个静叶栅的内圆处均装有汽封。

（1）高压缸调节级汽封。高压缸调节级汽封，如图3-11所示。

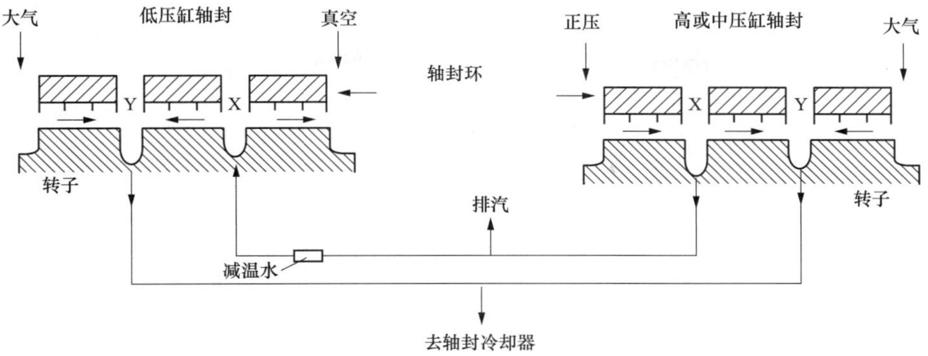

图 3-39 25%额定负荷及以上时轴封汽流流向图

1）高压缸调节级喷嘴汽封。调节级喷嘴内环与转子之间装有一圈固定式汽封，该汽封将薄而平的汽封齿用软钢锁紧条嵌入槽中。

2）高压缸调节级动叶栅汽封。高压缸的调节级动叶围带与蒸汽室之间装有 5 圈固定式汽封，两个高齿和 3 个低齿相间布置，该汽封将薄而平的汽封齿用软钢锁紧条嵌入槽中，汽封间隙为 $1^{+0.2}_{-0.1}$mm。

（2）高压缸压力级汽封。高压缸压力级静叶环内圆和动叶栅外缘都装有汽封，汽封的安装位置见图 3-40。

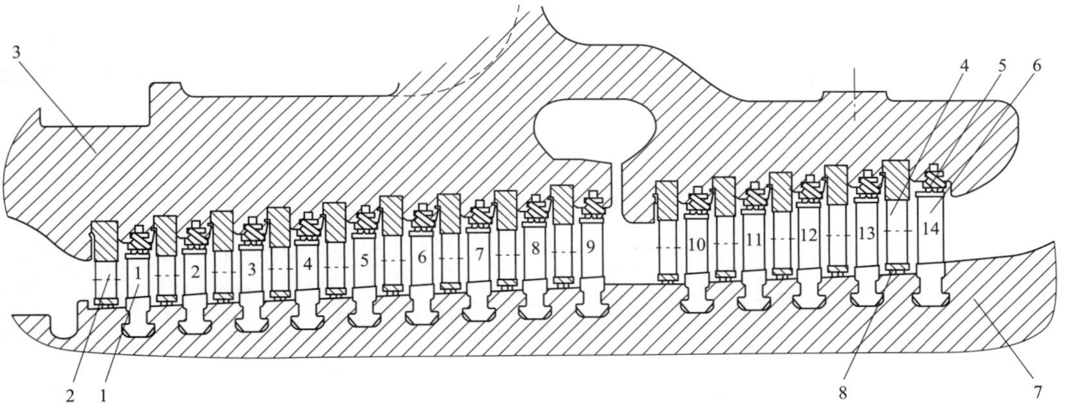

图 3-40 高压缸压力级汽封布置

1—第 1 级动叶栅；2—第 1 级静叶环；3—高压静叶持环；4—第 14 级静叶环；5—第 14 级动叶栅围带汽封；6—第 14 级动叶栅；7—高压转子；8—第 14 级静叶环汽封

1）高压缸压力级静叶栅汽封。高压缸第 1～14 级压力级静叶环的内圆与转子之间均装有 3 圈固定式汽封，该汽封直接将汽封齿用塞紧条嵌入静叶环内圆的槽中，每级静叶环都镶嵌了 2 圈汽封齿，分别与转子上的 1 圈汽封齿相配合，组成迷宫式汽封，汽封间隙为 0.75±0.1mm，见图 3-41（a）。

2）高压缸压力级动叶栅汽封。高压缸共有 14 个压力级，每级动叶顶部围带与高压静叶持环之间都装有汽封，该汽封采用迷宫汽封，每级动叶顶部汽封由 8 个汽封环弧段组成，每个汽封环背面均为 T 形，直接装入高压静叶持环的槽内，汽封环由两个高齿和两个低齿相

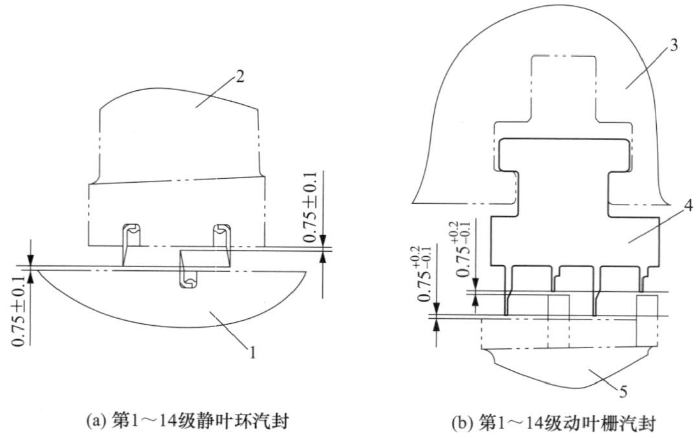

图 3-41　高压缸压力级汽封（单位：mm）

1—高压转子；2—第 1～14 级静叶环；3—高压静叶持环；4—汽封块；5—第 1～14 级动叶栅

间布置，与动叶栅围带上的凹凸肩相配合，具体结构见图 3-41（b）。每圈汽封环的上半部分在中分面用压板及螺钉压住，以防止其转动及吊起上半隔板套时脱落。每一汽封环弧段都由带状拱形弹簧片压住，拱形弹簧片的一端有弯头插入弧段上的槽中。在每一弧段上均设有供压槽，供压槽设在进汽侧，借助蒸汽作用力使汽封环向中心压紧，汽封间隙为 $0.75^{+0.2}_{-0.1}$mm。

2. 中压缸通流汽封

中压缸内共有 11 个压力级，每级动叶栅的外圆处和每个静叶栅的内圆处均装有汽封，见图 3-42。

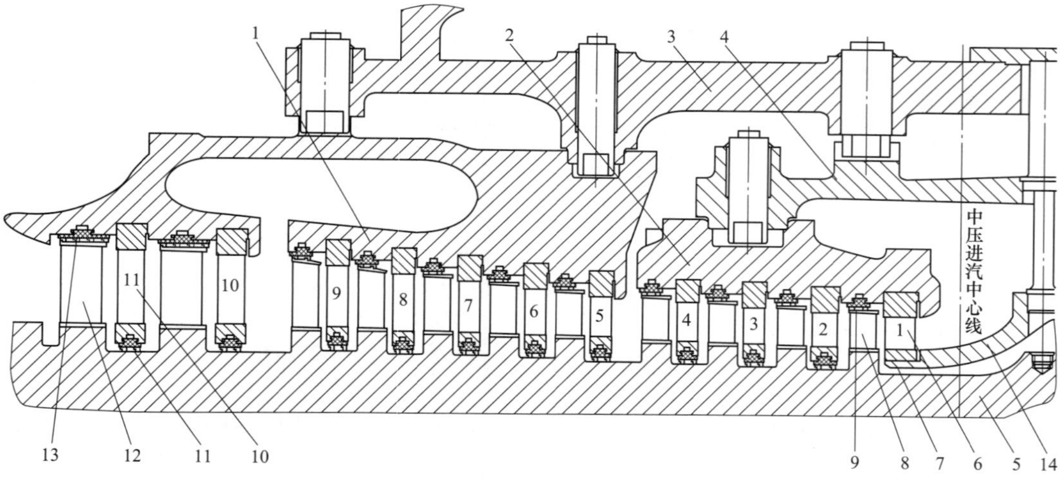

图 3-42　中压缸通流部分汽封布置

1—中压 2 号静叶持环；2—中压 1 号静叶持环；3—高中压外缸；4—中压内缸；5—转子；6—第 1 级静叶环；7—第 1 级静叶环汽封；8—第 1 级动叶栅；9—第 1 级动叶栅围带汽封；10—第 11 级静叶环；11—第 11 级静叶环汽封；12—第 11 级动叶栅；13—第 11 级动叶栅围带汽封；14—高压内缸

（1）中压缸静叶栅汽封。中压缸第一级静叶环的内圆与高压内缸之间采用 6 圈镶嵌式零间隙固定式汽封，见图 3-43（a）；第 2～11 级静叶环的内圆与中压转子之间采用迷宫汽封，每级汽封都有 4 圈，两个高齿和两个低齿相间布置，与转子上的凹凸肩相配合，每个汽封由 8 个汽封环弧段组成，每个汽封环背面均为 T 形，装入静叶环内圆相应的槽内，汽封间隙为 0.75±0.1mm，见图 3-43（b）。

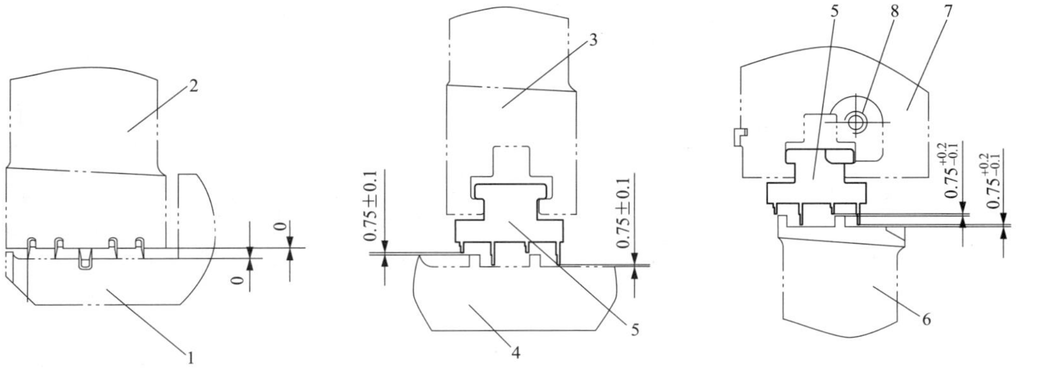

(a) 中压第1级静叶环汽封　　(b) 中压第2～11级静叶环汽封　　(c) 中压第1～9级动叶汽封

图 3-43　中压缸通流汽封结构

1—高压内缸；2—中压第 1 级静叶环；3—中压第 2～11 级静叶环；4—中压转子；
5—汽封块；6—第 1～11 级动叶栅；7—中压静叶持环；8—开槽沉头螺钉

（2）中压缸动叶栅汽封。中压缸第 1～4 级动叶顶部围带与 1 号中压静叶持环之间都装有汽封，第 5～11 级动叶顶部围带与 2 号中压静叶持环之间都装有汽封，见图 3-43（c）。该汽封也采用迷宫汽封，每个汽封由 8 个汽封环弧段组成，每个环背面均为 T 形，装入中压静叶持环内圆相应的槽内，在上半中分面处用压板螺钉压紧。压板能防止在吊起隔板套时，上半汽封环弧段脱落。每一汽封环弧段均由带状拱形弹簧片压住。在每一弧段上均设有供压槽，供压槽设在进汽侧，借助蒸汽作用力使汽封环向中心压紧。第 1～9 级动叶栅较窄，每个汽封有 4 圈，两个高齿，两个低齿；第 10～11 级动叶栅较宽，每个汽封有 8 圈，4 个高齿，4 个低齿。每级汽封的高低齿与动叶围带上的凹凸肩相间布置，第 1～11 级中压动叶栅的径向汽封间隙均为0.75$^{+0.2}_{-0.1}$mm。

3. 低压缸通流汽封

低压缸为双排汽对称布置，共有 2×6 级。每个静叶栅的内圆及第 1～5 级动叶栅的顶部均装有汽封，低压缸通流部分汽封布置见图 3-44。

（1）低压缸静叶栅汽封。第 1 级低压静叶环内圆与低压进汽导流环之间采用镶嵌式零间隙汽封（与中压第 1 级静叶环密封相似）。第 2～6 级低压静叶环（隔板）内圆与低压转子之间的汽封为汽封环结构，汽封环被分为 16 个弧段，每一汽封弧段均由板式弹簧片压住，汽封结构见图 3-45（a），第 2、3 级静叶环汽封间隙为 1.14±0.05mm，第 4 级静叶环汽封间隙为 1.35±0.05mm，第 5 级静叶环汽封间隙为1.5$^{+0.13}_{+0.05}$mm，第 6 级静叶环汽封间隙为 1.57$^{+0.13}_{+0.05}$mm。

（2）低压缸动叶栅汽封。

低压第 1～3 级动叶顶部围带与低压静叶持环之间的汽封为汽封环结构，汽封环被分为

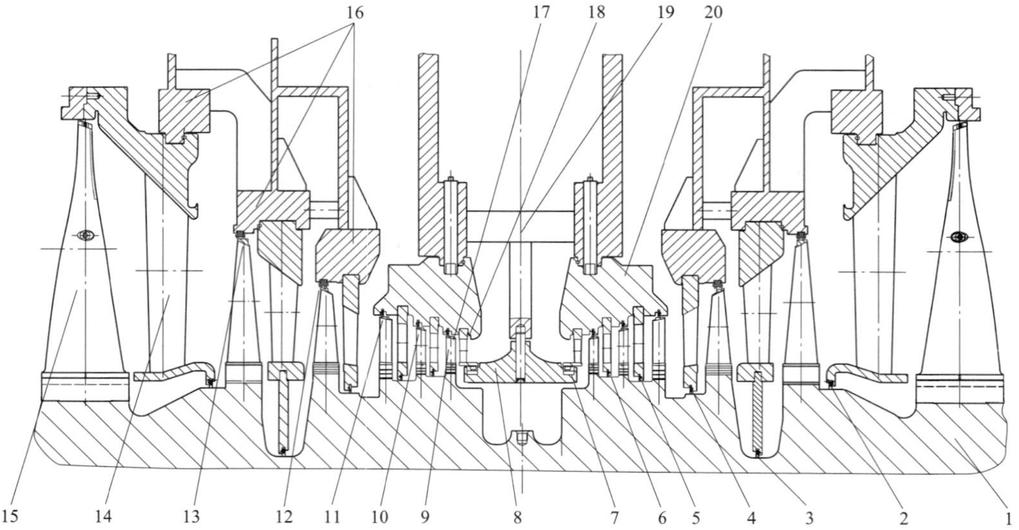

图 3-44　低压缸通流部分汽封布置

1—低压转子；2—第 6 级隔板汽封；3—第 5 级隔板汽封；4—第 4 级隔板汽封；5—第 3 级静叶环汽封；6—第 2 级静叶环汽封；7—第 1 级静叶环汽封；8—低压进汽导流环；9—第 1 级动叶围带汽封；10—第 2 级动叶围带汽封；11—第 3 级动叶围带汽封；12—第 4 级动叶围带汽封；13—第 5 级动叶围带汽封；14—第 6 级隔板；15—第 6 级动叶栅；16—低压内缸；17—第 1 级动叶栅；18—第 1 级静叶环；19—低压进汽中心线；20—低压缸静叶持环

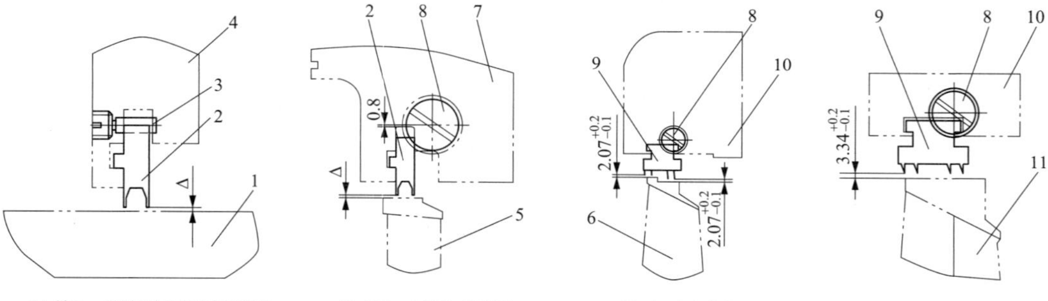

(a) 第2～6级静叶环(隔板)汽封　(b) 第1～3级动叶汽封　(c) 第4级动叶汽封　(d) 第5级动叶汽封

图 3-45　低压缸通流汽封结构（单位：mm）

1—低压转子；2—汽封环；3—专用销；4—静叶环（隔板）5—第 1～3 级动叶栅；6—第 4 级动叶栅；7—低压静叶持环；8—内六角螺钉；9—汽封块；10—低压内缸；11—第 5 级动叶栅

12 个弧段，每一汽封弧段均由板式弹簧片压住，见图 3-45（b）；第 1 级动叶栅汽封间隙为 $1.14^{+0.2}_{-0.1}$mm，第 2 级动叶栅汽封间隙为 $1.27^{+0.2}_{-0.1}$ mm，第 3 级动叶栅汽封间隙为 $1.52^{+0.2}_{-0.1}$mm。第 4～5 级动叶顶部围带与低压内缸之间分别装有迷宫汽封（其中：第 4 级汽封为两高齿两低齿汽封，第 5 级汽封为 4 平齿汽封），汽封结构见图 3-45（c）和图 3-45（d），第 4 级动叶栅汽封间隙为 $2.07^{+0.2}_{-0.1}$mm，第 5 级动叶栅汽封间隙为 $3.34^{+0.2}_{-0.1}$mm。第 6 级动叶栅顶部围带无汽封。

（二）轴端汽封

350MW 热电联产汽轮机在高中压缸两端和低压缸两端均设置了轴端汽封。

1. 高中压缸轴端汽封

汽轮机在高中压缸两端分别设置了轴端汽封，以防止蒸汽泄漏。高中压缸在调节阀侧和发电机侧的轴端汽封相同，均有 4 道迷宫汽封（1 道外汽封，3 道内汽封），见图 3-46。外汽封装在外汽封体上，有 4 个高齿和 4 对低齿，间隙为 0.75±0.05mm；靠近外汽封的 1 道内汽封也装在外汽封体上，有 4 个高齿和 4 对低齿，间隙为 0.5±0.05mm；另两道内汽封装在内汽封体上，各有 3 个高齿和 3 对低齿，间隙为 0.5±0.05mm。漏汽从“Y”腔室通过汽封壳体的两个接口通至轴封冷却器。轴封冷却器维持“Y”腔室为负压，以防止蒸汽通过此腔室泄漏到汽机房。

外汽封环制成 8 个弧段，内汽封环中靠近外汽封环的汽封环也制成 8 个弧段，其余两道内汽封制成 4 个弧段。每个汽封环背面均为 T 形，装入汽封体相应槽内并用止动销来防止旋转，止动销装在汽封体上带螺纹的销孔内并穿过上半汽封环弧段近水平中分面处铣出的槽内。汽封环弧段由板式弹簧片压紧。

在内汽封环的每一弧段上均开有供压槽，以使汽封环能依靠进汽侧大于出汽侧的蒸汽作用力而径向就位，安装汽封时应使这些槽在汽流进入汽封环的一侧。

2. 低压缸轴端汽封

汽轮机在低压缸两端分别设置了 4 道弹簧退让式汽封（1 道外汽封，3 道内汽封），以防止漏入空气。由于低压部分胀差较大，所以没有使用高低齿汽封（均为平齿）。每道汽封有 8 个齿，见图 3-47，外汽封径向间隙为 0.75±0.05mm；内汽封间隙为 0.5±0.05mm。漏汽从“Y”腔室通过汽封体下半的接口通至轴封冷却器。轴封冷却器使“Y”腔室中维持负压。密封蒸汽从汽封体下半一个接口送到“X”腔室，利用汽封蒸汽控制器可自动保持该腔室在各种运行工况下的压力稳定。

各汽封环均为同一型式，每圈制成 8 个弧段，每个汽封环背面均为 T 形，可装入汽封体内相应的槽中。这些汽封环用止动销来防止旋转，止动销装在两个上半汽封环弧段水平中分面处所铣出的槽内。每 2 个汽封环弧段由 1 只板弹簧压紧，用螺钉将板弹簧固定在弧段背面。在螺钉头下留有足够间隙，以允许弹簧移动，装配时利用冲铆来锁住固定螺钉。3 道内汽封环弧段上均有供压槽（外汽封环的弧段不需要供压槽），以使汽封环依靠蒸汽作用力而径向就位，汽封环装入时这些槽应在汽流进入汽封环的一侧。

（三）平衡活塞汽封

由于反动式汽轮机转子的轴向推力比较大，当转子轴向推力太大时，可能会造成推力轴承比压过大，引起推力瓦烧毁。因此，在高中压转子上加工 3 个平衡活塞（高压进汽侧 2 个，高压排汽侧 1 个），利用活塞两侧的压力差来平衡转子轴向推力，平衡活塞的直径大小根据推力大小而定。为了保证平衡活塞两侧的压力差，3 个平衡活塞均装有汽封。其中，高压进汽侧有 2 个平衡活塞汽封，如图 3-48 所示；高压排汽侧有 1 个平衡活塞汽封，如图 3-49 所示。为了保证密封效果，各平衡活塞汽封均采用布莱登汽封。高压进汽侧第 1 级平衡活塞装有 6 道布莱登汽封，第 2 级平衡活塞装有 2 道布莱登汽封；高压排汽侧平衡活塞装有 4 道布莱登汽封。每道布莱登汽封的径向间隙均为0.45～0.55mm。

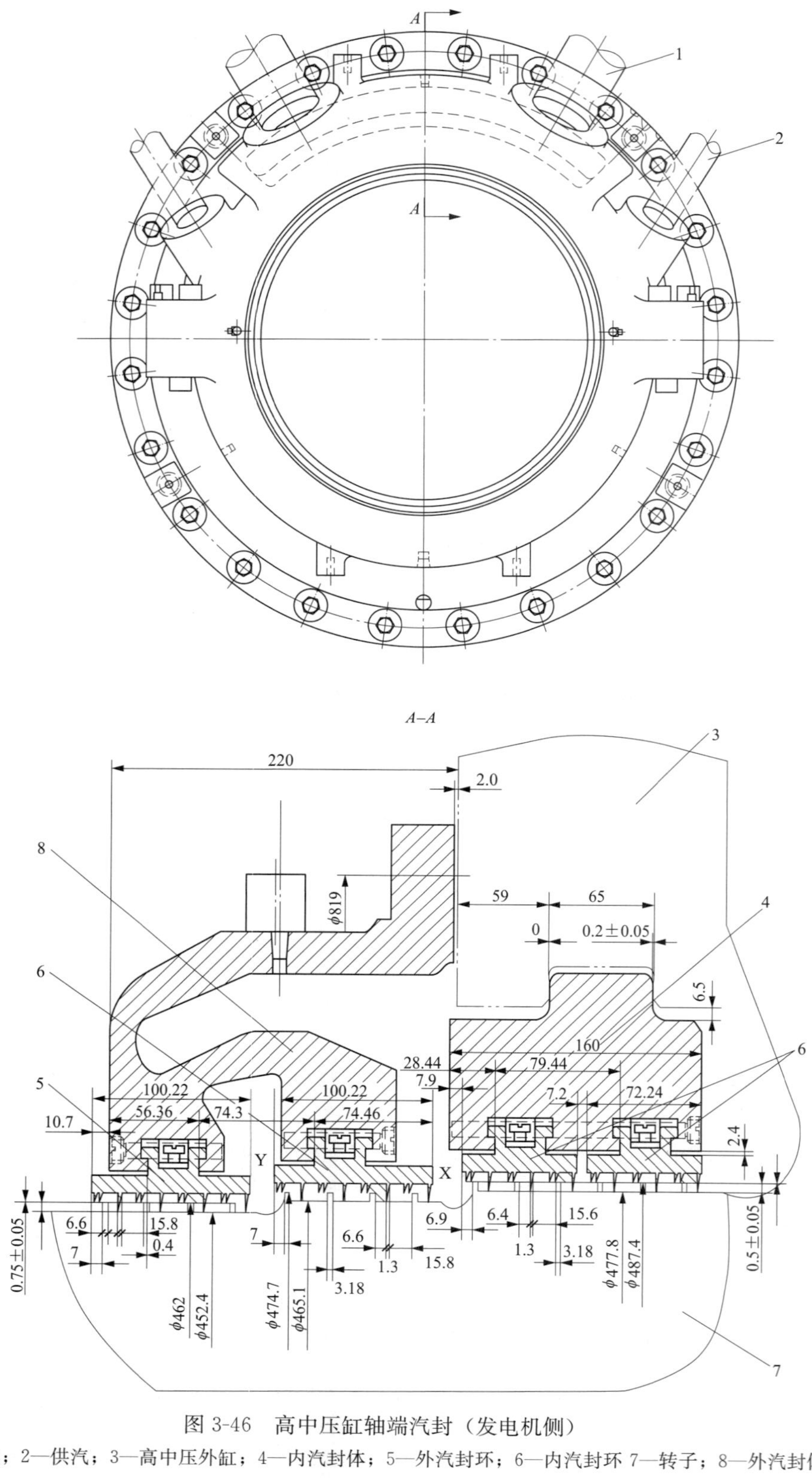

图 3-46　高中压缸轴端汽封（发电机侧）

1—排汽；2—供汽；3—高中压外缸；4—内汽封体；5—外汽封环；6—内汽封环 7—转子；8—外汽封体

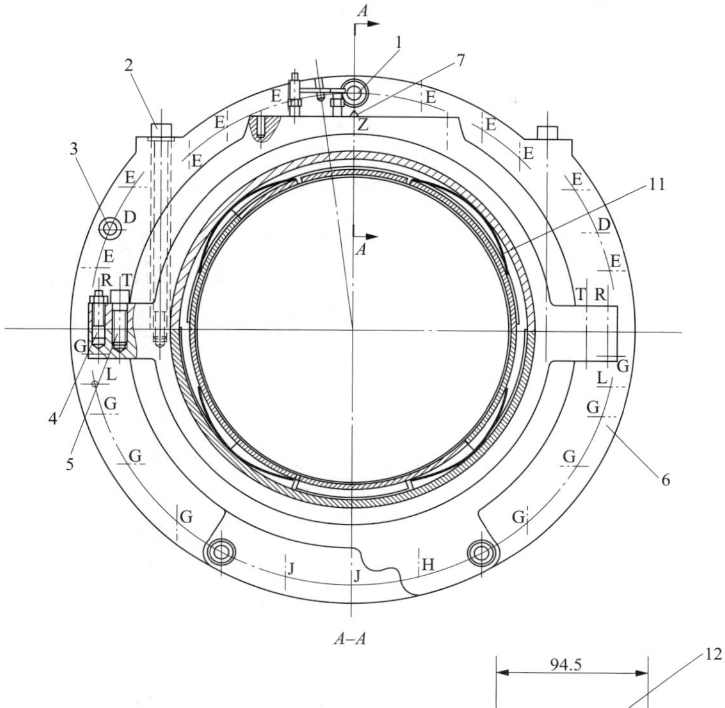

图 3-47 低压转子轴端汽封

1、2、5—内六角螺母；3—偏心销；4—定位销；6—汽封体；7—方头螺栓管塞；8—外汽封环；9—内汽封环；10—低压外缸；11—板式弹簧片；12—垫片；13—转子

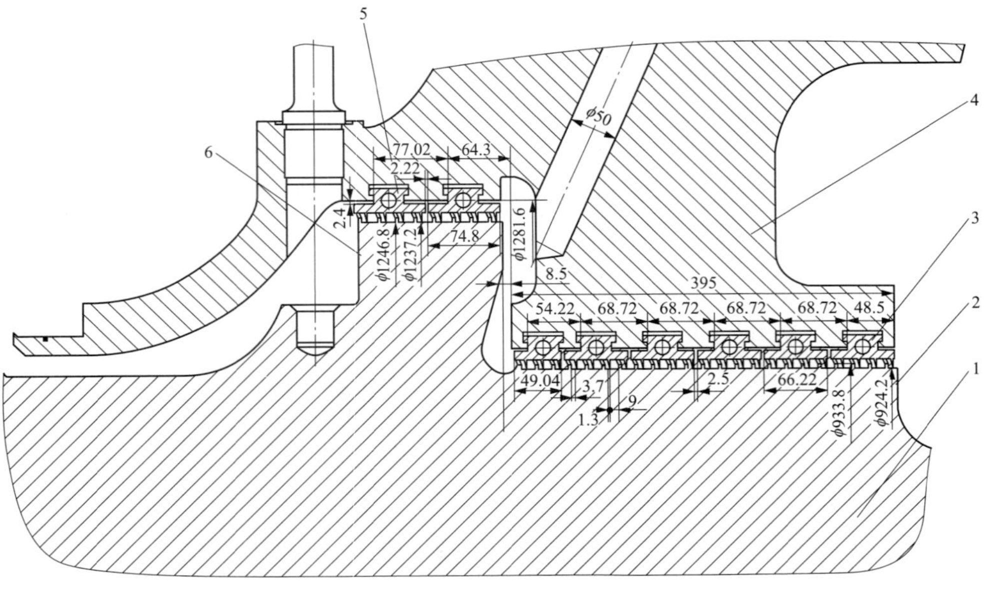

图 3-48　高、中压进汽侧平衡活塞及汽封布置

1—高中压轴；2—高压进汽侧第 1 级平衡活塞；3—高压进汽侧第 1 级平衡活塞汽封环；4—高压内缸；5—高压进汽侧第 2 级平衡活塞汽封环；6—高压进汽侧第 2 级平衡活塞

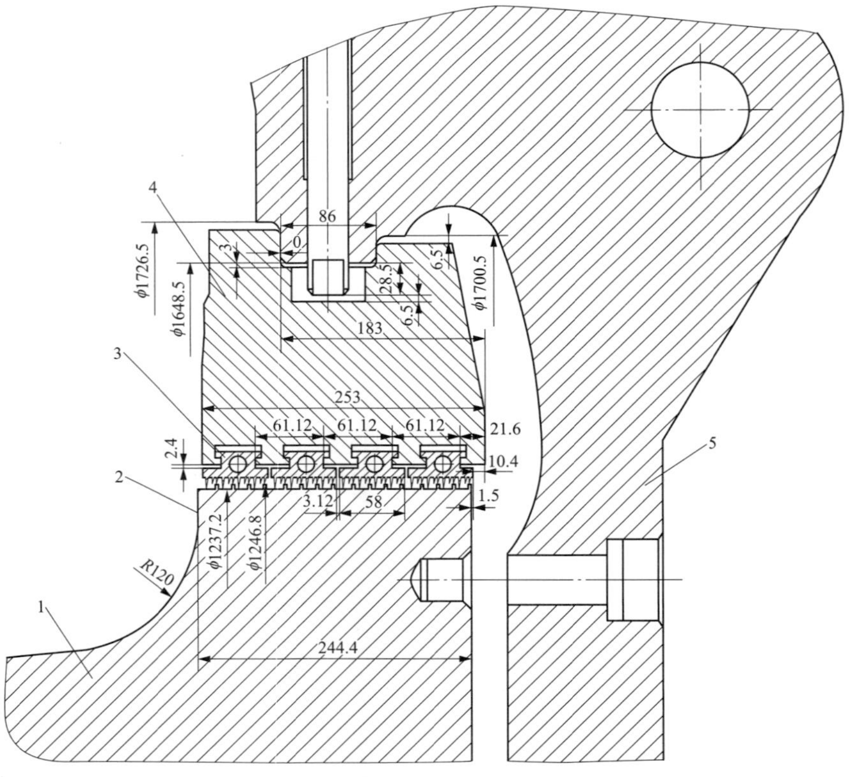

图 3-49　高压排汽侧平衡活塞及汽封布置

1—高中压轴；2—高压排汽侧平衡活塞；3—高压排汽侧平衡活塞汽封环；4—高压排汽侧平衡活塞汽封体；5—高中压外缸

第四节 汽轮机轴承

汽轮机轴承是汽轮机的重要部件，汽轮机的整个转子由轴承支承和定位，汽轮机轴承有支持轴承和推力轴承两种。支持轴承是用来支持转子质量和由于转子质量不平衡引起的离心力，并确定转子中心位置，使汽轮机动静部分保持正常的径向间隙。推力轴承是用来承担蒸汽和发电机磁场作用在转子上的轴向推力，并确定转子的轴向位置，使汽轮机动静部分保持一定的轴向间隙。由于每个轴承都要承受很大的载荷，而且轴颈转速很高，所以汽轮机都采用承载能力大的液体摩擦滑动轴承。轴承工作时，产生一定压力的润滑油在轴颈与轴瓦之间形成油膜，建立液体摩擦，使汽轮机安全平稳地工作。汽轮机轴承的基本要求是能承受较大的载荷，在高转速状态下仍能保持油膜稳定，轴瓦的摩擦损失小。

一、油膜润滑的基本原理

为说明油膜润滑过程，用两块无限长的平板 A、B 作相对位移来说明。

（1）在两板间充满有一定黏度的润滑油，并在板间作层流流动。将 A、B 两板平行放置，平板 B 以速度 v 向左移动，从图 3-50（a）中可看出，B 板面上油的速度为 v，A 板面上油不流动，沿 aa'、bb'油流速分布相同，流入板间的油流量等于流出板间的油流量。

（2）如果板 A、B 不做相对运动，但 A 板上有载荷 P，则油从 aa'、bb'挤出，挤出速度以中间最大，而在 A、B 板面上为零，如图 3-50（b）所示。

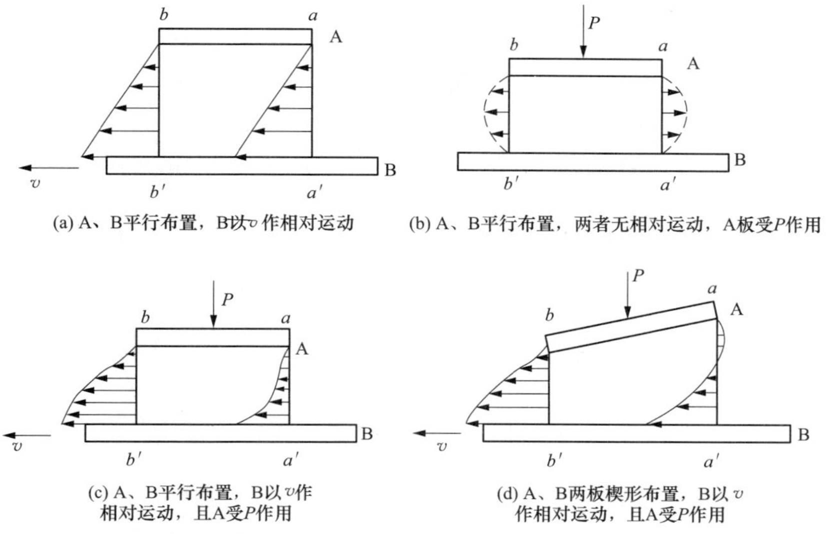

图 3-50 平板间液体摩擦的建立

（3）当 B 板向左以速度 v 移动，而 A 板上又受到载荷 P 的情况。进口处 aa'为 B 板带进油量与载荷 P 挤出油量之差，出口处 bb'为 B 板带出油量与载荷 P 挤出油量之和，如图 3-50（c）所示；在此情况下，流入板间润滑油量少，而流出板间润滑油量多，这将使 A、B 板间没有油而接触在一起，形成干摩擦。

（4）将 A、B 两板置成楔形，B 板向左移动（从宽口向狭口移动），如图 3-50（d）所示，流进 aa'处油量大于流出 bb'处油量，油在两板间积聚而产生油压。此时，如无载荷 P，

此油压会使 bb'张大，以保持进、出口油量相等，如果 A 板上有载荷 P，进口 aa'处油量会减少，而出口 bb'处油量会增加，就能使进、出口油量相等，保持间隙中形成稳定油膜，建立油膜润滑；如增加 B 板移动速度或增大油黏度，将使油膜厚度增加；当载荷减小，也将使油膜厚度增加。

综上所述，要使有载荷相对运动（移动）的平板间建立油膜润滑必须满足：两滑动面之间要形成斜隙；两滑动面之间要充满足量的具有一定黏性的润滑油；两滑动面之间要有相对运动，其运动方向是使润滑油由楔形间隙的宽口流向窄口。显然，当润滑油黏性增大、两滑动面间的间隙小、楔形角度增大以及两板之间相对移动速度增加时，都会使间隙中的油膜压力升高。

二、支持轴承

支持轴承也叫径向轴承，它用来承担转子重量及不平衡重量产生的离心力和确定转子在汽缸内的径向位置。

（一）支持轴承的种类

支持轴承有圆筒形支持轴承、椭圆形支持轴承、三油楔支持轴承、可倾瓦支持轴承、袋式支持轴承和组合支持轴承（下部为可倾瓦，上部为圆筒形）等，这些轴承各有特点，分别用于不同的场合。

1. 圆筒形支持轴承

圆筒形支持轴承的轴瓦内表面呈圆柱面，见图 3-51（a），轴瓦外表面为圆柱面或球面。当轴瓦外表面为圆柱面时，轴瓦不能随转子中心变化而转动，故称之为固定式圆筒形支持轴承；当轴瓦外表面为球面时，轴瓦可随转子中心变化而转动，故称之为自位式（球面式）圆筒形支持轴承。圆筒形支持轴承在运行中只在下部形成了油楔，所以圆筒形支持轴承是单油楔轴承，见图 3-51（b）。圆筒形支持轴承在静止状态下，其轴瓦顶部间隙为轴颈直径的 1.5/1000～2/1000，轴瓦两侧间隙为顶部间隙的 1/2，这种轴承一般应用在容量较小的机组。

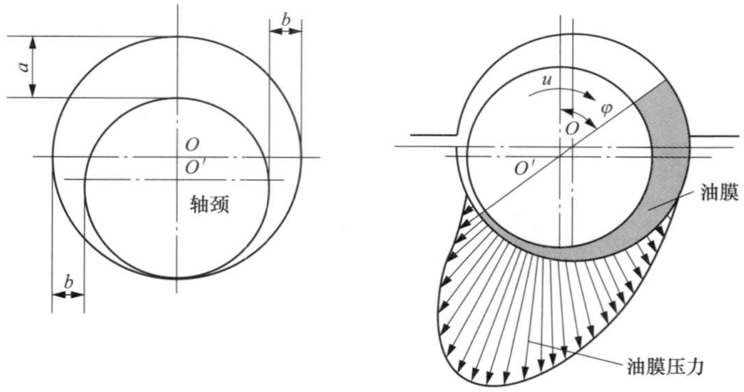

(a) 圆筒形支持轴承静止状态　　(b) 圆筒形支持轴承运行状态

图 3-51　圆筒形支持轴承

2. 椭圆形支持轴承

椭圆形支持轴承的结构与圆筒形支持轴承结构基本相同，只是将轴瓦内表面变为椭圆柱面，轴瓦顶部间隙缩小为轴颈的 1/1000～1.5/1000，侧边间隙放大为顶部间隙的两倍，见

图 3-52（a）。椭圆形支持轴承在运行中轴瓦顶部和下部都形成了油楔，所以椭圆轴承实际上也是双油楔轴承，见图 3-52（b）。由上部油楔产生向下的油压力，压低轴颈中心，比圆筒形轴承的油膜稳定性好。这种轴承的比压一般可达 1.2～2MPa，甚至可达 2.5MPa。椭圆轴承在汽轮机的低压转子上普遍采用。

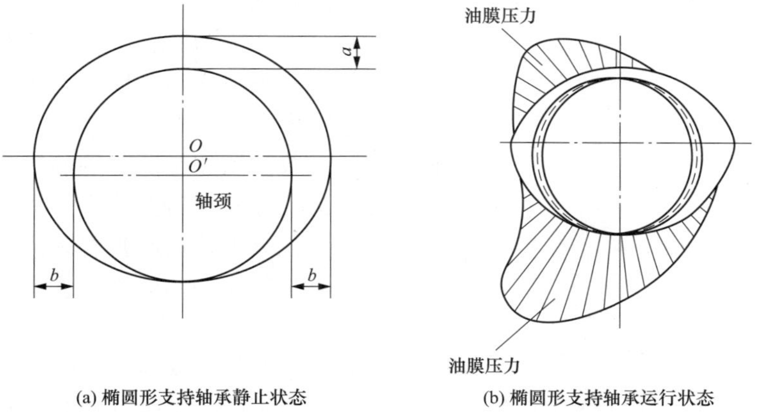

图 3-52　椭圆形支持轴承

3. 三油楔支持轴承

三油楔支持轴承的轴瓦有 3 个长度不等的油楔，上瓦有两个油楔，下瓦有一个油楔，它们所对应的角度分别为 $\theta_1=105°\sim110°$，$\theta_2=\theta_3=55°\sim58°$。设计中为了使油楔分布合理，上、下瓦结合面 M-M 不放在水平位置上，与水平面倾斜一个角度 α（一般 α 为 35°），并用销子锁牢。轴颈旋转时，3 个油楔都建立起油膜，油膜压力作用在轴颈的 3 个方向，如图 3-53 中的 F_1、F_2、F_3。下部大油楔产生的油膜压力 F_1，起承受轴颈上载荷的作用；上部两个小油楔产生的压力 F_2、F_3，使轴运转平稳，由于 3 个油楔的力相互作用，使轴承抗振性提高。轴承中除固定油楔面及排油沟外，都是光滑连续的圆柱面。

轴承进油口与水平面成 20°角，油从进油口进入环形槽内，然后分别经过 3 个油楔的进油口进入固定油楔。在轴瓦下部工作面上开有高压油顶轴油枕及进油孔。

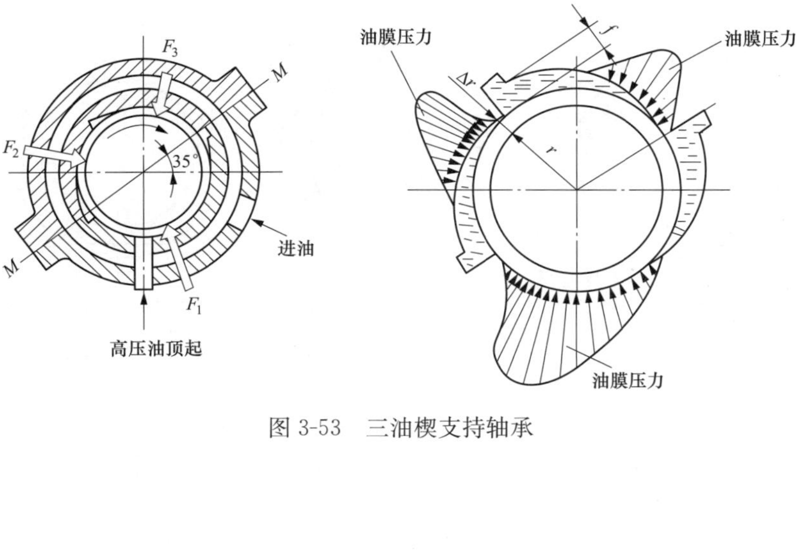

图 3-53　三油楔支持轴承

4. 可倾瓦支持轴承

随着汽轮发电机组单机容量的不断增大，寻求更为稳定的轴承结构就显得十分迫切，目前国内外大型汽轮机普遍采用可倾瓦支持轴承。

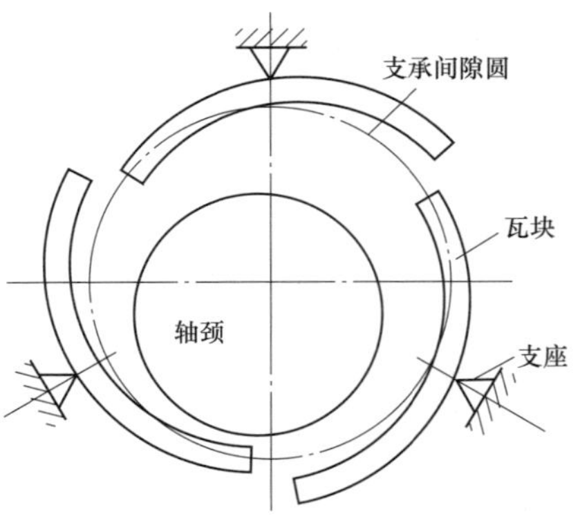

图 3-54　可倾瓦支持轴承原理图

可倾瓦支持轴承又称活支多瓦轴承，它通常由3～5块或更多块能在支点上自由倾斜的弧形瓦块组成，其原理如图 3-54 所示。瓦块在工作时可以随着转速、载荷及轴承油温（油黏度）不同而自由摆动，在轴颈周围形成多油楔。如果忽略瓦块的惯性、支点的摩擦阻力及油膜剪切内摩擦力等的影响，每个瓦块作用到轴颈上的油膜作用力总是通过轴颈中心的，不易产生轴颈的失稳分力，因此具有较高的稳定性，理论上可以完全避免油膜振荡的产生。另外，可倾瓦可以自由摆动，增加了支承柔性，有吸收转轴振动能量的能力，即具有很好的减振性能。

总之，可倾瓦轴承具有承载能力大（比压可达 4MPa）、耗功小及能承受各个方向的径向载荷、适应正反方向转动、不需高压油顶起（润滑油量大）等优点，特别适合在转速高、载荷轻及要求振动小的场合下应用，所以主要用于大型汽轮机高、中压转子的支持轴承。但可倾瓦轴承结构复杂、加工制造精度高、检修难度大，其应用受到一定限制，随着加工水平的提高，可倾瓦轴承的应用将会越来越广泛。

5. 袋式支持轴承

袋式支持轴承与椭圆轴承相似，其结构可以从轴瓦内孔加工过程清楚地看出，加工时根据轴承的顶部油隙将两半轴瓦合在一起车内孔 D，如图 3-55（a）所示；第二步在两半轴瓦中分面填厚度为 a 的垫片，用直径 $D+a$，以原圆心上移 0.2mm 左右作为新圆心，在水平面附近 35°圆心角内再车两个圆弧，如图 3-55（b）所示。在轴瓦两端各中分面处留 40mm 不车削，作阻油边，去掉垫片合拢后就成一个袋式轴承，如图 3-55（c）所示。袋式支持轴承的优点是摩擦耗功低、需用油量小、承载能力高，在汽轮机所有转速范围内无不稳定区、阻尼高、油膜厚、轴承金属温度低。

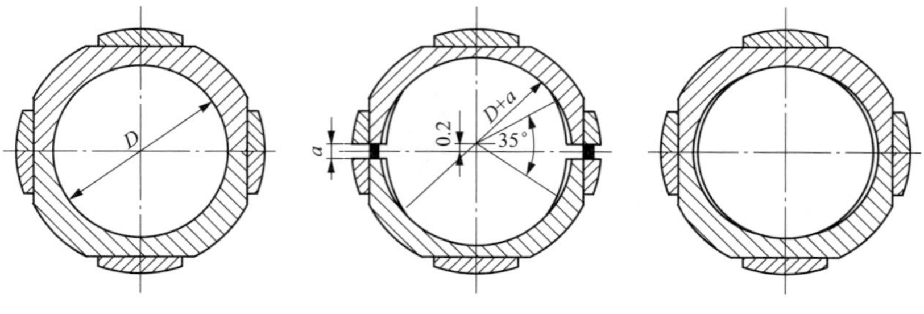

(a) 两半轴瓦合在一起　(b) 两半轴瓦中分面填垫片　(c) 加工完成后去掉垫片合拢

图 3-55　袋式支持轴承轴瓦内孔加工过程

（二）支持轴承的工作原理

支持轴承的轴颈放置在轴瓦内（轴瓦直径大于轴颈直径），在静止状态下，轴颈置于轴瓦底部，轴颈圆心 O' 在轴瓦中心 O 的正下方，轴颈与轴瓦之间构成自上而下的楔形截面间隙，见图 3-56（a）；当转子低速转动时，右侧楔形间隙中有黏性的润滑油附在轴颈上一起转动，并带动各层油转动，将润滑油由宽口带向窄口，楔形间隙的进油量大于出油量，由于润滑油几乎不可压缩，使积聚在狭窄的楔形间隙中产生油压，当油压超过轴颈上的载荷时，就会抬起轴颈，轴颈抬起后，楔形间隙增大，油压有所下降，轴颈又下落一些，直至楔形间隙内油压与轴颈上载荷平衡，轴颈便稳定在一定位置上旋转，轴颈离开轴瓦底部，轴颈与轴瓦之间形成较薄的楔形油膜，见图 3-56（b）；当转子转速较高时，轴颈与轴瓦之间形成较厚的楔形油膜，见图 3-56（c）；转子的转速越高，轴颈与轴瓦之间形成的油膜越厚，转速达到无穷大时，轴颈圆心 O' 与轴瓦中心 O 重合，见图 3-56（d）。随着转速升高，轴颈中心线轨迹近似为一半圆的曲线。

支持轴承油膜压力分布见图 3-57，在周向，楔形进口处油压最低，随着楔形口的缩小油压逐渐升高，并达到最大值 $p_{\max}$，而后油压又下降，在楔形出口处（即最小间隙）为零；在轴向，由于轴瓦有一定宽度，润滑油要从两端流出，所以在两端油压为零，而宽度的中间位置油压最高。从理论上讲，当载荷、供油条件、轴颈及其转速等不变的条件下，轴瓦宽度尺寸越大，其油压越高，轴颈被抬得越高。但轴瓦宽度尺寸过大会影响轴承冷却，并影响油膜稳定性（因轴颈抬得越高，相对偏心距越小），因此，必须合理地选择轴瓦宽度。

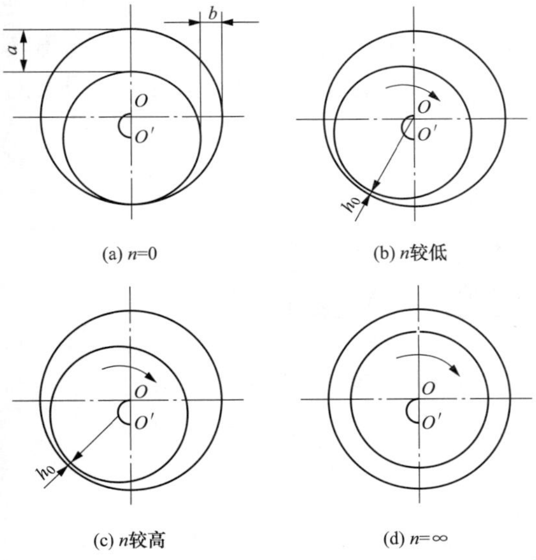

图 3-56 支持轴承的工作原理

n—轴的转速；h_0—轴颈与轴瓦的间隙（油膜厚度）

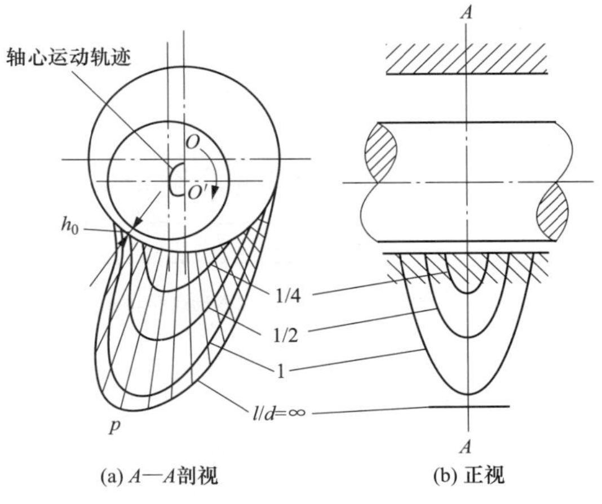

图 3-57 支持轴承油膜压力分布

p—油膜压力；l—轴瓦宽度；d—轴颈处的直径；h_0—轴颈与轴瓦的间隙（轴膜厚度）

三、推力轴承

推力轴承的作用是确定转子在汽缸中轴向位置和承受转子轴向推力。汽轮机通常采用高、中压缸反流布置和低压缸双流布置等措施减小轴向推力，但轴向推力不可能完全消除（例如，国产 300MW 汽轮机在额定工况下的轴向推力约为 14t），当工况变动时，会导致轴向推力或反推力瞬间突增，要求推力轴承能承受更大轴向载荷。

（一）推力轴承的分类

按照推力轴承与支持轴承的安装位置，可分为单一推力轴承和组合推力轴承。组合推力轴承是为了结构紧凑，将支持轴承和推力轴承组合在一起，在国产汽轮机应用比较广泛；单一推力轴承是将支持轴承和推力轴承分开布置，各自独立，互不影响。

按照推力轴承中推力瓦块的工作方式可分为固定瓦块推力轴承和可倾瓦块推力轴承。固定瓦块推力轴承的推力瓦块为固定状态，油楔的适应能力差，运行中温度较高，大型汽轮机很少使用；可倾瓦块推力轴承的推力瓦块在运行中可以自动倾斜，形成油楔，使瓦块表面与推力盘平面之间建立动压油膜，保证推力轴承在液体润滑状态下工作并承担转子的轴向载荷，大型汽轮机多数采用可倾瓦块推力轴承，常用的可倾瓦块推力轴承有密切尔（Michell）式和金斯伯里（Kinsbury）式两种。

1. 密切尔式推力轴承

密切尔式推力轴承的瓦块背面通常有带摆动线式和弹性均衡式两种，见图 3-58（a）和图 3-58（b），运转时能自动倾斜，形成油楔，使瓦块表面与推力盘平面之间建立动压油膜，保证推力轴承在液体润滑状态下工作并支撑转子的轴向载荷。

瓦块背面带摆动线式时，瓦块只能沿周向摆动，不能沿径向摆动，调节能力有限；瓦块背面为弹性均衡式时，瓦块沿周向和径向都能摆动，增加了瓦块自身的调节能力，但轴承座与轴承壳体装配面为球面，使轴承外径尺寸增大，并且加工与装配难度增加。上述两种瓦块都可以摆动，但在瓦块加工和装配产生误差或转子在运行过程中的动挠曲等使某一块高出其他瓦块时，无法改变其他瓦块的位置，造成各瓦块高低不齐，各瓦块受力不均匀，受力大的瓦块可能温度升高。

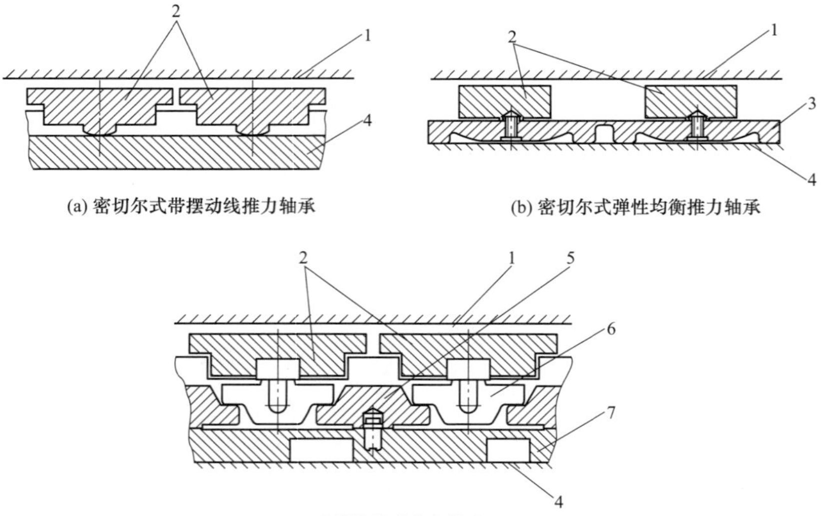

(a) 密切尔式带摆动线推力轴承　(b) 密切尔式弹性均衡推力轴承

(c) 金斯伯里式推力轴承

图 3-58　推力轴承

1—推力盘；2—瓦块；3—瓦座；4—轴承壳体；5—下均压垫块；6—上均压垫块；7—定位环

2. 金斯伯里式推力轴承

金斯伯里式推力轴承的摆动瓦为点支承，它支承在杠杆均衡系统上。当个别瓦块高出其他瓦块而且载荷增大时，则中间均压垫块可围绕摇摆中心摆动并下降，并由邻近瓦块分载。这种推力轴承的优点在于能将由于瓦面高低不齐而产生的载荷不均匀进行自动调整，达到各瓦块均匀承载的要求。金斯伯里式推力轴承由上均压垫块、下均压垫块和瓦块等组成，如图3-58（c）所示。推力瓦块通过球形支撑块支撑在上均压垫块的上表面，机组运行过程中推力瓦块可根据工况的变化在周向和径向调整、摆动，以形成最佳的工作油楔。上均压垫块和下均压垫块位于保持环内，上均压垫块上表面为平面，以支撑瓦块；下均压垫块下表面为柱面，形成摆动支点。上均压垫块和下均压垫块搭接在一起，以摆动支点为中心组成杠杆均衡系统。当部分瓦块由于制造和安装或转子的动挠曲等原因高于其他瓦块时，相邻的下均压垫块将绕其摆动中心摆动一定角度，使得支撑瓦块的上均压垫块移动，同时使得其他上均压垫块上移，以达到均载的目的，避免由于载荷不均造成的瓦块过载。为使杠杆均衡系统得到较佳的自动平衡效果，瓦块不宜太多，一般不超过10块，最佳为6～8块。

（二）推力轴承的工作原理

推力瓦块油膜形成原理与两平板间油膜形成原理相同。汽轮机静止时，推力瓦表面与推力盘表面平行，如图3-59（a）所示。当汽轮机转动时，推力盘带着油进入间隙，当转子产生轴向推力时，间隙中油膜受到压力，传递给瓦块，油压合力Q没有作用在瓦块的支点，而是偏在进油口一侧，如图3-59（b）所示，合力Q与支点之间形成一个力偶，使瓦块偏转，形成油楔。随着瓦块的偏转，油压合力Q向出油口一侧移动，当Q力移至支点处时，瓦块才保持平衡位置，油楔中油压与推力盘上轴向推力保持平衡状态，如图3-59（c）所示，推力盘与推力瓦之间形成液体摩擦。

四、350MW热电联产汽轮发电机组轴系与轴承

350MW热电联产汽轮发电机组轴系由主油泵转子、高中压转子、低压转子、发电机转子、励磁机转子组成，各转子之间用联轴器连接。除主油泵转子和励磁机转子外，每一转子各自支承于两径向轴承上（双支点轴承支承），整个轴系有7个支持轴承，分别为1～7号轴承。另外，为了确定转子在汽缸中轴向位置和承受转子的轴向推力，在前轴承箱内装有推力轴承（称为0号轴承），0号推力轴承装在主油泵轴（高压转子延长轴）上，主油泵轴用内六角螺钉固定在高压转子轴端。汽轮发电机组轴系与轴承位置见图3-60。

（一）推力轴承（0号轴承）

汽轮机装有一个金斯伯里式推力轴承，能自动地将轴向负荷平均分布于各推力轴承瓦块上，是目前最先进的推力轴承。

1. 推力轴承的结构

推力轴承的结构见图3-61，从图3-61中可以看出，6个轴承瓦块支撑于下均压垫块和上均压垫块上，并装入做成两半的衬环内，通过下均压垫块、上均压垫块的摆动，使浇有巴氏合金的推力轴承瓦块表面的负荷中心都处于同一平面内，因此，每一推力轴承瓦块均承受着相同的负荷。这种结构并不要求全部轴承瓦块的厚度必须严格相同，在推力盘轴线与轴承座内孔并不完全平行时，通过各均压垫块累积的位移，推力轴承瓦块上的负荷也能得到均匀分布。

推力盘与主油泵轴加工成整体，转子的轴向推力通过钢制推力盘传递到轴承瓦块上，推力轴承瓦块、下均压垫块、上均压垫块和调整垫片都装在有水平中分面的衬环内。衬环本身装在推力轴承壳体内，并用定位键防止在壳体中转动（该键装在推力轴承壳体上半的键槽

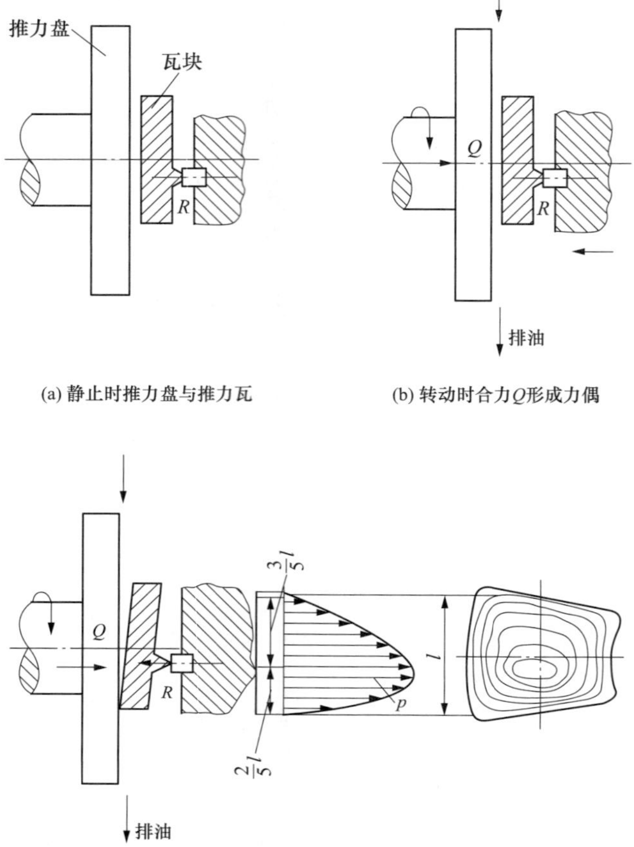

(a) 静止时推力盘与推力瓦　(b) 转动时合力Q形成力偶

(c) 油压与轴向推力平衡形成油膜

图 3-59　推力轴承工作原理

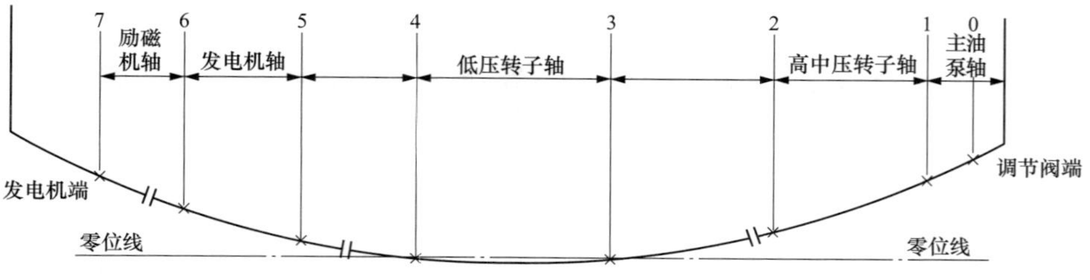

图 3-60　汽轮发电机组轴系与轴承位置

内)。推力轴承壳体制成两半，在水平中心线处分开并用螺栓和定位销连接在一起。推力轴承壳体上的凸肩装配在轴承座下部和上盖的槽内，通过锁紧装置定位，借以确定壳体轴向位置。推力轴承的上半壳体和衬环及推力瓦块等内部元件能在不吊走转子或短轴的情况下拆卸，只要吊去轴承座上盖，拆下连接上、下半壳体的螺钉并吊走推力轴承壳体的上半部就可拆除推力瓦。推力轴承总的轴向间隙通过磨削调整垫片来调整。

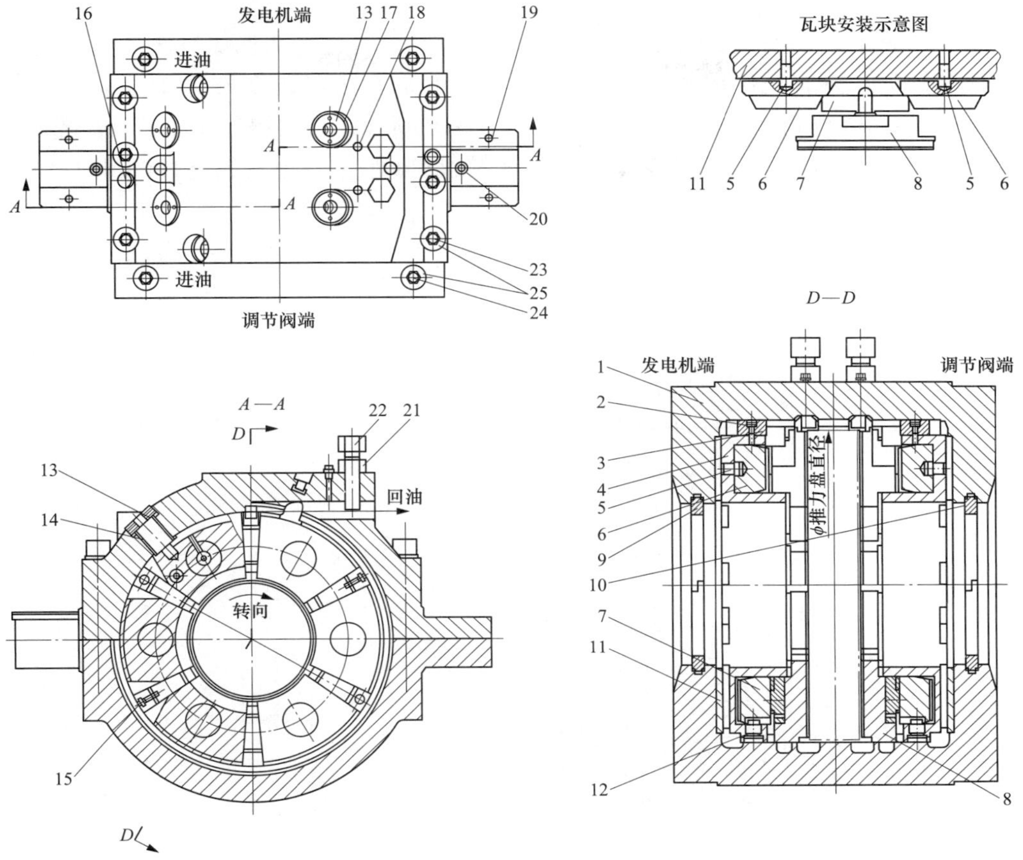

图 3-61 推力轴承

1—推力轴承壳体；2、15、23、24—螺钉；3—定位键；4—衬环；5—定位销；6—下均压垫块；7—上均压垫块；8—推力轴承瓦块；9—油封环（左旋）；10—油封环（右旋）；11—调整垫片；12—定位螺钉；13—衬套；14、17—套管；16—圆柱销；18—管塞；19、20—螺栓；21—螺母；22—调节螺钉；25—垫圈

推力轴承装配后，通过转动转子并把转子从一端轴向位置推到另一端来检查间隙，检查时用 0.17MPa 的轴向载荷来验证推力盘是否与各轴承瓦块接触良好，端部位移用轴端测微计通过在轴承座端盖上的孔来测量。

当推力盘相对于轴承瓦块旋转时，每一瓦块和推力盘间在瓦块进油侧的楔形油膜较厚，油由推力盘的运动带入瓦块各表面间并保证获得充分润滑。推力轴承壳体内始终充有压力油，上半壳体顶部的两个排油口处都装有调节螺钉，可调整油量，控制油温。推力轴承热电偶（或热电阻）装于推力轴承顶部的 4 块轴承瓦块上（调节阀端和发电机端各 2 块，每个轴承瓦块内装有一只）可方便地测得推力轴承瓦块金属温度。

2. 推力轴承定位机构

汽轮机运行时，转子的轴向推力由推力盘借助油膜传给推力瓦块，推力瓦块通过上均压垫块、下均压垫块、衬环、调整垫片等将轴向推力传给推力轴承外壳，因此，推力轴承外壳必须用定位机构固定在轴承座上，否则就无法承担转子的轴向推力。推力轴承定位机构不仅能固定推力轴承外壳，而且可根据需要调整推力轴承壳体的轴向位置，从而确定转子在汽缸中的位置。推力轴承定位机构见图 3-62，定位机构包括调整螺钉、可调楔块、固定楔块、垫片，当需要得到汽轮机转子在汽缸内的正确位置时，可通过调整螺钉使可调楔块上下移动，从而改变推力轴承壳体的轴向位置，调整螺钉转 1 圈可改变推力轴承壳体的轴向位移 0.10mm。当进行调整时，应拆去锁紧线，并松开锁紧螺钉的螺母才能转动调整螺钉。调整时，应向轴承供油并投入盘车装置，轴承座两边的调整螺钉改变的量必须相同；同样，前楔块和后楔块的改变量也必须相同，但方向相反。

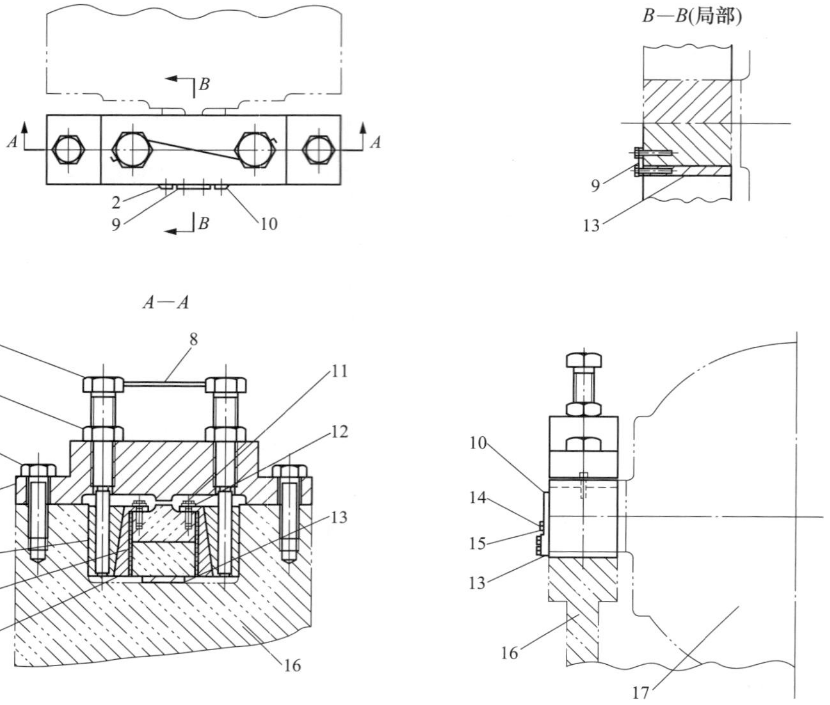

图 3-62　推力轴承定位机构

1—固定楔块；2—垫片（垂直）；3—可调楔块；4—座架盖；5—座架盖固定螺钉；6—锁紧螺钉的螺母；7—调整螺钉；8—锁紧线；9—板；10—垫片（垂直）；11—固定楔块固定螺钉；12—锁紧垫圈；13—垫片（水平）；14—固定螺钉；15—垫圈；16—下半轴承座；17—推力轴承壳体

（二）高中压转子前轴承（1 号轴承）

高中压转子前轴承是前缘带进油槽可倾瓦径向轴承（如图 3-63 所示），由轴承壳体（两半）、支撑垫片、轴承瓦块、油封环、端盖、热电偶组件等组成。该轴承的主要零件是 4 块浇有巴氏合金的钢制瓦块，每个径向瓦块的背面有一个支撑垫块，作为与壳体相接触的支点。在瓦块与支撑垫块之间有一支撑垫片，可以调整瓦块与轴颈表面之间的间隙。

润滑油通过 4 个带节流孔的接头进入 4 个瓦块前缘的进油槽，这种轴承称为前缘带进油槽径向轴承。在零转速时，轴颈和瓦块是金属与金属接触；在轴旋转时，粘在轴颈表面的润滑油被压入轴颈表面和每个瓦块间，形成了楔形油膜。在壳体的一端装有端盖，用销固定在轴承壳体上。油封环装在端盖内，以防止从轴承端泄油。油沿每一轴承瓦块间和轴颈表面分布，并从末端排出，然后进入壳体下部的泄油孔。下方两个瓦块上安装了测温元件（每个瓦块内各装有一只），可方便地测得径向轴承瓦块金属温度。

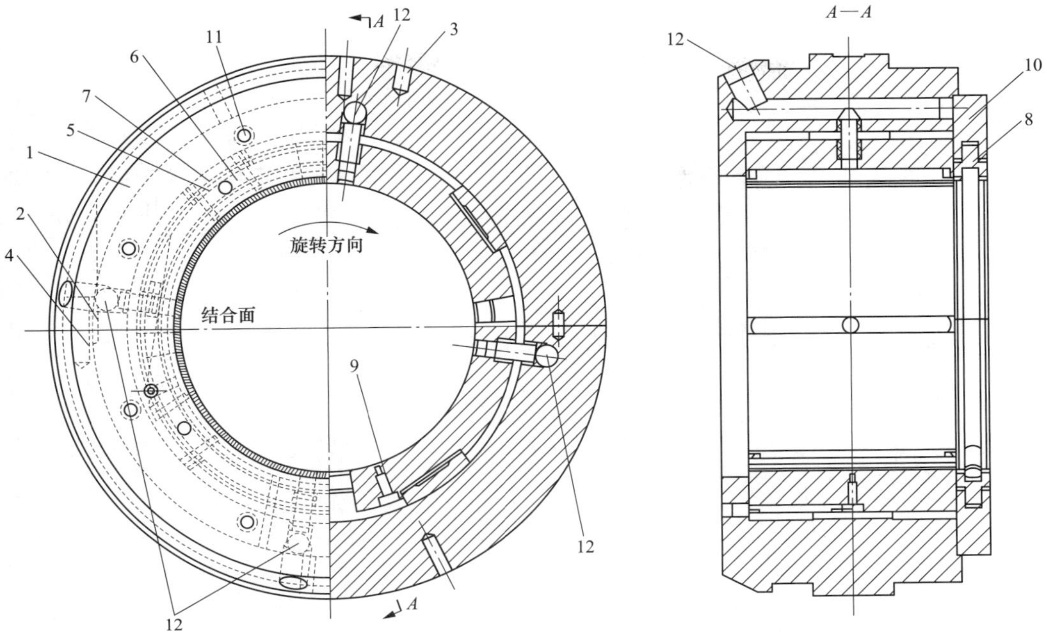

图 3-63 高中压转子前轴承

1—轴承壳体（两半）；2—圆柱销；3—销；4—螺钉；5—支撑垫片；6—轴承瓦块；7—支撑垫块；8—油封环；9—测温元件；10—端盖；11—销；12—进油口

高中压转子前轴承壳体制成两半，在水平中分面处分开并用螺钉和圆柱销连接在一起；轴承壳体装在前轴承座下半和轴承盖内孔上的槽内，这条槽确定轴承的轴向位置，销则确定周向位置。

（三）高中压转子后轴承（2 号轴承）

高中压转子后轴承是自位式可倾瓦轴承（见图 3-64），由轴承壳体、弹簧 、平垫、球面垫块、轴承瓦块等组成，4 块浇有巴氏合金的钢制瓦块，可进行径向调整。轴承壳体制成两半，并在水平中分面用销定位。各瓦块都装在轴承壳体内，并以球面垫块来支撑和定位，垫块球形表面与位于各瓦块中心的平垫接触。这样可允许轴承转动和与转子自动对中。轴承壳体由 5 个钢垫块［1 个带进油孔、4 个不带进油孔］支撑在轴承座球形孔上，钢垫块的外表面加工到与轴承座内孔相同的半径。通过调整钢垫块与轴承壳体之间的垫片和衬垫可使转子准确地在汽缸中定位。装配在轴承壳体上的限位销卡在略低于轴承座下半水平中分面的缺口内，以防止轴承壳体相对轴承座转动。

每一瓦块用靠近各自端部的临时螺栓连接在轴承壳体上，在装入转子前，这些螺栓必须拆除并旋入螺塞，螺塞旋入后必须略低于轴承壳体的表面或与之齐平。上部的两个轴承瓦块背部靠出油侧各装有一个弹簧，并且将这两块瓦的进油边修斜。

轴承润滑油通过下半轴承座的通道供给，润滑油从底部垫块中心的孔进入轴承壳体的下半，然后轴向进入轴承壳体两端的环形通道，再从环形通道穿过 6 只钻孔进入轴承瓦块，油封环可防止润滑油沿轴外泄，润滑油通过油封环下半和油封环座上的通道返回轴承座。

（四）低压转子前后轴承（3 号、4 号轴承）

低压转子两端各装有一相同的轴承，该轴承是前缘带进油槽的可倾瓦径向轴承（见

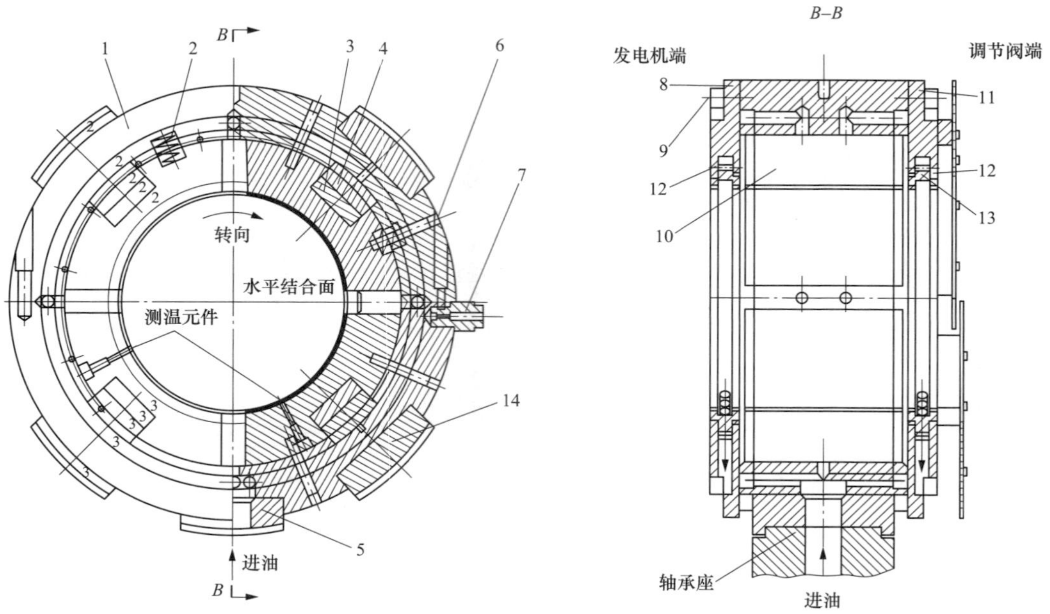

图 3-64　高中压转子后轴承

1—轴承壳体（两半）；2—弹簧；3—平垫；4—球面垫块；5—带进油孔钢垫块；6—螺塞；7—限位销；8—油封环座（发电机端）；9—螺钉；10—轴承瓦块；11—油封环座（调节阀端）；12—销；13—油封环；14—钢垫块

图 3-65），由轴承壳体、轴承瓦块、支撑垫片、支撑垫块、发电机端端盖、调节阀端端盖、轴承垫块等组成，其中 4 块浇有巴氏合金的钢制轴承瓦块可进行径向调整。由于低压转子较重，低压转子的轴承负荷较大，下部通有顶轴油。

轴承壳体制成两半并在水平中分面处分开，用螺钉和圆柱销连在一起。轴承壳体装在轴承座下半和轴承盖内孔上的凸台上，确定轴承的轴向位置，限位销则确定周向位置。各轴承瓦块都装在轴承壳体内，并且每个径向瓦块的背面装有一个支撑垫块，瓦块以支撑垫块为支点转动，使瓦块能自由摆动，适应工况的变化。在瓦块与支撑垫块之间有一支撑垫片，可以调整瓦块与轴颈表面之间的距离。在壳体两侧分别有端盖，用螺纹销固定在轴承壳体上，防止端盖转动。轴承壳体由 5 个轴承垫块（1 个带进油孔、4 个不带进油孔）支撑在轴承座球形孔上，轴承垫块的外表面加工到与轴承座内孔相同的半径。在轴承垫块和轴承壳体之间的垫片可在垂直和水平方向移动轴承，使转子准确地在汽缸中定位，轴承壳体限位销可防止轴承相对轴承座的转动。

润滑油通过轴承座下半的通道供给，端盖与轴承壳体形成密封的圆周环形槽，润滑油从带进油孔轴承垫块进入环形槽，经环形槽，油通过每个瓦块的供油管组件，进入每个瓦块的进油槽。润滑油沿每一轴承瓦块与轴颈表面分布，并从末端排出，然后进入轴承壳体下部的泄油孔。

五、轴承的油膜振荡

由于油膜支持轴颈在轴瓦内高速转动，希望轴颈中心相对轴瓦中心始终保持在某一固定

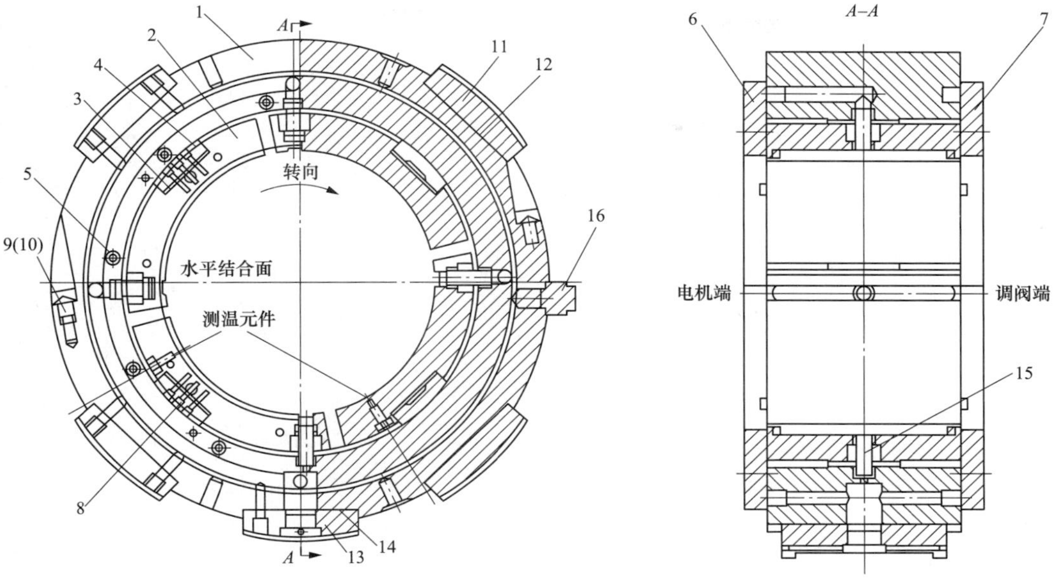

图 3-65 低压转子前后轴承

1—轴承壳体（两半）；2—轴承瓦块；3—支撑垫片；4—支撑垫块；5—螺纹销；6—端盖（发电机端）；7—端盖（调节阀端）；8—销；9—螺钉；10—圆柱销；11—不带进油孔轴承垫块；12—不带进油孔垫片；13—带进油孔轴承垫块；14—带进油孔垫片；15—供油管组件；16—限位销

位置，这就是轴承工作时的稳定性。油膜振荡是轴承工作过程中失去稳定性的一种现象。随着机组容量增大，机组的临界转速下降，出现轴承油膜振荡的可能性增大。油膜振荡的出现，将使机组无法安全运行，因此，必须重点监视。

1. 油膜振荡现象

油膜振荡的本质是一种自激振动，是运动体通过本身的运动不断向自身馈送能量，自己激励自己产生与外界激振力无关的振动。滑动轴承的轴颈在轴瓦内高速旋转，在一定条件下，被轴颈带动而流动的润滑油反过来激励轴颈发生的一种自激振动，即称油膜振荡。因为油膜振荡能够在一个较宽的转速变动范围内保持，振幅也具有共振状态下的大振幅特性，所以油膜振荡一旦发生，不能用升高转速的办法来消除。发生油膜振荡时，油膜一旦破坏，轴颈与轴瓦就会相碰撞而损坏。

2. 产生油膜振荡的原因

从轴承的工作原理可知，在一定的转速、载荷、油黏度下，轴颈中心 O' 将处于某一固定位置而达到平衡状态，这时载荷 P 和油膜作用力 P_g 的大小相等、方向相反，并处于一条直线上，即两者合力为零，轴颈中心稳定在 O' 不动，如图 3-66 所示。如果外界给轴颈一个干扰，使轴颈中心由 O' 移动至 O''，油楔相应变化，油膜作用力合力的大小、方向随之变化，由 P_g 变化为 P'_g。载荷 P 与油膜作用力合力 P'_g 两者合力不再为零，而是 F（如图 3-66 所示）。F 可分解成沿油膜变形方向的弹性恢复力 F_r 和垂直于油膜变形方向的切向力 F_t，这个切向分力 F_t 是破坏轴颈稳定转动引起涡动的根源，此力（F_t）称为失稳分力。

轴颈在轴瓦内工作受到阻尼，如失稳分力小于轴颈的阻尼力，涡动是收敛的，属稳定工作状态，轴颈受到干扰位移后，又将自动回到平衡位置，如图 3-67（a）所示。

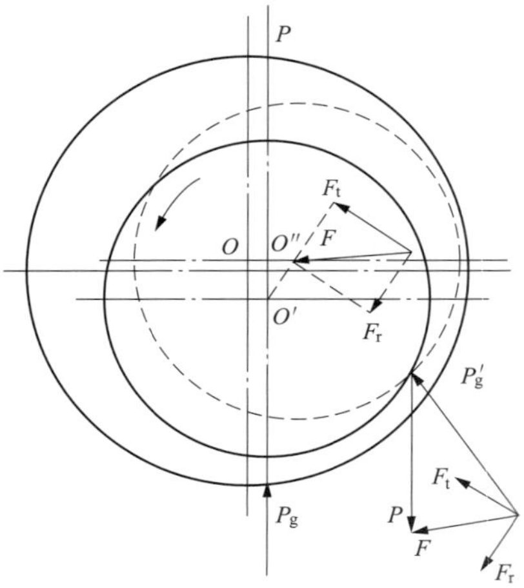

图 3-66　油膜振荡的产生

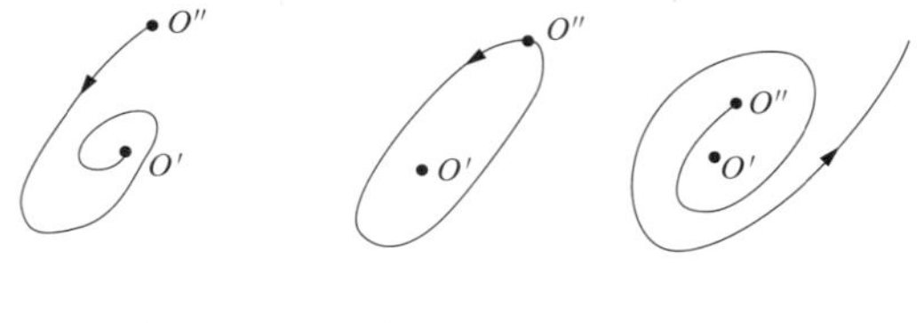

(a) 稳定状态　(b) 不稳定状态　(c) 半速涡动

图 3-67　轴颈中心涡动轨迹

当失稳分力大于阻尼力时，涡动是发散的，属于不稳定状态。此时轴颈中心绕平衡位置涡动，这种涡动本身又会使转轴受到离心力的作用，从而进一步扩大了轴颈的位移量，使失稳分力又进一步增大，涡动加大，如此恶性循环，最终导致油膜振荡，如图 3-67（c）所示。介于两者之间的情况是失稳力与阻尼力相等，涡动轨迹是近似于椭圆的封闭曲线，如图 3-67（b）所示，这属不稳定状态，但振幅较小，此时涡动频率接近于当时转速的一半，称为半速涡动。

3. 油膜振荡的防止和消除

防止和消除油膜振荡的基本方法是提高转子的失稳转速，使失稳转速高于工作转速，或者提高机组第一阶临界转速，使第一阶临界转速在 1500r/min 以上，（刚性转子和第一阶临界转速高于额定转速 1/2 的柔性转子至多只会产生半速涡动，而不会产生油膜振荡）。但对大容量机组而言，机组第一阶临界转速很难高于额定转速的 1/2，因而只能从提高转子失稳转速着手，失稳转速提高到额定转速以上，即使转子第一阶临界转速低于额定转速的 1/2，也能避免出现油膜振荡。

提高转子失稳转速也就是提高油膜工作的稳定性。实践证明，失稳转速大小与轴承结构型式、间隙、载荷及临界转速等因素有关，只要诸因素不变，失稳转速为一定值。

如前所述，转子在轴瓦中运行不稳定的根本原因是转子受到扰动后产生的失稳分力 F_t。扰动越大，轴颈在轴瓦内的偏移（相对偏移）越大，失稳分力也越大，越易产生油膜振荡。在同样的扰动下，如运行中轴颈的偏心距 OO' 越大（油膜越薄），其相对偏移量就越小，失稳分力就越小，越不易产生半速涡动和油膜振荡；同理，在同样的扰动强度下，如运行中轴颈的偏心距 OO' 小（油膜厚），就容易产生油膜振荡。偏心距大小应以相对值来衡量，轴颈中心 O' 与轴瓦中心 O 的距离 OO' 称绝对偏心距，OO' 与它们的半径差（$R-r$）的比值称相对偏心率（相对偏心距），以 k 表示，如图 3-68 所示。

$$k=\frac{OO'}{R-r}$$

k 值越大，失稳转速越高，油膜稳定性越好；k 值越小，则油膜稳定性越差。通常认为

k 值大于 0.8，轴颈在任何情况下都不会产生油膜振荡。因此，降低轴颈中心 O' 在稳定状态下轴瓦内的位置以增大相对偏心率 k 值，就成为防止和消除油膜振荡的基本出发点。增大相对偏心率可采取以下措施。

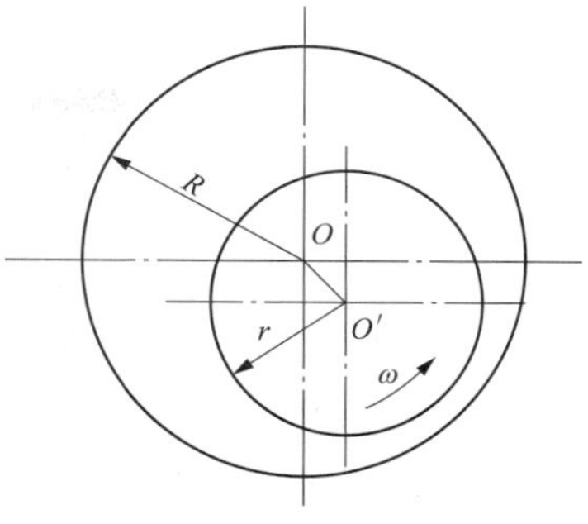

图 3-68　相对偏心率

(1) 增加轴瓦的压比。轴颈上载荷不同，使轴颈中心在轴瓦内位置不同，相对偏心率 k 值也不同，失稳转速值也不同。显然，在一定转速下，轴承在重载下的稳定性比轻载下稳定性好，这主要是由于重载下的相对偏心率 k 值大，工作转速越高，轴颈相对偏心率越小，越容易产生油膜振荡。增加轴瓦压比 p 可以增加油膜稳定性，这是由于压比加大后可以增加相对偏心率 k。具体做法是：缩短轴瓦长度以减小轴瓦长径比 β $\left(\beta=\frac{L}{D}\right)$，这样不仅可以增加压比，而且增加轴瓦两端泄油的影响，使油膜减薄，使相对偏心率 k 增大；调整轴瓦中心的标高以改变轴承间载荷的分配，增加影响油膜振荡的轴承压比，使 k 值增加。增加轴瓦压比应考虑运行中轴瓦金属温度及原设计时轴瓦的压比，压比控制在 $p=0.8\sim2.0$MPa 较合适。增加轴瓦压比方法目前使用得最广泛。

(2) 降低润滑油黏度。润滑油黏度越大，轴颈旋转时带入油楔的油量越多，油膜增厚，相对偏心率 k 减小，油膜稳定性降低，易产生油膜振荡。因此，在运行机组上可适当提高油温使油黏度降低或直接更换黏度小的透平油以提高油膜的稳定性。

(3) 调整轴承间隙。调整轴承间隙主要针对圆筒形和椭圆形轴承而言，一般认为减少轴瓦顶部间隙，可以增加轴颈油膜的阻尼，产生（圆筒形轴瓦）和增加（椭圆形轴瓦）向下的油膜作用力，相当于增加轴承载荷，从而增加了相对偏心率 k，提高了油膜稳定性。如果同时加大轴瓦两侧间隙，其效果将更明显。

(4) 采用可倾瓦轴承。可倾瓦轴承在理论上是不会产生油膜振荡的，对容易产生油膜振荡的支持轴承（高、中压转子的轴承、载荷较轻的轴承）普遍采用了可倾瓦轴承，而支持低压转子的轴承（载荷较大的轴承）采用椭圆轴承。

当新机组或大修后的机组投运发生油膜振荡时，则应首先检查转子中心、润滑油温、轴瓦间隙及紧力等是否在要求范围内，然后再采取相应措施予以消除油膜振荡。除采取上述防止和消除油膜振荡的措施外，还应尽量做好转子的动、静平衡，以充分降低在临界转速下的共振放大能力。这样，即使发生油膜振荡，其共振振幅也可以受到约束。

第五节　支承与滑销系统

汽轮机本体设备庞大，在启停及变工况运行时，随着蒸汽参数的变化其膨胀或收缩很大，确保汽轮机本体合理支承和有序滑动是汽轮机安全稳定运行的必要条件之一。因此，汽轮机必须设计稳定牢固的支承系统和机动灵活的滑销系统。

一、汽轮机的支承与滑销系统简介

汽轮机的支承包括定子的支承和转子的支承。另外，为了确保汽轮机运行工况变化时汽缸和轴承箱能够自由滑动，并使汽缸与轴承及转子的相对中心位置不变，应设计合理的滑销系统。

（一）定子的支承

定子的支承包括外缸的支承和内缸的支承。

1. 外缸的支承

外缸的支承方式有猫爪支承和台板支承两种。

（1）猫爪支承。汽缸通过其水平法兰延伸的猫爪（搭爪）作为承力面，支承在轴承箱上称猫爪支承。猫爪支承分为下猫爪支承和上猫爪支承。

1）下猫爪支承。下汽缸水平法兰前后延伸的猫爪称下猫爪，利用下猫爪支承汽缸称下猫爪支承。下猫爪支承又可分非中分面支承和中分面支承两种。

非中分面猫爪支承的承力面与汽缸水平中分面不在一个平面内，见图 3-69（a）。非中分面猫爪支承结构简单，安装检修方便，但当汽缸受热使猫爪因温度升高而产生膨胀时，导致汽缸中分面抬高，偏离转子的中心线，这样将使动静之间的径向间隙改变，严重时会因动静之间的摩擦太大而造成事故。因此，这种猫爪只用于温度不高的中低参数机组的高压缸支承。对于高参数大容量机组，因其汽封间隙小而猫爪厚度大，猫爪受热后使汽缸上抬的幅度大，所以不采用这种支承方式。

中分面猫爪支承是将下猫爪位置抬高，使猫爪承力面正好与汽缸中分面在同一水平面上，见图 3-69（b）。当汽缸温度变化时，猫爪热膨胀不会影响汽缸的中心线，但这种结构因猫爪抬高使下汽缸的加工复杂化。高参数大容量机组的高压缸支承在轴承箱上可采用这种支承方式。

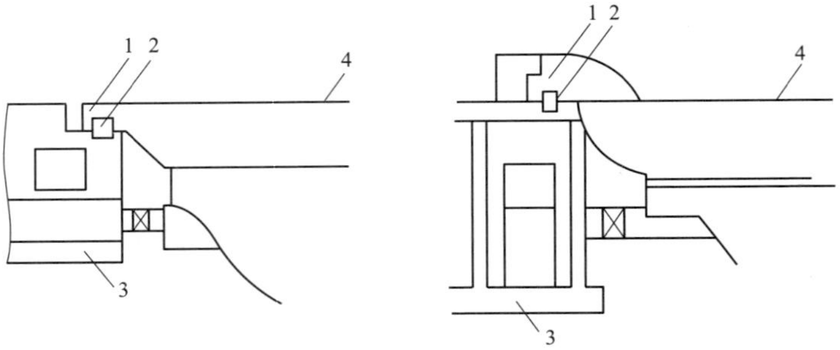

(a) 非中分面支承　(b) 中分面支承

图 3-69　外缸下猫爪支承

1—猫爪；2—猫爪横销；3—轴承箱；4—汽缸中分面

2）上猫爪支承。上汽缸水平法兰前后延伸的猫爪称上猫爪，利用上猫爪支承汽缸称上猫爪支承。上猫爪支承均采用中分面支承方式，猫爪受热膨胀时，汽缸中心与转子中心保持一致。上猫爪支承时，下缸靠水平法兰的螺栓吊在上缸下方，使螺栓受力增加，这种支承安装时比较复杂，下缸必须有安装猫爪，安装猫爪只有在安装时起支承下缸的作用，见图 3-70。安装猫爪下方的安装垫铁用来调整汽缸洼窝中心，安装好后紧固螺栓，安装猫爪不再起支承作用，就不再受力，安装垫铁即可抽走，留待检修时再用。上缸猫爪支承在工作垫铁上，承担汽缸重量。运行时安装猫爪通过猫爪横销推动轴承箱作轴向移动，并在横向起热膨胀的导向作用。

（2）台板支承。台板支承是利用座架或机架将汽缸支承在基础台板上，见图 3-71。

汽轮机台板是安装整个汽轮机设备的基础底板，由厚壁碳钢板精加工而成，形状多为长方形，大小视上部设备或承力面情况而定（要求较承力面尺寸稍大），通过地脚螺栓与基础连成一体，承受整个汽轮机设备的各种作用力（包括垂直方向作用力和水平方向作用力）。垂直方向作用力主要有轴承座、转子及汽缸的自重，连接管道的应力，机组运行中蒸汽压力或真空对汽缸的作用力，机组故障状态下转子、汽缸跳动引起的作用力，以及地脚螺栓的紧固力；水平方向作用力又分纵向和横向作用力，主要有安装过程中管道对汽缸的水平作用力，机组运行中蒸汽对转子、汽缸及管道在水平方向的作用力，以及热胀冷缩引起的作用力。汽轮机轴承座是钢制箱式结构（也称轴承箱），为了保证轴承箱稳定并能合理膨胀，轴承箱固定在汽轮机台板或汽缸上。

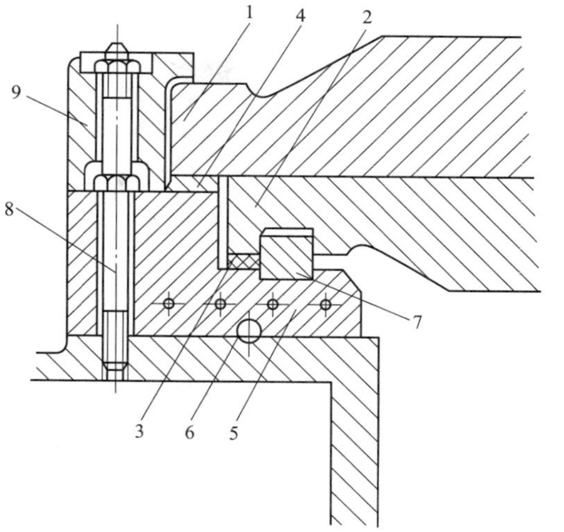

图 3-70 外缸上猫爪支承

1—上缸猫爪；2—下缸猫爪（安装猫爪）；3—安装垫铁；4—工作垫铁；5—垫铁；6—定位销；7—猫爪横销；8—紧固螺栓；9—压块

由于低压外缸外形尺寸较大，一般都采用下缸伸出的撑脚直接支承在基础台板上，虽然它的支承面比汽缸中分面低，但因其温度低，膨胀不明显，所以影响不大。但需注意，汽轮机在空载或低负荷运行时排汽温度不能过高，否则将使排汽缸温度升高而受热膨胀，影响转子和汽缸的同心度或转子的中心线，因此设置排汽缸喷水装置以防止排汽温度超限。

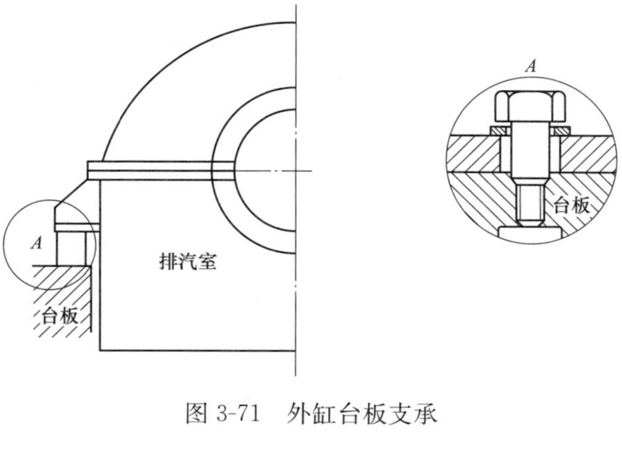

图 3-71 外缸台板支承

2. 内缸的支承

内缸的支承也采用类似猫爪支承的方式，利用内缸法兰外伸的支持搭耳支承在外缸上。内缸的支承也有下缸猫爪支承和上缸猫爪支承两种方式，见图 3-72。一般上缸猫爪支承为中分面支承，下缸猫爪支承为非中分面支承。

（二）转子的支承

汽轮机的转子由轴承支承，转子的支承方式有两种。一种是每根转子前后各用一个轴承支承，即双支点轴承支承；另一种是每根转子仅用一个轴承支承，即单支点轴承

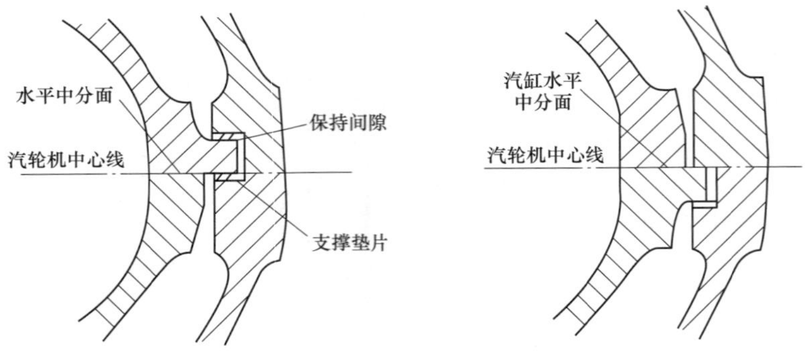

(a) 上缸猫爪支承　　(b) 下缸猫爪支承

图 3-72　内缸猫爪支承

支承（轴承数比转子数多 1）。双支点轴承支承的优点是结构简单、使用方便、可靠性较高；缺点是汽轮机轴向距离长，轴系中心调整时难以满足各轴承负荷分配的要求（大容量机组更加明显）。单支点轴承支承的优点是汽轮机轴向长度短，运行中轴承负荷不受膨胀变化的影响，可有效补偿基础的变形，轴系各临界转速易于设计计算，轴系中心容易校正，各轴承均有足够的载荷可防止油膜振荡，轴承摩擦损失和油量消耗小；缺点是轴系中心调整时必须另加辅助轴承。轴承的结构、原理及种类已在本章第四节作了详细介绍，这里不再重述。

（三）滑销系统

在汽轮机变工况（如启停或变负荷）运行过程中，汽轮机内部金属的温度变化很大，由于金属具有热胀冷缩的性质，因此汽轮机转子和汽缸都会产生较大热变形。由于基础台板的温度变化滞后于汽缸，如果汽缸和基础台板为固定连接，则汽缸将不能自由膨胀。因此必须设置一套合理的滑销系统，在汽缸（或轴承箱）与基础台板间装设滑销（滑销的种类、数量和位置应根据机组具体情况确定），既能保证汽缸自由膨胀，又能保持机组中心不变。

按照滑销的功能可分为立销、纵销、横销、猫爪横销、角销等。立销用于引导汽缸垂直方向位移。纵销用于引导汽缸、轴承箱水平轴向位移。横销用于引导汽缸、轴承箱水平横向位移。猫爪横销用于保持汽缸与轴承箱之间的轴向位置不变，同时引导汽缸水平横向膨胀。角销用于限制轴承箱与台板脱离。纵销中心线与横销中心线的交点形成整个汽缸的膨胀死点（绝对死点），在汽缸膨胀时，膨胀死点始终保持不动，汽缸只能以此点为中心向前、后、左、右方向膨胀。

二、350MW 热电联产汽轮机支承与滑销系统

（一）350MW 热电联产汽轮机支承

350MW 热电联产汽轮机支承系统由两个台板（低压缸台板和前轴承箱台板）、3 个轴承箱（前轴承箱、低压缸调节阀端轴承箱和低压缸发电机端轴承箱，前轴承箱内装有高中压转子前轴承和推力轴承，低压缸调节阀端轴承箱内装有高中压转子后轴承和低压转子前轴承，低压缸发电机端轴承箱内装有低压转子后轴承）及高中压缸的 4 个猫爪组成，分别对定子和转子进行支承。

1. 定子的支承

(1) 低压定子的支承。

低压外缸两端各有一个轴承箱，低压外缸与轴承箱焊为一体，低压外缸由与外缸下半一体向外伸出的连续支脚支托，支脚放在台板上。低压定子的重量由低压外缸传到台板上。

(2) 前轴承箱的支承。

前轴承箱位于机组高压缸的前端，为一钢板焊接的长方箱形结构，内装有高压缸前轴承（1 号轴承）和推力轴承（0 号轴承）以及转子位移、转速、振动及偏心监视等传感器。前轴承箱下方是前箱台板，前箱台板水平放置在水泥基础上，前轴承箱安装在前箱台板上，前轴承箱重量由前箱台板承担。

(3) 高中压定子的支承。

高中压缸位于低压缸和前轴承箱之间，高中压缸下方无台板，有利于布置供汽和抽汽管道。高中压缸外缸前后各有两个猫爪与下半汽缸一起整体铸造，位于下半水平法兰的上部，因而使支承面和汽缸水平中分面在同一平面，4 只猫爪分别搭在低压缸轴承箱和前轴承箱上，猫爪与轴承箱的连接方式见图 3-73，每个轴承座上都有两凸台，用于支承高中压缸猫爪，猫爪搁置于凸台的支承键上，用螺栓穿过猫爪孔和键拧在轴承座的凸台上，阻止汽缸猫爪从凸台抬起，螺栓与孔、螺母与猫爪平面间均留有足够的间隙，允许其自由膨胀。此外，键上设专门注油孔和油槽，可注入润滑脂，以减少热膨胀位移的摩擦阻力，可保证猫爪自由滑动。

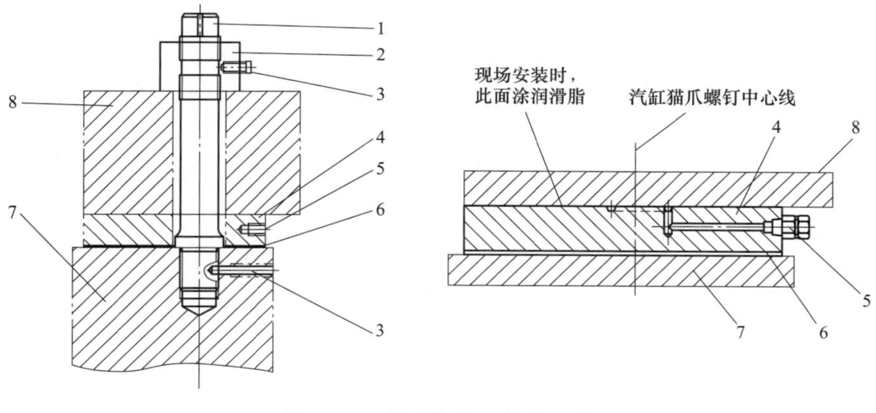

图 3-73 猫爪与轴承箱的连接

1—双头螺栓；2—螺母；3—紧定螺钉；4—键；5—注油孔；6—垫片；7—轴承座；8—猫爪

2. 转子的支承

高中压转子、低压转子及发电机转子均采用双支点轴承支承。高中压转子与低压转子之间是采用法兰式刚性联轴器连接的，其轴向位置由推力轴承定位。低压转子的另一端与发电机之间也用刚性联轴器连接，整个轴系包括主油泵转子、高中压转子、低压转子、发电机转子、励磁机转子。高中压转子由 1、2 号轴承支承，1 号轴承固定在前轴承箱内，前轴承箱位于前轴承箱台板上，前轴承箱与前轴承箱台板之间用纵销连接；2 号轴承固定在低压缸调节阀端轴承箱内；低压转子由 3、4 号轴承支承，3 号轴承固定在低压缸调节阀端轴承箱内，4 号轴承固定在低压缸发电机端轴承箱内，低压缸调节阀端轴承箱、低压缸发电机端轴承箱均与低压外缸下半为整体结构。推力轴承装于前轴承箱中，它是汽轮机和发电机轴系的轴向定位点，即轴系相对膨胀的相对“死点”。轴承具体结构见本章第四节。

（二）350MW 热电联产汽轮机滑销系统

350MW 热电联产汽轮机为单轴、双缸结构，一个高中压缸和一个双流低压缸轴向串联布置。汽轮机各部件在加热过程中会受热膨胀，为了保证各部件合理膨胀，设计了滑销系统，见图 3-74。

1. 低压缸滑销系统

在低压外缸前、后轴线上各设一纵销，左、右中心线上各设有 1 个横销，分别与定位板相配合。因此，在低压缸进汽中心处一点构成了定子部分的膨胀“死点”（两个横销和两个纵销的交点）。

2. 前轴承箱滑销系统

前轴承座与前轴承座台板之间配装有一个纵销，当前轴承座沿轴向滑动时，可以保证轴向中心线不变。前轴承座底部两侧装有压板（立销），防止轴承座翘起，压板与轴承座间应留有足够的间隙，以保证轴承座能自由滑动。此外，基础台板上装有专用油嘴和油槽，可注入润滑脂，供配合面润滑用，以减少滑移时的摩擦阻力。

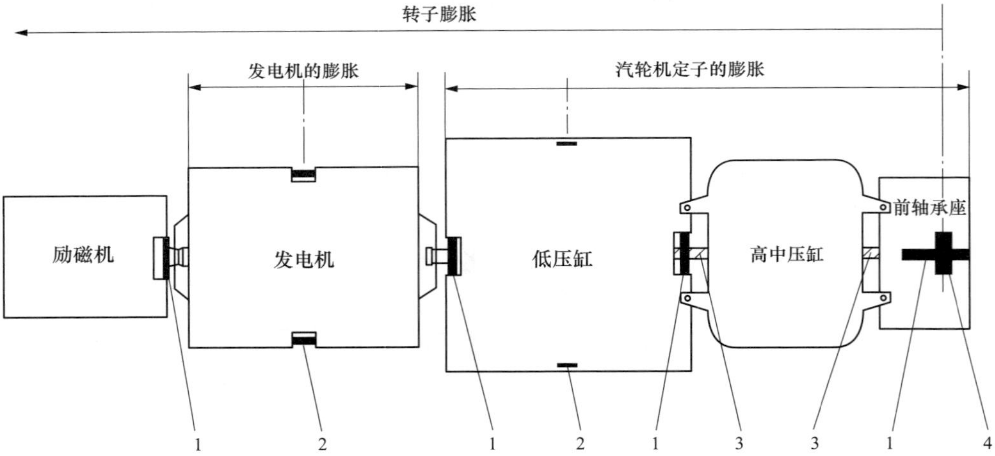

图 3-74　汽轮发电机滑销系统

1—纵销；2—横销；3—定中心梁；4—推力轴承

3. 高中压缸滑销系统

高中压缸用 4 个猫爪搭接于轴承箱上，并用螺栓固定。为了保证低压缸、高中压缸和前轴承箱一同膨胀，在高中压缸的前后两端各装有一根定中心梁，定中心梁为一工字钢。前定中心梁的一端用螺栓固定在高中压缸前侧，另一端用螺栓固定在前轴承箱上（见图 3-75）；后定中心梁的一端用螺栓固定在高中压缸后侧，另一端用螺栓固定在低压缸调节阀端轴承箱上，其固定方式与前定中心梁相同。

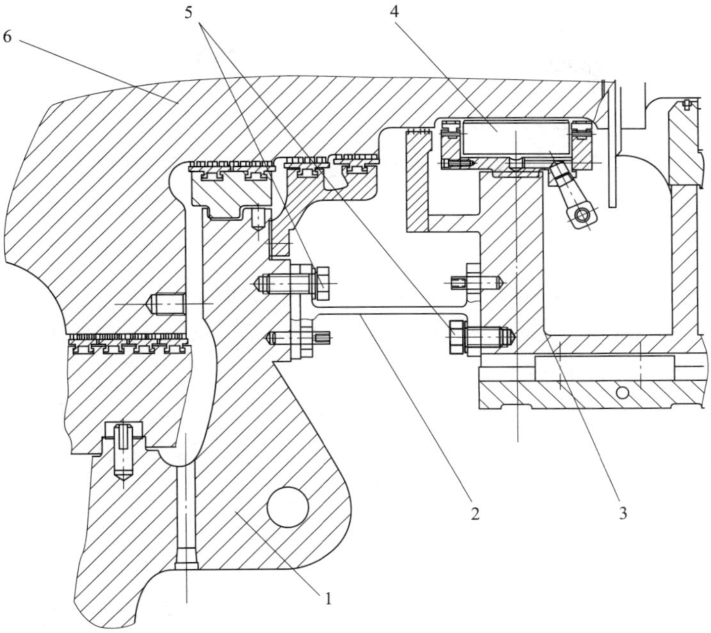

图 3-75 定中心梁

1—高中压外缸；2—工字型定中心梁；3—前轴承箱；4—高中压转子前轴承；5—固定螺栓；6—高中压转子

4. 发电机和励磁机滑销系统

在发电机左、右中心线上各有 1 个横销，引导发电机的横向膨胀；在励磁机靠近发电机侧的轴线上有 1 个纵销，引导励磁机的轴向膨胀。

三、转子的膨胀和胀差

当汽轮机启动加热或停机冷却以及变负荷时，汽缸和转子都会产生热变形。由于转子的受热面比汽缸大，且转子的质量比汽缸小，蒸汽对转子表面的放热系数较大，所以在相同的条件下，转子的温度变化比汽缸快，因此转子与汽缸之间存在膨胀差，而这差值是指转子相对汽缸而言，故称相对膨胀差，简称胀差。

转子相对于汽缸膨胀的死点是推力轴承的位置。通常国产机组推力轴承在前轴承箱内，因此在机组加热过程中，转子向发电机方向膨胀。胀差传感器装在低压缸发电机端轴承箱内，作为整个机组的胀差监视点。由于反动式机组动静部分的轴向间隙较大，可以适应较大的相对膨胀，因此减少了胀差对机组启动过程的限制。

当机组推力轴承在中低压缸之间时（例如东方汽轮机），转子相对于定子的相对死点在高中压缸与低压缸之间，该机组启动时转子由相对死点向前、后膨胀，汽轮机有两个胀差测点，位于高压转子的前端（前轴承箱内）和低压转子后端（低压后轴承箱内），分别监视高中压缸胀差和低压缸胀差。

第六节 转子盘车装置

在汽轮机启动冲转前和停机后，使转子以一定的转速连续转动或间歇转动的装置称为盘车装置。盘车装置的作用是冲转前盘车，使转子连续转动，可以避免因阀门漏汽和轴封送汽等因素造成的温差使转子弯曲，同时检查转子是否已出现弯曲和动静部分是否有摩擦现象；机组必须在盘车状态下才能冲转，否则转子在静止状态下因静摩擦力太大而无法启动；盘车可以消除转子因机组长期停运和存放或其他原因而引起的非永久性弯曲；停机后盘车，使转子连续转动，可以避免因汽缸自然冷却而导致的上下缸温差造成的转子弯曲。

一、盘车装置的分类

1. 按盘车转速分类

盘车装置按盘车转速分为低速盘车（2～5r/min）和高速盘车（40～70r/min）。高速盘车的转速高，可加速汽缸内的热交换，减小上、下缸之间及转子内部温差，缩短机组启停时间，并可以在轴承内较好地建立油膜，保护轴瓦和轴颈；低速盘车启动力矩小，冲击载荷小，有利于延长部件的使用寿命，但由于转速太低，轴颈和轴瓦之间不能建立起油膜，如果不采取补救措施，可能出现两者间的干摩擦，磨损轴瓦，因此，需要设立一套独立的顶轴油装置，盘车前应先启动顶轴油泵，当顶轴油压达到规定值以后，方可启动盘车装置，以保证机组的安全。

2. 按盘车驱动方式及其传动机构分类

盘车装置按驱动方式分为液动、气动和电动三种，电动盘车根据其传动机构可分为螺旋轴的电动盘车、摆动齿轮的电动盘车和链条-蜗轮蜗杆的电动盘车。

二、350MW热电联产汽轮机的盘车装置

350MW热电联产汽轮机的盘车装置为链条一蜗轮蜗杆电动低速盘车（2.51r/min），该盘车装置安装在低压缸发电机端轴承箱上，采用侧装式。

（一）盘车装置的结构

盘车装置由驱动电动机、减速装置和操作装置三部分组成，见图3-76。

1. 驱动电动机

驱动电动机为交流电动机，功率为30kW，供电电压为380V，转速为980r/min。

2. 减速装置

盘车装置的减速装置由主动链轮、传动链条、从动链轮、蜗杆、蜗轮、第一级小齿轮、惰轮、大齿轮、第二级小齿轮、啮合齿轮及盘车大齿轮组成，共有六级减速，见图3-77。一级减速为装在电动机轴端的主动链轮带动传动链条运动，传动链条带动从动链轮转动，从动链轮再带动蜗杆转动；主动链轮转速为980r/min，从动链轮和蜗杆转速为700r/min。二级减速为蜗杆驱动蜗轮转动，蜗轮带动蜗轮轴转动；蜗杆转速为700r/min，蜗轮转速为38.18r/min。三级减速为装在蜗轮轴上的第一级小齿轮驱动惰轮转动，第一级小齿轮转速为38.18r/min。四级减速为惰轮驱动大齿轮转动，大齿轮带动大齿轮轴转动；大齿轮转速为17.9r/min。五级减速为装在大齿轮轴上的第二级小齿轮驱动啮合齿轮转动，第二级小齿轮转速为17.9r/min，啮合齿轮转速为12.25r/min。六级减速为啮合齿轮驱动盘车大齿轮，盘车大齿轮带动汽轮机转子旋转，啮合齿轮转速为12.25r/min，盘车大齿轮（汽轮机转子）转速为2.51r/min。

为了使减速装置能顺利与盘车大齿轮啮合与脱开，将减速装置啮合齿轮轴的轴承固定在两块啮合板上，再将两块啮合板套装在大齿轮轴上，两块啮合板可绕大齿轮轴转动，这样就能根据需要控制两块啮合板的位置，使啮合齿轮与盘车大齿轮脱离或啮合。

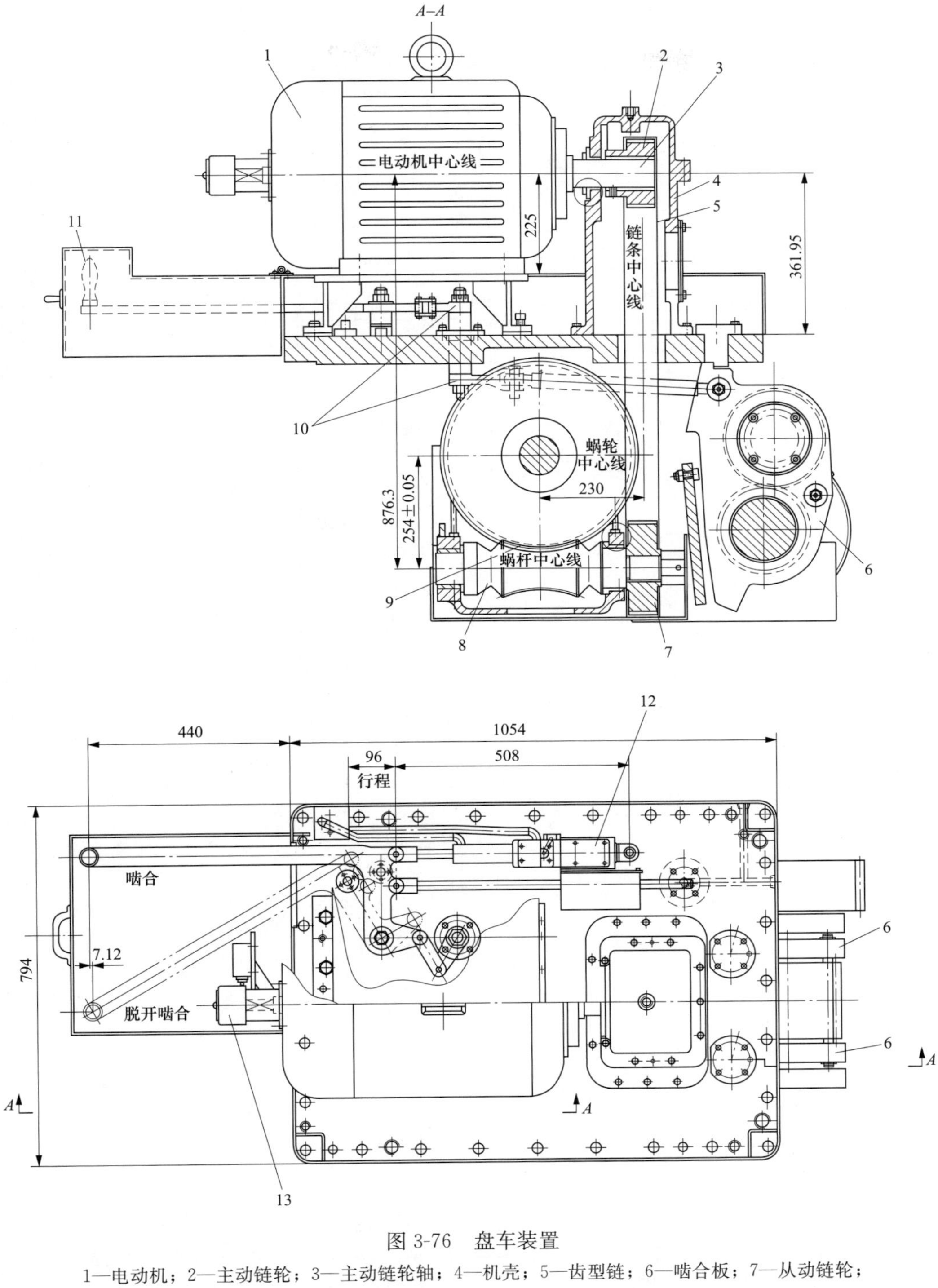

图 3-76 盘车装置

1—电动机；2—主动链轮；3—主动链轮轴；4—机壳；5—齿型链；6—啮合板；7—从动链轮；8—蜗杆；9—蜗轮；10—操作杆；11—操作手柄；12—气动机构；13—电动机开关

减速装置中各轴承用油脂润滑，蜗杆、蜗轮和从动链轮采用浸泡润滑，位置较高的齿轮啮合点由汽轮机的润滑油通过喷油嘴供油润滑。

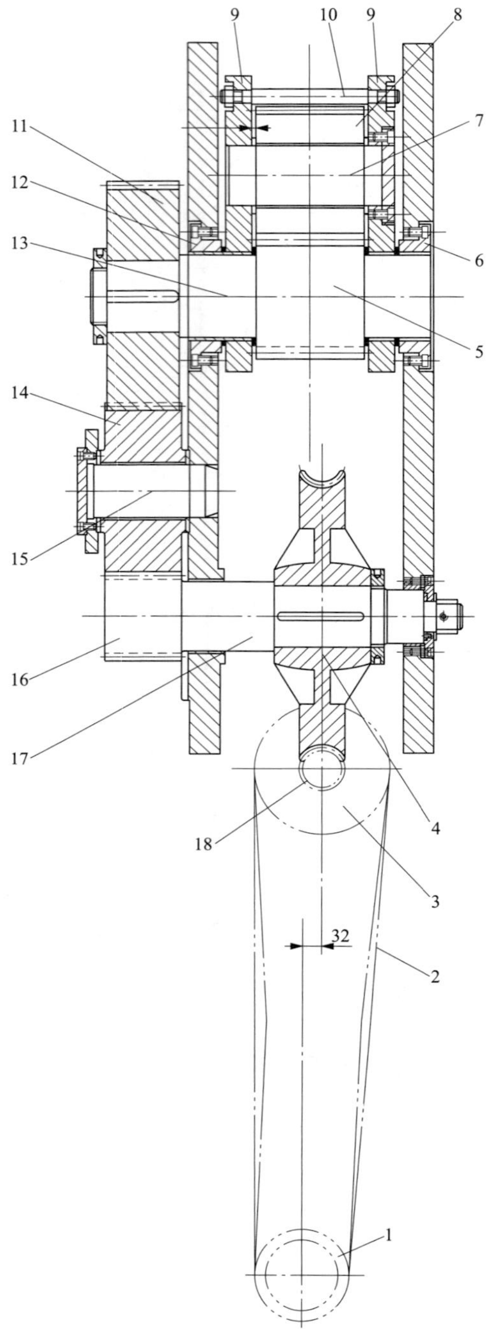

图 3-77　减速装置展开图

1—主动链轮；2—传动链条；3—从动链轮；4—涡轮；5—第二级小齿轮；6—组合轴承；7—啮合齿轮轴；8—啮合齿轮；9—啮合板；10—连杆；11—大齿轮；12—衬套支座；13—大齿轮轴；14—惰轮；15—惰轮轴；16—第一级小齿轮；17—涡轮轴；18—蜗杆

3. 操作装置

操作装置是用来控制减速装置与盘车大齿轮啮合与脱离啮合的设备，由控制系统、气动系统和机械机构组成，既可自动控制，也可手动操作。不论自动操作还是手动操作，都是通过移动啮合板来实现盘车装置的啮合与脱离。

（二）盘车装置的运行

汽轮机正常运行工况下，盘车装置处于退出状态，只有在汽轮机启动和停机过程中才投入运行。

1. 汽轮机停机时盘车装置的运行

（1）停机前将控制开关转到盘车装置“自动”位置，即开始自动顺序控制。

（2）当转子转速降到大约 600r/min 时，自动顺序电路开始起作用，对盘车装置提供充足的润滑油。

（3）转子转速降到 0r/min 时，“零转速指示器”中的压力开关闭合，接通供气阀电源并向气动啮合机构提供压缩空气，在压缩空气的作用下，操纵机构动作，可能出现以下两种情况。

1）随着啮合用压缩空气通入，气动机构推动盘车装置操纵杆移动，直到啮合齿轮和盘车大齿轮啮合。此时，操纵杆停止移动，气动机构继续移动，并压缩弹性连杆的弹簧，使行程开关动作，启动盘车装置电动机，使转子在盘车转速下旋转，并断开零转速指示器的压力开关，切断压缩空气，机组进入持续的盘车运行。

2）在操纵机构推动下，啮合齿轮的齿顶与盘车大齿轮的齿顶相碰，无法进入啮合位置，此时在压缩空气作用下气动机构向相反方向移动，使另一行程开关动作，瞬间启动盘车电动机，使啮合齿轮点动，直至能进入啮合位置，使该位置的行程开关动作，正式启动盘车电动机，开始盘车，盘车后零转速指示器的压力开关断开，切断啮合用压缩空气。

（4）当汽缸温度低于规定值时，可停止盘车装置。

2. 汽轮机启动时盘车装置的运行

（1）锅炉点火前投盘车装置（投运方法与汽轮机停机时投盘车装置的方法相同），并全面检查无异常后连续运行。

（2）汽轮机开始冲转后，当汽轮机升速超过盘车转速时，啮合齿轮在盘车大齿轮所施加的转矩作用下将自动脱开。当操纵杆移向“脱开”位置时，将关闭开关并提供脱开用压缩空气，以保证完全脱开。当操纵杆到达完全脱开位置时，限位开关将停止盘车装置电动机并切断压缩空气。在汽轮机转速升到 600r/min 时，停掉盘车装置润滑油，整个盘车过程结束。

第七节　汽轮机的配汽方式和配汽机构

运行中为了使机组的功率与外界负荷相适应，必须随时调节汽轮机的功率，汽轮机功率的调节是通过改变进汽量来实现的，改变汽轮机进汽量的方式叫配汽方式。不同的汽轮机有不同的配汽方式，每种配汽方式都有相应的配汽机构，配汽机构通常包括主汽阀和调节阀。调节阀的主要功能是根据负荷大小，调节汽轮机的进汽量；主汽阀的主要功能是在紧急情况下快速切断所有进汽，确保汽轮机安全。

一、汽轮机的配汽方式简介

汽轮机的主要配汽方式有节流配汽、喷嘴配汽、节流-喷嘴联合配汽、变压配汽和旁通配汽。

1. 节流配汽

采用节流配汽时，进入汽轮机的所有蒸汽都经几个同时启、闭的调节阀进入汽轮机的第一级，见图 3-78（a）。经济负荷时调节阀全开，负荷减小时调节阀相应关小，降低蒸汽压力，减小进入汽轮机的蒸汽流量，使蒸汽在调节阀内发生节流作用，同时蒸汽在汽轮机内的焓降相应减小。节流配汽在低负荷时，调节阀对进入汽轮机的全部蒸汽节流，节流损失大，因此汽轮机的相对内效率也降低。

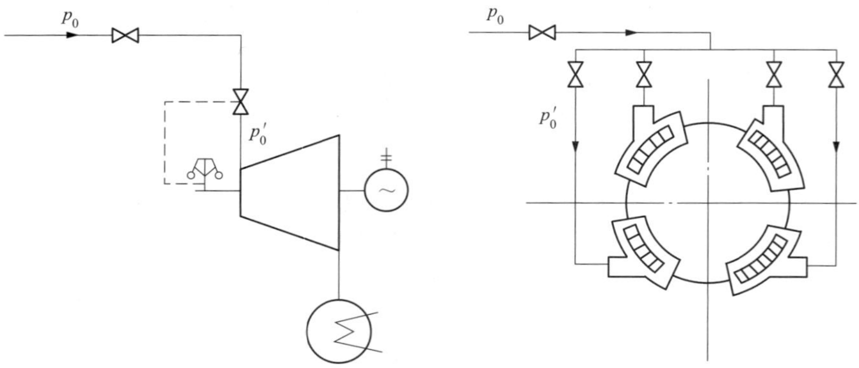

(a) 节流配汽　　(b) 喷嘴配汽

图 3-78　汽轮机的配汽

节流配汽的优点是没有调节级，结构比较简单，制造成本较低；流量变化时，全周进汽，各级温度变化较小，对负荷变化适应性较好。缺点是低负荷下采用节流配汽时，进入汽轮机的全部蒸汽都有节流损失。节流配汽汽轮机滑压运行时，既可用于承担基本负荷，也可用于调峰；节流配汽汽轮机若定压运行，只宜承担基本负荷。

2. 喷嘴配汽

采用喷嘴配汽的汽轮机第一级是调节级，调节级分为几个喷嘴组，新蒸汽先经过全开的主汽阀，再经过依次开启的调节阀进入调节级的喷嘴组，每个调节阀控制调节级一组喷嘴，根据负荷的大小确定调节阀的开启数目来改变进入调节级的蒸汽量，见图 3-78（b）。当负荷很小时，只有一个调节阀开启，也就是只有第一喷嘴组进汽，部分进汽度最小，调节级效率最低；负荷增大后第一调节阀接近全开时，打开第二调节阀，第二喷嘴组开始进汽，部分进汽度增大；依次类推，逐步开启其余的调节阀。因此，部分负荷时，只有最后开启的调节阀（部分开启）节流损失较大，而其余全开调节阀中的蒸汽节流已减到最小。

喷嘴配汽与节流配汽相比的优点：被节流蒸汽的流量少，节流损失也较小，汽轮机的相对内效率较高；喷嘴配汽汽轮机不论定压运行还是滑压运行，既可承担基本负荷，又可用于调峰。喷嘴配汽的缺点：由于各喷嘴组间有间壁，即使各调节阀均已全开，调节级仍是部分进汽，也就是说在最大功率下调节级仍有部分进汽损失，而且调节级的直径比第一压力级大，调节级的余速不能被全部利用，使其效率有所降低；定压运行时调节级汽室及高压缸各级在变工况下温度变化都较大，从而引起较大的热应力，这常成为限制这种配汽方式汽轮机迅速改变负荷的主要因素；当只有第一调节阀全开而其他调节阀关闭时，不仅调节级比焓降最大，而且流过第一喷嘴组的流量是它的临界流量，动叶的蒸汽作用力正比于流量和比焓降之积，因此，当第一调节阀全开而其他调节阀都关闭时，调节级动叶受力最大，是最危险工况，调节级动叶强度应以这一工况进行核算。

3. 节流-喷嘴联合配汽

汽轮机的配汽方式对汽轮机的运行性能、结构，特别是汽缸高中压部分的布置有很大的影响。从前面的介绍可知，喷嘴配汽和节流配汽在不同运行方式下各有优点和缺点，现代汽轮机都设置了阀门状态管理功能，可实现节流和喷嘴配汽方式的切换，即采用节流一喷嘴联合配汽方式，将汽轮机设计成高负荷段为喷嘴配汽，低负荷段转为节流配汽。其实质是利用喷嘴配汽装置，低负荷时采用节流配汽（称之为单阀配汽），牺牲经济性来保证安全性；高负荷时采用喷嘴配汽（称之为顺序阀配汽），提高机组效率。

4. 变压配汽

变压配汽是根据外界负荷的变化调节锅炉燃料量和给水量，使锅炉出口蒸汽压力变化，而锅炉出口蒸汽温度保持不变，以适应外界负荷的变化。其优点是无节流损失，效率较高；缺点是只能在额定负荷附近调节，在机组启停及低负荷工况下无法用变压配汽调节。因此，变压配汽不能单独使用，常与节流配汽或喷嘴配汽配合应用。

5. 旁通配汽

通常在汽轮机的经济负荷下，调节阀全开，超出经济负荷时开启旁路阀，把新蒸汽引至后面几级叶片中去。其优点是在经济负荷时运行效率最高，节流损失最少；缺点是当超过经济负荷时，旁通进汽，使用优质金属材料的比例相应提高，效率也因旁通阀的节流损失和旁通室压力升高而下降，发电厂很少使用，主要用于船舶和工业汽轮机，通过设置内部或外部旁通阀增大汽轮机的流量，以增大汽轮机的功率输出或增大汽轮机的抽汽供热量。

二、350MW 热电联产汽轮机的配汽方式和配汽机构

350MW 热电联产汽轮机主蒸汽采用节流-喷嘴联合配汽，控制系统具有阀门管理功能。控制系统可以实现调节阀的顺序阀控制、单阀控制和节流一喷嘴联合控制，并完成高压阀和中压阀之间的协调，以适应不同的启动和运行要求。

（1）顺序阀控制：高压进汽共有 4 个调节阀，对应于 4 组喷嘴。1 号高压调节阀对应第一组喷嘴（31 个），2 号高压调节阀对应第二组喷嘴（30 个），3 号高压调节阀对应第三组喷嘴（30 个），4 号高压调节阀对应第四组喷嘴（31 个），高压调节阀开启顺序为 3＋4→1→2，即 3、4 号高压调节阀首先同时开启，然后 1 号高压调节阀开启，最后 2 号高压调节阀开启。

（2）单阀控制（全周进汽）：4 个高压调节阀根据控制系统的指令以相同的阀位开启，对应 4 组喷嘴同时进汽。

（3）节流-喷嘴联合控制：为减小启动过程中的热冲击，以单阀方式启动即采用节流配汽（全周进汽方式），避免汽缸及转子应力过大，保证机组顺利启动，在达到目标负荷且温度场趋于稳定后可以切换到顺序阀方式即喷嘴配汽，保证较好的经济性。主蒸汽的配汽系统由两个高压主汽阀、4 个高压调节阀和 4 组调节级喷嘴组成，每个高压主汽阀对应两个高压调节阀，每个高压调节阀与一组调节级喷嘴相对应，见图 3-79。

350MW 热电联产汽轮机再热蒸汽采用节流配汽，由两个中压主汽阀和两个中压调节阀

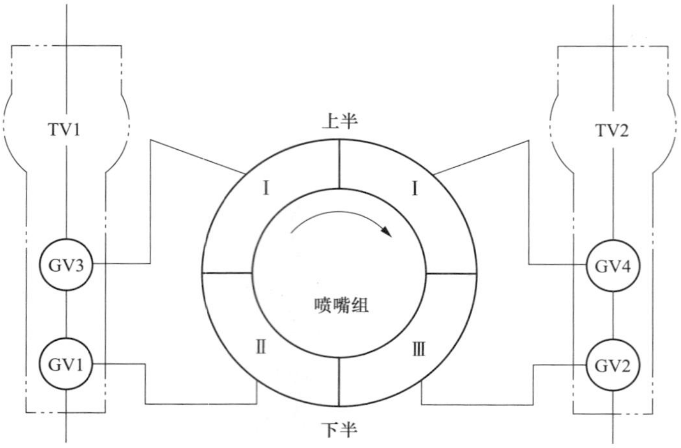

图 3-79　主蒸汽配汽方式

TV1—1 号高压主汽阀；TV2—2 号高压主汽阀；GV1—1 号高压调节阀；CV2—2 号高压调节阀；
GV3—3 号高压调节阀；GV4—4 号高压调节阀；Ⅰ、Ⅱ、Ⅲ—高压调节阀开启顺序

组成，机组启动时由中压调节阀控制中压缸进汽量，当机组负荷超过 30%额定负荷时，中压调节阀将处于全开状态。当机组甩负荷时，中压主汽阀快速关闭，防止汽轮机超速。

（一）主蒸汽配汽机构

主蒸汽配汽机构由两个高压主汽阀和 4 个高压调节阀组成，6 个阀分成两组，每组有 1 个高压主汽阀和两个高压调节阀，两组阀分别位于汽轮机运转平台两侧，每组阀（1 个高压主汽阀，两个高压调节阀）的外壳铸成一体，结构更加合理紧凑，高压主汽阀为卧式布置，高压调节阀为立式布置，见图 3-80。高压主汽阀进口与锅炉来的新蒸汽管道相连接，两侧 4 个高压调节阀出口的 4 根主蒸汽管道（有两根接至高压缸上半，另两根接至高压缸下半）为挠性管，依靠其挠性来吸收热变形。为减小运行时其热膨胀对汽缸的推力，在冷态安装时进行冷拉。每组阀由 3 个结构相同的杠杆式支架支承，为全浮动挠性支架结构，该支承方式允许高压主汽阀和高压调节阀组件在水平方向有一定的位移。

1. 高压主汽阀

高压主汽阀为卧式布置，这种布置方式使蒸汽转弯的总角度减至最小程度。高压主汽阀由 1 个油动机控制，在弹簧作用下处于关闭状态，开启时靠油动机内油压打开。高压主汽阀有两个功能，一是在紧急情况下快速关断高压缸进汽，二是在汽轮机启动时控制汽轮机的转速。高压主汽阀内有一预启阀，开阀时伺服油动机带动阀杆朝开启方向移动，先打开预启阀芯，减小高压主汽阀前后的压差，然后再开启主阀碟，高压主汽阀的结构见图 3-81，阀芯与阀杆间成挠性连接，以保证高压主汽阀关闭时阀芯密封面与阀碟能自行对中，并使阀碟与阀座良好接触。预启阀芯的行程为 11.4mm，喉部直径为 48mm，通流量约为额定蒸汽流量的 25%；高压主汽阀的总行程为 116.8mm（预启阀行程＋主阀碟行程），喉部直径为 232mm。高压主汽阀关闭时，伺服油动机泄压，在弹簧作用下将预启阀芯和主阀碟快速关闭。

2. 高压调节阀

高压调节阀的作用是正常运行中调节高压缸进汽量，改变机组负荷。4 个高压调节阀均

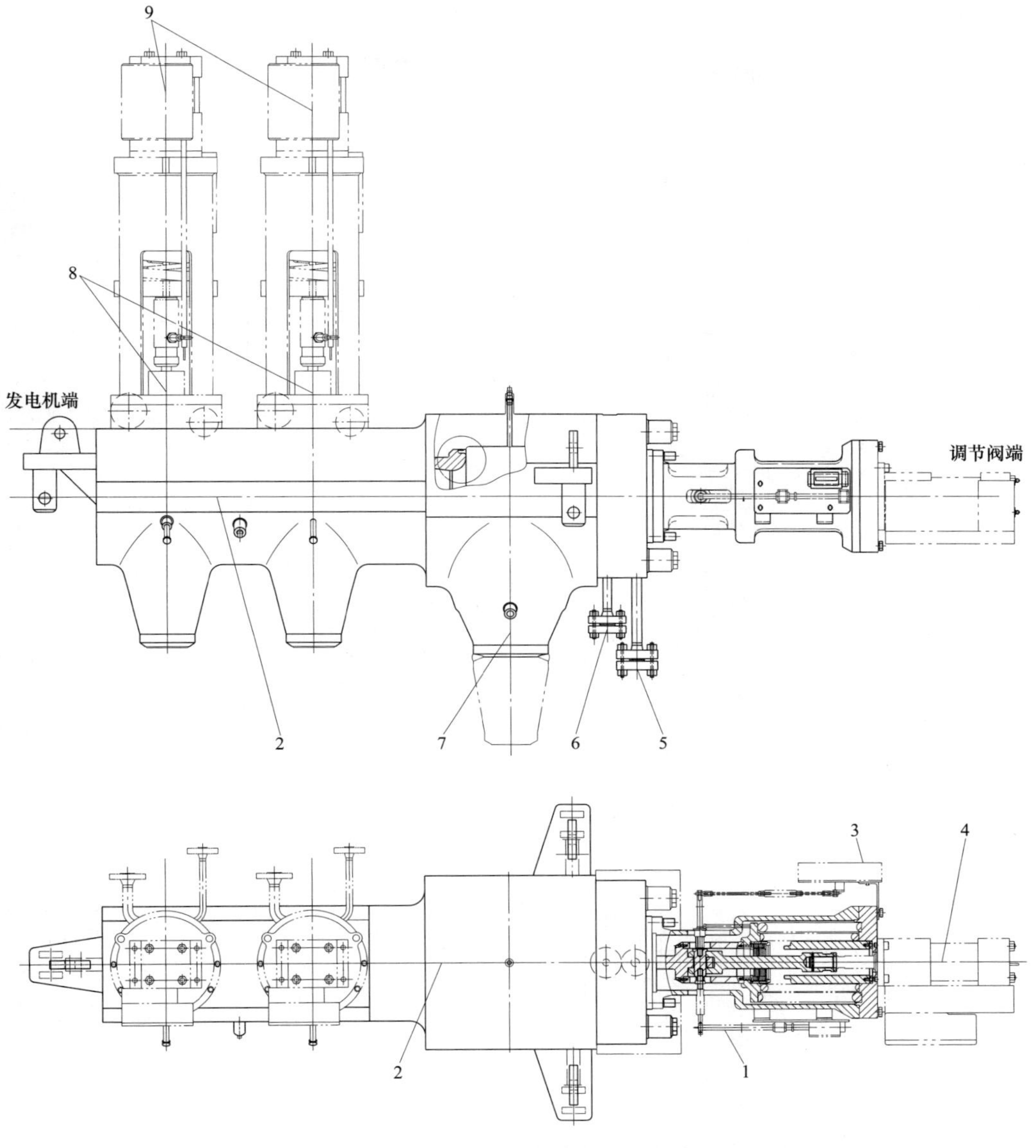

图 3-80 高压主汽阀与高压调节阀布置

1—LVDT（位置测量）连杆；2—高压主汽阀出汽中心线；3—高压主汽阀开关盒；4—高压主汽阀油动机；5—高压主汽阀低压漏汽管；6—高压主汽阀高压漏汽管；7—高压主汽阀进汽中心线；8—高压调节阀中心线；9—高压调节阀油动机

为立式布置，各由 1 个油动机控制，其油动机直接装于阀体上部。运行中根据电-液调节系统控制信号，由油动机控制高压调节阀的位置，油动机活塞向上移动时打开高压调节阀，向下移动则关闭高压调节阀。高压调节阀的结构见图 3-82，阀芯与阀杆之间为挠性连接，以保证阀杆动作灵活；阀杆行程为 55.8mm，喉部直径为 133.5mm；阀杆漏汽由两个套筒引出，一个是高压漏汽口，另一个是低压漏汽口。

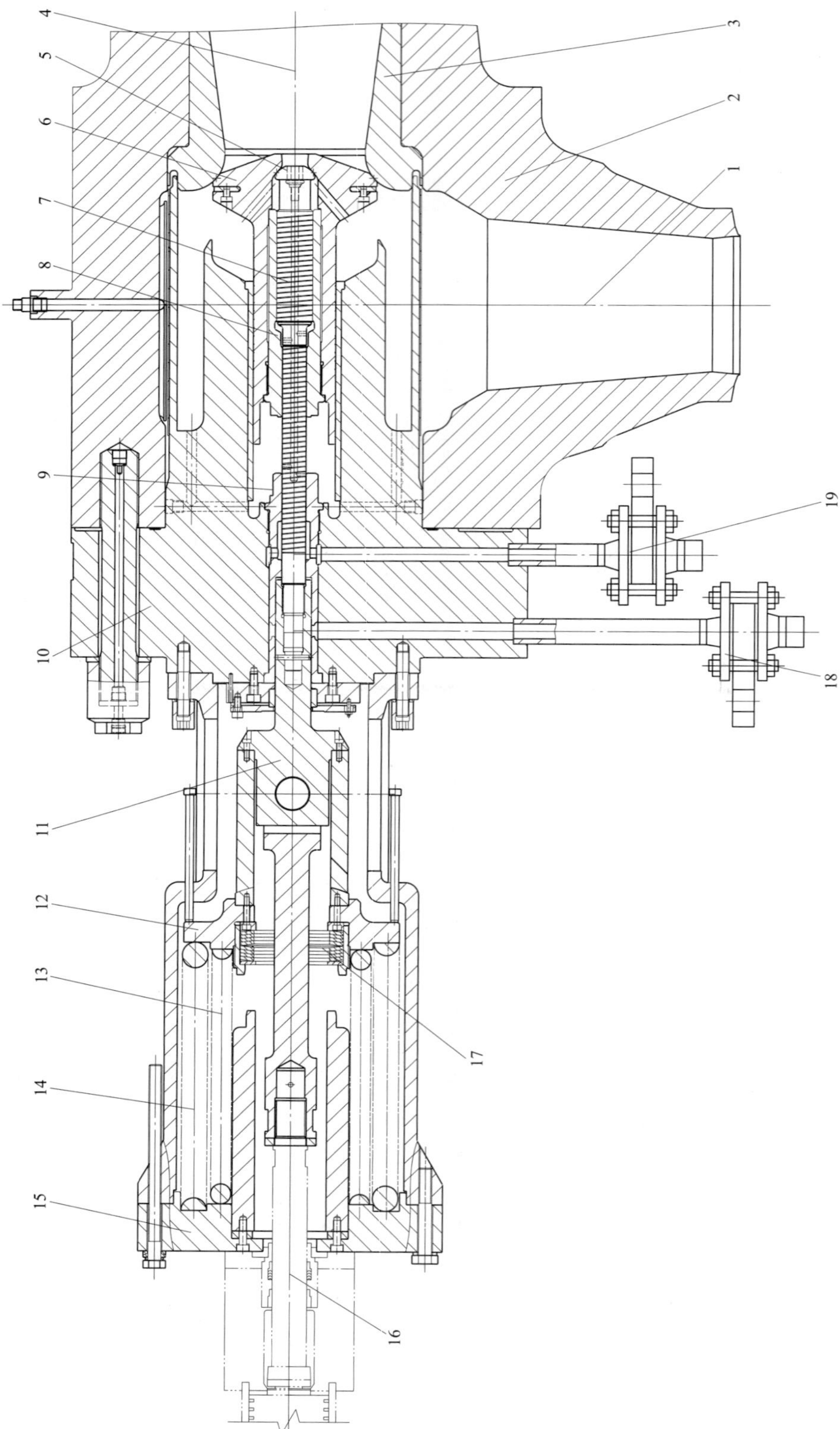

图 3-81　高压主汽阀的结构

1—进汽中心线；2—阀体；3—阀座；4—出汽中心线；5—阀芯；6—阀碟；7—阀杆；8—阀杆套筒；9—阀盖内套筒；10—阀盖；11—导向杆；12—下部弹簧座；13—内弹簧；14—外弹簧；15—上部弹簧座；16—油动机活塞杆；17—盘形弹簧；18—低压漏汽管；19—高压漏汽管

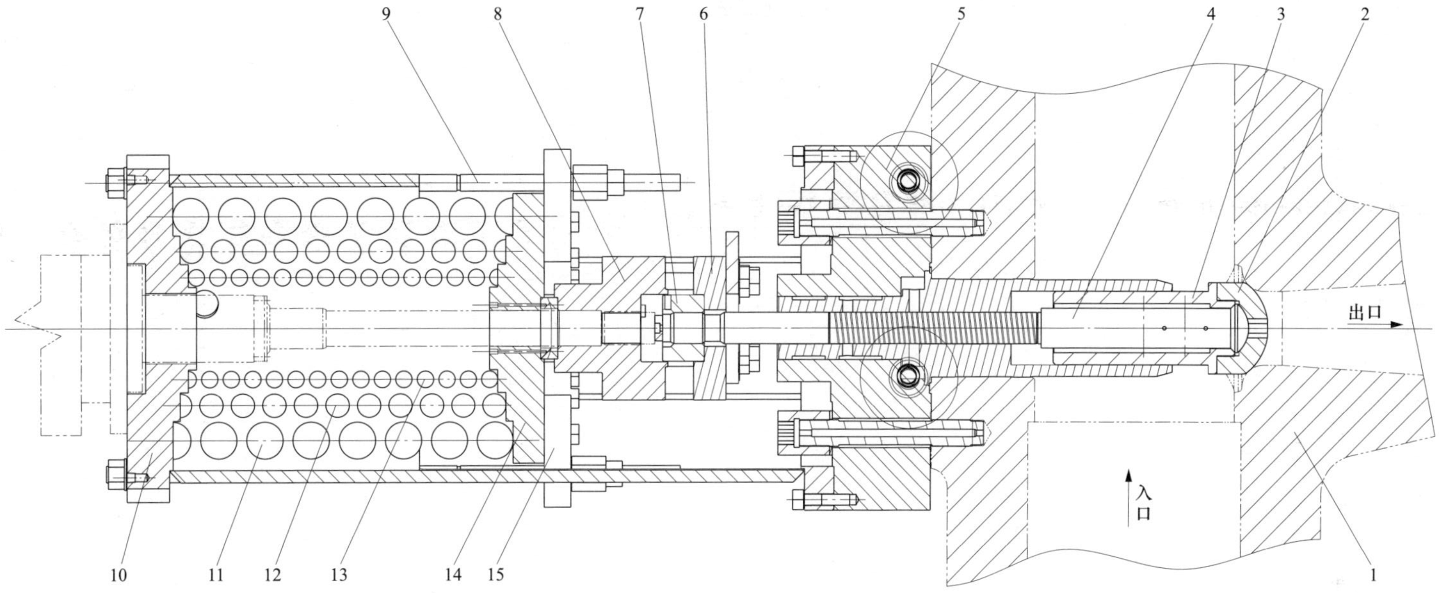

图 3-82 高压调节阀的结构

1—阀体；2—阀芯（碟）；3—阀套；4—阀杆；5—阀盖；6—盖板；7—阀杆螺母；8—法兰；9—压弹簧调整装置；10—上部弹簧箱；11—外弹簧；12—中弹簧；13—内弹簧；14—下部弹簧座；15—弹簧箱

（二）再热蒸汽配汽机构

再热蒸汽配汽机构包括两个中压主汽阀和两个中压调节阀，4 个阀分成两组，每组有一个中压主汽阀和一个中压调节阀，两组阀分别位于汽轮机运转平台两侧，每组阀（一个中压主汽阀，一个中压调节阀）的壳体铸成一体，中压主汽阀为卧式布置，中压调节阀为立式布置，见图 3-83。中压主汽阀进口与锅炉来的再热蒸汽管道相连接，中压调节阀出口有 1 根再热蒸汽管道接至中压缸下半。每组阀由 1 个恒力弹簧支架和 2 个弹簧支架支撑，该支承方式允许中压主汽阀和中压调节阀在各个方向上有一定的位移。

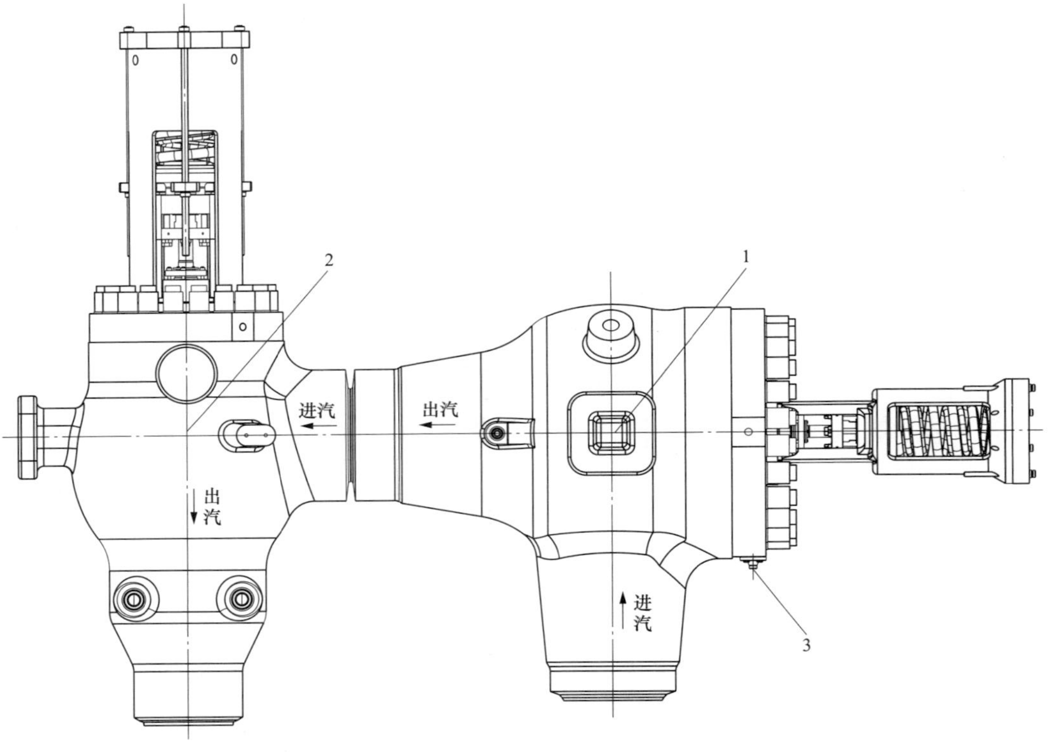

图 3-83　中压主汽阀和中压调节阀布置

1—中压主汽阀；2—中压调节阀；3—阀杆漏汽

1. 中压主汽阀

中压主汽阀为卧式布置，由 1 个油动机控制，在弹簧作用下处于关闭状态，开启时靠油动机内油压打开。中压主汽阀的主要功能是机组甩负荷时快速关闭，防止再热蒸汽进入中压缸造成汽轮机超速，以增加安全可靠性。

中压主汽阀是一个内部带有预启阀的单阀座式提升阀，见图 3-84。预启阀喉部直径为 80mm，行程为 18mm；主汽阀喉部直径为 460mm，总行程为 160mm。再热蒸汽从入口管道经过永久滤网进入阀壳内，当中压主汽阀关闭时，蒸汽仍充满在阀体内，并加载在阀碟上；当中压主汽阀打开时，油动机带动阀杆，阀杆打开预启阀，蒸汽流过预启阀，中压主汽阀前后压差减小，使中压主汽阀顺利打开。在阀碟的背面有堆焊层，并能在中压主汽阀全开时与阀杆套筒端面形成密封面，在阀盖处阀杆由一组石墨垫圈密封，与大气隔绝，在中压主汽阀的阀盖上有阀杆漏汽接口。中压主汽阀关闭时，油动机泄压，靠弹簧力快速关闭。

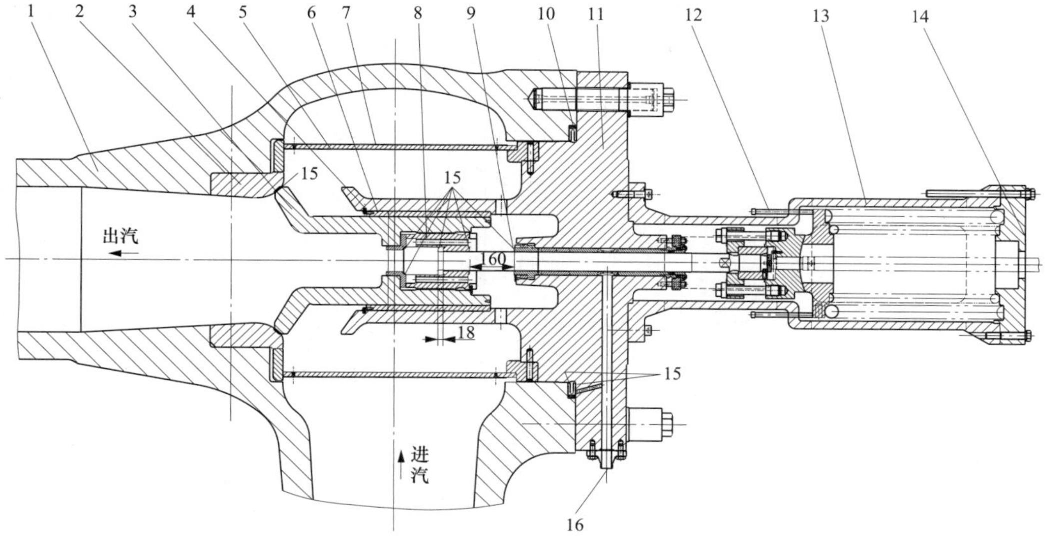

图 3-84　中压主汽阀的结构

1—阀壳；2—阀座；3—阀碟；4—小阀座；5—永久滤网；6—衬套；7—临时滤网；8—螺纹环；9—阀杆；10—密封环；11—阀盖；12—方头紧定螺钉；13—弹簧箱；14—油动机安装面；15—蒸汽密封面；16—阀杆漏汽

2. 中压调节阀

中压调节阀为立式布置，与中压主汽阀的壳体焊为一体，由油动机控制。中压调节阀的功能是根据机组负荷要求，控制进入中压缸的蒸汽流量。

中压调节阀的结构见图 3-85，阀杆与中空阀碟相连，阀杆可在套内滑动，油动机带动阀杆克服弹簧力上下移动，使中压调节阀开度变化，在阀碟上设有平衡孔以减小打开中压调节阀所需的提升力。中压调节阀喉部直径为 400mm，行程为 150mm。阀碟后部有堆焊层，在中压调节阀全开时形成密封面。在阀盖与阀杆接触处装有一组石墨密封圈，在阀盖上有阀杆漏汽接口。

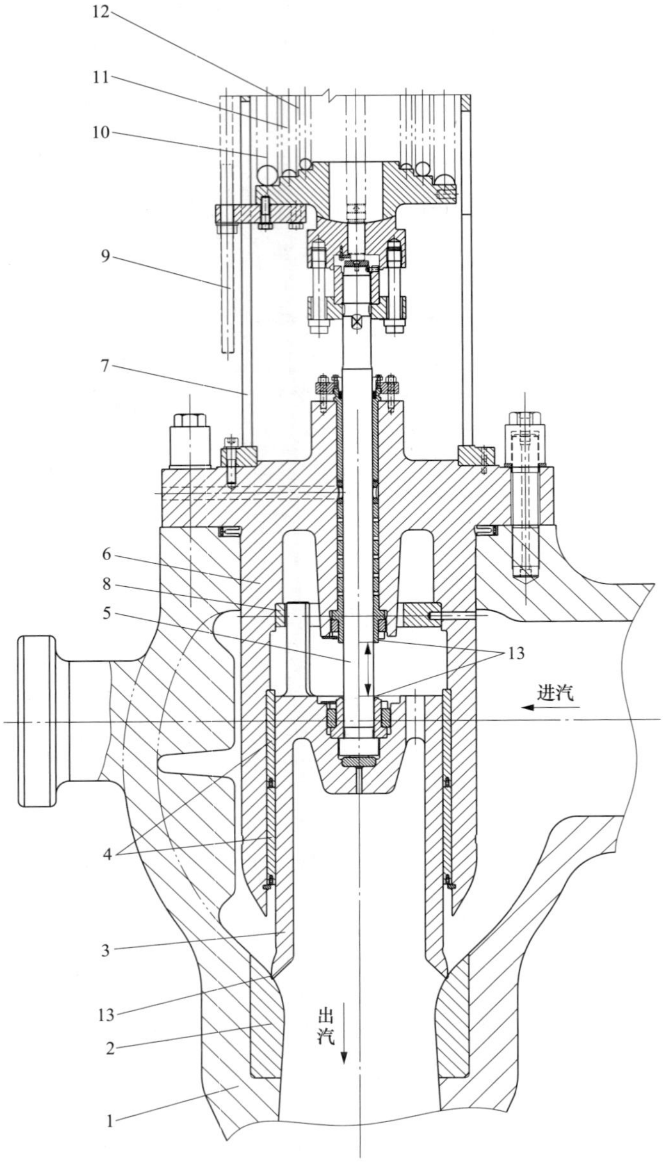

图 3-85　中压调节阀的结构

1—阀壳；2—阀座；3—阀碟；4—衬套；5—阀杆；6—阀盖；7—弹簧室；8—引导环；9—弹簧调整装置；10—外弹簧；11—中弹簧；12—内弹簧；13—蒸汽密封面

第四章

汽轮机调节系统

汽轮机调节系统的调节对象是汽轮机功率、转速及抽汽压力，具体任务是在外界负荷与机组功率相适应时，保持汽轮机稳定运行；当外界负荷发生变化（或机组负荷变化）时，汽轮机的调节系统能相应地改变汽轮机的功率，使之与外界（或机组）负荷相适应，建立新的平衡，并保持汽轮机的工作转速在规定范围内；对于供热式汽轮机，当热负荷发生变化时，及时调整供热参数，满足供热需要；当危急保安装置动作后，应保证高、中压主汽阀和调节阀迅速关闭，防止设备损坏。汽轮机调节系统经历了以下发展过程。

一、机械液压调节系统

早期的汽轮机调节系统主要依靠机械调速器感受机组转速变化，通过透平油作为工作介质来传递信号，控制汽轮机进汽，实现机组的转速或者功率的调节，调节元件主要由机械部件与液压部件组成，因而被称为机械液压调节系统（Mechanical Hydraulic Control System，MHC）。机械液压调节系统仅具有转速调节和超速保护功能，其转速-功率静态特性是固定的（运行中不能修改），其原理见图 4-1。

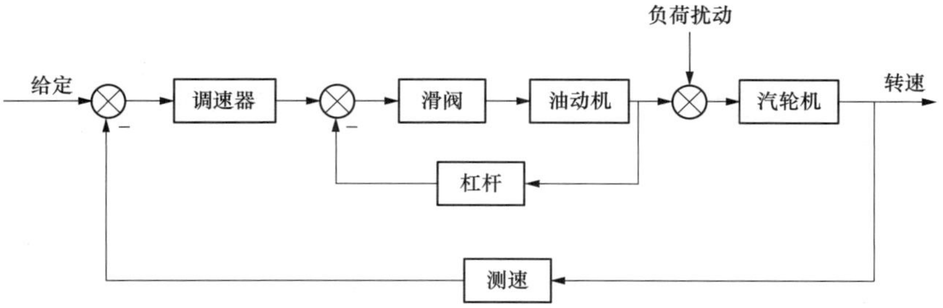

图 4-1　机械液压调节系统原理

汽轮机机械液压调节系统以转速的偏差作为唯一的调节信号，调节过程中一个转速的变化对应一个负荷的变化，不能实现无差调节。对于大容量机组，由于动态飞升时间常数减小，动态特性变差，所以对调节系统静态特性和动态特性提出了更高的要求。另外，随着电厂自动化水平的提高，必然采用集中控制、机炉协调的运行方式，而机械液压调节系统是不能满足要求的，目前在大功率汽轮机中已经不再采用。

二、电液调节系统

随着汽轮机单机容量的增大和中间再热机组的出现，单元制运行方式的普遍采用以及电网自动化水平的提高，机械液压调节系统已不能适应汽轮机的控制要求，于是出现了电液调节系统（Electro-hydraulic Control System，EHC）。电液调节系统中执行机构仍采用液压伺服装置，运算部件则由电子元件组成，这种系统具有信号综合方便，运算精度高，能适应多种运行工况的特点。EHC 系统采用模拟电子装置，由于早期电子器件的可靠性不高，故汽轮机控制系统设计为 EHC 和 MHC 并存的工作方式，MHC 作为 EHC 的后备调节手段。正常控制由 EHC 完成，一旦 EHC 故障退出，MHC 立即投入。随着模拟电子器件质量的提高，汽轮机控制系统由 EHC 和 MHC 并存工作方式过渡到纯 EHC 的工作方式，典型的电液调节系统原理见图 4-2。电液调节系统采用了功率和频率两个调节信号，有三种基本的调节回路。

1. 转速调节回路

转速调节回路用于单机运行工况，在机组启动时升速、并网和在停机（包括甩负荷过程）中控制转速。

2. 功率调节回路

在机组并入电网运行时或机组在电网中不承担一次调频任务时，频差放大器（转速调节回路）均无输出信号，此时，机组由功率调节回路控制。

3. 功-频调节回路

当汽轮机参与一次调频时，调节系统构成了功率一频率调节回路，此时，频率、功率调节回路均参与工作。无论是功率通道产生不平衡，还是频率通道产生不平衡，都将引起调节系统动作，直至系统趋于稳定。

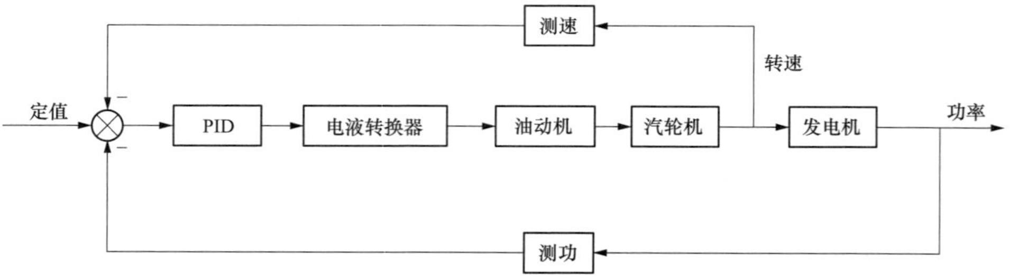

图 4-2　电液调节系统原理

三、数字电液调节系统

随着计算机技术的发展及其在电厂热工自动化领域中的应用，汽轮机功频电液调节装置进一步发展为以计算机为基础的数字电液控制系统（Digital Electro-Hydraulic Control System，DEH）。前期的数字电液调节系统多以小型计算机为核心，以计算机为基础的分散控制系统出现后，汽轮机数字电液调节也逐步采用分散控制系统，因此也称为微机型数字电液调节系统，见图 4-3。

数字电液调节系统具有以下优点：响应速度快、输出功率大、控制精度高、可靠性高；计算机的运算、逻辑判断与处理功能强大，除控制手段外，在数据处理、系统监控、可靠性分析、应力控制、优化配汽、在线参数修正等方面是机械液压系统无法比拟的，利用计算机可实现机组协调控制、优化控制；控制品质高，动态、静态特性良好，功率控制精度可达到

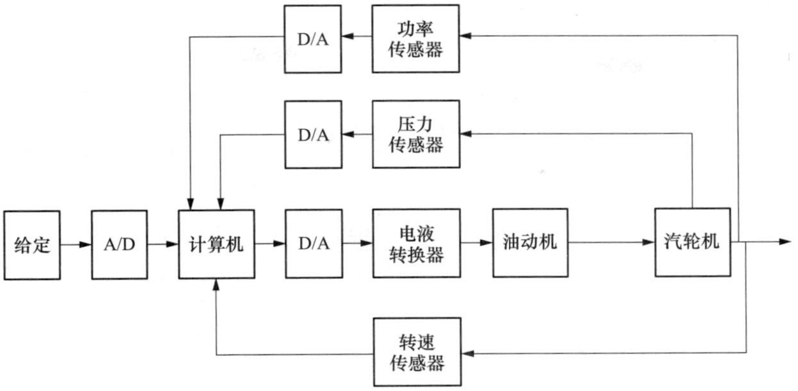

图 4-3 数字电液调节系统的原理

±2MW 以内，转速控制精度可达到±1r/min 以内，可以实现自动同步并网。因此，数字电液调节系统在汽轮机调节中得到广泛应用。

数字电液调节系统是一种功率频率调节系统，属于离散控制（也称采样控制），种类繁多，工作原理和功能各异，例如，新华控制工程有限公司生产的 DEH-ⅢA，美国 ETSI 公司 INFI-90（贝利公司产品）组成的电液调节系统，美国西屋生产的 OVATION 电液调节系统等，这些数字电液调节系统都具有转速控制、负荷控制、阀门控制、阀门管理、应力计算、应力限制、负荷限制、保护跳闸和汽轮机自动控制（ATC）等功能，能够满足汽轮机的安全运行和启停要求。

第一节 汽轮机数字电液调节系统

以数字计算机为基础的数字电液调节系统（DEH）是由美国西屋公司率先开发的，该系统综合了固态电子学和高压液压系统的优点，通过改变高、中压主汽阀和调节阀的位置来控制汽轮发电机的转速和负荷，控制器将要求的位置信号送至伺服阀油动机并通过伺服阀油动机控制阀门的开与关来改变进汽量。该系统具有控制功能多、精度高、灵活可靠、动作快以及自动化程度高等特点，已在汽轮机调节系统中得到广泛应用。

一、数字电液调节系统的原理

数字电液调节系统的原理见图 4-3，图 4-3 中所示的数字计算机也称中央处理单元（DPU），它将预先编好的调节算法程序存于计算机中，当转速、功率和给定信号输入计算机时，DPU 按程序计算结果输出信号，经处理后控制蒸汽阀。采样器将实测的功率和转速信号输入到模/数转换器（A/D），模/数转换器将采集到的模拟量转换成数字量，经 DPU 运算后由数/模转换器（D/A）将数字量转换成模拟量。电液转换器（电液伺服阀）将电气信号转换成油压信号以驱动油动机，油动机控制高、中压主汽阀和调节阀的开度，从而调节汽轮机的功率与转速。进入 DPU 的转速、调节级压力和功率信号形成三个反馈回路，操作员可对上述三个反馈回路进行投切，当反馈回路全部切除时，调节阀的开度仅仅与运行要求的目标值有关，转速、功率、调节级压力对控制不产生影响，见图 4-4。从图 4-4 可看出，数字电液调节系统是一种功率频率调节系统，包含转速反馈控制回路（外环）、功率反馈控制回路（中环）、调节级压力反馈控制回路（内环）。

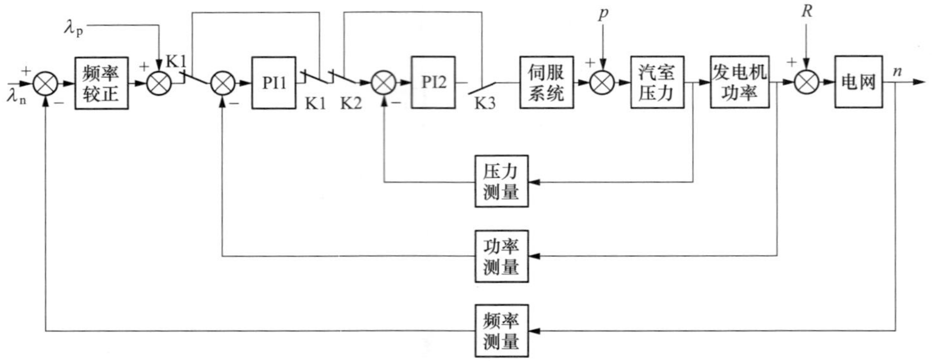

图 4-4　数字电液调节系统回路

R—负荷变化（外扰）；p—蒸汽压力变化（内扰）；λ_n—转速给定值；λ_p—功率给定值；K1、K2、K3—虚拟“开关”（由软件实现）；PI1、PI2—比例积分调节器

1. 转速反馈控制回路

转速反馈控制回路又叫一次调频回路，是 DEH 控制回路的主回路。并网前可实现转速自动控制。并网后转速变化在频差校正器死区以外时，机组参加一次调频，消除电功率偏差的同时精确控制转速。

2. 功率反馈控制回路

功率反馈控制回路的作用是精确地调整机组电功率，消除功率偏差。另外，在调节动态过程中，通过中环功率反馈控制回路将实际的功率动态偏差值信号与来自外环一次调频回路的功率静态偏差请求值信号相比较，根据其差值进行调节，差值越大，调节幅度也越大，速度也越快，因此，可通过快速调节减小动态调节过程中的动静偏差量，从而改善功率调节的动态特性。

3. 调节级压力反馈控制回路

根据凝汽式汽轮机变工况结论可知，将定压运行的凝汽式汽轮机所有非调节级取作一个级组时，调节级后压力的变化与主蒸汽流量的变化成正比，而凝汽式机组的机械（内）功率与流量成正比，因此，调节级后压力可代表汽轮机的机械功率，调节级汽室压力的变化提前反映出汽轮机调节阀开度变化或蒸汽参数波动等因素引起的汽轮机机械功率的变化，它比电功率信号及转速信号快得多。所以，调节级压力反馈控制回路是功率调节过程的快速反应内回路，实现提前快速粗调机组功率的作用，减小了中环的调节幅度，功率的细调是通过中环进一步调整来完成的。其次利用内环还能及时消除蒸汽参数波动引起的功率内扰。

由上述分析可知，中环与内环本质上都是用于功率调节的，内环和中环通过改变蒸汽阀的开度来补偿内部蒸汽参数扰动对功率的影响，从而调节电功率。当系统的中环断开时，虽然可以依靠内环来抗内扰，但不能精确地调节电功率；当系统的内环断开时，虽然可依靠中环来抗内扰，精确地调节电功率，但调节的过渡过程会长些。

控制系统的三个控制回路用来控制机组的整个启停过程、参加电网一次调频、接受电网调度、改变负荷等。三环全投入时，DEH 处于功频调节方式；三环全切除时，DEH 处于手动方式。

二、数字电液调节系统的组成

数字电液调节系统将运行要求的转速、负荷、主蒸汽压力等设定值（也称目标值）与汽轮机的反馈信号进行比较运算，然后通过模拟系统输出向主汽阀或调节阀的伺服回路发出控制信号，由伺服执行机构控制蒸汽阀开度。数字电液调节系统主要由数字电子计算机控制系统、液压控制系统和供油系统三部分组成，见图 4-5。这里只对数字电子计算机控制系统做简要介绍，液压控制系统将在本章第二节介绍，供油系统将在第五章介绍。

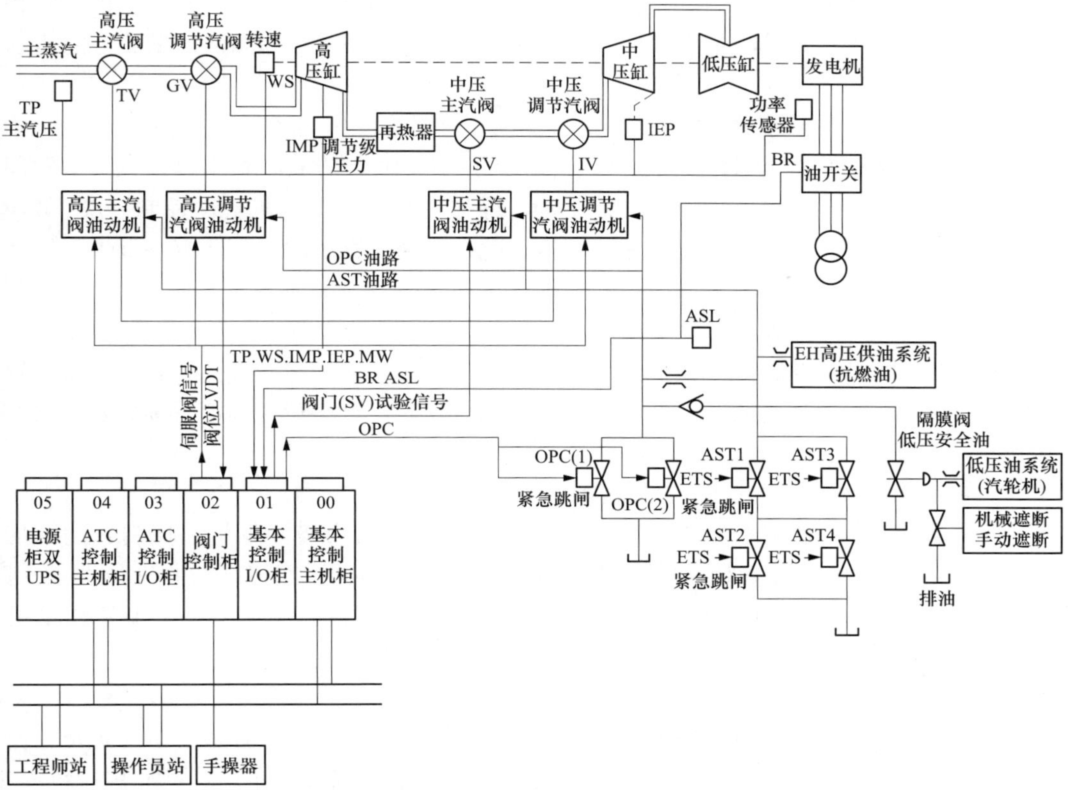

图 4-5 数字电液调节系统组成

数字电子计算机控制系统由电子控制器和操作系统两部分组成。

1. 电子控制器

电子控制器是数字电液调节系统的核心部分，由模拟系统和数字系统组成，包括数字计算机、混合数模插件、电源等设备，这些设备均集中布置于控制柜中，作用是对运行人员的设定值与汽轮机反馈信号进行基本运算，然后向各进汽阀发出控制信号。数字系统可进行输入信息处理、给定值的计算处理和控制运算，并通过模拟系统给出阀位控制信号，该信号经过电液转换器后，控制蒸汽阀的液压执行机构，对机组转速和功率进行控制。电子控制器的硬件主要由计算机和输入与输出接口（I/O）组成，电子控制器的软件部分主要由系统软件和应用软件两部分组成。系统软件主要是实时操作系统，对中央处理计算机及应用程序进行管理和调度及实现人机对话；应用软件包括基本 DEH 程序和 ATC（自动控制）软件两部分，主要功能是确定给定值，将给定值与反馈信号进行比较和控制运行，确定阀位开度数字信号，进行阀位管理。

2. 操作系统

操作系统由工程师站、操作员站、键盘、显示屏（CRT）、打印机等组成。

运行人员通过操作员站可获取汽轮机的各种参数和信息，并发出指令通过电子控制器对汽轮机进行控制。工程师站用作改变电子控制器内的参数，进行调试、软件装载、修改、备份等。显示屏幕（CRT）通常位于运行人员操作盘旁，运行人员借助CRT能观察到故障报警、汽轮机信息以及温度和压力等各种参数的测量值。打印机通常安置于控制室内，它是运行人员用来监察报警、汽轮机信息等的第二个手段，所打印的报警信息与CRT上的显示是一致的。

三、数字电液调节系统的运行方式

为了确保数字电液调节系统控制的可靠性，设有四种运行方式，机组可以在其中任何一种方式下运行，其顺序为二级手动、一级手动、操作员自动、汽轮机自动控制（ATC），相邻两种运行方式互相跟踪，并且可以无扰切换。此外，在二级手动以下还有一种硬手操，它作为二级手动的备用，但两者不能跟踪和切换。

1. 二级手动方式

二级手动方式是跟踪系统中最低级的运行方式，仅作为备用运行方式。它全部由成熟的常规模拟元件组成，以便在数字电液调节系统出现故障时，自动转入模拟系统控制，确保机组安全可靠。

2. 一级手动方式

一级手动方式是一种开环运行方式，运行人员在操作盘上按键就可以控制各阀门的开度，各按键之间逻辑互锁，同时具有操作超速保护控制器（OPC）、主汽压力控制器（TPC）、辅机故障减负荷（RUNBACK）和脱扣等保护功能。此运行方式作为汽轮机自动（ATC）方式的备用。

3. 操作员自动方式

操作员自动方式是数字电液调节系统的最基本的运行方式，用这种方式可实现汽轮机转速和负荷的闭环控制，并且具有各种保护功能。该方式设有完全相同的A和B双机系统，双机容错，具有跟踪和自动切换功能，也可以实现强迫切换。在这种方式下，目标转速和目标负荷及其速率均由操作员给定。

4. 汽轮机自动控制（ATC）方式

汽轮机自动控制（ATC）方式是最高一级运行方式。此时包括转速和负荷及其变化速率，都不来自操作员，而是由计算机程序或外部设备进行控制，因此它是最高一级运行方式。

四、数字电液调节系统的功能

随着电子技术的发展，数字电液调节系统的功能也越来越完善，除了自动调节功能外，还具有自动控制（ATC）功能、自动保护功能和自动监控功能。

1. 汽轮机的自动调节功能

当机组处于负荷控制阶段时，DEH调节系统具有下述功能：

（1）根据电网的要求，可采用调频运行方式或基本负荷运行方式，设置负荷上下限和其变化速率等。此外，还有主汽压力控制（TPC）和辅机故障减负荷（RUNBACK）等保护主要设备和辅助设备的控制方式，运行控制十分灵活。

（2）具有自动控制、一级手动和二级手动冗余控制方式。

（3）可采用串级或单级PI控制方式（当负荷大于10%额定负荷时，可由运行人员选择是否采用调节级汽室压力和发电机功率反馈回路，这也就是决定采用何种PI控制方式）。

（4）可采用定压运行或滑压运行（当采用定压运行时，系统有阀门管理功能，以保证汽轮机能获得最大的效率）。

（5）具有操作员自动、远方控制和电厂计算器控制方式，以及它们分别与ATC组成的联合控制方式。

2. 汽轮机的自动控制（ATC）功能

DEH调节系统的汽轮机自动控制（ATC）是通过状态监测、计算转子应力，在机组应力许可范围内，优化启动程序，用最大的速率、最短的时间来实现机组启动过程的全部自动化。ATC允许机组有冷态启动和热态启动两种方式，其各种启动操作、阀门切换等全过程均由计算机自动控制完成。在机组正常运行过程中，还可以实现ATC监控。

3. 汽轮机的自动保护功能

为了避免机组因超速或其他原因遭受破坏，汽轮机的保护系统具有超速保护（OPC）、危急遮断保护（ETS）和机械超速保护三种保护功能。

（1）超速保护（OPC）。当机组转速达到103%额定转速（3090r/min）或甩负荷时，超速控制系统通过OPC电磁阀动作，使得高、中压调节阀关闭，转速下降，实现对机组的保护（由于只关闭高、中压调节阀，不关闭高、中压主蒸汽阀，故不停机）。

（2）危急遮断保护（ETS）。当ETS系统检测到机组超速达到110%额定转速（3300r/min，称之为超速停机保护）或其他参数达到保护值时，通过AST（自动停机）电磁阀动作，使得所有的高、中压主汽阀和调节阀关闭，实现紧急停机。

（3）机械超速保护。机械超速保护为危急遮断保护中超速停机保护的双重保护，即当转速高于110%～112%额定转速（3300～3360r/min）时，机械式危急保安器动作，实现紧急停机。

4. 汽轮机的自动监控功能

在启动和运行过程中对机组运行状况进行监控，内容包括操作状态按钮指示、状态指示和CRT画面等。

第二节 数字电液调节系统的液压控制系统

在数字电液调节系统中，数字电子计算机控制的输出送入液压控制系统，最终控制蒸汽阀的开度，从而达到控制机组转速、负荷以及保护机组安全的目的。蒸汽阀门是指汽轮机的高、中压主汽阀及调节阀，这些阀门已在第三章的第七节作了介绍，数字电子计算机控制系统也在本章第一节作了说明，本节重点介绍液压控制系统。液压控制系统是数字电液调节系统（DEH）的执行机构，它接受数字电子计算机控制系统发出的指令，可完成汽轮机挂闸、负荷调节及快速遮断等任务，大型汽轮机液压控制系统基本原理是相同的，但各汽轮机厂设计的具体方案各有特点，现以上海汽轮机厂设计生产的液压控制系统为例进行介绍，参见图4-6。液压控制系统中，油动机是汽轮机各蒸汽阀的执行机构，不同蒸汽阀配置的油动机也不相同，下面首先介绍各蒸汽阀的油动机，然后介绍液压控制系统。

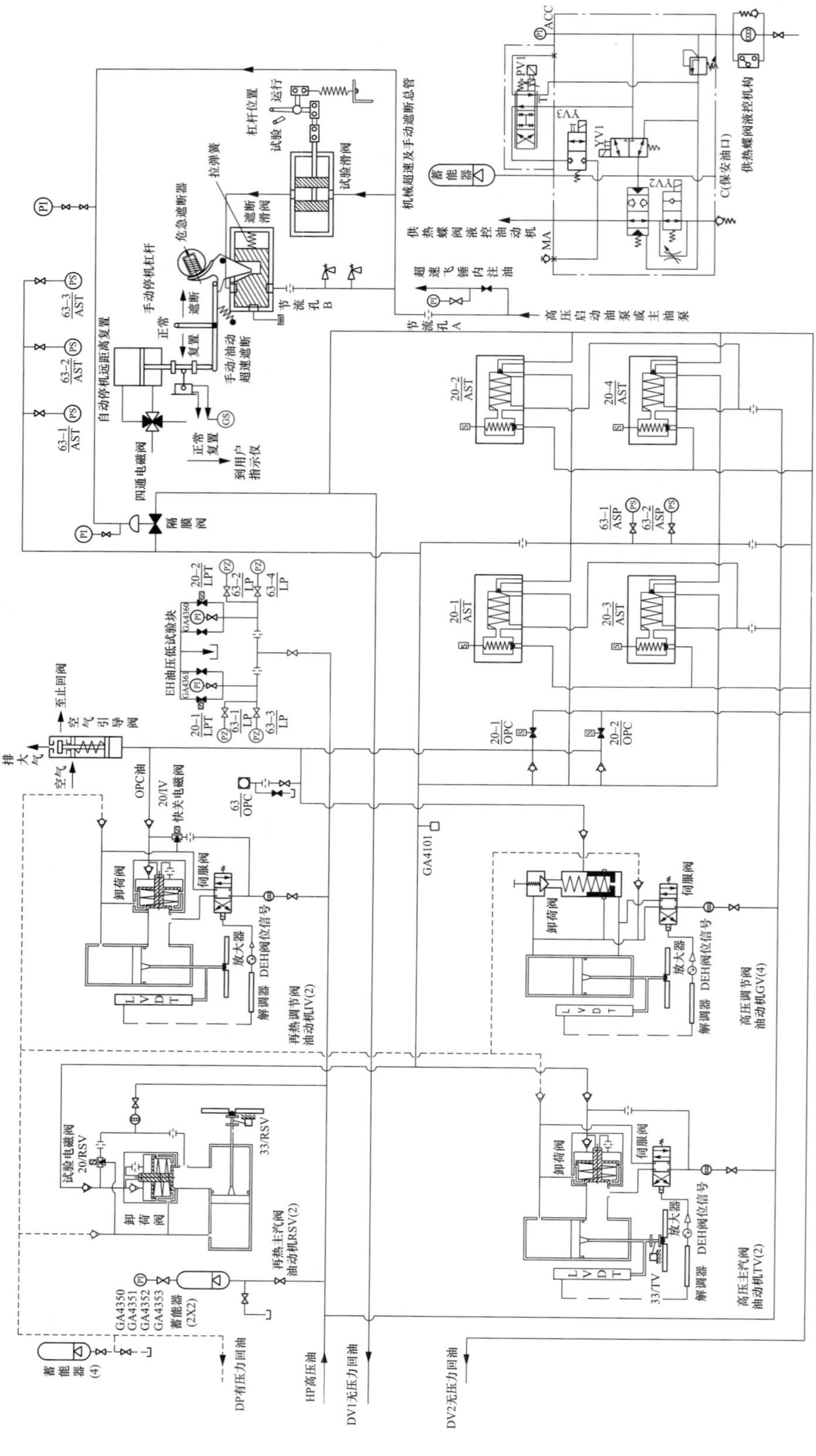

图 4-6　DEH 液压控制系统

一、油动机

油动机是各蒸汽阀的驱动机构，根据需要控制各蒸汽阀的状态。油动机由油缸、液压集成块和弹簧箱三部分组成，弹簧箱固定在蒸汽阀外壳上，油缸固定在弹簧箱上，油缸和集成块之间用O形圈密封，油缸活塞杆与蒸汽阀杆直接相连。油动机和相应的蒸汽阀称为DEH调节系统的执行机构，由于调节对象和任务不同，其结构型式和调节规律有所不同，按照其控制方式的不同，油动机分为控制型和开关型两类。控制型执行机构可以将蒸汽阀控制在任意的中间位置上，成比例地调节进汽量以适应需要；开关型执行机构不能将蒸汽阀控制在任意的中间位置上，只有开和关两个状态。不论哪种油动机都具有以下特点：每个蒸汽阀配有一个油动机，每个油动机都有一套独立的电液伺服阀（开关型蒸汽阀例外）、隔绝阀、止回阀、快速卸荷阀和滤油器等，各自独立执行任务；油动机都是单侧进油，其开启依靠高压动力油，关闭靠弹簧力，这是一种安全型机构，如遇到系统漏油等故障时，油动机仍可向关闭方向动作，避免事故扩大。

350MW热电联产汽轮机有两个高压主汽阀、4个高压调节阀、两个中压主汽阀和两个中压调节阀，每个阀都装有一个油动机，由于各种阀的功能不同，所配置的油动机也不相同，下面对各油动机作一简要说明。

（一）高压主汽阀油动机

高压主汽阀在汽轮机启动时有控制蒸汽流量的功能，因此高压主汽阀的油动机为控制型油动机。高压主汽阀油动机水平安装，与高压主汽阀直接相连，向外拉出为开，油动机为单侧进油，由液压力开启，弹簧力关闭。

1. 弹簧箱

弹簧箱安装在蒸汽阀与油缸之间，由外壳和重型弹簧组成，其作用是向油缸提供关闭阀门的弹簧力。

2. 油缸

油缸为活塞式单侧进油液压伺服缸，由活塞、活塞杆、前端盖、后端盖、缸筒、缓冲装置、导向套、活塞环和相应的连接件构成，其结构见图4-7。每个油缸与液压集成块之间有两个油口连通：一个油口靠近前端盖，另一个油口靠近后端盖。

3. 液压集成块

液压集成块将油动机的所有液压部件、液压接口及电气接点集中安装在一起，大大减少了系统中各元件之间相互连接的管子和管接头，消除了许多潜在的泄漏点，图4-8所示为高压主汽阀液压部件布置图，图4-9所示为高压主汽阀油动机油系统图，该油系统由截止阀、过滤器、止回阀、电液伺服阀、卸荷阀和位置测量LVDT组成。

（1）截止阀。截止阀用于切断通往油动机的高压油，工作时该阀全开。供到油动机的高压油均经过此阀到电液伺服阀后去操作油动机。运行中关断该阀，可以对油动机、电液伺服阀、快速卸荷阀和位移变送器等进行不停机检修，以及清理或更换过滤器等。

（2）过滤器。为了保证电液伺服阀的清洁，保证阀内节流孔喷嘴和滑阀能正常工作，所有进入电液伺服阀的高压油均需经过10μm的过滤器过滤。滤网要每年更换一次，如有合适的滤网清洗设备时，被更换下来的滤网在彻底清洗干净后还可以再使用。此外，电液伺服阀内还有一道滤网，以保证油的清洁。

（3）止回阀。在油动机的控制油路中设有2个止回阀，一个是与危急遮断油路（AST

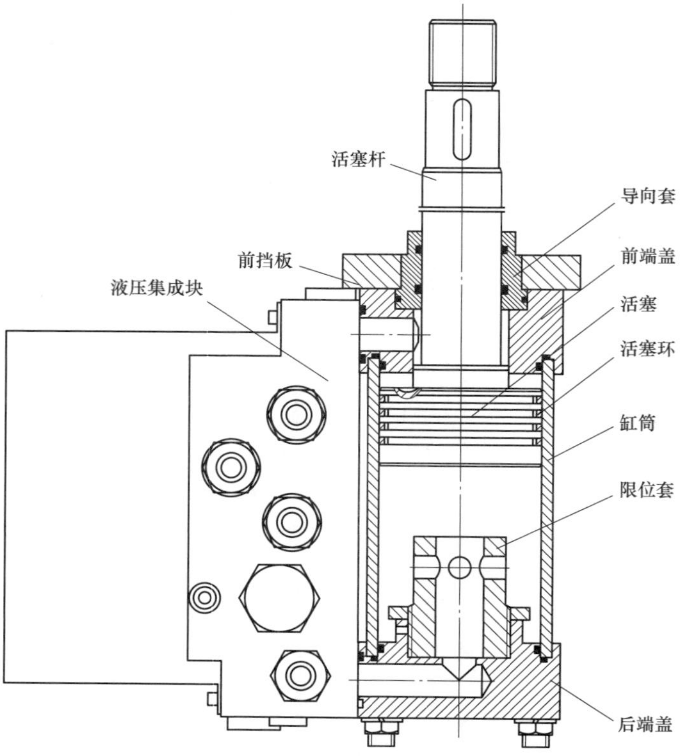

图 4-7　油缸

或 OPC）总管相连通的止回阀，其作用是当机组运行中检修某一台油动机时，其对应的截止阀已经关闭，使油动机活塞下的油压消失，而其他油动机还在工作，该止回阀可以阻止危急遮断油总管上的油倒流入该油动机；另一个止回阀是安装在回油管路上，用以防止在油动机检修期间，由压力回油总管来的油倒流到被检修的油动机。两阀共同保证了油动机的不停机检修。

（4）电液伺服阀。电液伺服阀的作用是把电流信号转换为液压信号去控制油动机，由力矩马达、一级液压放大机构、二级液压放大机构和机械反馈机构组成，见图 4-10。力矩马达由绕组、弹簧管、挡板及可动衔铁组成，主要功能是将电气信号转变成机械位置信号；一级液压放大装置由挡板、喷嘴和阀芯组成，主要功能是将机械位置信号转变成液压油信号，控制阀芯的位置；二级液压放大装置由阀芯、滑阀和油口组成，主要功能是改变阀芯和滑阀的相对位置，接通高压油路，控制阀门位置；反馈杆安装在挡板与阀芯之间，用来测量阀芯的位置。

伺服阀的工作过程是在数字调节系统无操作蒸汽阀信号时，绕组无电气信号输入，在弹簧管作用下，挡板两侧与喷嘴的距离相等，两侧喷嘴的泄油面积相等，两侧喷嘴的油压相等，阀芯处于原位置。当数字调节系统有操作蒸汽阀信号时，绕组有电气信号输入，产生一磁场，在其两侧磁铁的作用下，产生一旋转力矩，使衔铁旋转并带动与之相连的挡板转动，这样就将电信号转变为力矩而产生机械位移信号，再转变为油压信号，并通过挡板和喷嘴将信号放大。由于挡板两侧喷嘴前的油压与下部滑阀的端部油室是相通的，当两只喷嘴前的油

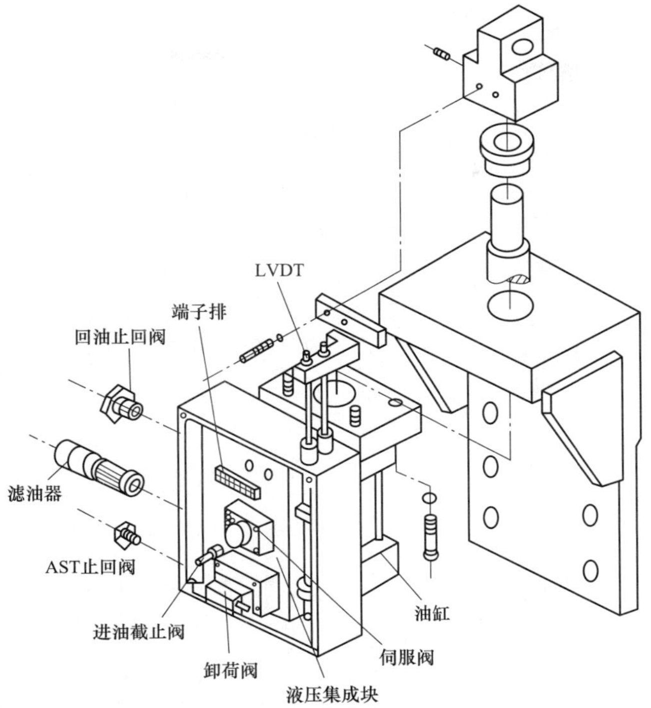

图 4-8 高压主汽阀液压部件布置图

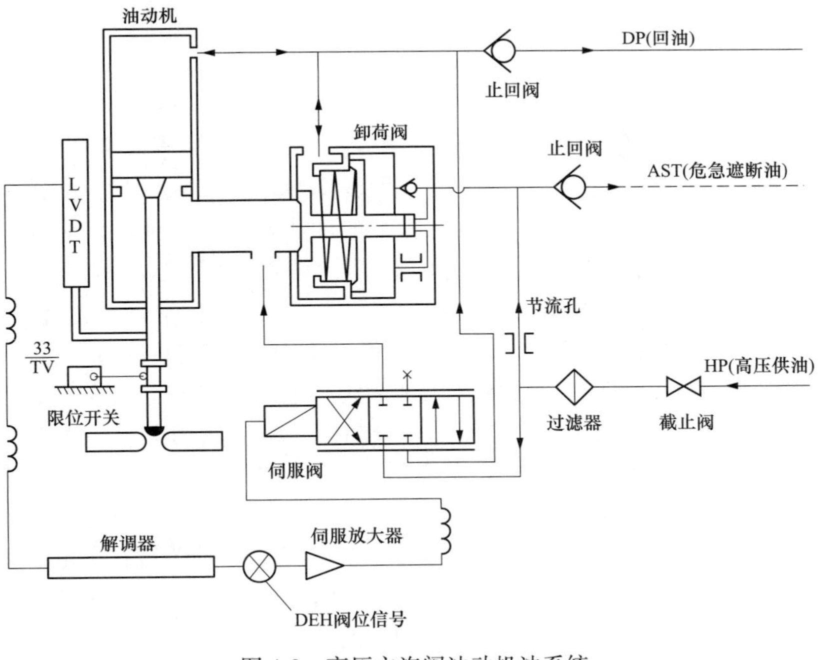

图 4-9 高压主汽阀油动机油系统

压不相等时，则滑阀两端的油压也不相等，差压导致滑阀移动，使滑阀凸肩所控制的油口开

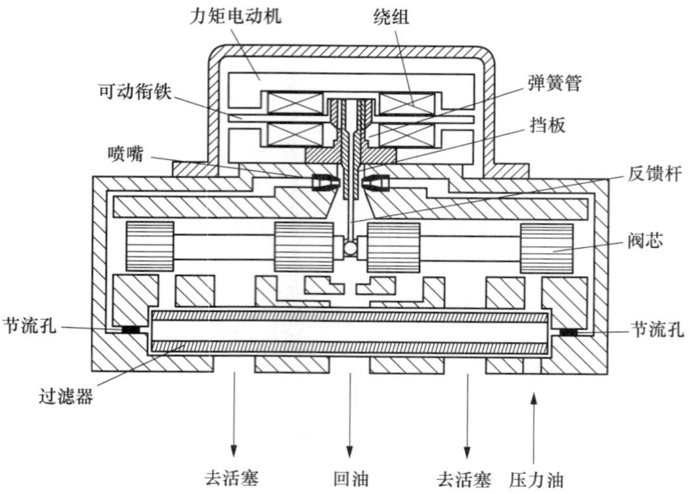

图 4-10　电液伺服阀工作原理图

大或关小，并控制通往油动机活塞下腔的高压油，使油动机活塞上升时开大蒸汽阀，下降时关小蒸汽阀。为了增加调节系统的稳定性和保证挡板返回中间位置，在伺服阀中设置了反馈弹簧片，该弹簧片的作用有两个：一是当四通滑阀产生压差时，滑阀向一方移动，打开油口使油动机进（或泄）油并运动，线性位移变送器反馈使伺服放大器的输出趋于零，电液伺服阀内的引力和弹簧片的反力矩与输入电流所产生的正力矩平衡时，电液伺服阀回到中间位置，油动机断流并在新位置上保持平衡；二是该反馈弹簧在伺服阀调整时有一机械零偏，以便在运行过程中突然发生断电或失去电信号时，借助于机械力的作用，仍可使得滑阀偏移一侧，保证蒸汽阀关闭。

（5）卸荷阀。由于高压主汽阀的油缸直径和行程都比较大，普通溢流阀作为卸荷阀不能满足快关要求，故高压主汽阀油动机卸荷阀采用专门的 DUMP（快速卸荷）阀。DUMP 阀由溢流阀（主阀）、止回阀、阀垫、上阀座、弹簧、弹簧座、节流孔及各类密封圈组成，其结构见图 4-11。当正常运行时，腔室 X 和腔室 Y 的油压等于安全油压，对溢流阀及阀垫有一个向下的压力，该压力大于弹簧力和压力油对溢流阀向上的压力，将溢流阀泄油口封闭，确保油动机可以正常开启。当安全油泄压时，止回阀被打开，腔室 X 和腔室 Y 中油压通过止回阀迅速泄放，溢流阀在弹簧力及下部压力油推力作用下迅速打开，压力油通过溢流阀排至回油管道。由于该压力油口同时与油缸高压侧相连，因此油动机迅速关闭。当汽轮机挂闸时，安全油压建立，腔室 X 内油压首先等于安全油压，将溢流阀下压，直至上阀座和阀垫间密封线密封（此时溢流阀未完全密封，不会形成对溢流阀向上的推力）；此时腔室 X 与节流孔相通，腔室 Y 内压力逐渐升高，直至压力等于安全油压，油压将阀垫继续下压，阀垫带动溢流阀至完全关闭，完成快速卸荷阀的关闭过程；该过程的关键在于上阀座在轴向上留有 0.4～0.6mm 的窜动间隙，仅靠两者之间密封圈的弹力将间隙留在阀垫和上阀座之间，在上阀座下密封面密封后，阀垫仍然可以继续向下运动，推动溢流阀向下移动，直至完全关闭。

安全油作用在阀垫上的面积约为压力油作用在溢流阀上面积的 1.4 倍，因此，当安全油压略低于正常压力时，快速卸荷阀仍然不会被顶开。上阀座轴向加工有一个通孔，它的作用

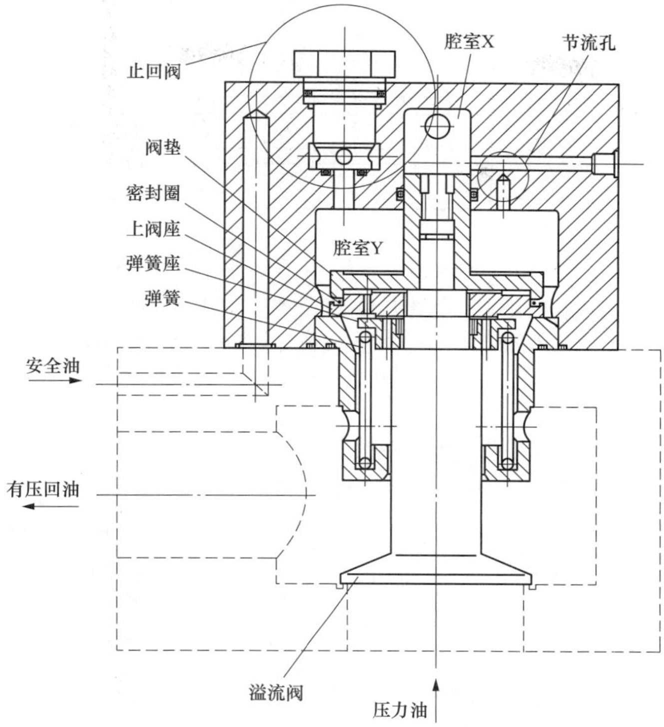

图 4-11 DUMP 阀

是在阀垫推动溢流阀完全关闭时，卸去阀垫和上阀座之间油压。弹簧的作用是在未挂闸时，始终使快速卸荷阀处于打开状态，防止油动机误动作。

(6) 位置测量（LVDT）。位置测量（LVDT）的作用是把油动机活塞的位移（同时也代表高压主汽阀的开度）转换成电压信号反馈到伺服放大器前，与计算机送来的信号相比较，两者的差值经伺服放大器功率放大并转换成电流值后，驱动电液伺服阀、油动机及高压主汽阀，当高压主汽阀的开度满足了计算机输入信号的要求时，伺服放大器的输入偏差为零，高压主汽阀处于新的稳定位置。

LVDT 由铁芯杆、绕组与外壳所组成，见图 4-12。外壳中有 3 个绕组，中间的是一次绕组，供给交流电源，两侧各有一个二次绕组，这两个二次绕组反向连接，因此二次绕组的净输出是两个二次绕组所感应的电动势的差值，当绕组内的铁芯处于中间位置时，两个二次绕组所感应的电动势相等，变送器输出的信号为零。当铁芯与绕组有相对位移（例如铁芯向右移动）时，则右半部绕组所感应的电动势较左半部绕组所感应的电动势大，其输出的电压代表右半部的极性。二次绕组感应的电动势经整形滤波后，转变为铁芯与绕组间相对位移的电信号输出。在实际装置中，外壳是固定不动的，铁芯通过杠杆与油动机活塞连杆相连，这样输出的信号便可模拟油动机的位移，代表了高压主汽阀的当前开度。

4. 高压主汽阀油动机的工作过程

高压主汽阀油动机的工作过程见图 4-9。在汽轮机未挂闸时，虽然高压油通过节流孔向安全油母管不断补油，但由于安全油母管未建立油压，卸荷阀被打开，此时无论伺服阀是否输入电流信号，油动机均不能开启。汽轮机挂闸后，安全油母管建立油压，卸荷阀关闭，此

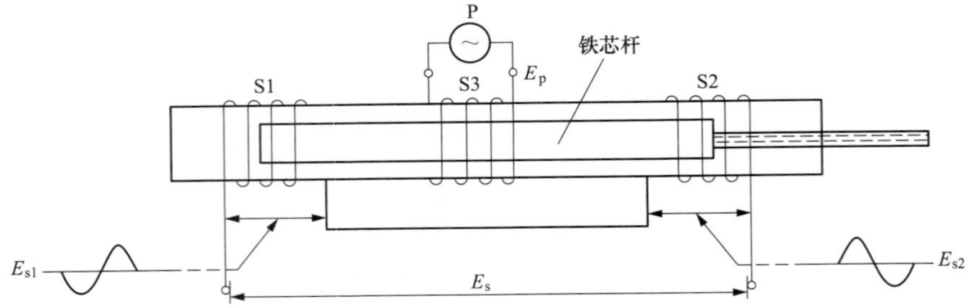

图 4-12　位置测量（LVDT）工作原理图

S1、S2—二次绕组；S3——次绕组；P—交流电源；E_p—S3 输入电动势；
E_{s1}、E_{s2}—S1、S2 的感应电动势；E_s—总输出电动势

时若伺服阀输入正向电流，油动机可以顺利打开。自动调节时，伺服阀根据开度信号控制油动机开度，并通过 LVDT 判断是否到位。汽轮机打闸时，安全油母管泄油，卸荷阀被打开，油缸高压侧与有压回油连通，即使伺服阀有阀位信号，高压主汽阀仍在弹簧力作用下迅速关闭。快关试验与此相同，只是不影响其他油动机。为不增大 EH 油系统流量，在打闸或快关试验时，通常将伺服阀设置为同步自动关闭。

（二）高压调节阀油动机

高压调节阀在汽轮机运行中的功能是调节蒸汽流量，高压调节阀的油动机为控制型油动机。高压调节阀油动机垂直安装，与高压调节阀直接连接，向上拉出为开。油动机为单侧进油，由液压力开启，弹簧力关闭。高压调节阀油动机结构与工作原理与高压主汽阀油动机相似，主要区别是卸荷阀不同。高压主汽阀油动机直径大、行程长，卸荷阀采用专门的 DUMP 阀；高压调节阀油动机直径小、行程短，卸荷阀采用普通溢流阀就可以满足快关要求，溢流阀不需专门的高压控制油，也无节流孔，高压调节阀油动机油系统见图 4-13。

高压调节阀油动机与高压主汽阀油动机相似之处不再重复，这里主要对高压调节阀油动机卸荷阀和高压调节阀油动机的工作过程作一介绍。

1. 高压调节阀油动机卸荷阀

由于高压调节阀油动机直径小、行程短，卸荷阀采用普通溢流阀。溢流阀安装在油动机液压集成块上，由滑阀（导阀）控制，当机组发生故障时，迅速泄去安全油，实现紧急停机。图 4-14 所示为溢流阀的工作原理图，溢流阀上部装有一杯状滑阀（导阀），滑阀下部的腔室与油动机活塞下部的高压油路相通，并受高压油的控制。在滑阀底部的中间有一个小孔，使少量的压力油通过该孔到达杯状滑阀上部的复位油室。复位油室有两条油路：一路经过止回阀与危急遮断油路相通，正常运行时由于遮断油总管上的油压等于高压油的油压，它顶着止回阀并使之关闭，滑阀上的复位油不能由此油路泄去；另一油路是经针形阀控制的缩孔，与油动机活塞上腔及有压回油通道相连，调节针形阀的开度，可以调整滑阀上的油压，以供调试整定用。

正常运行时，滑阀上部的油压作用力加上弹簧的作用力，大于滑阀下部高压油的作用力，使杯形滑阀压在底座上，连接有压回油的油口被关闭。当汽轮机故障、电磁阀动作，遮断油总管失压时，作用在杯形滑阀上的压力油顶开止回阀并泄油，使该滑阀上部的油压急剧下降，下部的高压油推动滑阀上移，滑阀套上的泄油孔被打开，从而使油动机内的高压油失

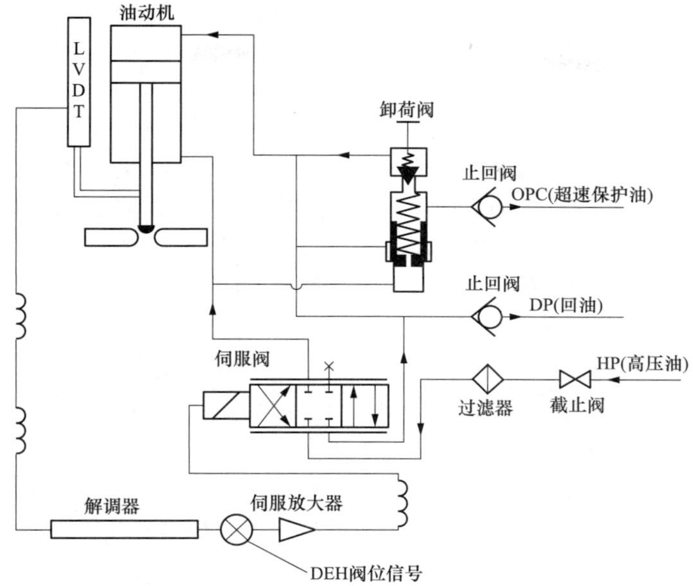

图 4-13 高压调节阀油动机油系统

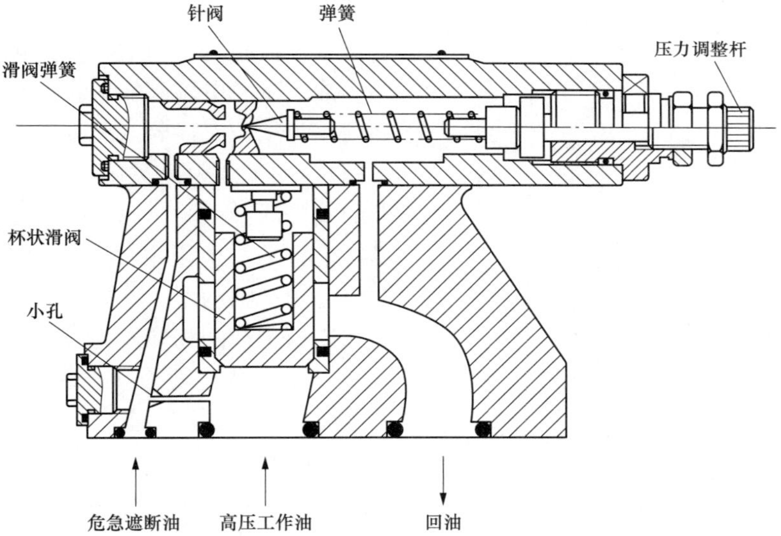

图 4-14 溢流阀的工作原理图

压，并在弹簧力的作用下迅速关闭高压调节阀。

溢流阀也可用于手动关闭高压调节阀。在手动关闭高压调节阀时，首先要关断隔离阀，以防止溢流阀放走大量的高压油，然后将压力整定调整杆反向慢慢旋出，从而改变针形阀控制的泄油口，缓慢地改变溢流阀中杯状滑阀上部的油压，使杯状滑阀上升，开启快速卸载油口，改变油动机活塞下腔室的动力油压，使高压调节阀慢慢关闭。如要重新打开高压调节阀，应首先将压力调整杆调到最高油压位置，然后慢慢打开隔离阀。

调试时，针形阀靠压力调整杆完全压死在阀座上，仅在现场用于手动操作卸荷阀时才拧开此针阀。杯状滑阀底部的套筒侧壁处有一小孔，通过小孔的阻尼作用对杯状滑阀起稳定作用，以免油压变化时产生不利的振荡。

2. 高压调节阀油动机的工作过程

高压调节阀油动机的工作过程见图 4-13。在汽轮机未挂闸时，由于安全油母管未建立油压，卸荷阀被打开，此时无论伺服阀是否输入电流信号，油动机均不能开启。汽轮机挂闸后，安全油母管建立油压，卸荷阀关闭，此时若伺服阀输入正向电流，油动机可以顺利打开。汽轮机打闸时，安全油母管泄油，卸荷阀被打开，油缸高压侧与有压回油连通，即使伺服阀有阀位信号，高压调节阀仍在弹簧力作用下迅速关闭。

（三）中压主汽阀油动机

中压主汽阀没有控制蒸汽流量的功能，中压主汽阀的油动机为开关型油动机，只有开与关两种状态，只装有行程开关。中压主汽阀油动机水平安装在中压主汽阀弹簧箱上，与中压主汽阀直接相连，向外拉出为开。油动机为单侧进油，由液压力开启，依靠弹簧力关闭。

中压主汽阀油动机的油缸和弹簧箱与高压主汽阀油动机相似，这里不再重复，下面只对中压主汽阀的集成块及中压主汽阀油动机的工作过程进行如下说明。

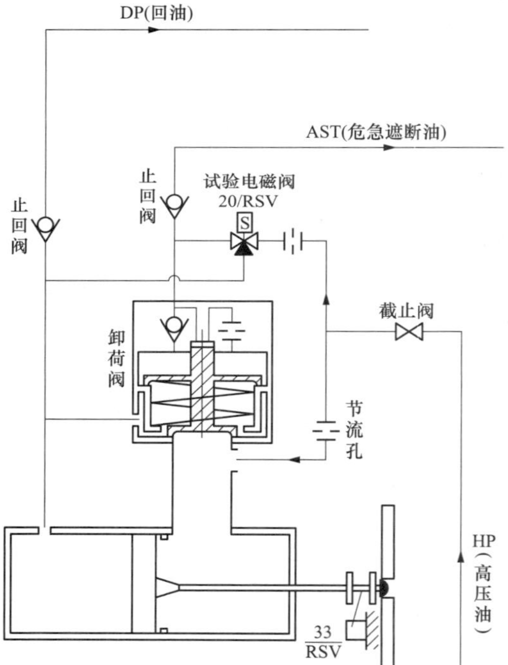

图 4-15　中压主汽阀油动机油系统

1. 中压主汽阀油动机的集成块

中压主汽阀油动机的集成块由试验电磁阀、卸荷阀、止回阀、过滤器、截止阀、节流孔及行程开关等组成，见图 4-15。进口截止阀后装有节流孔直接向油缸高压侧和危急遮断油路供油。试验电磁阀安装在安全油和有压回油之间，为二位三通阀（此处作为二位二通阀来使用），用于远距离关闭中压主汽阀以进行定期的阀杆活动试验。当试验电磁阀动作时，它迅速地将某个中压主汽阀的 AST 油泄去，从而引起卸荷阀动作。中压主汽阀油动机的卸荷阀和高压调节阀相同，为普通溢流阀。

2. 中压主汽阀油动机的工作过程

在正常运行状态下，试验电磁阀不带电（关闭），将卸荷阀后的安全油至有压回油管路切断。当中压主汽阀试验快关时，试验电磁阀带电，将卸荷阀后的安全油路和有压回油接通，泄去安全油，使中压主汽阀快速关闭。同时，由于安全油止回阀的作用，所以不会对安全油母管造成影响。由于高压油有节流孔，高压油通过卸荷阀持续泄放时，不会造成油系统流量大增和压力下降。

在汽轮机未挂闸时，高压油通过快速卸荷阀上的节流孔向安全油母管不断补油，但由于安全油母管未建立油压，卸荷阀被打开，通过节流孔的高压油被泄放，油动机无法打开。汽轮机挂闸后，安全油母管建立油压，卸荷阀关闭，油动机自动开启。汽轮机打闸时，安全油母管泄油，卸荷阀被打开，油缸高压侧通过卸荷阀与有压回油管路连通，中压主汽阀在弹簧力作用下迅速关闭。需要人为关闭中压主汽阀时，试验电磁阀带电，将安全油管路与有压回油管路连通，卸荷阀被打开，形成类似于打闸的状态。

（四）中压调节阀油动机

中压调节阀在汽轮机启动时有控制蒸汽流量的功能，因此中压调节阀的油动机为控制型油动机。中压调节阀油动机垂直安装，向上拉出为开。油动机为单侧进油，由液压力开启，依靠弹簧力关闭，中压调节阀油动机比高压主汽阀油动机多装了一个快关电磁阀（其余的均相同）。快关电磁阀用于远距离关闭中压调节阀，正常运行时，快关电磁阀是断电的，使高压油能直接通到卸荷阀的上部腔室；当快关电磁阀通电时，它改变其位置并打开回油通道，切断高压油供给，将中压调节阀关闭。在中压调节阀进行阀杆活动试验时，通过电子控制器使快关电磁阀通电。中压调节阀油动机油系统见图 4-16，中压调节阀油动机结构及工作过程与高压主汽阀相同，不再重述。

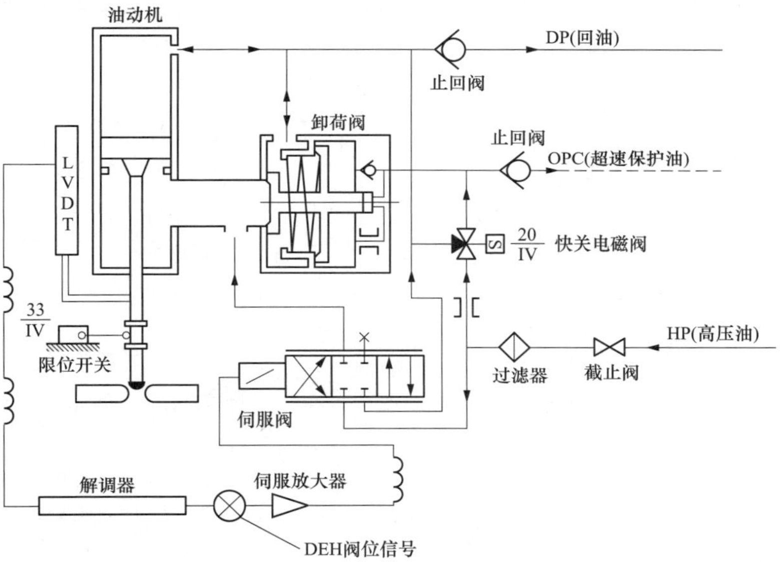

图 4-16　中压调节阀油动机油系统

二、液压控制系统

液压控制系统的功能是根据数字电液调节系统中数字部分的输出控制蒸汽阀的开度，实现汽轮机的自动调节、自动控制和自动保护功能。下面主要以液压控制系统实现自动保护功能为例，介绍液压控制系统。

汽轮机在高温、高压和高转速下工作，为了防止汽轮机在运行中因部分设备故障而导致汽轮机发生重大损坏事故，汽轮机都设计了完善的自动保护系统。汽轮机自动保护系统是对汽轮机的某些运行参数进行监视，当这些参数超过其运行规定值时，汽轮机保护系统发出遮断信号，关闭汽轮机的进汽阀，防止事故扩大，所以汽轮机保护系统也称保安系统。被监视的参数有汽轮机转速、推力轴承磨损、轴向位移、轴承润滑油压、凝汽器真空、抗燃油压等。由于发出的遮断信号不同，汽轮机保护系统分超速保护（OPC）、危急遮断保护（ETS）和机械保护系统三种。超速保护（OPC）和危急遮断保护（ETS）是汽轮机的主要保护，机械保护系统是超速保护（OPC）和危急遮断保护（ETS）的备用保护，随着电子自动化水平的提高，许多国外汽轮机已经不设计机械保护系统。为了保证汽轮机安全，我国汽轮机都设计了机械保护系统。下面以上海汽轮机厂生产的350MW热电联产机组为例，介绍汽轮机保护系统。

（一）超速保护和危急遮断保护控制油系统

1. 超速保护和危急遮断保护控制油系统的主要设备

超速保护和危急遮断保护控制油系统由危急遮断控制块（也称电磁阀组件）、压力开关、隔膜阀和空气引导阀等组成。

（1）危急遮断控制块。危急遮断控制块安装于汽轮机前轴承座旁，其主要功能是将4只自动停机电磁阀（20/AST）、两只超速保护电磁阀（20/OPC）和两只单向阀组合在一起成为一个整体，危急遮断控制块内加工了必要的通道连接各元件，所有孔口都用螺塞塞住，每个螺塞都用O形圈密封，危急遮断控制块的布置见图4-17，危急遮断控制块中各部件的连接方式见图4-18。

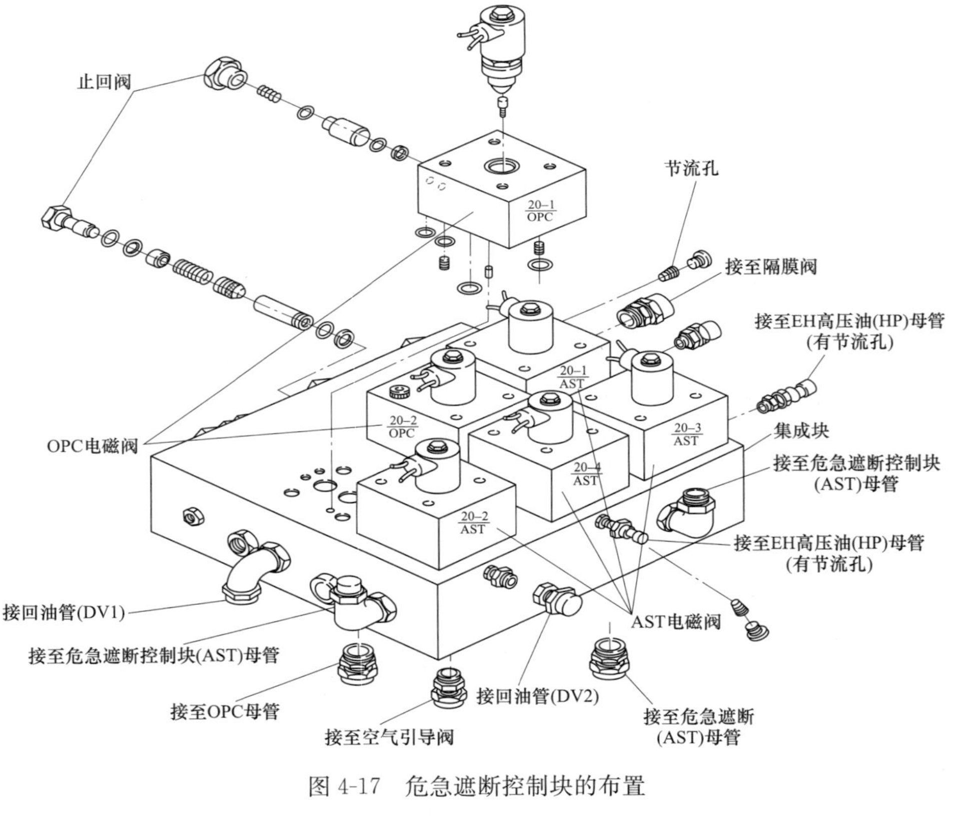

图4-17　危急遮断控制块的布置

1）OPC和AST电磁阀的结构。OPC电磁阀为先导型两位二通阀，采用直流电磁铁，为常闭型（运行中失电关闭），先导控制油路为内部供油，见图4-19（a）。在机组超速（超过3090r/min）或甩负荷（当机组负荷大于30%额定负荷）时打开，泄去OPC母管油压，使高、中压调节阀迅速关闭。

AST电磁阀结构与OPC电磁阀类似，采用交流电磁铁，为常开型（运行中带电关闭），

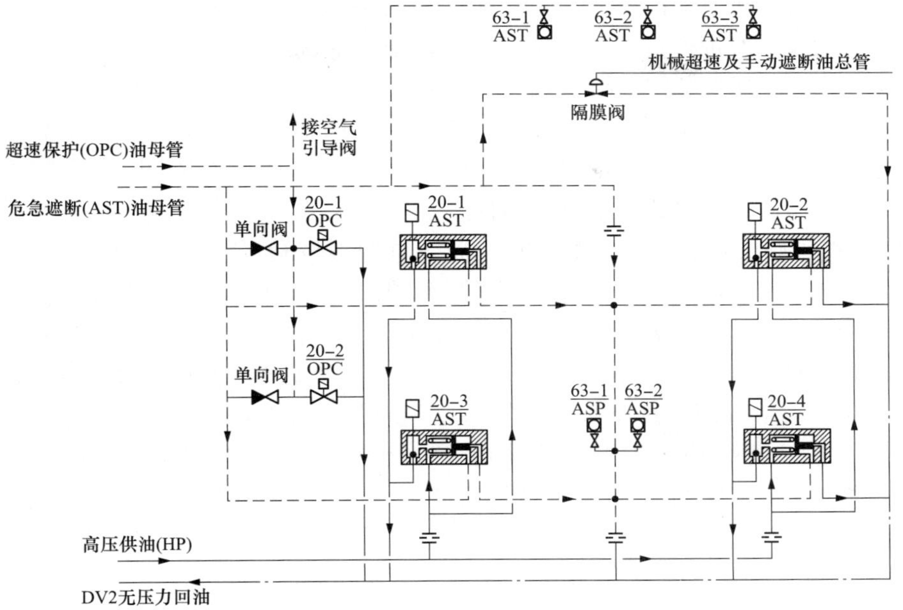

图 4-18 危急遮断控制块中各部件的连接方式

先导控制油路为外部供油（由高压油通过节流孔提供），见图 4-19（b）。在机组超速（超过 3300r/min）时打开，泄去 AST 母管油压，同时 OPC 母管通过两单向阀泄压，使高、中压主汽阀和调节阀迅速关闭。

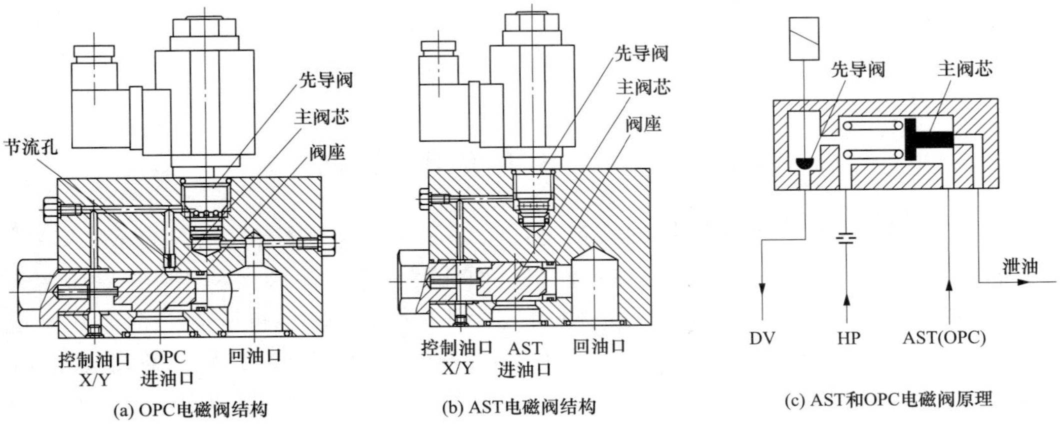

图 4-19 AST 和 OPC 电磁阀结构

2）OPC 电磁阀的功能与工作原理。OPC 电磁阀只对 DEH 调节器来的信号产生响应，例如当机组转速达到 103%额定转速时，由 DEH 调节器对 OPC 电磁阀发出指令，通过快速卸荷阀，把高、中压调节阀油动机内的控制油泄去，从而关闭调节阀，防止因继续超速而引起 AST 电磁阀动作。在各调节阀关闭后，机组的转速下降，DEH 调节器重新发出指令关闭 OPC 电磁阀，OPC 总管建立油压，调节阀重新恢复控制功能。采用这种保护方式可避免机组频繁启停。

为了安全起见，超速保护控制系统的两个电磁阀（OPC1 和 OPC2）采用并联回路，其中只要有一路动作，便可通过高、中压调节阀油动机的快速卸荷阀，释放油动机内的控制油，快速关闭高、中压调节阀，防止超速，在此过程中由于单向阀将 OPC 电磁阀和 AST 电磁阀的油路隔断，AST 总管油压不会泄去，高压主汽阀和中压主汽阀不会关闭。转速降至正常转速后，由 DEH 调节器根据分析故障结果发出指令，关闭 OPC 电磁阀，OPC 总管建立油压，高、中压调节阀重新恢复控制功能。

3）AST 电磁阀的功能及其工作原理。AST 电磁阀与 OPC 电磁阀相似，只对 DEH 调节器来的信号产生响应，当 DEH 监测的参数达到保护动作值时，由 DEH 调节器对 AST 电磁阀发出指令，AST 电磁阀动作，泄掉 AST 总管油压，同时 OPC 总管油压通过单向阀也泄掉，各蒸汽阀的快速卸荷阀动作，把高、中压主汽阀及调节阀油动机内的控制油泄去，使高压主汽阀、中压主汽阀、高压调节阀和中压调节阀全部关闭，汽轮机遮断停机。因此，AST 电磁阀保护功能是 OPC 电磁阀保护功能的上一层保护，AST 电磁阀动作后，汽轮机必须重新启动。为了确保 AST 电磁阀安全可靠，采用了串联和并联混合连接方式，其连接方式可简化成图 4-20。

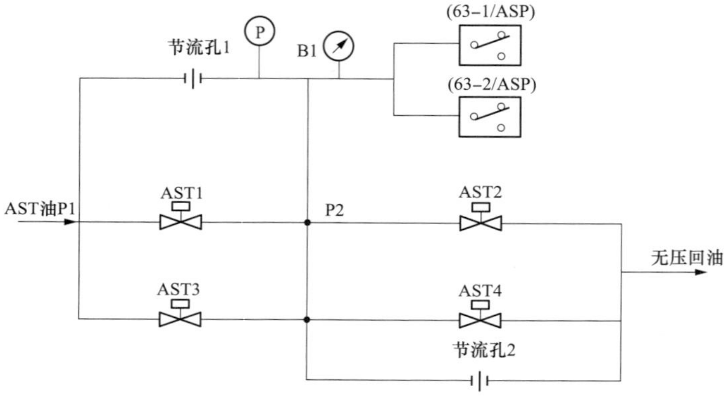

图 4-20　AST 电磁阀的混合连接简化图

从图 4-20 可以看出，这种连接的特点是：①串联油路中的任何一路电磁阀（AST1、AST2 或 AST3、AST4）动作，都会造成停机，而任何一个电磁阀误动作，不会引起误停机；②并联油路中，任何一个奇数号电磁阀（AST1 和 AST3）和任何一个偶数号电磁阀（AST2 和 AST4）动作，系统都会以顺序或交叉动作停机；③奇数号电磁阀（AST1 和 AST3）和偶数号电磁阀（AST2 和 AST4）分别由危急遮断系统控制柜中各自的继电器保持供电；④由于采取了双路双阀的顺序或交叉连接系统，不仅确保了系统的动作可靠，而且当任何一个阀不动作或做在线试验时，系统仍然具有保护功能；⑤该系统只有在一对奇数号或偶数号电磁阀都不起作用的双重故障下，保护系统才会失效，显然这种概率极小。

由上述分析可知，液压系统是 4 个 AST 电磁阀串、并联混合连接，继电器控制逻辑系统是双通道（AST1、AST3 和 AST2、AST4）系统，因此，可在保护系统中的任意一个电气或液压元件发生故障时，都能保证系统可靠地工作，而且误动作的可能性也减至最小。在汽轮机运行时，每一通道可以单独地进行在线试验，不会产生遮断或在实际需要遮断时拒动。在试验时，因为通道的电源是隔离的，所以每次只能试验一个通道。

AST 电磁阀的工作原理：当机组正常运行时，AST 电磁阀的绕组是通电的，见图 4-19（c），该阀左侧中间垂直位置的一级阀小室的泄油孔被电磁力所关闭，在该室内建立油压，该油压和弹簧使水平位置的二级阀关闭，机组处于正常的工作状态。当 ETS 系统中任一参数处于遮断状态时，控制逻辑总系统中的相应继电器把电路断开，结果使 AST 电磁阀失电，一级阀的泄油口被打开，控制小室的油压很快下降，使与该室连通的二级阀的端面上的作用力减小，于是另一侧油压使该级滑阀向左运动，泄去遮断油总管中的安全油，快速卸荷阀也因油压下降而将油动机腔室内的控制油泄去，从而关闭所有的蒸汽阀，实现紧急停机。

4）单向阀（止回阀）。危急遮断控制块上有两个止回阀，分别安装在 AST 自动停机危急遮断油路和 OPC 超速保护控制油路之间，当 OPC 电磁阀动作、AST 电磁阀不动作时，单向阀维持 AST 油路的油压，使高、中压主汽阀保持全开，待转速降低到额定转速时，OPC 电磁阀失电关闭，高、中压调节阀重新打开，继续行使控制转速的功能。当 AST 电磁阀动作、OPC 电磁阀不动作时，AST 油路的油压下降，OPC 油通过两个止回阀油压也下降，使所有的进汽阀关闭。

（2）压力开关。从危急遮断控制块接出两只压力开关 63-1/ASP 和 63-2/ASP，见图 4-20。这两只压力开关有两个功能：一是用来监视供油压力和 AST 通道的状态；二是做 AST 电磁阀在线活动试验时，监视电磁阀动作的正确性。在 AST 电磁阀均密封严密时，ASP 压力测点应稳定在一个压力范围（通常为 AST 油压的 1/2 左右，以实际为准）。若通道 1（AST1、AST3）中的一个电磁阀打开（或泄漏）时，ASP 测点压力升高，开关（63-1/ASP）动作报警；若通道 2（AST2、ASI4）中的一个电磁阀打开（或泄漏）时，ASP 测点压力降低，开关（63-2/ASP）动作报警；若在试验中 ASP 测点压力无变化，开关（63-1/ASP 和 63-2/ASP）不动作，则可能为电磁阀未动作或阀体通流堵塞。另外，还有 3 只压力开关（63-1/AST、63-2/AST、63-3/AST），这 3 只压力开关是用来监视汽轮机状态的，当其中的两只动作时，机组自动遮断停机（见图 4-18）。

（3）隔膜阀。隔膜阀连接着透平油（低压安全油）系统与 EH 油（高压安全油）系统，其作用是当透平油系统的安全油压力降到不允许的程度时，可通过 EH 油系统遮断汽轮机，见图 4-21。隔膜阀装于前轴承座的侧面，当汽轮机正常运行时，透平油通入阀盖内隔膜（或活塞）上面的腔室中，克服了弹簧力，使阀保持在关闭位置，堵住 EH 危急遮断油母管通向回油的通道，使 EH 危急遮断油（AST）母管压力得以建立，保证各蒸汽阀在开启状态。

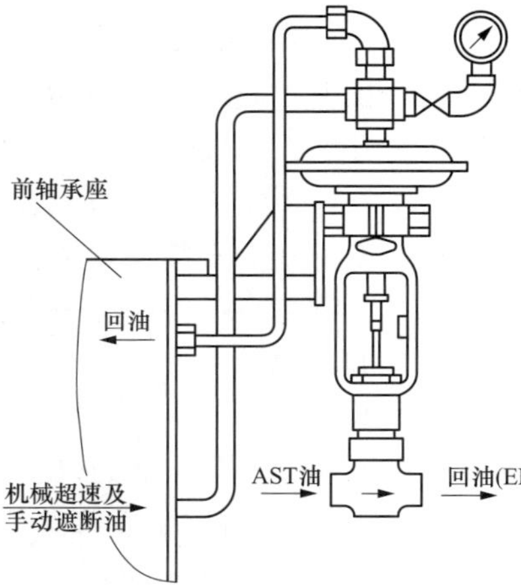

图 4-21 隔膜阀

机械超速遮断机构或手动超速试验杠杆的单独动作（或同时动作），均能使透平安全油压力降低或消失，因而使压缩弹簧打开隔膜阀把 EH 危急遮断油排到回油管，AST 安全油迅速失压将汽轮机所有的进汽阀关闭。

（4）空气引导阀。空气引导阀安装在危急遮断控制块的下方，是抽汽止回阀与 EH 油系统之间的一个接口，控制着所有抽汽止回阀气缸的气源。

空气引导阀其实就是一个两位三通阀，主要包括以下几个部件：油缸、阀杆、双向密封阀芯、密封座、弹簧、弹簧座及相关拉杆、螺栓等，见图4-22。油动机杆与阀杆并不直接相连，运行中依靠OPC油压顶出油动机杆，油动机杆克服弹簧力顶动阀杆，将阀芯推向密封座1，从而关闭通大气接口，连通压缩空气和抽汽止回阀气缸进气管。此时抽汽止回阀具备开启条件，可以通过DCS操作抽汽止回阀的进气电磁阀来开启抽汽止回阀。当机组超速或已遮断时，OPC油母管泄压，失去液压作用的阀杆在弹簧力推动下，将空气引导阀的阀芯推向密封座2，同时油动机杆回缩。此时，空气引导阀将压缩空气接口封闭，抽汽止回阀气缸进气管与排大气口连通，强制关闭抽汽止回阀，以防止机组超速。

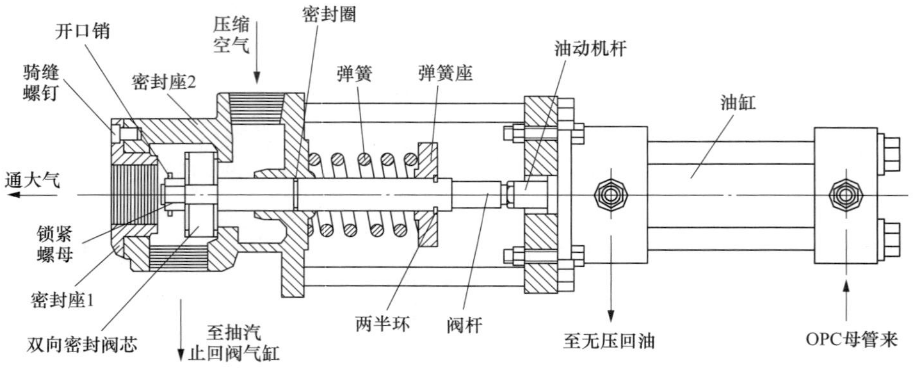

图4-22　空气引导阀

2. 保护试验系统

保护试验系统可在机组运行中对保护系统的保护功能进行试验，使保护系统处于良好的工作状态。通常情况下，机组保护系统的各监视参数都设计有试验系统，下面以EH油压（运行中，液压控制系统油压应维持在一定范围内；当液压控制系统油压低至某一值时，ETS保护动作，汽轮机紧急停机）试验为例做简要介绍。

（1）EH油压试验系统。EH油压试验系统由一个钢制试验块、两个压力表、两个压力表阀、两个试验电磁阀、一个供油针阀、两个手动试验针阀、两个节流孔塞和两个管接头（接压力开关）组成，安装在前轴承箱附近，见图4-23。EH油压试验系统设计成双通道，见图4-24，系统供油经节流孔板后与回油管相连，在节流孔板后的供油管上接有压力开关取样管，压力开关安装在端子箱中，在两个通道中均有一个节流孔，以确保试验过程中两个通道互不影响。在供油端有一个供油针阀，EH油压试验系统检修时应关闭供油针阀，防止影响系统的其他部件。

（2）EH油压试验方法。EH油压试验可在机组运行中进行，试验时，用试验电磁阀控制油压，由于两个试验电磁阀电路是互锁的，所以两个试验电磁阀不会在试验时同时打开（避免保护动作而停机），当某一试验电磁阀打开时，该试验电磁阀对应的压力开关闭合，将电信号送到对应的AST电磁阀而动作（在试验中只有两个AST电磁阀都动作，才会造成保护系统动作）。在上述试验中，若对应的AST电磁阀正常动作，则试验合格；若对应的AST电磁阀不能正常动作，则试验不合格，应及时进行处理，处理后应重新试验，直到合格为止。试验时也可用手动阀进行，试验效果与用试验电磁阀相同，用手动阀试验时必须轮流打开两个手动阀（不可同时打开两个手动阀），否则会造成保护系统动作而停机。

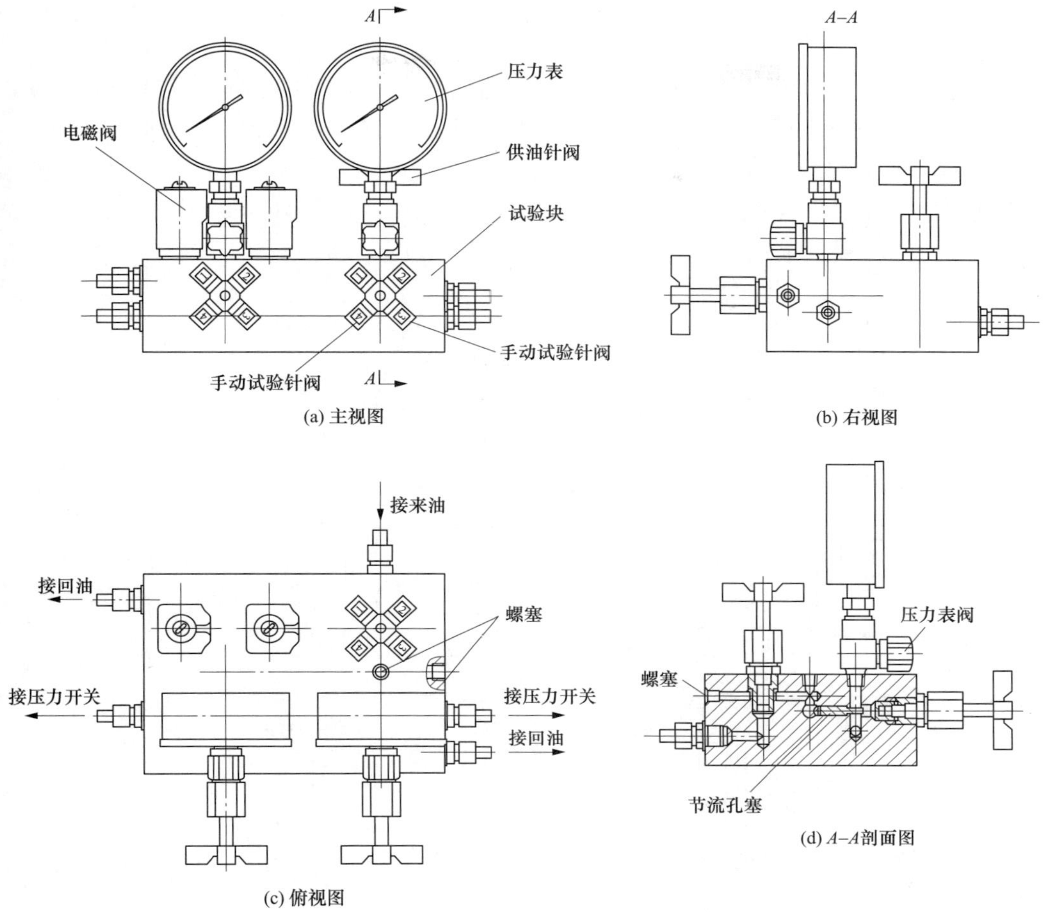

图 4-23 试验块与各组件的装配

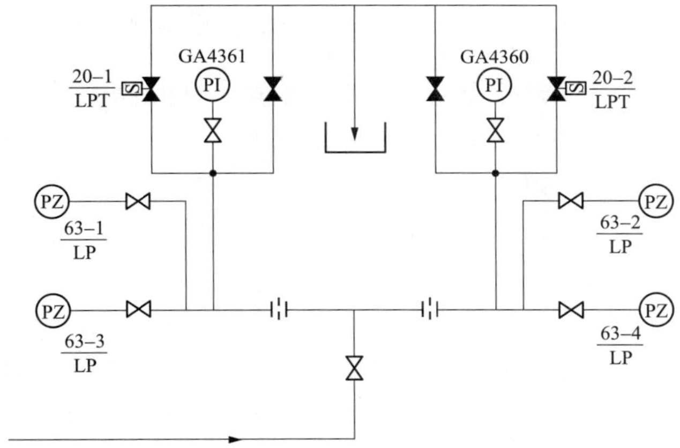

图 4-24 EH 油压试验原理系统

轴承润滑油压力和凝汽器真空也有试验系统，其原理与 EH 油压力试验相同，这里不再重复。

（二）机械保护系统

机械保护系统是利用机械原理防止汽轮机超速的装置，它的功能是防止 OPC 保护和 ETS 保护同时故障时出现汽轮机超速。下面对机械保护系统作一介绍。

1. 机械保护系统的设备

机械保护系统由危急遮断器、危急遮断滑阀、试验滑阀、超速试验手柄、隔膜阀、试验截止阀、喷油嘴、复位手柄、气缸、电磁阀等组成，见图 4-25。

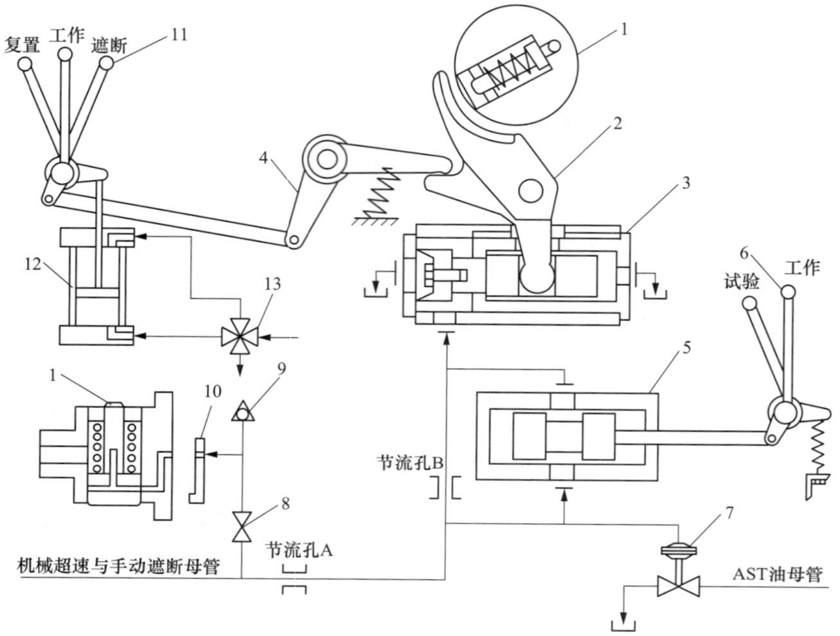

图 4-25　机械超速保护系统原理图

1—危急遮断器；2—碰钩；3—危急遮断滑阀；4—遮断复置连杆；5—试验滑阀；6—超速试验手柄
7—隔膜阀；8—试验截止阀；9—压力表；10—喷油嘴；11—复位手柄；12—气缸；13—电磁阀

（1）危急遮断器。危急遮断器为一飞锤式传感器，飞锤装于转子延伸轴（主油泵轴）的横向孔中，见图 4-26。飞锤的质量中心与转子的几何中心偏置，并通过弹簧将飞锤紧固在横向小孔中，利用弹簧约束力与离心力平衡的原理来设计动作的转速，假设飞锤的质量为 m，飞锤质量中心与转子几何中心的偏心距为 a，飞锤出击距离为 x，离心力为 C，转子角速度为 ω，则飞锤离心力与角速度的关系为

$$C=m(a+x)\omega^2$$

从式中可以看出，只要确定了转子角速度，便可计算出离心力，再根据弹簧的约束力 F 的方向与离心力的方向相反，可以得到约束力 F 与离心力 C 的关系：当 $C<F$ 时，飞锤不出击；当 $C\geqslant F$ 时，飞锤出击，通过机械遮断系统动作而实现紧急停机。机械式超速保护整定值较高，一般为 110%～112%额定转速。

（2）危急遮断滑阀。危急遮断滑阀与危急遮断器配套使用，由壳体、套筒、滑阀、挡板、压缩弹簧及扭弹簧组成，它的作用是危急遮断器飞锤出击时，滑阀在底部弹簧的作用下

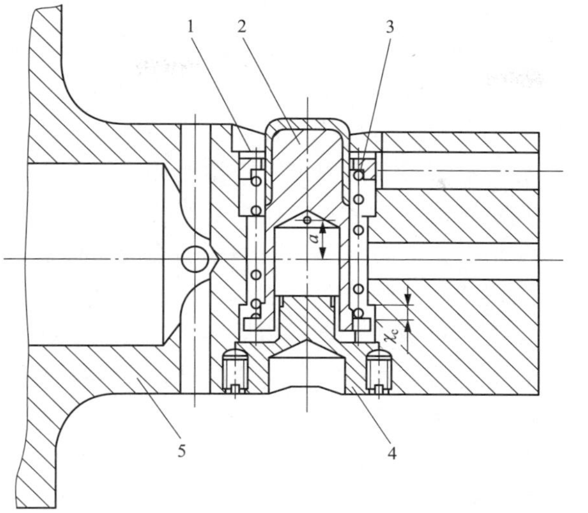

图 4-26 飞锤式危急遮断器

1—弹簧定位器；2—飞锤；3—飞锤弹簧；4—平衡组块；5—遮断器体；χ_c—飞锤飞出的最大距离

向上弹起，打开安全油泄油口，使低压安全油路的油压迅速下降，隔膜阀快速动作打开，泄掉 AST 母管油压，机组遮断掉闸。危急遮断滑阀的特点是排油量大、动作灵活、使用方便。

（3）节流孔。机械保护系统中有两个节流孔 A 和 B，节流孔 A 的直径较大（$\phi32$），节流孔 B 的直径较小（$\phi16$），两个节流孔与试验滑阀相配合，既可避免机械保护系统对润滑油系统的影响，又能实现遮断和试验功能。

（4）试验滑阀。试验滑阀由壳体、套筒和滑阀组成，它的作用是与节流孔相配合实现工作与试验功能，在超速试验手柄的控制下接通或断开油路，接通油路为工作状态，断开油路为喷油试验状态。试验滑阀的状态由超速试验手柄控制。

（5）复位手柄。复位手柄是人为控制危急遮断滑阀的机构，它有复置、工作和遮断三种状态。机组启动时，将复位手柄推至复置位置，使碰钩复位，将危急遮断滑阀的油路关闭，机械保护系统建立油压，将隔膜阀关闭，实现机械挂闸，机组挂闸后将复位手柄打到工作位置；机组在紧急状态下需要快速停机时，将复位手柄推至遮断位置，连杆带动碰钩动作，将危急遮断滑阀的油路接通，机械保护系统油压快速降低，将隔膜阀打开，实现紧急停机。复位手柄可以就地手动操作，也可在控制室内通过操作电磁阀利用压缩空气操作。

（6）超速试验手柄。超速试验手柄是机械保护系统工作与试验两种状态的切换机构。正常情况下超速试验手柄处于工作状态，此时超速试验手柄将试验滑阀油路接通；当做定期喷油试验时将超速试验手柄置于试验状态，此时超速试验手柄将试验滑阀油路断开。

（7）喷油嘴。喷油嘴用于做喷油试验时向危急遮断器喷入压力油，推动飞锤在未达到飞出转速下飞出，以试验飞锤的灵活性。

2. 机械保护系统的工作过程

（1）机械挂闸。汽轮机启动前将超速试验手柄置于工作位置，使试验滑阀的油路接通，再将复位手柄推至复置位置，带动碰钩复位将危急遮断滑阀的油路关闭，机械保护系统建立油压，将隔膜阀关闭，完成机械挂闸，并将复位手柄置于工作位置。

（2）机械保护。汽轮机在3000r/min正常运行时，飞锤因偏心所产生的离心力不足以克服弹簧反方向的约束力，飞锤不出击。当机组超速时，随着转速的增加，离心力也相应增加，弹簧约束力也随之增加，当转速达到整定转速（110%～112%额定转速）时，离心力大于弹簧的约束力使飞锤出击。出击的飞锤撞击在脱扣碰钩上，克服扭弹簧的力使碰钩围绕其转轴旋转而脱扣，使危急遮断滑阀在弹簧力的作用下将排油口打开，保安油经过试验滑阀后从危急遮断滑阀泄掉，隔膜阀因其上部机械遮断油压的降低而打开，危急遮断油总管泄油并失压，从而使高、中压主汽阀和调节阀关闭，切断汽轮机的全部进汽，机组停机。汽轮机停止进汽后，转速逐渐下降，当转速降低到遮断值以下时，由于离心力降低比约束力降低快，弹簧的约束力使飞锤退回到出击前的原位，其对应的转速，称为复位转速。考虑机组重新启动时方便，一般复位转速稍高于额定转速，约为3050r/min。当飞锤复位后，机组若要继续运行，必须重新挂闸建立机械遮断油压，关闭隔膜阀。

（3）紧急停机。当机组运行中发生异常情况需要紧急停机时，将复位手柄推至遮断位置或遥控停机电磁阀，连杆带动碰钩动作，将危急遮断滑阀的油路接通，机械保护系统油压快速降低，将隔膜阀打开，实现紧急停机。

3. 机械保护系统的试验

机械保护系统中飞锤出击转速一般为额定转速的110%～112%，为了保证飞锤出击转速的准确性，应定期进行试验。

（1）喷油试验。喷油试验可检查飞锤动作的可靠性，喷油试验既可在汽轮机启动定速后进行，也可在汽轮机正常运行中进行。在进行喷油试验时，为了防止汽轮机跳闸停机，必须先将试验滑阀置于试验位置，关断试验滑阀油路，保证试验不会引起隔膜阀动作；打开喷油试验截止阀，将主油泵出口的压力油通向装在汽轮机前轴承箱前端的喷油嘴，喷入转子端部的中心孔，经油通道注到飞锤，当机组处于额定转速（3000r/min）时，在离心力和喷油压力共同推动下飞锤飞出。飞锤飞出时撞击碰钩，碰钩打开危急遮断滑阀泄油，此时由于试验滑阀处于关闭状态（试验状态），机械遮断油通过节流孔B的流量较小，不会影响隔膜阀的安全油压，隔膜阀保持关闭，因此不会造成停机。在遮断机构动作正确后，关闭喷油试验截止阀，飞锤油流逐渐泄去，油压消失后飞锤便能复位。由于复位转速较正常转速高，因此油压消失后飞锤很快可以复位。飞锤复位后，将试验滑阀置于工作位置，喷油试验结束，关闭喷油试验截止阀。

在做喷油试验时，喷嘴前油压大小决定了飞锤的动作，并用压力表指明危急遮断器飞锤动作时所需的油压，把本次试验压力与以前试验压力进行比较，可以判定危急遮断器动作是否正常。为了使结果有可比性，在做喷油试验时，转子转速必须严格保持额定转速（3000r/min），转子的端面与喷嘴之间的距离必须一定（喷油试验的条件及具体操作将在第八章第四节介绍。

（2）机械超速试验。为保证汽轮机的机械超速保护动作准确，即机械超速危急遮断器的飞锤动作转速准确（要求转速在额定转速的1.10～1.12倍时，危急遮断器动作），应当定期进行超速试验，以校验飞锤动作转速的设定值，试验应进行两次，动作转速范围为3300～3360r/min，两次动作转速之差不应超过18r/min。根据制造厂要求，在以下情况下应做机械超速试验：①机组大修后；②连续运行2000h后无法做危急遮断保安器注油试验或注油试验不合格；③新机组安装后首次启动时；④机组甩负荷试验前；⑤危急保安器解体或调整后；⑥停机备用一个月以上重新启动。

机械超速试验前应确保各个进汽阀的严密性试验合格，在机械超速试验期间，解除其他超速保护，在手动遮断旁应当有运行人员。进行超速试验时，汽轮机的转速由 DEH 控制器控制，设定目标转速为 3360r/min、目标升速率为 100r/min^2。当转速达到汽轮机额定转速的 110%～112%时，如果危急遮断器不动作，应立即手动遮断停机。如果危急遮断器动作性能不符合要求，应该停机进行全面检查，重点检查飞锤是否卡涩。如果检查没有发现问题，可能是飞锤上弹簧的预紧力过大，阻止了飞锤在规定的转速内出击，用专用工具进行飞锤弹簧压缩量调整（调整时弹簧保持环每旋转一圈，其动作转速变化 330r/min 左右）。飞锤弹簧做调整后，均应重新做超速试验，直到合格为止（超速试验的条件及具体操作将在第八章第四节介绍）。

超速试验的转速达到额定转速的 1.10～1.12 倍时，转子的离心力较正常转速大 23%以上，为了防止超速试验带来的危险，在做超速试验时不允许转子有其他热应力，也不允许转子处于低温脆性转变温度以下进行试验。因此，在启动后带上 10%～15%额定负荷进行 3～4h 暖机，使转子温度均匀升高；然后方允许减负荷至零进行超速试验，试验时间不允许过长，一次限制 15min。如果进行定期试验，机组长期在 10%额定负荷以上运行时，不必在 10%负荷下停留（因为转子温度已经均匀）。

第五章

汽轮机油系统

汽轮机油系统的作用是向液压控制系统、润滑油系统、顶轴油系统以及发电机密封油系统等供油，保证汽轮发电机组安全可靠运行。运行中供油中断会造成设备损坏，系统漏油会引起火灾，油压波动会导致调节系统的不稳定，因此油系统必须可靠供油。老式小容量汽轮发电机组只用一套油系统，随着机组参数的提高和容量的增大，将汽轮机油系统分成润滑油系统和调节油系统。润滑油系统主要向汽轮机和发电机轴承供油，另外，机械超速保护的危急遮断油、汽轮机顶轴油以及发电机的密封油也由润滑油系统供给；调节油系统主要向汽轮机液压控制系统供油。汽轮机的润滑油系统和调节油系统相互独立，润滑油系统中的介质为润滑油，润滑油是高质量、均质的防锈精炼矿物油（一般采用 ISO VG32 透平油），并且必须添加防腐蚀和防氧化的成分，润滑油的燃点较低，有一定火灾隐患。调节油系统中的介质为抗燃油，抗燃油是一种人工合成油（由磷酸酯组成），有一定毒性，大量接触后会造成四肢麻痹，对皮肤、眼睛和呼吸道有一定刺激作用，抗燃油的燃点高，虽然在极高温度下也能燃烧，但不传播火焰，着火后能很快自灭，并且抗燃油具有较高的热氧化稳定性。下面以 350MW 超临界热电联产汽轮发电机组为例，介绍汽轮发电机的油系统。

第一节　润 滑 油 系 统

350MW 超临界热电联产汽轮发电机组润滑油系统向汽轮机支持轴承、推力轴承、盘车装置和发电机轴承提供润滑油，向顶轴油系统提供压力油，向发电机密封油系统提供密封油，向机械超速保护提供安全遮断油，见图 5-1。在盘车、启动、停机、正常运行和事故工况下，实现润滑轴承、顶起汽轮机主轴、密封发电机内氢气和防止汽轮发电机超速的功能。

一、润滑油系统的主要设备

润滑油系统由主油箱、主油泵、注油器、高压启动油泵、交流润滑油泵、直流润滑油泵、冷油器、油烟分离器、排烟风机和连接管道及附件等组成。

1. 主油箱

随着机组容量的增加，机组润滑油系统的用油量也随之增加，油箱的容积也越来越大，为了使油系统设备布置紧凑以及安装、运行、维护方便，大型机组采用集装式主油箱。集装式主油箱使油系统布置简化、运行维护方便、有利于防火，提高了机组运行的安全可靠性。

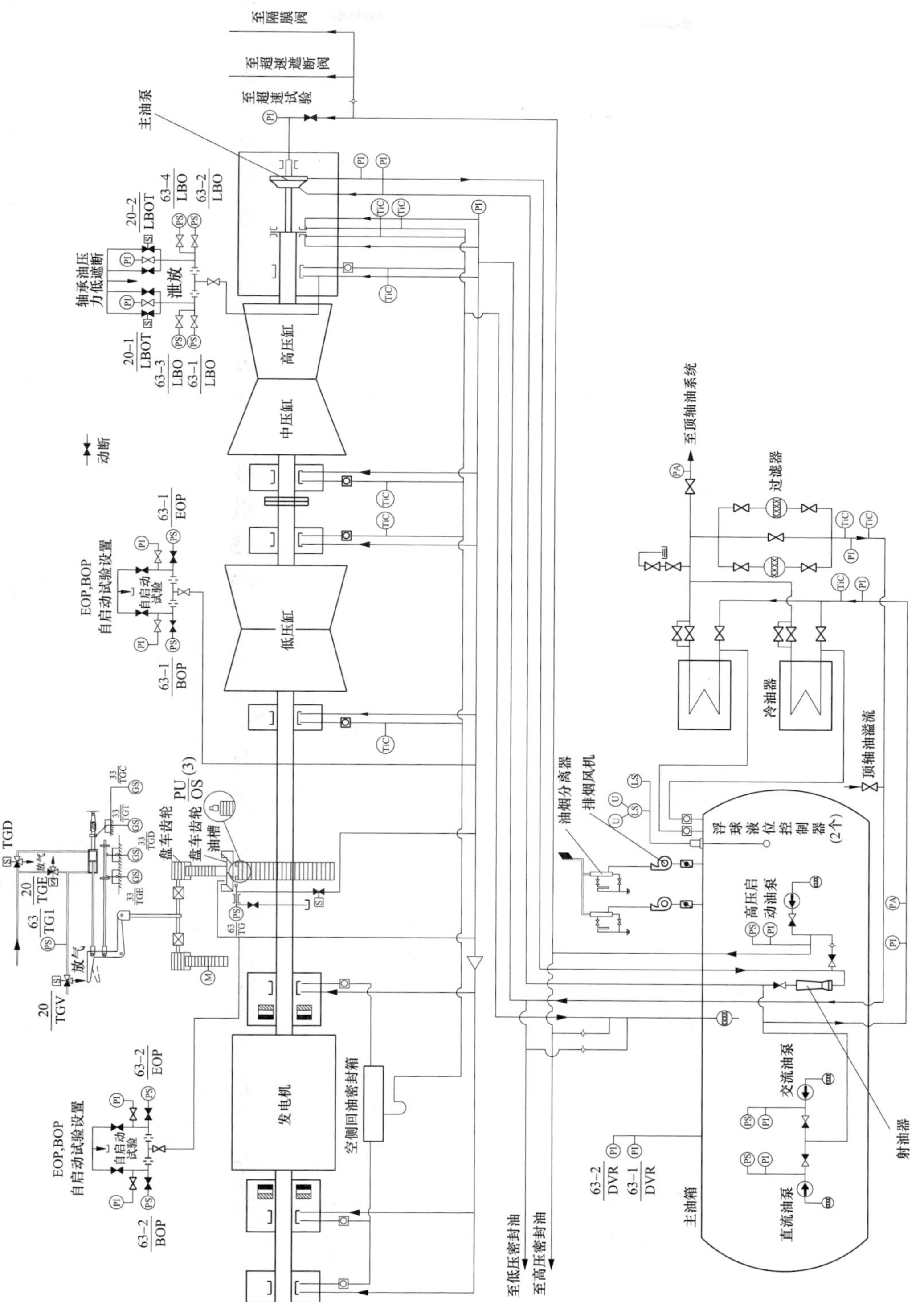
至隔膜阀
至超速遮断阀
至超速试验
主油泵
轴承油压力低遮断
泄放
高压缸
中压缸
低压缸
发电机
动断
EOP,BOP自启动试验设置
自启动试验
盘车齿轮
油槽
放气
空侧回油密封箱
至低压密封油
至高压密封油
至顶轴油系统
过滤器
冷油器
顶轴油溢流
油烟分离器
排烟风机
浮球液位控制器(2个)
高压启动油泵
射油器
交流油泵
直流油泵
主油箱

图 5-1 润滑油系统

主油箱是一大型卧式碳钢容器，安装在汽机房零米，外形尺寸为5810mm×3020mm×3600mm（长×宽×高），总容积为39m³，所需的轴承润滑油、密封油、顶轴油和机械超速保护遮断油都储存在主油箱内。油泵从油箱内抽取润滑油送至各系统中，所有的回油也均回到主油箱。高压启动（密封）油泵、交流润滑油泵、直流润滑油泵、排烟风机、电加热器、液位指示器、压力表等都装在油箱顶部。射油器装在油箱底部，射油器和各种泵的出口用管道连接。主油箱顶部装设有人孔，底部有一排污口。

2. 主油泵

主油泵为单级双吸离心式泵，安装于前轴承箱内，由汽轮机转子直接驱动，它可向射油器提供动力油，向发电机提供密封油，向机械保护系统提供工作油。主油泵吸入口油压为0.09～0.137MPa，出口油压为1.6～2.0MPa。由于主油泵不能自吸，在汽轮机启停阶段，各系统用油要靠交流润滑油泵和高压启动油泵供给；当转速达到额定转速的90%左右时，主油泵就能正常工作，应进行主油泵与高压启动油泵、交流润滑油泵的切换。主油泵的结构已在第三章的第二节做了介绍，见图3-26。

3. 射油器（注油器）

射油器安装在主油箱内油面以下，见图5-2，其优点是结构简单、工作稳定、易于制造和调整，缺点是噪声大且效率不高。射油器由喷嘴、吸入室（混合室）、扩压管、安装圆盘、止回板和滤网等组成，喷嘴的进口与提供动力油的主油泵出口管道相连，工作时，主油泵来的压力油进入射油器后首先经过多孔喷嘴，在喷嘴内压力降低，速度增大，形成高速射流，由于高速射流的卷吸作用，使整个吸入室形成真空，油箱中的油被吸进吸入室，并与高速油流混合一起进入射油器扩压管，在扩压管内速度降低，部分动能又转变为压力能，使压力升高到系统所需要的出口压力。在射油器扩压管后装有一个摇板式止回阀，它在射油器不工作时，可以防止油从系统中经射油器倒流回油箱。在吸入室内吸油孔的上方，装有一可上下移动的止回板，当主油泵和射油器正常工作时，混合室是负压，止回板被顶起，油箱中的油可通过8个吸油孔吸入混合室。而在机组启动、停机等过程中辅助油泵供油时，止回板落下，阻止系统中的油经射油器倒流回油箱。这个止回板是射油器特有的结构，它与扩压管后的止回阀一起将油倒流的可能性减小到最低程度。为防止异物进入注油器，在射油器的吸油口附近装有一可拆卸的多孔钢板滤网，这个滤网还起稳定射油器工作的作用。

4. 高压启动油泵

高压启动油泵是齿轮泵，该泵的特点是结构简单、体积小、质量轻、工作可靠、自吸性能好、对油液污染不敏感、维护方便等，但该泵流量和压力脉动大、噪声大、排量不可调节以及容积效率低。齿轮泵是由两个齿轮相互啮合在一起而构成，它是依靠轮齿啮合空间的容积变化来输送液体的，属于容积泵。齿轮泵的种类较多，按啮合方式可以分为外啮合齿轮泵和内啮合齿轮泵；按轮齿的齿形可分为正齿轮泵、斜齿轮泵和人字齿轮泵等。高压启动油泵为外啮合人字齿轮泵，其结构如图5-3所示，由主动齿轮、从动齿轮、泵体、泵盖等组成，泵体、泵盖和齿轮构成的密封空间就是齿轮泵的工作室，两个齿轮的轴分别装在两泵盖上的轴承孔内，主动齿轮轴伸出泵体，由电动机带动旋转。齿轮泵工作时，主动齿轮随电动机一起旋转并带动从动齿轮跟着旋转。当吸入室一侧的啮合齿逐渐分开时，吸入室容积增大，压力降低，便将吸入管中的液体吸入泵内，吸入液体分两路在齿槽内被齿轮推送到排出室。液体进入排出室后，由于两个齿轮的轮齿不断啮合，不断将液体带到排出室，使液体受挤压而

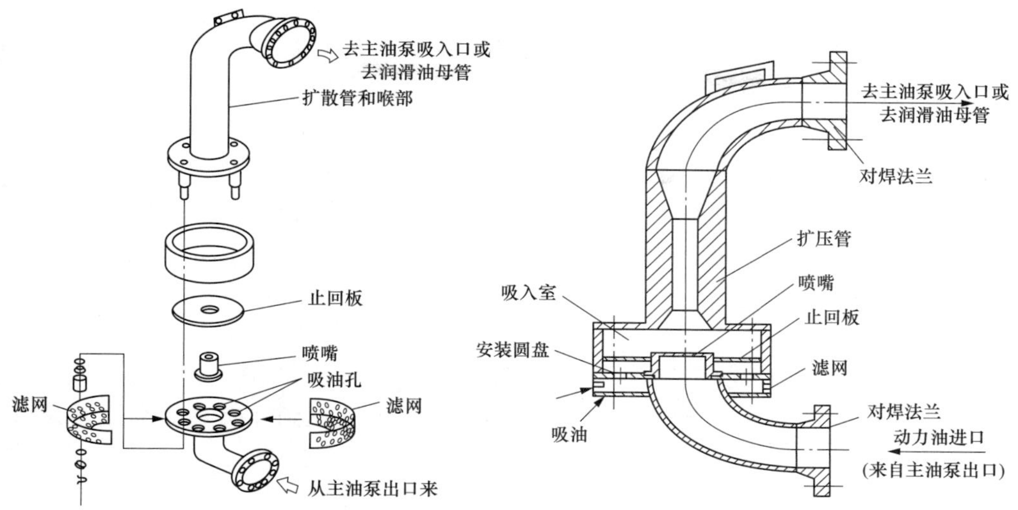

图 5-2 射油器

从排出室进入排出管中。主动齿轮和从动齿轮不停地旋转，泵就能连续不断地吸入和排出液体。泵体上装有安全阀，当排出压力超过规定压力时，输送液体可以自动顶开安全阀，使高压液体返回吸入管。

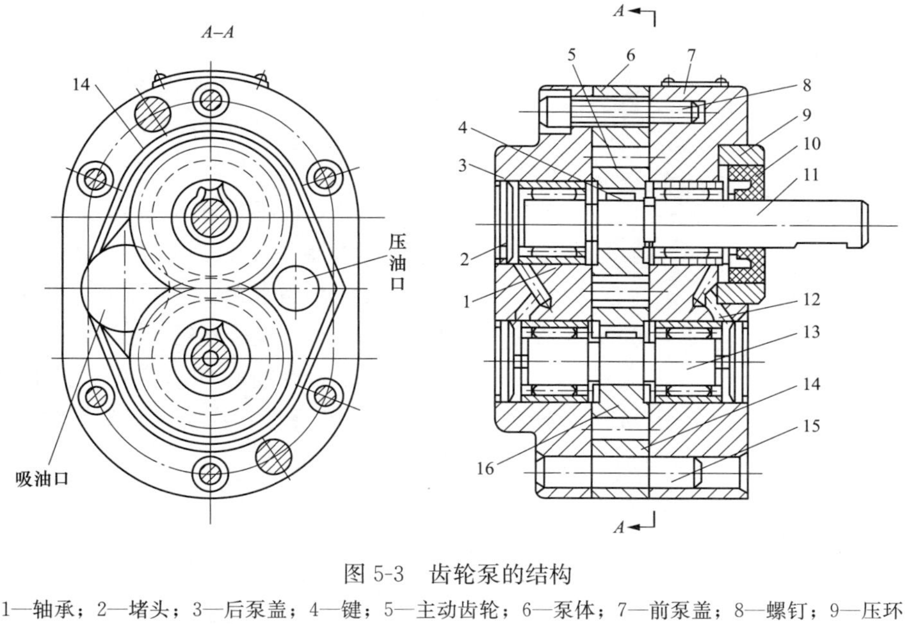

图 5-3 齿轮泵的结构

1—轴承；2—堵头；3—后泵盖；4—键；5—主动齿轮；6—泵体；7—前泵盖；8—螺钉；9—压环；10—密封环；11—主动轴；12—泄油孔；13—从动轴；14—泄油槽；15—定位销；16—从动齿轮

5．交流润滑油泵与直流润滑油泵

交流润滑油泵和直流润滑油泵安装在主油箱内，均为单级、单吸、立式离心泵，由静止部分和转动部分组成，见图 5-4。静止部分由入口滤网、吸入室、泵壳、连接管部件、支撑架、轴承、油封环、密封环等零部件组成；转动部分主要由轴、叶轮、键、弹性联轴器等零部件组成。在叶轮上开设有小孔，以平衡部分轴向推力。由于泵为立式安装，故设置了上、下两个轴承，下轴承为巴氏合金的滑动导向轴承，主要承受叶轮等零部件的径向力，保持叶轮处于中心位置；上轴承为单列向心推力球轴承，主要承受叶轮自身轴向力和整个转子的重量。下轴承采用浸泡式润滑，上轴承的润滑是从润滑油系统中引入润滑油强制润滑。泵壳与叶轮之间采用密封环密封，密封环做成可拆换结构。直流润滑油泵和交流润滑油泵出口经过一个止回阀与射油器出口止回阀后油管相连，油泵出口止回阀可阻止油系统的油在油泵不工作时经油泵倒流回油箱；油泵入口装有滤网，以防杂质进入。

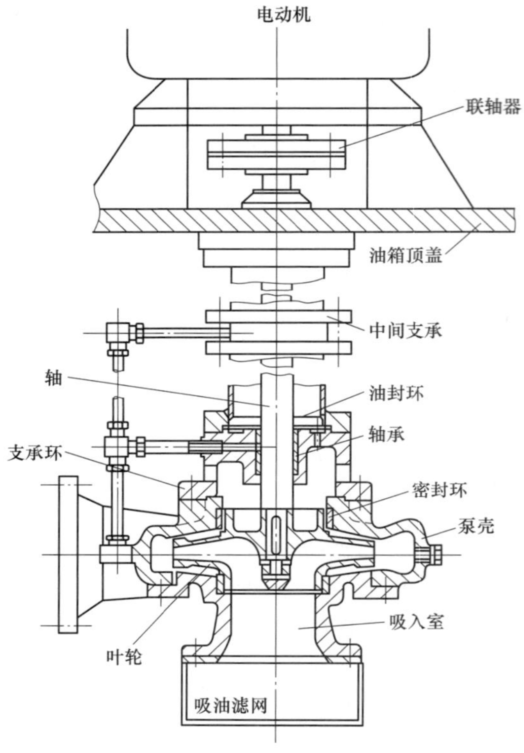

图 5-4　交流润滑油泵与直流润滑油泵简图

在机组启动、停机或发生故障时，由于主油泵的转速低，无法提供稳定的润滑油，由交流润滑油泵和高压启动油泵向系统供油；当汽轮机转速达到 90%以上额定转速时，主油泵能满足汽轮发电机组全部的用油量时，应停运交流润滑油泵和高压启动油泵，并将交流润滑油泵和直流润滑油泵投入备用联锁，此时，交流润滑油泵和直流润滑油泵的启动由轴承润滑油系统的压力开关控制。

6. 冷油器

在轴承润滑油系统中，由冷油器带走因轴承摩擦等产生的热量，从而保证轴承入口油温在规定范围内，确保机组安全运行。轴承润滑油系统中装有两台并联立式冷油器，见图 5-5，冷油器由上下水室、壳体、管系及充油管路组成。

机组正常运行时，一台冷油器运行，另一台冷油器备用。当运行冷油器出现漏水、漏油、脏污等情况时，可通过切换阀切换，使备用冷油器投入运行。在某些特殊工况下，当进入冷油器的冷却水温度超过设计值或冷油器管由于结垢、脏污严重造成冷油器出口油温超过规定值时，可通过调整切换阀的工作位置，使两台冷油器同时投入运行，以满足系统供油温度要求。

冷油器为光管表面式换热器，冷却水为双流程。冷油器上部水室由隔板分成进水和出水两部分，管束从上水室通到下部水室（换向室）。冷却水先进入上部水室的一侧，经该侧冷却水管束到下部水室，然后经另一部分冷却水管流回上部水室的另一侧后排出。水室管板与管束间密封，以保证冷却水不漏入油中。

7. 油烟分离器和排烟风机

润滑油系统在运行过程中，少部分油蒸发为油雾，这些油雾积聚在油箱内，如果油雾压力升高将漏入厂房，油烟分离器的作用就是对油箱中的油雾进行分离，回收油雾中的油粒，排出气体。当油烟分离器投入运行时，油烟混合物从装置底部穿过分离芯向出口方向流动，油烟在流动过程中与分离芯中的折片接触，在附着力的作用下，其中的油粒不断在折片表面

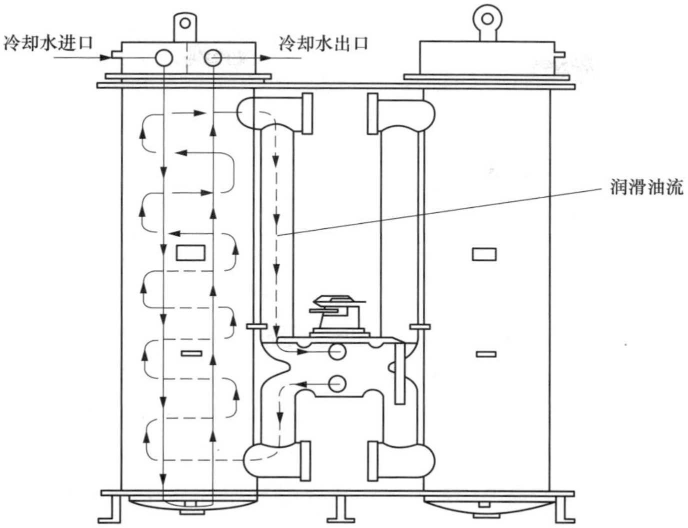

图 5-5 冷油器示意图

上积累，最后在重力作用下沿折片流到分离器的底部，排入油箱，分离后的烟气排入大气。机组运行时，油烟分离器应连续工作。

在主油箱顶部装有两台排烟风机，排烟风机为单级单吸卧式离心风机，其作用是在主油箱内建立微真空，以保证回油通畅，油烟无外溢。

8. 套装油管路

汽轮机润滑油系统采用套装油管路，外部的大口径管道起保持作用兼作回油管，直接通入主油箱。大口径管道内部的较小口径管道是压力油输送管，即使压力油管泄漏，也不会使油喷射到高温部件引起火灾。

二、轴承润滑油系统的工作原理

在机组启动过程中，当汽轮机转速小于额定转速的 90%时，主油泵不能提供足够的油压及油量，必须启动交流润滑油泵和高压启动油泵，由交流润滑油泵向各轴承提供润滑油，向顶轴油系统供低压油，向发电机供低压密封油，并向主油泵入口供油；由高压启动油泵向发电机提供高压密封油，向机械危急遮断装置供油。当汽轮机转速大于额定转速的 90%时，主油泵正常工作，停运交流润滑油泵和高压启动油泵。机组正常运行中，主油泵正常运行，交、直流润滑油泵及高压启动油泵均备用，主油泵分别向射油器和机械危急遮断装置供油并向发电机供高压密封油，射油器出口分别向各轴承润滑油系统和顶轴油系统供油并向发电机供低压密封油。汽轮机停机或意外工况下，当轴承润滑油压降到 0.08MPa 时，交流油泵自动投入运行；当轴承润滑油压降到 0.07MPa 时，直流油泵就会自动投入运行。

第二节 顶轴油系统

随着机组容量的增大，汽轮发电机组轴系的重量也越来越大，为防止机组在盘车和低速转动期间转子轴颈和轴瓦之间因干摩擦而磨损轴瓦，且减小盘车启动力矩，减小盘车电动机容量，给盘车装置运行创造良好的启动和工作条件，大型汽轮发电机都设置了顶轴油系统。350MW 热电联产汽轮机的低压转子和发电机的轴承下半设有高压顶轴油囊，机组盘车和低速转动时将高压顶轴油从油囊供入轴承内形成油膜。机组正常运行时轴颈与轴承自行形成油膜，顶轴油囊的压力代表该点轴承的油膜压力，是监视轴系标高变化，轴承载荷分配的重要手段。由于高、中压转子质量较轻，且轴承是可倾瓦式，故高、中压转子的轴承不配顶轴油装置。

一、顶轴油系统的主要设备

顶轴油系统由过滤器、顶轴油泵、溢流阀、单向止回阀及管道附件组成，采用双套配置，见图 5-6，工作时一套运行，另一套备用，顶轴油系统的介质为从轴承润滑油系统中冷却器出口管道（见图 5-1）供来的润滑油。顶轴油系统的主要设备是顶轴油泵，顶轴油泵为柱塞泵，柱塞泵是靠柱塞在缸体中作往复运动造成密封容积的变化来实现吸油与压油的液压泵，属于容积泵。按缸体与泵轴的相对位置可分为轴向柱塞泵和径向柱塞泵，轴向柱塞泵的柱塞运动方向与泵轴线平行或相交角不大于 45°，径向柱塞泵的柱塞运动方向与泵轴线垂直。轴向柱塞泵又分为直轴式（斜盘式）、斜轴式（摆缸式）和旋转斜盘式三种，径向柱塞泵又分为轴配流和盘配流两种。350MW 热电联产汽轮机的顶轴油泵为直轴式，其结构见图 5-7。斜盘和配油盘是不动的，泵轴带动缸体和柱塞一起转动，柱塞靠机械装置压紧在斜盘上。当传动轴旋转时，柱塞在其自下而上回转的半周内逐渐向外伸出，使缸体内密封工作腔容积不断增大，产生局部真空，从而将油液经配油盘上的配油盘窗口吸入；柱塞自上而下回转半周内又逐渐向里推，使密封工作腔容积不断减小，将油液从配油盘窗口向外压出。缸体每转一周，每个柱塞往复运动一次，完成一次吸油。

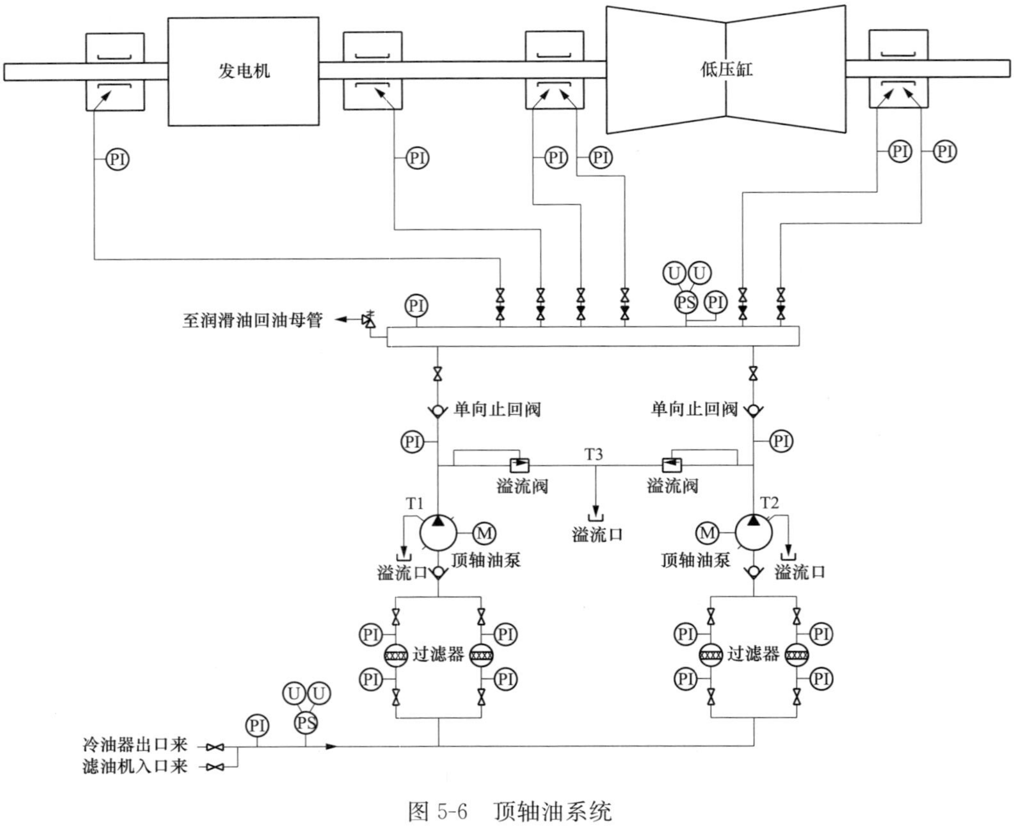

图 5-6　顶轴油系统

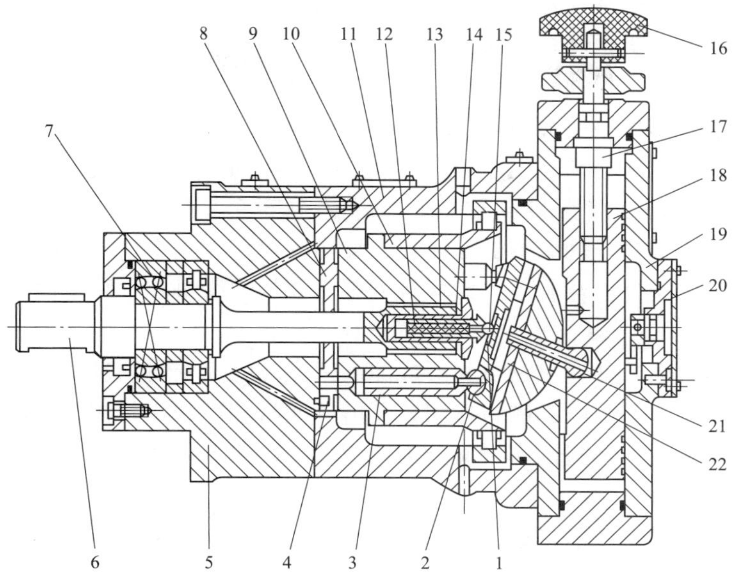

图 5-7 顶轴油泵的结构

1—回程盘；2—滑靴；3—柱塞；4—定位销；5—轴承座（泵体）；6—泵轴；7—轴承；8—配油盘；9—缸体；10—钢套；11—缸体壳；12—定心弹簧；13—外套；14—内套；15—钢球；16—手轮；17—丝杆；18—变量活塞；19—变量活塞壳体；20—批示盘；21—圆头销；22—斜盘

二、顶轴油系统的工作原理

当汽轮机正常运行时，各轴瓦与轴颈自行形成油膜，顶轴油泵停运，各单向止回阀可防止已形成高压油膜返回顶轴油泵。在机组启动前和停运后，为了在轴颈与轴瓦之间形成油膜，启动顶轴油泵，来自润滑油母管的油经滤油器后进入顶轴油泵升压至 10～12MPa，为使进入各轴承顶轴油孔的油量均匀，减少油泵压力脉冲的影响，出油先汇集到母管，再分配进入各轴瓦顶轴油囊，各轴承顶起油压在 8.0～12MPa 范围内；运行中，通过调整单向节流阀和高压溢油阀控制进入各轴承油囊的油量及油压，使轴的顶起高度在合理范围内，各轴径被顶起的理论计算高度值为 0.05～0.08mm；油在轴瓦和轴颈之间形成油膜后与轴承润滑油汇合经回油管返回主油箱。

三、顶轴油系统的维护

顶轴油系统启动后，各顶轴油压力应在规定范围内，如油压偏高说明转子未充分顶起，导致高压排油不畅而憋压；如果油压偏低时说明高压管道有漏油现象或顶轴油泵及系统工作不正常，应查明原因予以消除。另外，因为顶轴油压力高，要经常检查顶轴油系统的密封性，发现泄漏要及时处理。油泵及滤油器应始终处于充满油状态，电气元件接触良好，确保顶轴油装置随时可以投入运行。顶轴油泵电动机与吸入口油压及汽轮机的转速联锁，当转速大于 200r/min 或吸入口油压低于 0.021MPa 时，不允许启动顶轴油泵。

第三节 发电机密封油系统

对于氢冷汽轮发电机，由于发电机的转子必须穿出发电机的端盖，所以发电机转轴和端盖之间设有密封装置（即油封），油封的作用是防止氢气从发电机内向外泄漏，同时阻止外界空气和潮气进入发电机内部，以保证发电机内氢气的纯度和压力稳定，因此需要一套供油系统，该供油系统称为密封油系统。油封的基本原理是在高速旋转的轴与静止的密封瓦之间注入一连续的油流，形成一层油膜来封住气体，使发电机内气体不外泄，外面的空气不能侵入发电机内。因此，油压必须高于氢压，才能维持连续的油膜，一般只要使密封油压比发电机内氢压高出 0.015MPa 就可以封住氢气。从运行安全上考虑，一般要求油压比氢压高 0.03～0.08MPa。为了防止轴电流破坏油膜、烧伤密封瓦和减小定子漏磁通在油封内产生附加损耗，油封与端盖及外部油管法兰盘接触处都需要加绝缘垫片。采用油封结构可使发电机内氢压达 0.4～0.6MPa。

发电机油封是由密封油通过密封瓦形成油膜来完成的，密封油进入密封瓦后经过密封瓦与发电机轴之间的密封间隙既起密封作用，又能够润滑和冷却密封瓦。发电机油封从结构上可分为盘式和环式两种，环式油密封又分为单流环式、双流环式和三流环式，目前普遍采用双流环式油封。

一、发电机密封油系统的构成

每个制造厂生产的发电机密封油系统各有特点，现以某 350MW 发电机为例，介绍密封油系统，见图 5-8。

350MW 发电机密封油系统为集装式，由氢侧和空侧两个各自独立又互有联系的油路组成，与发电机的密封瓦相对应（同时向双流环式密封瓦供油）。汽轮发电机密封瓦内有两个环形供油槽，从供油槽出来的油分成两路沿着轴向通过密封瓦内环和轴之间的径向间隙流出，其油压高于发电机内的氢气压力，从而防止氢气从发电机漏出。由于这两个系统之间的压力平衡，所以油流在这两条供油槽之间的空间内将保持相对静止，通常只要密封油压始终保持高于发电机内氢气压力，便可防止氢气从发电机内逸出。空侧油路供给的油则将沿轴和密封瓦之间的间隙流往轴承侧，并同轴承润滑回油一起进入空侧密封油箱，从而防止了空气与潮气侵入发电机内部。氢侧密封油则沿轴和密封瓦之间的间隙流往发电机内侧，落入消泡箱，最后回到氢侧密封油箱。发电机内正常工作氢压为 0.4MPa，事故状态下可降低氢压运行。油封供油系统能自动维持氢油压差为 0.084MPa，并为发电机密封瓦提供连续不断的密封油。

（一）空侧密封油路

为了防止发电机内的氢气在故障情况下发生泄漏，空侧密封油有工作油源和备用油源。

1. 工作油源

空侧密封油的工作油源由空侧交流密封油泵提供，空侧交流密封油泵出口压力是0.25～0.8MPa。空侧密封瓦供油采用旁路压差阀调节氢油压差，压差阀按照发电机内氢气压力自动调节空侧油压，保证密封瓦的正常工作，氢油压差为 0.084MPa。空侧密封油由空侧交流密封油泵升压后，经一台管式冷却器降温，再经一台自清洗刮板式过滤器，然后进入发电机两端密封瓦的空侧油环，其回油与轴承润滑回油汇合后流入氢油分离箱（空侧密封油箱），形成一个空侧闭式循环系统。

2. 备用油源

空侧密封油的备用油源共有 4 路，可保证各种工况下都不会发生氢气泄漏。

（1）第一备用油源（即主要备用油源）是汽轮机主油泵来的 1.6～2.0MPa 高压油，该

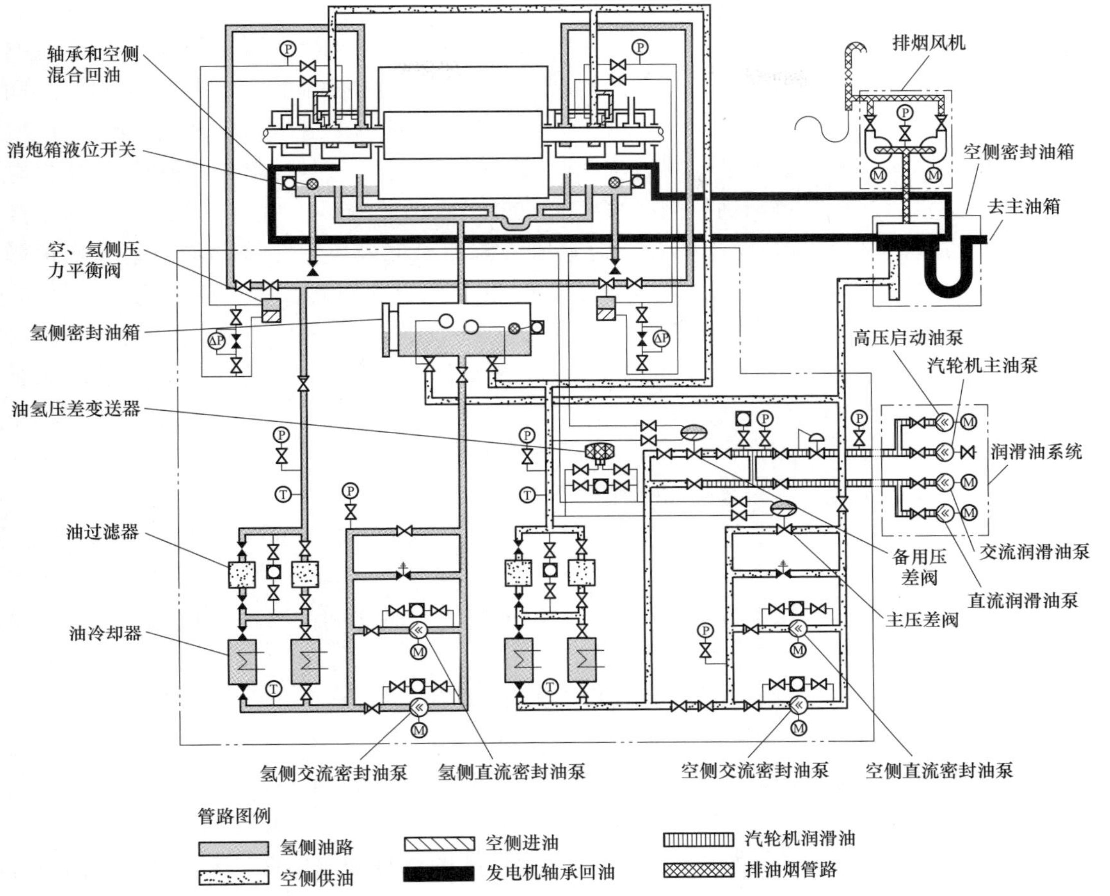

图 5-8 350MW 发电机密封油系统

备用油经管路上的减压阀减压后供给空侧密封瓦，减压阀的出口油压为 0.8MPa，油量为 252L/min。当工作油源发生故障、氢油压差降到 0.056MPa 时，设置于该管路中的备用压差阀自动开启，备用油源自动投入运行。

(2) 第二备用油源是由汽轮机主油箱上的高压启动油泵（氢密封备用泵）供给。因为与第一备用油源接在同一管路中，所以该备用油源也经过备用压差阀，然后进入密封瓦，当氢油压差降到 0.056MPa 时投入。当汽轮机转速降至 2850r/min 时，则只能由第二备用油源提供。

(3) 第三备用油源是由密封油系统自备的空侧直流密封油泵提供，它与空侧交流密封油泵并接在同一油管上，当压差降到 0.035MPa 时，空侧直流密封油泵启动，可使氢油压差恢复到 0.084MPa。该油源只允许运行 1h 左右，应尽快检修交流密封油泵。空侧直流密封油泵是为了应对全厂停电而设置的。

(4) 第四备用油源是由汽轮机轴承润滑油供给，提供的油压较低，为 0.09～0.137MPa。它只能保证发电机轴转动时密封瓦不发生磨损事故，此时，必须及时将发电机内氢气压力降低到 0.014MPa，以免氢气外溢，发生着火、爆炸事故。

（二）氢侧密封油路

氢侧交流密封油泵从氢侧密封油箱抽取油源，压力油经管式冷却器、自清洗油过滤器后分成汽端、励端两路，再各经过一个平衡阀进入发电机汽端和励端的氢侧密封瓦。油泵装有旁路管道，通过节流阀对氢侧油压进行粗调。氢侧油路的油压通过平衡阀进行细调，并使之自动跟踪空侧油压，使其达到平衡后进入发电机氢侧密封瓦。氢侧密封瓦回油经发电机消泡箱后进入氢侧密封油箱，再回到氢侧油泵形成一个闭式循环油路系统。平衡阀用以保证氢、空侧油压相等（其压差不大于 10kPa）。为确保氢侧油路能提供连续不断的可靠工作油源，配有一台氢侧直流密封油泵（氢侧备用密封油泵），氢侧直流密封油泵与氢侧交流密封油泵结构相同，不同之处是氢侧直流密封油泵由直流电动机驱动，当氢侧交流密封油泵进出口差压低至 35kPa 时，启动氢侧直流密封油泵。发电机能在无氢侧密封油的情况下继续运行，但发电机的氢气消耗量将有较大的增加。

（三）密封油系统的特点

（1）向密封瓦提供空侧和氢侧两个独立循环的密封油源。

（2）保证密封油压高于发电机内氢气压力，并确保密封瓦内氢侧与空侧油压相等，其压差限定在允许变动的范围之内。

（3）通过热交换器冷却密封油，从而带走因密封瓦与轴之间的摩擦损耗而产生的热量，确保瓦温与油温控制在要求的范围之内。

（4）通过滤油器除去油中杂物，保证密封油的清洁度。

（5）通过发电机消泡箱和氢侧回油控制箱，释放掉溶于密封油中的饱和氢气。

（6）空侧油路备有多路备用油源，以确保发电机安全、连续运行。

（7）利用压差开关、压力开关及压差变送器等，自动监测密封油系统的运行。

（8）空、氢侧各装有一套加热器，以保证密封油的运行油温始终保持在所要求的范围之内。

（9）密封油系统大部分部件集中安装于一块底板中，便于巡检和维修。

二、发电机密封油系统的主要设备

发电机密封油系统由密封瓦、密封油泵、密封油冷却器、油过滤器、压差阀、平衡阀、消泡箱、空侧密封油箱、氢侧密封油箱、压力（差）开关及变送器等组成。下面对密封油系统的主要设备作简要介绍。

（一）密封瓦

发电机励端和汽端各装有一个双流式密封瓦，其结构见图 5-9，汽轮发电机密封瓦内有两个环形供油槽，从供油槽出来的油分成两路沿着轴向通过密封瓦内环和轴之间的径向间隙流出，其油压高于发电机内的氢气压力，从而防止氢气从发电机漏出。由于这两个系统之间的压力平衡，油流在这两条供油槽之间的空间内将保持相对静止，通常只要密封油压始终保持高于发电机内氢气压力，便可防止氢气从发电机内逸出。

（二）密封油泵

发电机密封油系统共有 4 台密封油泵，分别是空侧交流密封油泵、空侧直流密封油泵、氢侧交流密封油泵、氢侧直流密封油泵，4 台泵的结构均为三螺杆式油泵，由一个双螺纹传动螺杆和两个从动惰轮螺杆紧密啮合在一起运行，见图 5-10。螺杆泵是依靠泵体与螺杆所形成的啮合空间容积变化和移动来输送液体或使之增压的回转泵，螺杆泵属回转运动的容积式

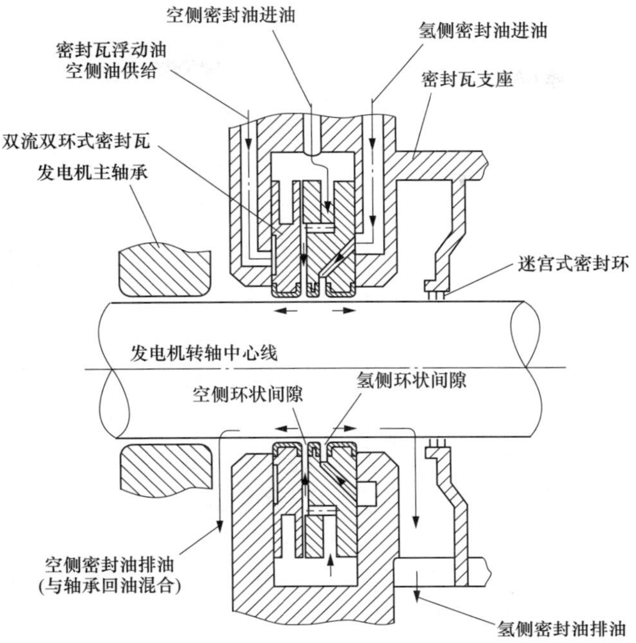

图 5-9 双流环式发电机密封瓦的结构

泵。螺杆泵的特点是具有自吸能力，运行平稳，油质黏度变化大的恶劣环境下泵仍可正常工作，泵启动后短时内便可达到额定转速。

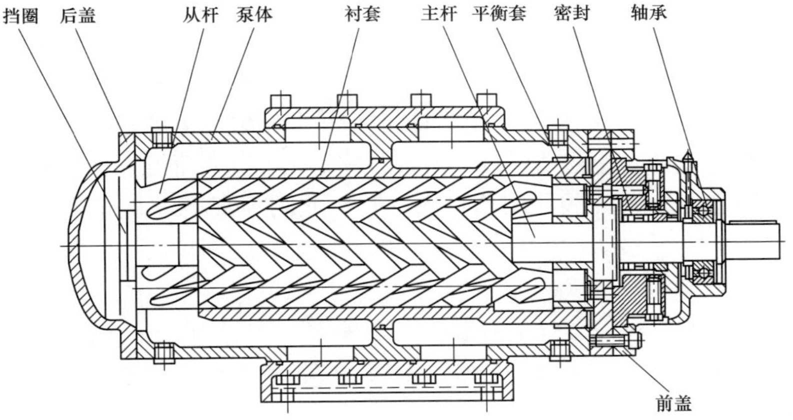

图 5-10 密封油泵

（三）密封油冷却器

由于密封油空、氢侧各自独立，因此油冷却器也分开布置，空侧密封油系统和氢侧密封油系统各有两台全容量密封油冷却器，密封油冷却器壳侧通热油，管侧通冷却水。通过调节冷却水量控制油温。正常运行中一台冷却器工作，另一台备用。备用冷却器的油侧必须充满油（备用冷油器油侧入口门打开，出口门关闭），以排出备用冷却器中可能存在的气体，保证两台冷却器的切换不会影响系统的运行。

（四）油过滤器

空侧密封油系统和氢侧密封油系统各有两台自洁刮片式油过滤器，在运行中可通过转动手柄去除附在滤芯上的脏物，过滤器必须定期转动手柄去除脏物。由于空、氢侧油路中各安装了两套油过滤器互为备用，当滤芯阻塞严重时，可投入备用过滤器，隔离运行的过滤器，拆下滤芯，彻底清洗，或更换滤芯。

（五）压差阀和平衡阀

在密封油系统中，油气压差阀和油压平衡阀对保证空侧油压跟随发电机内氢压的变化以及氢侧油压跟随空侧油压的变化起了极其重要的作用，上述阀门故障将会影响发电机的正常运行。

1. 压差阀

压差阀的作用是调整空侧密封油压，使之与发电机内氢气压力始终保持一定的压差。密封油系统设有两只压差阀，一只是主压差阀，另一只是备用压差阀。主压差阀安装于空侧油泵的进口与出口之间，起旁路调压作用，控制信号分别取自发电机内氢气压力和空侧密封油压力，该阀门可以根据信号源的压力变化自动调节旁路的流量，从而保证空侧密封油压始终比发电机内氢压高 0.084MPa，主压差阀结构和调节原理见图 5-11。当压差小于 0.084MPa 时，关小主压差阀，使压差增加；当压差大于 0.084MPa 时，开大主压差阀，使压差减小。备用压差阀安装于空侧高压和低压备用密封油管路中，信号分别取自发电机内氢压和空侧密封油压，通过调节备用密封油流量来保证备用空侧密封油压力始终高于发电机内气体压力 0.056MPa，其结构与主压差阀相似，但在调节压差时与主压差阀动作方向相反，其调节原理见图 5-12。当压差小于 0.056MPa 时，开大备用压差阀，使压差增加；当压差大于 0.056MPa 时，关小备用压差阀，使压差降低。

2. 平衡阀

平衡阀的作用是平衡双流环密封瓦的密封供油，调整氢侧密封油压，使它与空侧密封油压相等。氢侧密封油系统装有两个平衡阀，一个平衡阀装在流向发电机励端的油路，另一个平衡阀装在流向发电机汽端的油路，它们的控制信号分别取自于各自密封瓦处的空、氢侧油压。通过空、氢侧油压的变化自动调节平衡阀的开度大小，从而使空、氢侧在密封瓦处的油压差保持在 490Pa 以下。平衡阀的结构见图 5-13，此阀为直接式调节阀，是通过输入信号的差值变化带动滑杆上下移动，从而改变阀门的开度，以起到对油压的调节作用。

（六）消泡箱

在发电机的汽端和励端各有一个消泡箱，消泡箱装于发电机下半端盖中，从密封瓦氢侧出来的回油先流到消泡箱中，在消泡箱内气体从油中扩容逸出，通过直管溢流装置将油排入氢侧密封油箱，使消泡箱中的油位不至于过高。在消泡箱中各装有一个浮子式液位高报警器，当箱内油位高到一定程度时，就发出消泡箱油位高报警，使运行人员能及时处理，从而防止密封油流入发电机内部。

（七）空侧密封油箱

空侧密封油系统中装有一个空侧密封油箱，空侧密封油箱通过 U 形管与汽轮机润滑油回油管道连接，发电机端部支持轴承润滑油回油与空侧密封油回油汇集到空侧密封油箱，大部分油通过 U 形管依靠重力作用自动溢流到润滑油回油管路流回主油箱，保持空侧密封油箱油位正常，因此空侧密封油箱不需要进行油位监视，另一部分油作为空侧密封油源在空侧油路中循环。空侧密封油箱把轴承润滑油系统与密封油系统联系在一起，即使密封油系统无

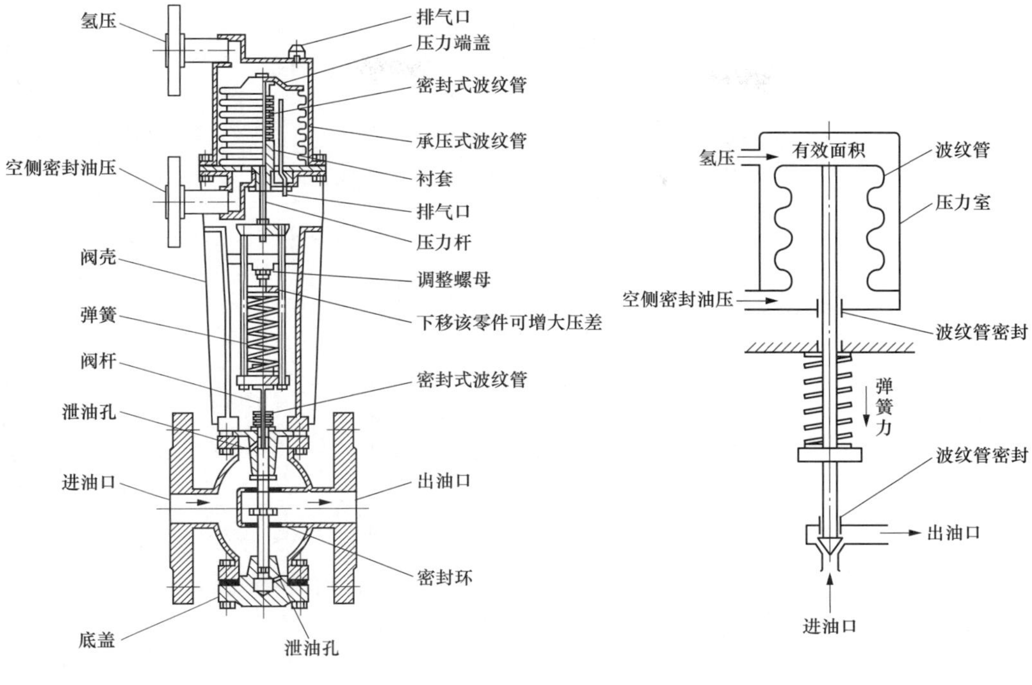

(a) 主压差阀结构　　　(b) 主压差阀调节原理

图 5-11　主压差阀的结构和调节原理

油情况下，只要轴承润滑油系统启动后十几秒钟，就会将密封油系统注满油。

空侧密封油箱上装有两台排烟风机和一套油烟分离器，还装有一真空压力表，作用是防止氢气泄漏到汽机房内或汽轮机润滑油系统中去。正常运行时保持油箱负压在－250～－500Pa之间，当两台风机同时检修时，油烟可由直排管直接进行排放。

（八）氢侧密封油箱

氢侧密封油系统中装有一个氢侧密封油箱，运行中氢侧密封油箱必须保持一定的油位。由于在密封瓦中空、氢侧油压做不到绝对的平衡，故空、氢侧仍有少量的油相互窜动，这样长期积累，就可能使氢侧油路中的油量发生增减变化，氢侧密封油箱具有控制补排油作用，主要依靠浮子式补排油阀门完成，当油箱内油位升高时，浮子上移，排油阀打开，将多余的油排入空侧油路；当油箱内油位降低时，浮子下移，补油阀打开，空侧密封油向氢侧密封油箱补油，从而使油位保持在一定范围内，氢侧密封油箱及内部结构见图5-14。密封油箱补油阀和排油阀上还设有强制开启、关闭手轮，可人为调节油箱油位。

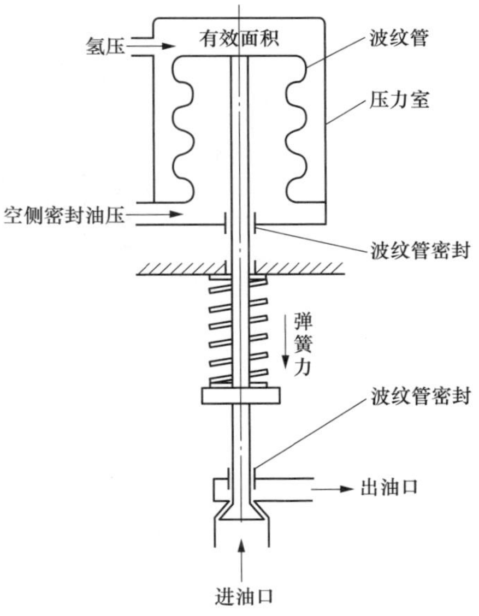

图 5-12　备用压差阀的调节原理

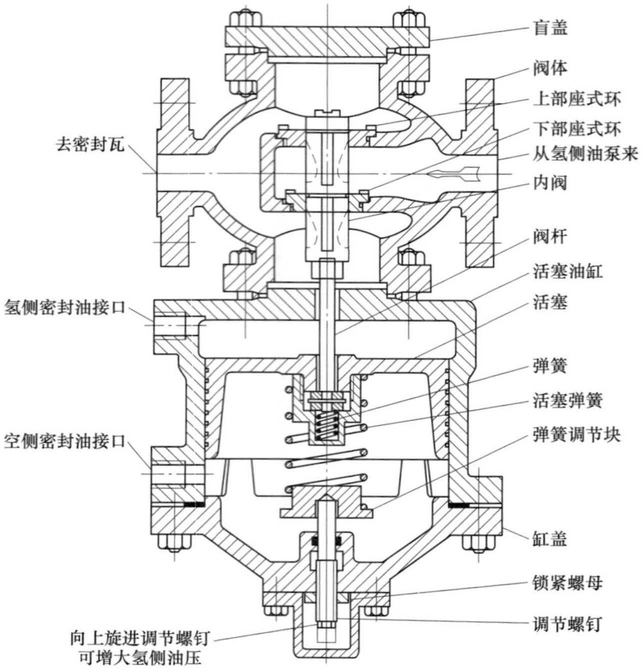

图 5-13　平衡阀的结构

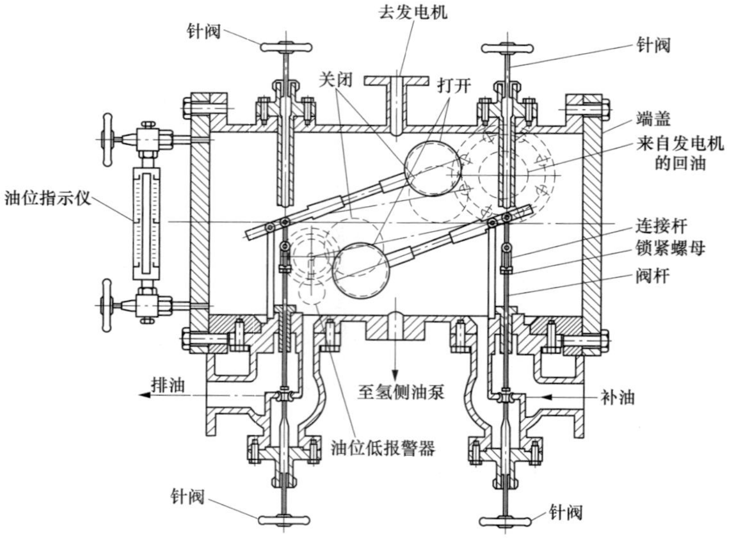

图 5-14　氢侧密封油箱及内部结构

（九）压力（差）开关

密封油系统配备了一系列压力（差）开关，用于控制密封油系统中相关设备的运行。

三、发电机密封油系统的投运

1. 启动前的准备

(1) 确认有关联锁、保护均校验正常。

（2）密封油系统投运前，汽轮机本体的油循环应结束，油质合格。

（3）确认交流润滑油泵、高压启动油泵已启动，汽轮机润滑油系统运行正常。

（4）确认密封油系统主/备差压控制阀、平衡阀、安全阀、减压阀均校验调整正常，以保证空氢侧密封油与氢气差压为（0.084±0.01）MPa。

（5）确认冷却水正常。

（6）系统中相关阀门的开、关位置正常。

（7）密封油系统应在发电机充 CO_2 前投运。

2. 空侧密封油的投运

（1）确认空侧密封油泵启动许可条件满足。

（2）启动一台排烟风机运行，将另一台风机投入联锁备用。

（3）启动空侧交流密封油泵运行，空侧直流密封油泵正常备用。

（4）检查密封油压力正常，回油畅通。

（5）将密封油备用油源截止门打开，保持备用。

3. 氢侧密封油的投运

（1）确认空侧密封油系统已投运，且氢侧密封油箱液位补油至正常。

（2）启动氢侧交流密封油泵，将氢侧直流密封油泵投入备用，检查浮子式补排油阀动作正常。

（3）对密封油系统进行全面检查，并注意密封油箱液位及消泡箱液位的变化，防止发电机进油。

四、发电机密封油系统的运行维护

（1）当发电机充氢气后，必须保持密封瓦处的密封油压正常。

（2）当发电机内的氢压变化时，空侧密封油压应高于氢压 0.084MPa。备用油源压力应高于氢压 0.056MPa。

（3）密封油冷却器出口油温应保持在 27～49℃之间。

（4）发电机充氢后，空侧密封油箱上的排烟风机应连续运行，排出回油中的烟气。

（5）发电机可在氢侧密封油泵不供油的紧急情况下继续运行，但发电机的氢气消耗量将有较大的增加。

（6）汽轮机停运后，轴承润滑油系统停运前置换发电机内的氢气。

（7）当空氢侧密封油温度升到 43℃时，投运空、氢侧冷油器冷却水。

（8）各泵在运行中有明显的异常声音、异常振动和电流超限时，应紧急停运事故泵，启动备用泵。

（9）各密封油泵轴承温度不大于 80℃。

（10）检查平衡阀、压差阀跟踪正常，空侧密封油压始终比氢压高（0.084±0.01）MPa（空侧交流密封油泵运行时），空、氢侧密封油压差小于 0.49kPa。

五、发电机密封油系统的停运

（1）确认空侧直流密封油泵联锁已解除。

（2）确认氢侧直流密封油泵联锁已解除。

（3）确认发电机已处于静止状态且发电机内气体置换为空气并降压至零。

（4）确认密封油系统电加热器已停电。

（5）停运氢侧密封油泵。

（6）关闭密封油氢差压调整门前后截止门及其旁路门。

（7）停运空侧密封油泵。

（8）解除空侧密封油箱排烟风机联锁，停运空侧密封油箱的排烟风机。

六、防止发电机进油

1. 发电机进油的危害

发电机进油将影响其安全运行，主要危害如下：

（1）发电机进油后，油中携带的水蒸发释放出来，使得氢气湿度增加，造成发电机定子绕组绝缘下降。

（2）进入发电机内的油烟、油雾及空气造成氢气纯度下降，导致发电机效率降低，增加了机组补排氢次数和氢站制氢量，并可能导致发电机内部产生局部氢爆。

（3）油中存在的有害气体会造成铁芯及其金属部件腐蚀。

（4）氢气携带的油进入氢系统干燥器内，使活性铝失效，影响干燥器的除水效果。

2. 发电机进油的原因

（1）当停机后发电机内部压力降至零时，密封油压差阀调节品质变差，油氢压差增大，使密封油沿发电机轴向内侧泄油量增多，氢侧密封油回油量增大，此时如果增大到大于向空侧密封油溢流量时（靠静压溢流流速较慢），就会造成消泡箱满油，可能引起发电机进油。

（2）在气体置换过程中，氢侧密封油箱满油，可能引起发电机进油。

（3）压差阀、平衡阀跟踪不好，造成发电机进油。

（4）密封瓦与发电机转子间隙增大、发电机密封油温度高及排烟风机出力小，均可能引起发电机进油。

3. 发电机进油的防范措施

发电机进油的危害极大，运行中应做好以下工作：

（1）相关人员熟知系统和各部件、阀门的作用和工作状态，严防误操作，并具备处理异常工况的能力。

（2）保持油氢压差阀工作可靠，油氢压差在正常范围内。

（3）润滑油系统投运时，确保消泡箱油位正常，消泡箱液位高报警后要及时发现并处理。

（4）采用高精度密封油滤网，确保各密封油箱无杂物，防止杂物堵塞油路和磨损密封瓦，应定期清理滤网。

第四节　调节油供油系统

调节油供油系统的作用是向汽轮机液压控制系统提供所需的抗燃油并维持抗燃油压力的稳定，确保液压控制系统准确完成DEH控制器来的各项指令。

一、调节油供油系统的主要设备

调节油供油系统由抗燃油箱、抗燃油泵、控制块、蓄能器、冷油器、浮子型液位报警装置、抗燃油再生装置及油管路等组成，见图5-15。

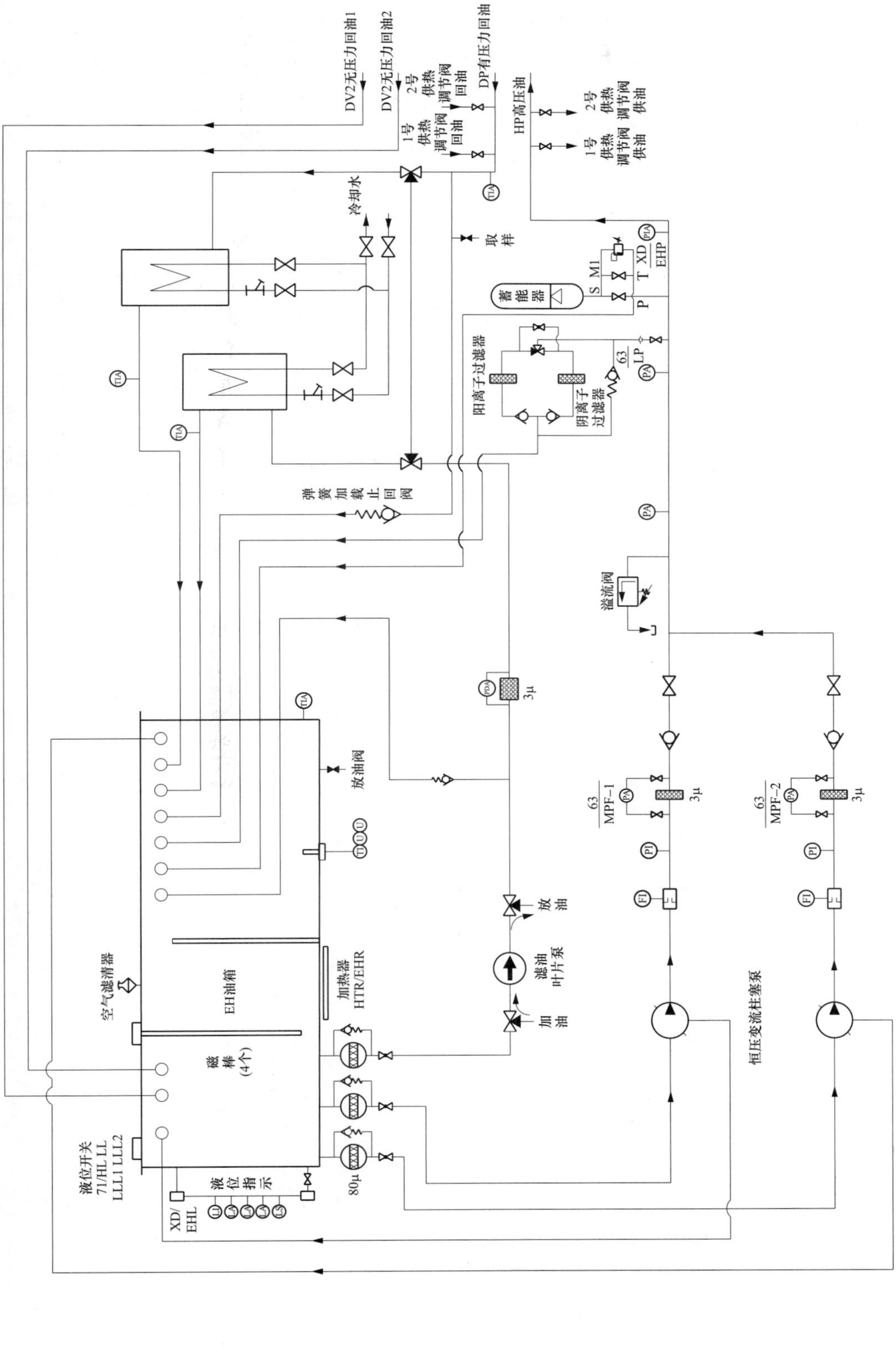

图 5-15 调节油供油系统

1. 抗燃油箱

由于抗燃油对碳钢有腐蚀作用，因此抗燃油箱及油管路全部采用不锈钢材料制造，其他部件也尽可能采用不锈钢材料。抗燃油箱容积为 900L，正常运行时油箱储油量为 700kg。油箱上装有液位开关（油位报警和遮断信号）、磁性滤油器、空气滤清器、控制块组件等液压元件。另外，油箱的底部安装有一个 5kW、220V 的单相电加热器，在油温低于 20℃时加热器通电，提高油温。

2. 抗燃油泵

调节油供油系统中并联安装了两台抗燃油泵，油泵功率为 30kW，采用 380V 三相交流电源供电，该抗燃油泵为恒压变量柱塞泵，该泵可根据系统所需流量自行调整其出力，以保证系统压力稳定，减轻了蓄能器的负担和系统的液压冲击，柱塞泵的结构参见图 5-7。当一台抗燃油泵工作时，另一台备用，以提高供油系统的可靠性，两台抗燃油泵布置在油箱的下方，以保证其吸入压头，抗燃油泵的出口与油箱之间设有再循环管，配合变量机构工作，维持抗燃油泵出口恒压。

3. 控制块

为了便于现场布置，用控制块将一些部件集中布置在一起，可以省去各部件之间的油管道，有效防止漏油的可能，调节油供油系统的控制块装有 4 个过滤器、两个止回阀、两个截止阀和一个溢流阀（过压保护阀），见图 5-16。

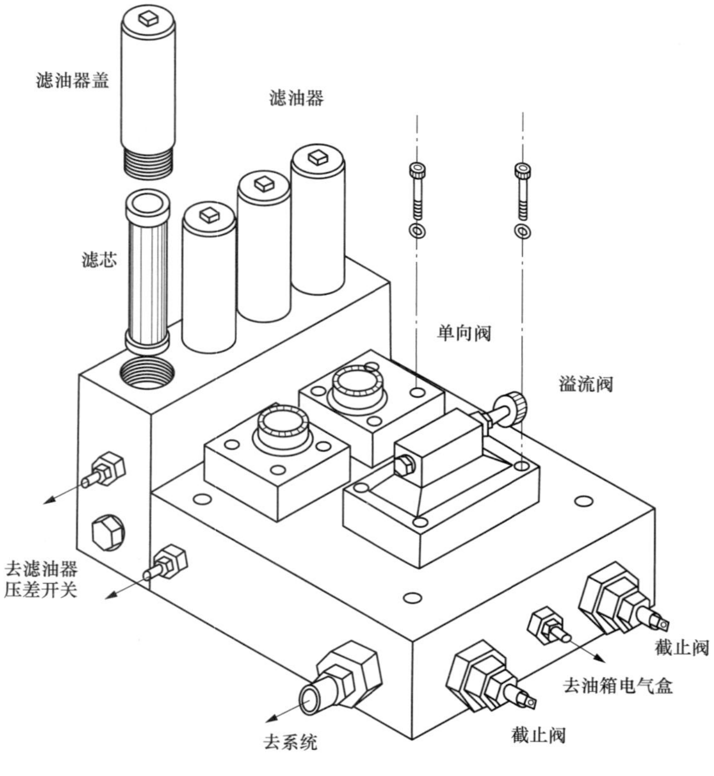

图 5-16　调节油供油系统控制块

4. 蓄能器

为了维持执行机构动作时调节系统中油压的相对稳定，在调节油系统中装有蓄能器，蓄能器内存有氮气，氮气化学性质比较稳定，不易与抗燃油发生反应，且有较大压缩性。调节油供油系统供油管和回油管上均装有蓄能器，安装在供油管上的蓄能器称高压蓄能器，高压蓄能器的充氮压力为 9.3MPa，当压力降至 8.2MPa 时应充氮；安装在回油管上的蓄能器称低压蓄能器，低压蓄能器的充氮压力为 0.21MPa，当压力降至 0.17MPa 时应充氮。安装在油箱附近的高压蓄能器可维持溢流阀的压力稳定，防止溢流阀频繁动作；安装在蒸汽阀附近的高压蓄能器可维持各执行机构的供油压力稳定，防止执行机构发生振动；安装在回油管道上的低压蓄能器当作缓冲器，在负荷快速卸去时，起缓冲器的作用，减小回油管路中的压力波动，同时保证了油动机的关闭时间，使其快速关闭。

常用的蓄能器有两种，一种为活塞式蓄能器，另一种为球胆式蓄能器。活塞式蓄能器实际上是一个有自由浮动活塞的油缸，见图 5-17（a），活塞的上部是气室，下部是油室，油室与油管相通，为了防止泄漏，活塞上装有密封圈。蓄能器的气室充以干燥的氮气，充气时，用隔离阀将蓄能器与系统隔绝，然后打开其排油阀，使油室油压降为 0，此时从蓄能器顶部气阀充气，使活塞落到下限位置；充气结束后，关闭排油阀，开启隔离阀，油进入蓄能器。由于氮气是可压缩气体，当油压高于气压时，活塞上移，压缩气体，油室中油量增多。在调节机构动作时，蓄能器的储油借助气体膨胀而被活塞压入油系统，以保证调节机构动作的需油量及所需的动作油压，同抗燃油泵一起维持调节油系统压力稳定，保证各执行机构动作的快速准确。球胆式蓄能器是将合成橡胶制成的球胆装在不锈钢壳体内，通过壳体上的充气阀可以向球胆内存入干燥的氮气；壳体下端接油管，球胆将气室与油室分开，起隔离油气的作用，见图 5-17（b），其工作原理与活塞式蓄能器相同。

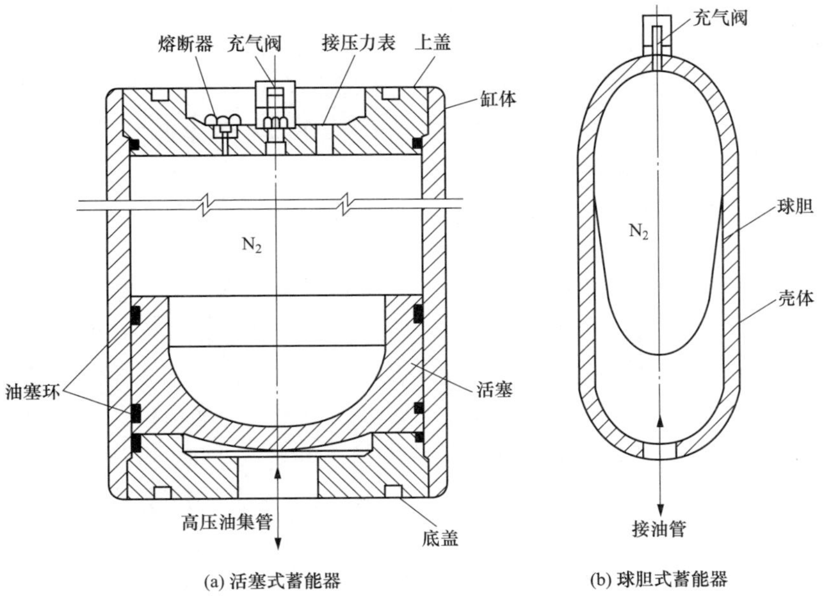

图 5-17　蓄能器

5. 冷油器

调节油供油系统的有压回油管道上装有两台管式冷油器，所有的有压回油在送回油箱以前均流过冷油器。正常运行时，一台冷油器便可以满足系统的需要，另一台作为备用。

为使油温保持在正常范围内，在冷油器循环冷却水出口处装有控制温度的电磁阀，它与浸在油箱中的温度控制器相连，由油箱下面测温开关通过继电器控制电磁阀，对流过冷油器的冷却水进行控制。当油箱温度超过上限值55℃时电磁阀打开，冷却水流过冷油器，当油温降到下限值38℃时电磁阀关闭。为了保证在各种条件下运行可靠，在回油三通控制阀前设置了另一通向油箱的回油管路，在该回油管路上装有一个弹簧止回阀，正常情况下，弹簧止回阀关闭，当冷油器堵塞造成有压回油压力过高时，油压作用力将弹簧止回阀顶开，使回油绕过冷油器及滤油器，直接通过弹簧止回阀回到油箱。

6. 浮子型液位报警装置

在抗燃油箱顶部安装有两个浮子型液位报警装置，当液位变化时，推动微动开关，能提供高、低油位报警信号；并在极限低油位时，使遮断开关动作，跳抗燃油泵。

7. 抗燃油再生装置

抗燃油是DEH系统的控制和安全用油，对抗燃油的质量要求很高，主要监视指标有水分、氯含量、电阻率和酸值等，当系统中的抗燃油质受到污染时，将影响许多部套的正常工作，严重时还可能造成机组停机事故。为了保证抗燃油的质量，系统中装有抗燃油再生装置。

二、调节油供油系统的工作原理

正常工作时，一台抗燃油泵运行（另一台备用），油箱内的抗燃油经过吸入滤网进入抗燃油泵，抗燃油在油泵内升压后，经过流量计、压力滤油器、止回阀流入抗燃油母管，抗燃油母管将抗燃油送至溢流阀、蓄能器、离子交换树脂过滤器、各执行机构和危急遮断系统。调节油供油系统的回油分有压回油（DP）和无压回油（DV1/DV2），当执行机构动作时，各油动机的回油是有压回油，有压回油经冷油器后返回抗燃油箱；当有压回油超压时，可经弹簧加载止回阀直接返回抗燃油箱。当汽轮机保护动作时，抗燃油通过AST电磁阀、OPC电磁阀、隔膜阀快速返回抗燃油箱的回油是无压回油。

抗燃油泵输出压力可在0～21MPa之间任意设置。调节油供油系统正常工作压力设置在11.0～15.0MPa，额定工作压力为14.0MPa。

抗燃油泵启动后以额定流量向系统供油，同时系统中的高压蓄能器也充油，当油压达到系统的整定压力14.0MPa时，高压油推动恒压抗燃油泵的控制阀，控制阀操作抗燃油泵的变量机构，使抗燃油泵的输出流量减少，当抗燃油泵的输出流量和系统用油流量相等时，抗燃油泵的变量机构维持在某一位置，当系统需要增加或减少用油量时，抗燃油泵会自动改变输出流量，维持系统油压在14.0MPa。当系统瞬间用油量很大时，高压蓄能器将参与供油。当高压油母管压力达到16MPa时，溢流阀打开，起到过压保护作用。抗燃油母管上的压力开关有以下功能：当压力小于11.03MPa时，联启备用抗燃油泵；当压力小于9.3MPa时，机组EH低油压保护动作停机；当压力大于15.8MPa时，发压力高报警。

第六章

汽轮机辅助设备

前面几章介绍了汽轮机与系统、调节与保护以及供油系统与设备，为了确保汽轮机能够安全、经济运行，还有许多重要的辅助设备，如凝汽设备、加热器（低压加热器、高压加热器）、除氧器及给水泵等。本章着重介绍这些辅助设备的结构、原理、运行及检修维护。

第一节　汽轮机的冷却方式与凝汽设备

汽轮机传统的冷却方式是采用水冷却，水冷却的特点是技术成熟、经济性高，但耗水量大。20 世纪 30 年代，人类开始研究汽轮机空气冷却技术，但是由于当时条件所限，发展比较缓慢。20 世纪 60 年代，随着工业的迅速发展和水资源缺乏，以及环境污染日益严重，空冷技术首先在欧洲逐步应用于火力发电厂的冷却系统。我国从 20 世纪 80 年代开始在大型电厂中应用空气冷却技术，随着空气冷却技术的不断完善，我国新建电厂多数采用空气冷却方式。

凝汽设备是火力发电厂汽水系统的一部分，其作用是将汽轮机排汽冷凝成水，并在汽轮机排汽处建立真空和维持真空。凝汽设备的工作情况直接影响到火力发电厂的经济性和运行可靠性。

一、汽轮机的冷却方式

汽轮机做功后的排汽（乏汽）经凝汽设备冷却后凝结成水，由凝结水泵将凝结水送入回热系统进行循环；凝汽设备的冷却方式可以分为湿式冷却系统（水冷却系统）和干式冷却系统（空气冷却系统）两大类。

（一）水冷却系统

水冷却系统分为开式水冷却系统和闭式水冷却系统两种。

1. 开式水冷却系统

开式水冷却系统是从江、河、湖、海或水库等天然水体中抽取一定量的冷却水，从水冷表面式凝汽器吸取热量，冷却水温升高后，将热水排入江、河、湖、海或水库，见图 6-1。开式水冷却系统的优点是冷却效果好、投资小；缺点是必须临近江、河、湖、海或水库等，运行中对环境产生一定的热污染，生态平衡易受到破坏。开式水冷却系统适用于水资源充沛的地区。

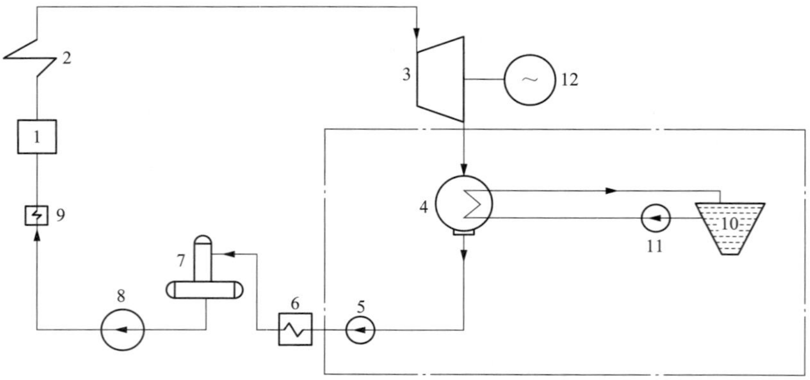

图 6-1　开式水冷却机组原则性热力系统

1—锅炉；2—过热器；3—汽轮机；4—湿冷凝汽器；5—凝结水泵；6—低压加热器；7—除氧器；8—给水泵；9—高压加热器；10—江、河、湖、海或水库；11—循环水泵；12—发电机

2. 闭式水冷却系统

当不具备开式水冷却条件时，可采用闭式水冷却系统，闭式水冷却系统是循环冷却水在凝汽器与冷却塔之间进行循环的冷却方式，见图 6-2。循环冷却水在凝汽器内吸热后由管道送到冷却塔内填料上方，从配水系统的喷嘴喷射出后落在填料上形成水滴或水膜，增加了水与空气的接触面积并延长接触时间，水与空气充分接触完成热交换，使循环冷却水温降低后落入冷水池，再经循环水泵升压后送到凝汽器进行吸热；冷空气从塔底进入，在上升过程中空气与水滴或水膜进行热交换，经除水器除水后从塔顶流出。闭式水冷却系统的优点是冷却效果较好，缺点是冷却水的蒸发和排污约占全厂耗水量的 65%以上，耗水量较大。闭式水冷却系统适用于水资源比较充沛的地区。

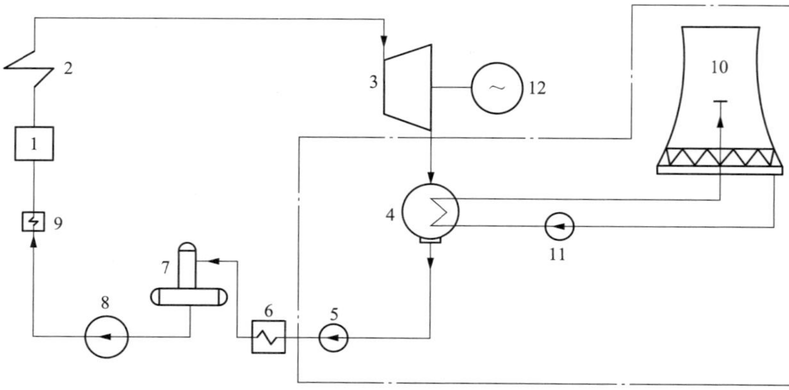

图 6-2　闭式水冷却机组原则性热力系统

1—锅炉；2—过热器；3—汽轮机；4—湿冷凝汽器；5—凝结水泵；6—低压加热器；7—除氧器；8—给水泵；9—高压加热器；10—闭式冷却塔；11—循环水泵；12—发电机

（二）空气冷却系统（简称空冷系统）

空冷系统是为解决缺水区域火力发电厂汽轮机排汽冷却问题而研发的冷却技术，空冷系统包括直接空冷系统和间接空冷系统。

1. 直接空冷系统

直接空冷系统是指汽轮机的排汽直接由空气来冷凝，空气与蒸汽间进行热交换，所需的冷却空气通常由机械通风方式供应。直接空冷系统由空冷凝汽器、冷却风机及凝结水泵等组成，见图 6-3。汽轮机的排汽通过粗大的排汽管道送到室外的空冷凝汽器内，冷却风机强迫空气流过空冷凝汽器外表面，将排汽冷却凝结成水，凝结水由凝结水泵送回到汽轮机给水系统。

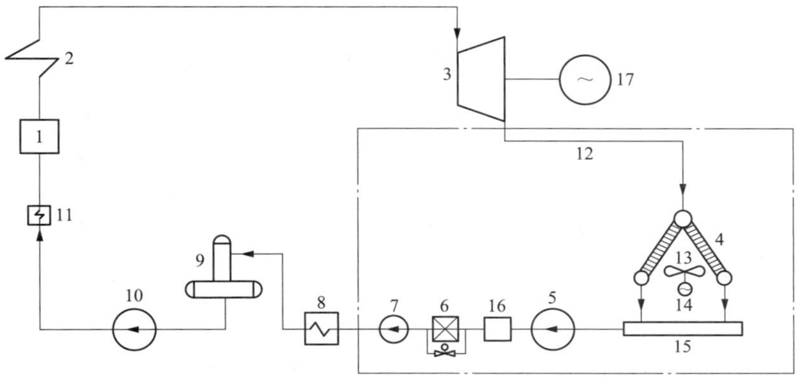

图 6-3 直接空冷机组原则性热力系统

1—锅炉；2—过热器；3—汽轮机；4—空冷凝汽器；5—凝结水泵；6—凝结水精处理装置；7—凝结水升压泵；8—低压加热器；9—除氧器；10—给水泵；11—高压加热器；12—汽轮机排汽管道；13—冷却风机；14—立式电动机；15—凝结水箱；16—除铁器；17—发电机

2. 间接空冷系统

间接空冷系统是指汽轮机的排汽与空气之间通过中间介质（水）进行换热冷凝，并且水与空气之间通过表面换热器进行热交换。由此可见，间接空冷系统是介于水冷系统和直接空冷系统之间的冷却方式。根据凝汽器型式的不同，间接空冷系统可分为采用混合式凝汽器的间接空冷系统和采用表面式凝汽器的间接空冷系统。

（1）采用混合式凝汽器的间接空冷系统。采用混合式凝汽器的间接空冷系统是以水为冷却中间介质，水与空气通过表面式换热器进行热交换，冷却后的水喷入混合式凝汽器与汽轮机排汽充分混合，使汽轮机的排汽冷却凝结成水，冷却循环水作为热交换的一种载体，没有蒸发损失。采用混合式凝汽器的间接空冷系统由混合式凝汽器、空冷塔、冷却水循环泵、调压水轮机及管道等组成，见图 6-4，散热器竖直布置在冷却塔的外围，汽轮机的排汽从混合式凝汽器上部送入，在采用混合式凝汽器的间接空冷系统中增设了调压水轮机，调压水轮机有两个功能：①通过调压水轮机导叶开度来调节进入喷射式凝汽器的水压，保证形成微薄且均匀的垂直水膜，减少排汽通道阻力，使冷却水与排汽充分接触换热；②回收能量，减少冷却水循环的功率消耗。冷却水从上部经喷嘴喷散在凝汽器的空间中，在向下流动过程中与汽轮机排汽直接接触，汽轮机排汽被冷却凝结，凝结水与冷却水一起集结在凝汽器底部，一部分水由凝结水泵送入给水系统，另一部分水由冷却水循环泵送入冷却水系统，不凝结的空气从抽气口由抽气设备抽走。

采用混合式凝汽器的间接空冷系统的优点是：混合式凝汽器体积小，换热充分，传热端差较小，造价低，运行维护方便；汽轮机排汽管道短，真空系统小，保持了水冷的特点；可

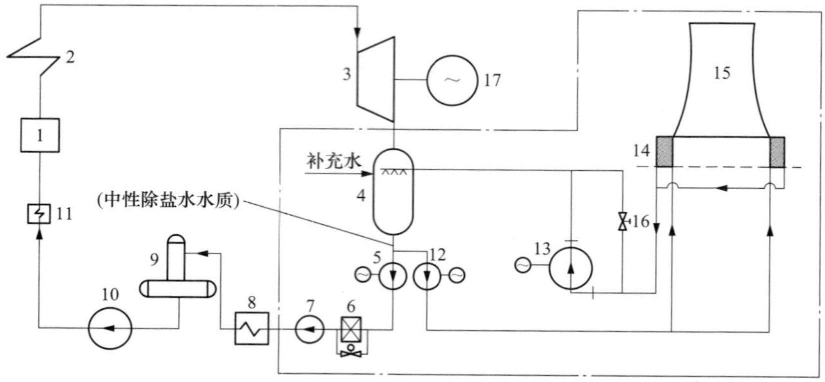

图 6-4　混合式凝汽器的间接空冷机组原则性热力系统

1—锅炉；2—过热器；3—汽轮机；4—喷射（混合）式凝汽器；5—凝结水泵；6—凝结水精处理装置；7—凝结水升压泵；8—低压加热器；9—除氧器；10—给水泵；11—高压加热器；12—冷却水循环泵；13—调压水轮机；14—全铝制散热器；15—空冷塔；16—旁路节流阀；17—发电机

与中背压汽轮机配套，煤耗较低。缺点是：设备多，系统复杂，布置困难；由于采用了混合式凝汽器，系统中的冷却水量相当于锅炉给水的 40 倍，增加了水处理费用；自动控制复杂，全铝制散热器的防冻性能差，冷却效果受风的影响大；冷却循环水泵功耗较大。

（2）采用表面式凝汽器的间接空冷系统。采用表面式凝汽器的间接空冷系统是以水为冷却中间介质，水与空气通过表面式换热器进行热交换，冷却后的水进入表面式凝汽器，在表面式凝汽器内冷却水通过凝汽器管与汽轮机排汽进行换热，使汽轮机的排汽冷却凝结成水，冷却循环水作为热交换的一种载体，没有蒸发损失。采用表面式凝汽器的间接空冷系统由表面式凝汽器、空冷塔、散热器、冷却水循环泵、膨胀水箱及管道等组成，见图 6-5，将散热器水平布置、阶梯布置或略呈内倾圆锥形布置，系统冷却水回路中增设了膨胀水箱，对冷却

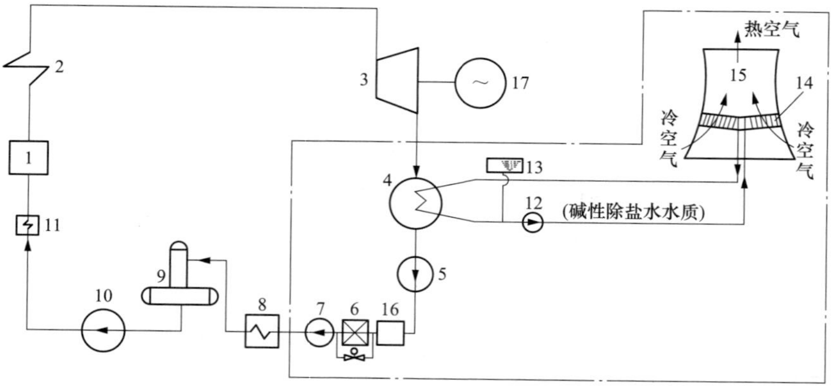

图 6-5　表面式凝汽器的间接空冷机组原则性热力系统

1—锅炉；2—过热器；3—汽轮机；4—表面式凝汽器；5—凝结水泵；6—凝结水精处理装置；7—凝结水升压泵；8—低压加热器；9—除氧器；10—给水泵；11—高压加热器；12—冷却水循环泵；13—膨胀水箱；14—全钢制散热器；15—空冷塔；16—除铁器；17—发电机

水膨胀起补偿作用。采用表面式凝汽器的间接空冷系统的优点是节约厂用电，设备少，冷却水系统与汽水系统分开，两者水质可按各自要求控制；冷却水量可根据季节调整，在高寒地区，冷却水系统中可充以防冻液防冻。其缺点是空冷塔占地面积大，基建投资多；系统中两次换热都属于表面式换热，使全厂热效率有所降低，发电煤耗较高。

3. 各种空冷系统的比较

不论直接空冷系统还是间接空冷系统，技术都很成熟，运行的安全性和可靠性都能保证，具体选用何种冷却系统应根据具体情况而定，现对各种空冷系统进行比较，见表 6-1。

表 6-1　　空冷系统性能比较

冷却系统	直接空冷	间接空冷	
		混合式凝汽器	表面式凝汽器
运行效果	良好		
适带负荷	不宜带尖峰负荷	可带尖峰负荷	不宜带尖峰负荷
防冻经验	已经受－43℃考验	有一定防冻经验	
热风再循环	有	无	
厂用电	风机耗发电功率的 1.6%	泵耗发电功率的 0.3%	
占地面积（m^2/MW）	15	40～60	
散热器面积（m^2）	基数 f	(1.3～1.4)f	

（三）并列冷却系统

不论水冷系统还是空冷系统都是将大量的热量排到周围环境中，不仅造成了巨大的热能浪费，还污染了周围环境。为了有效利用这些热能，可在北方地区采用水冷却系统和空气冷却系统并列布置（冬季）向居民供热，见图 6-6。夏季采用空气冷却系统；冬季采用水冷却系统，冷却循环水在外置式凝汽器中被汽轮机排汽加热后送往热网加热器，在热网加热器中被热网水冷却后返回外置式凝汽器。加热后的热网水送给用户。

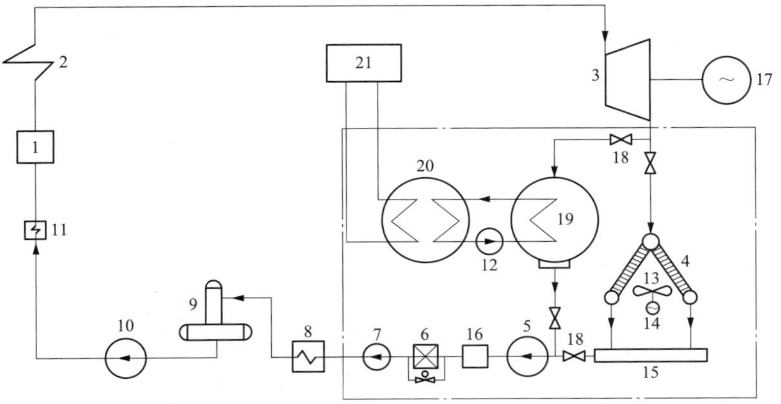

图 6-6　水冷却和空气冷却并列布置机组的原则性热力系统

1—锅炉；2—过热器；3—汽轮机；4—空冷凝汽器；5—凝结水泵；6—凝结水精处理装置；7—凝结水升压泵；8—低压加热器；9—除氧器；10—给水泵；11—高压加热器；12—冷却水循环泵；13—轴流冷却风机；14—电动机；15—凝结水箱；16—除铁器；17—发电机；18—阀门；19—外置表面水冷凝汽器；20—热网加热器；21—热用户

二、凝汽设备

凝汽设备包括凝汽器、抽真空设备、凝结水泵和冷却设备（循环水泵、冷却塔或空冷风机）等，这些设备合理组合在一起构成了凝结水系统。不同的冷却方式具有不同的凝汽设备，下面对凝汽设备做简要介绍。

（一）凝汽器

凝汽器是凝汽式汽轮机重要的辅助设备，它是将汽轮机排汽冷凝成水的换热器，又称复水器。按蒸汽凝结方式的不同，凝汽器可分为表面式（也称间壁式）和混合式（也称接触式）两类。

1. 表面式凝汽器

表面式凝汽器是指汽轮机排汽与冷却介质之间通过金属管表面进行间接换热的凝汽器。按冷却方式不同，表面式凝汽器又分为水冷和空冷两种。

（1）水冷表面式凝汽器。

1）水冷表面式凝汽器结构与原理。水冷表面式凝汽器由外壳、冷却水管束、热水井、水室和空气抽出口等组成，如图 6-7 所示。凝汽器圆形外壳两端连接着管板和水室端盖，管板上装有很多根冷却水管，使两端水室相通。冷却水进入进口水室，经过与进口水室相连通的下层冷却水管到达另一端的中间水室，转向后，经过与出口水室相连通的上层冷却水管从出口流出。汽轮机排汽从凝汽器进口（也称凝汽器的喉部）进入凝汽器冷却水管外侧空间（通常称之为汽侧），并在冷却水管外表面冷却凝结成水。凝结水汇集到热水井后由凝结水泵抽出。由于凝汽器内蒸汽凝结时形成高度真空，会有空气漏入凝汽器内，漏入的空气将直接影响凝汽器的真空和传热效果。因此，在凝汽器上设有空气抽出口，将空气抽出。为了抽出空气时尽量减少蒸汽含量，必须在空气（混有部分蒸汽）抽出之前，再经过一次冷却，使部分蒸汽冷却下来。因此，凝汽器中要分出全部冷却水管的 8%～10%，用挡板把它们与其余冷却水管束隔开形成专门的空气冷却区，与此相对应，其他冷却水管束形成了主凝结区。由于不断地从空气抽出口抽气，使凝汽器中正在凝结的蒸汽和空气一起向空气抽出口流动。凝结开始阶段空气量和全部蒸汽量相比是很小的，但随着蒸汽的不断凝结，蒸汽中的空气含量逐渐增加，当蒸汽空气混合物进入空气冷却区时，空气的相对含量达到一个很大的数值，最后只有一小部分尚未凝结的蒸汽和空气一起被抽出凝汽器。

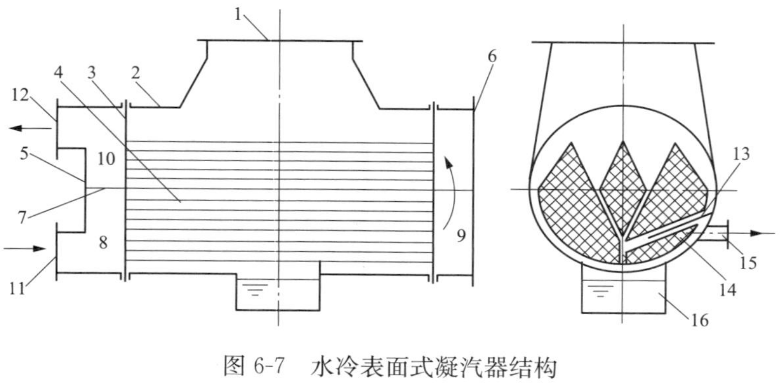

图 6-7　水冷表面式凝汽器结构

1—排汽进口；2—外壳；3—管板；4—冷却水管束；5、6—水室端盖；7—水室隔板；8—进口水室；9—中间水室；10—出口水室；11—冷却水进口；12—冷却水出口；13—挡板；14—空气冷却区；15—空气抽出口；16—热水井为了使蒸汽、空气混合物向空气抽出口流动，必须在空气抽出口处保持一个比凝汽器进口处更低的压力，凝汽器进口处的压力与空气抽出口处的压力之差称为凝汽器的汽阻。凝汽器喉部进口处能达到的真空由汽阻的大小而定，汽阻越大，凝汽器喉部的真空就越低。此外，汽阻的存在还使凝结水的过冷度和含氧量增加，因此，设计凝汽器时应尽量减小汽阻。合理布置凝汽器冷却水管束，可减小汽阻，管子在管板上的排列主要有三角形排列、正方形排列和辐向排列三种，如图 6-8 所示。按三角形排列的管子都位于等边三角形的各个顶点上，这种排列的优点是换热效果好，布置紧凑，但汽阻大（这种排列管子布置较密）；按正方形排列的管子都位于正方形的各个直角处，这种排列的优点是布置稀疏，汽阻小，但换热效果差；按辐向排列管子的特点介于三角形排列和正方形排列之间。通常，正方形排列和辐向排列用于凝汽器进口处，三角形排列用于其他空间。

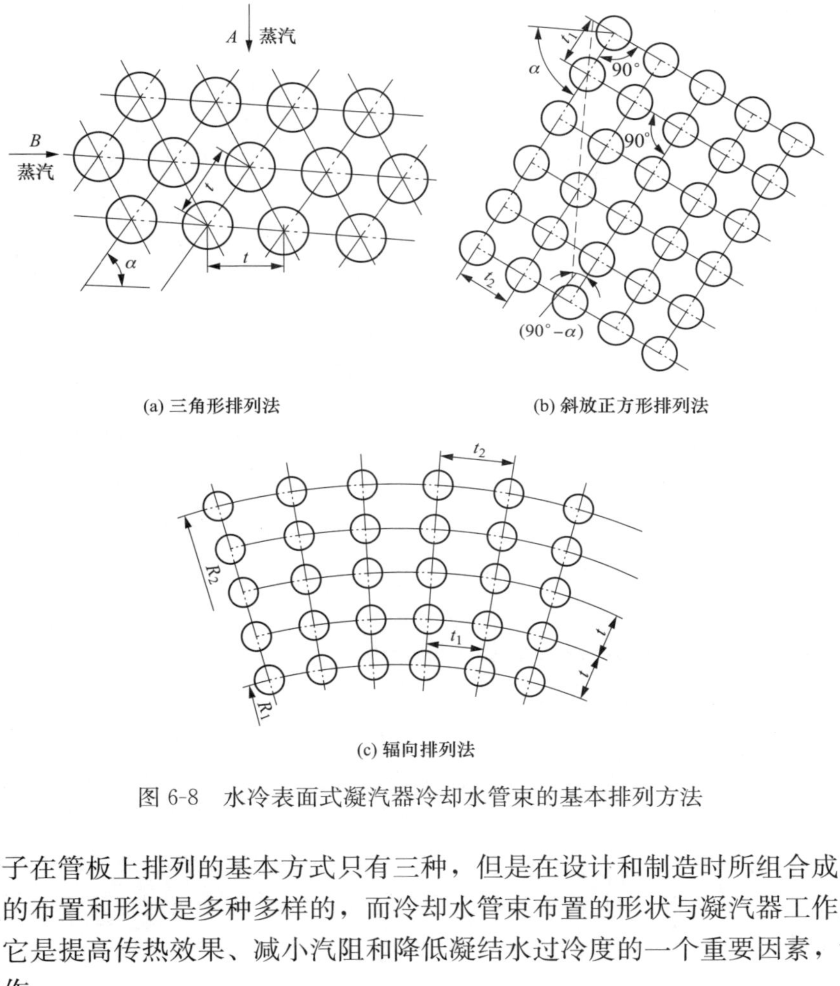

(c) 辐向排列法

图 6-8　水冷表面式凝汽器冷却水管束的基本排列方法

虽然管子在管板上排列的基本方式只有三种，但是在设计和制造时所组合成的冷却水管束在管板上的布置和形状是多种多样的，而冷却水管束布置的形状与凝汽器工作的好坏有很大的关系，它是提高传热效果、减小汽阻和降低凝结水过冷度的一个重要因素，设计时必须做好优化工作。

随着机组参数的提高，对给水除氧的要求也越来越高。为了能更好地除氧，在凝汽器集水箱中可设计凝结水真空除氧装置，其结构见图 6-9。从图 6-9 中可以看出，凝结水进入热水井时，首先沿集水板流入带有许多小孔的淋水盘，水从小孔流下形成水帘。由于凝结水的表面积增大，所以溶于水中的气体容易逸出。当水顺孔流到布置在淋水盘下面的角铁上溅成

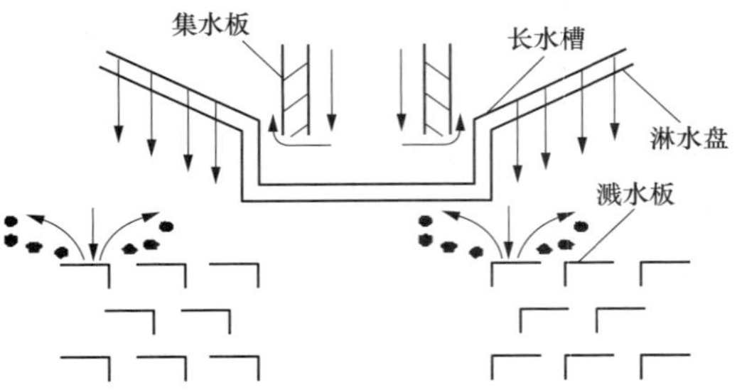

图 6-9　凝结水真空除氧装置的结构

小水滴时，表面积进一步增大，起到再次除氧的作用。为使不凝结的气体能够及时抽走，在真空除氧装置上方装有管子，将不凝结的气体引至空气冷却区，最后由抽真空设备抽走。

2）水冷表面式凝汽器分类。按冷却水的流动方式，水冷表面式凝汽器分为单流程、双流程和多流程 3 种，见图 6-10。单流程凝汽器的冷却水一次流过凝汽器管后，从冷却水出口排出；双流程凝汽器的冷却水流过凝汽器管后从回转水室转 180°，再次流过凝汽器管，然后从冷却水出口排出；多流程凝汽器的冷却水多次流过凝汽器管后，从冷却水出口排出。

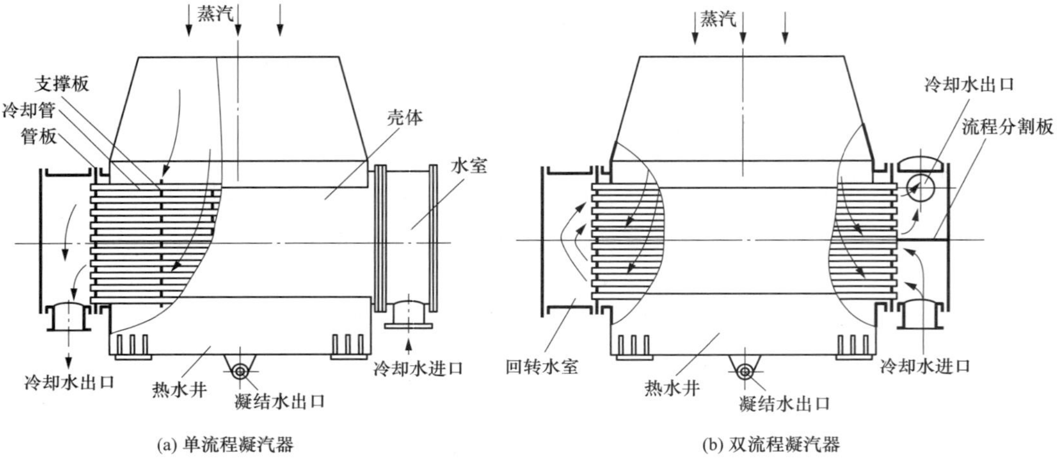

图 6-10　水冷表面式凝汽器冷却水流程

按空气抽出口的位置，水冷表面式凝汽器分为汽流向下式、汽流向上式、汽流向心式和汽流向侧式，见图 6-11。汽轮机的排汽进入凝汽器后，因为抽气口处压力最低，所以汽流向抽气口处流动。其中，应用较广的是汽流向心式和汽流向侧式两种。汽流向侧式凝汽器有上下直通的蒸汽通道，保证了凝结水与蒸汽的直接接触；一部分蒸汽由此通道进入下部，其余部分从上面进入冷却水管束的两半，空气从两侧抽出；在这类凝汽器中，当通道面积足够大时，凝结水过冷度很小，汽阻也不大。汽流向心式凝汽器的蒸汽被引向管束的全部外围，并沿半径方向流向中心的抽气口；在冷却水管束的下部有足够的蒸汽通道，使向下流动的凝结水及热水井中的凝结水与蒸汽相接触，从而凝结水得到很好的回热；这种凝汽器还由于冷却水管束在蒸汽进口侧具有较大的通道，同时蒸汽的行程较短，所以汽阻比较小；此外，由于凝结水与被抽出的蒸汽空气混合物不接触，保证了凝结水的良好除氧效果；其缺点是体积较大。

按凝汽器汽侧压力的不同，水冷表面式凝汽器分为单压凝汽器和多压凝汽器。随着汽轮机单机容量的增加，汽轮机的排汽口数量也增加，有两个以上排汽口的大容量机组的凝汽器

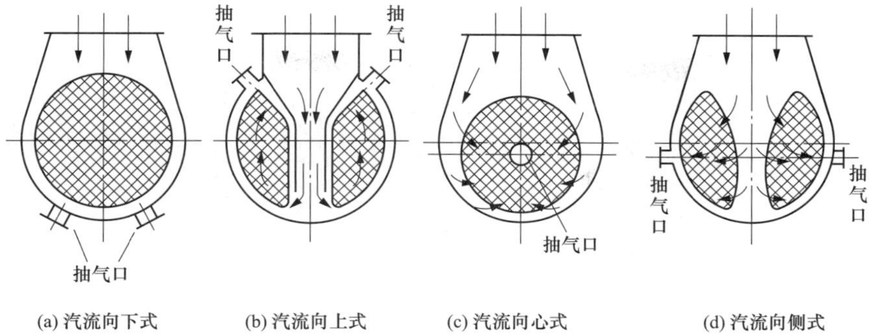

图 6-11 水冷表面式凝汽器空气抽出口的位置

可以制成多压凝汽器。图 6-12 所示为多压水冷表面式凝汽器，其中图 6-12（a）为普通的单压凝汽器，4 个排汽口都在一个排汽压力 p_c 下运行。若在凝汽器的汽室中间用一隔板将汽室内分隔成两部分，冷却水流程不做任何变动，如图 6-12（b）所示，就变成了双压凝汽器。此时，在冷却水进口侧的凝汽器汽室中，由于冷却水温度较低，其压力 p_{c1} 要低于冷却水出口侧的汽室压力 p_{c2}，即 $p_{c1} < p_{c2}$，同理，也可设计成三压、四压的多压凝汽器，在美国最多有六压凝汽器。

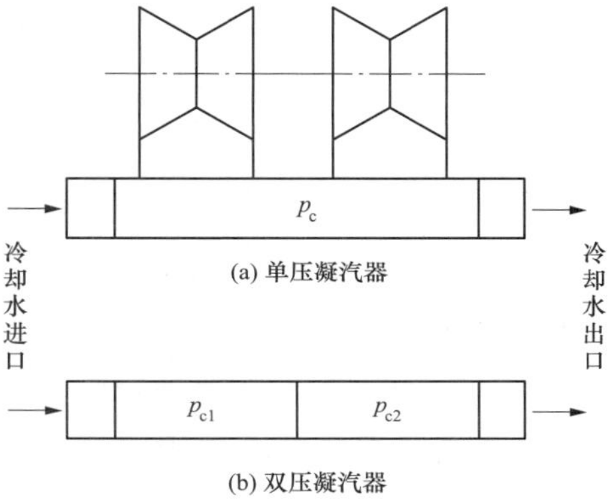

图 6-12 多压水冷表面式凝汽器

由凝汽器的换热过程可知，换热温差的差异较大。温差传热会产生不可逆损失，要减少不可逆损失，必须减小传热温差，理想的过程是等温差（凝结温度随换热过程而变），即凝汽器压力是连续变化的，这就是采用多压凝汽器的基本原理。由于多压凝汽器各汽室中的压力不同，所以不同汽室的凝结水温度也不同，如果高压侧的凝结水任其自流至低压侧，则最终的凝结水温度将低于单压凝汽器的凝结水温度，而出现过冷，将降低多压凝汽器的效果。为了避免上述情况的发生，在多压凝汽器中可利用高压汽室中温度较高的蒸汽对低压汽室的凝结水进行回热加热，使低压侧的凝结水温度提高至高压侧凝结水温度；具体做法是将低压侧凝结水箱的水位设计成高于高压侧凝结水箱的水位，使低压侧凝结水依靠重力作用流入高压侧，在淋水盘中被高压侧蒸汽所加热，如图 6-13 所示。在多压凝汽器中采用凝结水回热后，由于 $p_c < p_{c2}$，所以使多压凝汽器的凝结水温度高于单压凝汽器的凝结水温度。这样，不但消除了过冷现象，而且还带来了附加的热效益。因此，多数大型机组的水冷表面式凝汽器采用多压凝结水回热式，但系统比较复杂。

3）水冷表面式凝汽器的主要参数。水冷表面式凝汽器的工作状态直接影响机组的经济性，水冷表面式凝汽器的相关参数反映了其工作状态，因此，在设计中要对这些参数进行优化，运行中必须对这些参数加强监视，偏离设计值时应及时分析处理。

a. 凝汽器压力、抽气压力及汽阻。凝汽器压力（p_c）是指冷却水管束第一排管子以上不超过 300mm 处凝汽器壳体内的静压力，习惯上取排汽压力；降低排汽压力，可使汽轮机

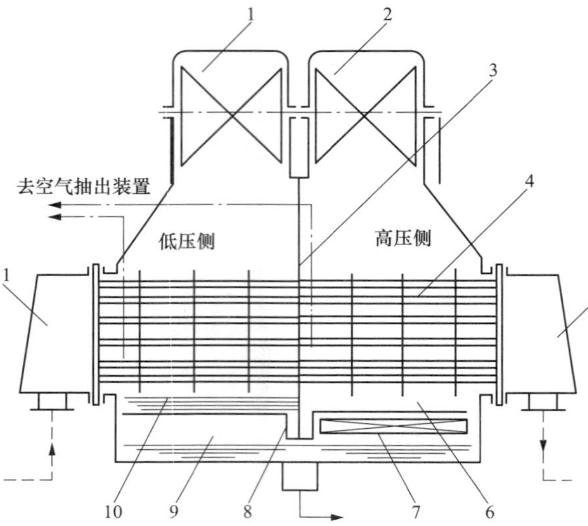

图 6-13　对双压水冷表面式凝汽器的低压侧凝结水进行回热

1—低压缸 A；2—低压缸 B；3—隔板；4—冷却水管；5—出口侧水室；6—分配架；7—回热淋盘；8—U 形密封；9—高压侧热水井；10—低压侧热水井；11—进口侧水室

利用更大的焓降以提高循环热效率。抽气压力（p''_c）是指凝汽器抽气口处的压力，该压力的大小由抽气系统决定。凝汽器的汽阻是指凝汽器压力与抽气压力之差值（$\Delta p_c = p_c - p''_c$），该值反映了凝汽器阻力的大小，与蒸汽流速及冷却水管束的排列方式有关；因为汽阻的存在增大了凝汽器的压力，降低了汽轮机组的热效率，所以设计时力求减小汽阻，但减小汽阻时必须增加凝汽器的体积；因此，一般要求汽阻在 0.25～0.4kPa 之间。

凝汽器压力一般用真空表示，凝汽器真空的高低，主要决定于冷却水的温度和流量。要提高真空，主要靠降低冷却水的温度或加大冷却水流量。当凝汽器的真空提高时，汽轮机的可用焓降要受到汽轮机末级叶片膨胀能力（压力比）的限制。当蒸汽在末级叶片中的膨胀已达到最大值时，与之相对应的真空叫极限真空。超过这个真空，蒸汽就在末级叶片出口处继续膨胀，将造成涡流损失，并造成机组轴向推力增大。显然，汽轮机在极限真空下运行是不合理的。因此，对每台凝汽器应通过试验确定其最有利真空，所谓最有利真空是指提高真空可获得净收益为最大时的真空。

b. 凝汽器的饱和温度、凝结水温度及过冷度。凝汽器的饱和温度（t_s）是指凝汽器压力（p_c）所对应的饱和温度，该温度只与凝汽器压力有关。凝汽器的凝结水温度（t_c）是凝结水出口温度。凝汽器过冷度是指在凝汽器压力下的饱和温度与凝结水温度之差值（$\Delta t_n = t_s - t_c$），凝结水过冷度是衡量凝汽器运行经济性的重要指标，过冷度小，表示循环水带走的热量少，机组经济性好；反之过冷度大，循环水带走的热量多，机组经济性差，过冷度每增加 1℃，机组热耗率就上升 0.02%。产生过冷度的原因：ⓐ由于冷却水管外表面蒸汽分压力低于冷却水管束之间的蒸汽平均分压力，使蒸汽的凝结温度低于冷却水管束之间混合汽流的温度，从而产生过冷；ⓑ由于凝汽器内存在汽阻，蒸汽从排汽口向下部流动时遇到阻力，造成下部蒸汽压力低于上部压力，下部凝结水温度较上部低，从而产生过冷；ⓒ蒸汽被冷却成液滴时，在凝汽器冷却水管束间流动，由于液滴的温度比冷却水管管壁温度高，液滴受到管内循环冷却水的冷却继续降温，最终低于其饱和温度，产生过冷；ⓓ由于凝汽器汽侧积有空气，空气分压力增大，蒸汽分压力相对降低，蒸汽仍在自己的分压力下凝结，使凝结水温度低于凝汽器饱和温度，产生过冷；ⓔ凝汽器构造上存在缺陷，冷却水管束排列不合理，使凝结水在冷却水管外形成一层水膜，当水膜变厚下垂成水滴时，水滴的温度（即水膜内、外层平均温度）低于水膜外表面的饱和温度，从而产生过冷；ⓕ凝汽器漏入空气或抽气器工作不正常，空气不能及时被抽出，空气分压力增大，从而产生过冷；ⓖ热水井水位高于正常范围，凝汽器部分管被淹没，被淹没管中循环水带走一部分凝结水的热量而产生过冷；ⓗ循环水温度过低和循环水量过大，使凝结水被过度冷却；ⓘ凝汽器冷却水管破裂，循环水漏入凝结水内，使凝结水温度降低，从而产生过冷。

c. 凝汽器的蒸汽量、冷却水流量及冷却倍率。凝汽器的蒸汽量（G_s）是指从汽轮机低压缸排汽进入凝汽器的蒸汽量。凝汽器的冷却水量（W）是指进入凝汽器的冷却水流量。冷却倍率是凝结1kg排汽所需要的冷却水量，其数值为进入凝汽器的冷却水量与进入凝汽器的汽轮机排汽量之比（W/G_s），一般取50～80。

d. 凝汽器的传热端差。凝汽器的传热端差（δ_t）是凝汽器压力下的饱和温度（凝结水温，t_s）与循环冷却水出口温度（t_{w2}）之差（$\delta_t=t_s-t_{w2}$）。因为端差能反映凝汽器传热性能、真空严密性和冷却水系统的工作状况等，所以，在凝汽设备运行中，端差是衡量凝汽器换热性能的一个重要参数。对一定的凝汽器，端差的大小与凝汽器冷却水入口温度、凝汽器单位面积蒸汽负荷、凝汽器管的表面洁净度、凝汽器漏入空气量以及冷却水在管内的流速等有关。减小端差可以提高凝汽器的真空，但却要以增大冷却面积和增加冷却水量为代价，因此其值不宜太小。大型凝汽器在设计负荷下传热端差一般在3～10℃，多流程为4～6.5℃，单流程为7～9℃，最低不得低于2.8℃。

（2）空冷表面式凝汽器。空冷表面式凝汽器位于汽轮机房外的空冷岛上方，没有壳体，金属管束暴露在大气中，属开放式，为提高管束对外传热，金属管束为外翅片管，管束内为汽轮机排汽，管束外为冷却介质（空气），空冷表面式凝汽器的背压较水冷凝汽器高得多。

1）空冷表面式凝汽器的结构。空冷表面式凝汽器由入口联箱、金属管束、出口联箱、支架及连接管道等组成，每个空冷表面式凝汽器由数个凝结单元组成，金属管束内为蒸汽，金属管束外为空气，金属管束是空冷表面式凝汽器的核心部件。空冷表面式凝汽器的金属管束主要有三排管、双排管和单排管三种：三排管空冷凝汽器的基管为椭圆管，其规格尺寸为72mm×21mm，钢片缠绕在基管上，材质均为碳钢，外表面热浸镀锌，主要特点是翅片缠绕在椭圆基管上，翅片间无空气流动干扰，换热效率较高，空气侧阻力小，清洗容易；双排管空冷凝汽器的基管为椭圆管，其规格尺寸为100mm×20mm，矩形翅片嵌套在基管上，材质均为碳钢，外表面热浸镀锌，其特点是管内流通面积较大，两排管翅片间距不同，热负荷均匀，翅片开有绕流孔，清洗水压要求较高；单排管空冷凝汽器的基管为椭圆管，其规格尺寸为219mm×19mm，基管为碳钢外包铝层复合管，翅片为铝翅片钎焊在基管上，无需热浸镀锌，如图6-14所示，其特点是采用大直径的基管，管内蒸汽通流面积增大，有利于汽液的分离和防冻，蒸汽侧和空气侧阻力较小，清洗较容易。三种空冷凝汽器管型各有优缺点，应根据具体情况选择。下面以某350MW超临界机组的空冷表面式凝汽器为例进行介绍，该空冷表面式凝汽器共6组，为单排椭圆管，每组由5个凝结单元组成，每个单元包括两片成60°角（A形）的单排椭圆管束和出、入口联箱，每个凝结单元下方装有一台轴流冷却风机，

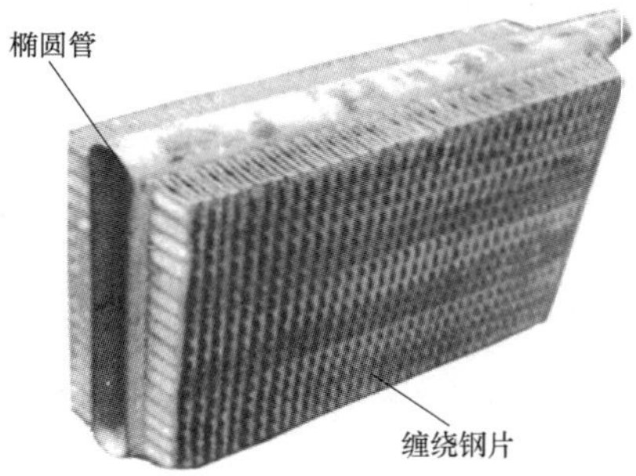

图 6-14　空冷表面式凝汽器单排翅片管

见图 6-15。虽然 5 个凝结单元的结构相似，但其中 4 个（左数第一、二、四、五）凝结单元为顺流布置（蒸汽流向与疏水的流向相同），另一个（左数第三）凝结单元为逆流布置（蒸汽流向与疏水的流向相反），4 个顺流布置的凝结单元并联之后与一个逆流布置的凝结单元串联，这种布置方式可降低凝结水的过冷度，并有效防止冬季管束内结冰。

2）空冷表面式凝汽器的原理。汽轮机排出的蒸汽经排汽管先进入顺流布置的凝结单元，大部分蒸汽（约 80%）在顺流布置的凝结单元内凝结成水，剩余的蒸汽、凝结水和少量不凝气体一起自上而下进入凝结水联箱。凝结水从凝结水联箱排入凝结水箱，蒸汽和少量不凝气体进入逆流布置的凝结单元内继续冷却凝结。在逆流布置的凝结单元内蒸汽和少量不凝气体自下而上流动，蒸汽冷却凝结成水后在自重力作用下流入凝结水联箱，不凝气体由真空抽吸设备从逆流布置的凝结单元上部抽出。在工作过程中，应根据蒸汽的凝结情况，调整各凝结单元冷却风机出力，保证蒸汽的凝结效果。

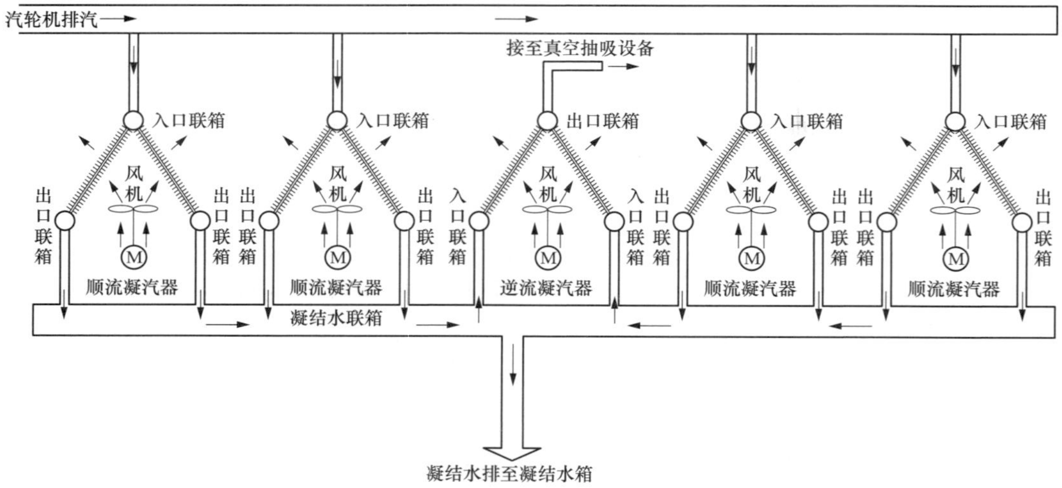

图 6-15　空冷表面式凝汽器

（3）水冷表面式凝汽器与空冷表面式凝汽器的比较。水冷表面式凝汽器与空冷表面式凝汽器各有特点，下面从技术指标、经济性和安全性三个方面进行分析。

1）技术指标方面。

a. 耗水量。空冷表面式凝汽器用空气直接冷却，水的消耗量小，节水效果非常明显，耗水量仅相当于同容量水冷表面式凝汽器的 20%～30%。

b. 换热面积。由于空气的换热系数要远小于水，因此，空冷表面式凝汽器所需要的换热面积大，体积庞大。

c. 汽轮机排汽压力。空冷表面式凝汽器的蒸汽从管内通过，其汽阻较大，对应的汽轮机排汽压力高于水冷表面式凝汽器对应的汽轮机排汽压力，在相同条件下，空冷表面式凝汽器机组比水冷表面式凝汽器机组的效率降低 5%～8%。

d. 受环境大气温度影响。经试验和实际运行证明，环境大气温度是影响空冷表面式凝汽器和水冷表面式凝汽器经济运行的一个主要因素，但对空冷表面式凝汽器的影响更加明显，图 6-16 所示为环境大气温度（t_a）对采用空冷表面式凝汽器和水冷表面式凝汽器汽轮机排汽温度（t_s）和背压（p_c）影响的关系曲线。

2）经济性方面。在经济性方面，不论是初始投资还是运行维护费用，空冷表面式凝汽器都远大于水冷表面式凝汽器。但空冷表面式凝汽器特别适合于缺水地区使用。

3）安全性方面。水冷表面式凝汽器和空冷表面式凝汽器的技术都很成熟，可确保汽轮机在各种工况下安全运行，应根据当地条件选择。

2. 混合式凝汽器

混合式凝汽器的基本原理是冷却水直接与汽轮机的排汽混合接触将蒸汽冷却凝结成水，见图 6-17。从图 6-17 中可以看出，冷却水由上部经喷嘴喷散在凝汽器的空间中，排汽也由上部进入凝汽器，在向下流动过程中与冷却水直接接触而被冷却凝结成水，凝结水与冷却水一起集结在底部用水泵抽走。不凝结的气体通过抽气口由抽气设备抽走。混合式凝汽器的优点是结构简单，制造成本低，而且形成和保持真空的能力也较强；缺点是对冷却水的水质要求很高，使它的应用受到很大限制，随着技术的进步，目前在间接空冷机组中混合式凝汽器已经开始应用。

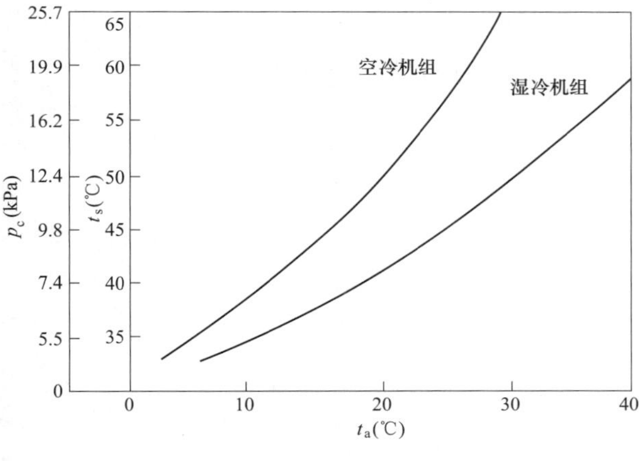

图 6-16 环境大气温度（t_a）对空冷表面式凝汽器和水冷表面式凝汽器对应的汽轮机 t_s 和 p_c 影响的关系曲线

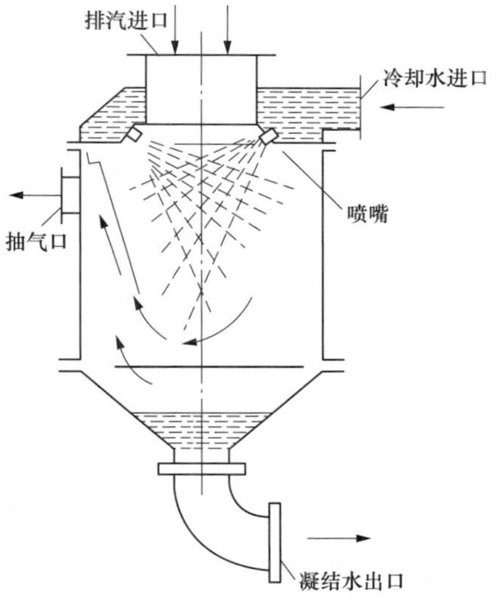

图 6-17 混合式凝汽器结构简图

（二）抽真空设备

抽真空设备的作用是将凝汽器中的不凝结气体不断地抽出，以维持凝汽器的正常真空，抽真空设备的工作性能对凝汽器的工作状态影响很大。常用的抽真空设备有抽气器和真空泵，大型电厂多用真空泵。

1. 抽气器

抽气器的结构型式很多，电厂一般采用喷射式抽气器。喷射式抽气器根据工质不同又分为射汽式和射水式两种。这两种抽气器的工作原理基本相同，主要区别是射汽式抽气器用压力蒸汽作工质，射水式抽气器用压力水作工质。由于单元机组在启动前没有蒸汽，因此单元机组都采用射水式抽气器。射水式抽气器结构由工作水入口、工作喷嘴、混合室、扩压管和止回阀等组成，见图 6-18。射水式抽气器的工作原理是从工作水泵来的压力水，通过喷嘴将压力能转变成速度能，以一定的速度从喷嘴喷出，在混合室中形成高度真空。凝汽器中的汽气混合物被吸引至混合室与工作水混合，一起进入扩压管，在扩压管中将速度能转变成压力能，在略高于大气压的情况下随水流一起排出。在混合室与凝汽器连通的接口处装有止回阀（借助止回阀前后的压力差关闭），其作用是当水泵发生故障时，防止水和空气倒流进入凝汽器。

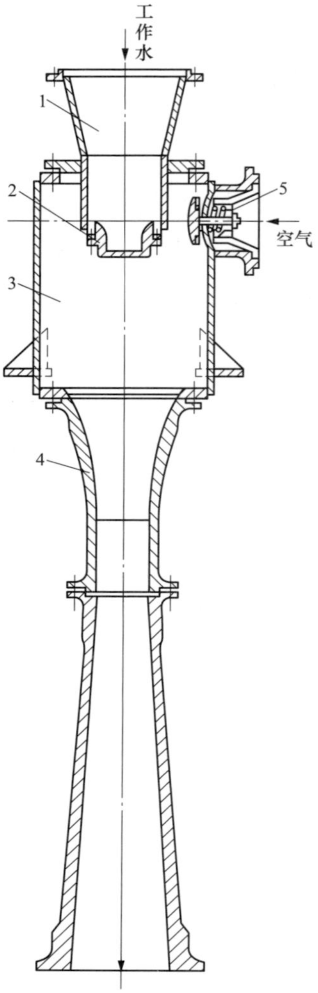

图 6-18　射水式抽气器结构
1—工作水入口；2—工作喷嘴；3—混合室；4—扩压管；5—止回阀

2. 真空泵

真空泵是利用机械进行抽气而获得真空的设备。真空泵的种类很多，火力发电厂一般采用水环式真空泵。

（1）水环式真空泵的原理。水环式真空泵的原理与射流抽气器不同，属于容积泵，见图 6-19。叶轮被偏心安装在泵体中，当叶轮按图 6-19 所示方向旋转时，进入水环泵泵体的水被叶轮抛向四周，受离心力的作用，水形成了一个与泵腔形状相似的等厚度的封闭水环。水环的上方内表面恰好与叶轮轮毂相切，水环的下方内表面刚好与叶片顶端接触（实际上，叶片在水环内有一定的插入深度）。此时，叶轮轮毂与水环之间形成了一个月牙形空间，而这一空间又被叶轮分成与叶片数目相等的若干个小腔。如果以叶轮的上方 0°为起点，当叶轮从 0°旋转到 180°时，小腔的容积逐渐由小变大，压力不断降低，且与吸气口相通，当小腔空间内的压力低于被抽容器内的压力时，被抽的气体不断地进入小腔，此时为吸气过程，吸气完成后与吸气口隔绝；当叶轮从 180°旋转到 360°时，小腔的容积逐渐减小，压力不断地增大，此时为压缩过程；当压缩的气体与排气口连通时，气体从排气口排出泵外。在泵的连续运转过程中，不断地进行吸气、压缩、排气过程，从而达到连续抽气的目的。在水环式真空泵工作过程中，水环不仅起抽吸和压缩气体的作用，而且还起密封工作腔和冷却气体的作用，工作水不可避免地产生蒸发和损失。因此，必须及时补充工作水，以保持稳定的水环厚度和水温。

1）水环式真空泵的优点：结构简单，制造精度要求不高，容易加工；结构紧凑，泵的转速较高，一般可与电动机直接连接，无须减速装置；结构尺寸小，可以获得较大的排气量，占地面积也小；压缩气体基本上是等温的，气体压缩过程中温度变化很小；由于泵腔内没有金属摩擦表面，无须对泵内进行润滑，而且磨损很小；转动件和固定件之间的密封可直接由水封来完成；吸气均匀，工作平稳可靠，操作简单，维修方便。

2）水环式真空泵的缺点：效率低，一般在 30%左右，较好的可达 50%；因为受到结构上的限制，真空较低（用水做工作液时，极限绝对压力只能达到 2000～4000Pa；用油做工作液时，极限绝对压力可达 130Pa）。

（2）水环式真空泵的结构。水环真空泵由泵体、前后端盖、叶轮、轴等组成，进气管和排气管通过安装在端盖上圆盘分配器的吸气孔及排气孔与泵腔相连，叶轮用键固定于轴上，偏心地安装在泵体中。泵两端的总间隙由泵体和圆盘分配器之间的调整垫来调整。叶轮两端面与前、后圆盘分配器的间隙决定了气体在泵腔内由进气口至排气口流动中损失的大小及其极限压力。叶轮形成水环所需的补充水由供水管供给（供水管也可与气水分离器连在一起循环供水）。当所需的真空不高时，可选用单级水环真空泵，见图 6-20；如果真空较高，单级水环真空泵不能满足时，可选用双级水环式真空泵，见图 6-21。双级水环式真空泵与单级水环式真空泵相似，相当于两台单级水环式真空泵串联运行。双级水环式真空泵的两个叶轮装在同一根轴上，两个叶轮位于由泵体和中间壁围成的两个腔室内，第一级叶轮出口分成两路，一路与第二级叶轮的入口用一根管道相连，另一路与气水分离器用一根管道相连。当要求的真空较低时，第一级叶轮出口气水混合物直接排入气水分离器，第二级叶轮不做功（空转）；当要求的真空较高时，第一级叶轮出口气水混合物从第二级叶轮入口管道排入第二级叶轮，第一级叶轮和第二级叶轮共同做功，提高其真空。

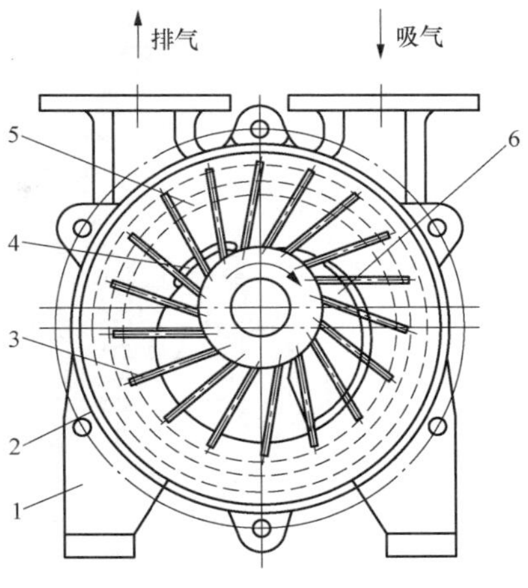

图 6-19 水环式真空泵的工作原理

1—端盖；2—泵体；3—叶轮；4—排气孔；5—水环；6—吸气孔

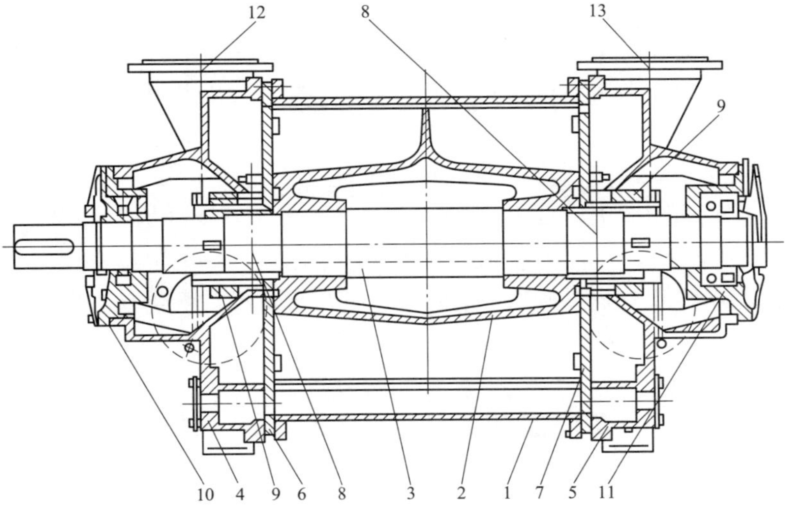

图 6-20 单级水环真空泵结构

1—泵体；2—叶轮；3—泵轴；4—前端盖；5—后端盖；6—前圆盘分配器；7—后圆盘分配器；8—阀板；9—轴封；10—前轴承；11—后轴承；12—吸入口；13—排出口

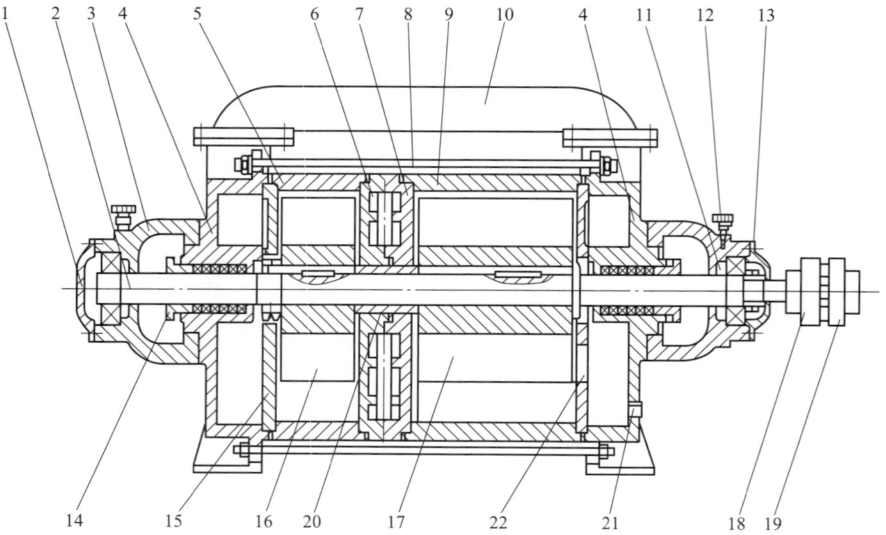

图 6-21　双级水环真空泵结构

1—后轴承压盖；2—轴；3—轴承架；4—端盖；5—第二级泵体；6—中间壁（B）；7—中间壁（A）；8—拉紧螺栓；9—第一级泵体；10—连通管；11—调整垫；12—油杯；13—轴承压盖；14—填料压盖；15—后盖圆盘分配器；16—第二级叶轮；17—第一级叶轮；18—泵联轴器；19—电动机联轴器；20—轴套；21—进水孔；22—前盖圆盘分配器

（三）凝结水泵

凝结水泵的功能是在高真空条件下将凝汽器热水井中的凝结水抽出，输送至低压加热器。由于输送的凝结水温度接近于凝汽器压力下的饱和水温度，凝结水泵入口压力稍有降低就很容易产生汽蚀。为了防止凝结水泵发生汽蚀，凝结水泵的入口应形成一定的倒灌高度，利用倒灌水柱的静压提高凝结水泵的入口压力，同时尽量减小入口管路的阻力，使凝结水泵入口压力高于该处水的饱和压力。因此，凝结水泵安装在热水井最低水位以下，使水泵入口与凝汽器热水井最低水位维持一定的高度差。

凝结水泵采用立式双筒多级离心泵，首级叶轮与其他叶轮分开布置。首级叶轮下沉布置，扬程低，产生的轴功率小，泵挠度小，叶轮前布置诱导轮结构，可提高入口吸入性能，以防止汽蚀，但效率较低；其他级叶轮结构相同，采用卡环单独定位，提高定位精度，保证转子运转可靠性，这些叶轮效率较高。通常情况下每台机配有两台（一用一备）或三台（两用一备）凝结水泵。

（四）冷却设备

冷却设备是指向凝汽器提供冷却介质的设备，为水冷表面式凝汽器提供冷却介质的冷却设备有循环水泵和冷却塔，向空冷表面式凝汽器提供冷却介质的冷却设备有空冷风机。

1. 循环水泵

水冷式汽轮发电机组在生产过程中的排汽冷凝成水需要大量的冷却水，输送冷却水的设备叫循环水泵，由于循环水量大，循环水泵的容量也大，既可用轴流泵，也可用离心泵。

2. 冷却塔

冷却塔的工作原理是利用空气与循环冷却水进行换热，降低循环冷却水的温度，冷却塔包括直接冷却和间接冷却两种。直接冷却塔是将循环水从冷却塔的上部以喷雾方式喷淋到安装在塔内的玻璃纤维填料上，使水的表面积增加，并与从冷却塔底部进入塔内的流动空气直接对流接触，实现换热，使循环冷却水温降低；空气在塔内流动过程中吸热升温后从塔顶排出。直接冷却塔的核心设备是填料，这种冷却塔的投资比较少，但水耗较高。间接冷却塔是将循环水送到塔内的表面换热器，在表面换热器内流动的循环冷却水与外部流动的空气换热，使循环冷却水温降低；从冷却塔底部进入的空气经过表面换热器吸热升温后从塔顶排出。间接冷却塔的核心设备是表面换热器，这种冷却塔的投资比较大，但节水效果好。

3. 空冷风机

空冷风机是一种低压头、大流量、低转速的单级轴流式通风机，它是电站直接空冷系统的关键设备之一，空冷风机可分为通用型（T 型）、降噪型（M 型）、低噪型（D 型）和超静音型（C 型）四个系列，空冷风机叶轮直径为 ϕ4.5m～ϕ10.973m，空冷风机的机号与叶轮直径的关系见表 6-2。

表 6-2　　机号与叶轮直径的关系

风机机号	45	49	55	61	67	70	73
叶轮直径尺寸（m）	4.5	4.877	5.5	6.096	6.706	7.01	7.315
风机机号	80	85	89	91	98	104	110
叶轮直径尺寸（m）	7.925	8.534	8.91	9.144	9.754	10.363	10.973

注　机号用叶轮直径的整数表示，单位是 dm。

空冷风机由叶轮、减速器和电动机组成，叶轮由一个轮毂和 4～8 个叶片组成（叶片均匀安装在轮毂上，大多数空冷风机为 6 个叶片），减速器将叶轮和电动机连接在一起，见图 6-22。叶片用高强度玻璃钢复合材料（FRP）制成，该材料质量轻并具有很好的噪声和振动阻尼特性；另外，叶片采用扭曲、变弦长、变厚度的叶形，保证风机在较宽流量范围内具有高效率和低噪声的特性，可适应不同工况的使用要求；减速器为硬齿面斜齿轮两级平行轴传动形式，传动平稳，噪声低，输出轴端采用无泄漏密封，并装有振动和温度报警装置，在异常情况下可发出声、光报警，同时可切断电源；电动机为立式布置，功率有 45、55、75、90、110、132、160kW 等，为了调节方便，通常采用变频器调节转速。

三、350MW 超临界热电联产机组的冷却设备

现以 350MW 超临界热电联产闭式水冷却机组为例，介绍其冷却设备。

（一）凝汽器

凝汽器采用双壳体、双背压、双进双出、横向布置结构，7 号、8 号两台低压加热器布置在凝汽器的喉部，两台汽动给水泵汽轮机的排汽也都排入汽轮机凝汽器，见图 6-23。

1. 凝汽器的结构

凝汽器外壳为方形，由钢板焊接而成。其优点是制造工艺简单，充分利用汽轮机下部的有限空间。但矩形外壳受压性差，必须用型钢和撑杆增加其刚性，以承受内外压差。

凝汽器冷却水是双流程形式，水室分成左右两个独立的部分，冷却水分道，并有各自的冷却水进口和出口，此种凝汽器称为对分式凝汽器。它的优点是可在运行中降低机组负荷，

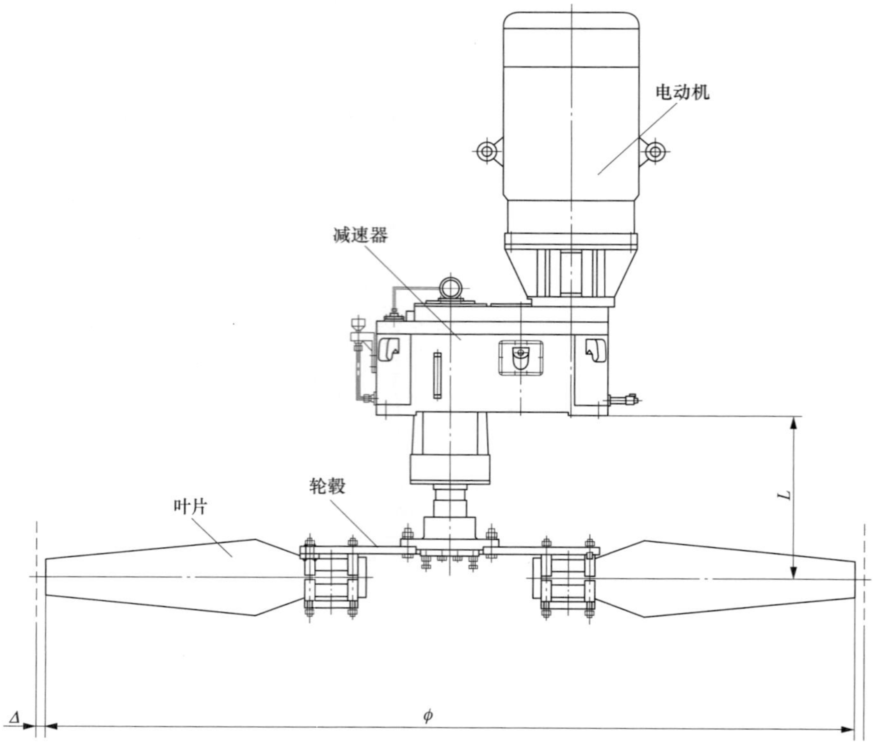

图 6-22　空冷风机

对凝汽器的一侧冷却管进行检查和维修，而不需要停运汽轮机。

（1）喉部。汽轮机低压缸排汽口和凝汽器间的连接件称为凝汽器的喉部，凝汽器喉部由 16mm 厚的钢板焊制而成，内部有一定数量的钢管支撑，支撑形式为桁架式。因此，整个喉部刚性较好，喉部上方布置有组合式低压加热器、汽轮机旁路系统的三级减温减压器等。喉部还设有一根化学补充水管，化学补水经喷水管上的小孔喷成雾状喷进喉部空间。汽轮机的第 6 段抽汽管通过喉部壳壁引出，第 7 段和第 8 段抽汽管直接接入喉部内的 7 号、8 号内置式低压加热器（将低压加热器布置在凝汽器的喉部称为内置式低压加热器）。由于内置式低压加热器维修困难，并且在停机期间内部的水很难排尽，容易发生腐蚀，所以内置式低压加热器采用不锈钢管制作。

（2）壳体与热水井。因为壳体要承受外部大气压力与内部高度真空的压差作用力，以及大量循环水的重量、换热管等部件的重量产生的作用力，所以凝汽器的外壳必须具有足够的强度。凝汽器壳体由 20mm 厚的钢板焊成，内有支撑杆、外有加固型钢等加强件，具有良好的刚性。

前水室布置有冷却水的进水口、出水口，前、后水室设有铰链式快开人孔。凝汽器壳体下部有较大的存水空间，可储 5min 的凝结水量。凝结水箱（热水井）为矩形，位于凝汽器下部壳体的底部，其上装有凝结水出水管及排水管，排水管上装有真空隔离阀，该隔离阀能在 1h 内排出正常水位下的全部凝结水。凝汽器壳体上部布置了内置式低压加热器、减温减压器和抽汽管。

（3）冷却水管。凝汽器共有 40000 根冷却水管，材料是 TP304 不锈钢管，冷却水管排

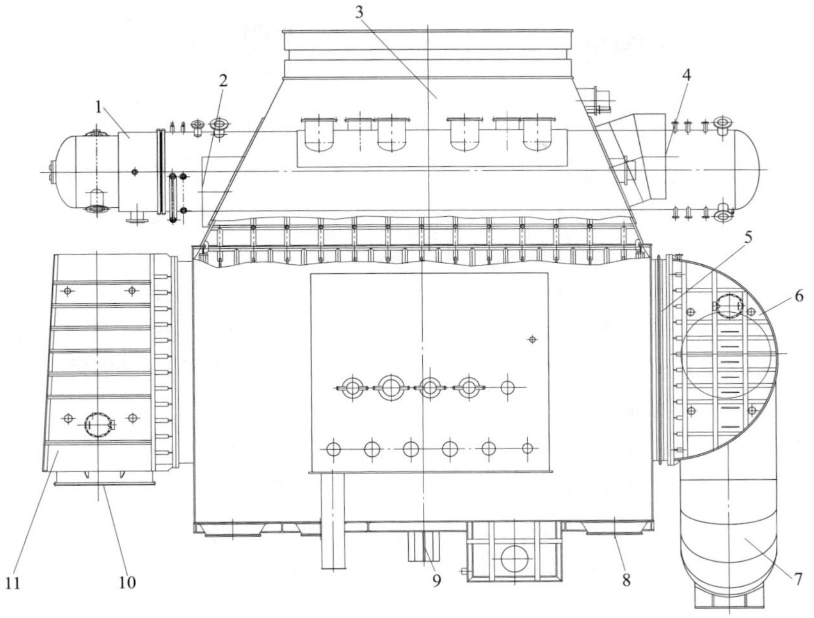

(a) 主视图

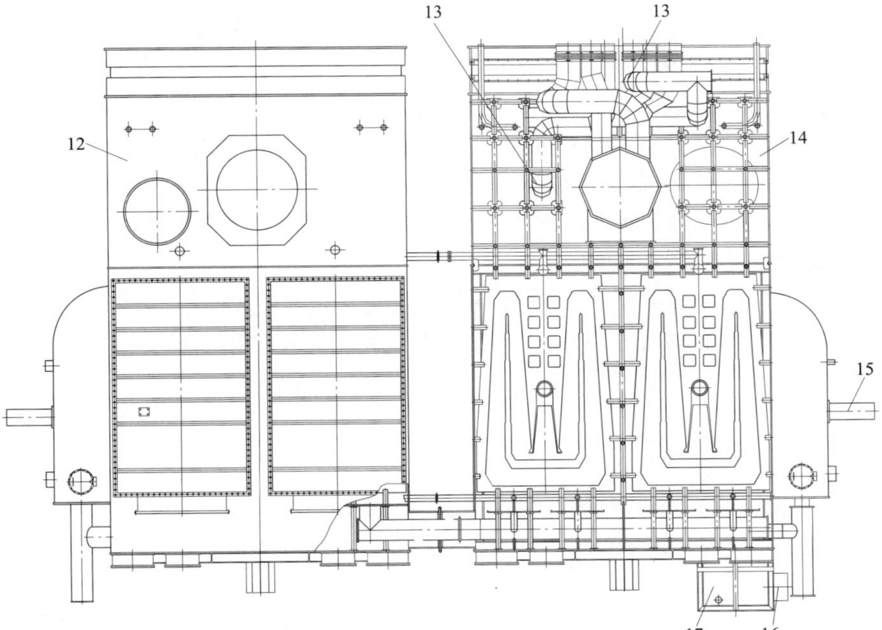

(b) 右视图

图 6-23 凝汽器结构示意图

1—低压加热器；2—减温减压器接口；3—凝汽器喉部；4—给水泵汽轮机排汽接口；5—膨胀节；6—后水室；7—后水室连通管；8—支撑座；9—死点座；10—冷却水进（出）口；11—前水室；12—低压侧；13—低压加热器抽汽接口；14—高压侧；15—疏水集箱；16—凝结水出口；17—热水井

列呈带状，周围留有汽流通道可以使汽流进入冷却水管束内部，并且可以减少汽流阻力。每个冷却水管束中心区为空气冷却区，用挡气板与主凝结区隔开。不凝结气体与蒸汽经过空气冷却区时，使大多数蒸汽能够冷却凝结成水，剩余的少部分蒸汽随同不凝结气体进入空气管。凝汽器的冷却水管有两种规格：一种是 ϕ25×0.7mm（L＝11 541mm）的不锈钢管共 4936 根，分别安装在顶部三排、通道外侧及空冷区；另一种是 ϕ25×0.5mm（L＝11 541mm）的不锈钢管共 35 064 根，安装在主凝结区。管子两端胀焊在管板上，借助中间管板支撑。冷却水管由进水侧向出水侧呈抬高形式布置，以减少运行中的振动，冷却水停运放水时冷却水因冷却水管的倾斜而将管中的水流出。低压缸排出的蒸汽进入凝汽器后，迅速地分布在冷却水管的全长上，通过冷却水管束间的通道和两侧通道使蒸汽全面地沿冷却水管表面进行热交换，并被凝结成水，部分蒸汽则由冷却水管束两侧的通道流向冷却水管束的下面，对淋下的凝结水进行回热，剩余未凝结的少量蒸汽和被冷却了的空气汇集到空冷区的抽空气管内，被抽真空的设备排出。

（4）水室。在凝汽器壳体两端管板上分别焊有前、后水室，前水室为方盒式结构，并接有冷却水的进、出口管。前后水室的端部都有盖板，盖板分上、下盖板，盖板设有人孔，以便于检修。凝汽器的水室结构形状应尽量避免水在进入冷却管时发生涡流。涡流不仅会增大能量消耗，还会引起进口端冷却水管冲击。

（5）连接和支承方法。凝汽器与低压缸之间设有补偿器，补偿相互间的胀差。循环水连通管及后水室均设有支架支撑，并且允许自由滑动，以适应凝汽器自身的膨胀。后水室处的管板与壳体间布置有波形膨胀节，用以补偿壳体与冷却水管热膨胀的差值，同时也改善了冷却水管的振动情况，并减少了凝汽器冷却水管与管板间的焊口处所承受的拉力或压力。

凝汽器两侧设有吊篮式疏水扩容器，扩容器容积为 2×10m^3，机头侧扩容器收集汽轮机本体疏水和高、低压抽汽管道及低压加热器正常运行的疏水；发电机侧扩容器收集高（低）压加热器事故疏水、锅炉暖风器疏水和除氧器溢流放水。在扩容器上部设有喷水降温装置，疏水经扩容后，进入凝汽器。此种结构占地少，易于布置，扩容效果好，避免了疏水直接进入凝汽器时对凝汽器的冲刷和热冲击。

凝汽器刚性座在水泥基础上，壳体板下部中心处设有固定死点，运行时以死点为中心向四周自由膨胀，凝汽器下部有 4 只小支承座和 4 只大支撑座，呈对称布置，在每个支撑座下面布置有调整垫铁。

2. 凝汽器技术规范

凝汽器技术规范见表 6-3。

表 6-3　　凝汽器技术规范

项目	参数	项目	参数
型号	N-36000-1	型式	双壳体、双背压、双进双出、横向布置
设计背压（kPa）	4.9（绝对压力）	汽侧最高压力（kPa）	98（绝对压力）
设计进水温度（℃）	22	循环水温升（℃）	≤10
水侧试验压力（MPa）	0.65	水侧设计压力（MPa）	0.5
冷却面积（m^2）	36 000	循环水量（m^3/h）	69 700

续表

项目	参数	项目	参数
水阻（kPa）	≤70	凝汽器净重（t）	811.540
冷却水管规格	ϕ22×0.5mm（主冷却区），ϕ22×0.7mm（顶部、周围段及空气冷却区）	冷却水管数量	ϕ22×0.5mm、35 064根，ϕ22×0.7mm，4936根，合计40 000根
冷却管有效长度（mm）	10 840	外形尺寸（mm×mm×mm）	15 444×11 560×11 677
热水井容量（m^3）	约81.6	满水质量（t）	2674

3. 凝汽器的工作过程

正常工作时，冷却水由循环水泵送入低压凝汽器的两个前水室下部冷却水进口，流经低压凝汽器的两个管束区后，从两个后水室流出，经连通管进入高压凝汽器的两个后水室，流经高压凝汽器的两个管束区后，进入高压凝汽器的前水室，最后排出。蒸汽由汽轮机排汽口进入凝汽器，然后分布到管子全长上，通过冷却水管束中央通道及两侧通道使蒸汽能够均匀地进入主凝结区冷却水管束，通过冷却水管的管壁与冷却水进行热交换后被凝结。部分蒸汽由中间通道和两侧通道进入热水井对凝结水进行回热，以消除过冷度并起到除氧作用。剩余部分蒸汽和空气混合物在空气冷却区被再次冷却，少量未凝结的蒸汽和空气混合物经抽气口由抽真空设备抽出。凝结水汇集在热水井内，由凝结水泵抽出，升压后送入主凝结水系统。

4. 凝汽器的运行

（1）凝汽器的启动和停运。凝汽器必须在汽轮机启动前投入运行，并同时投运抽真空设备，使凝汽器内形成一定的真空。启动凝汽器前，应检查与凝汽器相连的各阀门，使之处于正确状态；同时打开前后水室上部的排空阀；然后再向水室缓慢注水，待冷却管及凝汽器水室充满水后，再关闭排空阀。为了启动凝结水泵，热水井内应预先灌入由补充水箱来的合格水，注水的水位高度根据凝结水泵吸入扬程确定。当达到规定水位后，启动凝结水泵，进行凝结水再循环。

汽轮机解列前，负荷逐渐减小，汽轮机的排汽量也减小，在减负荷运行时，必须注意调节凝汽器水位，及时开启凝结水再循环阀，同时应注意并维持排汽温度和真空正常。凝汽器停运后，为了避免下次启动设备时形成空气囊，凝汽器水侧应仍旧充满水。如果长期停运，必须把凝汽器内水排净，并吹干，防止锈蚀。

（2）运行维护。在运行中，为了观察凝汽器的工作情况，应利用监测仪表对凝汽器真空、冷却水出入口压力和温度、凝结水温度、流量、水位和水质进行重点监视。

当冷却水管脏污需要半侧清洗或冷却水管泄漏需要进行堵管操作时，凝汽器允许半侧运行。当半侧运行时，机组负荷应减至75%额定负荷以下。运行中监视和分析凝汽器端差变化情况，以确定冷却水管是否脏污。凝汽器特性曲线如图6-24所示。

5. 运行故障及事故处理

凝汽器的运行故障主要是凝汽器的压力升高（真空下降）。凝汽器压力升高不但影响整个机组的经济性，而且还影响到机组的寿命和安全性，在运行中如发现凝汽器压力升高，应认真查找原因。

（1）参照低压缸排汽温度和凝结水温度，检查机组负荷是否有变动。

（2）停止与凝汽器有关的各项操作。

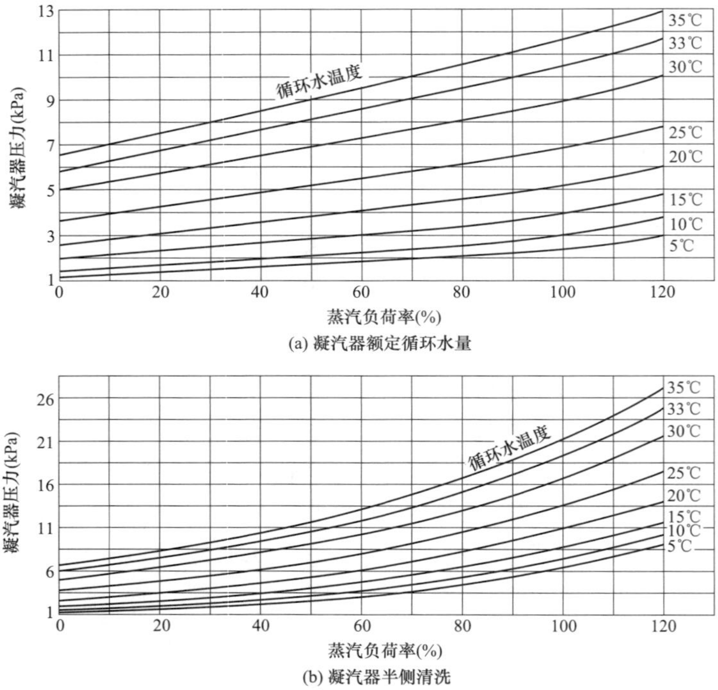

图 6-24　凝汽器特性曲线

（3）检查循环水出、入口压力及温度有无变化。

（4）检查汽封压力是否降低。

（5）检查抽真空设备是否正常。

（6）检查热水井水位和凝结水泵运行是否正常。

（7）检查高压加热器事故疏水、低压加热器事故疏水、除氧器溢流和暖风器疏水等是否正常。

（8）检查现场负压部分管路、阀门、人孔和低压缸防爆门等是否有漏空气现象。

（9）检查给水泵汽轮机的真空系统是否正常。

查明原因后，采取措施及时处理。在查明原因的同时，可采取下列措施延缓凝汽器压力的升高速率：启动备用抽气设备、降低机组负荷、提高汽封压力和提高循环水压力（启动备用循环水泵）。若采取上述措施无效且真空降到遮断值时保护动作，保护拒动时应手动打闸停机。停机后若真空维持不住，应及时关闭排向凝汽器的蒸汽和疏水。

（二）真空泵

350MW 热电联产机组配有两台双级水环式真空泵（正常情况下一台运行，另一台备用），运行中既可单级运行，也可双级运行。当凝汽器真空较低时，真空泵入口真空低，不凝结气体经第一级压缩后，经旁路止回阀排入气水分离器，此时为单级运行，第二级并未起压缩作用；当凝汽器真空较高时，不凝结气体经第一级压缩后，进入第二级进一步压缩后排入气水分离器，此时为双级运行。

1. 真空泵的结构特点

真空泵由转子、定子和轴承组成，其结构见图 6-25。

（1）转子。转子由第一级叶轮、第二级叶轮和轴组成。第一级叶轮热装在轴上，一般不拆卸；第二级叶轮用键固定在轴上，检修时可拆卸。

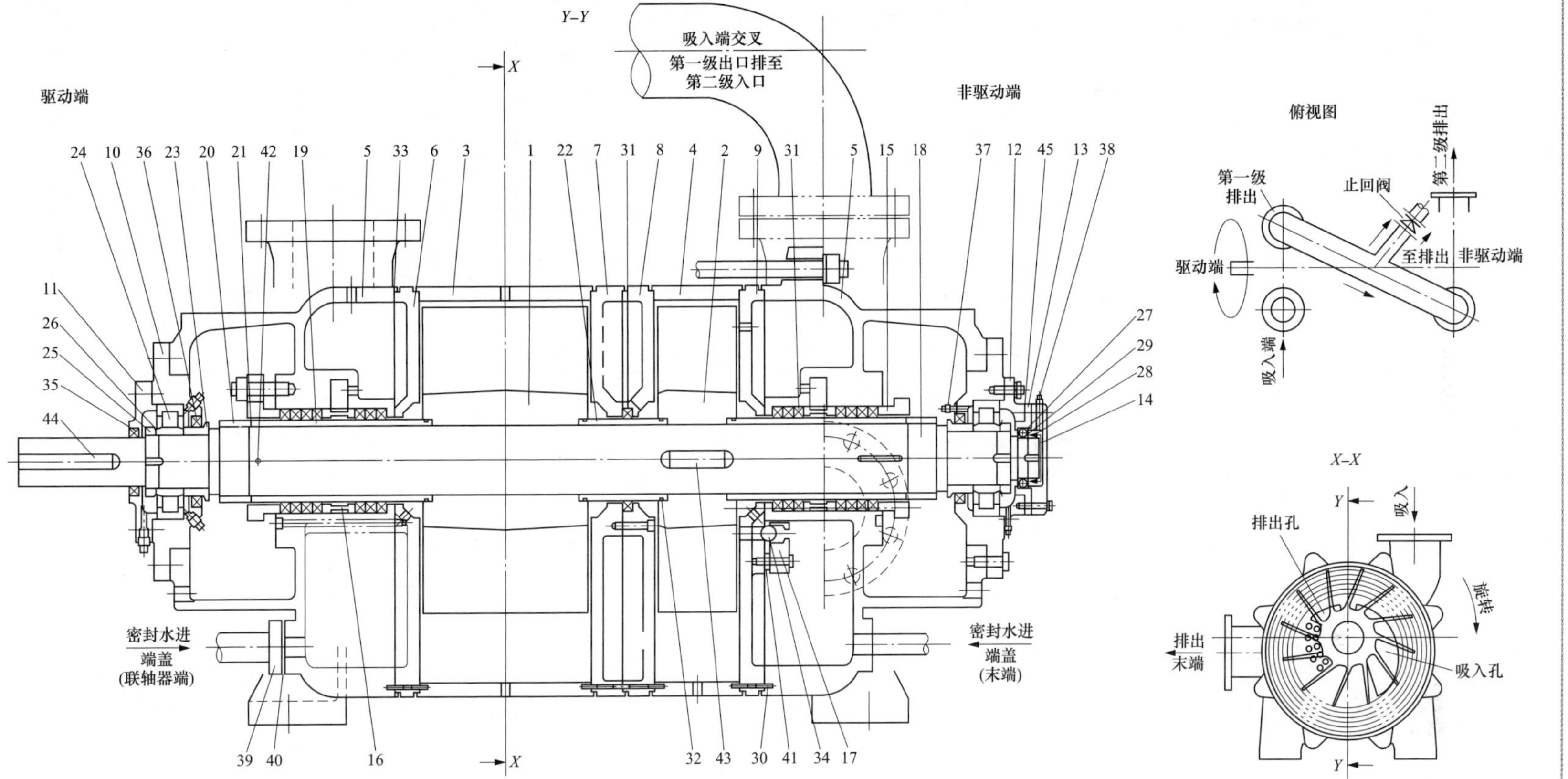

图 6-25　真空泵的结构

1—第一级叶轮；2—第二级叶轮；3—第一级壳体、4—第二级壳体；5—端盖；6—第一级分配器；7、8—中间壁；9—第二级分配器；10—径向轴承壳体；11—径向轴承盖；12—推力轴承座；13—固定架；14—推力轴承端盖；15—填料盖；16—水封环；17—球架；18—泵轴；19—轴套；20—轴套螺母；21—锁紧垫圈；22—叶轮衬垫；23—挡水板；24—径向滚柱轴承；25—径向轴承螺母；26—径向轴承垫圈；27—推力轴承；28—推力轴承螺母；29—推力轴承垫圈；30—筒形销；31—盘根；32—O形圈；33—液体密封胶；34—阀球；35、36—油封；37、38—油嘴；39—法兰；40—垫片；41—定距块；42—定位螺栓；43—叶轮键；44—联轴器键；45—薄垫片

(2) 定子。定子由端盖、第一级分配器、第二级分配器、中间壁、第一级壳体和第二级壳体组成。第一级分配器安装在第一级端盖和第一级壳体之间，其上设有第一级入口和出口；第二级分配器安装在第二级端盖和第二级壳体之间，其上设有第二级入口和出口；中间壁装在第一、二级叶轮之间的轴上，与轴之间装有盘根密封；第一级端盖和第二级端盖与轴之间装有填料密封；端盖、分配器和壳体用螺栓固定在一起。在第二级分配器上设有橡胶球阀，橡胶球阀的作用是当叶轮叶片间气体压力达到排气压力时，在排气口以前就将气体排出，减少了因气体压力过大而消耗功率，从而降低功率消耗。

(3) 轴承。真空泵装有3个轴承，两个滚柱径向支持轴承和一个滚珠轴向推力轴承。驱动侧装有一个支持轴承，非驱动侧装有一个支持轴承和一个推力轴承。

2. 真空泵的设备规范

水环真空泵的设备规范见表6-4。

表6-4　　水环真空泵的设备规范

项目	参数	项目	参数
真空泵型号	200EVMA	真空泵流量	$36m^3/min$
真空泵转速	490r/min	真空泵级数	2
真空泵入口压力	3390Pa	制造厂家	上海鹤见泵业有限公司
电动机型号	Y2355L-12	电动机功率	110kW
电流	253A	电压	380V
电动机转速	490r/min	频率	50Hz
电动机绝缘等级	F	电动机制造厂家	无锡华达电机有限公司

3. 真空泵的运行

水环式真空泵与气水分离器、工作水冷却器、气动蝶阀、水位调节器、阀门及电气控制设备等组成真空系统，见图2-12。为了确保汽轮机安全运行，配有两套真空系统，正常情况一套运行，另一套备用。从凝汽器抽吸来的气体经过气动蝶阀，沿泵吸气管道进入水环真空泵，在水环真空泵内气体获得能量，由负压变成正压并与水混合后从水环真空泵出口排出，经泵出口管道切向进入气水分离器，气水混合物在旋转过程中气水分离。分离出来的气体经分离器上部的气体排出口排向大气，分离出来的水与来自水位调节器的补充水一起经分离器下部的管道进入冷却器，冷却后的水分成两路：一路经孔板喷入真空泵吸气管，使进入真空泵的气体中可冷凝部分冷凝下来，以提高真空泵的抽吸能力；另一路水直接进入泵体，作为工作水的补充水，使水环保持稳定且不超温。冷却器的冷却水来自工业冷却水。

(1) 真空泵启动前检查。

1) 凝汽器注水查漏后降至正常水位，检查真空泵入口管已放水。

2) 真空系统的设备正常。

3) 系统传动及联锁试验正常。

4) 确认凝汽器抽真空阀已开启。

5) 确认系统各表计均已投运。

6) 用真空泵补水旁路阀补水至气水分离器溢水后关闭，期间试验补水电磁阀联锁正常，补水自动调节装置投自动。

7）真空泵冷却器投运。

8）真空系统密封水投入。

9）循环水系统、闭式冷却水系统、凝结水系统运行正常。

（2）真空泵启动。

1）系统检查完毕，各设备均正常。

2）启动真空泵，入口蝶阀前后压差大于 3kPa 时联开正常。

3）检查真空泵轴承振动、温度、声音正常，气水分离器水位正常。

4）真空大于−20kPa 时，关闭真空破坏门，并注水。

5）根据需要启动备用真空泵。

6）观察真空上升情况，若有泄漏点应及时查找处理。

7）真空正常后，将备用真空泵停运，并投联锁备用。

（3）真空泵的运行维护。

1）检查真空泵轴承振动小于 0.08mm，轴承温度不超过环境温度加 40℃。

2）检查真空泵电动机电流、振动、声音正常。

3）补水阀动作正常，检查真空泵气水分离器水位正常。

4）冷却器工作正常，密封水温小于 40℃。

5）监视凝汽器真空正常。

6）备用真空泵符合备用条件。

7）真空泵停运时，必须先关闭入口蝶阀。

8）进行真空严密性试验时，必须先解除备用真空泵联锁，再完成停泵操作。

9）气水分离器补水正常。

（4）真空泵停运。

1）解除备用真空泵联锁并启动，检查运行正常。

2）确认待停真空泵。

3）关闭待停真空泵入口蝶阀。

4）停止原运行真空泵，注意机组真空。

5）若真空泵停运备用，投备用联锁。

6）若需检修，做好隔离措施。

4. 真空泵的拆卸与安装

真空泵运行一段时间后应解体检查，更换损坏的部件，并按要求回装。

（1）真空泵的拆卸。

1）拆卸时的注意事项。

a. 切断电动机的电源，防止人身伤害。

b. 真空泵拆卸后，密封件、O 形圈等容易损坏，不应重复使用，因此要预先准备好这些零件。

c. 拆卸时记录零件拆卸的步骤，以便于设备回装。

2）将真空泵从底座上拆下。

a. 打开壳体和端盖的疏水塞和疏水阀，排尽壳体和端盖中的水。

b. 拆除所有与真空泵相连的管，并把管口封住，以免杂质进入。

c. 将联轴器罩的固定螺栓旋松并卸下，取下联轴器罩壳以及联轴器螺栓。

d. 旋松并拆下真空泵端盖底端的固定螺栓，将真空泵从底座上运至检修间。

e. 用拉码来拆下联轴器（在此过程中，在联轴器和拉码之间插入一块金属垫片，以防止轴的中心孔损坏）。

f. 取下联轴器的键。

3）真空泵轴承的拆卸。

a. 拆下真空泵推力轴承端盖，松开锁紧垫圈，再拆下轴承螺母（轴承螺母的方向与真空泵转向相反）。

b. 松开推力轴承座上的固定螺栓，拆下轴承座（滚珠轴承、固定架和薄垫片随轴承座一起拆下）。

c. 从轴承座上拆下滚珠轴承、固定架和薄垫片。

d. 松开非驱动端滚柱轴承的轴承垫圈，拆下轴承螺母（轴承螺母的方向与真空泵转向相反）。

e. 拆下驱动端轴承盖，松开轴承垫圈，拆下轴承螺母（轴承螺母的方向与真空泵转向相反）。

f. 松开驱动端和非驱动端轴承箱上的固定螺栓，拆下轴承箱，滚柱轴承（外圈和滚柱）及油封随轴承箱一并拆下。

g. 从轴承箱上拆下滚柱轴承（外圈和滚柱）。

h. 拆下真空泵两侧的挡水板和滚柱轴承内圈（根据需要可适当加热轴承内圈，以便于轴承内圈的拆卸）。

i. 拆下真空泵两侧的填料压盖。

4）壳体的拆卸。

a. 旋松压紧真空泵螺栓上的螺母，用橡胶锤轻轻敲打轴面两侧，将壳体与分配器分开。

b. 将真空泵非驱动端的端盖朝下放在操作台上，以便于壳体拆卸工作。

c. 旋松并取出压紧螺栓上的螺母。

d. 卸下联轴器侧的带有分配器、压盖填料以及水封环的端盖。

e. 卸下第一级壳体。

f. 在联轴器侧的轴的末端装上 M30 的吊环螺栓，取出带有叶轮和中间壁的轴。

g. 卸下第二级机壳。

h. 从两侧端盖上拆下分配器，松开阀球架上的固定螺栓，从非驱动端分配器卸下阀球架，同时拆下阀球及定距块。

i. 拆下两侧端盖上的填料和水封环。

5）第二级叶轮与中间壁的拆卸。第一级叶轮是通过热套固定在轴上的，应将第一级叶轮与轴看成一个整体，第二级叶轮是用键固定在轴上的。因此，解体时第一级叶轮一般不拆卸，拆下第二级叶轮后即可拆卸中间壁。

a. 松开非驱动端轴套的锁紧垫圈，然后旋松并取出套筒螺母。

b. 拆除带有 O 形圈的轴套。

c. 用叶轮上的螺栓孔将第二级叶轮从轴上拉出来（根据需要可适当加热）。

d. 拆下第二级叶轮的固定键。

e. 取出中间壁装配组件。

f. 从中间壁上拆下压盖填料。

g. 拆下带有O形圈的叶轮衬垫。

h. 松开锁紧垫圈，旋松并取出轴套螺母。

i. 松开轴套上的固定螺钉，用与末端轴套同样的拆除方法将轴套拉出。

(2) 真空泵拆卸后的全面检查。真空泵拆卸后，对各部件进行彻底清理并全面检查，对超标或损坏的零部件必须进行更换。

(3) 真空泵的装配。

1) 真空泵装配的注意事项。

a. 在各连接端面上涂一层液体密封胶，例如在端盖和壳体之间、端盖与分配器之间。

b. 拆卸下来的轴承经检查合格后才能继续使用，否则应更换。

c. 换下来的O形圈不得再使用。

d. 叶轮与分配器间的间隙对真空泵的特性有很大的影响，在重新装配真空泵时，准备千分尺、测微计和深度游标卡尺，精确测量间隙大小。

e. 当更换新的壳体、叶轮、轴、分配器和叶轮衬垫时，叶轮和分配器之间的间隙有可能产生变化，必须对其进行调整。

f. 在装配前，应测量叶轮的宽度、壳体的宽度、叶轮衬垫的长度、排出端和吸入端分配器的宽度，并做好记录。

2) 叶轮的安装。

a. 将新的O形圈安装到驱动端的轴套上，再把该轴套安装到带有第一级叶轮的驱动端轴上，并将轴套上的固定螺钉拧上。

b. 装上锁紧垫圈，再装上轴套螺母并旋紧，然后将锁紧垫圈的一端弯曲，放入轴套螺母的凹槽中，以防旋转。

c. 用外径千分尺测量叶轮衬垫的长度 L_1（参见图6-26），$L_1=B+C_1+C_3+D_1+D_2$。

d. 检查完尺寸后，将叶轮衬垫安装到轴上。然后将新的O形圈安装到叶轮衬垫上。

e. 安装中间壁。

f. 将第二级叶轮键安装在轴上。

g. 将第二级叶轮装到轴上，安装时应注意叶轮的方向。

h. 将新的O形圈安装到轴套的末端，再把该轴套安装到轴的末端。

i. 将锁紧垫圈安装到末端，将轴套螺母装到轴上并旋紧，然后将锁紧垫片的一端弯曲，放入轴套螺母的凹槽中，以防旋转。

j. 用测隙规检查间隙的尺寸 $C_1+C_3=(0.8\pm0.1)$mm［见图6-26(a)］；安装完毕后计算内部间隙 C_2+C_4 的大小，标准的间隙大小为 $C_2+C_4=(0.8\pm0.1)$mm［见图6-26 (a)］。测量 B_1 和 B 的装配尺寸［见图6-26(a)］以及 B_3 和 B_4 的壳体宽度［见图6-26(b)］。

3) 两侧端盖和分配器的安装。

a. 将阀球放在分配器的排放孔上［见图6-26 (c)］，把定距块放在螺栓孔上，罩上阀球架。穿过阀球架和垫片的孔，用固定螺栓将阀球架和分配器紧固。

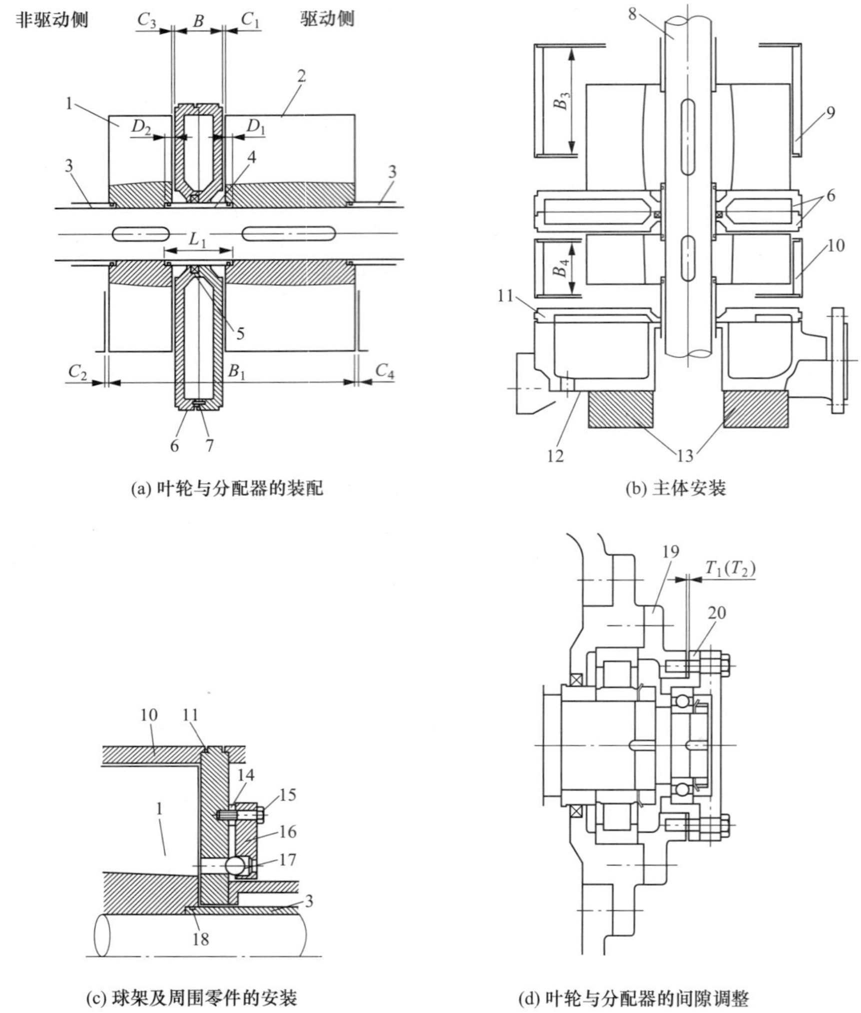

(a) 叶轮与分配器的装配　(b) 主体安装　(c) 球架及周围零件的安装　(d) 叶轮与分配器的间隙调整

图 6-26　真空泵的装配

1—第二级叶轮；2—第一级叶轮；3—轴套；4—叶轮衬垫；5—盘根；6—中间壁；7—圆柱销；8—装有叶轮和中间壁的轴；9—第一级壳体；10—第二级壳体；11—出口壁；12—出口端盖；13—工作台；14—定距块；15—螺栓；16—阀球架；17—阀球；18—O 形环；19—轴承座；20—固定架

b. 在端盖接触面加一层液体密封胶，然后将其与分配器相连，用 M16 的内六角头螺钉将分配器固定在端盖上。

4）主体安装。进行主体安装时，将非驱动侧端盖水平放到工作台面上，然后安装各部件，见图 6-26(b)。

a. 在第一、二级壳体的表面加一层液体密封胶，然后将第二级壳体与分配器相连（只用于壳体）。

b. 用螺钉固定非驱动侧端盖和第二级壳体。

c. 将 M30 的螺栓吊环安装到驱动端的轴中心孔螺纹内，将转子吊起装入第二级壳体内。

d. 安装第一级壳体（与安装第二级壳体的方法相同）。

e. 安装（带有分配器的）驱动侧端盖。

f. 将连接螺栓穿过端盖上的安装孔，然后在两边分别轻轻地将螺母、垫片和螺钉安装上去。

g. 把端盖支脚放置在平板上，用木锤轻轻敲打两端盖的上部，以调整支脚的水平。

h. 支脚调整完毕后旋紧连接螺栓上的螺母。

i. 先插入压盖填料，然后是水封环，最后安装压盖。

j. 安装挡水板。

5）轴承安装。

a. 安装轴承箱油封。

b. 分别将两端的轴承箱安装到端盖上。

c. 将涂有润滑脂的滚柱轴承安装到轴承箱里去。

d. 装上驱动侧的轴承垫圈，并将轴承螺母装到轴上并旋紧，然后将轴承垫圈的一端弯曲，放入轴承螺母的凹槽中，以防旋转。

e. 安装驱动侧轴承盖油封。

f. 驱动侧的轴承盖和非驱动侧的滚柱轴承座内填充润滑脂（填充量约为内部空间的1/3），将涂有润滑脂的驱动侧轴承盖和非驱动侧滚柱轴承座安装好。

g. 将固定架插入轴承座内，然后在轴承座和固定架之间放上薄垫片。

h. 将润滑脂注入滚珠轴承内，然后将涂好润滑脂的滚珠轴承装入固定架内。

i. 装上非驱动侧轴承垫圈，再拧上轴承螺母并旋紧，然后将轴承垫圈的一端弯曲，放入轴承螺母的凹槽中，以防旋转。

j. 在推力轴承端盖内充入约为内部空间1/3的润滑脂，然后拧紧轴承端盖与支架间的固定螺栓。

6）调整侧隙。叶轮与分配器之间的间隙对于真空泵的性能影响很大，当更换新的叶轮、壳体、分配器、叶轮衬垫时，必须重新调整叶轮与分配器之间的间隙（在更换支持轴承座或推力轴承位置尺寸发生变化时，也必须重新调整叶轮与分配器之间的间隙）。调整叶轮与分配器之间的间隙时，用针盘量规检查叶轮和分配器之间的间隙，将针盘量规装在驱动侧轴的端面上，然后将轴向前或向后轴向移动，并测量其位移值。

a. 取出位于轴承座和固定架之间的薄垫片。

b. 调节非驱动侧轴承端盖上的固定螺栓使得叶轮侧面接触驱动侧的分配器（手动转动轴并确认有一定的摩擦），将针盘量规上的数值调整至“0”，然后用测隙规测量轴承座和固定架之间的间隙（T_1），见图6-26(d)。

c. 略微松开非驱动侧轴承端盖上的固定螺栓约2mm，然后通过非驱动侧轴承端盖水平位置上的调节螺栓，使叶轮侧面接触末端的分配器（手动转动轴并确认有一定的摩擦），检查针盘量规的显示值；同样，用测隙规再次测量轴承座和固定架之间的间隙（T_2）。

d. 检查针盘量规的读数（叶轮和分配器间隙的总值）必须在（0.8±0.1)mm范围内。

e. 计算薄垫片的厚度（T），并按要求加工好，装入轴承座和固定架之间，然后拧紧非驱动侧端盖上的固定螺栓。同时，拆除非驱动侧端盖水平位置上的调节用螺栓。薄垫片厚度的计算值 $T=(T_1+T_2)/2$(mm)。

7）真空泵与电动机连接对中。

a. 将联轴器分别安装在真空泵和电动机上。

b. 用千分尺测量联轴器两端表面偏差和径向偏差值均小于 0.05mm，若超过此值时应加垫片进行调整。

c. 安装联轴器的螺栓。

（4）真空泵的故障处理。一般情况下真空泵可长期安全运行，但操作不当或某些零部件损坏时，会影响真空泵的工作，应及时进行处理。真空泵故障的现象、原因和处理方法见表 6-5。

表 6-5　　真空泵故障的现象、原因和处理方法

序号	现象	原因	处理方法
1	真空低或抽气量不足	密封液不够	注入适量的密封液（检查密封液压力，并检查管线内是否堵塞）
		密封液温度过高	把密封液温度降为正常值（检查冷却器是否堵塞，并检查冷却水的温度）
		吸入管路泄漏空气	进行管路泄漏试验，处理泄漏点
		吸入管路的阻力大	检查阀门开度，检查过滤器是否有堵；并根据情况进行处理
		主要部件磨损或腐蚀	拆卸并修理，或换新
		真空泵转向不对	改变电动机接线
2	不能旋转	由于异物造成滑动面卡滞	拆卸并除去异物，然后修理零部件
		由于锈蚀造成滑动面卡滞	长时间不使用可能生锈，拆卸并去除铁锈，再进行清洗
		线路故障	当能手动转动真空泵时，则可能是电路断开，检查并修理
3	电动机超负荷	密封液过量	调整密封液流量
		电路故障	检查是否由于电压下降而造成电流过大
		电子仪器不准确	检查伏特计或安培计
		转动件损坏或失灵	拆卸并检查滑动面是否接触，轴承是否损坏。必要时，进行修理和更换
4	噪声和振动大	密封液过量	调整密封液流量
		转动件损坏或失灵	拆卸并检查滑动面是否接触、轴承是否损坏。必要时，进行修理和更换
		安装不正确	查找原因，并修理
5	壳体过热	密封液不充分	注入规定用量的密封液，并检查密封液的压力以及管道是否堵塞
		密封液温度高	检查冷却器是否堵塞，并检查冷却水的温度，确保密封液温度正常

续表

序号	现象	原因	处理方法
6	轴承过热	联轴器调整不恰当	重新组装
		真空泵安装不正确	重新组装
		润滑脂加入过量或不足	调节油脂量
		润滑脂中混有杂物	拆开并清洗轴承，加入新润滑脂
		轴承损坏	更换新轴承

第二节 给水加热器

在朗肯循环中，工质总热量的50%在凝汽器中被冷却介质带走而造成损失，采用给水加热是减少这种损失的有效办法。给水加热器是利用汽轮机中间抽汽来加热锅炉给水的汽水热交换装置，又称回热加热器。为使给水回热获得最大效果，现代高参数大容量中间再热机组一般采用7级或8级给水加热。采用给水加热有以下优点：①由于抽汽的原因，排至凝汽器的蒸汽量减少，冷源损失减少，所以循环热效率提高；②对于锅炉来说，因给水温度提高，锅炉热负荷降低，因此炉内换热面积减少，节约了钢材用量；③由于中间抽汽，使汽轮机末几级的蒸汽流量减少，汽轮机末几级的流通面积减小，使末级叶片的长度减小，解决了汽轮机末级叶片设计、制造的难题；④由于进入凝汽器的蒸汽量减少，凝汽器的热负荷减小，换热面积也减小，减少了钢材用量，节省了投资。

给水加热器包括高压加热器、低压加热器和除氧器，位于凝汽器和给水泵之间水侧压力较低的为低压加热器，在给水泵之后水侧压力较高的为高压加热器。给水加热器按汽水传热方式可分为表面式和混合式两种。

混合式加热器的特点是汽水两种介质直接接触并混合，被加热的水能加热到加热蒸汽压力下的饱和温度，传热效率高；没有金属受热面，结构简单，价格便宜；易于汇集不同温度的水流，并能除去水中所含的气体。每台混合式加热器必须配置一台水泵，将水送入下一级加热器；由于输送的水温较高，使水泵的工作条件恶化，特别是汽轮机变工况运行时，严重影响水泵的可靠性；为了保证水泵安全运行，每台水泵前应安装具有一定容积的储水箱，并且储水箱必须安装在水泵之上具有一定高度，以防止水泵发生汽蚀，这使得热力系统比较复杂，投资增加，运行的安全性也较差。

表面式加热器的特点是通过金属受热面将蒸汽的凝结放热量传给管束内被加热的水，因有传热阻力，一般不能将水加热到该加热蒸汽压力下的饱和温度，加热蒸汽的饱和温度与加热器出口水温度之差叫上端差，离开疏水冷却器（即疏水冷却段）的疏水温度与进口水温度之差叫下端差。由于端差的存在，加大了蒸汽做功能力的损失，降低了机组的热经济性，受热面金属耗量大，造价较高。

综合比较混合式加热器和表面式加热器的给水回热加热系统，表面式加热器连接系统简单，运行安全可靠；电厂使用的高压加热器均采用表面式，低压加热器多数采用表面式，只有除氧器为混合式加热器。除氧器除了具有加热功能外还有除氧功能，除氧器将在本章第三节详细介绍，下面主要介绍高压加热器和低压加热器。

一、高压加热器

高压加热器都采用表面式换热，按高压加热器结构可分为管板式（U 形管管板式）和集箱式（螺旋管集箱式），目前大多数电厂采用 U 形管管板式。U 形管管板式高压加热器可分为正置立式、倒置立式和卧式三种：100～200MW 采用倒置立式，200MW 的机组都为正置立式，300MW 及以上大型机组采用卧式。下面主要介绍 350MW 超临界供热机组的高压加热器。

（一）高压加热器的结构

350MW 超临界供热机组装有 3 台 U 形管卧式高压加热器，3 台高压加热器的结构相似，由水室、管系和壳体三大部件组成，见图 6-27。

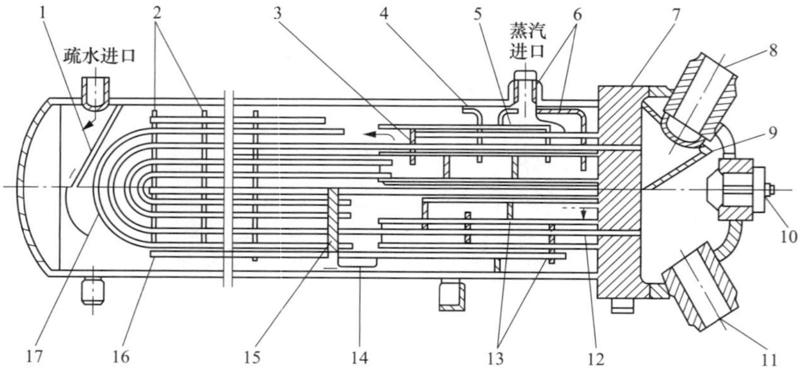

图 6-27　U 形管卧式高压加热器

1—防冲板；2—隔板；3—蒸汽冷却段隔板；4—管束保护环；5—防冲板；6—蒸汽冷却段遮热板；7—管板；8—给水出口；9—独立的分流隔板；10—自紧密封人孔；11—给水进口；12—疏水出口；13—疏水冷却段隔板；14—疏水冷却段进口；15—疏水冷却段端板；16—拉杆和定距管；17—U 形管

1. 水室

水室为半球形封头加自紧密封人孔结构，水室内部装有两行程的隔板，给水进口端的换热管装有不锈钢防磨套管。水室封头和管板分别采用 DIWA353（13MnNiMo54）和 20MnMo 锻件材料，两者用焊接方式连成一体，水室人孔采用高压自紧密封结构，密封可靠，拆卸方便，便于检修。

2. 管系

管系由管板、U 形管、隔板、拉杆和定距管等组成。管板采用高强度低合金钢锻件（20MnMo），其正面堆焊低碳钢，可提高其焊接性能。传热管根据结构的需要为 U 形管，规格为 $\phi16\times2mm$，材料为优质碳钢管 SA-556MC2。根据传热的区域不同，设置 3 个传热段，即过热段、饱和段和疏水冷却段。过热段为一组钢结构包壳，里面由数块隔板交错间隔布置，组成蒸汽行程，使传热更充分。疏水冷却段是一组严密封闭的钢结构包壳，里面也由数块隔板交错间隔布置，使疏水的流动更有利于传热；为了使疏水更流畅，对疏水冷却段包壳的密封性要求较高，疏水冷却段端板的孔与换热管间采用液压贴胀，而组成该包壳的其余焊缝均做了磁粉探伤，以确保焊缝的密封性。饱和段主要指过热段和疏水冷却段以外的传热区，其刚性和稳定性由拉杆、隔板和定距管维持。在蒸汽入口和上级疏水入口处均设置有不锈钢挡板，以防冲刷传热管。整个管系结构合理，水、汽阻力及振动均经校核，保证了设备安全高效运行。

3. 壳体

壳体由筒身、封头和若干个管接头组成，主要受压元件材质选用优质 15CrMoR、20R 和 16MnR 钢板，接管与筒身的焊接均采用双面焊全焊透型式，壳体开孔均采用厚壁管整体补强。支座选用受力良好的鞍式支座。

（二）高压加热器的技术规范

高压加热器的技术规范见表 6-6。

表 6-6 高压加热器的技术规范

项 目		单位	1 号高压加热器	2 号高压加热器	3 号高压加热器
传热面积	有效换热	m^2	1330	1270	980
	疏水冷却段	m^2	87.4	194.6	226.1
给水流量		t/h	1135.687	1135.687	1135.687
给水进口温度		℃	261	221.9	183.9
给水出口温度		℃	286.2	261	221.9
加热蒸汽流量		t/h	70.848	92.576	61.085
加热蒸汽压力		MPa	6.869	4.773	2.403
加热蒸汽温度		℃	374.8	328.4	475.8
疏水出口温度		℃	266.6	227.4	189.5
疏水量		t/h	70.848	163.424	224.509
加热器壳侧	设计压力	MPa	8.15	5.66	2.85
	安全阀动作压力	MPa	7.1～7.24	4.62～4.87	2.45～2.60
	设计温度	℃	450.5	380.5	310.4
	壳侧水压试验压力	MPa	10.19	7.08	3.57
加热器管侧	设计压力	MPa	33	33	33
	安全阀动作压力	MPa	27.5～28.8		
	设计温度	℃	320	295	255
管侧水压试验压力		MPa	41.5	41.5	41.5
上端差		℃	−1.7	0	0
下端差		℃	5.6	5.6	5.6

（三）高压加热器的工作原理

高压加热器的工作原理是根据朗肯循环，利用汽轮机抽汽加热给水，提高机组的效率。给水经除氧器加热除氧后由给水泵送入高压加热器，通过传热管被抽汽加热后，流入下级高压加热器，最终将给水加热至合适的温度送入锅炉。从汽轮机来的抽汽是温度较高的过热蒸汽，进入高压加热器的蒸汽口，首先在高压加热器的过热蒸汽冷却段完成第一次热传递，过热段是利用蒸汽的过热度加热即将离开本级高压加热器的给水，使出口水温度进一步提高；之后蒸汽进入高压加热器饱和段，在此进行第二次传热，饱和段是加热器主要的传热区，加热蒸汽在此释放大量的潜热并凝结成为饱和疏水，大大提高了给水温度；饱和疏水聚集在高压加热器下部，并在压差的作用下靠虹吸原理进入疏水冷却段，在疏水冷却段饱和疏水再次释放热量，加热刚进入高压加热器的给水，完成第三次传热，最后疏水成为过冷水（低于饱和温度），经疏水出口离开高压加热器。

高压加热器在过热段、饱和段和疏水冷却段按不同的热交换模式采用合理的结构，配置了合理的传热面积，使高压加热器的传热非常充分，大大提高了机组的热效率。

（四）高压加热器的运行

1. 高压加热器的投运

高压加热器投运时，应先投水侧，再投汽侧；高压加热器可随机投运，也可定压投运；投运时，应由低向高逐台投运。

（1）投运前的检查。

1）检查抽汽管道上的止回阀和电动阀动作灵活，联动试验合格。

2）检查试验疏水调节装置和高压加热器保护装置正常。

3）高压加热器的测量仪表及照明均良好。

4）高压加热器进汽阀、排空气阀、放水阀应正常。

5）安全阀启跳经检验正常。

（2）向高压加热器注水。

1）打开水侧的所有排空气阀。

2）缓慢将高压加热器注水手动阀打开向高压加热器注水。当水室排空气阀有水冒出后关闭，开大注水阀，稳定一段时间，检查无泄漏。

3）开启高压加热器给水进口阀和出口阀，关闭注水阀，关闭高压加热器水侧旁路阀。

（3）开启高压加热器进汽电动阀。

（4）高压加热器疏水由高向低逐级自流，由气动调节阀控制，启动初期高压加热器疏水通过事故疏水调节阀排至凝汽器，当机组负荷大于30%额定负荷时，疏水排至除氧器。

2. 高压加热器的运行监视

高压加热器为高温、高压设备，为确保高压加热器安全、经济运行，应做好以下工作。

（1）运行中严格控制给水的温度变化率。当高压加热器启动或工况变化时，温度变化率应小于或等于56℃/h(0.93℃/min)；紧急情况下，温度变化率不得超过110℃/h(1.85℃/min)。在小于110℃/h的变化范围内，高压加热器处于安全的耐热冲击范围，允许进行无限次热循环，不会影响高压加热器寿命，此温度变化率也适用于高压加热器停运。

（2）合理排气。加热器蒸汽中含有不凝结气体，在蒸汽凝结过程中气体不断积聚，积聚的气体占据部分传热空间，影响加热器传热性能，最大的危害是腐蚀U形管，使加热器泄漏，因此加热器汽侧均设有排气口，高压加热器运行和启动时一定要排出不凝结气体。汽侧排气方式有两种：

1）启动时，排气直接排大气。

2）正常运行中，排气排入除氧器。运行连续排气由内置的节流孔控制，每台加热器连续排气管必须使用单独的管路及阀门排至除氧器，以避免不凝结气体积聚到下一级加热器中。合适的排气量大约是进入加热器蒸汽总量的0.5%。

（3）水位控制。

1）正常水位。高压加热器正常运行时必须建立正常水位，否则就发挥不了应有的作用。由水位控制器维持水位，正常水位是0mm，通常允许水位上下波动±38mm。

2）高水位。高于正常水位 38mm 即为高水位，当水位高于该值时，凝结段的传热面将浸没在水中，会减少有效传热面积，导致给水出口温度降低；当水位升高至 300mm 时疏水淹入过热段，这将破坏过热段的传热，并严重冲蚀管子，使加热器损坏。

造成水位高的原因：①疏水调节阀不正常；②加热器之间压差不够；③超负荷运行；④高压加热器泄漏。

运行中高压加热器泄漏的现象：机组带同样负荷时，高压加热器疏水调整门开度增大，高压加热器内部有异声。发现高压加热器泄漏应及时停运并查漏，确定管子泄漏后采取堵管措施，减少高压水对相邻管子的冲刷损坏。

3）低水位。低于正常水位－38mm 即为低水位，当水位进一步降低时，疏水冷却段的入口将露出水面，使蒸汽进入疏水冷却段，导致疏水通过该段的虹吸被破坏，并产生下列不正常情况：①疏水端差（下端差）增大；②由于蒸汽泄漏使热损失增加；③在疏水冷却段进口处及其内部造成冲蚀而使管子损坏。

为确定蒸汽是否进入疏水冷却段，可比较疏水出口温度与给水进口温度。在设计工况下正常运行时，疏水温度高于给水进口温度 5.6～11.1℃，如疏水温度高于给水进口温度 11.1～27.8℃，则疏水冷却段可能部分进汽。

（4）监视高压加热器的端差。按时监视和核对高压加热器端差，当端差异常时，应及时分析原因并消除。

3. 高压加热器的停运

高压加热器停运时，应先停汽侧，再停水侧；高压加热器可随机滑停，也可定压停运；停运时，由高向低停汽侧后，将给水走旁路，如高压加热器水侧进出口阀不严，应设法关严。

（1）高压加热器定压停运。

1）关闭汽侧连续排空气阀。

2）逐渐关闭高压加热器进汽电动阀，控制给水温度下降率不大于规定值。

3）关闭高压加热器疏水出口阀，开启高压加热器进水旁路阀。

4）关闭高压加热器进水电动阀。

5）关闭高压加热器出水电动阀。

6）根据情况，开启汽侧和水室放水阀。

（2）高压加热器随机滑参数停运。

1）高压加热器进汽压力随机组负荷下降而降低。

2）机组负荷小于 30%时，将 3 号高压加热器疏水排入凝汽器。

3）当负荷减至零时，关闭高压加热器进汽电动门。

（3）高压加热器汽侧单独停运。机组运行中，当高压加热器水位计、疏水管法兰和阀门等发生泄漏，需停用高压加热器进行处理时，可单独停运高压加热器汽侧，而不停水侧。

1）逐渐关闭进汽电动阀，控制给水温度在规定的变化率内。

2）关闭汽侧连续排空气阀。

3）关闭上级高压加热器至本级高压加热器的疏水阀。

4）关闭本级高压加热器的疏水阀。

5）开启汽侧放水阀。

二、低压加热器

低压加热器多数采用表面式换热器，只有少数采用混合式换热器。表面式低压加热器与高压加热器的结构和原理相似，下面主要介绍350MW超临界供热机组的低压加热器。

（一）低压加热器的结构

350MW超临界供热机组装有4台U形管卧式低压加热器，4台低压加热器的结构相似，由壳体、水室隔板、管板、U形管束、隔板和防冲板等构成，见图6-28。

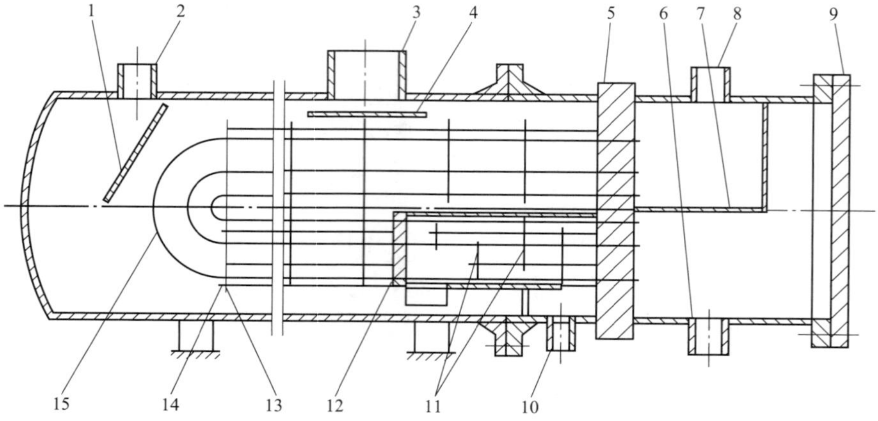

图6-28　低压加热器

1—防冲板；2—疏水进口；3—蒸汽进口；4—防冲板；5—管板；6—凝结水进口；7—水室隔板；8—凝结水出口；9—端盖及法兰；10—疏水出口；11—疏水冷却段隔板；12—疏水冷却段端板；13—凝结段隔板；14—拉杆及定位管；15—U形管束

1. 壳体

壳体由钢板拼焊成圆筒后再与法兰焊成一体，并与短节法兰用螺栓连接而成，这种连接便于壳体拆卸，壳体一方装滚轮装置。

2. 水室

水室由钢板焊制成的圆筒、大平端盖和法兰组成，水室内装有水室隔板将凝结水的进、出口分隔开，水室上还有进出水接管、排气接管和安全阀等。

3. 加热管

加热管为U形管束，胀接在管板上。

4. 隔板

隔板是钻有相当数量孔的钢板，它们沿着管束长度方向布置，其作用是引导蒸汽沿管束90°转折流过管子，隔板由拉杆及定距管固定。

5. 防冲板

在加热器的上级疏水进口和蒸汽进口处设置了不锈钢防冲板，可使进入壳体的流体不直接冲刷管束，以免损坏传热管。

低压加热器分为凝结段和疏水冷却段。凝结段是利用蒸汽冷凝时所放出的潜热加热凝结水，在凝结段中，设置了一组隔板，它起着引导蒸汽流动，并使蒸汽沿着加热器的长度方向均匀分布的作用；疏水冷却段是把离开凝结段的疏水热量传给刚进入低压加热器的凝结水，从而使疏水温度降至饱和温度以下，以防止流入下一级低压加热器时在管道内发生汽化，疏水冷却段位于凝结水进口流程侧，并由包壳密闭，包壳从内部使该加热段与加热器壳体的主要部分隔开，该加热段在端板处密闭，疏水从加热器壳体的较低处引入该段，在该段内也设置了一组隔板，通过这组隔板引导疏水流过该段，并从壳体下部的疏水出口排出。从上一级低压加热器来的冷凝疏水积聚在本级低压加热器壳体的最低部位，并通向疏水冷却段与凝结段的疏水汇合，在疏水冷却段加热凝结水。

（二）低压加热器的技术规范

低压加热器的技术规范见表 6-7。

表 6-7 低压加热器的技术规范

项目		单位	5 号低压加热器	6 号低压加热器	7 号低压加热器	8 号低压加热器
加热面积		m^2	830	740	910	930
管侧压力降		MPa	0.09	0.1	0.08	0.09
加热器壳侧	设计压力	MPa	0.686	0.35	0.13	
	设计温度	℃	332	266	110	110
加热器管侧	设计压力	MPa	3.92	3.92	3.92	3.92
	设计温度	℃	164	138	130	130
给水端差		℃	2.7	2.7	2.7	2.7
疏水端差		℃	5.6	5.6	5.6	5.6
加热器型式		卧式 U 形管表面冷却				

（三）低压加热器的运行

1. 低压加热器的投运

低压加热器投运时，应先投水侧，再投汽侧。低压加热器可随机滑压投运，也可定压投运。低压加热器投运时，温度变化率控制在 2℃/min，最大不超过 3℃/min。低压加热器投运前各阀门均在关闭状态，按下列步骤进行操作。

（1）开启汽侧连续排气阀和水室排气阀。

（2）稍开低压加热器进水阀向水侧注水，当水室排气口有水排出时，关闭水室排气阀，此时可全开进水阀。

（3）缓慢开启出水阀后，关闭水侧旁路阀。

（4）开启疏水调节阀前后截止阀，当低压加热器随机投运时，在机组启动初期和负荷小于 30%时，因各级低压加热器之间压差不够，不能逐级自流疏水，此时可通过事故疏水排入凝汽器，当机组负荷大于 30%时，可倒为正常的逐级自流至凝汽器。

（5）开启低压加热器进汽阀。

（6）调节疏水调节阀，使低压加热器疏水维持在正常水位±38mm 范围内。

2. 低压加热器的运行维护

（1）低压加热器水位计应完整清洁，疏水调节动作良好，水位正常，低压加热器疏水的水位控制与高压加热器疏水的水位控制完全相同。

（2）各低压加热器出水温度、汽侧压力及疏水端差应正常。

（3）低压加热器本体及汽水管道应无泄漏，无振动现象，发现异常应及时分析原因并尽快处理。

(4) 当低压加热器疏水调节阀故障时，应立即切为手动调整，并尽快处理。

(5) 当低压加热器管道泄漏时应立即停运，并堵塞泄漏管道，以防止压力水对邻近管束的冲刷损伤。

(6) 低压加热器应尽量避免超负荷运行，如需要超负荷运行时，可稍开低压加热器进水旁路，并尽快采取措施恢复到设计工况。

3. 低压加热器的停运

低压加热器停运时，应先停汽侧，再停水侧。低压加热器停运可分为故障停运和正常停运。

(1) 故障停运。故障停运是由于某些设备故障而造成的低压加热器停运，按下列步骤操作。

1) 关闭汽侧至凝汽器连续排空气阀。

2) 缓慢关闭进汽阀，控制温降率小于 3℃/min。

3) 关闭上级低压加热器至本级低压加热器的疏水阀。

4) 关闭本级低压加热器的疏水阀。

5) 开启低压加热器水侧旁路阀，关闭进出水阀。

6) 开启汽侧放水阀。

(2) 正常停运。正常停运是低压加热器随汽轮机一起停运，按下列步骤操作。

1) 关闭汽侧至凝汽器连续排空气阀。

2) 机组负荷降低时，低压加热器不能维持疏水逐级自流，应通过事故疏水排入凝汽器。

3) 机组负荷减到零时，关闭低压加热器进汽阀。

4) 如机组长时间停运，应放尽低压加热器内的存水。

第三节　除　氧　器

当水与空气接触时，就会有一部分气体溶解到水中，凝结水和补充水组成的锅炉给水中也溶有一定数量的气体，因为凝汽器和部分低压加热器管道附件等都在真空条件下工作，空气可以从不严密处漏入主凝结水中，补充水在化学水处理过程中也会溶解一些气体。所以给水中溶解的气体主要来源有两个：一是空气漏进处于真空下工作的热力设备和管道；二是补充水带进。给水中溶解的气体会带来以下危害。

(1) 给水中溶解的气体会对热力设备造成腐蚀，而且温度越高，腐蚀越严重，其中危害最大的是氧气，氧气对热力设备或管道会产生氧腐蚀，水中的二氧化碳会加剧氧腐蚀。如果给水中溶有 0.03mg/L 的氧，高温下工作的给水管道及省煤器在短期内就会出现穿孔的点状腐蚀，对锅炉安全威胁很大；同时对汽轮机通流部分、汽水管道、回热系统的设备产生氧腐蚀。

(2) 阻碍传热，降低热力设备的热经济性。不凝结气体附着在传热面上，以及氧化物沉积形成的盐垢，都会增大传热热阻，使热力设备传热恶化，同时氧化物沉积在汽轮机叶片上，会导致汽轮机出力下降，轴向推力增加。

因此，给水除氧的任务是除去水中的氧气和其他不凝结气体，防止热力设备腐蚀和传热恶化，保证热力设备的安全经济运行。

一、给水除氧的方法

给水除氧的方法有化学除氧和物理除氧两种。

1. 化学除氧

化学除氧是利用易与氧发生化学反应的化学药剂，使之与水中溶解的氧反应，生成对金属不产生腐蚀的物质，达到除氧的目的。化学除氧法只能彻底除去水中的氧，而不能除去其他气体，同时生成的氧化物将增加给水中可溶性盐类的含量，且药剂价格昂贵，因此，只有在要求彻底除氧的亚临界及以上参数的机组，才作为一种辅助的除氧手段加以应用。化学药剂一般都采用联胺（N_2H_4），联胺与水中的溶解氧反应生成 N_2 和 H_2O，不会增加水中可溶性盐类的含量，在 200℃以上的高温水中能还原铁和铜的氧化物，有利于减缓锅炉水冷壁管生成铁垢、铜垢，即联胺（N_2H_4）不仅具有将给水彻底除氧和维持给水有较高 pH 值（将联胺转化成氨）的双重作用，而且除氧过程中不产生新的盐类。联胺（N_2H_4）除氧效果与 pH 值、溶液温度等有关，水的 pH 值在 9.2～9.6 范围内的抗腐蚀效果最佳，但对凝汽器等采用铜管的设备，pH 值过高反而会加剧腐蚀，故对采用铜管系统的水的 pH 值一般控制在 8.8～9.2 之间。但联胺（N_2H_4）有毒、易挥发、易燃烧，在保管、运输和使用时应遵守有关安全规定。

2. 物理除氧

物理除氧法用得最广泛的是热力除氧，这种方法成本低，不但能除去水中溶解的氧气，还可除去水中溶解的其他不凝结气体，且没有任何残留物质。目前电厂都采用这种方法除氧。

热力除氧原理是建立在气体的溶解定律——亨利定律和道尔顿定律的基础上的，亨利定律指出：在一定温度下，当溶于水中的气体与自水中离析的气体处于动平衡状态时，单位体积水中溶解的气体量和水面上该气体的分压力成正比，其表达式为

$$b = k\frac{p_f}{p}$$

式中 b——气体在水中的溶解量，mg/L；

k——气体的质量溶解度系数，k 值的大小随气体种类和温度而变化，定压下，氧气及二氧化碳气体在水中的溶解度随温度的升高而下降，mg/L；

p_f——动平衡状态下水面上气体的分压力，Pa；

p——水面上的全压力，Pa。

根据亨利定律，当水面上某气体的实际分压力（用 p_1 表示）小于水中溶解气体所对应的平衡压力 p_f 时，原来的动态平衡被打破。则该气体在不平衡压差 $\Delta p = p_f - p_1$ 的作用下从水中分离出来，直至达到平衡状态为止。当 $p_1 > p_f$ 时，水面上该气体将更多地溶入水中。因此，想要除去水中溶解的某种气体，只要将该气体的分压力降为零，该气体就会从水中完全除去，这就是热力除氧的基本原理。

道尔顿定律指出：混合气体的全压力等于各组成气体的分压力之和。道尔顿定律提供了将水面上气体的分压力降为零的方法。在除氧器中，除氧器水面全压力等于水中溶解的各种气体的分压力与水蒸气的分压力之和，其表达式为

$$p = \sum p_f + p_{H_2O}$$

当给水在除氧器中定压加热时，随着水蒸发过程的进行，水面上的蒸汽量不断增加，水

蒸气的分压力（p_{H_2O}）逐渐升高，相应的水面上各种气体的分压力（p_f）不断降低，气体及时排出。当水加热到除氧器压力下的饱和温度时，水大量蒸发，水蒸气的分压力就会接近水面上的全压力，随着气体的不断排出，水面上各种气体的分压力将趋近于零，于是溶解于水中的气体从水中离析出来而被除去。

加热除氧过程是个传热又传质的过程，传热过程就是把水加热到除氧器工作压力下的饱和温度，传质过程就是使溶解的气体自水中离析出来。要保证热力除氧必须满足以下条件。

（1）水必须加热到除氧器压力下的饱和温度，以保证水面上水蒸气的压力接近于水面上的全压力。实验证明，即使有少量的加热不足，都会引起除氧效果的恶化，在大气压力下，水加热不足仅为1℃时，水中的含氧量就会增加约0.2mg/L。

（2）将水中逸出的气体及时排出，使水面上氧气及其他气体的分压力减至零或最小。

（3）要保证有较大的不平衡压差，使气体易于从水中离析出来，这需要加大汽水接触面（形成水雾、水膜）或水紊流的扩散作用，使气体从水中离析出来。

气体从水中离析出来的过程可分为两个阶段：第一阶段为除氧的初期阶段，此时由于水中溶解的气体较多，不平衡压差较大，气体以小气泡的形式克服水的黏滞力和表面张力离析出来，此阶段可以除去水中80%～90%的气体。第二阶段为深度除氧阶段，此时水中还残留着少量气体，不平衡压差较小，这些气体已没有能力克服水的黏滞力和表面张力而逸出，只有靠气体单个分子的扩散作用慢慢离析出来。这时可以将水形成水膜，减小水的表面张力，同时加大汽水接触面积。也可采取制造水的紊流、蒸汽在水中的鼓泡作用（使气体分子依附在气泡上逸出）等办法。此过程由于扩散速度很慢，使热力除氧不够彻底。对于给水品质要求严格的亚临界及超临界参数的大型锅炉机组，还可用化学除氧作为辅助除氧手段。

二、除氧器的类型

发电厂中的除氧器按工作压力可分为真空式除氧器、大气式除氧器和高压除氧器。

（一）真空式除氧器

真空式除氧器不是单独的除氧设备，而是在凝汽器底部布置的除氧装置，它能对凝结水和补充水进行初步除氧，以减轻对低压加热器及其管道的腐蚀。

真空式除氧器由集水板、淋水盘和溅水板组成。当凝结水和补充水从凝汽器上部进入集水板时，通过淋水盘成细水流落在溅水板上，形成的水珠被汽轮机排汽加热，逸出的氧气排至凝汽器空气冷却区与凝汽器中的不凝结气体一起排出。

高压以上参数的机组，为防止主凝结水管道和低压加热器的氧腐蚀，在凝汽器下部设置了真空除氧装置，对凝结水和补充的除盐水进行除氧，本章第二节已作过介绍（见图6-9），这里不再重复。

（二）大气式除氧器

大气式除氧器的压力略高于大气压，一般为0.12MPa，以便于把水中离析出的气体自动排入大气，这种除氧器结构简单，造价低，但除氧效果差，对进水温度和负荷变化的适应性差。适宜于中、低参数的机组，图6-29所示为大气（淋水盘）式除氧器。

（三）高压除氧器

高压除氧器的工作压力较高，一般工作压力大于0.343MPa，常用于高参数大容量的机组。

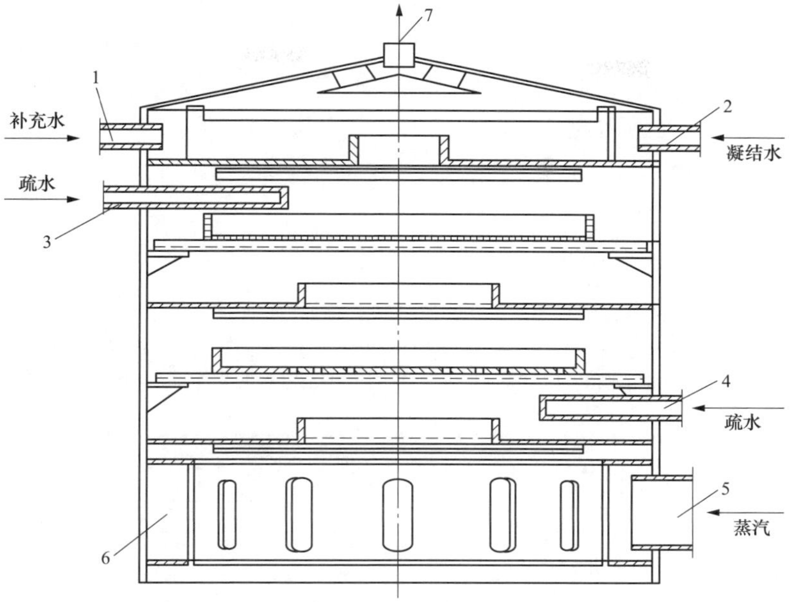

图 6-29 大气（淋水盘）式除氧器

1—补充水管；2—凝结水管；3—疏水箱疏水；4—高压加热器疏水；5—加热蒸汽管；6—汽室；7—排气管

1. 高压除氧器的优点

(1) 高压除氧器在回热系统作为一台混合式加热器，可以减少系统中高压加热器的布置数量，节省投资。

(2) 除氧器在回热系统中作为一台混合式加热器，可在高压加热器故障停用时供给锅炉较高温度的给水，提高锅炉的安全可靠性。

(3) 气体在水中的溶解度随着温度的升高而减小，由于高压除氧器压力高，对应的饱和水温度也高，气体在水中的溶解度降低，除氧效果好。

(4) 当过量的热疏水及其他辅助蒸汽进入除氧器时，其汽化产生的蒸汽量已满足或超过除氧器的用汽需要量，使除氧器内的给水不需要回热抽汽就能自己沸腾的现象称之为除氧器“自生沸腾”。除氧器“自生沸腾”时，原设计的除氧器内部汽与水的逆向流动遭到破坏，在除氧器中形成蒸汽层，阻碍气体的逸出，使除氧效果恶化，同时除氧器内的压力会不受限地升高，排气量增大，造成较大的工质和热量损失。在高压除氧器中，由于除氧器内压力较高，水加热到除氧器压力下的饱和温度所需的热量较多，因此，高压除氧器不易发生“自生沸腾”。

2. 高压除氧器的种类

2000 年之前，我国火力发电厂中普遍采用带有除氧塔的喷雾填料式除氧器和旋膜式除氧器，这两种除氧器的除氧塔与储水箱分别为两个不同容器，除氧过程是在除氧塔中完成的（包括初步除氧和深度除氧），除氧后的水进入储水箱。2000 年之后，随着对外技术交流的不断深入，我国引入了荷兰 StorkThermeqB. V. 公司设计制造的内置式（无头）除氧器，内置式除氧器从结构上改变了常规除氧器的概念，将除氧塔和储水箱合并成一个容器，在该容器中对给水同时完成加热、除氧和储水功能，使除氧器的设计、制造、操作更为简便，适应变工况的能力更强，且投资小、运行费用低。因此，新建电厂都采用内置式除氧器。

（1）喷雾填料式除氧器。喷雾填料式除氧器由除氧塔和除氧水箱两部分组成。

1）除氧塔。除氧塔由除氧塔筒、凝结水进水室、喷雾除氧段、深度除氧段、出水管、蒸汽连通管、排气管、喷嘴等组成。除氧塔有立式和卧式两种，大容量机组的除氧塔都采用卧式结构，如图 6-30 所示。

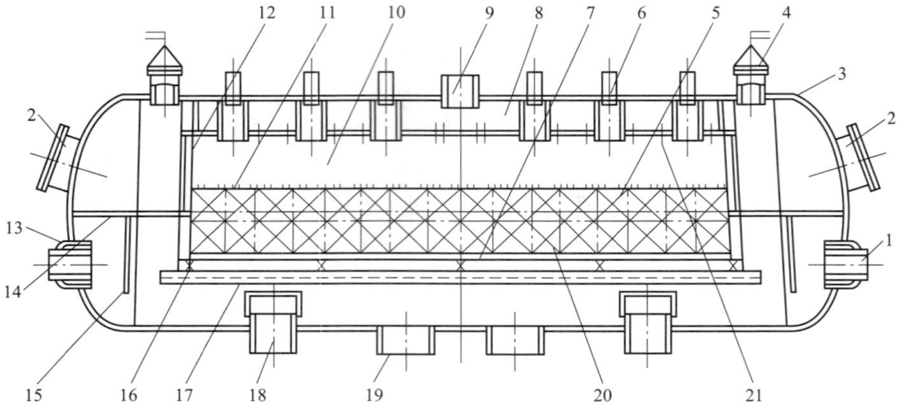

图 6-30　卧式喷雾填料式除氧器除氧塔结构

1、13—进汽管；2—人孔；3—除氧塔筒；4—安全阀；5—淋水盘填料箱；6—排气管；7—栅架；8—凝结水进水室；9—凝结水进水管；10—喷雾除氧段；11—布水槽钢；12—人孔门；14—进口平台；15—布汽孔板；16—工字梁；17—基平面角铁；18—蒸汽连通管；19—除氧水出口管；20—深度除氧段；21—恒速喷嘴

喷雾填料式除氧器的工作过程分为初期除氧和深度除氧两个阶段。

a. 初期除氧。凝结水从进水管进入水室，在其压力的作用下将喷嘴打开，呈圆锥形水膜从许多喷嘴中喷出（每个喷嘴的出力为 10t/h 左右），进入喷雾除氧段。在这个空间，加热蒸汽与水膜充分接触，蒸汽加热雾滴时，属高强度凝结换热，很快把凝结水加热到除氧器压力下的饱和温度，除去绝大多数溶解在水中的气体（80%～90%），完成初期除氧。

b. 深度除氧。穿过喷雾除氧段并喷洒在淋水盘上的凝结水，被均匀地分配给填料箱，凝结水流入金属填料箱中被分成无数细流，使其表面积增大，有足够的时间与加热蒸汽充分接触，凝结水不断沸腾，残余在水中的气体进一步离析出来，完成深度除氧。加热蒸汽由除氧塔两端进汽管进入，经布汽孔板均匀分配后从栅架底部进入深度除氧段（填料层），再向上流入初期除氧段（喷雾除氧段），与凝结水形成逆向流动。离析出的气体，通过水室上部的排汽管排入大气。除氧后的水从除氧塔下部的出水管流入除氧水箱，并由给水泵升压经过各级高压加热器加热后送至锅炉省煤器。

对于除氧塔卧式布置的除氧器在长度方向上可布置较多的喷嘴，能保证除氧器滑压运行时的除氧效果；同时也可布置多个排气口，有利于离析出的气体及时排出，以免二次溶氧，影响除氧效果；除氧塔与除氧水箱之间，只需一根或两根出水管和蒸汽连通管，比较简单。

2）除氧水箱。除氧水箱是凝结水泵和给水泵之间的缓冲容器，在机组启动、负荷大幅度变化、凝结水系统故障或除氧器进水中断等异常情况下，能保证在一定时间内不间断向锅炉供水。

除氧水箱由筒身和两端封头焊接而成。除氧塔与除氧水箱通过蒸汽连通管和除氧水出口管相连，如图 6-31 所示。除氧水箱内的蒸汽经蒸汽连通管送入除氧塔，同时将除氧水箱水位上部不凝结气体一并带出，使水、汽分界面上的不凝结气体分压降低。在除氧塔内除氧后的水，经除氧水出口管送入除氧水箱。除氧水箱内设有控制水箱水位过高的溢流装置，在机组运行过程中，当除氧水箱水位超过溢流水位时，水自动流出，保证了除氧水箱水位不致过高而发生事故。水箱内装有启动加热装置（或再沸腾管），在机组启动过程中，利用辅助汽源的蒸汽加热除氧水箱中的水，并能利用蒸汽的鼓泡作用辅助除去给水中的溶解气体。水箱下部有出水口，在出水管口装设防旋板，防止低水位时水的旋流。其他附件有给水泵再循环管、测量装置、人孔和支座等。

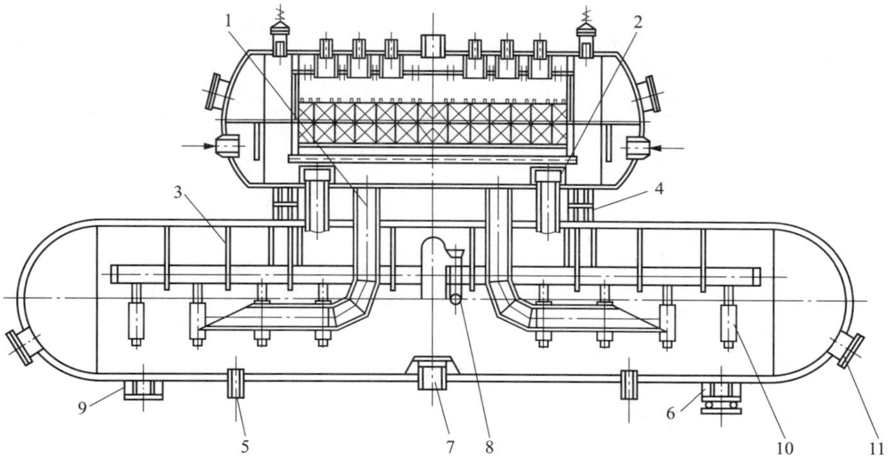

图 6-31 除氧塔和除氧水箱布置图

1—除氧水出口管；2—蒸汽连通管；3—吊架；4—上支座；5—放水管；6—活动支座；7—出水口；8—溢流管；9—固定支座；10—启动加热装置；11—人孔

（2）旋膜式除氧器。旋膜式除氧器是一种新型热力式除氧器，曾获电力部新科技新产品科技攻关成果创新奖，被列为电力部重点推广产品。旋膜式除氧器的传热和传质方式与喷雾式除氧器不同，旋膜式除氧器的射流、旋膜和悬挂式泡沸（泡沸即泡核沸腾，是指流体在湿润的加热表面上生成蒸汽泡的沸腾）的传热和传质方式源于石化系统的喷射、降膜和泡沸。不同的是将喷射冷凝扩散管取消，仅将喷嘴的射流改为飞行冷凝，它不仅具有很大吸热功能，而且具有很大的解析能力；将自然降膜改为强力降膜，增加液膜的更新度，并造成液膜沿管壁强力旋转卷吸大量蒸汽，增强传热、传质功能；将相向泡沸改为悬挂式泡沸。旋膜式除氧器将射流、旋膜和悬挂式泡沸独立的传热和传质方式缩化为一体，在一个单元内完成，并将保持汽（气）体通道，具有很高的除氧效率。旋膜式除氧器由除氧塔和除氧水箱两部分组成。

1）除氧塔。给水除氧和加热主要在除氧塔内完成，除氧塔由外壳、一级除氧装置、二级除氧装置、气水分离器及其他附属设备组成，见图 6-32。

a. 外壳。外壳为一密闭的压力容器，由 20g 钢内衬一层 1Cr18Ni9Ti 不锈钢制成。

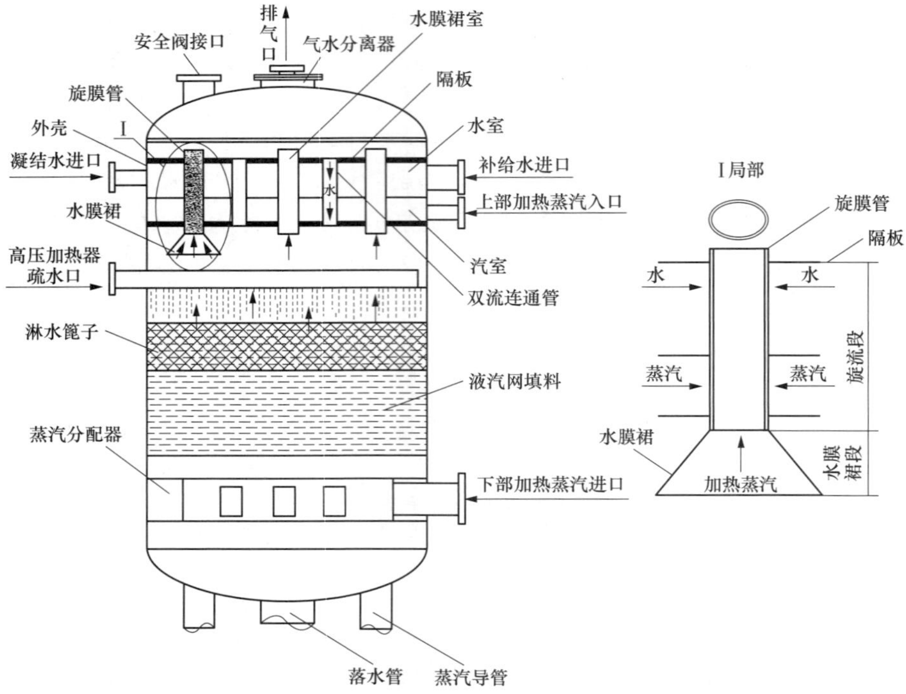

图 6-32　旋膜式除氧塔结构

b. 一级除氧装置。一级除氧装置进行初期除氧，可除去绝大多数溶解在水中的气体（90%～95%），由隔板、旋膜管、双流连通管、凝结水进口管、补给水进口管和加热蒸汽入口管焊为一体，可分成水室、汽室和水膜裙室。

(a) 隔板。共有上、中、下三组隔板，用于连接固定旋膜管和双流连通管，将一次除氧装置分隔成水室、汽室和水膜裙室。

(b) 旋膜管。一级除氧装置内装有一定数量的旋膜管，旋膜管由上、下钻有射流孔和泡沸孔的无缝钢管制成，它是传热和传质主要部件。

(c) 双流连通管。双流连通管由无缝钢管制成，即化工设备中的自然降膜管，其主要作用是导回气水分离室内分离下来的积水和旋膜管带出的积水，排出除氧塔自由空间上部的气（汽）体，并在管内使两种介质换热。

(d) 水入口管。水入口管通过除氧塔外壳与水室相通，将全部凝结水（含各种补水）送入水室。

(e) 加热蒸汽入口管。加热蒸汽入口管通过除氧塔外壳与汽室相通，将加热蒸汽送入汽室。

(f) 水膜裙室。相当于水的雾化区，它是旋转膜作用的终程。水膜裙是传热、传质面积，水膜裙最大可用面积通过试验确定。由于除氧水温在自由空间内已近于饱和温度，水中气体（氧）的离析也应全部或接近于全部完成。实测结果说明，水膜裙形态及水膜裙室的容积对除氧效果有直接影响。

c. 二级除氧装置。二级除氧装置由篦组和填料组两个部件构成。

(a) 篦组。篦组由钢板切割、压制成弧形的篦条和框架组成。篦条等距焊在框架上，框架为可卸式。篦组的主要作用是将一级除氧后的水进行二次分配。篦条空间面积不小于总截面的50%。

(b) 填料组。填料组由网波填料和框架组成。框架为可卸式，网波填料也称液汽网，它用0.1mm×0.4mm扁不锈钢丝编制成网带，具有O形孔眼，如图6-33所示，固定在框架内。网波填料的比表面积可调，依据其卷制的松紧来调整，空隙率为94%～99%。网波填料的特点是压力损失小、实体小、分离效率高。除氧器依据需要选用比表面积为250～350m²/m³的网波填料，填料层为两层。

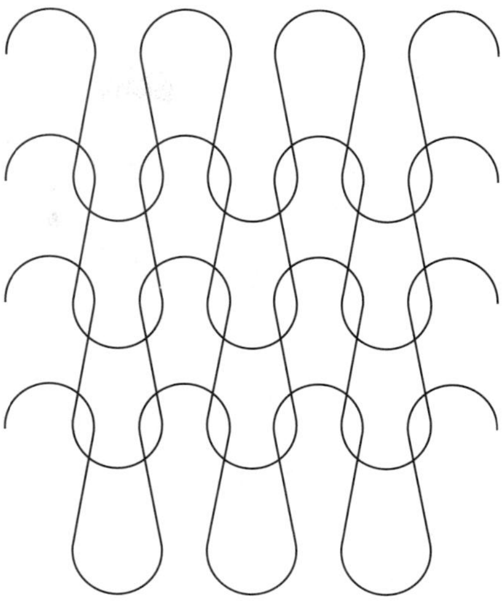

图6-33 网波填料结构

d. 气水分离器。气水分离器由托架、排汽管和填料组成。选用网波填料作为分离填料。为简化设备将气水分离器与除氧塔上部人孔组合为一体。检修时要将人孔盖连同气水分离器一起取下。

e. 附属设备。除氧塔的附属设备用于设备的固定和连通。排汽（气）口将空气排出，安全阀接口与安全阀连接，下部蒸汽进口将加热蒸汽引入蒸汽分配室，高压加热器疏水口将高压加热器疏水送入除氧塔，蒸汽导管将水箱内的汽（气）送入除氧塔，落水管将除氧塔内的水送入水箱。

综上所述，旋膜式除氧器的工作过程分为初期除氧和深度除氧两个阶段。初期除氧在一级除氧装置内进行，凝结水从进水管进入水室，在其压力的作用下经旋膜管切向小孔进入旋膜管内，水在射流运动中将大量的加热蒸汽吸卷进来（射流运动具有卷吸作用），在极短时间很小的行程上产生剧烈的混合加热作用，水温大幅度提高，而旋转的水沿着旋膜管内壁继续下旋，形成一层翻滚的水膜裙，水在旋转流动时的临界雷诺数显著下降，产生紊流翻滚，此时紊流状态的水传热和传质效果最理想，水膜裙向下流动过程中继续被向上流动的蒸汽加热，使水膜裙的温度接近饱和温度，水膜裙中溶解的气体分离出来，分离出来的气体随蒸汽向上流动，经过气水分离器后，多数水被分离出来落到隔板上，经双流连通管形成水膜，重新除氧，少量汽（气）体从排气口排大气。旋膜式除氧器的初期除氧可除去水中90%～95%的气体，剩余的气体在深度除氧阶段继续分离。深度除氧阶段在二级除氧装置内进行，经初步除氧的水向下流动落到篦组上，重新分配后呈均匀淋雨状落到其下的液汽网上，使水的表面积增加，并用蒸汽加热，进行深度除氧，除氧后的水流入水箱；分离出的气体随蒸汽向上流动，进入一级除氧装置加热水膜裙后与一级除氧装置分离出的气体汇合。加热蒸汽分两部分：第一部分是上部加热蒸汽从汽室经旋膜管小孔进入旋膜管内，对旋膜管内的旋转水膜进行加热；第二部分是下部加热蒸汽从蒸汽分配器经液汽网填料对水进行加热后，向上流动，继续对水膜裙进行加热，最后在旋膜管内与第一部分加热蒸汽汇合。

2）除氧水箱。旋膜式除氧器的水箱与喷雾填料式除氧器的水箱相似，这里不再重复。

（3）内置式除氧器。内置式除氧器充分利用水箱的顶部汽空间，将恒速喷嘴安装在水箱内，取消了常规除氧器安装在水箱上部的除氧塔。内置式除氧器不仅使系统简化，而且除氧效果好。

1）内置式除氧器的优点。

a. 负荷适应性好。内置式除氧器在10%～110%负荷变化范围内均能保持高效除氧，出口含氧量在5μg/kg以下；由于凝结水流经喷嘴时雾化效果好，与水下加热蒸汽经逆向热交换时除去了大部分游离氧，再进一步进行水下热交换，除去了残余游离氧，达到了出水品质要求。

b. 可靠性高。内置式除氧器用大流量恒速喷嘴代替了传统除氧器中众多小流量喷嘴和淋水盘箱，使结构大大简化，加热蒸汽经数支喷管从水下喷出，使除氧器整体工作温度下降，金属抗热疲劳寿命大大增加，提高了除氧器的可靠性，使得可用率相应提高。除氧能力可以达到6000t/h，十分适用于大容量火电机组。

c. 排汽损失低。内置式除氧器在排出不凝结气体时，伴随排出了一部分蒸汽，但与传统除氧器相比较排出的蒸汽量要小得多。例如，出力为600t/h的除氧器，采用传统除氧器时，排掉的蒸汽量为600kg/h；而采用内置式除氧器时，排掉的蒸汽量仅为70kg/h。

d. 单壳设计。将除氧塔和储水箱合二为一，在大型机组中大大简化了系统，使电站除氧间高度降低了3～4m，节省了保温、平台、管道的费用。由于取消了除氧塔，消除了水箱支撑除氧塔处的应力，抗振性大幅度提高。

e. 安装维护方便。内置式除氧器结构简单，350MW机组配一只喷嘴，600～1000MW机组配两只喷嘴，安装和维护方便。

2）内置式除氧器的结构和除氧过程。内置式除氧器由壳体、恒速喷嘴、汽轮机抽汽供汽管、辅汽供汽管、挡板、高压加热器疏水引入管、排空气口、安全阀和水位测量装置等组成，见图6-34。

a. 壳体。壳体由圆柱形筒体和两个椭圆形封头焊接而成，壳体材料为碳钢，壳体用两个鞍式支座支撑（一端为滚轮式滑动支座，另一端为固定式支座）。壳体上装有各种管座接头。

b. 恒速喷嘴。恒速喷嘴是内置式除氧器的核心设备，安装在壳体顶部，其结构见图6-35。恒速喷嘴的作用是将从低压加热器来的凝结水形成适当的水膜，既增大水与蒸汽的接触表面积，又缩短了气体离析的路径，水膜的质量决定了除氧的效果，一个恒速喷嘴的最大出力可达1400m^3/h。恒速喷嘴为碟式圆盘结构，由9个喷水圆盘和4个加强环组成，每个喷水圆盘由上、下两个不锈钢碟形盘组成，在每个碟形盘的内侧边缘各有一个凸型半圆环。

恒速喷嘴的特点是从喷嘴流出的水流速度维持不变，以获得稳定的水膜，保证了除氧效果。恒速喷嘴的原理见图6-36，水从恒速喷嘴上部进入各个碟形盘内侧，其速度为v_1，在水压作用下，具有弹性的上、下碟形盘产生上下位移，使碟形盘内侧的凸形半圆环之间产生间隙δ，形成一道环形截面，水通过环形截面和碟形盘的外缘口喷出，形成一层水膜环，喷口速度v_2，v_2可用下式表示，即

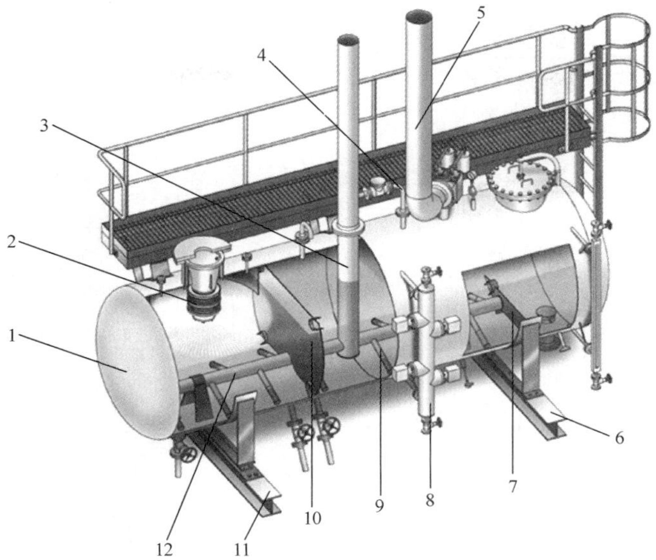

图 6-34 内置式除氧器

1—壳体；2—恒速喷嘴；3—汽轮机抽汽供汽管；4—平衡管；5—辅汽供汽管；6—滑动支座；7—小挡板；8—水位测量装置；9—抽汽加热支管；10—大挡板；11—固定支座；12—抽汽加热母管

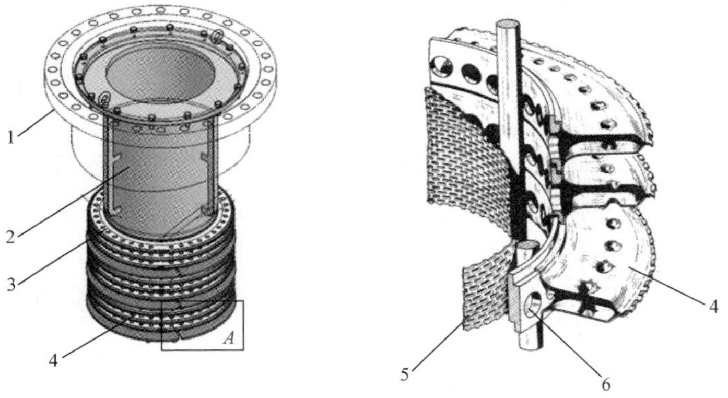

图 6-35 恒速喷嘴的结构

1—固定法兰；2—支承管；3—加强环；4—喷口；5—过滤装置；6—分流过滤装置

$$v_2 = \frac{Qv}{\pi D\delta}$$

式中 Q——流量，kg/s；

v——凝结水比体积，m^3/kg；

D——喷口碟片直径，m；

δ——碟片间隙，m。

由上式可以看出，在碟片直径和凝结水比体积不变的情况下，喷口水流速度与流量 Q 成正比，与间隙 δ 成反比。当进水流量 Q 减少时，进水压力降低，上下碟形盘在弹力作用下内侧凸形半圆环之间产生间隙 δ 减小，喷口的喷水量相应减小，使 v_2 保持不变；当进水

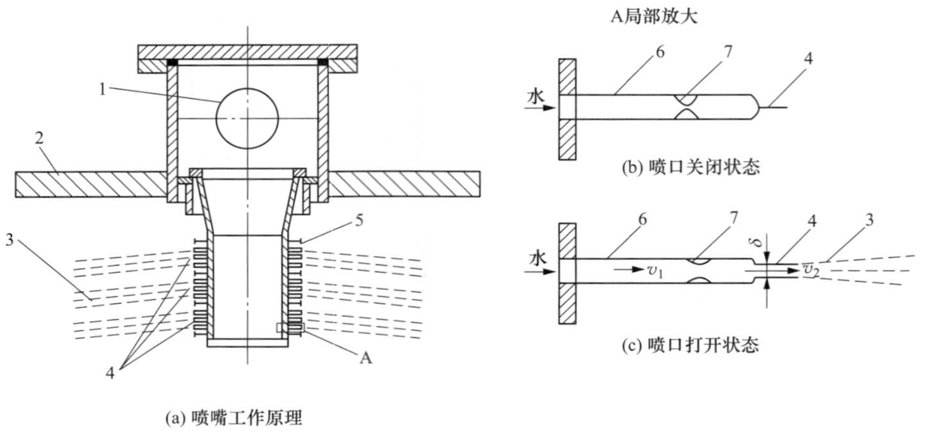

图 6-36　恒速喷嘴工作原理及 A 局部放大图

1—进水口；2—除氧器外壳；3—水膜环；4—喷口；5—加强环；6—碟形盘；7—凸形半圆环

流量 Q 增加时，进水压力增大，上下碟形盘在弹力作用下内侧凸形半圆环之间产生间隙 δ 增大，喷口的喷水量相应增大，使 v_2 保持不变；当进水流量 Q 为 0 时，凸形半圆环全部关闭，喷口停止喷水。

在恒速喷嘴内侧有一分流过滤装置，其作用是将水分配到各个喷水圆盘内，并对水起过滤作用，将水中的粗糙颗粒收集在恒速喷嘴的底部，因此，在计划停机检修期间应拆下恒速喷嘴接管连接处弯头清理分流过滤装置底部的杂质。恒速喷嘴正常工作时，加热蒸汽自下而上加热水膜环，逸出的气体从排气口排向大气。

c. 蒸汽加热装置。除氧器的加热蒸汽有辅助蒸汽和汽轮机抽汽两种，见图 6-37。辅助蒸汽加热装置的作用是在机组启动和停机过程中向除氧器供汽加热，辅助蒸汽加热装置由一根辅汽供热管、两根辅汽母管和若干根辅汽支管组成，辅汽供热管将辅助蒸汽引入除氧器并送入两根辅助蒸汽母管，两根辅助蒸汽母管水平布置在除氧器上部空间（汽侧空间），若干根辅助蒸汽支管垂直焊接在两根母管上（支管上端位于汽侧空间，下端位于水侧空间），辅助蒸汽支管下端有许多交错的喷射小孔，见图 6-37 中的 *A-A*，加热蒸汽自喷射小孔喷出，与周围的水混合，形成许多泡沫，强化汽水之间传热和传质。汽轮机抽汽蒸汽加热装置的作用是在机组正常运行时向除氧器供汽加热，汽轮机抽汽蒸汽加热装置由一根抽汽供热管、一根抽汽母管和若干根抽汽支管组成，抽汽供热管将汽轮机四段抽汽引入除氧器并送入抽汽母管，抽汽母管水平布置在除氧器底部空间（水侧空间），若干根抽汽支管向下分两组与水平成 25°角焊接在母管上，抽汽支管上有许多交错的喷射小孔，见图 6-37 中的 *B-B*，加热蒸汽自喷射小孔喷出，与周围的水混合，形成许多泡沫，强化汽水之间传热和传质。

两路除氧器汽源（汽轮机抽汽和辅助蒸汽）的任一路都能满足除氧和加热的要求，汽轮机抽汽和辅助蒸汽都是插在水箱水面以下加热，当供汽压力突然降低时，除氧器内压力下降速度较慢，使除氧器内压力高于供汽压力，若除氧器内的水沿供汽管进入汽轮机就会造成严重事故。为了防止上述情况的发生，在两条供汽管上都装有汽平衡管，汽平衡管一端接在除氧器上部汽侧空间的壳体上，另一端接在供汽管上，汽平衡管上装有止回阀，见图 6-37。当加热蒸汽的供汽压力由于某种原因突然消失时，除氧器中的压力高于供汽压力，止回阀将打

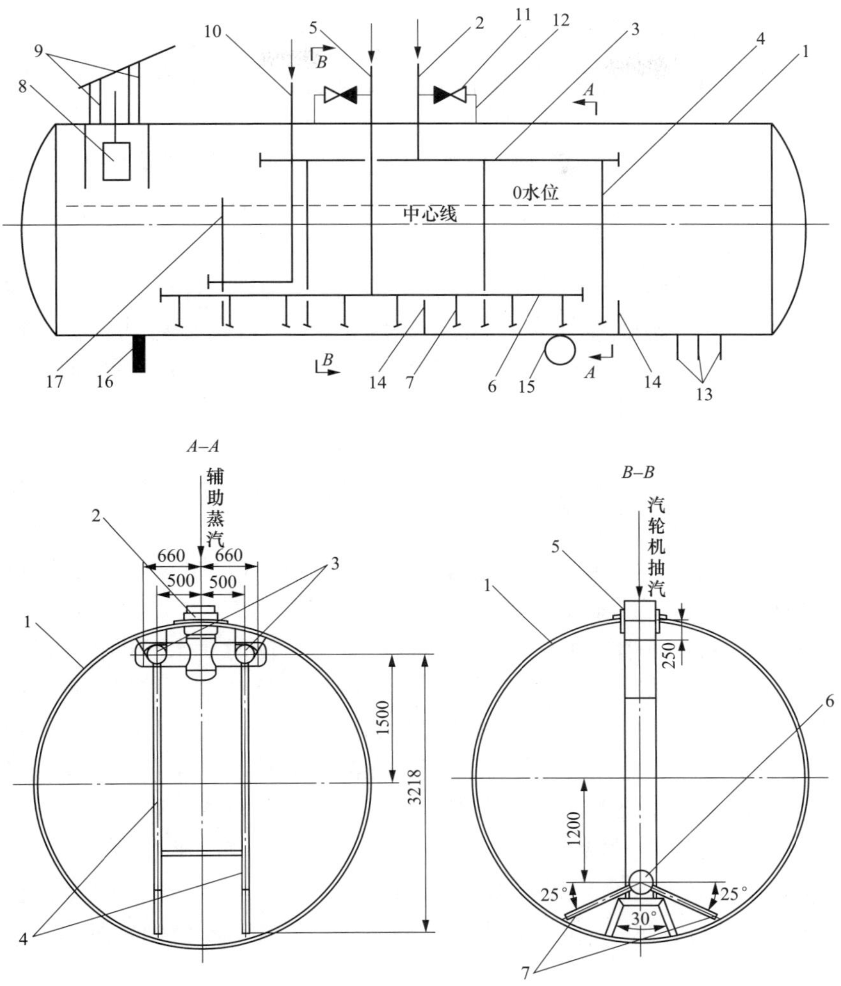

图 6-37 除氧器加热装置

1—壳体；2—辅助蒸汽供汽管；3—辅助蒸汽母管；4—辅助蒸汽支管；5—汽轮机抽汽供汽管；6—汽轮机抽汽母管；7—汽轮机抽汽支管；8—恒速喷嘴；9—连续排气管；10—高压加热器疏水引入管；11—止回阀；12—平衡管；13—出水管；14—小隔板；15—滑动支座；16—固定支座；17—大隔板

开，使供汽管的压力与除氧器中的压力相等，有效防止除氧器中的水流入供汽管。

d. 隔板。除氧器水室内有一个大隔板和两个小隔板，大隔板设在恒速喷嘴的附近，将给水的初级除氧加热区与主除氧加热区隔离，可增强雾化除氧效果；小隔板分别设在水箱中部和出水管附近，将主除氧加热区与给水出水区隔离，防止加热蒸汽对除氧器出水进行加热。

e. 高压加热器疏水引入管。高压加热器疏水引入管进入除氧器后水平布置在水侧，水平段上开有许多小孔，由于高压加热器疏水的压力和温度比除氧器内水的压力和温度高，不仅能回收高压加热器疏水，还起加热作用。

f. 排空气口。喷嘴的周围设有一个启动排空气口和四个连续排空气口，每个排空气口上接有一根排气管，每一个排气管装有一个节流孔板和一个调节阀，排空气口可及时排出析出的气体，达到最佳除氧效果。

g. 安全阀。为防止除氧器超压，除氧器装有两个安全阀。当安全阀打开后，若除氧器内的压力继续升高，保护装置发出报警信号，关闭进汽电动截止阀，确保除氧器的安全运行。

h. 测量装置。除氧器安装有 2 支磁翻板式液位计、3 套电触点式液位计（包含 3 套液位开关测量筒）、2 支远传压力变送器、2 支就地压力表、2 支远传温度热电阻、2 支就地温度表，供监视和保护用。

i. 溢流管和事故放水管。机组运行中，除氧器应维持正常水位。水位过高会使汽轮机进水，造成恶性事故。为了防止除氧器内水位过高，除氧器内设有除氧器溢流管和事故放水管，溢流管和事故放水管上均装有阀门。当水位升高时，先打开溢流管的阀门，水经溢流口排掉；当水位继续上升时，打开事故放水管的阀门，水从事故放水管排掉。

综上所述，内置式除氧器的除氧过程分为初步除氧阶段和深度除氧阶段。初步除氧阶段是由喷嘴完成的，凝结水从盘式恒速喷嘴喷入除氧器汽空间，喷嘴将凝结水雾化，并和蒸汽充分接触，加热到饱和温度，由于在饱和状态下氧气在水中的溶解度为零，因此溶解氧从水中析出，进入蒸汽空间，并聚集在喷嘴的排气区域，在排气区域未凝结的加热蒸汽凝结为水，而不凝结气体则从排气口排出，在该阶段除去大部分的氧气。在深度除氧阶段，加热蒸汽通过排管从水下送入除氧器，加热蒸汽与水混合加热，同时对水流进行扰动，使蒸汽和饱和水进一步充分接触，并将水中的溶解氧及其他不凝结气体从水中带出水面，溶解氧将遵循亨利定律从水中扩散到蒸汽中，以达到深度除氧的目的。不凝结气体从排气口排出，使汽空间不凝结气体分压力减小，有效控制不凝结气体在液面的扩散，避免二次溶氧的发生。除氧后的水流至出水口，经给水泵升压后送入高压加热器，最终进入锅炉。

三、350MW 供热机组的除氧器

350MW 供热机组装有一台内置式除氧器。除氧器正常运行时，加热蒸汽由汽轮机四段抽汽供给；启停及低负荷时，为保证除氧器的除氧效果，加热蒸汽由辅助蒸汽联箱供给。

（一）除氧器设备规范

除氧器设备规范见表 6-8。

表 6-8　除氧器设备规范

项目	参数	项目	参数
型号	DFST1200·135/178	型式	内置卧式
除氧器工作压力	0.303～1.012MPa	额定出力	1200t/h
除氧器设计压力	1.45MPa	最大出力	1260t/h
安全门起座压力	1.39MPa	除氧器设计温度	380℃
出口凝结水含氧量	≤5μg/L	除氧器最高运行温度	356.5℃
安全阀通流量	61.310t/h	最高出水温度	178.2℃
除氧器外径	3850mm	总长	17 330mm
几何容积	189m³	除氧器有效容积	135m³
净重	57 000kg	喷嘴数量	1
喷嘴最大出力	367kg/s	喷嘴压降（最大出力时）	0.058MPa

(二) 除氧器的运行

除氧器采用定压-滑压运行方式，汽源有四段抽汽和辅助蒸汽两路。在四段抽汽管路上只设防止汽轮机进水的截止阀和止回阀，不设调节阀，实现滑压运行。而辅助蒸汽供汽管路上除截止阀和止回阀外还设有压力调节阀，调节阀用于除氧器定压运行时调节辅助蒸汽的压力。正常运行时，除氧器的储水量能维持 BMCR（锅炉最大连续出力）工况运行 5～10min。

1. 除氧器投运前的检查

(1) 确认凝结水系统正常。

(2) 除氧器系统各阀门状态正确。

(3) 除氧器系统联锁保护试验正常。

(4) 投入除氧器水位、温度和压力测量装置。

(5) 确认辅助蒸汽正常，压力温度符合要求。

2. 除氧器的投运

(1) 启动凝结水系统，用凝结水或除盐水冲洗除氧器至合格。

(2) 检查除氧器启动排气门开启。

(3) 检查汽轮机与除氧器相关的防进水措施已落实。

(4) 除氧器上水至 750mm 以上，开启辅助蒸汽调节阀，缓慢投入除氧器加热蒸汽，注意除氧器不发生汽水冲击和箱体异常振动，控制除氧器内水温升率小于 2℃/min，除氧器压力小于 0.147MPa。

(5) 持续进水、进汽，进行热态冲洗。

(6) 冲洗合格后，逐渐将除氧器水位补至正常，投水位自动。

(7) 当机组负荷大于 20%额定负荷，四段抽汽疏水正常且压力满足要求后，投入四段抽汽加热，逐渐关闭辅助蒸汽，关闭启动排气门，逐渐调整连续排气门至给水溶氧合格。

3. 除氧器的运行维护

(1) 除氧器水位应控制在 (1950±50)mm。

(2) 如出现除氧器断水，应立即切断除氧器所有汽源，解列高压加热器汽侧，防止除氧器超压。

(3) 避免向除氧器大量补冷水，防止除氧器振动。

(4) 进入除氧器的蒸汽压力不应变化太快。

(5) 当机组甩负荷或其他原因使除氧器压力小于 0.147MPa 时，应及时投入除氧器备用汽源，关闭四段抽汽至除氧器电动阀、止回阀。当除氧器汽源为辅助蒸汽供时，要密切监视除氧器压力，防止超压。

(6) 除氧器安全门按规定定期进行放汽试验。

(7) 当除氧器出水溶氧大于 5μg/L 时，应检查除氧器压力、温度及联氨加药量是否正常，并通过调整连续排气门开度来调节给水溶氧。

(8) 除氧器排汽量的多少直接与除氧效果和经济性相关。排气门的开度过大，排汽损失加大；排气门的开度过小，则除氧能力降低。排气门的开度必须经过现场运行试验后确定。

4. 除氧器的汽源切换

当四段抽汽压力高于除氧器的压力时，开启四段抽汽电动隔离阀，维持略高于0.147MPa 的压力运行，将除氧器的汽源切换为四段抽汽。在辅助汽源退出运行后，供汽管上的疏水门应开启，使辅助蒸汽供汽管道始终处于热备用状态。切换完毕后除氧器进入滑压运行阶段，当机组负荷大于25%额定负荷时，关闭四段抽汽管道上的疏水阀。

5. 除氧器的“返氧”和“再沸腾”

无论采用定压还是滑压运行的除氧器，在负荷发生变化时，均有可能产生“返氧”或“再沸腾”现象，尤其滑压运行的除氧器发生的可能性更大。当负荷上升时，除氧器内压力随之上升，而除氧器内的水温变化滞后于压力的变化，不能立即升高，除氧器内的水变成欠饱和水。由于气体在欠饱和水中的溶解度大于在饱和水中的溶解度，于是已经析出的气体又重新返回给水中，使除氧效率下降，发生“返氧”。返氧的发生将使给水的含氧量增加，但不会造成给水泵汽蚀。在运行中除氧器压力激增的可能性较小，而压力突降则经常发生，这时易发生除氧器的“再沸腾”。除氧器再沸腾的机理是不同压力下水的饱和温度不同，较高的压力对应较高的饱和温度。当除氧器的压力突降时，该压力对应的饱和温度降低，而此时给水的温度几乎不发生变化，即给水的焓值较此压力下饱和水的焓值高，使给水发生汽化，即“再沸腾”。根据热力除氧原理，给水发生再沸腾时，其除氧效果更好，但此时给水泵发生汽蚀的可能性增大，故滑压运行的除氧器应特别注意避免压力突降。

6. 除氧器停运

(1) 机组负荷降至20%额定负荷以下时，将除氧器汽源倒为辅助汽源供给，维持压力0.147MPa。

(2) 机组停运后，根据需要确定除氧器是否继续上水。

(3) 若除氧器停运一周以上，应放尽积水，隔离汽源，充氮保养。

第四节　给　水　泵

给水泵的作用是将除氧器内除过氧的合格给水，升压送到锅炉的省煤器。在输送过程中，给水在高压加热器中还被来自汽轮机的抽汽加热，以提高循环热效率。同时，给水泵还分别向锅炉过热蒸汽减温器、再热蒸汽减温器和高压旁路系统的减温减压装置提供减温水。随着机组单机容量的增加和参数的提高，对给水泵提出了更高的要求，给水泵必须满足安全、高效、可控性好、检修方便等要求。

超临界机组的给水泵均采用双壳体、多级离心泵，其外壳体可永久性焊在给水管路上，内泵（即泵芯或芯包）为可抽出式（用大螺栓固定在外壳体上），采用水平中心支撑，设有刚性强的底座，以适应热冲击和负荷的变化。大螺栓的拆装大多采用液压力矩扳手或拉伸装置，方便可靠。泵轴均设计成刚性轴，与叶轮采用过盈配合，以键连接传递转矩。双壳给水泵的内泵有两种结构形式：一种是以美国 Flowserve（福斯）公司为代表的内泵壳为轴向中分式结构，例如日本 EBARA（荏原制作所）和 MITSVBISHI（三菱泵业）等都是引进美国的给水泵制造技术，内泵壳为轴向中分式结构；另一种是以德国 KSB 泵阀公司为代表的内泵壳为径向剖分多段式结构，例如英国韦尔泵公司、瑞士苏尔寿泵公司以及苏联泵业公司生产的给水泵，内泵壳为径向剖分多段式结构。国产给水泵中，上海电力修造厂生产的给水泵的内泵壳为径向剖分多段式结构，沈阳鼓风机（集团）有限公司生产的给水泵的内泵壳既有径向剖分多段式结构，也有轴向中分式结构。内泵壳为径向剖分多段式和轴向中分式给水泵各有特点，下面进行简要分析。

内泵壳为径向剖分多段式结构的给水泵有以下特点：

（1）内泵壳体采用多段式轴向排列，每级由导叶、中段构成单向独立的水力通道，级间用螺栓把紧；中段、导叶选用抗冲刷耐磨蚀性能优良的铬钢材料。装配（或拆卸）时必须逐级安装（拆卸）叶轮、导叶、中段等，安装（拆卸）过程繁杂。但内泵壳体结构简单，便于生产加工。

（2）转子为刚性转子，叶轮热装在轴上，具有良好的同心度，同时提高了转子刚性；其首级叶轮特殊设计，增大进口面积，减小叶片排挤，从而提高其抗汽蚀性能；所有叶轮在轴上同向顺序布置，此种布置形式无法消除叶轮产生的轴向力。

（3）转子轴向力平衡装置由平衡鼓（＋平衡盘）和推力轴承组成，平衡鼓（＋平衡盘）可平衡 85%～90%轴向力，剩余轴向力则由推力轴承平衡；此种平衡结构对平衡鼓的设计要求较高，也可采用双平衡鼓结构。

（4）内泵为整体全抽芯结构，可整体从外壳体中抽出，更换方便。

内泵壳为轴向中分式结构的给水泵有以下特点：

（1）内泵壳采用轴向中分式双蜗壳结构，以轴向水平面将内泵壳分为上下两部分，上下内泵壳用螺栓连接紧固；这种结构使泵内的温度场分布更加均匀，可以大大提高内泵高温状态下的整体刚性；优点是检修方便，只要打开内泵壳就可以将转子从内泵壳中取出，不需要逐级拆卸中段、导叶的繁琐过程，避免了由于零部件的拆装影响其动静配合间隙及配合精度；但是，这种泵的内泵壳体结构复杂，铸造、加工难度较大。

（2）首级叶轮采用双吸结构，其余叶轮采用背对背形式布置，其优点是：①转子整体拆装、检修方便，缩短检修时间；转子动平衡后不需拆卸转子上的任何零件，装配时直接将整个转子放入内泵壳体即可，避免了因转子拆卸后再重新装配而造成的人为积累误差，保证转子的同轴度和动平衡精度不受影响。②首级叶轮采用双吸结构，可降低泵的入口流速，以防止泵发生汽蚀。③叶轮背对背布置，可平衡叶轮运行中产生的轴向力，使轴向力载荷对泵的磨损和系统干扰的影响降到最小。

（3）因为转子轴向力基本已由叶轮对称布置相互平衡，所以不需设计复杂的轴向力平衡装置（即使设计平衡装置，也很简单）；转子的轴向力较小，转子运行的平稳性和可靠性得到显著提高；由于取消了复杂的平衡装置，缩短了泵的轴向尺寸，转子的刚性也大幅度提高，使泵运行更加平稳、可靠。

（4）内泵为半抽芯式，在吸入端、出口端均设有压紧端盖，检修时需先拆卸吸入端、出口端轴承体和压紧端盖后才能抽出内泵。

一、给水方式与给水泵的配置

（一）给水方式

锅炉给水方式有集中母管制、切换母管制、单元制和扩大单元制四种型式，由于单元制给水方式具有管道短、阀门少、阻力小、可靠性高及便于集中控制等优点，现代大型发电机组大多采用单元制，早期的单元制给水方式一般装有 3 台 50%容量的给水泵，正常运行时两台运行，一台备用，见图 6-38。为了进一步优化给水方式，将两台采用单元制给水方式机组设计成共用一台启停机备用泵，这种给水方式叫扩大单元制给水方式。扩大单元制给水方式的特点是系统可靠性高、节省投资、运行灵活，目前我国大容量机组普遍采用这种方式，见图 6-39。

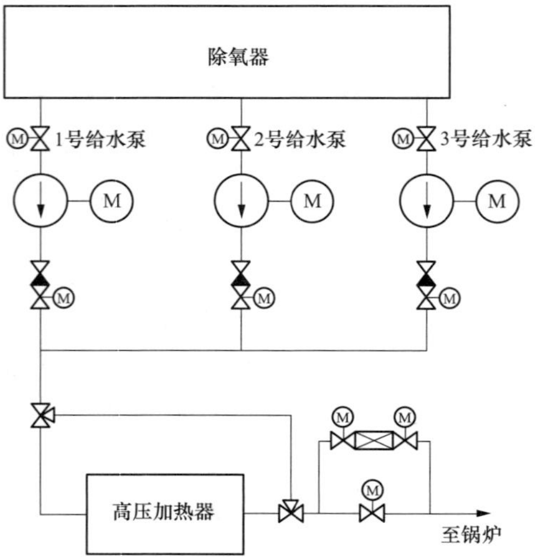

图 6-38　单元制给水方式

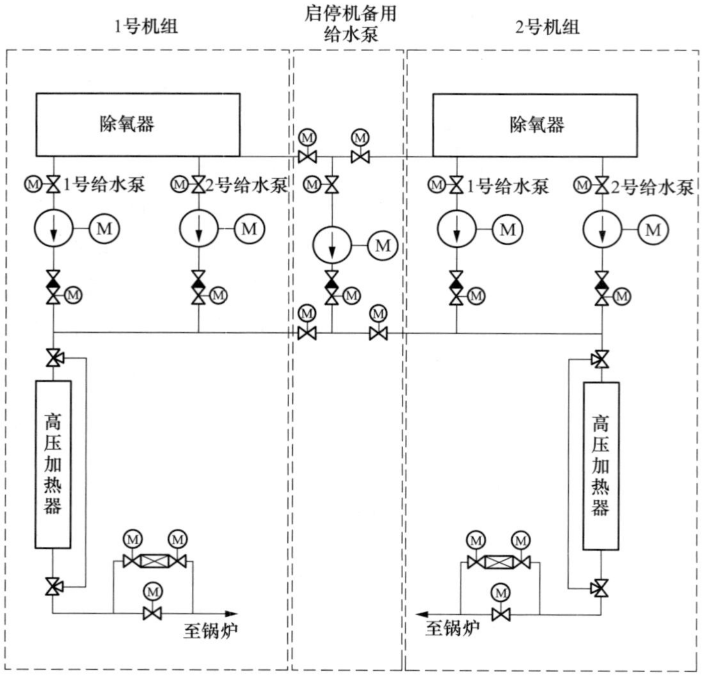

图 6-39　扩大单元制给水方式

（二）给水泵的配置

1. 给水泵的驱动方式

给水泵驱动方式有汽动和电动两种。汽动是用给水泵汽轮机直接驱动给水泵；电动是用电动机驱动给水泵，电动可分为电动机直接驱动（定速）和电动机通过液力耦合器驱动（变速），中小型汽轮机的给水泵一般采用电动机直接驱动，大型汽轮机一般采用电动机通过液力耦合器驱动。随着汽轮机单机容量和蒸汽参数的提高，给水泵耗功占厂用电的百分比也急剧增加，给水泵电动机容量增加后启动电流增大，对配电设施和高压母线安全造成影响，因此，大容量机组较多采用汽动给水泵。汽动给水泵与电动给水泵相比具有以下优点：①汽动给水泵转速高、轴短、刚度大、安全性好；②采用大型电动给水泵时启动电流大，启动困难，而汽动给水泵不但便于启动，而且可配合汽轮机的滑压运行进行滑压调节；③采用汽动给水泵可降低厂用电，同时可增加供电量 3%～4%；④可以变速运行调节给水泵的流量，因而可省去电动给水泵的液力耦合器等中间环节。但是，汽动给水泵的启动时间长，汽水管路复杂，需考虑备用汽源，这些使得采用汽动给水泵的投资增加。

为了防止给水泵发生汽蚀，大容量高参数机组的给水系统均设计了前置泵，给水泵、前置泵及驱动装置构成了给水泵组。前置泵的驱动方式有两种：一种是前置泵与给水泵同轴驱动，见图 6-40（a）和图 6-40（b）；另一种是前置泵与给水泵不同轴驱动，见图 6-40（c）。

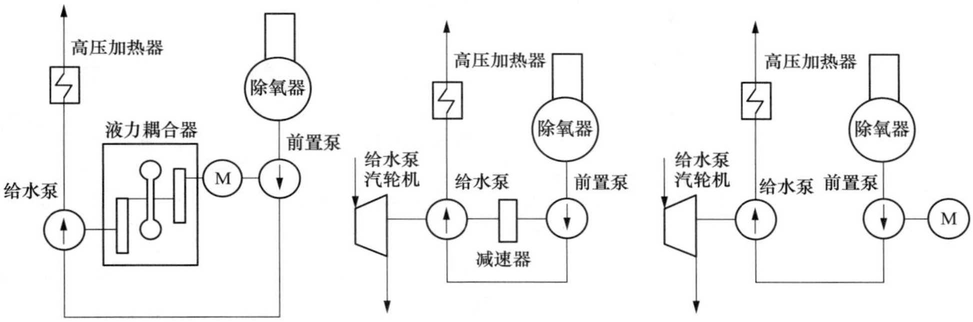

(a) 电动同轴驱动　(b) 汽动同轴驱动　(c) 汽动不同轴驱动

图 6-40　前置泵的驱动

2. 给水泵配置方案的选择

单元制给水系统的给水泵形式及台数的选择有多种，每种配置方案各有特点，应根据具体情况选择合理的配置方案，大型机组给水泵配置方案的选择方案见表 6-9。

表 6-9　大型机组给水泵配置方案的选择方案

方案	运行泵	备用泵
1	1×100%汽动给水泵	1×100%电动给水泵
2	1×100%汽动给水泵	1×50%电动给水泵
3	2×50%汽动给水泵	（双机供用）1×35%～50%电动给水泵
4	1×100%汽动给水泵	（双机共用）1×30%～50%电动给水泵
5	2×50%电动给水泵	1×50%电动给水泵

（三）350MW 超临界热电联产机组给水方式与给水泵的配置

350MW 超临界热电联产机组采用扩大单元制给水方式，每台机组的给水系统包括两套

50%容量的汽动给水泵组（正常运行给水泵组），一套30%容量的电动给水泵组（启停给水泵组），且两台机组共用一套电动给水泵组，电动给水泵组只作为机组启动和停运时使用，正常运行时无备用泵，给水泵的设备规范见表6-10、表6-11。

表6-10　　汽动给水泵组设备规范

给水泵汽轮机			
型式	单缸、单轴、冲动式冷凝式汽轮机	运行方式	变参数、变功率、变转速
级数	7级	额定转速	3000～6000r/min
额定功率	7MW	工作汽源	四段抽汽
排汽压力	<53.6kPa	转向（顺汽流）	顺时针
调速范围	3000～6000r/min	跳闸转速	5963～6078r/min（机械）
汽动给水泵			
型号	CHTZ4/6	型式	卧式多级离心泵
级数	6	额定入口流量	650t/h
密封形式	螺旋式密封	扬程	3344m
额定工况效率	82%	必需汽蚀余量	35m
额定抽头压力	11MPa（≥75%THA工况）	额定抽头流量	流量22t/h
额定转速	5795r/min		
汽动给水泵前置泵			
型号	YNKn300/200-20DJ	轴功率	110kW
额定进水压力	1.0MPa	密封形式	机械密封
额定流量	675t/h	额定转速	1490r/min
扬程	57m	转向	顺时针（从驱动端看）
必需汽蚀余量	2.7m		
给水泵汽轮机油系统			
给水泵汽轮机交流油泵（2台，一台主油泵，一台辅助油泵）			
型号	YB-E200	额定流量	267L/min
额定出口压力	0.7MPa	转速	1450r/min
给水泵汽轮机交流油泵电动机（2台）			
功率	11kW	电压	380V
电流	22.3A	转速	1450r/min
绝缘等级	F		
给水泵汽轮机直流油泵（1台）			
型号	YB-E200	额定流量	267L/min
额定出口压力	0.7MPa	转速	1450r/min

续表

给水泵汽轮机直流油泵电动机（1台）			
型号	Z2-52	功率	7.5kW
电压	220V	电流	41A
转速	1450r/min	绝缘等级	B

表 6-11　　电动给水泵组设备规范

电动给水泵			
型号	40CHTA-5SP	型式	卧式离心泵
进水压力	0.816MPa	级数	五级
额定流量	402t/h	密封形式	机械密封
扬程	1357m	额定转速	4900r/min
中间抽头压力	5MPa	旋转方向	顺时针（从驱动端看）
抽头水量	14t/h	额定工况效率	80%
必需汽蚀余量	26m		
电动给水泵前置泵			
型号	YNRn300/200-18J	型式	卧式单级双吸
额定进水压力	0.4MPa	轴功率	66kW
额定流量	417.3t/h	效率	81.4%
扬程	50.5m	额定转速	1480r/min
必需汽蚀余量	3.8m		
电动给水泵电动机			
型式	YKS710-4	额定功率	3200kW
额定电压	6000V	额定电流	358A
转速	1480r/min	频率	50Hz
冷却方式	水-空冷却方式	功率因数	0.9
绝缘等级	F		
液力耦合器			
型号	YOCQZ450/1500/5600	形式	电控液压
输入转速	1480r/min	额定输出转速	4900r/min
调速范围	20%～100%	额定滑差	1.5%～3%
最高效率	≥95%		

二、350MW 超临界热电联产机组的电动给水泵组

电动给水泵组在机组启停时向锅炉供水，两台机组共用一套电动给水泵组，其容量为锅炉最大连续出力的 30%。电动给水泵组由电动机、电动前置泵、液力耦合器、电动给水泵和管道阀门等组成，电动给水泵和电动前置泵由同一台电动机驱动，电动前置泵由电动机直接驱动，电动给水泵由电动机通过增速齿轮和液力耦合器驱动，见图 6-41。

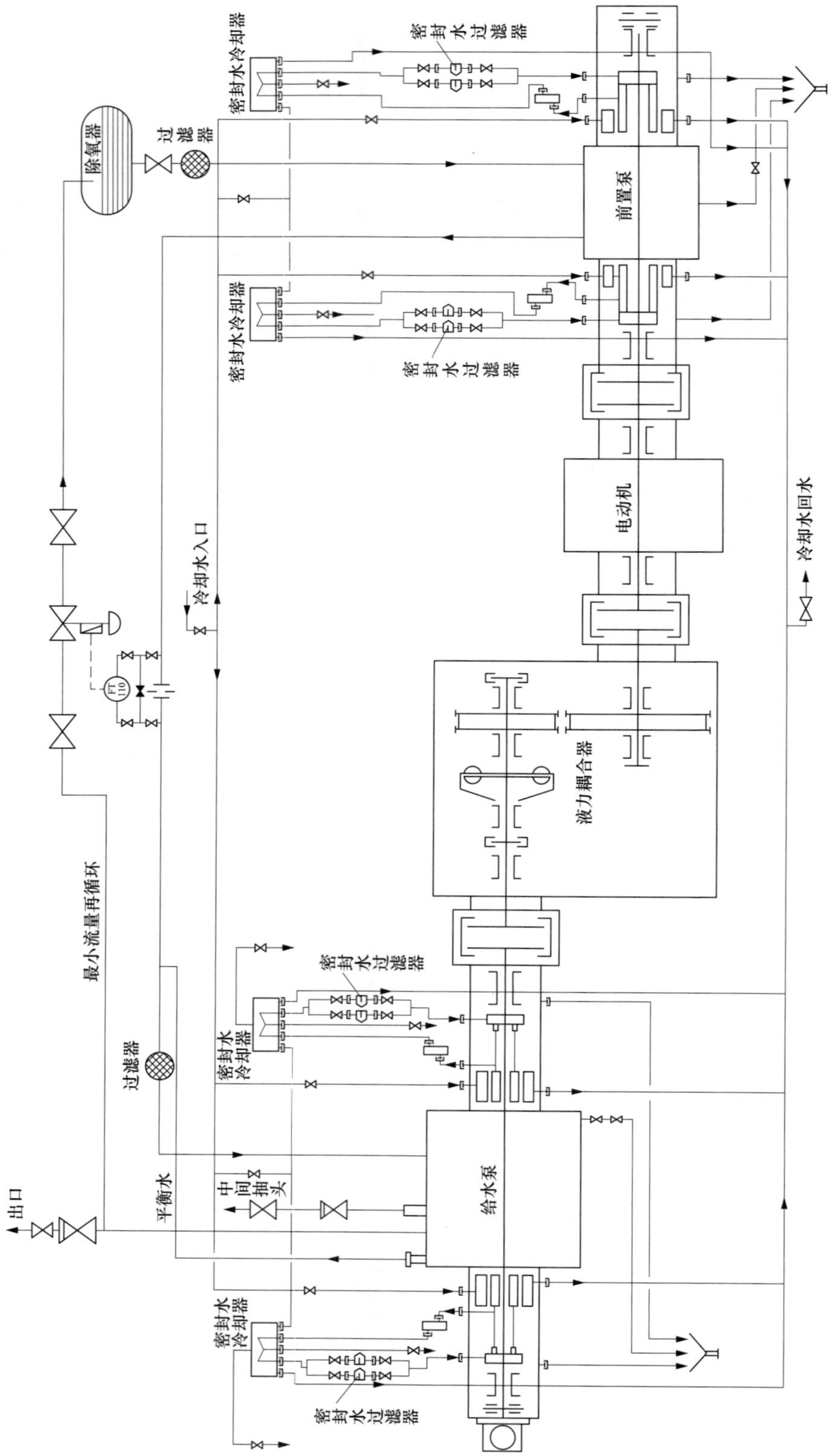

图 6-41　电动给水泵组的布置与水系统

（一）电动前置泵

前置泵是为了提高给水泵入口的压力，防止给水泵发生汽蚀而设计的，电动给水泵组采用 YNKn300/200-18J 型前置泵。YNKn(QG) 型前置泵是沈阳鼓风机有限公司为 100～1200MW 火电机组给水泵配套而从德国 KSB 公司引进技术生产的产品，该泵是单级卧式双吸离心泵。YNKn300/200-18J 型前置泵是 YNKn(QG) 系列产品之一，由外壳、转子、冷却腔室、机械密封、耐磨环和轴承等组成，见图 6-42 和表 6-12。由于前置泵的转速较低，入口结构合理（双吸单排），且叶轮用特殊材料制成，因此前置泵具有良好的抗汽蚀性能。

表 6-12　电动前置泵明细

序号	名称及规格	材 料	数 量
1	驱动侧轴承体		1
2	滑动轴承上瓦	ZG230-450/zchsnsb11-6	2
3	滑动轴承下瓦	ZG230-450/zchsnsb11-6	2
4	螺柱 M20×75	8.8	16
5	泵盖	优质碳钢	2
6	O 形圈 ϕ420×5	EP8021	3×2
7	泵体	优质碳钢	1
8	机械密封		2
9	非驱动侧轴承体	QT500-7	1
10	压环	QT500-7	2
11	甩油环	ZQSn5-5-5	5
12	调整垫	45	1
13	轴承套	45	1
14	推力球轴承		1 对
15	键	45	3
16	非驱动侧轴承端盖	QT500-7	1
17	螺母 M33×1.5	45	2
18	油环套	45	1
19	迷宫油挡	ZQSn5-5-5	6
20	托架	ZG230-450	2
21	轴	3Cr13	1
22	锁紧螺母	3Cr13	1
23	轴套	3Cr13	1
24	叶轮	ZG1Cr13Ni	1
25	密封环	RWA350	2
26	挡套	3Cr13	1
27	水冷腔体	ZG230-450	2
28	水冷腔堵盖	Q235-A. F	2
29	联轴器锁紧螺母	45	1

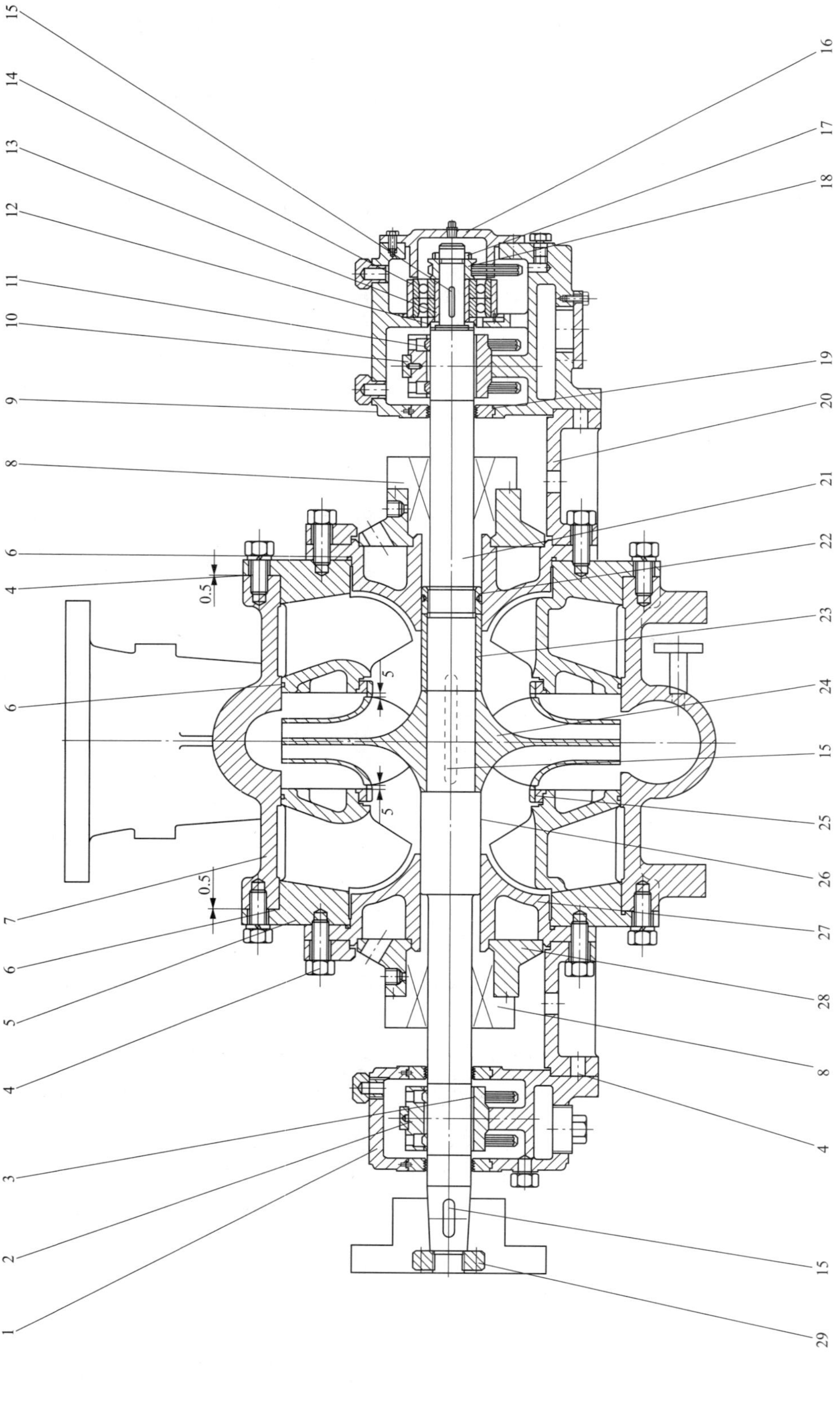

图 6-42　电动前置泵结构

1. 外壳

外壳由一个蜗壳形泵体和两个圆环形吸入泵盖组成，泵的出口、入口及两个泵脚均在蜗壳形泵体上，泵盖用双头螺栓固定在泵体两端。外壳用优质碳钢铸成，在泵体与泵底座之间装有导向键，当泵壳受热膨胀时，可保证泵壳在纵向和横向对中。

2. 转子

转子由轴和叶轮两部分组成。轴是传递扭矩的主要部件，由 3Cr13 不锈钢锻制并经精密机加工而成；叶轮为单级双吸离心式不锈钢 1Cr13Ni 铸件，并经精密机加工而成，叶轮通过键、挡套、轴套和锁紧螺母固定在轴上（键用于径向固定，挡套、轴套和锁紧螺母轴向固定），挡套和轴套除起轴向固定叶轮的作用外还可防止被输送液体对轴的冲刷和腐蚀，起保护轴的作用。

由于前置泵叶轮采用了双吸结构，叶轮两侧泵盖上的压力相对称，可以互相抵消，正常运行时几乎没有轴向推力，不需设计专门的轴向推力平衡装置。

3. 轴承

轴承的作用是支承整个转子，前置泵有两个滑动轴承和一个滚珠推力轴承（7309B）。前置泵的驱动侧和非驱动侧各装有一个滑动轴承，滑动轴承只承受径向力，滑动轴承的轴瓦用压环固定在轴承体上；前置泵的非驱动侧除装有一滑动轴承外还装有一个滚珠推力轴承，其作用是承受转子的轴向推力并使转子轴向定位。轴承采用浸泡式润滑，轴承体内注有一定润滑油，轴上装有甩油环，泵转动时甩油环将油带起来，对轴承进行润滑。

4. 叶轮密封环

为了减小叶轮入口的容积损失，在叶轮两侧的入口处装有密封环，叶轮密封环由两部分组成，一部分装在泵壳上，另一部分用螺钉固定到叶轮上，这样密封环既可以起到密封作用，又可以防止叶轮与泵壳发生摩擦。

5. 轴封

由于泵轴与泵壳之间有间隙，为了防止水从泵壳内沿转轴流出，在前置泵的前后两侧均采用了机械密封。机械密封是靠两个精密加工的端面动环和静环来密封，动环装在泵轴上与轴一起转动，静环用防转销固定在泵壳上，在弹簧的作用下动环紧紧地压在静环上，使动环与静环沿轴向紧密接触，从而达到密封的目的。由于动环与静环之间摩擦会发热，因此机械密封的端面上必须通有冷却水，冷却水除了有冷却作用外，还有润滑作用。机械密封的冷却水有外冲洗式和自循环式两种：外冲洗式机械密封是由外接冲洗液（一般为凝结水）进行密封的冲洗和冷却，冲洗液的压力应高于泵入口压力 0.1～0.2MPa，冲洗液压力可通过阀门或节流孔板调节，冲洗液最终进入泵内；自循环式机械密封是由机械密封的泵送环（相当于一小型叶轮，用于升高密封水压力）产生压力水，再通过冷却器冷却后回到机械密封内起到冲洗和冷却的作用。由于电动给水泵组在机组启、停时投用，无稳定的凝结水源，故采用了自循环式机械密封。为了防止冲洗冷却水中的杂质进入密封损坏动环和静环，在冲洗机械密封水的入口装有两个磁性过滤器，磁性过滤器可通过阀门隔离后检修和更换。

6. 水冷腔

为了防止泵内液体的热量传到机械密封，在前置泵的两端装有水冷腔，水冷腔由水冷腔体和水冷腔堵盖组成，水冷腔用螺栓固定在吸入泵盖上，水冷腔通有冷却水（工业水）。

（二）电动给水泵

电动给水泵为卧式五级离心泵，该泵由沈阳鼓风机集团引进德国 KBS 技术生产，型号为 40CHTA/5SP，主要用于 100～150MW 机组的给水泵和 300～350MW 机组的启停机给水泵。CHTA/5SP 型给水泵为圆筒形双层壳体结构，内泵壳为径向剖分多段式结构，由外壳、内泵、轴封冷却腔和轴承等组成，见图 6-43 和表 6-13。当给水泵检修时，内泵可以从外壳中抽出，而不影响泵的出、入口管道以及泵与联轴器的对中。

表 6-13　　40CHTA/5SP 电动给水泵设备明细

序号	名称及规格	材料	数量
1	驱动侧轴承体部件		1
2	非驱动侧轴承体部件		1
3	筒体		1
4	吸入段		1
5	4、5 级中段		2
6	3、4 级中段		1
7	泵盖		1
8	导叶		4
9	末级导叶		1
10	吸入侧冷却室体	1.400 8	1
11	出水侧冷却室体	1.400 8	1
12	吸入侧密封体	ZG1Cr13Ni	1
13	出水侧密封体	ZG1Cr13Ni	1
14	平衡套	RWA350	1
15	支承环	RWA350	1
16	螺栓 M20×25-8.8-A-O		14
17	垫圈 20-200HV-Ep		14
18	双头螺栓 M64×2	42CrMo	14
19	螺母 M64	25Cr2MoVA	14
20	垫圈 B66（66/120×11）	30Cr	14
21	间隔垫 1（368/407×1）	0Cr18Ni12Mo2Ti	3
22	间隔垫 1.5（368/407×1.5）	0Cr18Ni12Mo2Ti	6
23	缠绕垫 365/404×4.5	A167 型号 304-ASB	1
24	缠绕垫 473/512×4.5	A167 型号 304-ASB	1
25	缠绕垫 368/407×4.45	A167 型号 304-ASB	7
26	缠绕垫 520/559×4.45	A167 型号 304-ASB	1
27	螺柱 M24×1.5×65-10.9		6
28	螺柱 M24×1.5×110-10.9		6
29	螺母 M24×1.5	35	12
30	垫圈 24-200HV		24
31	螺柱 M24×100-8.8-O		12
32	螺母 M24-8-B		12
33	销 12×16	St	1
34	螺柱 M16×50-10.9		12

续表

序号	名称及规格	材料	数量
35	螺母 M16-10-A		12
36	O 形圈 345×5	三元乙丙	1
37	O 形圈 125×4	三元乙丙	4
38	O 形圈 218×4	三元乙丙	2
39	螺钉 M12×30-10. 9-O		12
40	螺钉 M12×25-10. 9-O		24
41	O 形圈 330×5	三元乙丙	1
42	螺柱 M24×1. 5×70-10. 9		6
43	垫圈 24-300HV-Ep		6
44	螺母 M24×1. 5	35	6
45	销 12×14-O	St	4
46	O 形圈 170×4	三元乙丙	2
47	轴	1. 431 3	1
48	一级叶轮	S14S280	1
49	二级叶轮	S14S280	1
50	三级叶轮	S14S280	1
51	四级叶轮	S14S280	1
52	五级叶轮	S14S280	1
53	平衡盘	S203	1
54	键 C 14×9×50	2Cr13	6
55	键 A 12×8×50	2Cr13	1
56	O 形圈 95×4	三元乙丙	1
57	间隔环	3Cr13	1
58	中开环	1Cr17Ni2	1
59	定位环	3Cr13	1
60	螺钉 M10×30-8. 8-flZn		6
61	垫圈 10	0Cr18Ni9	6
62	推力调整环	2Cr13	1
63	推力盘	45	1
64	键 A 12×8×56	45	1
65	轴头螺母	45	1
66	键 A 20×12×100	45	1
67	键 A 20×12×140	45	1
68	中开环	1Cr17Ni2	6
69	支撑环	1Cr17Ni2	6
70	配重盘	45	1
71	机械密封		2
72	轴瓦		2
73	推力轴承工作瓦块		4
74	推力轴承非工作瓦块		12

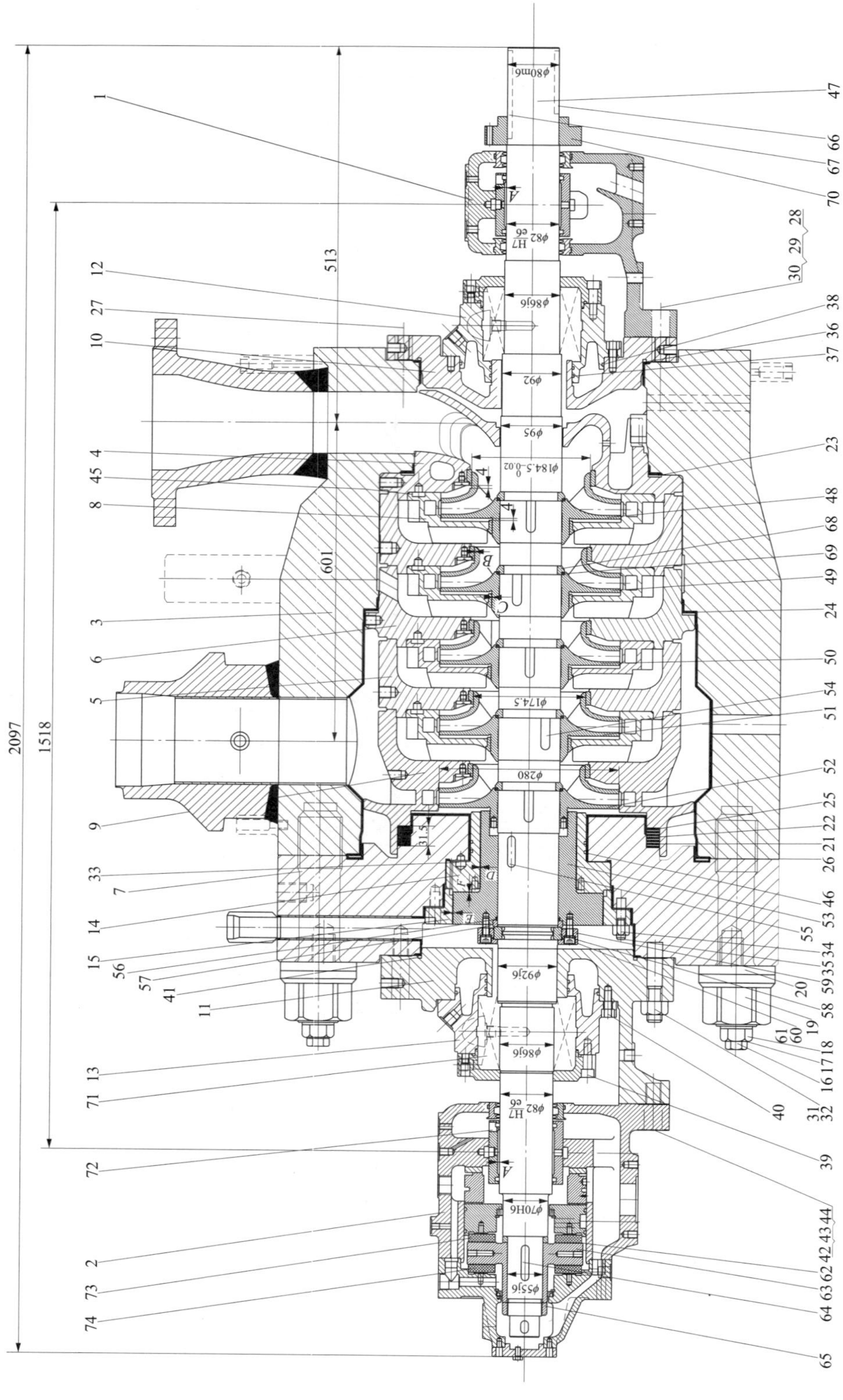

图 6-43　40CHTA/5SP 电动给水泵

1. 外壳

CHTA/5SP 型给水泵外壳由筒体和泵盖两部分组成。筒体呈圆筒形，一端为开口，另一端为缩口，筒体上接有泵的进水管道、出水管道及中间抽头管道，泵的全部重量由泵脚支承，泵脚支承面设计在泵筒体水平中心线上，确保高温膨胀时泵转子中心不变；泵盖呈圆环形。筒体开口端与泵盖之间用双头螺栓及螺母固定在一起，泵盖与末级导叶用止口套接，在泵盖和筒体之间有一个 O 形圈，形成有效密封。

2. 内泵

内泵是给水泵的关键部件，位于外壳内，可整体拆装。内泵由转子、定子和密封环三部分组成，转子装在定子内，定子的出入口与外壳的出入口相对应，各动、静部分间隙：$A=0.072\sim0.13$mm，$B=0.5\sim0.56$mm，$C=0.5\sim0.55$mm，$D=0.5\sim0.57$mm，$E=0.5\sim0.57$mm，$F=0.45\sim0.55$mm。

(1) 转子。转子由一根轴、五级叶轮、一个平衡盘和一个配重盘组成，叶轮、平衡盘和配重盘通过热装的形式套在轴上，每级叶轮由键单独定位，各个叶轮入口方向都是朝向泵吸入端方向排列，由于轴向推力大，采用双平衡鼓结构的平衡装置，以消除转子的轴向力。配重盘装在泵的驱动侧轴上，以便做动平衡时加配重。

(2) 定子。定子实质上是内泵的壳，其作用是确保输送的介质有序流动。定子由一个吸入段、三个中段、五个导叶组成，各部件均为圆环形，套装在转子上并用埋头螺栓固定。在第二个中段上设有中间抽头的孔，由两个密封圈在内泵与外壳间密封，在外壳上有一抽头口，将水送至再热蒸汽减温器。

(3) 密封环。为了减小叶轮出、入口的容积损失，在叶轮两端均装有密封环，密封环由两部分组成，一部分装在定子上，另一部分固定到叶轮上，这样密封环既可以起到密封作用，又可以防止叶轮与定子发生摩擦。

3. 轴承

电动给水泵有两个滑动轴承和一个推力轴承，驱动侧和非驱动侧各装有一个滑动轴承，滑动轴承只承受径向力，滑动轴承的轴瓦用压环固定在轴承体上，非驱动侧除装有一滑动轴承外还装有一推力轴承，推力轴承由推力盘和推力瓦块组成，其作用是承受转子剩余的轴向推力并使转子轴向定位。轴承采用强制润滑，滑润油来自液力耦合器的润滑油系统。

4. 轴封

由于泵轴与外壳之间有间隙，为了防止水从外壳内沿转轴流出，在泵的前后两侧均采用了机械密封，电动给水泵的机械密封与电动前置泵的机械密封相似，采用自循环式机械密封。

5. 水冷腔

为了防止泵内液体的热量传到机械密封，在泵的两端装有水冷腔，水冷腔由水冷腔体和水冷腔堵盖组成，电动给水泵的水冷腔与电动前置泵的水冷腔相似。

(三) 液力耦合器

液力耦合器是用液体传递功率（转矩）的一种传动设备，其优点是可以实现连续变速。

1. 液力耦合器的能量传递原理

液力耦合器主要由泵轮、涡轮、勺管、旋转内套、主动轴、从动轴、工作油入口及回油通道组成，液力耦合器的示意图见图 6-44。泵轮和旋转内套与主动轴相连，涡轮与从动轴相连，在泵轮与涡轮内形成了两个腔室，腔室内装有径向叶片，为了防止发生共振，涡轮内的径向叶片要比泵轮内的径向叶片少几片，在泵轮与涡轮的腔室内形成了工作油循环通道，泵轮由主动轴带动高速旋转，将电动机的轴功率传给泵轮内的液体（工作油），使泵轮内的液体随泵轮一起高速旋转。泵轮内的液体高速旋转时，在离心力的作用下液体流入涡轮内，将能量传给涡轮，使涡轮随泵轮转动。涡轮内完成能量传递的液体返回到泵轮内重新获得能量，这样在泵轮与涡轮的油腔内形成液体的循环，使泵轮的能量通过液体不断地传递给涡轮。

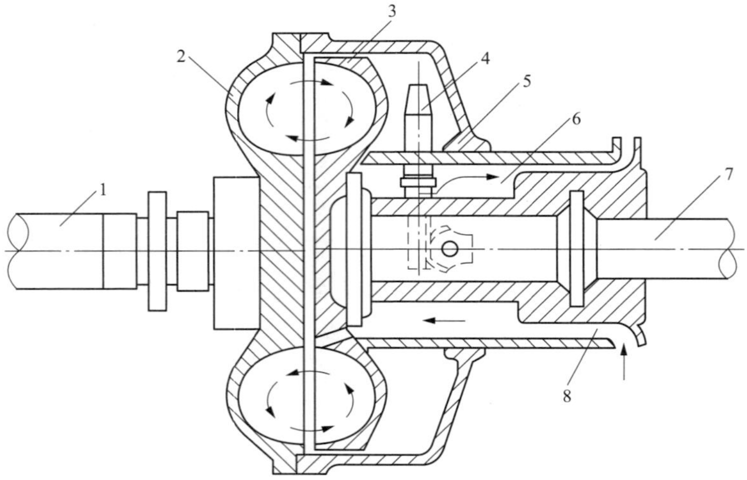

图 6-44　液力耦合器示意

1—主动轴；2—泵轮；3—涡轮；4—勺管；5—旋转内套；6—回油通道；7—从动轴；8—进油通道

2. 液力耦合器的调节原理

液力耦合器内的能量是靠工作油来传递的，泵轮和涡轮腔内工作油的多少决定了能量传递的大小。腔内的工作油越多，传递的能量就越大，涡轮的转速就越高。因此改变腔室内工作油的多少就可以实现液力耦合器的变速调节。腔室内工作油的多少是通过调节勺管的位置实现的，从图 6-44 可以看出：腔内的进油量是不变的，由于腔室内的工作油高速旋转，因此腔室内的工作油压力很高，工作油可经过勺管从回油通道排出。勺管的位置越高，勺管的回油就越大，腔内的工作油就越少，涡轮的转速就越低；反之，勺管的位置越低，勺管的回油量就越小，涡轮的转速就越高。勺管的位置是由电动机通过凸轮机构控制的。

3. 液力耦合器的转差率

液力耦合器的转差率是指泵轮转速和涡轮转速之差与泵轮转速比值的百分率。由于泵轮的转速是固定不变的，而涡轮的转速是随勺管的位置改变的，当勺管处于最低位置时，涡轮转速最高，此时的转差率称为最小转差率；当勺管处于最高位置时，涡轮的转速最低，此时转差率称为最大转差率。

4. 液力耦合器的结构

液力耦合器的结构见图 6-45、图 6-46 和表 6-14，泵轮及涡轮由碳钢锻制而成，旋转内套由不锈钢制成，在泵轮内装有 50 片径向叶片，在涡轮内装有 49 片径向叶片，在涡轮上开有小孔，以保证涡轮两侧工作油的流动。在涡轮侧的旋转内套上装有两个熔断塞，当液力耦合器内的工作油温太高时，熔断塞被熔断，旋转内套中的工作油从熔断塞处流回油箱，涡轮转速下降，给水泵出力降低，对液力耦合器起到保护作用。

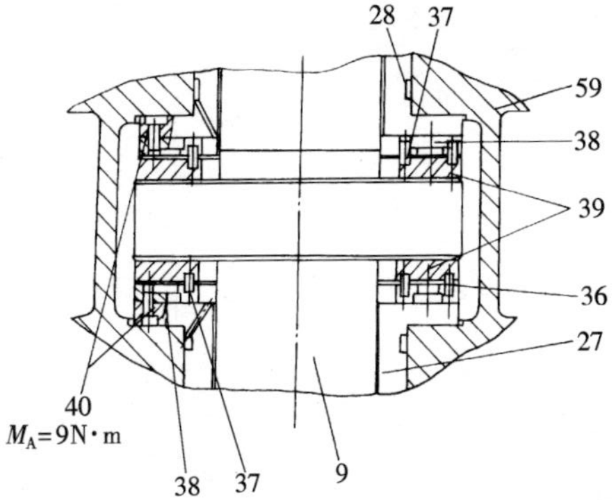

涡轮侧推力轴承

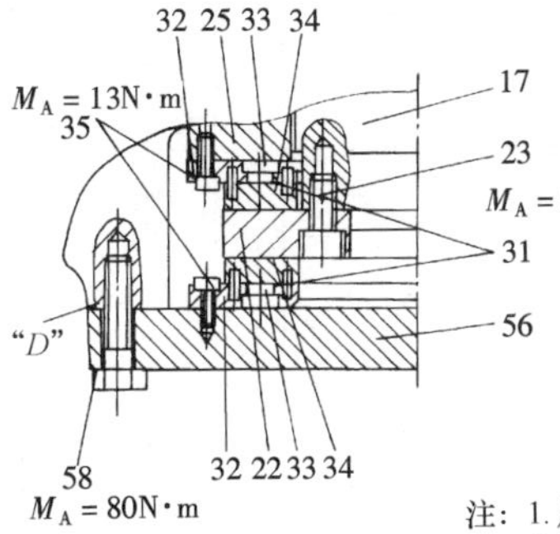

泵轮侧推力轴承

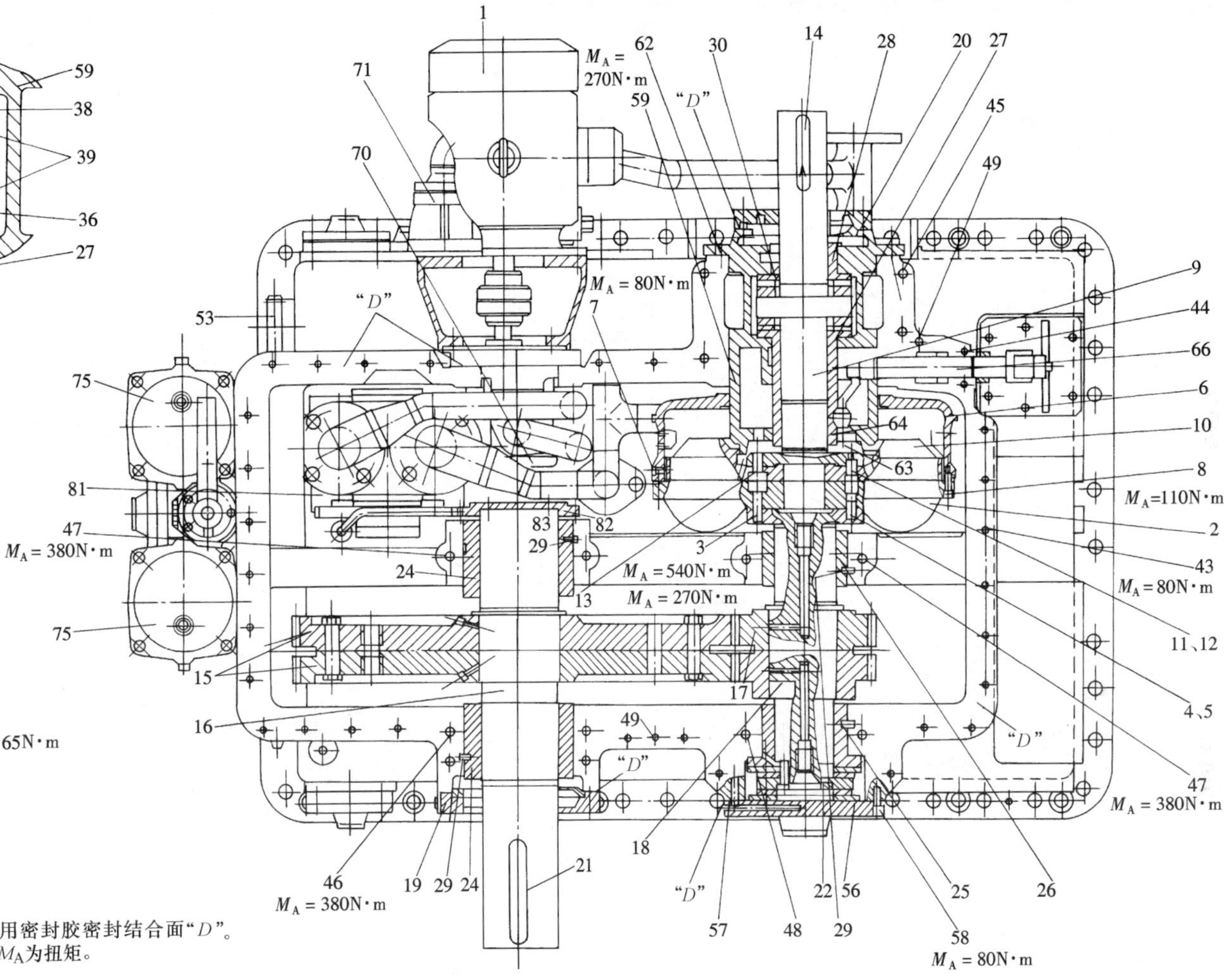

注：1. 用密封胶密封结合面"D"。
2. M_A为扭矩。

图 6-45 液力耦合器结构（俯视）

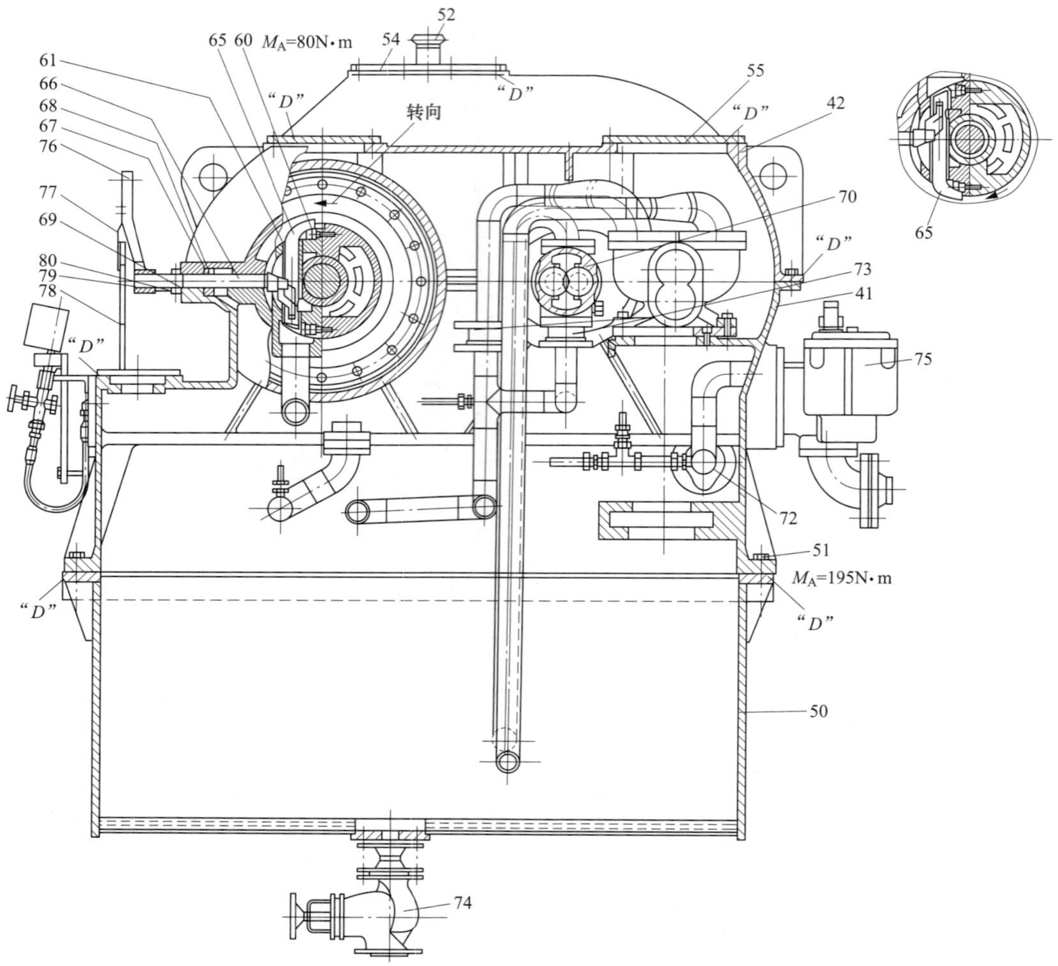

图 6-46　液力耦合器的结构（主视）

表 6-14　　**液力耦合器零件明细**

序号	编号	数量	名称	尺寸（mm）
1	02/010	1	辅助润滑油泵电动机	
2	010/010/010	1	泵轮	
3	010/010/020	6	内六角螺栓	
4	010/010/030	6	连接螺栓	
5	010/010/040	6	内六角螺栓	
6	010/020	1	旋转内套	
7	010/020/050	2	熔断塞	
8	010/030	56	内六角螺栓	
9	011/010/010	1	输出轴	
10	011/010/020	1	涡轮	

续表

序号	编号	数量	名称	尺寸
11	010/010/030	6	连接螺栓	
12	011/010/040	6	内六角螺栓	
13	011/010/050	6	内六角螺栓	
14	011/030	1	配合键	
15	012/010	2	大齿轮	
16	012/020	1	输入轴	
17	012/030	2	小齿轮	
18	012/40	1	泵轮轴	
19	026	1	输入侧带迷宫密封的轴承罩	
20	031	1	输出侧带迷宫密封的轴承罩	
21	040/010	2	配合键	
22	040/040	1	推力环	177×19.6
23	040/050	10	内六角螺栓	M10×25
24	050/010	2	输入轴轴承（1 号、2 号）	
25	050/020	1	泵轮轴轴承（5 号）	
26	050/030	1	泵轮轴轴承（6 号）	
27	050/040	1	涡轮轴轴承（7 号）	
28	050/050	1	涡轮轴轴承（10 号）	
29	050/060	1	圆销	
30	050/070	1	滚销	10×24
31	050/080/010		滚销	4×10
32	050/080/020		帽笼罩	
33	050/080/030		笼罩	
34	050/080/040		柱	
35	050/090	20	内六角螺栓	M6×16
36	050/100/010		滚销 DIN1481	4×10
37	050/100/020		帽笼罩	
38	050/100/030		笼罩	
39	050/100/040		销子（与 050/080 一起供货）	
40	050/110	16	内六角螺栓	M6×12
41	060/010/010	1	外壳	
42	060/010/020	1	外壳盖	
43	060/010/030	29	内六角螺栓	M12×35
44	060/010/040	2	内六角螺栓	M12×55
45	060/010/050	4	内六角螺栓	M20×130
46	060/010/060	4	内六角螺栓	M20×110

续表

序号	编号	数量	名称	尺寸
47	060/010/070	4	内六角螺栓	M20×360
48	060/010/080	2	内六角螺栓	M20×150
49	060/010/090	2	锥形销	8×55
50	060/020	1	油箱	
51	060/030	54	六角螺栓	M16×55
52	060/040	1	排汽过滤器	
53	060/080	1	视油窗	
54	060/110	1	盖	
55	060/130	1	盖	
56	060/280	1	轴承盖	
57	060/285	1	扁密封环	10×15×13
58	060/290	8	六角螺栓	M125×45
59	080/010	1	勺管外壳	
60	080/010/020	6	内六角螺栓	M12×35
61	080/010/030	1	导向衬套	
62	080/020	8	内六角螺栓	M16×40
63	080/030	1	开口弹簧环	18×1
64	080/040	1	导向螺栓	
65	080/050	1	勺管	
66	080/060	1	控制轴	
67	080/070	1	调节环	A35
68	080/080	2	定位螺栓	M8×16
69	080/090	1	O形环	29.2×3
70	250	1	辅助润滑油泵	
71	280/280	1	工作油减压阀	
72	280/380	1	顺序阀	
73	280/410	2	止回阀	
74	350/010	1	排油阀	
75	369	1	过滤器	
76	410/010	1	控制杆	
77	410/040	1	勺管位置指标器	10×55
78	410/060	1	刻度卡座	
79	410/070	6	内六角螺栓	M8×30
80	410/080	1	调节环	A35
81	450	1	油泵	
82	470/010	1	正齿轮	
83	470/030	6	内六角螺栓	M12×30

液力耦合器内装有一级增速齿轮，位于液力耦合器的泵轮侧（输入侧）。增速齿轮为螺旋齿，由经过淬火及研磨处理后的不锈钢制成，轴由碳钢制成，增速齿轮热装到轴上。

液力耦合器的输入轴及输出轴均由各自的轴承支承，泵轮轴和涡轮轴均由两个滑动轴承和一个推力轴承支承。液力耦合器勺管的调节轴由两个滚动轴承支承。这些轴承必须有充足的润滑油进行润滑。

液力耦合器的勺管位于轴套内，伺服电动机通过调节轴和伞形齿轮与勺管的齿条啮合。当伺服电动机转动时，调节轴带动伞形齿轮转动，再通过齿条带动勺管移动。当勺管上下移动时，液力耦合器内的工作油量随之发生变化，实现了液力耦合器的转速调节。

（四）电动给水泵组的电动机

电动给水泵组的前置泵和给水泵由同一电动机驱动，前置泵直接与电动机连接，电动机通过增速齿轮及液力耦合器与给水泵连接。电动机额定功率为 3200kW，额定电压为 6000V，额定电流为 358A，转速为 1480r/min，频率为 50Hz，冷却方式为水-空冷却方式，轴承采用强制润滑。

（五）电动给水泵组的油系统

电动给水泵组的前置泵轴承采用浸泡式润滑，给水泵、液力耦合器和电动机的轴承由液力耦合器的润滑油系统强制润滑。液力耦合器有两套油系统，一套油系统是向液力耦合器的泵轮和涡轮提供工作油，故称之为工作油系统，另一套油系统是对液力耦合器的轴承、耦合器的齿轮、给水泵轴承和电动机轴承进行润滑的油系统，称之为润滑油系统。工作油系统和润滑油系统采用同一种油，见图 6-47。

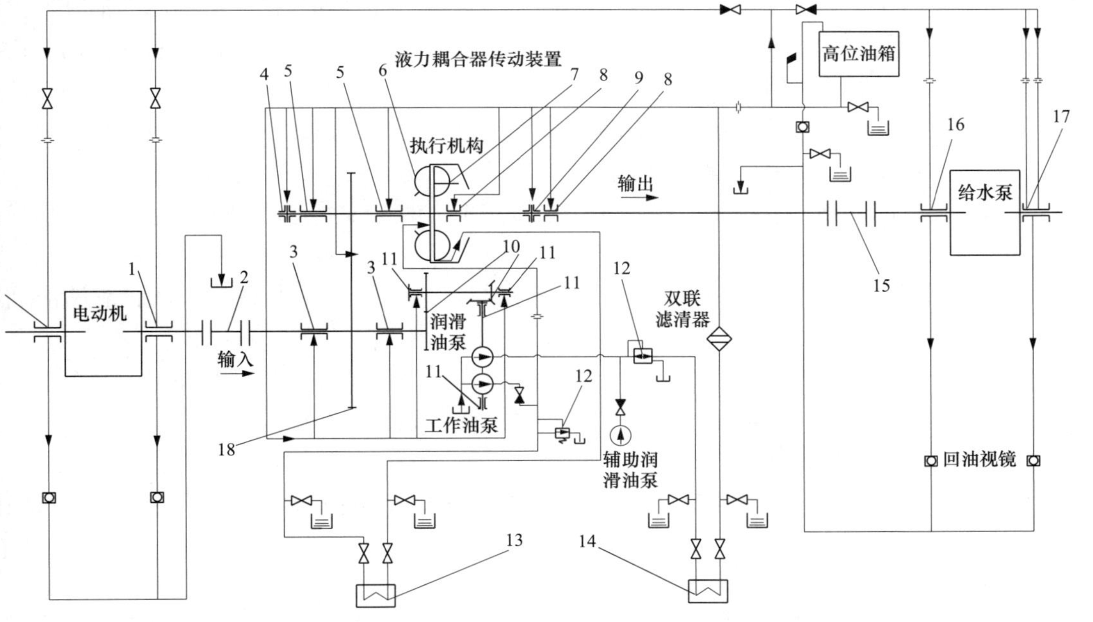

图 6-47　电动给水泵组的油系统

1—电动机轴承；2—电动机侧联轴器；3—输入轴轴承；4—泵轮轴推力轴承；5—泵轮轴滑动轴承；6—泵轮；7—涡轮；8—涡轮轴滑动轴承；9—涡轮轴推力轴承；10—油泵驱动齿轮；11—油泵驱动轴轴承；12—溢流阀；13—工作油冷油器；14—润滑油冷油器；15—泵侧联轴器；16—给水泵驱动侧轴承；17—给水泵非驱动侧轴承；18—增速齿轮

1. 工作油系统

工作油系统是一闭式循环系统，工作油泵提供的压力油通过止回阀进入工作油闭式循环回路，通过孔板向耦合器工作腔供油；在背压作用下，工作油流过勺管排油腔、工作油冷油器和孔板回到耦合器工作腔中，形成工作油闭式循环回路，多余的工作油经过溢流阀回到油箱。工作油系统由工作油泵、工作油溢流阀、冷油器、管道及阀门等组成。

(1) 工作油泵。工作油泵为一齿轮泵，该泵由液力耦合器的输入轴通过变速齿轮来驱动，该泵的作用是向液力耦合器内提供工作油。

(2) 工作油溢流阀。工作油泵出口管道上装有一溢流阀，系统内多余的工作油经溢流阀回到油箱。

(3) 冷油器。工作油回油的温度较高，工作油经过冷油器冷却后流回液力耦合器工作油腔。

2. 润滑油系统

润滑油系统由润滑油泵、辅助润滑油泵、冷油器、过滤器、溢流阀、高位储油箱及管道组成。

(1) 润滑油泵。润滑油泵为一齿轮泵，该泵的驱动方式与工作油泵的驱动方式一样，由液力耦合器的输入轴通过变速齿轮来驱动。润滑油泵的作用是在液力耦合器正常工作时，向液力耦合器内的轴承、液力耦合器齿轮、给水泵轴承及驱动电动机的轴承提供润滑油。

(2) 辅助润滑油泵。辅助润滑油泵是润滑油泵的备用泵，由专用的电动机驱动。辅助润滑油泵的作用是在电动给水泵组的驱动电动机启动之前（或停运之后），向各轴承提供润滑油；给水泵运行中，当润滑油压降低时，辅助润滑油泵也能自动启动。辅助润滑油泵的出口有一细管，分别与工作油泵和润滑油泵入口管相连通，其作用是在工作油泵和润滑油泵启动之前向这些泵注油排空气。

(3) 冷油器。润滑油系统装有一冷油器，润滑油温度可通过改变冷却水量进行调整。

(4) 过滤器。润滑油系统中有两个油过滤器，正常运行时，一个过滤器运行，另一个过滤器备用。在过滤器前后有一压差指示表，当压差增大时，说明过滤器被堵塞，需要切换过滤器。

(5) 溢流阀。在润滑油系统中装有一个溢流阀，当润滑油压太高时，将润滑油泄回油箱中。

(6) 高位储油箱。润滑油系统装有一高位储油箱，高位储油箱内存有一定的润滑油，可防止给水泵运行中润滑油泵和辅助润滑油泵均发生故障造成烧瓦事故。

(六) 电动给水泵组的水系统

电动给水泵组的水系统包括给水系统、密封水系统、冷却水系统、平衡水系统和再热蒸汽减温水系统，见图 6-41。

1. 给水系统

机组启停时，除氧器内的给水经前置泵入口过滤器进入前置泵，在前置泵中升压后经出口流量孔板和给水泵入口过滤器进入给水泵，在给水泵中升压后的给水有两种情况：当前置泵出口流量大于额定流量的 25%时，给水经给水泵出口止回阀和出口电动阀至高压加热器；当前置泵出口流量小于额定流量的 25%时，电动给水泵组的最小流量再循环阀自动打开，一部分给水经给水泵出口止回阀和出口电动阀至高压加热器，另一部分给水经最小流量再循环阀返回除氧器，使经过电动给水泵组的给水流量大于额定流量的25%，以防止给水泵发生汽蚀。

2. 密封水系统

电动给水泵组的前置泵和给水泵的轴封都采用机械密封，机械密封的冲洗水采用自循环式，即机械密封内的泵送环产生压力水，再通过冷却器冷却和磁性过滤器后送回到机械密封内起到润滑和冷却作用，大部分压力水进入泵内，少部分从机械密封处排出泵外。

3. 冷却水系统

为了防止机械密封的温度升高，电动给水泵组的前置泵和给水泵的机械密封外侧都装有水冷腔，水冷腔的冷却水为工业冷却水，工业冷却水进入水冷腔内将热量带走，经回水管流入工业冷却水回水系统；由于电动给水泵组的前置泵与给水泵的机械密封冲洗水均为自循环式，为了冷却密封冲洗水，自循环系统中装有冷却器，冷却器的冷却水来自工业水；前置泵的轴承为浸泡式润滑，轴承室通有工业冷却水，对润滑油进行冷却。另外，液力耦合器工作油系统和润滑油系统的冷却器均通有工业冷却水。

4. 平衡水系统

将给水泵出口端平衡鼓流出的水引至给水泵入口过滤器前的管道，起平衡轴向力的作用。

5. 再热蒸汽减温水系统

从给水泵第二级叶轮出口引出一部分水，作为再热蒸汽减温水。

（七）电动给水泵组的运行

电动给水泵组是在机组启动和停机过程中向锅炉供水，两台机组共用一套电动给水泵组。

1. 电动给水泵组启动前的检查

(1) 确认电动给水泵组检修工作全部结束，工作票已终结。

(2) 对于新安装或大修后的第一次启动，应先将各联轴器脱开，手动盘车能转动自如，动、静之间无卡涩，再装好联轴器。

(3) 表计齐全，各测量表的一、二次门开启，信号及仪表电源已送。

(4) 检查电动门绝缘合格后送电，开关试验正常。

(5) 所有电动给水泵组的联锁和保护试验合格后投入运行。

(6) 检查电动机绝缘合格后送电。

(7) 检查各阀门处于启动前的位置，管道放水门关闭。

(8) 检查闭式循环冷却水和凝结水供应正常。

(9) 启动辅助润滑油泵，检查油泵运行正常，润滑油压正常，油系统无漏油现象。

(10) 检查给水泵出口门全关，抽头至再热蒸汽减温水电动门全关。

(11) 检查除氧器水位正常，微开前置泵入口电动门，注水排空后全开该入口电动门。

(12) 检查最小流量再循环门及其前、后手动门全开。

(13) 检查前置泵、给水泵、液力耦合器轴承温度、润滑油冷却器进出口温度正常。

(14) 无保护跳闸指令。

2. 电动给水泵组的启动

(1) 确认启动条件满足，无反转及跳闸信号。

（2）将液力耦合器勺管位置调到10%以下。

（3）启动电动机，检查电流、声音、振动在正常范围内。

（4）当润滑油温达35℃时投入润滑油冷油器，检查各轴承及润滑油温度正常。

（5）开启给水泵出口电动阀，当给水流量大于或等于110t/h，延时15s后最小流量再循环阀逐渐关闭。

3. 电动给水泵组的运行监视与调整

（1）检查电动给水泵组及管道无泄漏。

（2）检查电动给水泵组的电流、轴承振动、轴承温度、电动机绕组温度、给水流量、进出口压力、过滤器前后压差、机械密封水温、电动机风温在正常范围内。

（3）除氧器水位正常。

（4）检查润滑油压力和油温正常，油管路无漏油。

（5）电动给水泵组运行中的各参数控制范围见表6-15。

表6-15　　电动给水泵组运行中的各参数控制范围

项　　目	单位	正常值	高限报警	低限报警	保护值
轴承润滑油压力	MPa	0.07～0.15		0.05	0.04
电动机轴承油压	MPa	0.03～0.06			
润滑油冷油器出口油温	℃	35～55	55		60
润滑油冷油器进口油温	℃	45～65	65		70
工作油冷油器进口油温	℃	45～90	110		130
工作油冷油器出口油温	℃		75		85
前置泵和给水入口滤网差压	MPa	<0.05			
各轴承温度	℃	<75	75		100
密封水进/回水温差	℃	25	35		45
机械密封出口水温	℃	<90			
给水流量	t/h	100～346	346	100	
平衡水压	MPa	0.03～0.2			
电动机定子绕组温度	℃	<110	110		130
电动机出口风温	℃	<70			
电动机入口风温	℃	25～40			

4. 电动给水泵组的停运

（1）检查汽动给水泵组运行已经正常，转速达3000r/min，并置于“锅炉自动”控制，逐渐提高汽动给水泵组的转速，降低电动给水泵组的转速，将电动给水泵组的负荷全部转移到汽动给水泵组。

（2）关闭电动给水泵组至再热蒸汽减温水门。

（3）电动给水泵组的流量小于或等于 110t/h 时，再循环调节阀自动开启。

（4）关闭电动给水泵组的出口阀，停运电动给水泵组，检查给水泵、前置泵及电动机惰走情况。

（5）电动给水泵组停运后，辅助润滑油泵联启，检查电动给水泵组无倒转现象。

（6）关闭电动给水泵组加药门和取样门。

（7）根据需要停运电动给水泵组的油系统。

（八）电动给水泵组的检修

电动给水泵组只在机组启动和停机过程中运行，其运行时间较短，检修周期较长，下面对电动给水泵组的拆卸、检查及安装作简要说明。

1. 前置泵的检修

（1）前置泵的拆卸。

1）拆卸准备工作。

a. 在拆卸之前必须切断电源，并将电动给水泵组与系统有效隔离，使前置泵冷却到室温。

b. 将轴承室内润滑油排净。

c. 卸下联轴器护罩，拆下联轴器，在联轴器处检查前置泵的对中情况并做好记录。

2）拆卸轴承。

a. 松开轴承压盖前端的螺母，拆下非驱动侧轴承端盖。

b. 松开驱动侧和非驱动侧轴承盖并连同迷宫环一起卸下。

c. 拆下甩油环、压环、轴瓦。

d. 滚动轴承既可留在轴上，也可将滚动轴承从轴上拆下来，拆卸滚动轴承时先拧下轴承螺母、垫圈及油环套，再将轴承套和轴承一起从轴上卸下来。

e. 拉出轴承体下半部分的迷宫环。

f. 彻底清洗所有的轴承元件。

g. 检查各部件的磨损情况。

3）拆卸机械密封。

a. 把定位板安装在轴套的槽中，松开轴套螺母上的固定螺栓。

b. 松开机械密封盖上双头螺栓的螺母。

c. 沿着泵轴拆下机械密封。

4）拆卸转子。

a. 拆下泵盖上的固定螺栓，将泵盖与密封环一起卸下。

b. 把整个转子（包括轴、叶轮、挡套和两侧锁紧螺母）从泵体内拉出并放在支架上，检查各部件无磨痕和划伤。

c. 根据需要，可把转子的各部件逐个拆下，拆卸程序是拧下锁紧螺母，拆下轴套，拆下叶轮，拆下叶轮键，拆挡套。此时轴上部件已经全部拆下。

（2）前置泵各部件的检查与试验。

1）轴的检查。将轴装在车床上并用两顶针固定后旋转（轴在车床上必须准确对中，否则会导致错误的测量结果），检查轴的跳动，轴最大允许的跳动为0.03mm，若轴的跳动超过0.03mm应更换轴，换轴后必须做动平衡试验。

2）动静间隙的检查。检查泵体密封环和叶轮口环之间的径向动静间隙为0.5～0.8mm，检查轴套和机械密封函体之间的径向动静间隙为1.0～2.0mm，检查推力轴承和轴承压盖之间的轴向动静间隙为0.1～0.2mm，若上述间隙超过该范围，应更换相应的部件。

3）泵体、泵盖、叶轮、泵体密封环、挡套的检查。检查泵体、泵盖、叶轮、泵体密封环、挡套无裂痕；检查各间隙，若间隙超标应更换相应的部件；更换泵体密封环时应先把它装在泵盖上，再进行精加工（车圆）。

4）轴承的检查。

a. 径向轴承的检查。检查轴瓦内孔无摩擦纹痕，必要时应进行轻微刮修；检查轴承座和轴承体的配合情况，如座面太松，应该修整压环的两结合面直到装上的轴瓦被牢固地夹在瓦座里不能移动为止。

b. 推力轴承的检查。检查推力滚动轴承的磨损情况，如有损坏，应更换。

5）转子动平衡。转子检修或更换部件后应做动平衡试验，在动平衡之前，应检查转子上的密封环、轴套和轴承连接部分的跳动值不得超过0.03mm。

（3）前置泵的装配。

1）装配前的准备工作。

a. 装配前应在各配合面和螺纹处涂一层润滑剂，重新装配时O形圈和平垫都应换新的，新换平垫的薄厚应与原来的完全一样。

b. EP材料（乙烯-丙烯橡胶）的O形圈不允许与油或油脂接触。

c. 在整个装配过程中应注意保护好泵体、叶轮、挡套及锁紧螺母的配合表面不能损伤。

d. 必须彻底清洗泵部件的端面和配合面，如果更换了新的叶轮或修整了叶轮，则必须重新做动平衡试验。

2）泵体的装配。

a. 安装驱动端带O形圈的泵盖及泵体密封环。

b. 把挡套和键装到轴上，从驱动端把挡套推到键上，把驱动端锁紧螺母拧到轴上。

c. 从泵的非驱动端把叶轮推到轴上，并把它推过键直到紧靠已安装的挡套为止，安装轴套和非驱动端锁紧螺母，尽量使叶轮位于尺寸中心。

d. 将转子从非驱动端装入泵体，安装带有O形圈的非驱动端泵盖及泵体密封环，把转子从行程位置的一端推到另一端以检查转子的轴向间隙。

e. 把水冷腔、O形圈及托架一起对准位于驱动端和非驱动端的泵盖上的配合位置，并将其固定。

3）测量转子的总抬量和轴向窜动量。转子的总抬量和轴向窜动量是用于转子定位的，测量方法如下：

a. 测量转子的总抬量时，转子自由放在定子上，轴的两端安装千分表，将千分表调到零位，将转子抬到最高位置，千分表的读数就是转子的总抬量。

b. 测量转子的轴向窜动量，将转子推向一侧，轴的一端安装千分表，将千分表调到零位，再将转子推向另一侧，千分表的读数就是转子的总窜动量。

4）机械密封的装配。

a. 沿着泵轴把集装式机械密封套在轴上，靠紧泵盖。

b. 先拧紧机械密封压盖的螺母，再拧紧轴套锁紧装置的螺母。

5）轴承的装配。安装滚动推力轴承时，将轴套和滚动推力轴承装到轴上，再安装甩油环套、垫圈和轴承螺母，滚动推力轴承安装好后按下列程序安装径向滑动轴承。

a. 安装两侧轴承体的下半部，并用双头螺栓将其固定在托架上。

b. 放入两侧径向轴承下轴瓦，抬起转子调整轴承体，安装上轴瓦，拧紧固定螺栓。

c. 安装压环及甩油环。

d. 把迷宫挡油环插入轴承体下半部内。

6）转子位置的确定。确定转子的位置是为了防止泵发生动静摩擦而损坏，转子的位置由轴承确定，径向轴承确定转子的中心位置，推力轴承确定转子的轴向位置。

a. 确定转子的中心位置时，调节径向滑动轴承的高度，使转子的抬起量等于总抬起量的一半再加 0.10mm。

b. 确定转子的轴向位置时，调节推力轴承与轴承压盖的间隙，调节方法是将转子推到轴向总窜动量一半处，将轴承压盖和滚动轴承之间的间隙调到 0.1～0.2mm。

7）联轴器的安装和找正。

a. 按要求安装联轴器，用千分表在联轴器上对前置泵和驱动电动机进行对中检查，把千分表固定在电动机或前置泵端联轴器上，联轴器最大外圆上的径向跳动应小于或等于 0.05mm，其端面跳动应小于或等于 0.03mm，检查互成 90°的 4 个点，并且要把千分表固定在另一个轴端重复上面的步骤，为了达到上面的标准，需要合理调整前置泵和电动机的位置以及在前置泵和电动机底脚下加入适当厚度的垫片，对中合格后紧固泵和电动机底脚的螺栓。

b. 将前置泵和电动机的管路全部连接好并且检查电动机转动的方向正确后，重新检查前置泵和电动机的对中情况，若对中不合格应继续调整，若对中合格可安装联轴器。

c. 安装联轴器时，先安装两端法兰，然后把膜片组件放在中间，穿上螺栓和垫，拧紧螺母。

8）轴承箱内加入润滑油。

a. 润滑油采用 20 号汽轮机油。

b. 加油方法是泵启动前向轴承箱内加入适量的润滑油，从油位计观察润滑油液面大约距轴承密封环底边 10mm。

2. 给水泵的检修

（1）给水泵的拆卸。

1）拆卸准备工作。

a. 在拆卸之前必须切断电源，并将电动给水泵组与系统有效隔离，使给水泵冷却到室温。

b. 打开放水阀和排气阀，排尽筒体内的水。

c. 拆卸连接的附属管道及热工测量装置。

2）联轴器的拆卸。联轴器拆卸过程中，应将各结合面、各零部件位置（方向）做好对应标记，并注意在清理时不要将标记破坏；保护好所有的精密加工表面以防损坏，拆卸下来的零部件应妥善保存。

a. 拆联轴器罩螺栓后，卸下联轴器罩。

b. 拆除泵联轴器螺栓，拆下齿套弹簧卡，取下联轴器短节。

c. 复测泵中心，并记录。

d. 对联轴器进行着色检查。

e. 安装专用工具，拆下联轴器轮毂，拆卸时可以将联轴器轮毂加热至80℃，加热时要防止O形圈受热，不可用锤击的方法拆卸。

3）非驱动端径向轴承与推力轴承的拆卸。

a. 测量推力轴承与推力盘间隙，并记录。

b. 测量方法：在驱动端轴头垂直架上百分表，在非驱动端轴头旋上合适的吊环以便撬轴，使非工作瓦块与推力盘贴靠，将百分表调零，然后把推力盘与工作瓦块贴靠，读出百分表读数，即为推力轴承与推力盘间隙。

c. 拆下推力轴承端盖，把推力轴承的非工作扇形瓦块拆下。

d. 先将推力盘与工作瓦面贴靠，再把驱动端的百分表调零，然后松开并拿掉推力盘锁母，松开锁母时尽量避免轴向窜动。

e. 将轴推向驱动端使平衡盘与平衡板贴靠，记录百分表读数，读数即为平衡盘和平衡板之间的轴向间隙。

f. 取出定位销并做好标记，拆卸轴承体的上半部，取下推力盘，旋出键的销钉后拿掉键，取出间隔环。

g. 把推力轴承的工作扇形瓦块和密封环一起拉出，卸掉并取出挡环。

h. 拆出径向轴承的上瓦，注意将轴瓦防转销保存好。将轴稍稍抬起，把下轴瓦翻转上来取下；拆下迷宫环，保存好迷宫环销钉。

i. 取出下轴承体与泵体连接处的定位销，拆出下轴承体。

4）驱动端径向轴承的拆卸。

a. 松开轴承盖，卸掉连接件的装配螺钉，卸下连接件。

b. 取出定位销并做好标记，拆出上轴承体、上半部的迷宫环及上半部轴瓦。

c. 将轴稍稍抬起，把下轴瓦翻转上来取下，拆出下部迷宫环，取出定位销并做好标记，拆出下轴承体。

5）测量转子的抬量。测量抬量的目的是检查转子与定子的同心度。

a. 在两端轴承座上各装1只百分表，表的测杆中心线要垂直于轴中心线并接触到轴颈上。

b. 记录两端下轴瓦取出前后百分表的读数，其差值即为半抬量；然后用撬棍在轴的两端同时平稳地将轴抬起，其在上下位置时百分表的读数差，就是转子的总抬量。

6）两端的机械密封和冷却室的拆卸。

a. 把静环座上的限位板卡到动环轴套上，然后松开动环轴套的定位螺钉，旋开动环轴套上的螺母，再把机械密封静环座上的螺栓松开，将机械密封整体取下，用撬棍撬出导流套，拆下的机械密封做好驱动端和非驱动端标记。

b. 松开机械密封冷却室，从泵体上取下，保留驱动端冷却室的固定螺栓以便抽内泵时安装导向块使用。

7）平衡装置的拆卸。

a. 拆卸平衡装置之前测量转子的半窜量，即叶轮与导叶衬套的轴向间隙，把转子滑向吸入端，直到平衡盘靠紧平衡板为止，在非驱动端轴头端面垂直架上百分表，并把表针调整到零位，然后再把转子推向出水端，直到叶轮与导叶衬套靠紧为止，百分表的读数即为半窜量，做好记录。

b. 松开并拆出轴上的定位环，取出卡环。

c. 用专用工具把平衡盘和间隔环一起拉出，松开支撑环，并把它从泵盖上拿掉。

d. 测量总轴窜，总轴窜为叶轮和密封环的轴向间隙以及叶轮和导叶衬套的轴向间隙之和，把转子滑向吸入端，直到叶轮靠紧密封环为止，在非驱动端轴头端面垂直架上百分表，并把表针调整到零位，然后再把转子推向出水端，直到叶轮与导叶衬套靠紧为止，百分表的读数即为总窜量，做好记录。

e. 如果不打算抽内泵，可以按照测抬量的方法粗略测量叶轮与密封环的径向间隙（如果需抽内泵检查，可在解体中精确测量）。

8）固定螺母的拆卸。

a. 先将固定螺母及螺栓对应在泵盖上的通孔位置进行编号并做好标记。

b. 把固定螺母上的防尘帽卸下，然后用两套液压专用工具同时向成180°角的两条螺栓加压拉伸，用扳手拧松螺母，加压拉伸的油压为80MPa；用同样的方法拉伸其他每对成180°的螺栓并用扳手拧松螺母，直到所有螺母都拧松。

9）从筒体中抽出内泵。

a. 装好拆卸内泵的专用工具。

b. 从驱动端完成以下工作：将轴防护管按照顺序逐个滑到轴上，并用六角螺栓固定；将导向块连同滚子及双头螺栓上的调整螺钉滑到泵体上，并用螺母紧固；在联轴器和轴端之间拧上延伸管，以保证在滑动内泵时留有足够的行程。

c. 从非驱动端完成以下工作：将导轨套在泵中心线下预留的两个双头螺栓上，在靠近筒体前，将卡环嵌入导轨，把导轨靠近筒体，用调整螺栓紧固；把导轨支脚装在导轨上并将其水平架起；将4条双头螺栓安装到内泵出水段上，将带孔的钢棒穿到双头螺栓上并用螺母拧紧，直到钢棒两端与泵壳贴靠；组装包括两个滚子、4个防磨轴承以及两个双头螺栓的导向块；把装好的导向块滑到轴上，用轴套和轴套螺母使之紧固；调整支脚使导轨与滚子接触。

d. 均匀地旋转钢棒上的螺母，小心地把内泵从筒体中抽出。

e. 借助导轨或导向块上的调整螺钉将内泵抬起，使之在内泵抽出时不碰撞壳体。

f. 当把内泵从泵筒体中抽出到导轨边上时，将吊环拧到中段上，用吊车钩住内泵。

g. 用吊车小心地把内泵从筒体中提起，运到合适的地方，放在拆装支架上，拆掉抽内泵的专用工具收好保存。

h. 取出中段以及吸入段处的金属缠绕垫，测量并记录其厚度。

10）内泵的解体。

a. 内泵解体时应该注意以下几点：因为各级叶轮都是热装在轴上的，设计的叶轮孔的内径从第一级开始逐级减少 0.2mm，所以转子的拆卸是从末级叶轮端开始的；解体内泵时，叶轮和键应做好标记，以便安装时对号入座，以免影响转子的动平衡；拆卸叶轮时，从外缘开始加热，外缘加热到大约 150℃后加热叶轮盖板，叶轮盖板加热到 200℃后加热叶轮轮毂，将叶轮轮毂加热到 250～300℃时，可拆卸叶轮。

b. 末级叶轮加热达到温度后把叶轮推向轴端，将叶轮取下；拆下叶轮、叶轮键、叶轮卡环和卡环的夹紧环并做好标记。

c. 拆下末级导叶紧固于中段上的螺钉，拆下末级导叶。

d. 拆下第四级导叶，取下导叶防转销并保存好。

e. 加热第四级叶轮，拆下叶轮、叶轮键、叶轮卡环和卡环的夹紧环并且做好标记，然后妥善保存。

f. 拆下中段与抽头中段的紧固螺钉，拆下中段。

g. 第三和第二级叶轮的拆卸与第四级叶轮的拆卸相似，拆首级叶轮时，先拆导叶，然后从驱动端拆下吸入段，最后将叶轮加热取下。

（2）给水泵解体后的检查。电动给水泵解体后应进行全面检查，根据检查情况制定检修方案。在对泵的各部件进行检查之前，应对各部件进行清理，使各部件露出金属光泽。检查所有密封面无裂纹及凹坑等，检查密封面的平行度，将其放在研磨平台上检查 4 个点，偏差不得超过 0.02mm。损坏的密封面可在车床上修整或使用研磨工具研磨。

1）径向轴承检查。

a. 轴瓦乌金应无脱胎、裂纹、气孔、凹坑等缺陷，乌金表面应光洁、无损伤，油槽无堵塞。

b. 使用塞尺及压铅丝的方法测量轴承两侧及顶部间隙和轴承紧力。

c. 检查轴承和轴颈无损坏和磨损现象，并检查挡油圈无磨损和损坏，若磨损严重应该更换新的轴瓦和挡油圈。

d. 轴承孔径内的轻微压痕可以用刮刀刮去。

2）推力轴承检查。

a. 检查推力瓦块无损坏和磨损现象，若损坏应更换新瓦块。

b. 推力盘表面应光洁、无毛刺，结合面的表面粗糙度 $Ra<1.6\mu m$。当推力盘有轻微损伤时，可用研刮的方法修理，研刮前测量推力盘圆周对称 4 点厚度及瓢偏度，用细油石磨去表面毛刺，然后在平板上涂一层红丹粉，平压在推力盘上研磨，用刮刀刮削盘面上的突出印痕，一直修刮到平整光滑、接触点均匀为止。

c. 对推力盘的跳动进行检查，推力盘端面的允许跳动值应小于或等于 0.05mm。

d. 检查推力瓦块工作印痕大小大致相等，乌金表面无磨损和电蚀痕迹。

e. 着色检查乌金是否有裂纹、脱胎、气孔、夹渣等缺陷。

f. 检查瓦块厚度是否均匀，两块的厚度差不应超过 0.02mm，推力瓦块的乌金厚度应为 1.5mm±0.2mm。

g. 检查推力瓦块与推力盘的接触情况，将推力瓦组合好，边盘动转子，边用专用工具将转子推向需要研磨的推力瓦一侧。转动数圈后，将推力瓦块拆下，根据接触痕迹进行修刮，其接触面积应占每块瓦块总面积的 75%以上，并且分布均匀。

3）轴封检查。对非驱动端和驱动端轴封进行检查（检查机械密封动、静环），当机械密封损坏时，应整体更换。安装机械密封前可用凡士林或硅酯来润滑O形圈，不能用其他的润滑油和润滑脂。

4）叶轮及各间隙检查。

a. 检查叶轮无裂纹及高速水流冲刷造成的较深沟痕，重点检查叶轮顶部；检查叶轮内孔处无因拆卸所产生的损伤，去除所有毛刺，打磨直至内孔光滑，测量检查内孔椭圆度小于0.02mm。

b. 测量叶轮和密封环、叶轮和导叶衬套的径向间隙不超标，当径向间隙超标时，必须按照下列步骤更换新耐磨件：在吸入段、中段或末级导叶上卸掉固定螺栓，拆出密封环；分离导叶上的附件，压出导叶衬套；清扫密封环座或导叶衬套座，装入新的密封环或导叶衬套，因为新耐磨件在出厂时留有加工余量，所以应将其车削至所需要的内径；使用沉头螺钉把密封环固定牢固，并用冲子紧固；将导叶衬套放入导叶，并将其固定。

c. 如果叶轮损坏严重，无法进行修复时，应更换新叶轮；新叶轮必须进行单级晃度、单级立面测量以及静平衡校验。

5）泵轴检查。

a. 检查泵轴表面无裂纹及高速水流冲刷造成的较深沟痕，若有轻微缺陷，可以通过补焊、修磨、电镀等方法进行修复。

b. 采用金属探伤的方法检查轴内部无缺陷。

c. 轴弯曲度应小于或等于0.03mm，轴颈的椭圆度和锥度应小于或等于0.02mm。

d. 轴上的键槽与各个键的间隙在0～0.03mm。

6）平衡装置检查。

a. 检查平衡盘、平衡套、支撑环孔的磨损情况，若有轻微磨损，可以进行修磨；若磨损严重，应更换。

b. 平衡盘结合面的瓢偏值应小于或等于0.02mm，若瓢偏大于0.02mm，应进行加工处理。

c. 平衡盘和平衡套节流间隙应小于或等于0.45mm，若间隙过大，则应更换。

7）转子动平衡。如果转子进行了修理或更换，必须做转子的动平衡。

a. 做转子动平衡前，应先对叶轮颈部的口环（耐磨环，导叶衬套）进行不同轴度检查，所测得的跳动值应小于或等于0.03mm。

b. 检查转子上各部件尺寸，消除明显超差，轴上套装件晃度应小于或等于0.02mm。对轴上所有的套装件（如叶轮、平衡盘、轴套等）应在专用工具上进行端面对轴中心线垂直度的检查。

c. 在测量和检查转子部件的瓢偏和晃度全部合格后，进行转子安装。

d. 驱动端完成以下工作：在键槽里放入动环座的键，再装上不带动环和O形圈的动环座；将轴套装到轴上，用轴套螺母拧紧；将加配重盘和对轮的键放入键槽内，借助推压装置装上加配重盘和对轮。

e. 非驱动端完成以下工作：装上带支撑环的第一级叶轮卡环，将第一级叶轮的键放入键槽内；加热首级叶轮，将其套到轴上，直到靠紧支撑环位置；依次安装第二、三、四级叶轮，装上最后一级叶轮后，把平衡盘的键放在键槽内，装上不带O形圈的平衡盘；装上平衡盘的间隔环并把中开环装在轴槽内，将定位环套在中开环上使之靠近平衡盘；在键槽里放入动环座的键，再装上不带动环和O形圈的动环座；将轴套装到轴上，用轴套螺母拧紧；把间隔环套在轴上，装上键和推力盘，用螺母压紧。

f. 装好转子后，将转子平稳吊到动平衡机上，按流程进行试验；根据试验情况，在加配重盘上安装配重块。

g. 动平衡试验合格后，应对各部件相对位置做好记号，依次拆除，以备总装。

（3）给水泵的回装。给水泵回装前应确定每个中段两个密封面的长度，该长度应和两个相邻的支撑环轴向距离相吻合，若该尺寸不合适，必须用调整支撑环来补偿。

1）内泵的组装。

a. 在轴封处用两个支架支撑泵轴。

b. 把首级叶轮的卡环放进键槽里，然后用支撑环固定。

c. 加热首级叶轮，将其套到轴上，直到靠紧支撑环位置。

d. 把吸入端从驱动端套到轴上。

e. 把首级导叶装到轴上并装在吸入段内，用圆柱销使其准确定位。

f. 安装首级中段，测量首级叶轮的轴窜。

g. 按照上面的方法装上其他各级叶轮和导叶，测量各级叶轮的轴窜。

h. 用双头螺栓把紧中段、吸入段、末级导叶。

i. 装好末级叶轮后，把卡环放进轴槽里，并用定位环使之固定；测量转子总窜量，此时不装轴承及轴封，也不装平衡盘，而用专用套代替平衡盘套装在轴上，并装好轴套螺母，在轴端装一百分表，然后拨动转子，转子在前后终端位置的百分表读数差即是水泵的总窜量，测出的总窜量数值与分级窜量进行比较，如有异常要分析原因并消除。

j. 在中段拧上吊环以备吊装。

2）吊装内泵。

a. 把筒体内部清理干净，在吸入段和筒体抽头中段装入新的缠绕垫（缠绕垫必须由间隔垫分开）。

b. 把专用工具安装在筒体的两端。

c. 将内泵吊到非驱动端专用工具“支架”上，调整校准螺钉使内泵与筒体对中。

d. 将内泵轻轻地放进筒体，使吸入段导向块沿槽移动与筒体上的导向块结合，吊装过程中应该保护好轴，避免轴的磕碰。

e. 将内泵推向驱动端并贴紧，然后测量膨胀补偿器的安装长度并与计算值比较确定缠绕垫和间隔垫的厚度。

3）安装端盖螺母。

a. 按双头螺栓标记把双头螺栓拧入筒体直到拧紧为止。

b. 把垫圈和螺母套在双头螺栓上，对称地固定泵盖上的4个螺母。使泵盖均匀地接触到筒体的四周。

c. 拧紧所有的螺母。

d. 用两套液压专用工具同时向成180°角的两条螺栓加压拉伸，用扳手拧紧螺母，加压拉伸的油压为10MPa；用同样的方法拉伸每对成180°的螺栓并用扳手拧紧螺母。

e. 使液压拉伸装置的油压为 80MPa，拉伸每对成 180°的螺栓并用扳手拧紧螺母。

f. 装好螺母防尘罩。

4）平衡盘的安装。

a. 如果平衡装置进行了修理或者更换了新的零件，必须进行红丹粉着色检查合格后才能安装；彻底清洗平衡板的轴向摩擦面，并且在不装 O 形圈的情况下把平衡板装好。

b. 装上并拧紧平衡板支撑环。

c. 调整转子位置。

d. 装好轴键，在平衡盘的轴向摩擦面涂上薄薄的一层浸油红丹粉，把平衡盘套在不装 O 形圈的轴上。

e. 把间隔环、卡环和定位环装在轴上。

f. 在泵的驱动端和非驱动端装上冷却室。

g. 提起转子，缓慢地转动转子并将其推靠吸入端，然后将其推向吐出端。

h. 取下平衡盘，检查平衡板上的着色情况。平衡板表面圆周至少有 3/4 的部分印上红丹粉，否则必须在车床上对平衡板进行修整，然后再次进行着色检查。

i. 着色试验合格后，清理干净摩擦面，把 O 形圈放进平衡板，再把平衡板放入泵盖内，装上平衡板支撑环并紧固。

j. 把装有 O 形圈的平衡盘套到轴上，并用间隔环、卡环和定位环将平衡盘锁紧。

k. 最后用平衡盘靠近平衡板的方法检查转子位置。

5）机械密封的安装。

a. 机械密封的间隙调整时，机械密封静环预紧力的压缩量是总压缩量的一半，整体式机械密封摩擦副的压紧力在制造厂都已调好，必须严格按说明书要求安装。

b. 安装机械密封时不要损伤机械密封及其轴套的 O 形圈，不可用油脂或矿物油类润滑。机械密封是高精度组件，摩擦副接触面为高精度和极高光洁度平面，安装时应特别小心，防止碰撞损伤。

6）径向轴承的装配。

a. 将轴承座安装好，调整转子与定子的同心度（抬轴）；对于转子与定子的同心度要求是半抬等于总抬量的一半或者稍小一点（考虑转子静挠度），瓦口间隙两侧相等且四周均匀。

b. 抬轴的测量：未装轴瓦前，在两端轴承座上各装 1 只百分表，表的测杆中心线要垂直于轴中心线并接触到轴颈上；用撬棍在轴的两端同时平稳地将轴抬起，其在上下位置时百分表的读数差，就是转子的总抬量。

c. 将转子撬起，放入下瓦，此时百分表的读数应为转子半抬量，并且应该是总抬量的一半，否则就需进行调整。调整时如果轴承座下有调整螺栓，则只需松、紧螺栓即可。

d. 对于转子与定子两侧的同心度，一般借助轴瓦两侧瓦口间隙是否均匀来认定。放入下瓦后用塞尺测量轴瓦 4 个瓦口间隙，调整均匀且瓦口单侧间隙应为轴瓦顶部间隙的一半。

e. 调整轴瓦的间隙及紧力。

7）推力轴承的装配。

a. 把带有扇形块支座、轴封环挡圈和 O 形圈套到轴上，保证圆柱销与轴承体上半部所带的槽配合良好。

b. 先安装间隔环，然后安装推力盘的键，再安装轴封环和定位环；将转子推向驱动端，使平衡盘与平衡板贴靠，此时在轴端架上百分表并记录读数，再把推力盘装好并用锁母紧固，向驱动端推转子使推力盘与工作瓦块贴靠，记录下百分表读数，两读数之差即为平衡盘与平衡板的最小间隙，最小间隙应该在 0.50mm 左右，否则应该通过调整推力盘间隔环的方法来调整平衡盘与平衡板的最小间隙。

c. 安装带有迷宫环的轴承体上半部。

d. 安装非驱动端轴承盖，检查推力轴承间隙，如果推力间隙不在合格范围内，需要在轴承盖处加减垫片调整，直到合格。

8）联轴器的安装。

a. 清理联轴器零件和轴端并涂以润滑油。

b. 把装配键装到轴上。

c. 加热联轴器轮毂至 80℃左右，并用专用工具套到轴上。

d. 检查联轴器轮毂的跳动度小于或等于 0.03mm 时合格，若联轴器轮毂的跳动度大于 0.03mm 应检查轴的配合。

e. 联轴器找正时，通过改变泵脚垫片厚度调节转子的中心、上下偏差及张口，通过改变预留的侧向螺栓调整转子的左右偏差及张口。

f. 装上联轴器短节，拧紧联轴器装配螺栓，安装联轴器护罩。

三、350MW 超临界供热机组的汽动给水泵组

汽动给水泵组在机组正常运行时使用，每台机组配有两套汽动给水泵组，每套汽动给水泵组容量为锅炉最大连续出力的 50%。汽动给水泵组由给水泵汽轮机、汽动前置泵、汽动给水泵和管道阀门等组成，汽动给水泵和汽动前置泵均由给水泵汽轮机驱动，见图 6-48。

（一）汽动前置泵

汽动给水泵组采用 YNKn300/200-20DJ 型前置泵，该前置泵与电动给水泵组的 YNKn300/200-18J 型前置泵的结构和原理相同，这里不再重复。YNKn300/200-20DJ 型前置泵和 YNKn300/200-18J 型前置泵的差异主要表现在以下几个方面：

（1）尺寸和参数不同。

（2）YNKn300/200-20DJ 型前置泵由给水泵汽轮机经减速器驱动，YNKn300/200-18J 型前置泵由电动机直接驱动。

（3）YNKn300/200-20DJ 型前置泵的机械密封采用外冲洗式冷却冲洗，YNKn300/200-18J 型前置泵的机械密封采用自循环式冷却冲洗。

（二）汽动给水泵

汽动给水泵为卧式六级离心泵，型号为 CHTZ4/6，主要用于 300～350MW 机组的给水泵。该泵由沈阳鼓风机集团引进德国 KBS 公司技术并与美国 FLOWSERVE PUMP DIVISION 公司、日本三菱公司和日本荏原制作所进行技术合作开发的产品，采用双层壳体结构，只需拆掉两端轴承体部件及出水侧泵盖即可将整个内泵拆出，大幅度缩短了检修时间，内泵壳为轴向中分式，首级叶轮采用双吸结构，2～4 级叶轮与 5～6 级叶轮为背靠背布置，以消除转子的轴向推力。CHTZ4/6 汽动给水泵由外壳、内泵、轴封和轴承等组成，见图 6-49 和表 6-16。

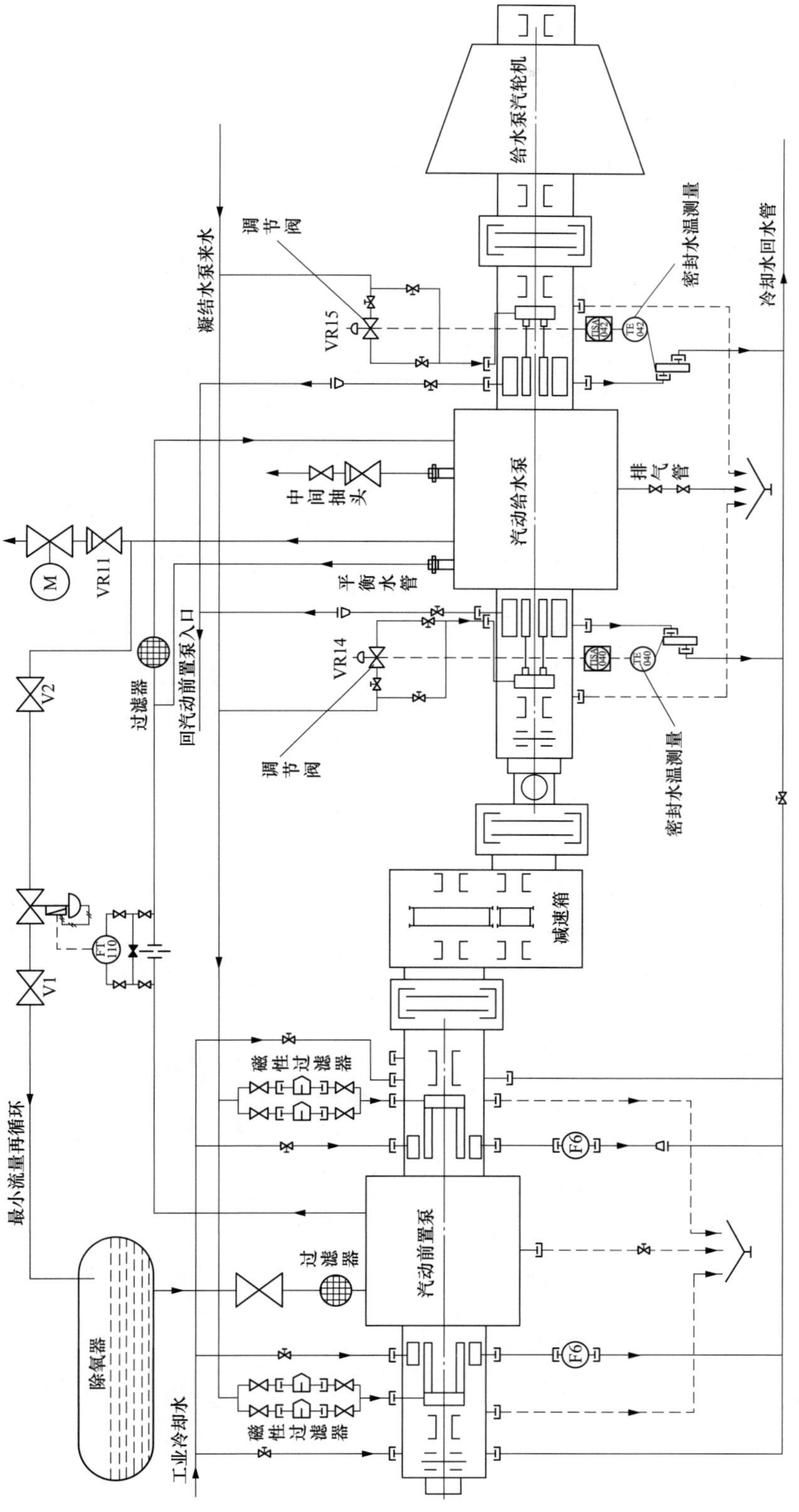

图 6-48 汽动给水泵组的布置及水系统

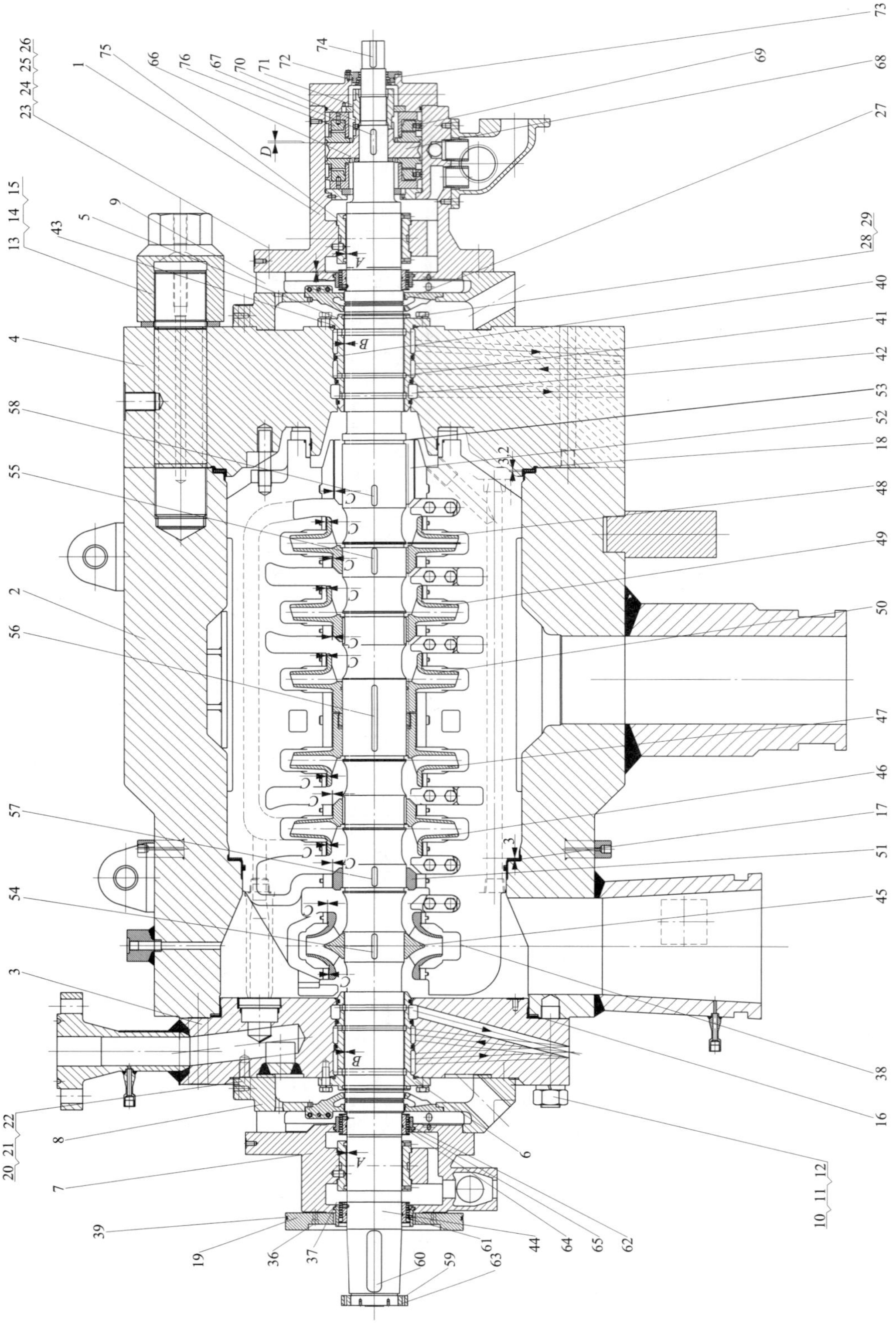

图 6-49　CHTZ4/6汽动给水泵结构

表 6-16　　CHTZ4/6 锅炉汽动给水泵明细

序号	名称及规格	材料	数量
1	推力侧轴承体部件		
2	泵筒体部件		
3	吸入侧泵盖部件		
4	出水侧泵盖		
5	左旋水力密封套	RWA350	1
6	右旋水力密封套	RWA350	1
7	驱动侧轴承体部件		1
8	吸入侧轴承体托架	ZG230-450	1
9	出水侧轴承体托架	ZG230-450	1
10	螺柱	M42 42CrMo	16
11	螺母 M42×3.0	25Cr2MoVA	16
12	平垫圈 42	45	16
13	M90 双头螺栓	42CrMo	16
14	M90 大螺母	25Cr2MoVA	16
15	垫圈 90	2Cr13	16
16	缠绕垫（吸入侧）	1Cr18Ni9Ti+石墨	1
17	缠绕垫（筒体与蜗壳）	1Cr18Ni9Ti+石墨	1
18	缠绕垫（出水侧）	1Cr18Ni9Ti+石墨	1
19	连接盘	Q235-A·F	1
20	螺柱 M24×85-8.8-O		24
21	螺母 M24-8-B-O		24
22	垫圈 24-O	65Mn	24
23	螺柱 M36×100-8.8		12
24	螺母 M36-8-B-Ep		12
25	螺栓 M36×90-8.8-B-O		8
26	垫圈 36-O	65Mn	20
27	轴承体托架压盖部件		2
28	螺栓 M16×40-8.8-A-O		16
29	垫圈 16-O	65Mn	16
30	销 20×120-Zn·D	35	4
31	螺母 M16-8-A-O		4
32	螺栓 M12×70-8.8-A-O		4
33	螺栓 M12×80-8.8-A-O		4
34	销 12×100	35	4
35	螺母 M12-8-A-O		4
36	螺钉 M10×25-8.8-O		4

续表

序号	名称及规格	材料	数量
37	垫 ϕ210×ϕ170×1	胶质石棉板	1
38	CHTZ4/6D 内泵定子		1
39	O 形圈 375×5.3-G-S	氟橡胶	1
40	O 形圈 ϕ5.3mm×ϕ160mm	氟橡胶	2
41	O 形圈 155×5.3-G-S	氟橡胶	2
42	O 形圈 150×5.3-G-S	氟橡胶	2
43	O 形圈 170×3.55-G-S	氟橡胶	2
44	泵轴	1.431 3	1
45	首级叶轮	ZG06Cr13Ni4Mo	1
46	第二级叶轮	ZG06Cr13Ni4Mo	1
47	第三级叶轮	ZG06Cr13Ni4Mo	1
48	第四级叶轮	ZG06Cr13Ni4Mo	1
49	第五级叶轮	ZG06Cr13Ni4Mo	1
50	第六级叶轮	ZG06Cr13Ni4Mo	1
51	首级轴套	3Cr13	1
52	平衡鼓	3Cr13	1
53	卡环	1Cr17Ni2	6
54	叶轮键（1 级）	1Cr17Ni2	2
55	叶轮键（2、4、5 级）	1Cr17Ni2	6
56	叶轮键（3、6 级）	1Cr17Ni2	2
57	键 1LB	1Cr17Ni2	1
58	键 1HB	1Cr17Ni2	1
59	螺母 M105×2 左	45	1
60	键（联轴器）	45	2
61	挡油环 Q	45	1
62	挡油环	45	2
63	螺钉 M8×25-A2-21H		4
64	螺钉 M8×10-45H-O		6
65	O 形圈 122×3.55-G-S	丁腈橡胶	3
66	轴承体调整圈	45	1
67	键 B12×8×45	45	1
68	推力盘	45	1
69	螺钉 M8×12-45H-Ep		2
70	轴承体止回圈	45	1
71	防松螺母	45	1
72	推力侧轴端甩油环	2Cr13	1

续表

序号	名称及规格	材 料	数 量
73	螺钉 M6×8-A1-21H		2
74	B 型键 14×9×54	45	1
75	径向轴承		2
76	推力轴承（金斯伯利）		1

1. 外壳

CHTZ4/6 汽动给水泵外壳由筒体、吸入侧泵盖和出水侧泵盖三部分组成。筒体呈圆筒形，两端开口，筒体接有泵的进水管道、出水管道及中间抽头管道，泵的全部重量由泵脚支承，泵脚支承面设计在泵筒体水平中心线上，确保高温膨胀时转子中心不变；吸入侧泵盖和出水侧泵盖呈圆环形，泵盖径向开有密封水孔。筒体两端与泵盖之间用双头螺栓及螺母固定在一起。

2. 内泵

内泵位于泵外壳内，可整体拆装，内泵由转子和定子两部分组成，转子装在定子内。定子的出入口与泵壳的出入口相对应，各动、静部分间隙为：$A=0.13\sim0.16$mm，$B=0.35\sim0.38$mm，$C=0.35\sim0.38$mm，$D=0.3\sim0.4$mm，见图 6-49。

(1) 转子。转子由轴、首级双吸叶轮、二～六级单吸叶轮、级间块、中间套、平衡鼓和推力盘等旋转件组成，叶轮是转子的核心部件，起到为流体加压、转换能量的作用，叶轮热装在轴上，各级叶轮具有良好的同心度。每级叶轮采用卡套单独定位，使高速轴在旋转过程中承受均匀的轴向拉力。转子为刚性转子，以降低泵在高速旋转中对振动的敏感性。首级叶轮采用双吸结构，以增大环形腔的进口面积，减小叶片排挤，提高叶轮入口的抗汽蚀性能，见图 6-50 (a)；2～4 级叶轮与 5～6 级叶轮为单吸结构，采用背靠背布置的结构串联安装到轴上，叶轮的这种布置能使运行中产生的大部分轴向力得到平衡，见图 6-49 和图 6-50 (b)；由于整个转子的轴向力很小，轴上只装有一很简单的平衡鼓。

(2) 定子。定子实际上是内泵的壳，其作用是确保输送的介质有序流动。定子采用上、下蜗壳对称布置结构，可有效消除泵中液体在高速旋转过程中产生的径向力，在中分面用螺栓连接，并配有对称的定位销，定子流道见图 6-50 (c)。

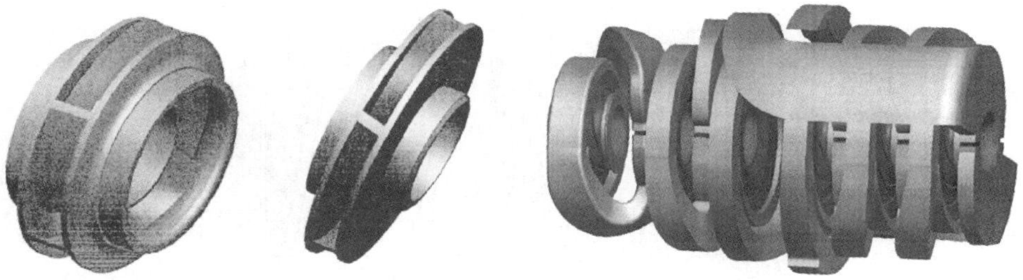

(a) 首级双吸叶轮三维图　(b) 2～6 单吸叶轮三维图　(c) 内泵定子全流道三维图

图 6-50　内泵主要部件三维图

3. 轴承

汽动给水泵有两个滑动轴承和一个推力轴承，驱动侧和非驱动侧各装有一个滑动轴承，滑动轴承只承受径向力，滑动轴承的轴瓦用压环固定在轴承体上，非驱动侧还装有一推力轴承，推力轴承由推力盘和推力瓦块组成，其作用是承受转子的轴向推力并使转子轴向定位。轴承采用强制润滑，滑润油来自给水泵汽轮机的润滑油系统。

4. 轴封

由于泵轴与外壳之间有间隙，为了防止泵内的水沿转轴流出，在泵的前后两侧均采用了水力密封（也叫螺旋密封）。水力密封属于迷宫密封的一种特殊型式，是近年来发展起来的一种新型转轴密封结构，这种密封结构简单、易维护、工作时无磨损、故障率低、使用寿命长，故得到了广泛的应用。

（1）水力密封结构。水力密封是非接触型流体动力密封，其结构见图 6-51。外侧带有螺旋齿的轴套固定在轴上，与轴一起转动；螺旋齿的外侧为水力密封套，水力密封套有三个径向孔（一个密封水进水孔，一个低压出水孔，一个高压出水孔）。密封水从进水孔径向进入螺旋齿（Q），一部分密封水流向泵外侧（Q_1），另一部分密封水在螺旋齿作用下流向泵内侧（Q_2），为了防止低温密封水进入泵内，专门设计了高压排水口，高压排水口排出的水［Q_2+Q_3（其中 Q_3 从泵内流入螺旋齿的水）］排至前置泵入口。水力密封是利用螺杆泵原理，当液体介质沿间隙泄漏时，借螺旋作用将液体介质赶回去，以保证密封。因此，水力密封的设计关键是螺旋齿截面形状、螺旋方向、密封间隙及长度的确定。螺旋齿截面形状有多种，常用的有矩形、三角形、梯形等，形状不同，其所产生的泵送作用不同，封液能力也不一样，选择合理的螺旋齿截面形状，对提高水力密封的使用性能和密封效果很重要，从综合指标及经济效益上考虑，由于矩形齿加工方便，并且封液能力受间隙的变化影响较小，更具有可靠性和实用性，通常采用宽 1.6mm、高 1.2mm 的矩形螺旋齿截面。水力密封的螺旋方向对密封效果影响很大，因此在应用水力密封时，一定要注意螺旋的方向和轴的转向。密封间隙及长度对密封效果有直接影响，间隙大或长度短，泄漏量大，增加了容积损失，影响泵的效率；间隙小或长度长，易研磨，严重时会出现抱轴现象造成事故停机。由于水力密封是三种液流形成动态平衡的流体动密封，当螺旋齿的尺寸、形状、密封长度和转速一定时，其泵送流量是一定的，沿螺旋齿外泄的流量也是基本不变的，但越过齿顶外泄的流量却随间隙的大小及长度会有变化。因此，密封间隙的确定也是水力密封设计的关键。

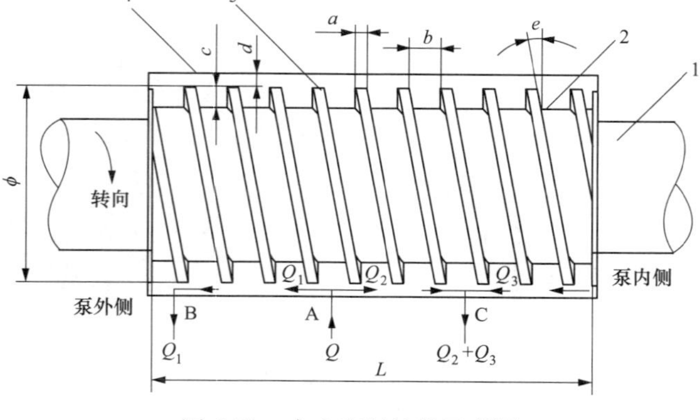

图 6-51 水力密封结构示意图

1—泵轴；2—轴套；3—螺旋齿；4—密封套；A—密封水进水孔；B—低压排水孔；C—高压排水孔

Q—从进水孔径向进入螺旋齿的密封水量；Q_1—流向泵外侧的密封水量；

Q_2—流向泵内侧的密封水量；Q_3—从泵内流入螺旋齿的水量

(2) 水力密封的控制原理。密封水来自凝结水泵的出口，若密封水压力太低，密封效果较差；若密封水压力太高，低温密封水可能进入泵内，影响泵的运行。因此，必须合理控制密封水压力，密封水压力可通过密封水供水管上的阀门调节，具体调节方法可分为压差控制法和温度控制法。

1) 压差控制法。压差控制法是根据高压排水口的压力调节密封水阀门的开度，使密封水的进口压力比高压排水口压力高出 0.07～0.18MPa，确保密封水顺利送到水力密封的螺旋齿内。当密封水的进口与高压排水口压差小于 0.07MPa 时，开大密封水阀门，密封水压力升高，密封水量增加；当密封水的进口与高压排水口压差大于 0.18MPa 时，关小密封水阀门，密封水压力降低，密封水量减小。

2) 温度控制法。温度控制法是根据高压排水口的温度调节密封水阀门的开度，高压排水口的温度应保持在 55～60℃（排水口排出的水为 180℃的泵内水和 35～45℃密封水的混合水）。当高压排水口的温度高于 60℃时，开大密封水阀门，密封水压力升高，密封水量增加；当高压排水口的温度低于 55℃时，关小密封水阀门，密封水压力降低，密封水量减小。采用温度控制法可有效防止密封水进入泵内。

（三）给水泵汽轮机

汽动给水泵组利用给水泵汽轮机提供动力，每套汽动给水泵组配有一台给水泵汽轮机，给水泵汽轮机与汽动给水泵用叠片式挠性联轴器连接，汽动给水泵与前置泵之间用减速器及联轴器连接，见图 6-48。给水泵汽轮机为单缸冲动凝汽式汽轮机，为了满足运行的需要，给水泵汽轮机配有两种汽源，正常运行时采用汽轮机四段抽汽（低压汽源），低负荷或高负荷时采用汽轮机高压缸排汽（中压汽源）。给水泵汽轮机功率为 7MW，调速范围为 3000～6000r/min。给水泵汽轮机将在本章第五节专门介绍。

（四）汽动给水泵组的润滑油系统

汽动给水泵组的前置泵采用浸泡式润滑，汽动给水泵和给水泵汽轮机共用一套润滑油系统，见图 6-52。润滑油系统由油箱、主油泵、辅助油泵、直流事故油泵、过滤器、溢流阀、冷油器、蓄能器、止回阀、管道及仪表等组成，这些设备和部件全部安装在油箱顶部及侧面。油泵升压后的润滑油经止回阀、冷油器、过滤器、溢流调压阀、油管路和蓄能器后进入给水泵汽轮机及汽动给水泵各轴承。润滑油为 32 号-TSA 汽轮机油。

1. 油箱

油箱由钢板焊接而成，容积为 $3m^3$。油箱的作用是存放一定数量的润滑油并作为润滑油系统各部件的安装基座，油箱底部从两侧向中间倾斜，最低部位装有排污管以及与油净化装置相连的接口，为了监视油位变化，在油箱侧面装有磁翻板油位计，正常油位距离油箱顶盖 300mm，允许油位变化范围是±150mm，最高允许油温是 60℃。油箱内装有 6 只电加热器，在汽轮机启动前或汽轮机停机后油温低于 21℃时，投运电加热器提高油温来保证给水泵汽轮机和汽动给水泵的轴承润滑效果；当油温达到 45℃时，停运电加热器。为了排出油箱内积聚的油烟气体，在油箱顶部装有一台排油烟风机，排油烟风机的压头为 3500Pa，风量为 $0.3m^3/s$，转速为 2960r/min，功率为 1.1kW。

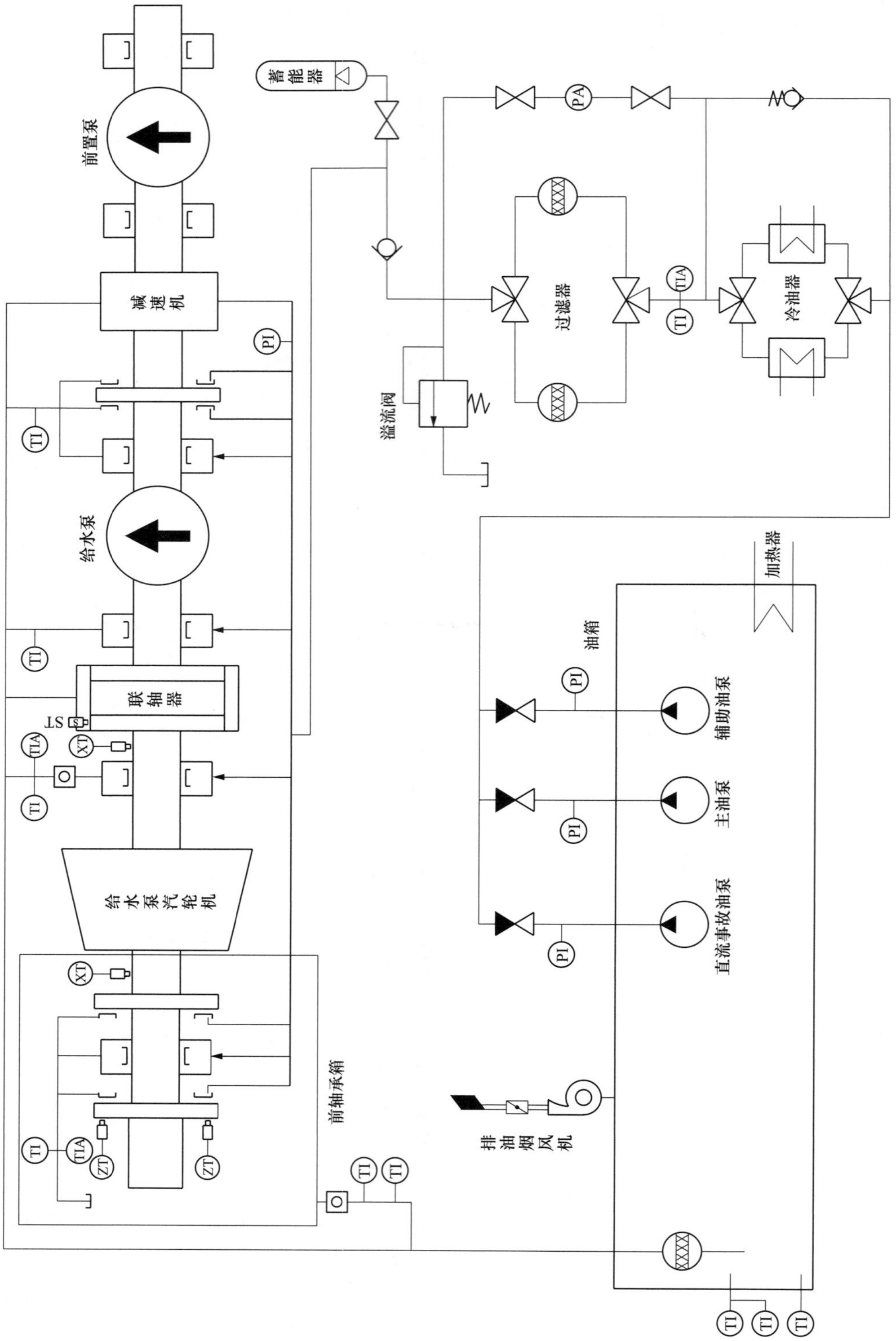

图 6-52　汽动给水泵组润滑油系统

2. 润滑油泵

润滑油系统中装有3台润滑油泵，分别是主油泵、辅助油泵和直流事故油泵。主油泵和辅助油泵为两台相同特性的立式叶片泵，由交流电动机驱动；泵的出口压力为0.7MPa，流量为267L/min，电动机功率为11kW，电压为380V，转速为1450r/min；主油泵和辅助油泵的出口均装有止回阀，正常运行时一台油泵工作，另一台油泵备用。直流事故油泵为立式叶片泵，由直流电动机驱动，出口压力为0.7MPa，流量为267L/min，电动机功率为7.5kW，电压为220V，转速为1450r/min。

正常运行中润滑油压设计值为0.25MPa，当润滑油压降低至0.15MPa时发出报警信号，当润滑油压降至0.12MPa时辅助油泵自动投入，当润滑油压降至0.08MPa时直流事故油泵自动投运并停机，当润滑油压降至0.05MPa时停盘车。

3. 过滤器

润滑油系统设有一套双筒过滤器，可互相切换，一个工作时，另一个备用。当过滤器压差达0.35MPa时，发出报警信号，这时必须及时切换工作滤筒并更换滤芯。过滤器的额定流量为630L/min，过滤精度为40μm。

4. 溢流阀

润滑油系统的溢流阀用来调节润滑油系统的压力，其控制值为0.25MPa。

5. 冷油器

润滑油系统配置了两台水管式冷油器，正常情况下一台工作，另一台备用，冷油器的冷却面积为30m^2，冷却水量为36 000kg/h，工作压力为0.63MPa，进水温度小于或等于38℃，进口油温为55℃，出口油温为45℃，油侧压降小于50kPa，水侧压降小于40.7kPa。

6. 蓄能器

润滑油系统中蓄能器的作用是当两台润滑油泵切换时保证润滑油压力不会降低，蓄能器维持油压的时间为3～4s，可以保证一台油泵突然故障、另一台油泵启动时，润滑油压不会下降至直流事故油泵启动的油压值。

（五）汽动给水泵组的水系统

汽动给水泵组的水系统包括给水系统、冷却水系统、密封水系统、平衡水系统和再热蒸汽减温水系统，见图6-48。

1. 汽动给水泵组的给水系统

机组运行时，除氧器内的给水经前置泵入口过滤器进入前置泵，在前置泵中升压后经前置泵出口流量孔板和给水泵入口过滤器进入给水泵，在给水泵中升压后的给水有两种情况：当前置泵出口流量大于额定流量的25%时，给水经给水泵出口逆止阀和出口电动阀至高压加热器；当前置泵出口流量小于额定流量的25%时，汽动给水泵组的最小流量再循环阀自动打开，一部分给水经给水泵出口止回阀和出口电动阀至高压加热器，另一部分给水经最小流量再循环阀返回除氧器，使经过汽动给水泵组给水流量大于额定流量的25%，以防止给水泵发生汽蚀。

2. 汽动给水泵组的密封水系统

汽动前置泵轴封采用外冲洗式机械密封，密封水流程是：从凝结水泵出口来的凝结水经磁性过滤器后送到机械密封内起到冲洗和冷却作用，大部分密封水进入泵内，少部分密封水从机械密封处排出泵外。汽动给水泵的轴封为水力密封，该水力密封采用温度控制法，密封水流程是：从凝结水泵出口来的凝结水经调节阀后送到水力密封的密封水进水孔，密封水从进水孔径向进入螺旋齿，一部分密封水流向泵外侧，经低压排水孔排出，送到凝汽器热井；另一部分密封水在螺旋齿作用下向泵内侧流动，与泵内向外流动的水一起从高压排水孔排出，送到汽动前置泵入口。汽动给水泵水力密封的密封水量是由调节阀控制的，调节阀的开度是根据高压排水孔的温度自动调节。

3. 汽动给水泵组的冷却水系统

汽动给水泵组的前置泵采用外冲洗式机械密封，为了防止机械密封的温度升高，汽动前置泵的机械密封外侧都装有水冷腔，水冷腔的冷却水为工业冷却水，工业冷却水进入水冷腔内将热量带走，经回水管流入工业冷却水回水系统；由于汽动给水泵采用水力密封，无冷却水；汽动前置泵的轴承为浸泡式润滑，汽动前置泵的轴承室通有工业冷却水，对润滑油进行冷却；另外，汽动给水泵组的润滑油系统冷油器通有工业冷却水。

4. 平衡水系统

将汽动给水泵出口端平衡鼓流出的水引至汽动给水泵入口过滤器前的管道，起平衡轴向力的作用。

5. 再热蒸汽减温水系统

从汽动给水泵第二级叶轮引出一部分水，作为再热蒸汽减温水。

（六）汽动给水泵组的运行

1. 汽动给水泵组启动前的检查及准备

（1）给水泵汽轮机的静态试验、打闸试验、超速试验已完成并且合格。

（2）检查所有仪表、自动装置、热工保护投入正常。

（3）检查给水泵汽轮机油系统、轴封系统、供汽系统、疏水系统、密封水系统、冷却水系统和给水管路的相关阀门等符合启动前要求。

（4）按以下程序启动给水泵汽轮机油系统。

1）检查给水泵汽轮机油箱油位正常。

2）若给水泵汽轮机油温低于21℃，投入电加热装置及其联锁。

3）启动一台汽轮机交流润滑油泵，检查出口油压为0.7MPa。

4）检查系统无泄漏，母管油压为0.25MPa。

5）检查油箱油位，根据油位及时补油。

6）备用油泵及直流事故油泵试验正常，投入联锁。

7）检查各瓦回油正常。

8）冷油器水侧排空气后作备用。

（5）检查汽动给水泵转速控制在手动位置，手动脱扣手柄在“脱扣”位置，中压主汽门、低压主汽门、中压调速汽门、低压调速汽门和排汽蝶阀在关闭位置。

（6）关闭汽动给水泵组及其系统管道各放水门。

（7）检查除氧器水箱水位正常，稍开前置泵入口电动阀，前置泵、给水泵及管道充水排空气，空气门见水后关闭，充水放气完毕，全开前置泵入口电动阀。

（8）投入汽动给水泵组密封水系统。

（9）检查给水泵出口电动阀关闭。

（10）开启再循环调节阀及前、后电动阀。

2. 汽动给水泵组的启动

（1）给水泵汽轮机冲转前2h投入盘车装置，检查盘车转速为43r/min，给水泵汽轮机、减速箱及泵内无异声。

（2）检查汽动给水泵组的轴承润滑油压在0.07～0.14MPa。

（3）给水泵汽轮机轴封供汽，检查轴封供汽压力为0.103～0.13MPa，轴封供汽温度正常。

（4）抽真空（可与汽轮机同时进行，也可在给水泵汽轮机启动前进行），若在给水泵汽轮机启动前抽真空，先稍开给水泵汽轮机排汽蝶阀旁路门，给水泵汽轮机真空应逐渐上升，同时注意汽轮机真空不应有大幅度下降。

（5）当给水泵汽轮机真空接近汽轮机真空时，全开排汽蝶阀，关闭其旁路门。

（6）将给水泵汽轮机本体疏水阀投入“自动”，开启中、低压供汽管道和中、低压主汽门前疏水阀以及给水泵汽轮机本体疏水阀，供汽管道温度升至300℃后，给水泵汽轮机挂闸，开启调速汽门前疏水阀，暖管20min，使管道温度达280℃。

（7）检查汽动给水泵组具备启动条件，除氧器水位正常（≥1950mm），前置泵进口电动门打开，给水泵再循环阀全开，给水泵汽轮机润滑油压大于或等于0.15MPa，给水泵汽轮机油箱油位在±50mm之间，给水泵汽轮机排汽蝶阀打开且排汽压力小于或等于−47.7kPa，给水泵汽轮机轴向位移在−0.2～0.6mm之间，给水泵汽轮机安全油压大于6MPa，给水泵汽轮机进汽温度为300～400℃（压力为0.68～1.2MPa），润滑油压大于或等于0.098 1MPa，给水泵汽轮机、前置泵、减速箱、给水泵轴承温度无报警。

（8）就地手动拉出复位杆。

（9）在DCS（分散控制系统）画面中操作“挂闸”按钮，安全油压建立，“挂闸”指示灯亮。

（10）检查MEH（电液控制系统）画面的“中压主汽门开”和“低压主汽门开”指示灯亮。

（11）设定目标转速为1200r/min，按“进行”按钮，以300r/min^{2}的升速率自动升速；检查低压调速汽门缓慢开启，当转速大于或等于50r/min时，检查盘车电动机停运。

（12）就地检查汽动给水泵组的声音、振动和各瓦回油均正常。

（13）给水泵汽轮机转速升至1200r/min时暖机15min。

（14）设定转速为1800r/min，按“进行”按钮，以300r/min^{2}的升速率升至1800r/min，暖机15min。

（15）设定目标转速为3000r/min，按“进行”按钮，以1200r/min^{2}升速率升速，转速过临界转速（2608r/min）时，加强监视；给水泵汽轮机升速至3000r/min暖机10min，检查所有疏水门关闭。

（16）开启各主汽门、调速汽门的门杆漏汽阀。

（17）转速升至3100r/min，当CCS（协调控制系统）给定转速与MEH转速偏差小于100r/min时，投入“锅炉自动”，由CCS给水控制信号直接控制给水泵汽轮机转速。

（18）开启汽动给水泵出口门，继续增加给水泵汽轮机转速，使汽动给水泵流量增加。

（19）根据需要开启汽动给水泵中间抽头门，以及前置泵入口加药门、采样门。

（20）根据情况倒换给水泵汽轮机汽源。

（21）汽动给水泵组启动注意事项。

1）在给水泵汽轮机升速过程中应严密监视给水泵汽轮机瓦温、轴向位移。升速过程中轴振小于75μm、瓦振小于20μm，否则选择“保持”暖机。

2）给水泵汽轮机冷态（单列调节级金属温度小于100℃）冲车时在1200、1800r/min分别停留暖机15min，在3000r/min停留暖机10min。

3）给水泵汽轮机单列调节级金属温度大于100℃启动时，在1200、1800、3000r/min分别停留暖机5min。

4）注意监听汽动给水泵组的声音，发现有金属摩擦声或振动大时立即停机。

5）注意监视给水泵汽轮机进汽参数、轴向位移、真空等参数的变化。

6）检查润滑油压正常，油温保持40～45℃，轴封压力保持0.103～0.13MPa，轴封温度在125～170℃范围内。

7）给水泵汽轮机排汽缸温度不超过80℃，否则应提高汽轮机凝汽器真空。

8）给水泵汽轮机运行中，严禁关闭汽动给水泵汽轮机排汽蝶阀。

3. 汽动给水泵组的运行监视和调整

（1）定期检查汽动给水泵组的振动、声音和轴承温度。

（2）定期检查给水泵汽轮机轴封运行情况，调整轴封无冒汽和吸气。

（3）定期进行润滑油泵切换、直流事故油泵试验、主汽门活动试验、油箱油位报警试验及超速保护试验。

（4）定期检查给水泵汽轮机调节系统正常。

（5）定期检查给水泵汽轮机安全油压力、润滑油压力、油温、各轴承油流、油滤网前后压差、油箱油位、油质等正常，油管路无漏油。

（6）其他监视和调整项目与电动给水泵组相同。

4. 汽动给水泵组的停运

（1）汽动给水泵组停运前应试转备用油泵和直流事故油泵正常。

（2）将待停的给水泵汽轮机转速控制切至手动。

（3）逐步降低给水泵汽轮机转速，相应提高电动给水泵组出力，维持锅炉给水量。

（4）当汽动给水泵组流量达220t/h时，开启再循环阀。

（5）当汽动给水泵组负荷全部转移后，将给水泵汽轮机转速降至3000r/min以下，开给水泵汽轮机本体各疏水阀。

（6）在控制盘上或就地停给水泵汽轮机，检查中、低压主汽门和调速汽门关闭。

（7）当给水泵汽轮机转速降至30r/min后，盘车装置应自动投入。

（8）给水泵汽轮机脱扣后，关闭本体疏水阀，1h后重新打开，防止冷气倒流入汽缸。

（9）关闭前置泵进口加药阀和取样阀。

（10）若汽动给水泵组作热备用，则轴封、盘车应连续运行，排汽蝶阀开启，保持给水泵汽轮机在热备用状态。

（七）汽动给水泵组的检修

汽动给水泵组的检修工艺与电动给水泵组的检修工艺相似，但由于两种泵的结构有所差异，下面对汽动给水泵组的检修工艺与电动给水泵组的检修工艺的不同之处作简要说明。

1. 汽动前置泵的检修

汽动前置泵与电动前置泵相同，只是尺寸和参数有所差异。因此，汽动给水泵组的前置泵检修工艺与电动给水泵组的前置泵检修工艺相同，这里不再重复。

2. 汽动给水泵的检修

汽动给水泵的轴封采用水力密封，内泵壳为轴向中分式结构。因此，汽动给水泵与电动给水泵的检修差异体现在以下两方面：

（1）拆卸轴封时，松开密封套的螺栓，即可拆下密封套。

（2）由于内泵壳由上、下两个铸造半蜗壳组成，解体内泵时只需松开中分面处的螺栓，拆下上半蜗壳盖，即可将转子整体拆出。

回装时，与拆卸程序相反。

其他部分的检修与电动给水泵检修类同，不再重述。

第五节 给水泵汽轮机

由上一节的介绍可知，每台机组配置两套50%容量的汽动给水泵组，每套汽动给水泵组配有一台TGQ07 /7-1型给水泵汽轮机。为了满足运行的需要，可变参数、变转速、变功率并有两种汽源供汽，正常运行时采用汽轮机的四段抽汽（低压蒸汽）；低负荷或高负荷时采用汽轮机高压缸排汽（中压蒸汽）。低压调速汽门和中压调速汽门由同一个油动机通过提板式配汽机构控制。这种双汽源的供汽方式，使给水泵汽轮机具有比较灵活的运行方式。蒸汽在给水泵汽轮机做完功后，排汽由后汽缸的下缸排汽口通过低压排汽管引入汽轮机凝汽器。排汽管道上装有一只真空蝶阀，在给水泵停运时可切断给水泵汽轮机与汽轮机凝汽器之间的联系，不影响汽轮机凝汽器的真空。

给水泵汽轮机的调节用油取自汽轮机抗燃油系统，调节系统采用电液控制系统，电液控制调节系统接受锅炉给水调节系统给出的信号和来自油动机的位移反馈信号，产生的控制信号作用于电液伺服阀，使电液伺服阀开启或关闭，进而控制油动机的行程，调节低压调速汽门和中压调速汽门的开度，以满足汽轮机在不同工况下对给水的要求；给水泵汽轮机的轴封系统与汽轮机轴封系统相连，疏水分别流入汽轮机凝汽器；给水泵汽轮机没有单独的抽汽加热系统，也不设置凝汽设备，热力系统比较简单。两台给水泵汽轮机之间既能双机并列运行，也能单机运行，在启动、运行和停机等过程中彼此间不受干扰，但由于给水泵轴轮机的轴封系统与汽轮机合并，排汽进入汽轮机凝汽器，所以给水泵汽轮机的启动和运行都受汽轮机运行情况的约束。

一、给水泵汽轮机的结构

给水泵汽轮机本体由汽缸、转子、喷嘴组、隔板、汽封、轴承、进汽门、配汽机构及盘车装置等组成，见图6-53。

（一）汽缸

给水泵汽轮机汽缸是单层组合式汽缸，由高压缸（前缸）和低压缸（后缸）两部分组

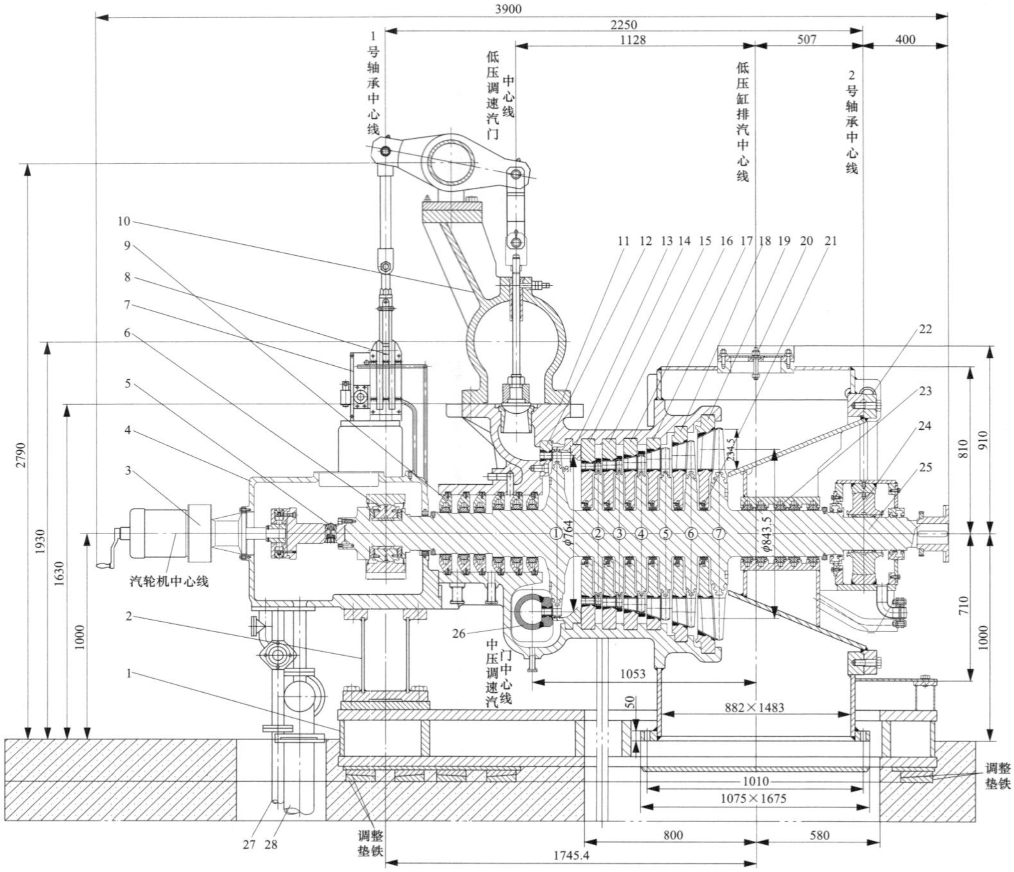

图 6-53　给水泵汽轮机本体结构

1—汽轮机底盘；2—弹簧板支架；3—盘车装置；4—前轴承箱；5—危急保安器；6—1 号联合轴承；7—电液伺服阀；8—油动机；9—高压轴封；10—配汽机构；11—汽缸；12—低压喷嘴；13—导流环；14—第二级隔板；15—第三级隔板；16—第四级隔板；17—第五级隔板；18—第六级隔板；19—第七级隔板；20—大气阀；21—隔板汽封；22—后端盖及 2 号轴承座；23—低压轴封；24—2 号轴承；25—转子；26—中压喷嘴；27—润滑油进油管；28—润滑油回油管

成，高压缸采用铸钢材料，低压缸采用钢板焊接件，高压缸和低压缸在垂直接合面处（第五级隔板后）焊接在一起，汽缸在汽轮机水平中分面分成上下两半，低压喷嘴组位于前汽缸的上半，中压喷嘴组位于前汽缸的下半，中压联合主汽门和低压主汽门分别位于汽缸的两侧，通过低压缸向下排汽，在低压缸顶部装有一只大气阀。

给水泵汽轮机的死点为排汽口中心线与轴中心线交点，整个汽轮机位于含有四组弹簧支撑板的整体底盘上，给水泵汽轮机的定位由这四组弹簧支撑板确定，前弹簧板与前轴承箱固定，后弹簧板通过连接板与汽缸连接在一起，左右侧对称布置的弹簧板支撑结构则与汽缸紧固在一起，这种结构确保汽缸前后方向的自由膨胀，死点位于排汽口中心，膨胀量由前后弹簧板承接，而左右方向发生膨胀时，死点位于汽轮机轴线上，膨胀量由对称布置的侧面弹簧板承接。

（二）转子

为适应给水泵汽轮机不同蒸汽参数及高速运转的特点，转子采用高强度合金钢整体锻造而成，由于转子直径较小，设计成无中心孔的实心转子。转子上共有七级叶轮，沿汽流方向依次为单列调节级叶轮和第 2～7 级压力级叶轮，各级叶轮装有动叶片。轴的前端装有机械式危急遮断器、盘车壳体、径向推力联合轴承，推力盘与轴整体加工而成；轴的后端装有径向滑动轴承和联轴器。转子总长为 3190mm，总重为 1765kg，前后轴承中心间距为 2250mm，前轴颈直径为 125mm，后轴颈直径为 160mm。转子组装后应做动平衡，以消除转子的不平衡重量，在调节级、第 4 级和末级叶轮的侧面开有槽沟，以备加平衡块时使用。给水泵汽轮机为变转速汽轮机，因为正常运行的转速范围较宽，所以转子上的动叶片全部采用不调频叶片，叶片材料选用具有较高的热强性且具有良好减振性和抗腐蚀性的马氏体型耐热不锈钢制造，第 1～5 级为直叶片，末两级为扭叶片，叶根为外包双菌形。在叶片的顶端装有围带，围带和叶片分组铆接在一起，末级叶片的叶身高为 234.5mm，节径为 ϕ843.5。

（三）喷嘴组

给水泵汽轮机工作汽源使用双汽源，低压蒸汽由低压主汽门和低压调速汽门进入配汽机构的蒸汽室再通过低压喷嘴室进入给水泵汽轮机上半缸，中压蒸汽从中压主汽门和中压调速汽门通过中压喷嘴组进入给水泵汽轮机下半缸。低压喷嘴组分为 4 组，按低压调速汽门开启顺序喷嘴个数排列为 7-8-9-8，喷嘴叶片与内、外环焊成一体，用螺栓与前汽缸上半低压喷嘴室连接。中压喷嘴组由喷嘴内环、外环和导叶栅焊接而成，共 15 个汽道，喷嘴与中压喷嘴室焊成一体，中压喷嘴组一端与前汽缸下半固定在一起，并通过法兰短节与中压联合汽门相连。

（四）隔板

给水泵汽轮机共有六级隔板，为适应变参数、负荷大幅度变化和快速启动的要求，各压力级隔板全部采用焊接式隔板，即将铣制不锈钢静叶片焊接在内、外围带之间构成静叶栅，静叶栅再与隔板外环及隔板体焊接在一起，每级隔板设计成上下两半，上下两半隔板中分面处左右端各有一个调整螺钉，通过调整螺钉可使隔板中心和转子中心保持一致。各级隔板底部有一纵向键，用于隔板的周向定位。上半隔板与下半隔板的中分面刮研成高精度平面，在平面内装有径向密封槽，作用是使其具有良好的密封性，以阻止蒸汽从中分面处泄漏。每级隔板在中分面处均有一只骑缝圆柱销，用以保证上、下半隔板良好对中。各级隔板直接安装在汽缸内壁的隔板槽中，靠隔板两侧的压差使隔板出汽边一侧紧贴在汽缸内壁的隔板槽一侧，保持密封不漏汽，在隔板的外圆与隔板槽底部有足够的径向间隙，以供隔板安装时调整和隔板受热膨胀，隔板内径处安装有隔板汽封，可以减少其级间的漏汽损失。上半隔板两侧用压板固定在上半汽缸上，拆卸时上半隔板随上半汽缸一同起吊。

（五）汽封

汽封包括轴封及隔板汽封。

1. 轴封

给水泵汽轮机在汽缸两端分别装有高、低压轴封，高压轴封的作用是阻止蒸汽沿轴往外泄漏，低压轴封的作用是阻止外部空气沿轴进入低压汽缸内影响汽轮机凝汽器真空。高、低压轴封均为高低齿式结构，在转子上直接加工成凹槽，梳齿扇形汽封环安装在汽缸上，考虑汽封环受热时的膨胀，汽封环间还留有适当的间隙，密封齿组装在转子密封槽中间，以便在负荷瞬间变化时在轴向不致发生磨损。高低压轴封的汽封环在中分面处用汽封压板固定，以防汽封环沿周向运动，汽封槽与汽封环之间采用弹簧片支撑，利用弹簧力把汽封环固定在汽缸的汽封槽内，使转子和汽封齿之间保持最小的运动间隙，防止运动中扇形环发生跳动，造成轴封磨损。

2. 隔板汽封

隔板汽封是防止蒸汽从每级隔板的间隙沿轴向泄漏的阻汽装置，由高、低齿结构的扇形汽封环组成，安装在隔板内侧汽封槽内，隔板汽封槽与汽封环之间安装有弹簧片，利用弹力把汽封环固定在汽封槽内，中分面处用汽封压板支承，以防止汽封环沿周向运动。

（六）轴承

轴承是保证给水泵汽轮机安全运行的一个重要部件，径向滑动轴承的主要作用是承受转子重量并迫使转子在汽轮机的相对水平中心线上旋转，推力轴承的作用是承受转子的轴向推力并保持转子与汽缸的相对轴向位置。给水泵汽轮机的转子由两个径向滑动轴承和一个推力轴承支承，进汽端装有一个径向滑动轴承和一个推力轴承，排汽端装有一个径向滑动轴承。

1. 径向滑动轴承

径向滑动轴承为球面可调式椭圆轴承，采用强制润滑，衬瓦内表面浇有乌金，由球面瓦座定位，并由轴承座支承。进汽端径向滑动轴承装在前轴承箱内，排汽端径向滑动轴承装在排汽缸的端盖内。进汽端径向滑动轴承从水平面进油，在乌金的下半部与轴颈之间形成一定厚度的油膜，润滑油借助于轴的转动被带到轴颈的上半部和推力瓦面，并从轴颈处吸走热量，进汽端径向滑动轴承的排油一部分进入回油管，并在回油管上装有测温装置，以监视回油温度；另一部分排油直接进入前轴承箱。排汽端径向滑动轴承也是从水平面进油，排油全部进入回油管，在回油管上装有测温装置，以监视回油温度。进汽端和排汽端径向滑动轴承乌金处都设有超温报警显示。

2. 推力轴承

推力轴承和进汽端径向滑动轴承共同置于一个轴承体内组成径向推力联合轴承。推力盘与轴整体加工而成，给水泵汽轮机转子和汽缸间的相对死点就在推力盘处，推力轴承的工作面和非工作面乌金都设有超温报警的铂热电阻。通过调整前轴承座与前轴承箱支承座间的垫片厚度，可以满足转子安装时的扬度要求；通过调整推力瓦和前轴承瓦座间的垫片厚度，可以满足转子和喷嘴及各级隔板间的轴向间隙。

（七）进汽门

给水泵汽轮机有两种汽源，正常运行时采用汽轮机的四段抽汽（低压蒸汽），低负荷或高负荷时采用汽轮机高压缸排汽（中压蒸汽），因此，进汽门也有低压和中压两种。这种双汽源双进汽的供汽方式，使给水泵汽轮机具有比较灵活的运行方式。

1. 低压进汽门

低压进汽门包括一个低压主汽门和 4 个调速汽门。

（1）低压主汽门。低压主汽门由预启阀和主阀组成，阀门总行程为 128mm，其中预启阀行程为 35mm。低压主汽门的动作是用油压开启，依靠弹簧关闭，当油缸进入操作油时，阀杆向上运动，先打开预启阀进汽，当主阀前后压比达 80%时，主阀开启进汽。为防止杂物顺汽流进入，在低压主汽门内装有笼形蒸汽滤网（精、粗滤网各一个），试运行时，采用精滤网；试运行后，蒸汽品质达标时，换上粗滤网，切断进汽后，可以拿出滤网进行清洗。

低压主汽门的阀杆运动依靠油压控制，分为工作和试验两种状态。危急遮断器复位机构和电磁打闸装置复位后，安全油压建立起来，并通过主汽门试验及保安组合阀进入低压主汽门油缸底部，依靠油压的力量推动阀杆，克服低压主汽门弹簧的阻力将主汽门打开；反之，当危急遮断器或电磁打闸装置动作，给水泵汽轮机跳闸时，在弹簧力的作用下，油缸内的安全油通过主汽门试验及保安组合阀迅速泄掉，保证了低压主汽门的快速关闭。同时，为了防止低压主汽门卡涩，设计有低压主汽门活动试验装置。操作 MEH 的“低压主汽门关闭试验”按钮，低压主汽门关闭试验会自动完成，关闭试验完成后，低压主汽门自动恢复到开启状态。

(2) 低压调速汽门。4 个低压调速汽门分别对应 4 组低压喷嘴，4 个低压调速汽门由配汽机构控制，根据锅炉需要控制各低压调速汽门的开度，从而调节进入给水泵汽轮机的进汽量，以调节汽动给水泵的转速。

2. 中压进汽门

中压进汽门是中压主汽门和中压调速汽门的联合汽门，包括一个中压主汽门和一个中压调速汽门，两者的壳体用 ZG20CrMo 合金钢铸成一体。

(1) 中压主汽门。中压主汽门由预启阀和主阀组成，阀门总行程为 85mm，其中预启阀行程为 2.5mm。中压主汽门用油压开启，弹簧关闭，当油缸进入操作油时，阀杆向上运动，先打开预启阀进入部分蒸汽，当主阀前后压比达到 80%时，主阀开启进汽。为防止杂物进入汽轮机，在主汽门内装有笼形蒸汽滤网。切断进汽后，可以拿出滤网进行清洗。中压主汽门的阀杆运动依靠油压控制，分为工作和试验两种状态。当危急遮断器复位机构和电磁打闸装置复位后，安全油压建立起来，并通过主汽门试验及保安组合阀进入中压主汽门油缸底部，依靠油压的力量推动阀杆，克服油缸活塞弹簧的阻力将主汽门打开；反之，当危急遮断器或电磁打闸装置动作，给水泵汽轮机跳闸时，在弹簧力作用下油缸内的安全油通过主汽门试验及保安组合阀迅速泄掉，保证了中压主汽门的快速关闭。为了防止中压主汽门卡涩，设计有主汽门活动试验装置。操作 MEH 的“中压主汽门关闭试验”按钮，可单独做中压主汽门关闭试验（若中压调节门已开，中压蒸汽已进入汽轮机，不要进行此项操作）。关闭试验完成后，中压主汽门会自动恢复到开启位置。

(2) 中压调速汽门。中压调速汽门对应中压喷嘴，中压调速汽门由配汽机构控制，根据锅炉需要控制中压调速汽门的开度，中压调速汽门总行程为 54mm。

(八) 配汽机构

给水泵汽轮机采用提板式配汽机构，由同一个油动机控制中、低压调速汽门。油动机由调节系统控制其运动量，油动机向下运动时，通过配汽机构杠杆先打开低压调速汽门，低压调速汽门开到一定程度再打开中压调速汽门，4 个低压调速汽门分别对应 4 个低压喷嘴组。按照汽轮机负荷的需要，通过改变油动机的运动量，控制各调速汽门的开度。

配汽机构的阀碟杆与横担之间有足够的间隙，以防止卡涩。横担冷态安装时必须保证所有阀门处于关闭位置，但横担不直接压在各阀碟上，横担和各阀碟间必须留有 1～2mm 间隙，各调速汽门开启面积和行程曲线见图 6-54。

(九) 盘车装置

为了保证给水泵汽轮机在启动和停机过程中避免转子因受热或冷却不均而引起的弯曲

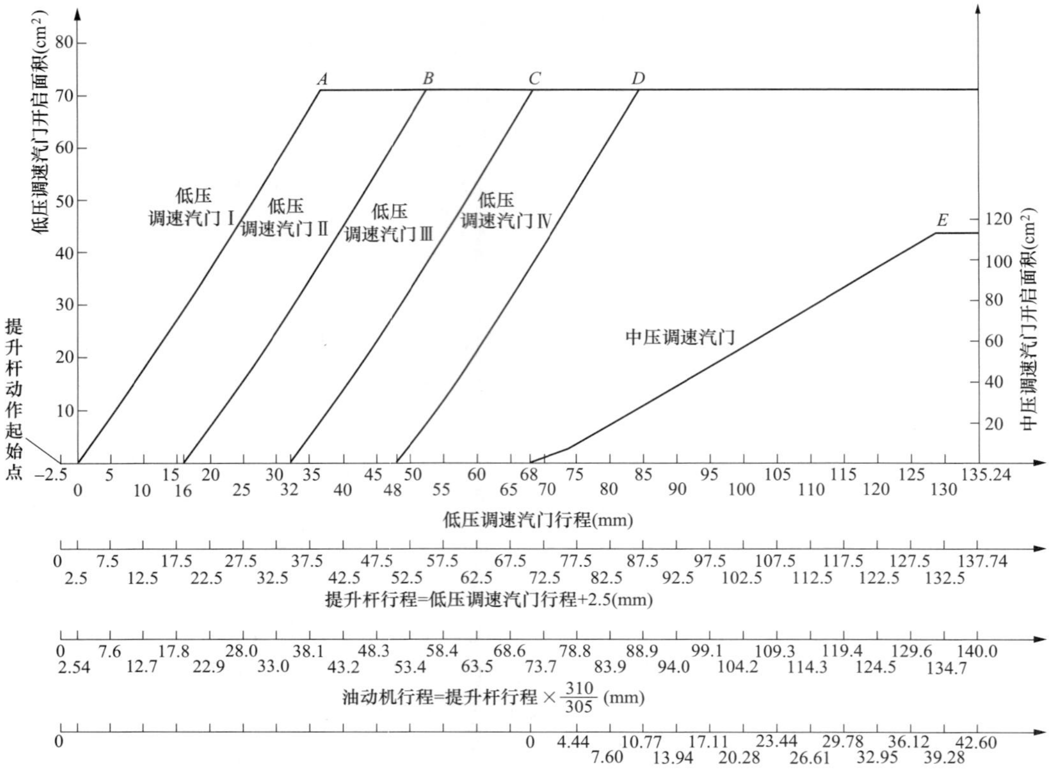

图 6-54　给水泵汽轮机中、低压调速汽门开启面积和行程曲线

注：1. 中压调速汽门行程＝(低压调速汽门行程－68)×$\frac{280}{310}\times\frac{235}{335}$（mm）。

2. 图中 A、B、C、D 各点对应的行程分别为低压调速汽门Ⅰ、Ⅱ、Ⅲ、Ⅳ完全开启时的行程，E 点对应的行程为中压调速汽门完全开启时的行程。

变形，必须按规定进行盘车。盘车装置位于前轴承箱内，由 4kW 电动机驱动行星摆线针轮减速机，经减速机减速后通过滑键带动转子一起旋转，正常盘车转速为 43r/min，当汽轮机冲转后，随着汽轮机转速的升高，滑键在离心力的作用下逐渐脱离轴套，当转速升到 280r/min 时，滑键将完全脱离轴套，此时转子和盘车装置完全脱离。为保证启停机过程中盘车装置能够自动投入与切除，安装了“零转速探头”，当检测到汽轮机转子的转速降到 30r /min 及以下时，给出控制信号，启动盘车装置，也可由操作人员根据现场情况启动盘车。当汽轮机冲转之后，在检测到汽轮机转子的转速升到 50r/min 及以上时，给出控制信号使盘车电动机停止转动。盘车装置所配的电动机及行星摆线针轮减速机的润滑采用油脂润滑，润滑脂的更换周期为 4～5 年。

二、给水泵汽轮机系统

为了保证给水泵汽轮机安全稳定运行，给水泵汽轮机配备了一系列的辅助设备，这些辅助设备与给水泵汽轮机相互配合工作，构成了给水泵汽轮机的各个系统，下面对给水泵汽轮机系统做简要介绍。

（一）汽水系统

给水泵汽轮机的汽水系统包括蒸汽系统、轴封系统和疏水系统，见图 6-55。

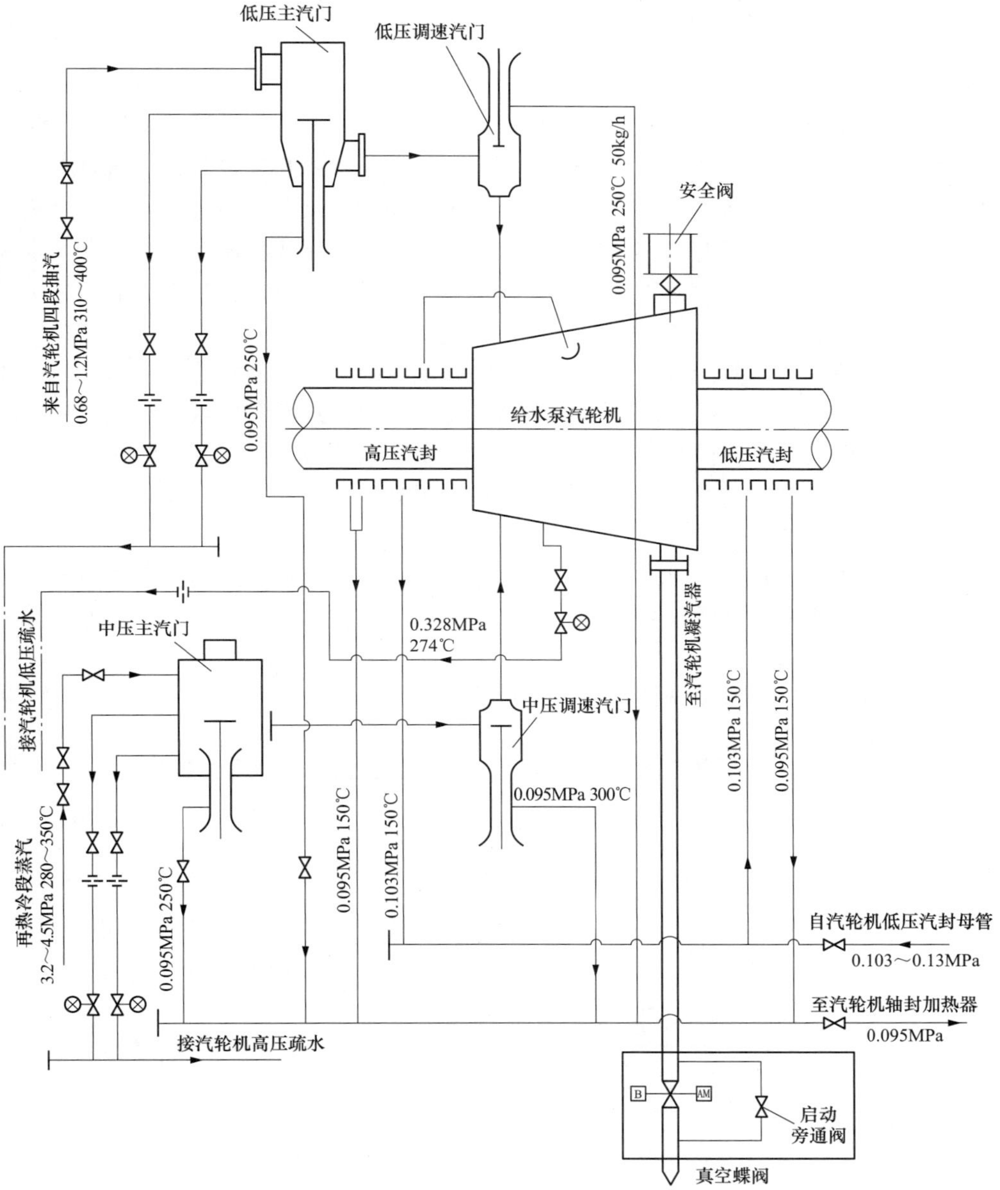

图 6-55　给水泵汽轮机的汽水系统

1. 蒸汽系统

给水泵汽轮机有低压蒸汽和中压蒸汽两个工作汽源，低压蒸汽为汽轮机四段抽汽，中压蒸汽为汽轮机高压缸排汽（即再热冷段蒸汽），汽轮机正常运行时使用低压蒸汽，在低负荷或高负荷下，当低压蒸汽不能满足汽动给水泵组的功率需要时，使用中压蒸汽。低压蒸汽经过隔离阀进入低压主汽门，主汽门开启后进入配汽机构的蒸汽室，经过低压调速汽门进入低压喷嘴室，然后经过低压喷嘴组进入给水泵汽轮机做功。中压蒸汽经过隔离汽门进入中压主汽门及中压调速汽门，经过法兰短节进入中压喷嘴室，再经过中压喷嘴组进入给水泵汽轮机做功。蒸汽在给水泵汽轮机内做功之后，排汽由低压缸下缸排汽口通过排汽管道送入汽轮机凝汽器。

2. 轴封系统

给水泵汽轮机的轴封系统与汽轮机的轴封系统相连接，无独立的轴封系统。为了使给水泵汽轮机故障时不影响汽轮机的正常运行，在给水泵汽轮机轴封供汽管和回汽管上各装有一手动操作门。给水泵汽轮机启、停过程中，轴封进汽送到给水泵汽轮机前、后轴封第三腔室内；给水泵汽轮机正常运行时，高压轴封漏汽（第三腔室）用作低压轴封供汽。给水泵汽轮机前、后轴封（第一腔室）蒸汽汇集到轴封排汽母管，送到汽轮机轴封加热器。

3. 疏水系统

给水泵汽轮机的疏水系统分别与汽轮机的高、低压疏水扩容器相连，中压主汽门疏水经过节流孔板节流后送到汽轮机高压疏水扩容器，低压主汽门疏水和给水泵汽轮机高压缸疏水经过节流孔板节流后送到汽轮机低压疏水扩容器，中、低压主汽门阀杆漏汽和中、低压调速汽门阀杆漏汽汇集到轴封排汽母管，送到汽轮机轴封加热器。

（二）润滑油系统

给水泵汽轮机与汽动给水泵共用一套润滑油系统，汽动给水泵组的润滑油系统见本章第四节的汽动给水泵组润滑油系统。

（三）调速控制系统

给水泵汽轮机调速控制系统的组成框图见图 6-56。

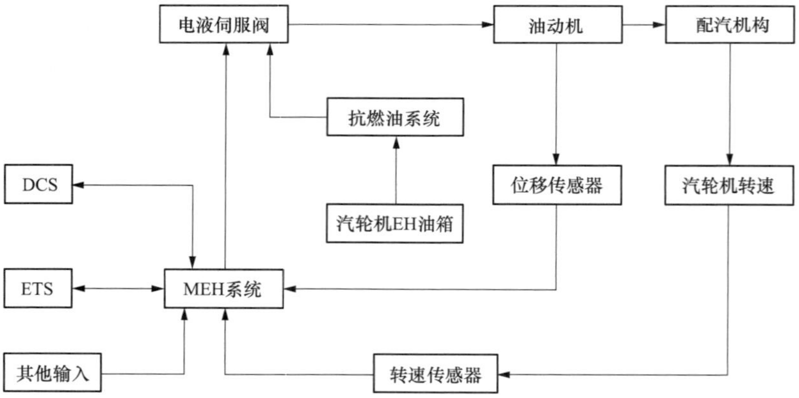

图 6-56　给水泵汽轮机调速系统的组成框图

1. 调速控制器

调速控制器是调速控制系统的核心，采用先进的电液控制系统（MEH），具有以下功能。

（1）自动升速控制。MEH 系统能按操作员预先设定的升速率和目标转速，自动地将给水泵汽轮机转速从最低转速一直提升到目标转速。

（2）给水系统转速控制。MEH 系统能接受来自锅炉模拟量控制系统的给水流量需求信号，实现给水泵汽轮机转速的自动控制。

(3) 滑压控制。当汽轮机所带负荷变化时，MEH 系统能自动地实现双汽源的切换，切换过程是渐进的，具有一定的重叠度。

(4) 联锁保护。其具有与液压系统的油压联锁、给水泵汽轮机的超速保护功能等。

(5) 阀门试验。为保证发生事故时阀门能可靠关闭，MEH 系统具备对中、低压主汽门逐个进行在线试验的功能，当进行阀门在线试验时给水泵汽轮机仍能正常地运行。

(6) 超速保护跳闸试验。MEH 系统可分别进行电超速跳闸试验和机械超速跳闸试验，以判断超速保护系统功能是否正常。

(7) 自诊断功能。MEH 系统具有自诊断功能，能检出可能造成非预期动作的系统内部故障。

(8) 系统故障切手操功能。当发生系统内部故障时，MEH 能自动地切换到手动操作，隔断系统输出，发出故障报警信号并指明故障性质。在任何故障下，汽动给水泵均不会发生不可控的加速度和加负荷。

(9) 系统的组态功能。MEH 系统可实现在线和离线两种方式的系统组态。

2. 调节执行单元

调节执行单元包括位移传感器、电液伺服阀和油动机。MEH 系统接受 0～20mA 锅炉给水信号和给水泵汽轮机转速传感器信号以及位于油动机上的位移传感器信号，产生控制信号作用于电液伺服阀，使电液伺服阀开启或关闭，进而控制油动机的行程，控制调速汽门的开度。

油动机由油缸体、活塞杆及密封件组成，当调速汽门开度需要增大时，电液伺服阀动作，从接口通入的压力油进入油缸活塞上腔，而油缸下腔与回油口相通，于是活塞向下移动，带动调速汽门开度变大；当调速汽门开度需要减小时，压力油进入油缸活塞下腔，而上腔与回油口相通，于是活塞向上移动，带动调速汽门开度减小。油动机的动作会直接通过位移传感器反馈回 MEH，当调速汽门动作达到要求开度时，电液伺服阀关闭，油动机停止动作。

3. 配汽机构

给水泵汽轮机采用提板式配汽机构，由同一个油动机控制中、低压调速汽门，通过改变调速汽门的开度，调节给水泵汽轮机进汽量，从而调节其工作转速。

4. 抗燃油系统

给水泵汽轮机的抗燃油由汽轮机抗燃油系统提供，给水泵汽轮机的抗燃油系统由高压蓄能器、低压蓄能器、过滤器和管道等组成，集中布置在给水泵汽轮机的一侧。

(四) 保护系统

为了保证给水泵汽轮机安全运行，设计了完善的保护系统，见图 6-57。

1. 机械保护系统

机械保护系统的关键设备是危急保安器，危急保安器位于给水泵汽轮机主轴前端，为离心飞锤式，动作转速设定为汽动给水泵额定转速的 109%～111%，在正常运行时危急保安器离心飞锤被弹簧顶住，使它保持在座上。当给水泵汽轮机转速升至动作转速时，由于离心力增大，离心力克服弹簧力将飞锤甩出，使复位机构错油门脱扣，泄掉安全油压，使中、低压主汽门关闭，同时安全油路中的压力控制器发出信号，使 MEH 系统发出停机指令，中、低压调速汽门关闭。

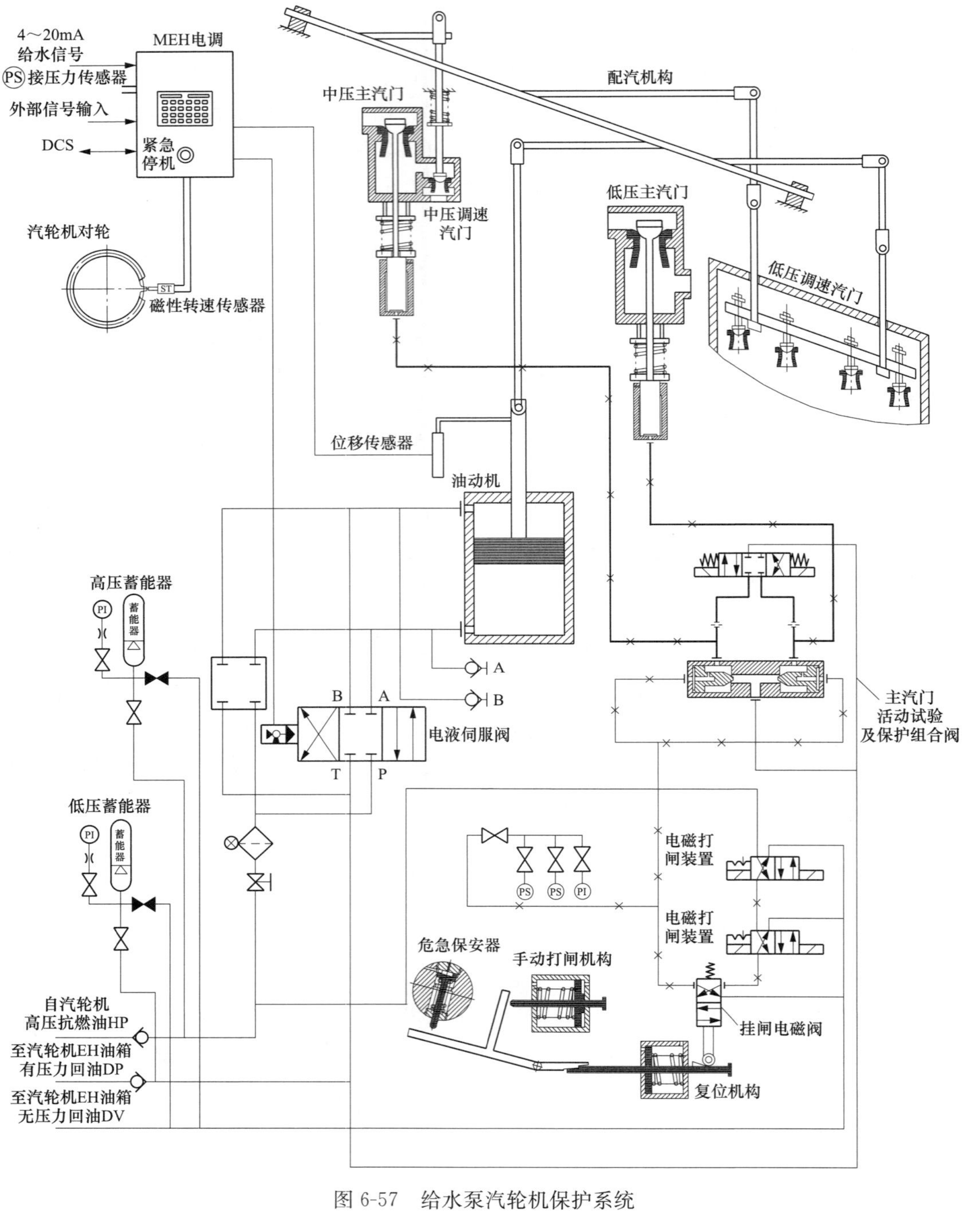

图 6-57　给水泵汽轮机保护系统

机械保护在就地装有手动打闸机构和复位机构。汽动给水泵组发生故障需紧急停机时，可操作打闸机构，实现就地打闸停机。复位机构是保护装置动作后复位的执行机构，用手拉动复位机构的复位杆，使复位机构错油门被封死，然后再操作集控室内的挂闸按钮，使电磁打闸装置复位，安全油压重新建立起来，才可打开中、低压主汽门。

2. 电磁保护系统

电磁保护系统具有以下保护功能。

(1) 超速保护。当给水泵汽轮机转速达到危急保安器动作转速后，复位机构脱扣，泄掉安全油压，主汽门、调速汽门关闭，给水泵汽轮机跳闸停机。

(2) 轴向位移保护。轴向位移保护装置安装在给水泵汽轮机前轴承箱内，当给水泵汽轮机转子轴向位移达到0.7mm时报警，达到0.9mm时跳闸停机。

(3) 润滑油压保护。当润滑油压力低于0.08MPa时，跳闸停机。

(4) 回油温度保护。给水泵汽轮机前、后轴承任一回油温度大于75℃时，跳闸停机。

(5) 给水泵汽轮机排汽真空保护。当给水泵汽轮机的排汽真空低于－47.7kPa时，跳闸停机。

(6) 安全油压保护。当给水泵汽轮机控制油系统安全油压低于6MPa时，跳闸停机。

3. 主汽门活动试验

为了防止运行中给水泵汽轮机主汽门卡涩，设计了主汽门活动试验装置，在通往主汽门的油路上装有主汽门试验及保安组合阀，通过MEH系统可在线进行主汽门活动试验，中、低压主汽门均可做半关闭试验，也可以通过改变试验时间的做法，进行中、低压主汽门全关闭试验。活动试验（中、低压主汽门活动试验不能同时进行）程序如下：

(1) 主汽门全开。

(2) 点击中、低压主汽门试验按钮。

(3) 观察中、低压主汽门阀杆活动试验行程。低压主汽门全关活动行程约为128mm，半关活动行程约为40mm；中压主汽门全关活动行程约为85mm，半关活动行程约为24mm。

(4) 中、低压主汽门阀杆行程自动恢复到原位，试验结束。

三、给水泵汽轮机的运行与维护

随着汽轮机负荷的变化，锅炉蒸发量随之变化，给水流量也发生变化，给水流量的调节是靠改变给水泵汽轮机转速来实现的。由于给水泵汽轮机没有设置独立的轴封系统和凝汽设备，中、低压汽源均由汽轮机提供，所以给水泵汽轮机的运行受制于汽轮机的运行状况，给水泵汽轮机的运行及维护有别于其他汽轮机。

（一）给水泵汽轮机调速系统静态试验

在给水泵汽轮机调速系统静态试验前必须保证调节保护系统及润滑系统的油质符合有关标准和规定，待油质检验合格后进行以下工作。

(1) 给水泵汽轮机电液控制调节系统（MEH）送电，检查各功能模块性能正常。

(2) 检查给水泵汽轮机监测系统（TSI）的功能正常。

(3) 对各报警值进行试验，检查各仪表、电磁阀、伺服阀、油泵等工作正常。

(4) 确认给水泵汽轮机进汽隔离门关闭，给水泵汽轮机本体、主汽门和调速汽门的疏水阀开启。

(5) 启动主油泵，保证润滑油油压为0.25MPa，油温达35℃。

(6) 汽轮机抗燃油系统已运行，高压抗燃油压力大于8.0MPa。

(7) 将危急遮断器和电磁打闸装置复位，建立安全油压，使主汽门全开。

（8）检查MEH阀位信号与油动机行程间的关系，曲线应该具有良好的线性，回差较小。

（9）用手动打闸或MEH操作盘上的紧急停机按钮进行主汽门关闭试验，关闭时间应小于1s。

（10）用手动打闸或MEH操作盘上的紧急停机按钮进行调速汽门关闭试验，关闭时间应小于1s。

（二）给水泵汽轮机超速试验

给水泵汽轮机超速试验必须在不带给水泵的情况下进行，因此进行超速试验前必须将给水泵汽轮机与给水泵联轴器脱开。

1. 超速试验前必须具备的条件

（1）调速系统静态试验完毕。

（2）主油泵与直流事故油泵联锁保护装置试验完毕，汽轮机的抗燃油系统试验完毕。

（3）给水泵汽轮机旋转方向已验证为正确。

（4）给水泵汽轮机各项保护装置试验完毕（如盘车自启动、轴向位移保护等）。

（5）用就地手动打闸或MEH系统紧急停机按钮做主汽门和调速汽门关闭试验已完毕。

（6）给水泵汽轮机排汽真空经试验能保持在－84.5kPa以上。

2. 超速试验程序

（1）打开主汽门的疏水阀和汽缸疏水阀。

（2）先用手盘动转子，检查灵活后正式启动盘车装置，检查无金属摩擦声，正常盘车2h。

（3）低压隔离门前蒸汽管暖管约60min，使管道温度达到300℃。

（4）检查MEH操作盘上的紧急停机按钮动作灵活。

（5）关闭调速汽门，打开低压主汽门，从隔离门至调速汽门间暖管约20min，使管道温度达到280℃。

（6）保证给水泵汽轮机排汽真空保持在－84.5kPa以上。

（7）低压主汽门前蒸汽压力保持在0.15MPa以上，温度不低于300℃。

（8）先操作MEH操作画面上的“BFPT复位”按钮，然后输入目标转速900r/min，确认后转速将以300r/min^{2}的升速率自动升至900r/min，暖机15min；再输入目标转速1800r/min，确认后转速将以300r/min^{2}的升速率自动升至1800r/min，暖机15min；再输入目标转速3000r/min，确认后转速将以1200r/min^{2}的升速率自动升到3000r/min，暖机10min；再输入目标转速4500r/min，确认后转速将以300r/min^{2}的升速率自动升至4500r/min，暖机5min。将试验方式置于机械超速试验位置，再操作MEH操作画面上的“机械超速试验”按钮，然后输入目标转速为给水泵汽轮机额定转速的111％，确认后转速将以300r/min^{2}的升速率自动升速，当在跳闸转速范围内不跳闸时，用手动打闸停机，调松危急保安器弹簧，重新进行超速试验；当在跳闸转速范围内跳闸，可复位后再进行两次试验，当3次试验的动作转速相差在60r/min时，试验合格，将超速试验钥匙开关置于正常位置。在升速过程中要检查轴瓦温度、轴瓦振动和机器内部磨擦情况；危急保安器跳闸转速范围为给水泵汽转机额定转速的109％～111％。

（9）超速试验完成后打闸停机，当转速降至4000r/min时记录由4000r/min降至43r/min（盘车转速）的惰走时间，停机后关闭排汽真空蝶阀和轴封供汽门。

（10）停机后连续盘车8h，当汽缸法兰壁温度低于100℃后停止盘车。

（11）以上工作完成后，连接给水泵汽轮机和给水泵的联轴器。

（三）给水泵汽轮机的启动、停机与运行调节

给水泵汽轮机是汽动给水泵组的一部分，给水泵汽轮机的启动、停机及运行调节已在汽动给水泵组中作过介绍，这里不再重复。

第七章

热电联产与集中供热

热电联产是指发电厂在生产电能的同时，利用汽轮机内做过功的蒸汽对用户供热的生产方式；也即将高品位的蒸汽用于发电，发电后的低品位蒸汽用于工业生产或采暖的工艺过程。以热电联产方式运行的火电机组称为热电联产机组，热电联产机组能源利用效率高，是我国集中供热的基础，承担着社会责任和义务，对节约能源和改善环境作用巨大。

第一节　热电联产机组简介

热电联产机组对外供热的蒸汽是汽轮机的抽汽或背压式汽轮机的排汽，因为热电联产机组对外供热的蒸汽没有冷源损失，所以能将热效率提高到 90%，比大型凝汽式机组的效率高得多。为了充分利用凝汽式汽轮机排汽凝结时的冷源损失，人们研究开发出了高背压凝汽式汽轮机，这种汽轮机可以在供热期合理利用机组的冷源损失，将乏汽凝结时的放热（废热）变为供热热量，实现能量的梯级利用，提高了能源综合利用效率。

热电联产机组可在保持高效发电的基础上，取代工业锅炉和采暖锅炉，满足各种热负荷，保证热力供应的高效性。另外，还能作为吸收式制冷机的工作蒸汽，生产 6～8℃的冷水用于空调或工艺冷却以及海水淡化等。

一、热电联产机组集中供热的特点

热电联产机组把燃料化学能通过锅炉转变成蒸汽的热能，蒸汽在汽轮机内将高品位的热能转变成机械能，机械能驱动发电机生产电能；同时，利用在汽轮机内做过功的低品位蒸汽对外供热，充分利用了汽轮机的冷源损失。这种用能方式符合按质用能和综合用能的原则，不仅能提高能源的利用效率，而且能够改善环境和提高人民的生活质量。

（一）提高能源的利用效率

热电联产机组的生产过程是在热力循环的基础上进行的，现以背压热电联产机组为例进行分析，其生产流程如图 7-1（a）所示，锅炉内生产的高温高压蒸汽在汽轮机内膨胀做功，转化为汽轮机的机械能，由发电机转化为电能；汽轮机排汽送往用户，在用户处凝结，放出汽化潜热，然后用水泵送回锅炉。图 7-1（b）为背压及凝汽机组的 *T-S* 图，从图 7-1（b）中可看出，在背压机组工作过程中，水在炉内加热、汽化、过热等过程用曲线 *f-g-h-a* 表示，曲线 *a-d-e-f-g-h-a* 围成图形的面积表示锅炉内工质吸收的总热能，蒸汽在汽轮机内膨

胀过程用直线 a-b 表示，向热用户传递热能的过程用曲线 b-i-f 表示；转变为电能的热能用 a-b-i-f-g-h-a 围成图形的面积表示，传递给热用户的热能用 b-d-e-f-i-b 围成图形的面积表示。若采用纯凝汽机组，生产流程如图 7-1（c）所示，在锅炉内生产的高温高压蒸汽在汽轮机内膨胀做功，转化为汽轮机的机械能，而后由发电机转化为电能；汽轮机乏汽送往凝汽器，由循环水冷却后放出汽化潜热凝结成水，用水泵送回锅炉。从图 7-1（b）可看出，在凝汽机组工作过程中，水在炉内加热、汽化、过热等过程用曲线 k-g-h-a 表示，曲线 k-g-h-a-d-j-k 围成的图形面积表示锅炉内工质吸收的总热能，蒸汽在汽轮机内膨胀过程用直线 a-c 表示，转变成电能的热能用 a-c-k-g-h-a 围成的面积表示，通过循环冷却水排大气的热能（冷源损失）用 c-k-j-d-c 表示。

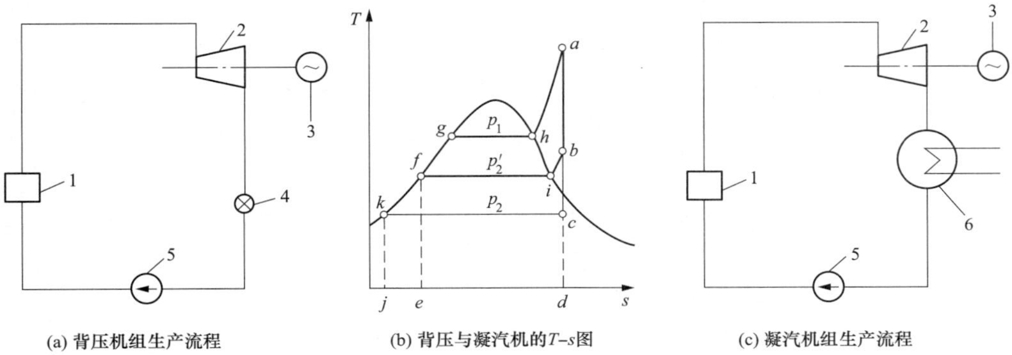

图 7-1　热电联产机组生产过程示意图

1—锅炉；2—汽轮机；3—发电机；4—热用户；5—水泵；6—凝汽器；

T—温度；s—熵；p_1—主汽压力；p_2—凝汽机排汽压力；p_2'—背压机排汽压力

由背压热电联产和凝汽工况机组的 T-s 图可以看出，凝汽工况机组热力循环中，汽轮机排汽的余热通过循环水排入大气中，形成了大量的冷源损失，热效率为 35%～40%；而纯背压热电联产机组热力循环中，由于汽轮机排汽的余热被热用户所利用，没有冷源损失，所以，背压热电联产机组大大提高了热效率，其热效率可达 90%。小型工业锅炉或采暖炉效率为 50%～60%之间，并且烟气净化装置比较简陋，严重污染环境。

（二）改善城市环境

热电联产机组一般建在市郊，由于安装了高效除尘、脱硝和脱硫设备，煤场全部封闭，煤灰进行综合利用，可有效减轻环境污染；节省了城市分散供热锅炉、煤场、灰场所占用的土地；减轻了城市运煤和运灰的工作量，缓解了城市交通压力。

（三）提高供热质量

利用小锅炉居民采暖一般为间断供热，供热时间短，温度低；采用热电联产机组集中供热为连续运行，稳定可靠，供热质量高。

二、热电联产机组的经济指标

热电联产机组同时生产电能和热能两种不同的产品，其表述方法比凝汽式机组复杂，用不同的方法进行分析时，燃料中能量的利用程度差别很大。因此，必须用专门的经济指标表述热电联产机组的性能。

（一）供热量

供热量是热电联产机组对外供出的蒸汽或热水的热量，单位是“千焦（kJ）”或“百万千焦（GJ）”，即

$$Q_r = Q_{r1} + Q_{r2}$$

式中　Q_{r1}——计算期内直接供热量，GJ；

Q_{r2}——计算期内间接供热量，GJ。

1. 直接供热量

直接供热量是机组计算期内，直接供汽（水）的供热量，即

$$Q_{r1} = [\sum(D_i h_i) - \sum(D_j h_j) - \sum(D_k h_k)] \times 10^{-6}$$

式中　D_i、h_i——计算期内供汽（水）量与其焓值，kg、kJ/kg；

D_j、h_j——计算期内回用汽（水）量与其焓值，kg、kJ/kg；

D_k、h_k——计算期内供热的补水量与其焓值，kg、kJ/kg。

2. 间接供热量

间接供热量是计算期内，通过热网加热器的供热量，即

$$Q_{r2} = [\sum(D_i h_i) - \sum(D_j h_j) - \sum(D_k h_k)] / \eta_{rw} \times 10^{-6}$$

式中　η_{rw}——计算期内热网加热器效率，%。

（二）供热比

供热比是指计算期内向外供出的供热量与用于发电和供热总热量的比值。

$$\alpha_r = \frac{Q_r}{Q_h} = \frac{Q_h - Q_d}{Q_h} = 1 - \alpha_d$$

式中　α_r——供热用热量占总耗热量的份额（供热比）；

Q_h——计算期内发电和供热总热量，GJ；

Q_d——计算期内发电用的热量，GJ；

$\alpha_d = \frac{Q_d}{Q_h}$——发电用热量占总耗热量的份额。

（三）供热标准煤耗率与发电标准煤耗率

热电联产机组锅炉产生的蒸汽既用来发电，又利用汽轮机抽汽或排汽对外供热，供热标准煤耗率无法直接通过皮带秤称煤量，也不能通过入炉煤热值等数据采用正平衡方法求出，只能根据对外供热量、锅炉效率、管道效率反算，或采用发电供热分摊比对入炉标准煤量进行人为分割的方法间接计算。目前，国内外发电供热分摊方法有三种：第一种是热电联产效益归电法，此种方法基于热力学第一定律，以燃料化学能在发电和供热两个环节数量上被利用的程度进行分析评价（如热量法）；第二种是热电联产效益归热法，此种方法基于热力学第二定律，以燃料的做功能力被利用的程度来评价热经济性（如焓熵法等）；第三种方法是热电联产效益折中分摊法（如做功能力法）。我国将热量法作为热电联产机组发电供热煤耗分摊的常用计算方法。

1. 供热标准煤耗率

供热标准煤耗率是热电联产机组每供出 1GJ 热量所耗用的标准煤量。

$$b_r = \frac{B_r \times 10^3}{Q_r} = \frac{B \times \alpha_r \times 10^3}{Q_r}$$

式中 b_r——供热标准煤耗率，kg/GJ；

B_r——计算期内用于供热标准耗煤量，t；

B——计算期内用于供热和发电总标准耗煤量，t。

当用锅炉直接供热时，锅炉工质每增加 1GJ 热量需要的标准煤可用以下方法计算。

$$b_r = \frac{1 \times 10^6}{29\ 300\eta} = \frac{1}{0.029\ 3\eta} = \frac{34.12}{\eta}$$

$$\eta = \eta_W \times \eta_g$$

式中 η——供热热效率；

η_W——锅炉效率；

η_g——管道效率。

当 η_W=0.89、η_g=0.958 时，供热标煤耗率 b_r=34.12/(0.89×0.958)=40(kg/GJ)。

当 η_W=0.80、η_g=0.994 时，供热标煤耗率 b_r=34.12/(0.80×0.994)=42.9(kg/GJ)。

2. 发电标准煤耗率

发电标准煤耗率是热电联产机组每发 1kWh 电量所耗用的标准煤量。

$$b_d = \frac{B_d \times 10^6}{E} = \frac{(B - B_r) \times 10^6}{E} = \frac{B(1 - \alpha_r)}{E} \times 10^6$$

式中 b_d——发电标准煤耗率，g/kWh；

B_d——计算期内用于发电标准煤耗量，t；

E——计算期内发电量，kWh。

（四）供热厂用电率

供热厂用电率是热电联产机组对外供热耗用的厂用电量与供热量的比值，其计算方法为

$$e_{gr} = \frac{P_{gr}}{Q_r}$$

式中 e_{gr}——供热厂用电率，kWh/GJ；

P_{gr}——计算期内供热厂用电量（指热网循环泵、热网疏水泵、供热站等供热设备用电量之和），kWh。

（五）热电比

热电比是指计算期内热电联产机组向外供出的热量与供电量的当量热量的百分比，用 R 表示。根据热能和电能单位换算关系，1kWh=3600×10^{-6}GJ=36×10^{-4}GJ，统一计量单位后热电比计算式为

$$R = \frac{Q_r}{36 \times 10^{-4} \times E_g} \times 100\% = \frac{Q_r \times 10^6}{36E_g}\%$$

式中 R——热电比，%；

E_g——计算期内供电量，kWh。

（六）供热补水率

供热补水率是计算期内热电联产机组向外供热时，没有回收的水（汽）量占锅炉总蒸发量的百分比，即

$$R_{bs}=\frac{D_{ss}}{D_z}\times 100\%$$

式中　R_{bs}——供热补水率，%；

D_{ss}——计算期内热电联产机组向外供热时，没有回收的水（汽）总量，t/h；

D_z——计算期内热电联产机组向外供热时锅炉总蒸发量，t/h。

（七）供热热效率

供热热效率是热电联产机组的供热量与生产这些热量所耗用热量的百分比，计算方法为

$$\eta=\frac{Q_r\times 10^6}{B_r\times 10^3\times 29\ 300}\times 100\%=\frac{Q_r}{29.3B_r}\times 100\%$$

（八）综合热效率

热电联产机组的综合热效率为计算期内供热量与供电量所表征的热量之和与总标准煤耗量的热量的百分比，用 η_0 表示。根据热能和电能单位换算关系，10 000kWh＝36GJ，1kcal＝4.186 8kJ，1kg 标准煤热值为 7000kcal，1kg 标准煤热值＝7000×4.186 8＝29 300kJ＝0.029 3GJ，统一计量单位后的综合热效率计算公式为

$$\eta_0=\frac{Q_r\times 10^6+3600\times 10^4E_g}{(B_r+B_d)\times 10^3\times 29\ 300}\times 100\%=\frac{Q_r+36E_g}{29.3B}\times 100\%$$

（九）理论做功不足系数

理论做功不足系数是指单位质量抽汽理论等熵焓降与主蒸汽理论等熵焓降之比，用来衡量抽汽理论做功损失。用主蒸汽供热时，其做功不足系数为 1。

$$C_{cq}^{s}=\frac{\Delta h_{cq-c}^{s}}{\Delta h_{0-lz}^{s}+\Delta h_{rz-c}^{s}}$$

式中　C_{cq}^{s}——抽汽理论做功不足系数；

Δh_{cq-c}^{s}——以抽汽参数为起点，等熵膨胀至 THA 工况排汽压力的焓降，kJ/kg；

Δh_{0-lz}^{s}——以 THA 工况主蒸汽参数为起点，等熵膨胀至 THA 工况冷段再热蒸汽压力的焓降，kJ/kg；

Δh_{rz-c}^{s}——以 THA 工况热段再热蒸汽参数为起点，等熵膨胀至 THA 工况排汽压力的焓降，kJ/kg。

三、热电联产机组的种类

热电联产机组与常规火力发电机组除汽轮机和供热系统外，其他设备大致相同，因此，热电联产机组的种类实际上就是供热汽轮机的种类。按热力学特性和热力循环方式，供热汽轮机可分为背压式汽轮机和抽汽凝汽式汽轮机。背压式汽轮机的全部蒸汽都是热电联产；抽汽凝汽式汽轮机只有抽汽部分是热电联产（凝汽发电部分不属热电联产），抽汽凝汽式汽轮机组实质上是背压式汽轮机组和凝汽式汽轮机的结合体。随着发电和供热技术的不断提高，人们成功研发出了高背压凝汽式汽轮机供热、凝汽抽汽背压切换式汽轮机供热和利用热泵供热等供热方式，这些供热方式的应用使热电联产更加高效和普及。

热电联产机组的主要经济指标是热电比和综合热效率，由于各种热电联产机组的取热方法不同，其系统、设备、运行方式、热电比及综合热效率也不相同。根据我国发展热电联产的规定，热电联产机组应符合下列指标：①热电联产机组总热效率年平均大于 45%。②单机容量在 5 万 kW 的热电机组，其热电比年平均应大于 100%；单机容量在 5 万～20 万 kW

的热电机组，其热电比年平均应大于50%；单机容量在20万kW及以上抽汽凝汽供热机组，采暖期热电比应大于50%；燃气-蒸汽联合循环热电机组热电比应大于30%。应根据热用户的需求，选择合理的供热方式。下面介绍热电联产汽轮机的主要种类。

（一）背压式汽轮机

1. 背压式汽轮机的原理

背压式汽轮机的排汽压力较高（大于当地大气压力），没有凝汽设备，无冷源损失，热力循环效率是最高的，从而降低了发电煤耗、节约了能源，见图7-1（a）、图7-1（b）。背压式汽轮机可分为纯背压式汽轮机（B型机）和抽汽背压式汽轮机（C B型机）两种，以适应热用户供热需求。

2. 背压式汽轮机的特点

（1）蒸汽在汽轮机内做功后，以高于大气压力排入排汽室或集汽箱向热用户供热。这种汽轮机在热力系统中只有给水加热器，没有凝汽器，无冷源损失，是当前几种热力循环方式中综合热效率最高的一种（最高可达90%）。凝汽式汽轮机组即使采用了高参数蒸汽和低压排汽凝结以及回热、再热等措施，其循环的热效率很少超过42%，燃料中约有60%的热量被白白浪费，这一损失的绝大部分是凝汽式汽轮机的乏汽在凝汽器中凝结时传给冷却介质（水或空气）的热量。

（2）背压式汽轮机的供热能力强，热电比大，但其理论做功不足系数也较大（0.5左右）。

（3）背压式汽轮机的发电量由供汽量决定，电负荷调峰能力差。当背压式机组电负荷减小时，必须减小进汽量，由于背压式汽轮机的背压高，整机的焓降小（为凝汽式机组的1/8～1/3），如运行偏离设计工况，当蒸汽量下降到70%以下时效率就会急剧下降，并且背压式汽轮机的排汽参数下降，影响供热；当背压式机组电负荷增加时，必须加大进汽量，这样就会造成背压急剧上升，对机组的热力管网和热用户的安全构成严重威胁。因此，背压式机组不易进行电负荷调峰，运行方式也只能按照热负荷的变化而变化，运行方式为“以热定电”。

3. 背压式汽轮机的适用条件

背压式汽轮机的运行是“以热定电”，电负荷受热负荷的制约，热负荷的变动将引起机组工况的变化，使背压式汽轮机工作在非设计工况，热效率降低。在没有热负荷时，背压式汽轮机只能停机。综合考虑锅炉效率、汽轮机内效率、供热管网距离、热用户、初始投资及运行维护等因素，背压式汽轮机的容量一般较小，目前我国最大的背压式汽轮机容量为125MW亚临界、一次中间再热、抽汽背压式机组。根据背压式汽轮机的特点，适用于具有稳定的工业热负荷区域和我国北方供暖期较长（6～7个月）的中小城市居民采暖供热。

（二）抽汽凝汽式汽轮机

抽汽凝汽式汽轮机是在凝汽式汽轮机的基础上利用汽轮机抽汽向热用户供热，其抽汽压力较高（大于当地大气压力），排汽压力（背压）很低（水冷机组的背压为5～8kPa，空冷机组的背压为8～17kPa），机组配备了完整的凝汽设备，汽轮机的抽汽无冷源损失，汽轮机排汽在凝结过程中存在冷源损失，使整个机组热力循环效率的提高受到限制。根据热用户所需的压力不同分为单级抽汽机组和双级抽汽机组。如果将抽汽凝汽式汽轮机的进汽分成两股汽流，一股为凝汽汽流，另一股为供热抽汽汽流，凝汽汽流的热力循环相当于凝汽式汽轮机，供热抽汽汽流的热力循环相当于背压汽轮机。抽汽凝汽式汽轮机相当于背压式汽轮机和凝汽式汽轮机的叠置运行，热、电生产有一定的自由度，在规定范围内热、电负荷可以各自独立调节，因此它对热、电负荷变化适应性较好，双抽汽式热电联产机组对工业供热、采暖供热及电负荷之间的独立调节范围更大，因此它对热、电负荷变化的适应性强。抽汽凝汽式汽轮机可分为高压缸排汽供热、高温再热蒸汽供热、中压缸排汽供热、缸体非调整抽汽供热和旋转隔板抽汽供热等。

1. 高压缸排汽供热汽轮机

（1）高压缸排汽供热的原理。高压缸排汽供热是在汽轮机的高压排汽管道（再热器冷段）上开孔抽汽对外供热，供热系统见图7-2。根据中压调节阀是否参加调节，高压缸排汽供热又分为非调整高压缸排汽供热和调整式高压缸排汽供热两种。当供汽流量需求小、对供汽压力稳定性要求不高的热用户，可采用非调整高压缸排汽供热，抽汽压力随负荷变化波动，中压调节阀无需调整；当供汽流量需求大、对供汽压力稳定性要求高的热用户，可采用调整式高压缸排汽供热，通过调整中压调节阀保证供汽参数稳定。采用高压缸排汽供热时，因锅炉再热器受热面比例减少，会降低机组发电效率和机组出力。

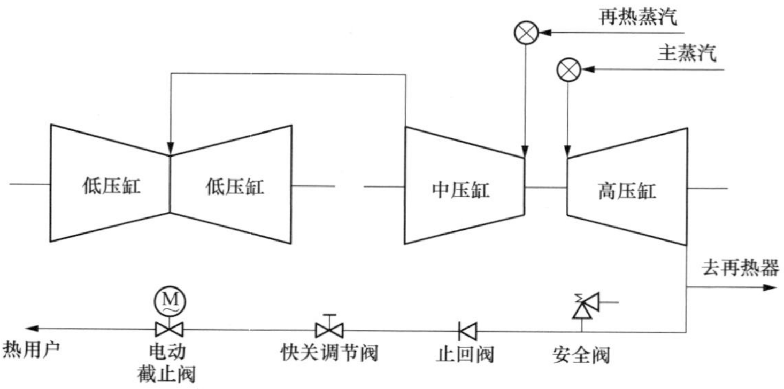

图7-2　高压缸排汽供热系统

（2）高压缸排汽供热的特点。

1）抽汽口方便接出，汽轮机本体不需改造。

2）相对主蒸汽和高温再热蒸汽抽汽温度较低，供热耗能较低。例如，某350MW超临界机组高压缸排汽供热量为170GJ/h时，抽汽理论做功不足系数约为0.56，发电煤耗约降低6.79g/kWh。

3）受锅炉再热器超温和高压缸末两级叶片强度两方面的限制，供汽量较小：非调整高压缸排汽供热一般不超过对应工况再热器流量的5%～8%；当锅炉减温水系统增容改造后，调整式高压缸排汽供热的抽汽量可增加到对应工况再热器流量的15%～20%。

4）非调整高压缸排汽供热的热电耦合性高，调整式高压缸排汽供热的热电耦合性较低。

（3）高压缸排汽供热的系统配置。

1）在汽轮机再热冷段管道上开孔，连接抽汽管道并依次安装止回阀、快关调节阀、电动截止阀等。

2）高压缸排汽供热是从再热器前抽汽，供热改造的机组需要核算对锅炉再热器、高压缸末两级叶片强度及汽轮机轴向推力的影响；新建机组可根据热负荷规划，确定合适的再热器受热面比例，选用高强度高压末级叶片，调整好轴系推力。

3）抽汽疏水不回收时，需校核电厂除盐水制水能力和凝汽器除氧效果，必要时进行化学除盐水系统及凝汽器除氧增容改造。

（4）高压缸排汽供热的适用范围。适用于供热量小、用汽压力需求较高（一般供汽压力为 1.5～3.0MPa）、温度在 300℃以下的工业供热。

2. 高温再热蒸汽供热汽轮机

（1）高温再热蒸汽供热的原理。高温再热蒸汽（热段再热蒸汽）供热是在锅炉再热器至汽轮机中压主汽阀之间的管道上开孔对外供热，供热系统见图 7-3。根据中压调节阀是否参加调节，高温再热蒸汽供热又分为非调整高温再热蒸汽供热和调整高温再热蒸汽供热。

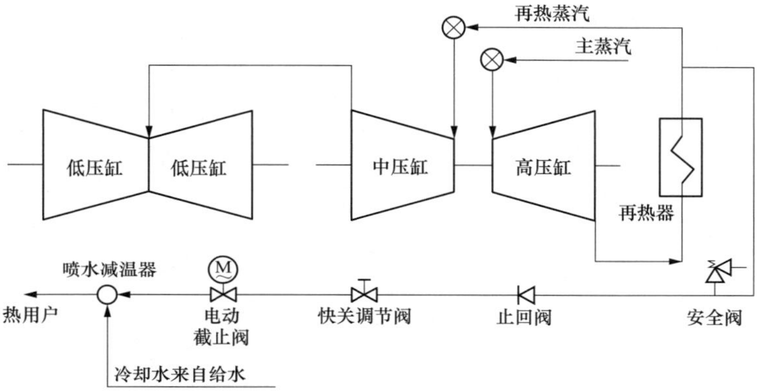

图 7-3 高温再热蒸汽供热系统

（2）高温再热蒸汽供热的特点。

1）高温再热蒸汽从再热器后抽出，抽汽口方便接出，且不会引起锅炉再热器超温，与高压缸排汽供热相比较，供汽量较大。

2）由于蒸汽温度高，需减温后对外供热，因此供热耗能较高。例如，某 350MW 超临界机组高温再热蒸汽工业供热 170GJ/h 时，抽汽理论做功不足系数约为 0.74，发电煤耗降低约为 5.93g/kWh。

3）高温再热蒸汽供热仅需考虑对高压缸末几级通流部分隔板和动叶片强度的影响。非调整高温再热蒸汽供热抽汽不超过对应工况再热器流量的 10%～15%；调整式高温再热蒸汽供热抽汽量可增加到对应工况再热器流量的 15%～30%，当推力瓦改造后可增加到 30%～40%，同时保持供汽压力稳定。

（3）高温再热蒸汽供热的系统配置。

1）在汽轮机高温再热蒸汽管道上开孔，连接抽汽管道并依次安装止回阀、快关调节阀、电动截止阀等，并在调整式高温再热蒸汽管道上加装安全阀。

2）不会对锅炉再热器造成影响，但需核算对高压缸末两级叶片强度及对汽轮机轴向推力的影响。

3）新建机组，可根据长期热负荷规划，高压末两级选用高强度的叶片，调整好轴系推力；改造机组，应根据核算结果，确定是否需对高压缸末两级叶片及推力瓦进行改造。

4）由于供热抽汽不回收，需校核除盐水制水能力和凝汽器除氧效果，必要时进行化学除盐水系统及凝汽器除氧增容改造。

(4) 高温再热蒸汽供热的适用范围。适用于供热量较大、用汽压力和温度需求较高（一般供汽压力为1.5～3.0MPa、温度在300℃以上）的工业供热。

3. 中压缸排汽供热汽轮机

(1) 中压缸排汽供热的原理。中压缸排汽供热是在中、低压缸联通管上开孔对外供汽，供汽系统见图7-4。

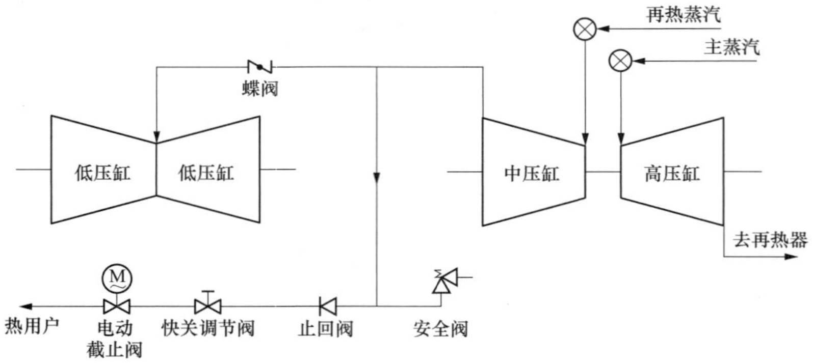

图7-4　中压缸排汽供热系统

(2) 中压缸排汽供热的特点。

1）抽汽口方便接出，抽汽对机组转子轴向推力影响很小，汽轮机本体不需改造。

2）供汽参数较低，压力通常在0.3～1.0MPa之间，温度在250～300℃，供热耗能低。例如，某350MW超临界机组中压缸排汽工业供热为170GJ/h时，抽汽理论做功不足系数约为0.43，发电煤耗降低约7.08g/kWh。

3）供热量大，最大抽汽量受中低压连通管蝶阀最小开度及低压缸最小冷却流量制约，在低负荷大抽汽量工况下应考虑中压缸排汽温度对机组安全运行的影响。一般350MW热电联产机组额定中压缸排汽的抽汽量在500t/h左右，由纯凝式机组改造成的供热机组，额定抽汽量在300t/h左右。

4）中、低压连通管蝶阀可作为供热抽汽压力调整机构，调整范围大，但受低压缸最小冷却流量限制。

(3) 中压缸排汽供热的系统配置。

1）在中低压联通管道上开孔，连接抽汽管道并依次安装安全阀、止回阀、快关调节阀、电动截止阀等。同时，为实现供汽压力参数的稳定调节，需在连通管上加装调节蝶阀。

2）需核算中、低压连通管增加蝶阀对管道推力、汽缸膨胀的影响，合理设置管道死点及膨胀节。

3）对于除氧器用汽和给水泵汽轮机用汽来自中压缸排汽的大型机组，还需考虑对外供热时对除氧器用汽和给水泵汽轮机功率的影响。

4）抽汽不回收时，需校核电厂除盐水制水能力和凝汽器除氧效果，必要时进行化学除盐水系统及凝汽器除氧增容改造。

（4）中压缸排汽供热的适用范围。适用于供汽流量大、用汽压力在 0.2～1.0MPa、温度在 250～300℃的低参数工业热用户及城市居民采暖供热。

4. 缸体非调整抽汽供热汽轮机

（1）缸体非调整抽汽供热的原理。缸体非调整抽汽供热是利用回热系统的抽汽口增加抽汽或从缸上特定部位打孔抽汽，汽轮机内外不设置抽汽压力调节机构的供汽方式，见图 7-5。在回热抽汽口上增加抽汽时（通常指高中压缸上不属于排汽的回热抽汽口），利用抽汽口的设计抽汽裕量，在抽汽管道上打孔抽汽；或者对回热抽汽口进行扩孔改造，再在更换的抽汽管道上打孔抽汽。在缸体上特定部位（某一非回热抽汽口位置）打孔抽汽，主要适用于汽轮机上每个抽汽口对应参数都不满足要求，或即使满足要求但该回热抽汽口直径过小，结构上无法实现扩孔，只能在旁边再开孔的情况。一般在中小型汽轮机改造应用较多。

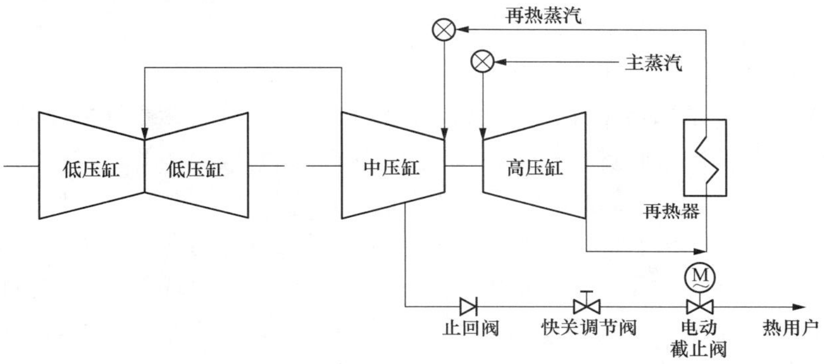

图 7-5 缸体非调整抽汽供热

（2）缸体非调整抽汽供热的特点。

1）非调整抽汽的抽汽压力会随着进汽量或电负荷的变化而变化，两者呈线性关系。非调整抽汽量随着热网压力的变化而变化，汽轮机不能根据热网的需求而灵活地改变抽汽量及抽汽压力。

2）非调整抽汽随抽汽量增加，会影响抽汽口前的隔板和叶片前后压差，需考虑隔板强度和叶片强度有充分的裕度，一般抽汽量小于通流部分主流区流量的 25%，最大一般不宜超过机组进汽流量的 10%。

3）由于抽汽压力不能调整，非调整抽汽在设计时通常要将抽汽压力选定得比用户要求的略高，以适应低负荷、大抽汽量时压力的变化。

4）从回热抽汽口上增加抽汽，对汽轮机通流没有节流影响，改造范围小，易于布置。

（3）缸体非调整抽汽供热的系统配置。

1）从回热系统的抽汽管道以及缸上特定部位（某一非回热抽汽口位置）上进行打孔抽汽，在引出的抽汽管道上依次加装止回阀、快关调节阀、电动截止阀等。

2）在新建或扩建机组上，提前规划预留适当裕量以满足机组后续扩大供热能力需要，对于改造机组应与通流改造一起规划设计。

3）非调整抽汽特别要注意对汽轮机通流部分安全性的影响，设计改造时需要根据汽轮机本体结构特点及系统抽汽管道的布置，选取合适的抽汽口位置和管径，增加抽汽系统和抽汽控制逻辑。若在再热机组高压缸上非排汽回热抽汽口增加抽汽，与从再热器冷段抽汽类似，需核算再热器是否超温。

4）非调整抽汽设计及改造，需要核算抽汽口前两级叶片强度，确定该处的最大抽汽量；核算机组转子轴向推力变化。共用回热抽汽口扩孔和在缸体上打孔抽汽情况需核算相应位置汽缸的刚度和强度。对于新增开孔的情况还需对管道与缸体焊接部位进行热处理。

5）改造后与原回热抽汽共用抽汽口，需核算抽汽口位置处管道流速是否超速，若结构允许可考虑扩孔。若机组为双层缸结构，抽汽往往是从对应外缸内部的两个隔板套之间的间隙处抽出，需核算间隙流速，可能需要对隔板套进行补充加工或者更新设计。非调整抽汽供应工业用汽，通常工质不能回收，需补充化学除盐水到凝汽器，在凝汽器内部安装除氧设备，进行补水除氧。

（4）缸体非调整抽汽供热的适用范围。缸体非调整抽汽供热适用于抽汽量不大，供汽压力稳定性要求不高的工业热用户。

5. 旋转隔板抽汽供热汽轮机

（1）旋转隔板抽汽供热的原理。旋转隔板抽汽供热属于缸上调整抽汽供热，通过旋转隔板改变通流面积调节抽汽量和凝汽量的比例来实现定压调节抽汽供热。旋转隔板是传统抽汽压力调节机构，见图 7-6。通常加装在中压缸合适的压力级前，主要由隔板体、转动环、平衡环组成，外部由连杆机构、油动机组成，转动环位于隔板体与平衡环之间，通过外部油动机驱动连杆机构，带动转动环在一定角度内旋转，通过改变转动环与隔板体窗口的重叠度以控制流入下游的蒸汽流量，达到调节抽汽压力和流量的目的。当转动环和隔板体上窗口完全重合时，旋转隔板处于全开位置，机组相当于常规同容量的凝汽机组；当转动环和隔板体上窗口完全错开时，旋转隔板处于全关位置，此时仍有最小的容积流量，满足机组低压缸的冷却，以保证机组运行的安全性。正常工作时，旋转隔板在全开和全关位置之间，按供热参数需求调节旋转隔板通流面积，以控制隔板前压力来提供参数稳定的工业抽汽。

（2）旋转隔板抽汽供热的特点。

1）旋转隔板布置位置根据供汽参数确定，参数匹配性好。一般在中压缸体内安装旋转隔板，供热抽汽压力通常为 0.8～2MPa。抽汽量一般不宜超过隔板前主流区流量的 25%～30%。

2）抽汽口布置在旋转隔板安装位置前，为了减小占用汽缸的轴向尺寸，一般都设两个抽汽口，宜布置在汽缸下部，左右各一，开口之后的管道流速将是限制抽汽量大小的重要因素。

3）调节精度高，在汽缸中占据的位置较小，易于布置。蒸汽流过时不需要折转，因而流动损失较小。

4）调整灵活，在运行调节时，通过执行机构使转动环旋转，进而调整旋转隔板的通流面积，从而调节隔板前蒸汽压力。

5）缸体内安装旋转隔板，必须预留空间，使得汽缸及汽轮机转子均需要加长，机组金属耗量增加。

6）由于旋转隔板的功能近似于调节阀，在参与运行调节时不可避免地需要减小通流面积，增加隔板前蒸汽压力，会导致节流损失增加，同时不参与抽汽调节时也有一定压损，影响一定的缸效率。50%THA 以下负荷，参数难以满足要求。

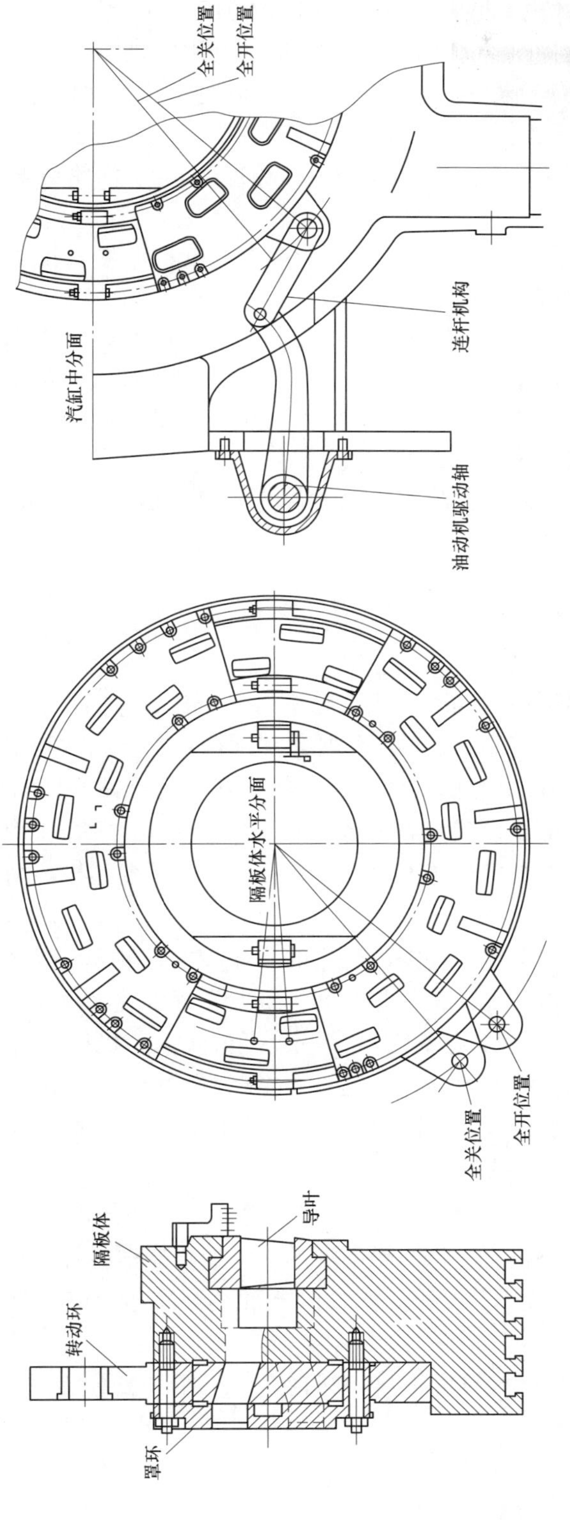

图 7-6 旋转隔板结构

（3）旋转隔板抽汽供热的系统配置。

1）旋转隔板安装在缸体内，适宜在汽轮机本体设计时同步考虑，在缸体合适位置开孔并加装旋转隔板，在引出的抽汽管道上配置安全阀、止回阀、抽汽快关阀、抽汽截止阀。

2）核算和确定抽汽压力下限值，核算机组转子轴向推力、汽缸强度和刚度。增加抽汽系统和抽汽控制逻辑。

3）需要进行中压末级叶片安全性论证，为保证抽汽工况下汽轮机安全运行，需保证低压缸的最小安全流量。

4）工业抽汽不回收，需校核电厂除盐水制水能力和凝汽器除氧效果，必要时进行化学除盐水系统及凝汽器除氧增容改造。

5）若用于改造机组，需对汽轮机本体（外缸、内缸、转子等）进行改造，套装式转子结构改造量较小，整锻转子需整体更换。在外缸某一位置打孔抽汽，重新设计内缸、隔板套及动静叶片。改造难度较大，工期长。特别对于反动式汽轮机，级数多排列紧密，级间抽汽推力变化大，若改造一般只能重新设计整个汽缸。

（4）旋转隔板抽汽供热的适用范围。旋转隔板主要适用于大流量中、低压工业热用户（抽汽压力一般低于 2MPa），广泛应用于 600MW 及以下新（扩）建机组的工业供热（改造机组应用较少）。

（三）高背压凝汽式汽轮机

1. 高背压凝汽式汽轮机的原理

高背压凝汽式汽轮机是通过提高凝汽式汽轮机的排汽压力（背压），从而提高汽轮机的排汽温度，用低品位的乏汽代替高品位的蒸汽加热热网循环水（同时利用热网循环水冷却汽轮机排汽），供热不足部分由高品位的抽汽进行尖峰加热，达到用户所需要的温度后供给热用户。这种供热方式有效降低了供热汽源参数，实现了“温度对口、梯级利用”，是近年来供热技术的一项重要革新。根据汽轮机的冷却方式和低压转子的结构，高背压凝汽式汽轮机供热可分成不同种类。

（1）按汽轮机的冷却方式分类。根据汽轮机的冷却方式，可分为湿冷高背压凝汽式汽轮机供热、直接空冷高背压凝汽式汽轮机供热和间接空冷高背压凝汽式汽轮机供热。

1）湿冷高背压凝汽式汽轮机供热。湿冷高背压凝汽式汽轮机供热是利用现有的凝汽器及循环冷却水管道，增设热网循环水切换系统。湿冷高背压凝汽式汽轮机在供热期背压一般为 34～54kPa，用热网循环水作为凝汽器的冷却水；非供热期在正常背压 5～8kPa 运行，用循环水作为凝汽器的冷却水，见图 7-7。

2）直接空冷高背压凝汽式汽轮机供热。直接空冷机组，在排汽装置至空冷岛的主排汽管道上增设乏汽旁路管道，将机组乏汽引至新增的凝汽加热器中回收供暖，直接空冷高背压凝汽式汽轮机供热系统见图 7-8。供热期乏汽由凝气加热器冷却凝结，非供热期乏汽由直接空冷装置冷却凝结。

3）间接空冷高背压凝汽式汽轮机供热。间接空冷机组又分为哈蒙式（表面式凝汽器）及海勒式（混合式凝汽器）。

哈蒙式间接空冷机组高背压凝汽式汽轮机供热与湿冷机组基本相同，将凝汽器改造为低温热网加热器，通过热网循环水回收机组余热。

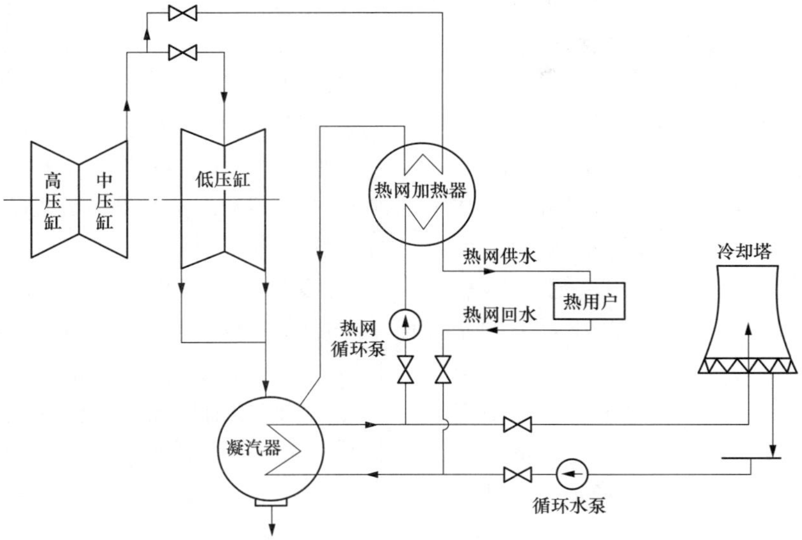

图 7-7　湿冷高背压凝汽式汽轮机供热系统

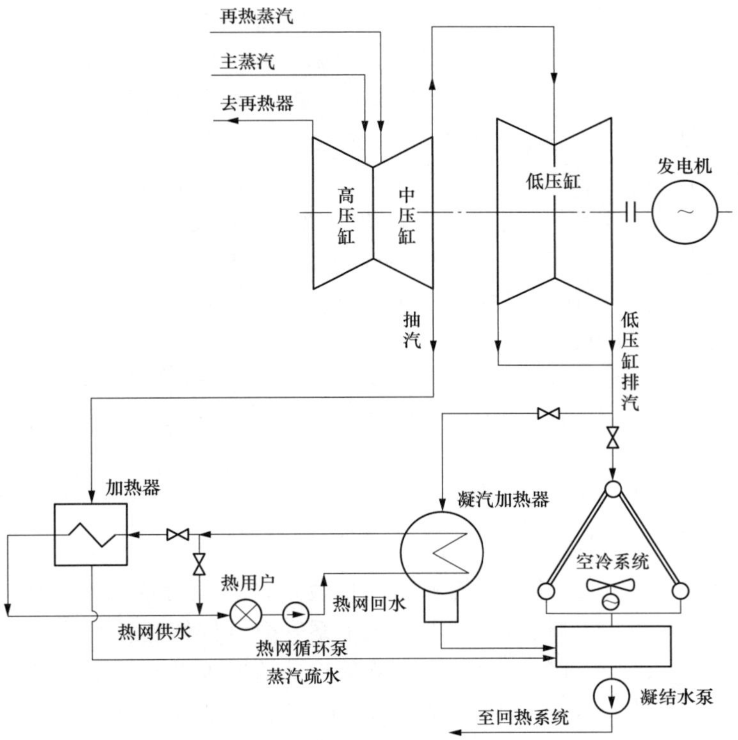

图 7-8　直接空冷高背压凝汽式汽轮机供热系统

海勒式间接空冷机组因采用的是混合式凝汽器，采用新增的水水换热器，将去往冷却塔的循环水余热回收用于加热热网循环水。因为增加了换热端差，乏汽回收效果受限，所以海勒式间接空冷机组高背压凝汽式汽轮机供热应用较少。

（2）按低压转子结构分类。根据低压转子的结构，可分为双转子高背压凝汽式汽轮机供热和单转子高背压凝汽式汽轮机供热。

1）双转子高背压凝汽式汽轮机供热。汽轮机低压缸配置两根转子，一根为采暖季高背压凝汽式供热短叶片转子，另一根为非采暖季纯凝低背压长叶片转子。采暖期前后停机两次更换转子。优点是全年均能高效运行，安全性高；缺点是每年需停机两次更换转子，且更换下来的转子需要专门场地维护保管，增加了维护工作量。适应于采暖季高背压运行、非采暖季低背压运行，以及非采暖季发电负荷率较高的机组。

2）单转子高背压凝汽式汽轮机供热。为低压缸设计一个宽背压的转子，在保证采暖季高背压凝汽式供热安全的前提下，兼顾非采暖季纯凝低背压运行时的经济性。对于非采暖期平均负荷率在70%以下，采暖季运行背压在40kPa以下的湿冷机组和采暖季运行背压在50kPa以下的空冷机组，可考虑单转子方案。优点是采暖季前后无需停机更换转子，减少了后期运行维护成本；缺点是宽背压低压缸转子末级叶片短，会影响机组非采暖季高负荷时的运行经济性，但不会影响非采暖季中低负荷下的运行经济性。适应于电厂非采暖季长期负荷率低、基本不出现满负荷运行的机组。

2．高背压凝汽式汽轮机的特点

（1）将占据燃料输入热量50%以上的冷源损失回收用于供暖，供暖期机组发电煤耗降至140g/kWh以下，与传统抽汽式供热相比，机组发电煤耗下降70g/kWh以上。

（2）有效降低供热汽源参数和耗能成本。根据采暖期机组控制背压的不同，供暖耗能存在一定差异。350MW超临界机组采用高背压凝汽式供热，机组背压维持在45kPa，乏汽理论做功不足系数约为0.168，相比抽汽供热，做功不足系数下降0.217。

（3）低成本挖潜机组供热能力，解决了传统供热方式机组供热能力不足的问题，相比传统抽汽式供热，在汽轮机输入相同热量下，机组供热能力提高30%以上。一般300MW机组，单机供热能力可达400MW以上；600MW机组，单机供热能力可达800MW以上。

（4）电厂热电综合产出比显著提升，在火力发电企业节能减排要求日益严峻的市场环境下，提高了电厂市场竞争力。

（5）乏汽回收量受制于外网供热规模和热网参数，自身热电解耦能力弱，除直接空冷机组可通过控制进入空冷岛和热网凝汽加热器的乏汽量实现热电解耦外，湿冷及间接空冷机组热电关联性高，需配合凝汽器分区运行或增设高低压旁路、蓄热等其他外部技术手段，以满足热电解耦运行需要。

3．高背压凝汽式汽轮机的配套系统

（1）根据热网参数及机组负荷条件，确定采暖期机组运行背压及低压缸通流改造方案。需进行机组高背压凝汽式运行状态下的汽轮机轴系安全性校核和转子动态及静态特性计算。

（2）凝汽器改造（湿冷机组）或新增热网凝汽加热器（空冷机组）时，凝汽器采暖期设计端差控制在2℃以下，管侧设计压力根据热网循环水、循环冷却水的最高运行压力确定。

（3）凝结水精处理系统改造。更换高温树脂或在主凝结水系统上增设凝结水冷却器的方式，确保在高背压凝汽式供热工况下精处理系统的正常运行。

（4）辅机冷却水系统改造。

（5）增设循环冷却水与热网循环水切换系统（湿冷机组）。

（6）热网系统及相关设备适配性改造。

4. 高背压凝汽式汽轮机的适用范围

适用于大型热电联产机组在大、中城市为居民采暖供热。

（四）凝抽背（NCB）汽轮机

凝抽背汽轮机具备凝汽式（N）、抽汽凝汽式（C）和背压式（B）三种运行功能，可根据热电负荷的变化进行运行方式切换，灵活解列低压缸，高、中压缸按背压式汽轮机运行供热，实现低压缸热电解耦。

1. NCB 汽轮机的原理

早期的 NCB 汽轮机为双发电机方案设计，汽轮机高中压缸和低压缸采用双轴方式各带一个发电机，高、中压缸和低压缸间仅有连通管相连接，并通过关断连通管上的蝶阀来切除低压缸，实现背压运行，见图 7-9。双发电机方案的电气系统配置及运行操作复杂，投资较高，很少采用。目前，NCB 汽轮机采用离合器方案设计，在机组高、中压转子与低压转子之间加装自动同步离合器，发电机位置由常规的低压缸末端改在高压缸前端，高压转子直接与发电机转子相接，借助自动同步离合器（3S 离合器），实现低压缸的在线解列和并列，见图 7-10。

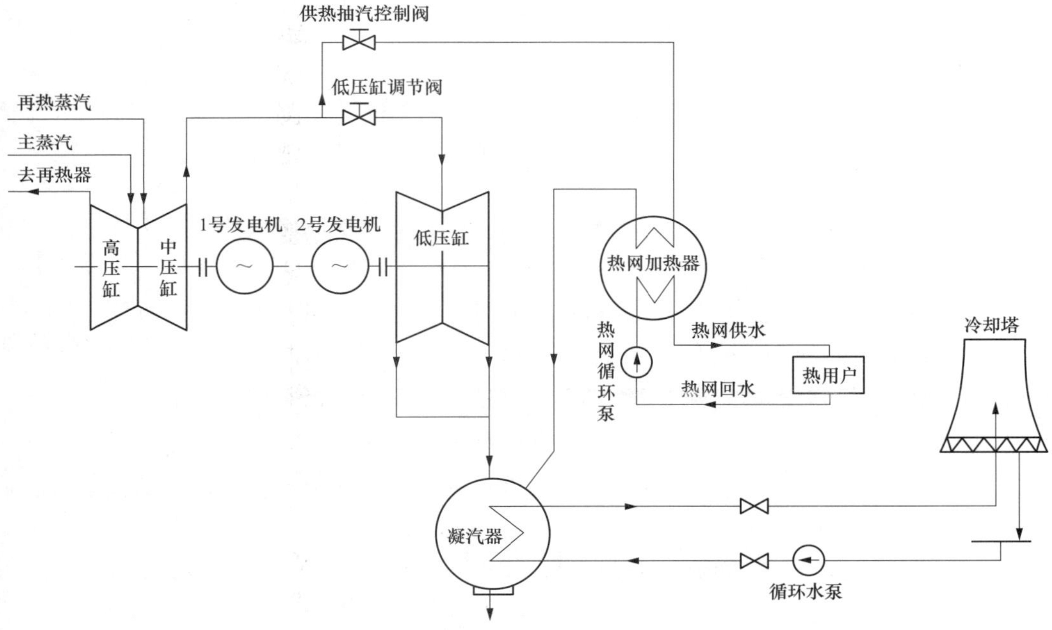

图 7-9　NCB 汽轮机双发电机方案

2. NCB 汽轮机的特点

（1）深度调峰能力强。可灵活在线切除低压缸，纯凝、抽凝、背压三种工况灵活在线切换，热负荷与电负荷的调节性能好。以 350MW 超临界机组为例，NCB 机型背压运行时最小稳定工况电负荷可降至 90MW（背压排汽量为 240t/h），为设计负荷的 25.7%。

（2）供热能力大。以 350MW 机组为例，与常规 350MW 抽汽凝汽式汽轮机相比，NCB 机组的供热能力可提高 25%～30%，最大采暖抽汽量从 550t/h 提高到 700t/h 左右，增加供

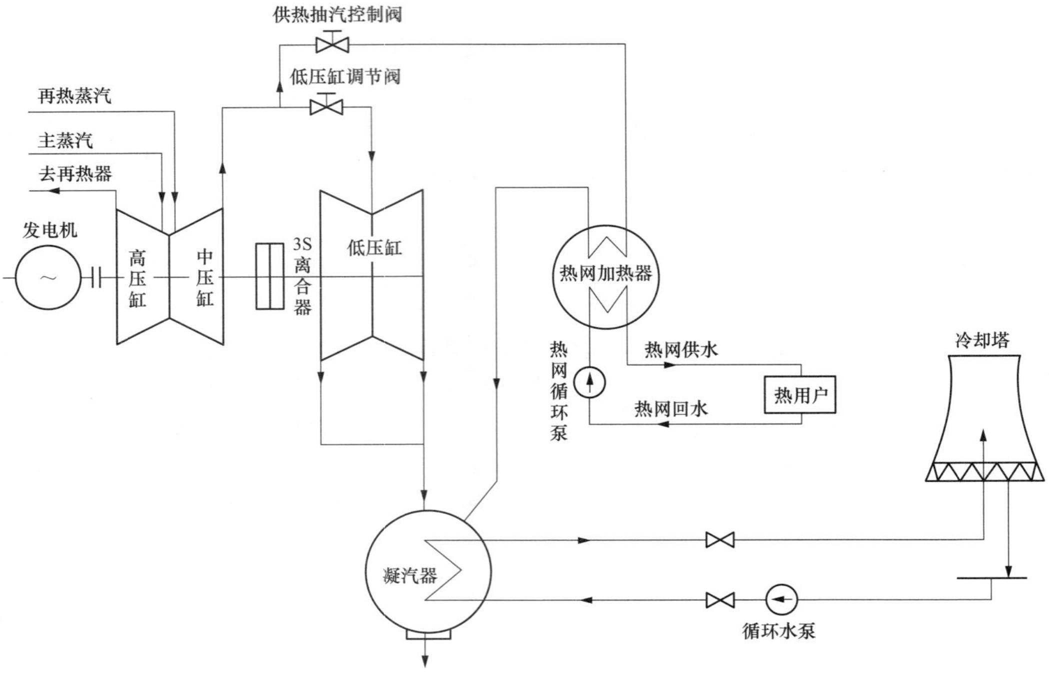

图 7-10　NCB 汽轮机自动同步离合器方案

热量约 105MW。

(3) 供热参数为中压缸排汽，对热网供、回水温度无要求。供热耗能与中压缸排汽抽汽耗能相当，理论做功不足系数为 0.383。

(4) 自动同步离合器必须具有很高的精度和可靠性，维护保养需返厂进行。

3. NCB 汽轮机的配套系统

(1) 在高、中压转子与低压转子之间设置自动同步离合器，实现低压缸的在线解列和投运。发电机位置由常规的低压缸末端改在高压缸前端，发电机转子直接与高压转子相接。

(2) 因发电机前置，汽轮机前轴承箱的长度略有缩短，原常规安装在前轴承箱内的主油泵取消，采用电动主油泵。

(3) 因为增加离合器和发电机前置布置，所以 NCB 机组的轴系长度较常规抽汽凝汽式汽轮机增加 4～5m，轴系稳定性设计与常规供热机组有所不同，在离合器与中压转子之间增加一个轴承，确保离合器在运行中有良好的对中性，防止高、中压转子振动对自动同步离合器产生耦合效应。

(4) 为保证低压缸解列及投运过程中的安全稳定性，在中、低压联通管上增加关断蝶阀和调节蝶阀，以达到准确控制低压缸流量的目的。

(5) 采用双顶轴油系统设计，低压缸在解列模式下低压转子仍以约 200r/min 的速度被拖拽转动，因此须在低压缸解列期间为低压转子支持轴承提供顶轴油。为此特别设有高压转子和低压转子两套顶轴油系统。

(6) NCB 汽轮机供热系统与抽汽凝汽式汽轮机相似，采用中排抽汽供热，在中低压联通管上加装三通，引出抽汽管道至热网首站加热器，抽汽管道上依次加装安全阀、止回阀、快关阀、调节阀，并在中低压连通管上增设蝶阀。

4. NCB 汽轮机的适用范围

NCB 汽轮机适用于供热规模大、用汽压力在 0.2～1.0MPa、温度在 250～300℃的低参数工业热用户及大型城市居民采暖供热。

（五）切除低压缸

1. 切除低压缸的原理

切除低压缸供热是通过改造低压缸进汽系统、降低背压、提高末级抗水蚀性能等技术手段，在低背压条件下大幅度减小低压缸进汽流量，提高机组供热能力，切除低压缸供热系统，见图 7-11。根据末级相对容积流量（变工况下末级容积流量与 THA 工况下末级容积流量比值）的大小，切除低压缸分为低压缸微出力和低压缸零出力两种。低压缸微出力的末级相对容积流量一般控制在 0.2～0.25，低压缸零出力的末级相对容积流量控制在 0.1 以下。

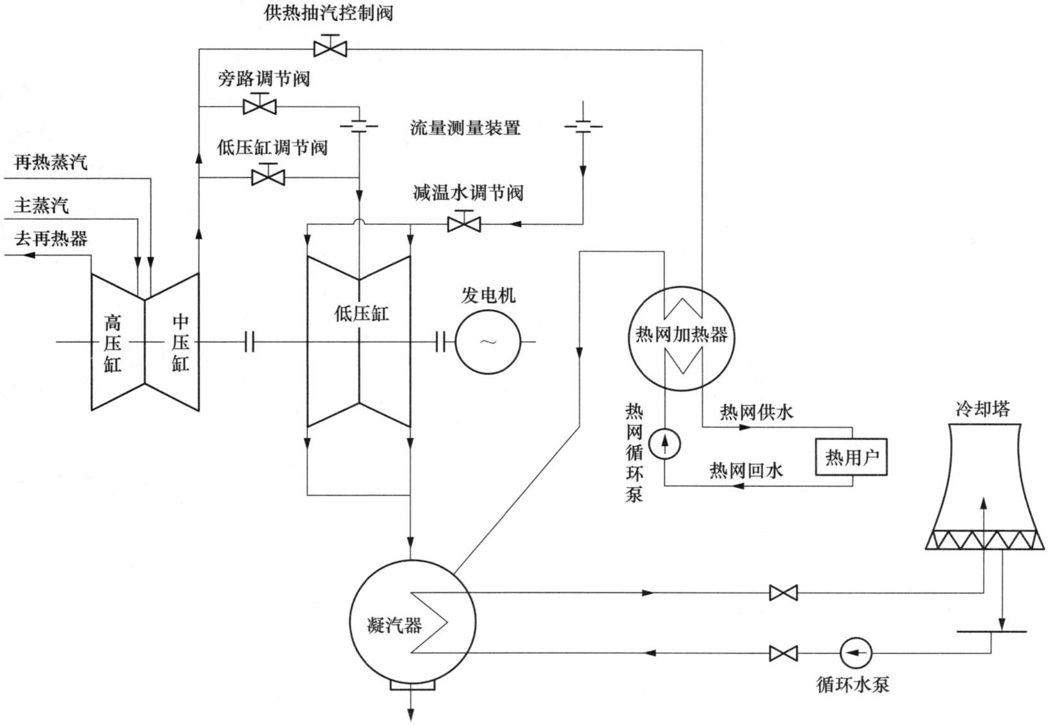

图 7-11 切除低压缸供热系统

降低低压缸通流量是热电解耦的有效手段，随着汽轮机低压缸进汽流量的降低、末级相对容积流量减小。当末级相对容积流量小于 0.5 时，叶片可能发生以下现象。

（1）叶片鼓风。在小容积流量工况时末级动叶将进入鼓风状态，排汽温度升高，如不采取有效措施，可能导致排汽缸变形、动静碰磨、叶片应力超标等问题。

（2）叶片水蚀。小容积流量工况低压缸进入鼓风状态后，为降低末级排汽温度（一般不超过 80℃），需投运低压缸排汽喷水装置，可能增加排汽湿度，导致末级动叶片顶部背弧进汽边和根部出汽边发生水蚀，削弱叶片强度。

（3）叶片颤振。颤振是一种自激振动，其发生条件是系统总阻尼（机械阻尼与气动阻尼之和）小于零。研究表明：当末级相对容积流量减少至 0.2～0.3 时末级叶片动应力明显增大，减少至 0.1～0.2 时末级叶片动应力达到最大，存在颤振风险。

根据有关研究、试验和运行结果，机组长期处于小容积流量工况运行时，存在末级叶片动应力超标等风险，尤其是末级叶片采用自由叶片的情况，发生颤振的风险更大。低压缸零出力改造将末级相对容积流量降低至 0.1 以下，采暖供热期间在“正常工况”与“零出力工况”运行模式间切换时，末级动叶片将受到最大动应力。在校核低压缸零出力改造的安全性时，因为准确评估小容积流量工况汽轮机末级动叶是否会发生颤振存在技术难度，通常采用定性或简化定量方法（与实际流场条件偏差较大）计算并得出结论，所以分析和计算过程不够严谨，存在一定技术风险。为保证机组安全，低压缸零出力运行时需要密切关注末级动叶排汽温度、振动等指标的变化情况，发现异常及时采取措施，必要时切换低压缸运行模式。低压缸零出力改造后尚需密切跟踪机组运行状况，尤其要重点关注其长期运行的可靠性。与低压缸零出力供热技术有所不同，低压缸微出力是通过控制末级相对容积流量在 0.2～0.25，避开了动应力峰值区域，降低了末级动叶颤振风险；有利于防止排汽超温，通常不用连续喷水降温，降低了末级叶片水蚀风险，具有更高的安全可靠性。综合各方面因素，低压缸微出力供热与低压缸零出力供热相比较，尽管供热能力有一定程度下降，但安全可靠性更有保障，由于当前小容积流量工况叶片颤振定量评估准则不完善，为保证运行可靠性，一般采用低压缸微出力供热。

2. 切除低压缸的特点

（1）通过切除汽轮机低压缸的大部分进汽，大幅提高机组中压缸排汽供热能力和调峰能力。相比传统抽汽凝汽式供热，相同主蒸汽量条件下，机组供热能力提升 15%以上；相同供热量条件下，调峰能力提升约 18%。

（2）改造投资小，调节灵活，机组运行中可根据供热量的不同，低压缸在“微出力”或“正常出力”运行模式间切换。

（3）机组低压缸末级叶片维持在较小应力范围，可确保机组运行安全可靠。

（4）供热耗能与中压缸排汽抽汽供热相同，理论做功不足系数为 0.385。

（5）在相同供热量下，改造后主蒸汽流量和电负荷下降，机组调峰能力增加，发电煤耗下降。以某 350MW 供热机组为例，低压缸微出力改造前后供热能力和能耗指标对比见表 7-1。

表 7-1　　低压缸微出力改造前后供热指标对比表

参数	单位	改造前	改造后	变化
主蒸汽流量	t/h	1087	1087	0
背压	kPa	4.9	2.5	2.4
供热抽汽量	t/h	510	590	+80
低压缸进汽量	t/h	146	61	−85
发电负荷	MW	274.9	265.7	−9.2

续表

参数	单位	改造前	改造后	变化
供热负荷	MW	371	430	+59
热电比		1.35	1.62	+0.27
发电煤耗	g/kWh	205	186.5	−18.5

3. 切除低压缸的配套系统改造

（1）中低压联通管改造。中低压连通管增设抽汽三通，中、低压连通管蝶阀更换为可完全密封的阀门，或通过特性调整限制蝶阀最小流量。

（2）为精确控制低压缸最小冷却蒸汽流量，可增设低压缸进汽旁路，并在旁路管道上设置调节阀、流量计及温度、压力测点等。

（3）需增设抽吸能力较强的罗茨抽真空系统，使机组运行背压降至2～3kPa。

（4）增设低压缸安全监测系统，增设低压缸进汽、次末级、末级排汽温度测点，以便于低压缸的安全监控。

（5）改造低压缸喷水系统，确保未投运时无内漏，采用雾化效果好的喷头，调整喷水角度。

（6）通过监测次末级、末级动叶片出口蒸汽温度及排汽温度，合理控制低压缸冷却流量、低压缸喷水量以及微出力工况的投退。根据排汽温度测量值，应设置三级报警，并自动采取相应的逻辑控制。

（7）对热网加热器、热网抽汽系统、热网循环水系统、疏水系统等进行必要增容改造。

4. 切除低压缸的适用范围

切除低压缸适用于供热规模大、用汽压力在0.2～1.0MPa、温度在250～300℃的低参数工业热用户及大型城市居民采暖供热。

（六）低压转子光轴供热汽轮机

1. 低压转子光轴供热的原理

低压转子光轴供热是在采暖期，将低压缸转子更换为不带叶片的光轴，机组背压运行，低压转子仅起到传递扭矩的作用，改造后不受低压缸最低通流量限制，机组的中压缸排汽可全部用于供暖；在非采暖期，低压缸转子更换为原来带叶片的转子，机组恢复原凝汽运行方式。低压转子光轴供热在采暖期将低压转子的冷源损失降至近似于零，中压缸排汽全部送至热网加热器用作供热热源，低压缸仅需通流少量的冷却蒸汽，因此大幅提升了机组的供热能力，见图7-12。

2. 低压转子光轴供热的特点

（1）低压转子光轴供热可以充分利用汽轮机中压缸排汽，采暖季机组运行方式类似背压机，减少冷源损失，可以获得机组能力范围内最大的供热量。相比传统抽汽凝汽式汽轮机，供热能力可提升25%以上。

（2）对原机组各辅助系统及辅机的改造工作量较小，投资少。

（3）低压缸光轴转子无叶片，无须考虑叶片颤振及水蚀风险，运行调整监控参数少。

（4）每年采暖季前后须两次开缸更换转子，同时拆卸下的低压转子需要考虑存放、维护问题（经常性盘轴），防止锈蚀。

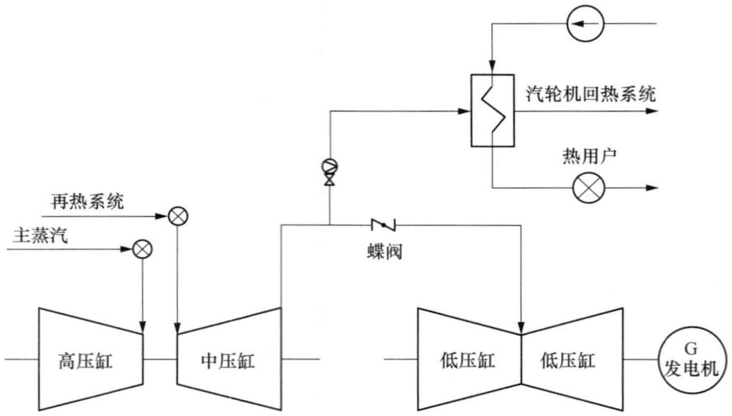

图 7-12　低压转子光轴供热系统

(5) 利用中压缸排汽对外供热，对热网供回水参数无具体要求。供热耗能与中排抽汽耗能相当，理论做功不足系数为 0.383。

(6) 采暖期机组以背压方式运行，热电耦合性高。

3. 低压转子光轴供热的配套系统改造

(1) 新增一根采暖期切换用的低压缸光轴转子，光轴转子总体重量尽可能等于或接近原有低压缸转子重量，维持现有汽轮机轴承支撑系统不变。

(2) 需核算机组轴系临界转速及稳定性，保证更换低压转子后，低压转子挠度与原机组基本相同，轴系安装标高与改造前相同或保证在安全可调整范围之内。

(3) 中低压连通管增设抽汽三通，连通管蝶阀更换为可完全密封的阀门。

(4) 对热网加热器、热网抽汽系统、热网循环水系统、疏水系统等进行增容改造。

(5) 增设低压缸蒸汽冷却系统，低压缸内通流少量冷却蒸汽（约 10t/h），带走光轴旋转产生的摩擦鼓风热量。

(6) 改造轴封系统汽源。

4. 低压转子光轴供热的适用范围

低压转子光轴供热适用于供热规模大的城市居民采暖供热，特别是非采暖期需停运的 300MW 以下机组。

（七）利用热泵的热电联产机组

“热泵”（heat pumps）这一术语是借鉴“水泵”一词得来的。在自然界中，水从高处自发流向低处，水泵可将水从低处送到高处利用。同样，热能可自发从高温热源传向低温热源，而热泵可将低温热源的热能“泵送”（交换传递）到高温热源加以利用，因此，热泵实质上是一种热能提升装置。热泵通常被作为一种节能装置，其性能系数用能效比(Coefficient of Performance，COP）来表示，是收益（利用的热能）与代价（所耗机械功或热能）的比值。

由于热泵系统构成、设备特性、热源的种类以及用途的多样性，热泵的分类也多种多样，常见的分类方法有按工作原理分类、按驱动能源种类分类、按热源的种类分类、按主要用途分类、按供热温度分类、按热源和供热介质的组合方式分类、按热泵安装方式分类、按能量提升级数分类等。按工作原理热泵分为吸收式热泵、压缩式热泵、蒸汽喷射式热泵。

1. 吸收式热泵

吸收式热泵是以热能为驱动热源，利用液体工质对（吸收剂和制冷剂）在不同溶液浓度下的吸热和放热特性，通过加热浓缩和稀释吸收剂溶液，改变其温度，以达到吸收低温热源热能并向高温热源放热的目的。吸收式热泵的工质对是一种二元溶液，由吸收（溶质）和制冷剂（溶剂）组成，其浓度用吸收剂的质量百分数表示。制冷剂的沸点较低，其功能与压缩式热泵的制冷剂相同，通过蒸发和凝结过程将低温热源的热能转移到高温热源；吸收剂的沸点较高，通过对制冷剂的吸收与解析实现制冷剂蒸汽的压缩。

（1）吸收式热泵的原理。根据吸收式热泵所产生热能品质的不同，分为第一类吸收式热泵和第二类吸收式热泵。

1）第一类吸收式热泵。第一类吸收式热泵（Absorption Heat Pump，AHP），也称增热型热泵，是利用少量高品位的驱动热能和大量低温热源的热能，产生大量中温有用热能。即利用少量高品位能量作驱动，把低温热源的热能提高到中温，从而提高了热能的利用效率。图 7-13（a）为第一类吸收式热泵原理简图，制冷剂从蒸发器低温热源吸热，通过吸收器和冷凝器时放热，中温热媒先后经过吸收器和冷凝器吸热。第一类吸收式热泵的工作原理与吸收式制冷循环相同，只是由于应用目的不同，将冷水回路切换成热源水回路就成了第一类吸收式热泵。

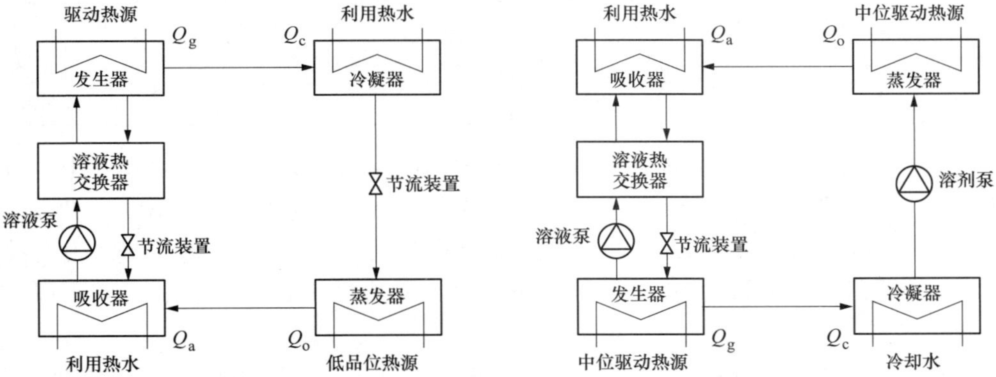

(a) 第一类吸收式热泵原理简图　　(b) 第二类吸收式热泵原理简图

图 7-13　吸收式热泵原理简图

Q_o—蒸发器热负荷，W；Q_g—发生器热负荷，W；Q_a—吸收器热负荷，W；

Q_c—冷凝器热负荷，W；$Q_o+Q_g=Q_a+Q_c$（忽略溶液泵及溶剂泵的功耗）

2）第二类吸收式热泵。第二类吸收式热泵（Absorption Heat Transformer，AHT），也称升温型热泵，是利用大量中温热源的热能产生少量的高温有用热能。即由中低温热能驱动，利用中温热源和低温热源的热势差，制取数量少于中温热源但温度高于中温热源的热能，将部分中低温热能转移到更高温度，从而提高了热能的利用品位。图 7-13（b）所示为第二类吸收式热泵原理简图，中温热源依次或同时流经蒸发器和发生器，在发生器中的低压工质溶液（吸收剂和制冷剂）被中温热源加热，制冷剂蒸汽在较低温度下被解析，并在冷凝器中凝结成液体后由溶剂泵送入蒸发器，在蒸发器中液体制冷剂被中温热源加热蒸发，蒸发后的制冷剂蒸汽进入吸收器，在高压下被来自发生器的浓吸收剂吸收，在较高温度达到吸收平衡并放出高品位吸收热，被重新利用，最后稀吸收剂经节流进入发生器，完成一个循环。

3）第一类吸收式热泵和第二类吸收式热泵的区别。第一类吸收式热泵和第二类吸收式热泵应用目的不同，工作方式也不同，但都是工作于三个热源之间，三个热源温度的变化对热泵循环会产生直接影响，升温能力增大，性能系数下降。第一类吸收式热泵和第二类吸收式热泵主要区别表现在以下几个方面。

a. 热源系统不同。第一类吸收式热泵是从高温和低温输入热量，在中温输出；而第二类吸收式热泵正好相反，驱动热源是中温的废热，分别在高温和低温两个温位上输出热量。

b. 操作压力区不同。第一类吸收式热泵循环中，蒸发器、吸收器处于相对低压区，发生器、冷凝器压力较高；而第二类吸收式热泵恰恰相反，蒸发器、吸收器在高压区，而发生器、冷凝器在低压区。

c. 性能系数不同。第一类吸收式热泵的性能系数 [$COP=(Q_a+Q_c)/Q_g=1+Q_0/Q_g$]大于 1，一般为 1.5～2.5；第二类吸收式热泵的性能系数 [$COP=Q_a/(Q_o+Q_g)=1-Q_c/(Q_0+Q_g)$]总是小于 1，一般为 0.4～0.5。

d. 应用条件不同。第一类吸收式热泵必须有高温驱动热源，但不需要冷却水，通常用于热电厂吸收利用乏汽中的热量和降低热网的回水温度；第二类吸收式热泵不需要高温驱动热源，但必须有冷却水，通常用于中温废热的利用。表 7-2 为两种吸收式热泵的特点对比。

表 7-2　两种吸收式热泵的特点对比

类型	回收余热温度	供热形式	供热温度（℃）	驱动能量	*COP* 值	应用条件
第一类吸收式热泵	余热（20～60℃）	低温热水、低压蒸汽	60～100	蒸汽、燃料	1.5～2.5	不需冷却水
第二类吸收式热泵	60℃以上余热	低温热水、低压蒸汽	90～150	60℃以上余热	0.4～0.5	需冷却水

4）溴化锂吸收式热泵。目前，吸收式热泵常用的工质对有 $LiBr-H_2O$（溴化锂为吸收剂，水为制冷剂）和 NH_3-H_2O（水为吸收剂，氨为制冷剂）两种，其输出的最高温度不超过 150℃，升温能力 ΔT 一般为 30～50℃。制冷性能系数为 0.8～1.6，增热性能系数为 1.2～2.5，升温性能系数为 0.4～0.5。热电联产机组集中供热多数采用以 $LiBr-H_2O$ 为工质对的吸收式热泵。

溴化锂（LiBr）的性质对与 NaCl（食盐）相似，属盐类，有咸味，呈无色粒状晶体；熔点为 442～547℃，沸点为 1265℃，在常温或一般高温下可以认为是不挥发的；溴化锂水溶液是由固体的溴化锂（作为溶质）溶解在水溶剂中而成；20℃时溴化锂溶解度为 111.2g，溶解度的大小与溶质和溶剂的特性有关，还与温度有关，一般随温度升高而增大，随温度降低而减小；热泵用的溴化锂一般以水溶液的形式供应，浓度为 30%～65%；溴化锂水溶液为无色透明液体，有咸味，无毒，pH 值大于 8；溴化锂溶液对普通金属有腐蚀作用，尤其在有氧气存在的情况下腐蚀更为严重，但在真空环境下对金属没有腐蚀性，因此热泵必须在真空下工作；溴化锂溶液中水蒸气分压力很低，它比同温度下纯水的饱和蒸汽压力低得多，因而溴化锂水溶液具有强烈的吸湿性，能够吸收温度比它低得多的水蒸气。下面分别对第一、二类溴化锂吸收式热泵进行介绍。

a. 第一类溴化锂吸收式热泵。第一类溴化锂吸收式热泵是一种以高温热源（蒸汽、高温热水、燃油、燃气）为驱动热源，溴化锂溶液为吸收剂，水为制冷剂，回收利用低温热源（如汽轮机乏汽）的热能，制取所需要的工艺或采暖用热媒（热水），实现从低温向高温输送热能的设备。由发生器、冷凝器、蒸发器、吸收器和热交换器等主要部件及抽气装置、屏蔽泵（溶液泵和溶剂泵）等辅助设备组成，抽气装置将不凝结气体抽出，保持热泵内一直处于高真空状态，见图 7-14。

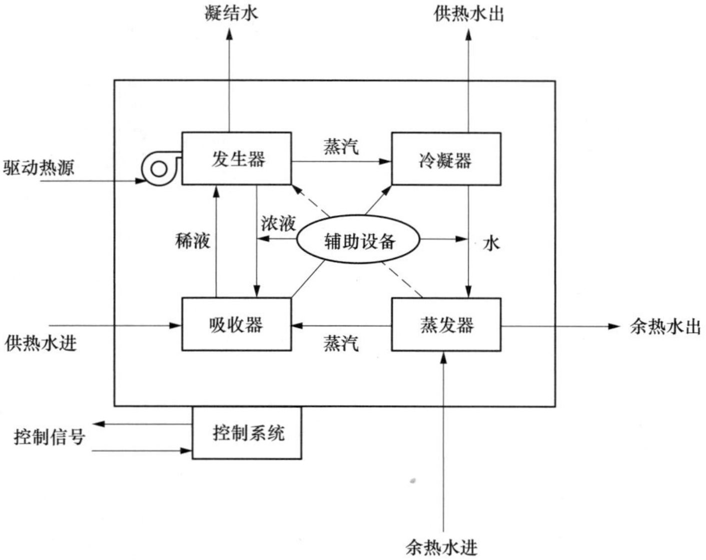

图 7-14　第一类溴化锂吸收式热泵示意图

(a) 余热的提取。余热的提取在蒸发器内进行，此过程类似于酒精泼在皮肤上的蒸发现象。主要原理是水在不同的压力下对应的蒸发温度不同。蒸发器内为真空状态，利用水在负压状态下低沸点沸腾的原理，从壳程顶部喷淋下来的液态水接触传热管的表面时，吸收管程内流动的废热源（余热热水）热量，在低温下沸腾，产生的蒸汽进入吸收器，完成热量的提取回收，见图 7-15 (a)。

(b) 余热的转移。余热的转移在吸收器内进行，此过程类似于浓硫酸与水结合放出大量热量的现象。主要原理是溴化锂浓溶液具有极强吸水放热性。在吸收器内，利用溴化锂浓溶液的强吸水性，顶部的溴化锂浓溶液吸收来自蒸发器的水蒸气，进而提高溶液的温度，溶液在与传热管接触时，加热传热管内流动的载热介质（供热热水），实现了所吸收废热热能的转移，同时溴化锂溶液由浓变稀，不再具有吸水性，见图 7-15 (b)。

(c) 吸收工质的浓缩。吸收工质的浓缩在发生器内进行，此过程类似于熬粥。主要原理是一定压力条件下，不同物质（水与溴化锂）的蒸发温度不同。在发生器内，利用驱动热源对来自吸收器的溴化锂稀溶液进行加热浓缩，产生的高温水蒸气进入冷凝器，浓缩后的溴化锂溶液返回吸收器吸收低温水蒸气，见图 7-15 (c)。

(d) 热媒介质的二次加热。热媒介质的二次加热在冷凝器内进行，此过程是汽水换热器的热交换。在冷凝器内，利用来自发生器的高温水蒸气的凝结潜热，对来自吸收器的载热介质（供热热水）进行再次加热，最终对外输出所需要的热水。蒸汽凝结后产生的水进入蒸发器进行蒸发，继续进行余热热量的回收提取，见图 7-15 (d)。

b. 第二类溴化锂吸收式热泵。第二类溴化锂吸收式热泵也是以溴化锂水溶液为工质（溴化锂为吸收剂，水为制冷剂），由发生器、冷凝器、蒸发器、吸收器和热交换器等主

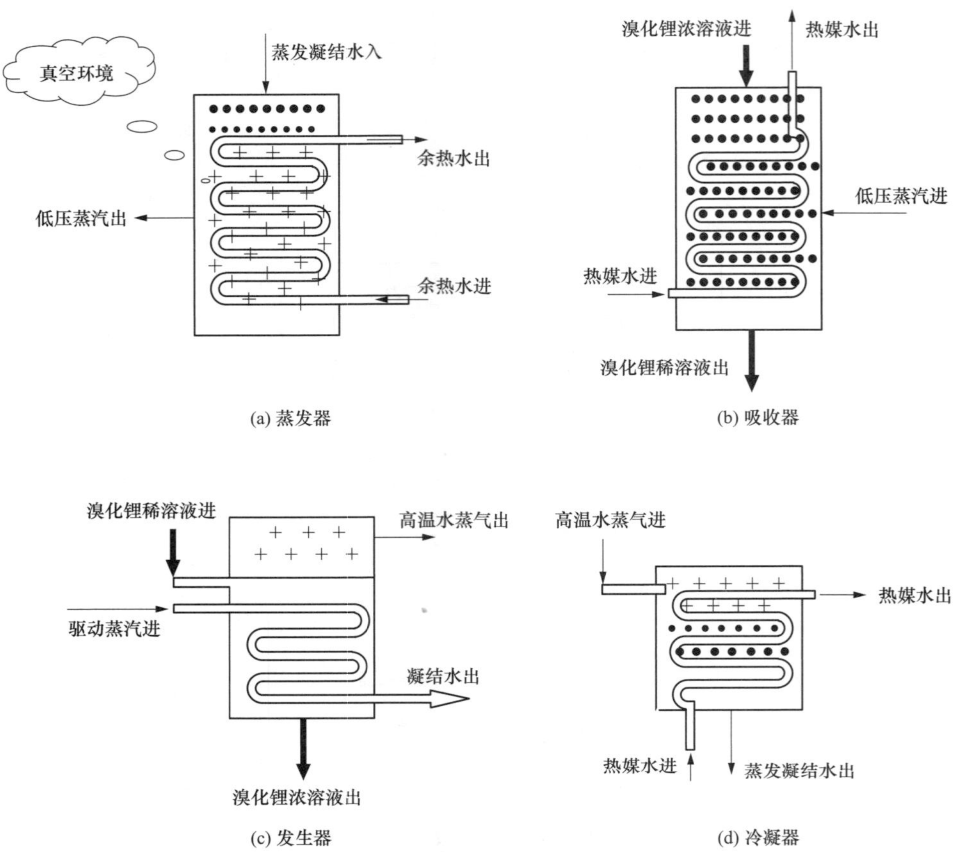

图 7-15　第一类溴化锂吸收式热泵原理

要部件及抽气装置、屏蔽泵（溶液泵和溶剂泵）等辅助设备组成，抽气装置将空气等不凝结气体抽出，保持热泵内一直处于高真空状态；第二类溴化锂吸收式热泵不需要高温热源，但必须有冷却水。下面以利用中温热源（88℃的废热水）和冷却水（32℃）制取蒸汽（120℃）为例，对以溴化锂水溶液为工质的第二类吸收式热泵的工作过程进行分析（见图 7-16）。在蒸发器中，管外的制冷剂水被管内的中温热源（88℃的废热水）加热而蒸发成制冷剂蒸汽后，进入吸收器被来自发生器的溴化锂浓溶液吸收，而吸收过程释放出的热量，把流过吸收器传热管内的热媒（水）加热，从而得到所需要的蒸汽（120℃）；另外，吸收制冷剂蒸汽后得到的溴化锂稀溶液流出吸收器经溶液热交换器进入发生器，被传热管内流过的中温热源加热升温至沸腾，再产生出制冷剂蒸汽，同时溴化锂稀溶液浓缩成浓溶液，溶液泵把浓溶液经热交换器输送至吸收器，重新吸收制冷剂蒸汽。发生器中产生的低压制冷剂蒸汽进入冷凝器，被传热管内的冷却水冷却成制冷剂水，由溶剂泵输送至蒸发器，再次被加热蒸发，从而完成循环。

（2）吸收式热泵的特点。

1）第一类吸收式热泵的 *COP* 按工况的不同可达 1.5～2.5，第二类吸收式热泵的 *COP* 总是小于 1，一般为 0.4～0.5。

2）可增加机组的供热能力，对于直接空冷机组可采用乏汽作为低温热源，间接空冷和

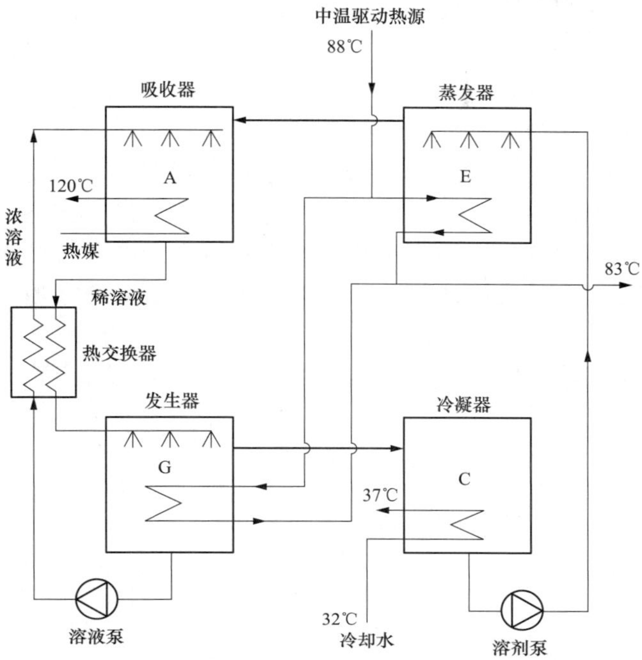

图 7-16 以溴化锂-水为工质的第二类吸收式热泵

湿冷机组的低温热源可采用冷却循环水。由于受限于热网循环水的回水温度和循环水量，难以回收全部的电厂冷端余热。

3）实现了热能的部分梯级利用，降低了供热蒸汽的参数。以 350MW 超临界机组为例，乏汽全部回收时，乏汽与抽汽供热量之比为 34∶66，理论做功不足系数为 0.265，发电煤耗降低 143g/kWh。

4）受限于吸收式热泵的吸收剂溴化锂的物理特性，热网循环水的回水温度应低于 60℃，出口的最高温度要小于 95℃。热水温升幅度越大、回水温度越高，则 *COP* 越小。

5）汽轮机改造工作量少，热泵的投资较大，一般寿命为 10～12 年。运行效果受边界参数影响较大，当热网回水温度高、驱动蒸汽压力低或低温热源温度低时，能效比较低。

（3）利用吸收式热泵热电联产的配套系统。

1）利用吸收式热泵热电联产的配套系统主要包括驱动蒸汽系统、余热水（汽）系统、热网循环水系统。由于热泵设备造价较高，设计时要充分考虑采暖期平均出力和平均热负荷，使得热泵尽量带基本负荷运行。

2）热泵选型设计要综合考虑热泵驱动蒸汽压力、热源水温度（乏汽焓值）、热网循环水温度、热网循环水流量和热源水（乏汽）流量 5 个重要边界条件。

3）热网回水温度高低是决定热泵效率甚至热泵方案能否成立的关键，热网回水温度应控制在 60℃以内，建议采用上一供暖季的热网平均回水温度作为设计值。热泵的热网循环水出水温度一般在 70～85℃。

4）驱动蒸汽宜采用汽轮机采暖抽汽，驱动蒸汽压力范围为 0.2～0.8MPa，且在每台热泵入口的驱动蒸汽管道上设置调节阀来调节循环水出水温度。采用吸收式热泵时驱动蒸汽需设置减温器，减温水宜接自驱动蒸汽疏水泵出口管道或汽轮机凝结水泵出口管道。

（4）吸收式热泵的适用范围。凝汽式发电厂的冷源损失（废热）很大，并且发电厂具有丰富的汽源，这些条件特别适合于利用第一类溴化锂吸收式热泵进行集中供热，以高温蒸汽为驱动热源，溴化锂水溶液为吸收剂，水为制冷剂，回收凝汽式发电厂的冷源损失，制取所需要的采暖用高温热媒（热水），实现从低温向高温输送热能。第一类溴化锂吸收式热泵既可吸收直接空冷机组乏汽的热量，也可吸收湿冷机组循环冷却水的热量。

1）直接空冷机组利用吸收式热泵的热电联产。直接空冷机组利用吸收式热泵集中供热流程见图 7-17，该热泵以汽轮机抽汽为驱动热源，溴化锂浓溶液为吸收剂，水为制冷剂，吸收电厂乏汽的热量，将集中供热 60℃的回水加热到 90℃以上，再用热网加热器将水温提高到热网供水温度，对城市集中供热。热泵对汽轮机乏汽制冷，回收乏汽冷凝热，乏汽无需在空冷岛冷却，可减少能耗。

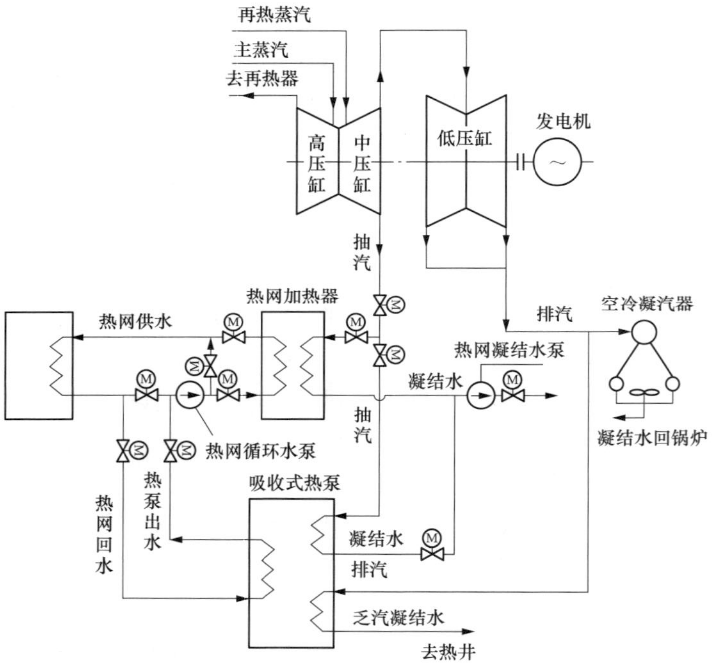

图 7-17　空冷机组利用吸收式热泵集中供热流程

2）湿冷机组利用吸收式热泵的热电联产。湿冷机组利用吸收式热泵集中供热流程见图 7-18，热泵以汽轮机抽汽为驱动热源，溴化锂浓溶液为吸收剂，水为制冷剂，吸收电厂循环冷却水的热量，将集中供热 60℃的回水加热到 90℃以上，再用换热器将水温提高到热网供水温度，对城市集中供热。热泵对电厂循环冷却水制冷，回收循环水中的热量，循环水无需在冷却塔冷却，可减少能耗、水耗及其他运行费用。很明显，直接空冷机组利用吸收式热泵回收乏汽热量的效果明显优于湿冷机组利用吸收式热泵回收循环水热量的效果，为了提高供热效率，可在湿冷机组的凝汽器喉部开孔，将汽轮机的乏汽送至吸收式热泵，此时，湿冷机组利用吸收式热泵的热电联产效果与直接空冷机组利用吸收式热泵的热电联产效果相同。

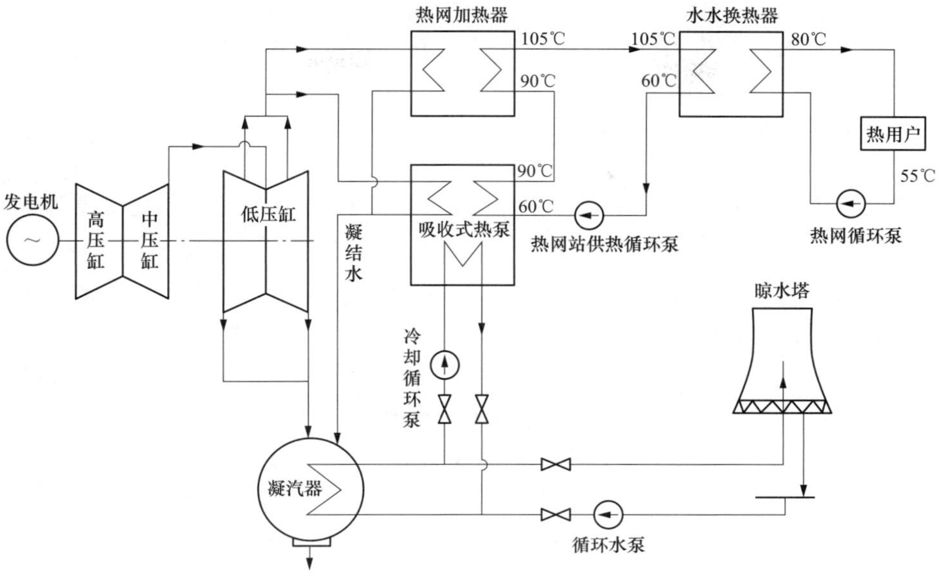

图 7-18　湿冷机组利用吸收式热泵集中供热流程

2. 压缩式热泵

压缩式热泵是通过对气体工质（例如氟利昂等）进行压缩液化和膨胀蒸发，利用工质状态变化过程中热量的释放与吸收，将低温热源的热能“泵送”到高温热源。

（1）压缩式热泵基本原理。压缩式热泵消耗少量电能或燃料能 W，将环境中蕴含的大量热能或生产过程中的低温废热 Q_2，变为满足用户要求的高温热能 Q_1。根据热力学第一定律，Q_1、Q_2 和 W 之间满足如下关系，即

$$Q_1 = Q_2 + W$$

由上式可以看出 $Q_1 > W$，即热泵制取的有用热能总是大于所消耗的电能或燃料能。压缩式热泵的原理及设备与蒸汽压缩式制冷相同，主要设备包含压缩机、换热器（包括冷凝器和蒸发器）、节流阀。理想的压缩式热泵工作原理见图 7-19 和图 7-20。压缩式热泵的工作介质在压缩机中压力从 p_1 升高到 p_2，温度也由 T_1 升高到 T_2，然后进入冷凝器，将热量 Q_1 释放给水，使水温升高，而工质温度下降到 T_3，降温后的工质经过节流阀以后压力降到 p_4，

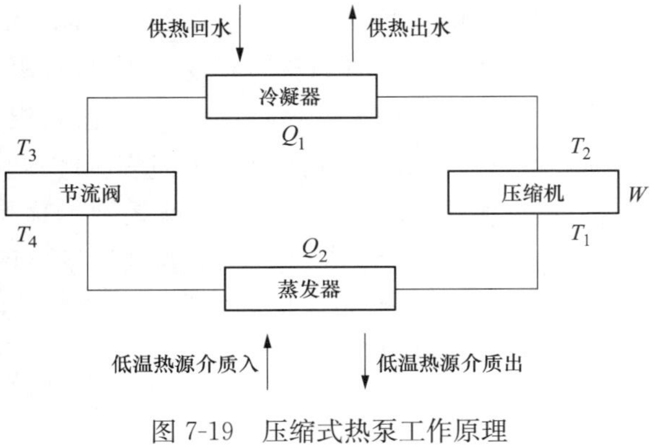

图 7-19　压缩式热泵工作原理

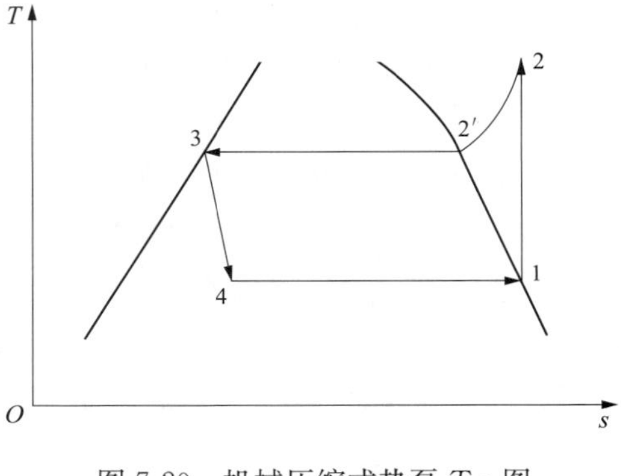

图 7-20　机械压缩式热泵 T-s 图

温度降到 T_4，低温低压的工质进入蒸发器吸收低温热源的热能（Q_2）后，再进入压缩机重复循环。从冷凝器出来的热水可供取暖或生活用热水，压缩式热泵输出的热水温度为 55～100℃。压缩式热泵制热性能系数为

$$COP=\frac{Q_1}{W}=\frac{Q_2+W}{W}=\left(1+\frac{Q_2}{W}\right)>1$$

普通单级压缩式热泵的最大温升为 45℃，最佳过热度为 2℃，最佳过冷度为 5℃。冷凝温度在 60～80℃范围内最佳工质为 R152a（二氟乙烷，分子式为 CH_3CHF_2），冷凝温度在 80～110℃范围内最佳工质为 R143a（三氟乙烷，分子式为 CH_3CF_3），冷凝温度在 110～160℃范围内最佳工质为 R123（三氟二氯乙烷，分子式为 CF_3CHCl_2）。

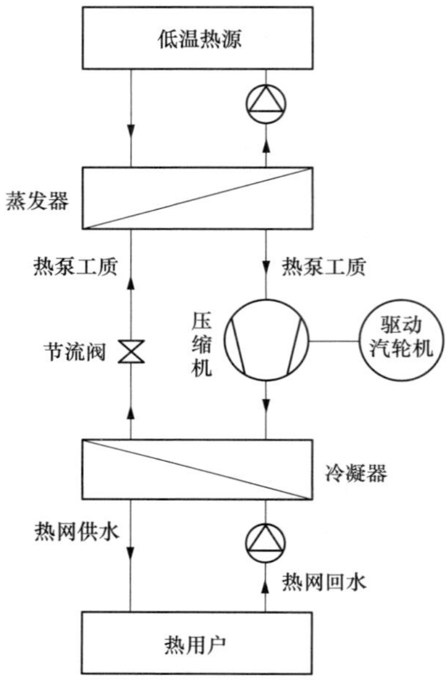

图 7-21　压缩式热泵工作原理

（2）压缩式热泵的应用。热电厂用抽汽膨胀做功的机械能作为驱动能源，以湿冷机组循环冷却水为低温热源，将热网回水加热到中温的压缩式热泵工作原理见图 7-21。在实际应用中，选择压缩式热泵还是吸收式热泵主要取决于驱动热源的参数，驱动热源的参数越低，吸收式热泵的效果越好（与压缩式热泵相比较），随着驱动蒸汽参数的提高，差距变小。为了合理用能，利用热泵供热的热电联产机组的驱动蒸汽参数较低，因此，热电联产机组利用热泵供热时，更适合采用第一类溴化锂吸收式热泵，压缩式热泵主要用于空调系统。

3. 蒸汽喷射式热泵

蒸汽喷射式热泵是利用高压蒸汽高速喷射时引射低压蒸汽，进行能量交换后形成满足需要的中压蒸汽。高压蒸汽称为工作蒸汽，被引射的低压蒸汽称为引射蒸汽，混合后的中压蒸汽称为混合蒸汽。低压蒸汽变为混合蒸汽的过程，就是蒸汽升压的过程。

（1）蒸汽喷射式热泵的工作原理。蒸汽喷射式热泵是根据拉法尔喷嘴原理，以高压蒸汽作为动力，抽取低压蒸汽并压缩升压，提高低压蒸汽的品位，使低压蒸汽得以充分利用。蒸汽喷射式热泵由喷嘴、负压腔（吸入室）、文丘里管三部分组成，见图 7-22。高压蒸汽 p_a 在经过喷嘴后，变成高速射流，根据空气动力学的原理，其四周的静压力将随着流速升高急剧降低，形成负压区将压力较低的蒸汽 p_b 吸入，经过混合加速，通过文丘里管后扩容降速升压，以高于吸入口的压力排出（出口压力为 p_c）。在这个过程中，A 口的蒸汽膨胀做功，对 B 口蒸汽进行抽取和压缩，最后两者达到一致的压力、温度，从 C 口排出，实现了蒸汽压缩的过程。

蒸汽喷射式热泵的工作性能以单位质量的动力蒸汽所引射的吸入蒸汽质量来表示，称为引射系数 μ(吸入蒸汽的质量流量/动力蒸汽的质量流量)；而蒸汽喷射式热泵的制热系数用 COP[蒸汽喷射式热泵（排汽）供热量/蒸汽喷射式热泵动力蒸汽的热量]值表示。蒸汽喷射式热泵的引射系数（μ）与制热系数（COP）有以下关系，即

$$COP=1+\mu\frac{h_s-h_d'}{h_m-h_d'}$$

式中 h_m——动力蒸汽的焓值，kJ/kg；

h_s——吸入蒸汽的焓值，kJ/kg；

h'_d——排汽放热后疏水的焓值，kJ/kg。

从上式可以看出：蒸汽喷射式热泵的 *COP* 值总是大于 1；引射系数越大，*COP* 值越大。

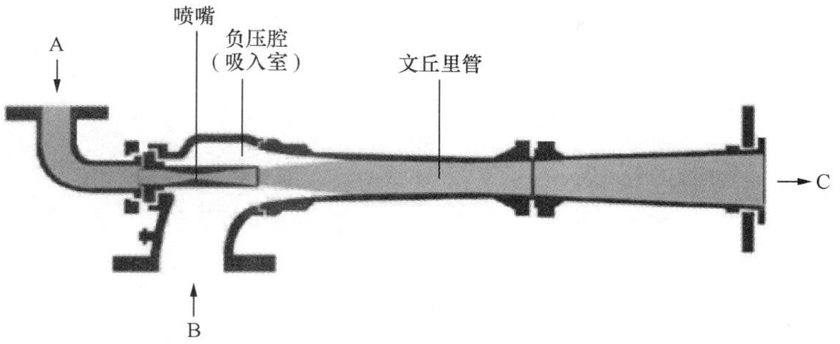

图 7-22 蒸汽喷射式热泵的原理

（2）蒸汽喷射式热泵的特点。

1）结构简单，无转动部件，设备可靠性高，后续的维护工作量小。

2）引射系数主要取决于系统的升压比及驱动蒸汽压力，一般保持在 0.6～1.2 范围内。

3）单独采用蒸汽喷射式热泵时，其供热耗能与吸收式热泵相当，理论做功不足系数为 0.224；与高背压凝汽式汽轮机联合使用，节能效果明显。

4）噪声大，需采取降噪声措施。

（3）蒸汽喷射式热泵的应用。蒸汽喷射式热泵在热电厂中主要用于调节供热蒸汽压力和回收利用废热蒸汽，用于调节供热蒸汽压力时叫作蒸汽压力匹配器，用于回收利用废热蒸汽提高供热效率时叫作增汽机。

1）蒸汽压力匹配器。

a. 蒸汽压力匹配器的原理。蒸汽压力匹配器是利用蒸汽喷射式热泵的原理，通过高压蒸汽引射低压蒸汽，在降低高压蒸汽品位的同时提高低压蒸汽的品位，产生介于高、低压蒸汽压力之间各种压力的蒸汽，满足工业热用户的要求，可以将汽轮机不可调整抽汽转变为可调整抽汽，即在供汽量变化时，保持供汽压力稳定，压力匹配器供汽系统见图 7-23。在压力匹配器的出口装有压力和温度变送器，将实测信号送给智能调节器，智能调节器经分析、计算发出信号给高压蒸汽压力调节阀及减温水调节阀的执行器，关小或开大阀门，以保证出口蒸汽压力和温度稳定，不受机组负荷的影响。

压力匹配器可分为单喷嘴和多喷嘴两类，单喷嘴结构是指一台压力匹配器配置一个喷嘴，在流量较小（小于 25t/h），输出流量变化范围小于 80%的场合可以使用。多喷嘴是指一台压力匹配器配置两个及以上的喷嘴，一般为 3 个喷嘴，适用于流量大且输出蒸汽流量变化较大的情况。多喷嘴压力匹配器可根据外供汽量的大小，调整喷嘴开启的数量及开度，以保证在外供汽量变化时的供热参数稳定。蒸汽压力匹配器在工业供热的汽轮机中不仅经济性好，而且供热参数灵活可控，得到广泛应用。

b. 蒸汽压力匹配器的特点。

（a）压力匹配器及减温器整套装置全部自动控制，出口压力波动为±0.02MPa，出口温

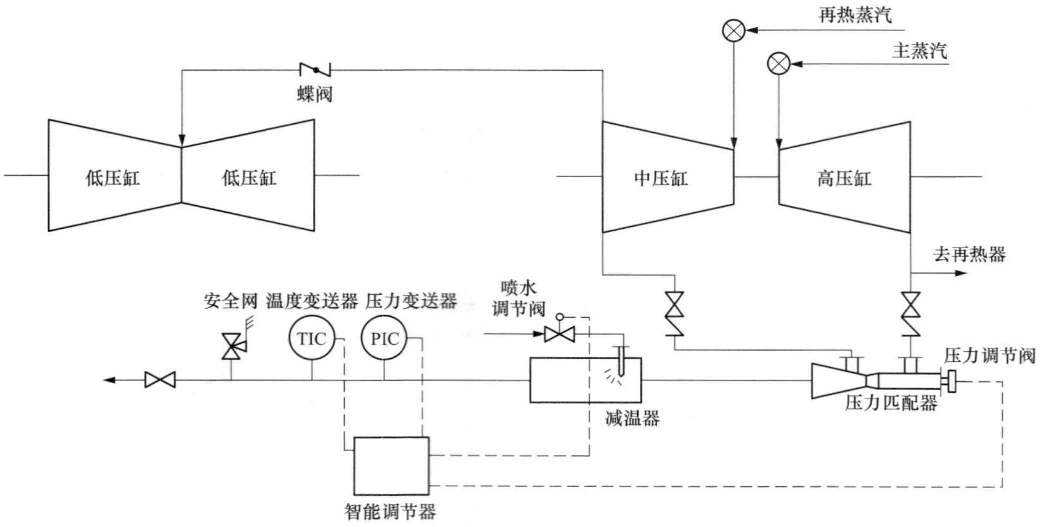

图 7-23　压力匹配器供汽系统

度波动为±5℃，在机组滑参数运行过程中也可以稳定供汽；压力匹配器中装有针型调节阀，能保证输出蒸汽压力在 30%～100%的流量范围内不变。

（b）热经济性较好，与采用高压蒸汽减温减压相比，避免了大量高压蒸汽的节流损失。同时，在高参数蒸汽抽汽量不能满足供热量要求的情况下，通过匹配低参数蒸汽，可提高机组的供热能力。

（c）压力匹配器的等熵效率用吸入蒸汽增加的㶲与驱动蒸汽供给的㶲的比值表示，压力匹配器的等熵效率较低，往往不足 30%。

c. 蒸汽压力匹配器的系统配置。

（a）根据热网参数需求合理匹配驱动蒸汽和吸入蒸汽的汽源点，增设压力匹配器、高压驱动蒸汽系统、低压吸入蒸汽系统及供热输出蒸汽系统。

（b）压力匹配器的选型时，应考虑设备对机组变工况的适应性。在升压比较大时，引射系数较小，必须合理选取高、低压取汽口，并考虑设备对机组变工况的适应性，引射系数选择要考虑机组平均负荷率。

（c）根据驱动蒸汽可配有驱动蒸汽调节阀和吸入蒸汽冷却装置，根据流量大小调节驱动蒸汽进汽量和吸入蒸汽参数；出口参数是根据动量平衡计算的，一般情况下，温度高于用户需求，需安装减温器喷水减温，满足用户对蒸汽温度的要求。

（d）校核电厂除盐水制水能力和凝汽器除氧效果，必要时进行化学除盐水系统及凝汽器除氧增容改造。

d. 蒸汽压力匹配器的适用范围。

（a）压力匹配器主要用于工业供热，可以与任意参数的汽轮机联合运行，一般单台最大供汽流量为 120t/h，常规的压力匹配器工作参数：驱动蒸汽压力为 1.3～24.2MPa、驱动蒸汽温度为 200～600℃，吸入蒸汽压力为 0.1～6.0MPa、吸入蒸汽温度为 150～600℃；输出蒸汽压力为 0.3～9.8MPa、输出蒸汽温度为 180～550℃。

（b）压力匹配器对驱动、吸入、输出蒸汽的压力和温度有一定要求，驱动蒸汽与吸入蒸汽的等熵焓降之比应大于 1.6（小于 1.6 无法发挥匹配效果）。

2）增汽机。

a. 增汽机原理。增汽机是利用蒸汽喷射式热泵，借助高压蒸汽将凝汽式汽轮机排汽（乏汽）升温升压后循环利用，提高供热效率的设备。为了获得最佳供热效果，将增汽机系统串联在空冷机组高背压凝汽加热器和热网加热器之间，形成一复合型热电联产机组，见图 7-24。热网循环水回水依次经过高背压凝汽加热器 A、增汽机凝汽加热器 B 和热网加热器 C 的三级加热。其中，高背压凝汽加热器 A 的加热蒸汽和增汽机的引射（低压）蒸汽均来自汽轮机的乏汽，增汽机的工作（高压）蒸汽和热网加热器 C 的加热蒸汽均来自汽轮机抽汽。

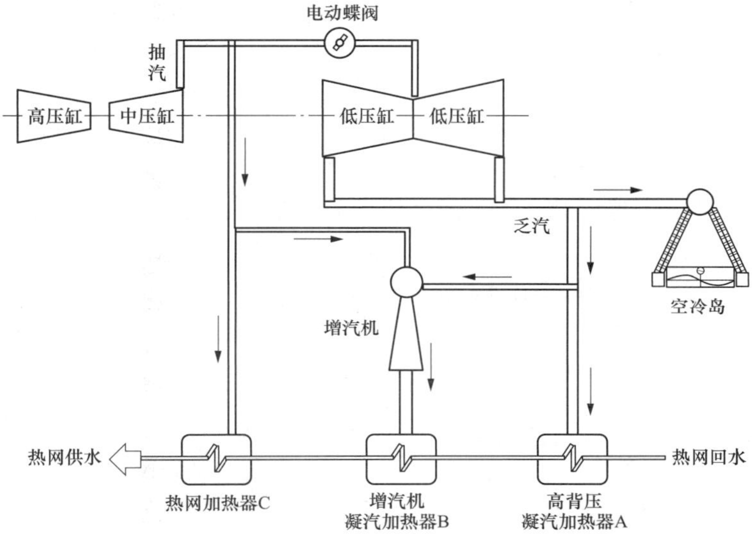

图 7-24 利用增汽机进行热电联产流程

在采暖期，高背压凝汽加热器投入，机组在高背压运行，根据室外环境温度的变化，改变热网循环水供热系统的加热级数，实现能量的梯级利用，采暖期供热系统的运行分为 3 个阶段：当 $-1℃\leqslant t<5℃$（t 为室外温度）时，增汽机和热网加热器均停运，热网循环水仅在高背压凝汽加热器中加热即可满足供热要求，另外，在供暖期刚开始时，可能会出现汽轮机乏汽剩余的情况，这种情况下剩余乏汽采用空冷岛系统冷却。当 $-8℃\leqslant t<-1℃$ 时，增汽机工作蒸汽投运，部分乏汽在工作蒸汽引射下混合成为中压蒸汽进入增汽机凝汽加热器对热网循环水进行加热，热网循环水在高背压凝汽加热器 A 和增汽机凝汽加热器 B 中加热即可满足供热要求。当 $t<-8℃$ 时，热网加热器蒸汽也投运，热网循环水在高背压凝汽加热器 A、增汽机凝汽加热器 B 和热网加热器 C 中加热后供给热用户。非采暖期，关闭乏汽管道至高背压凝汽加热器及增汽机凝汽加热器的电动蝶阀，汽轮机乏汽直接进入空冷岛进行冷却，机组恢复到设计背压以凝汽工况运行。此时，热网加热站及增汽机相关设备均处于停运状态，待下一个采暖期重新投运。

b. 增汽机的特点。

(a) 不需过高抬升机组背压，即可实现乏汽的利用，提高运行灵活性。

(b) 由于湿冷、间冷喉部乏汽接引较为困难，更适宜用于直接空冷机组。

c. 增汽机的配套系统。

(a) 对于直接空冷机组，从排汽管道上接引一路乏汽支路至增汽机；对于湿冷机组和间接空冷机组，需在凝汽器喉部合适位置开孔接引。

(b) 增设高背压凝汽加热器及增汽机凝汽加热器，分别用于汽轮机乏汽余热的直接回收和增汽机提压后的乏汽热量回收。

(c) 湿冷机组为提高乏汽利用率，普遍需将汽轮机运行背压提升至 15～25kPa；空冷机组一般无需改造。

(d) 增设凝结水冷却器，降低凝结水温。

d. 增汽机的适用范围。增汽机适应于热网循环水量偏低、回水温度偏高的高背压凝汽式热电联产机组的居民采暖供热。

(八) 蒸汽压缩机

1. 蒸汽压缩机的原理

蒸汽压缩机的原理类似于空气压缩机，通过动力驱动压缩使蒸汽压力和温度提高，满足对外供汽（热）参数的要求。蒸汽压缩机按级数分为单级、双级和多级；按工作原理分为容积式（如螺杆）、普通离心式、高速离心式、混流式、轴流式等。由于容积式压缩机通流能力小，不适应大流量供热；单级轴流式压缩机升压比低，不适应高参数供汽；目前多采用高速离心式压缩机，单机流量一般可达 100t/h，压比可达 2～3，多数采用背压汽轮机驱动（也可采用电动机驱动），见图 7-25。

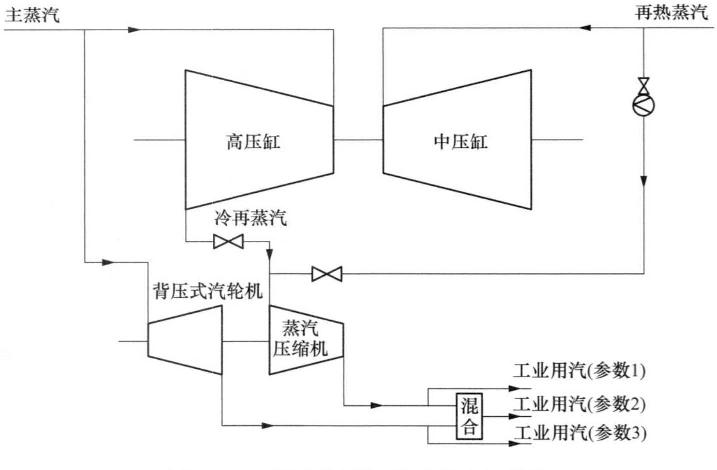

图 7-25　背压汽轮机驱动蒸汽压缩机

2. 蒸汽压缩机的特点

(1) 离心式蒸汽压缩机主要用于机组低负荷时满足压力要求高的工业热用户，单级压缩机最大容量一般为 100t/h。

(2) 驱动方式灵活，可采用电动机驱动或背压式汽轮机驱动，可根据工程实际情况选取。

(3) 离心式蒸汽压缩机 THA 工况下效率一般在 70%以上，单级压比可达 2～3，运行时通过调速来改变压比。

(4) 叶轮多采用三元流设计，不锈钢或钛合金整体锻造加工，满足高精度、高通流性能、高转速稳定运行，转速最高可达 40 000r/min，容量调节范围一般在 70%～110%。

3. 蒸汽压缩机的系统配置

(1) 蒸汽压缩机供汽技术所配套的系统比较简单，主要涉及配套设备及管路，驱动电机或背压汽轮机的容量一般不小于 120%额定工况出力；系统管路设计也应按满足 70%～110%容量范围内的安全过流能力设计。

(2) 压缩机系统应有配套防喘振系统，压缩机出口设置相应的喷水减温装置。

4. 蒸汽压缩机的适用范围

蒸汽压缩机适应于汽轮机供工业用汽。由于特定叶轮模型存在对应的高效工作区间，容量调节范围相对有限，可通过多台压缩机并联运行方式提高调节能力。

(九) 功热电 (PHE) 供热

1. 功热电 (PHE) 供热的原理

功热电供热是充分利用汽源点与热用户之间的差压能量，通过背压式汽轮机拖动发电机或辅机的供热节能技术（背压式汽轮机拖动发电机时，所发的电送厂用电系统），图 7-26 所示为典型功热电供热系统。

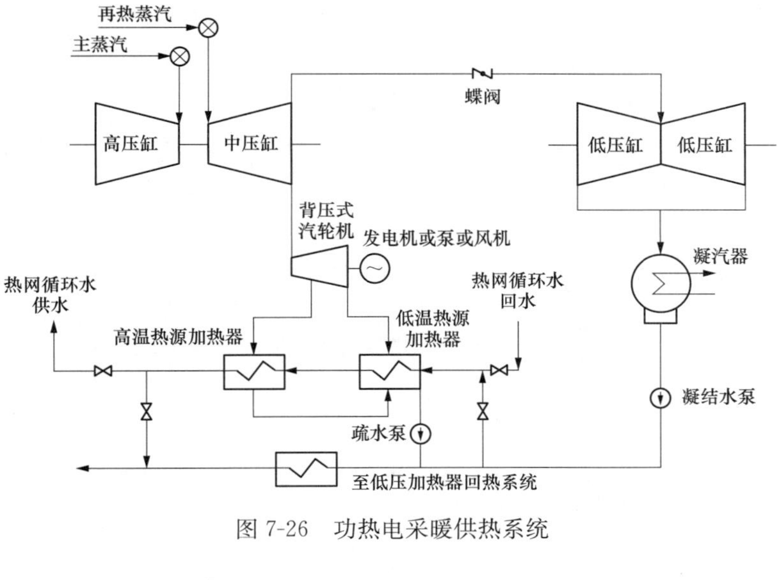

图 7-26 功热电采暖供热系统

2. 功热电 (PHE) 供热的特点

(1) 有效利用了热源与用户的差压，高位能发电，高背压凝汽式供热，实现能源梯级利用，在降低厂用电的同时，降低供热成本，相比中压缸排汽直供方式，节约蒸汽有用能 40%以上。

(2) 通过与回热系统的联合设计，解决了常规背压汽轮机只能供热的问题（不供热时，将背压汽轮机的排汽送至回热系统）。如某 600MW 机组的引风机用引风机汽轮机驱动，与传统变频驱动相比，厂用电率节省 1.3%，供热时机组供电煤耗下降 4.5g/kWh，不供热时机组供电煤耗下降 0.2g/kWh 左右。

(3) 与驱动蒸汽直接供热相比，可降低供热参数，减少蒸汽做功不足损失，具体的供热耗能取决于供热参数和背压汽轮机的容量。

（4）可适应于各种参数等级的工业供热需求，并且可保证机组变负荷工况下的供汽参数稳定，供热方式灵活，对外供汽稳定、可靠。

（5）增加高、低温热源加热器水侧（凝结水与热网循环水）的切换系统。

3. 功热电（PHE）供热的系统配置

（1）根据热网条件和汽轮机凝结水温、水量，以及辅机功率科学论证选取合理的背压汽轮机。

（2）低温热源加热器（背压汽轮机排汽加热器）、高温热源加热器（背压汽轮机抽汽加热器）的管束、水室、阀门强度需按凝结水、热网循环水的最高运行压力设计。

4. 功热电（PHE）供热的适用范围

功热电（PHE）供热适用于有梯级利用潜力的，抽汽压力较高的工业供热和居民采暖供热。

（十）高低压旁路联合供热

1. 高低压旁路联合供热的原理

从主蒸汽、高温再热蒸汽分别抽取的蒸汽减温减压后作为供热系统补充汽源进行供热，通过调整旁路蒸汽流量，减小进入汽轮机蒸汽量，提高供热能力，实现热电解耦。高低压旁路联合供热见图7-27，蒸汽流程为主蒸汽→高压旁路阀减温减压→再热器冷段→再热器→再热器热段→低压旁路阀减温减压→供热系统。供热蒸汽是由高品质蒸汽经过减温减压而来，运行经济性较差，仅作为紧急状态时的补充供热手段。

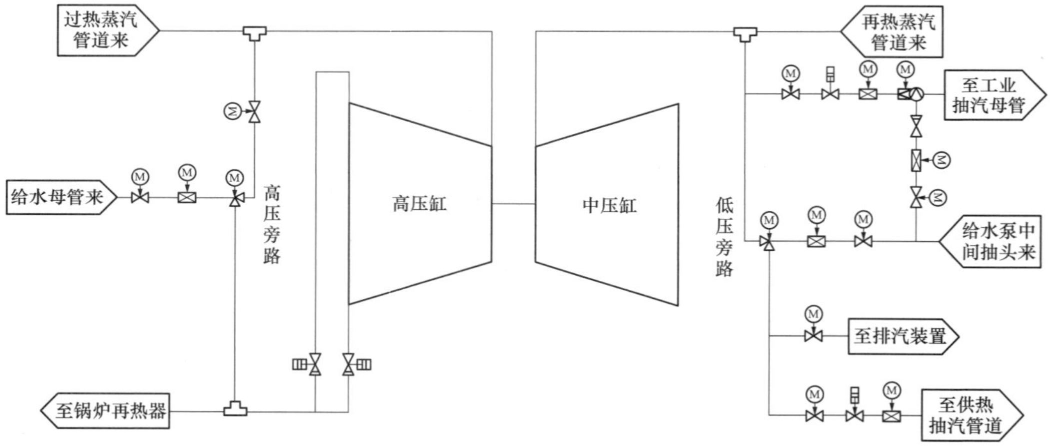

图7-27　高低压旁路联合供热

2. 高低压旁路联合供热的特点

（1）根据低压旁路供热蒸汽量的大小，通过高压旁路阀控制进入汽轮机高压缸蒸汽量，达到汽轮机轴向位移的整体平衡。

（2）运行灵活性较强，可实现零发电功率的最大供热需求。

（3）供热能力由旁路系统容量决定，不受锅炉受热面吸热匹配性限制，供热能力大。

（4）供热蒸汽相当于主蒸汽和再热蒸汽减温减压后供热，这部分蒸汽没有做功，因此供热经济性差，供热耗能高，理论做功不足系数为1，不能长时间使用，只在供热事故状态时紧急使用。

3. 高低压旁路联合供热的系统配置

(1) 低压旁路阀后至凝汽器之间安装关断阀，低压旁路阀后抽汽口至抽汽母管的适当位置安装抽汽截止阀、快关止回阀和调节阀。

(2) 安装高、低压旁路阀后蒸汽流量计，安装高、低压旁路阀减温水流量计及相关温度压力测量元件。

(3) 运行中需注意高压旁路蒸汽流量和低压旁路供热蒸汽流量的匹配性。

(4) 供热过程中需注意高压旁路阀后压力和高压缸排汽压力协调控制，保证高压缸排汽压力在合理范围内。

(5) 运行中需注意中压联合汽门参数调整控制和高压缸排汽压力的协调控制。

(6) 需合理设置安全性保护控制逻辑，严禁出现高压串入低压的安全问题。

4. 高低压旁路联合供热的适用范围

主要用于大型机组供热的紧急备用。

四、超（超）临界机组供热现状

我国火电机组有70%以上为凝汽机组，凝汽机组在循环过程中需要放出大量的冷凝热，这些冷凝热大多数排入大气，在排放过程中不仅造成大量热能和水的浪费，还造成了环境污染。另外，随着我国工业化和城镇化建设的迅速发展，工业用汽和居民集中供热的需求量很大，使用小型供热锅炉不仅效率低，而且污染严重。为降低火力发电机组冷源损失，满足日益增长的工业用汽和居民集中供热的需求，实现节能减排，我国正积极采用新建热电联产机组或改造已建成的凝汽式机组进行热电联产，提高机组的经济性。例如，我国首台超临界350MW冬季居民集中供热机组于2009年12月20日在华能长春热电厂投入运营；我国首台350MW超临界双转子高背压凝汽式热电联产机组于2016年7月在华电集团哈尔滨热电有限公司投产发电；我国首台单机容量为600MW超临界抽汽凝汽式热电联产机组于2011年1月在石狮鸿山热电厂投产发电；我国首台单机容量为1000MW超超临界抽汽凝汽式热电联产机组于2009年12月2日在天津北疆电厂投产发电，在发电的同时，可供600t/h的工业蒸汽给海水淡化装置；2017年5月4日，新疆华电喀什热电有限责任公司350MW超临界间接空冷机组高背压凝汽式供热改造通过验收，该项目实现了350MW超临界间接空冷机组高背压凝汽式供热、抽汽式供热与凝汽式三种工况的在线切换，提高了机组调节灵活性，实现了停热不停机，填补了我国350MW超临界间接空冷机组高背压凝汽式热电联产技术的空白；2017年11月19日，我国首台350MW机组切除低压缸供热改造在辽宁东方发电有限公司1号机组正式投运，改造后机组供热能力显著提升，发电煤耗降低60g/kWh；2016年10月29日，我国第一个远距离输送供热项目在山西太原投入运行，由古交兴能电厂向37.8km外的太原市供热，开创了我国远距离供热的先河。超（超）临界机组供热技术具有经济性好、污染物排放量低的优势，潜力巨大，目前各种热电联产机组已陆续建成，在建设过程中应根据当地的供热需要选择合适的热电联产方式。

第二节 集中供热简介

随着我国城镇化的快速推进，城市供热的需求越来越大，不仅大量热电联产机组相继投产，而且许多城市附近的凝汽机组进行热电联产改造，以满足日益增长的居民供热需求。根据热源和供热规模的大小，可把供热分为集中供热和分散供热两种基本方式。分散供热通常指以小型锅炉为热源，向小型热用户供热的方式，热能输送距离短，供热范围小。集中供热是指以热电厂或区域供热锅炉为热源，经供热管道将蒸汽或热水（统称为热媒）输送到一个或几个区域热用户的供热方式，从热源厂送来的热水只是作为一次网的热媒进行闭式循环，不直接供用户，需要经过各热力站二次网循环水与一次网循环水进行换热后送到各用户。集中供热由于规模大，所以采用高效率、大容量的锅炉，热效率高于分散供热方式，并且有利于集中采取防止污染的措施。集中供热系统由热源、供热网和热用户三个部分组成，见图 7-28。

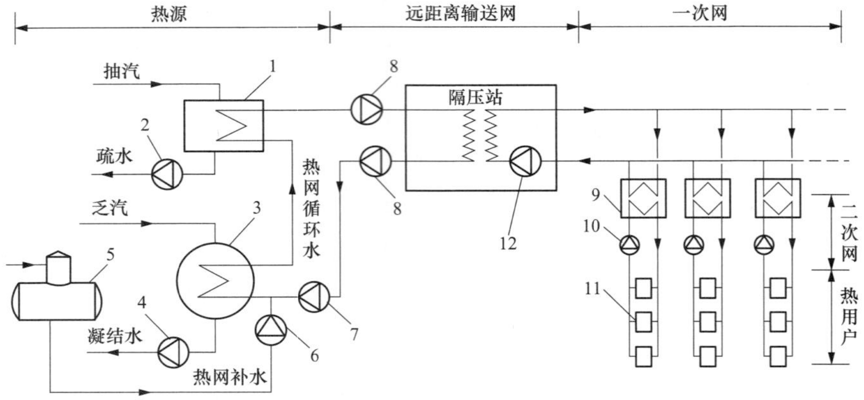

图 7-28　集中供热系统

1—热网加热器；2—疏水泵；3—凝汽加热器；4—凝结水泵；5—热网除氧器；6—热网补水泵；7—热网循环泵；8—热网循环水升压泵；9—换热器；10—二次网循环泵；11—用热设备；12—一次网循环泵

一、热源

集中供热热源包括热电联产机组、集中供热锅炉、工业余热、地热、核能、太阳能、热泵等，也可由几种热源共同组成多热源联合供热。由于热电联产机组是能源合理利用的最佳方式，具有节能环保的明显优势，因而得到广泛应用，其他热源作为集中供热的调节和补充。

为了有效合理利用冷源损失，可利用高背压凝汽式汽轮机供热、凝抽背汽轮机供热、热泵供热等方式，这些供热方式特别适合于寒冷地区的大中型城市居民供暖，各种供热方式见本章第一节。

二、集中供热网

在供热系统中，用来输送热能的中间媒介物质称为热媒，集中供热系统的热媒主要是热水和蒸汽。供热网是指将含有热能的介质（热媒）输送到热用户的供热管网及供热设备。

（一）集中供热管网

工业集中供热的热媒为蒸汽，不同工业热用户的差别较大，应根据不同的工艺要求确定供热蒸汽的参数和供热方式；采暖集中供热的热媒为热水，各用户的供热参数和供热方式相似，下面主要介绍采暖集中供热管网。

采暖集中供热管网是供热热源向热用户输送和分配供热介质（热媒）的管线系统。供热管网由输热干线、配热干线、支线等组成。输热干线自热源引出，一般不接支线；配热干线接自输热干线或直接从热源接出，最后通过配热支线向用户供热。城市居民集中供热管网应根据城市热负荷分布情况、街区现状、发展规划以及地质地形条件等确定，一般布置成枝状。为了提高供热的可靠性和灵活性，各热源的输热干线间可设连通管，也可布置成环状。供热管网的布置应尽量使配热干线位于热负荷中心，供热半径最短，对城市干扰最少，施工和运行管理方便。另外，大温差热泵技术的应用，为远距离供热创造了条件。

1. 输热干线

输热干线也称一次网，是利用热媒（水）从供热热源获取热量，输送至分站热网加热器。通常情况下，输热干线的供水温度为 110～130℃，回水温度为 50～70℃，供、回水温度差只有 60～80℃，输热干线的输热能力较小，且损失较大，不易长距离输送，一般输热干线长度不超 20km，供水压力为 1.6MPa 左右。

2. 配热干线与支线

配热干线利用热力站换热器从输热干线获得能量，支线与配热干线直接连接向用户供热，配热干线与支线统称二次网。

3. 远距离输送网

通常情况下，热源与用户的距离不超 20km，随着大温差热泵技术的应用，突破了常规换热器的换热温差极限，可将一次网的回水温度由 50～70℃ 降低到 15～30℃，供、回水温差由传统的 60℃提升到 100℃以上，比常规输热能力提高 70%以上，热媒的流量大幅下降，显著降低管网建设初始投资，使远距离供热（超过 20km）成为可能，具体做法是在一次网和热源之间增设远距离输送网，远距离输送网从热电厂获得能量，将能量高效送给一次网。由于远距离输送网距离长，阻力大，应根据远距离输送网的长度和落差增设一定数量的升压泵；另外，远距离输送网的压力较高（与一次网相比），因此远距离输送网与一次网之间装有隔压换热站，见图 7-28。远距离输送网有以下特点：输送距离长，供热区距热源的距离在 20km 以上；地形复杂，穿越河流、山川，高差在 100m 以上；供热规模大，通常管径为 DN1400，供热面积在 3000 万 m^2 以上。

（二）集中供热设备

集中供热设备是为了将热源的热能通过传热和输送合理分配至用户的装置。采暖集中供热设备主要包括加（换）热器、疏水泵、热网除氧器、热网补水泵和热网循环泵等，远距离供热还装有升压泵和隔压换热器等（见图 7-28），升压泵的数量和安装位置应根据远距离输送网的长度和高差确定，隔压换热器的主要功能是将远距离输送网与一次网隔离，防止一次网超压。由于各地集中供热情况不同，集中供热设备配置也不相同，下面简要介绍常用的供热设备。

1. 换（加）热器

换热器是供热系统中热交换的关键设备，换热器按换热方式可分为混合式和表面式两种类型，混合式换热器又分为淋水式和喷射式两种，表面式换热器又分为管壳式和板式两种。

（1）管壳式换热器。管壳式换热器（又称列管式换热器）是以封闭在壳体中管束的壁面作为传热面的间壁式换热器。这种换热器结构较简单，操作可靠，能在高温、高压下使用，是目前应用较广的类型。管壳式换热器的材料一般以碳钢、不锈钢和铜为主，管壳式换热器根据结构形式可分为固定管板式、U 形管式和浮头式三种形式。

1）固定管板式换热器。固定管板式换热器为汽-水换热器，由壳体、管束、管板、前水室和后水室等组成，见图 7-29。蒸汽在管束外表面流过，水在管束内流过，通过管束的壁面进行热交换，为了保证流体在管外空间的合理流动，改善换热，在壳体内间隔安装了多块折流挡板。管束通常采用铜管或钢管，铜管导热性能好，耐腐蚀，但造价高。

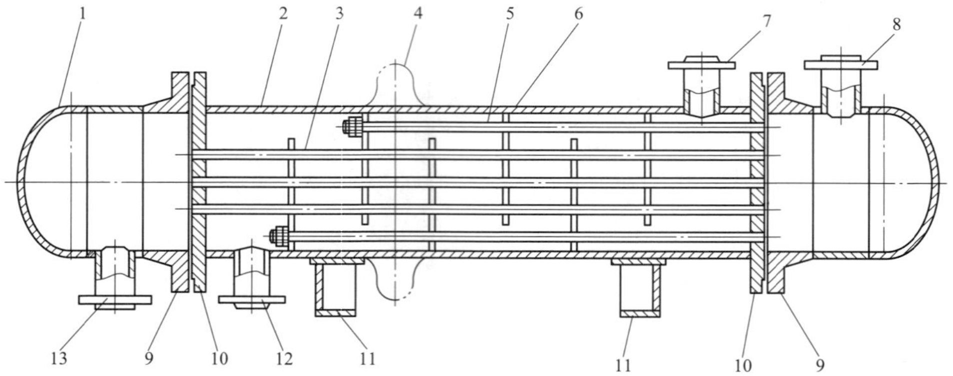

图 7-29　固定管板式换热器结构

1—水室；2—壳体；3—管束；4—波形膨胀节；5—拉杆；6—折流板；7—蒸汽入口；8—水出口；9—法兰；10—管板；11—支座；12—蒸汽疏水口；13—水入口

固定管板式换热器优点是结构简单，造价低；缺点是蒸汽和被加热水之间温差较大，由于壳体与管子膨胀性不同，所以热应力大，会引起管子弯曲或造成管束与管板、管板与管壳之间开裂，导致泄漏。此外，管间污垢较难清理，可能发生堵塞。为解决外壳和管束热膨胀不一致的问题，常需在壳体中部加波形膨胀节，以达到热补偿的目的。为了提高传热系数，换热管采用波节管或螺纹管。波节管和螺纹管不仅可在流体流速不高、流体阻力不大的情况下改变流体的流动状态，形成强烈的湍流，大大提高管内外放热系数；而且流动状态的改变对管壁有较强的冲刷作用，具有防结垢的功能；还可在受热膨胀时消除由于管壳和管子承受不同的温度影响而产生的热胀力，避免了加热器的热应力破坏。

2）U 形管式换热器。U 形管式换热器是将换热器换热管弯成 U 形，两端固定在同一管板上，其结构如图 7-30 所示。

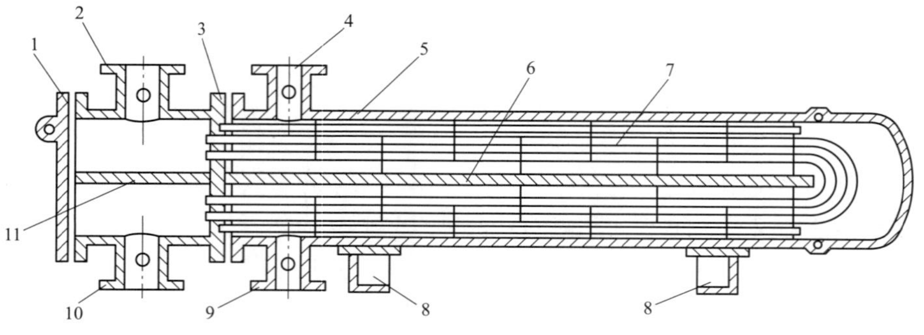

图 7-30　U 形管式换热器结构

1—端盖；2—水出口；3—管板；4—蒸汽入口；5—壳体；6—汽侧隔板；7—U 形管束（加热管）；8—支座；9—疏水口；10—水入口；11—水室隔板

U 形管式换热器的优点是结构简单，只有一个管板，密封面少，运行可靠；换热管可以自由地伸缩，不受热膨胀的影响，管束可以从壳体中抽出来进行清洗；适用于高温和高压场合。U 形管式换热器的缺点是管程清洗困难，管程流体必须是洁净和不易结垢的工质；由于管子需要一定的弯曲半径，故管板利用率低；管束最内层间距大，壳程易短路；内层管子不能更换。U 形管式换热器适用于管、壳壁温差较大或壳程介质易结垢，而管程介质清洁不易结垢的场合。

3）浮头式换热器。浮头式换热器一端管板与壳体固定，另一端的管板可以在壳体内自由浮动，能自由膨胀，其结构见图 7-31。浮头式换热器优点是当两种介质温差大时，管束和壳体之间不产生温差应力。浮头端可设计成可拆卸结构，使管束容易插入或抽出，这样检修和清洗方便。浮头式换热器的缺点是结构比较复杂，运行中不易判断其泄漏情况；安装时要特别注意其密封工艺，确保密封效果。

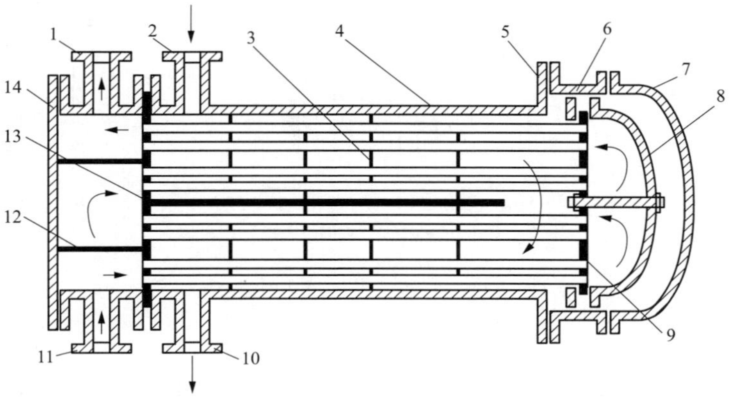

图 7-31 浮头式换热器结构

1—水出口；2—蒸汽入口；3—折流板；4—壳体；5—法兰；6—钩圈；7—封头；8—浮头盖；9—浮动管板；10—蒸汽疏水口；11—水入口；12—分程隔板；13—固定管板；14—端盖

(2) 板式换热器。板式换热器是由一系列具有一定波纹形状的金属板片叠装而成的一种新型高效换热器。各板片之间形成薄矩形通道，通过板片进行热量交换。板式换热器是液-液、液-汽进行热交换的理想设备。板式换热器与管壳式换热器比较有以下特点：第一，传热系数高。由于不同的波纹板，构成复杂的流道，使流体在波纹板间流道内呈旋转三维流动，能在较低的雷诺数（一般 $Re=50\sim200$）下产生紊流，所以传热系数是管壳式的 3～5 倍。第二，末端温差小。冷、热流体在板式换热器内的流动平行于换热面、无旁流，因此使得板式换热器的末端温差小（对水换热可低于 1℃，而管壳式换热器一般为 5℃）。第三，占地面积小。板式换热器结构紧凑，单位体积内的换热面积为管壳式的 2～5 倍，也不像管壳式换热器要预留抽出管束的检修场所，因此实现同样的换热量，板式换热器占地面积约为管壳式换热器的 1/3。第四，容易改变换热面积或流程组合。只要增加或减少几张板片，即可达到增加或减少换热面积的目的；改变板片排列或更换几张板片，即可达到所要求的流程组合，适应新的换热工况，而管壳式换热器的传热面积几乎不可能增加。

板式换热器根据结构和外形可分为可拆卸板式换热器（带密封垫片的板式换热器）和焊接板式换热器两大类，焊接板式换热器又分为全焊接板式换热器、半焊接板式换热器、板壳式换热器、钎焊板式换热器。下面主要介绍可拆卸板式换热器和全焊接板式换热器，这两种板式换热器在集中供热系统中应用较广，可拆卸板式换热器多用于一次网与二次网之间换热，全焊接板式换热器用于热源厂与一次网之间换热。

1）可拆卸板式换热器。可拆卸板式换热器由传热板片、前后端板、定位螺栓、压紧螺栓、橡胶垫片、接口管等组成，其结构如图 7-32 所示。密封垫片的作用是将流体密封在换热器内，并使换热流体分隔开，不互相混合。

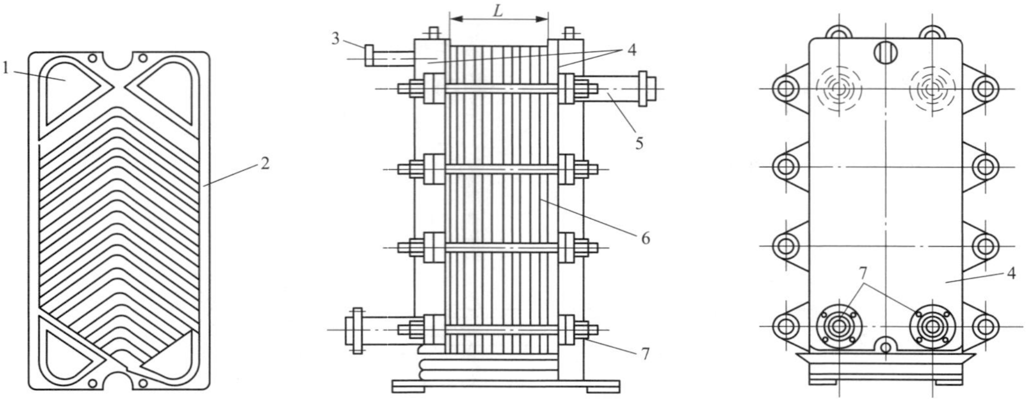

(a) 带人字形板片　(b) 换热器装配图正视　(c) 换热器装配图侧视

图 7-32　可拆卸板式换热器结构

1—水进出口；2—橡胶垫片；3—定位螺栓；4—前后端板；5—接口管；6—传热板片；7—压紧螺栓

可拆卸板式换热器的优点是结构紧凑、拆卸方便、热损失小、不需保温、适用范围广；缺点是周边很长、橡胶垫片密封麻烦、容易泄漏、金属板片薄、刚性差，不适用于高温高压系统，只能用于水-水换热系统。可拆卸板式换热器的工作压力为 0.6～3.0MPa，工作温度为 20～200℃，被加热水在通道内流速为 0.3～0.6m/s，传热系数为 2500～3500W/(m^2·℃)。

2）全焊接板式换热器。全焊接板式换热器与可拆卸板式换热器的主要区别是将橡胶密封改成焊接，并适当增加板片的厚度，从而解决了可拆卸板式换热器不能在高参数下工作的问题。全焊接板式换热器的设计压力为 0.6～8.2MPa，最高设计温度为 530℃，全焊接板式换热器具有传热高效、结构紧凑及灵活方便等优点，适用于多种温度和压力交变的场所，尤其是高温、高压和高压差工况条件，在许多场合可替代传统管壳式换热器。

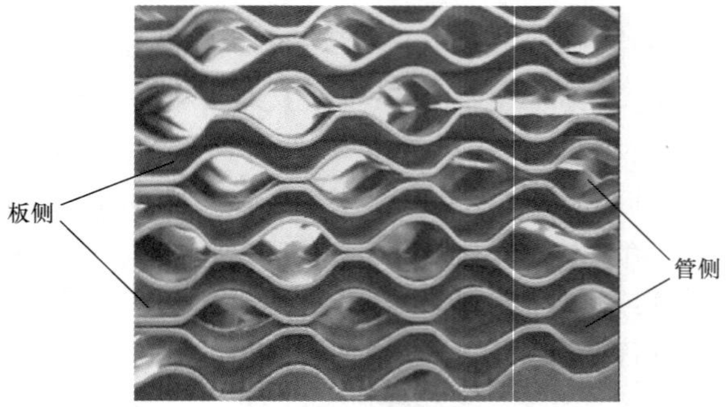

图 7-33　“管板混合式”流道

全焊接板式换热器的核心部件是由 316L 或其他高等级耐腐蚀材料制成的传热波纹板片组，板厚在 0.6～1.2mm 之间，可进行模块化设计，激光焊接（无需焊料），焊层薄而精确，可显著减少热输入量，热应力可忽略。冷热两侧流体在换热器中逆流换热，形成两侧高效的逆流传热，板片可设计成各种特殊结构，图 7-33 所示为常用的“管板混合式”流道，一侧为“管”，一侧为“板”，一种介质沿水平方向平行于纸面在板侧流动，另一种介质沿水平方向垂直于纸面在管侧流动。设计时可根据需要确定管侧直径和板侧间隙。全焊接板式换热器的整体组装结构见图 7-34，可用于热电联产机组的热网加热器。

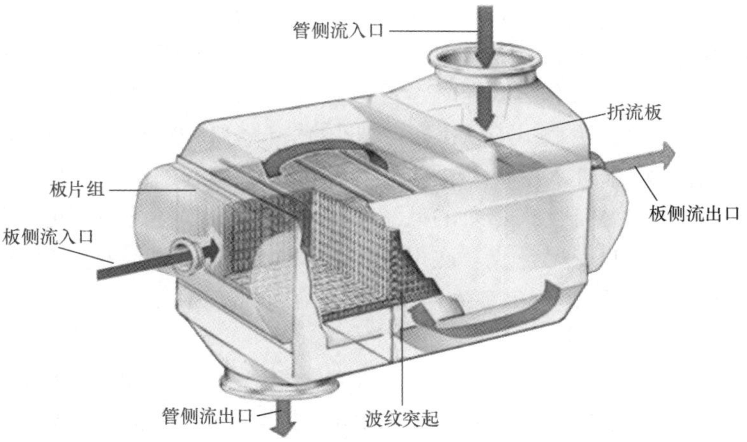

图 7-34　全焊接板式换热器的整体组装结构

2. 大温差换热机组

大温差换热机组是将吸收式热泵和可拆卸板式换热器组合在一起，以降低一次网回水温度的装置。

（1）大温差换热机组工作原理。当一次网和二次网之间采用可拆卸板式换热器换热时，一次网的回水温度较高，不能有效利用一次网的热能；为了降低一次网的回水温度，增大一次网的供、回水温差，有效利用一次网的热能，可在一次网与二次网之间利用大温差换热机组。大温差换热机组由吸收式热泵和可拆卸板式换热器两部分组成，吸收式热泵和可拆卸板式换热器的布置方式有串联和并联两种，见图 7-35。

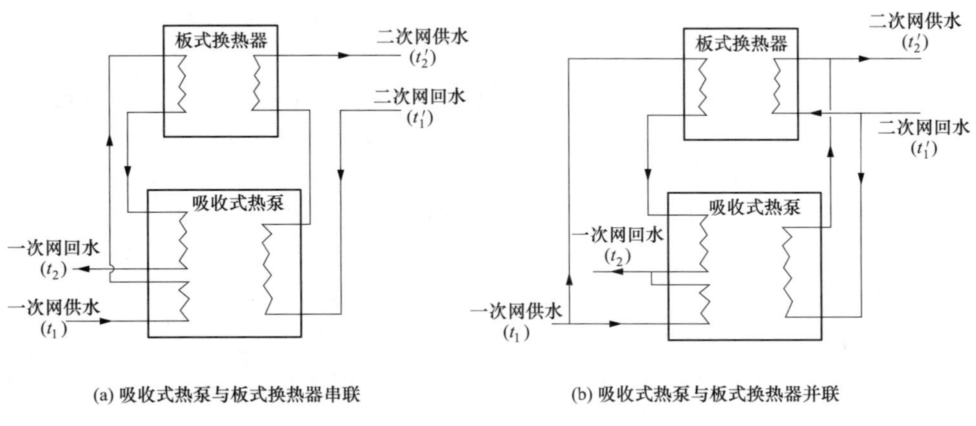

图 7-35　吸收式热泵与板式换热器的布置方式

1）吸收式热泵和可拆卸板式换热器串联布置。吸收式热泵和可拆卸板式换热器串联布置时，一次网的供水和二次网的回水分别依次经过吸收式热泵和可拆卸板式换热器，见图 7-35（a）。吸收式热泵以一次网供水作为驱动热源，产生热泵效应；从热泵排出的驱动热源排水进入可拆卸板式换热器加热二次网的水，使驱动热源排水进一步降温；为了进一步降低一次网回水温度，将经过可拆卸板式换热器降温排出的驱动热源排水作为低温热源再次送入热泵，使其温度进一步降低，最终降低一次网的回水温度。在此过程中，二次网的回水先经热泵加热升温，再经可拆卸板式换热器进一步加热后送给热用户。

2）吸收式热泵和可拆卸板式换热器并联布置。吸收式热泵和可拆卸板式换热器并联布置时，一次网的供水和二次网的回水同时经过吸收式热泵和可拆卸板式换热器，然后各自汇合在一起，见图 7-35（b）。吸收式热泵以一次网的一部分供水作为驱动热源，产生热泵效应；一次网的另一部分供水进入可拆卸板式换热器加热二次网回水；从可拆卸板式换热器降温后流出的一次网供水作为吸收式热泵的低温热源送入热泵，将其热能进一步回收；热泵的低温热源回水和高温热源回水混合成一次网回水。在此过程中，二次网的回水分成两部分，分别进入吸收式热泵和可拆卸板式换热器加热升温，加热后汇合在一起，形成二次网的供水。

（2）大温差换热机组的应用。采用大温差换热机组的主要目的是降低一次网的回水温度（增加一次网供、回水温差），大温差换热机组的核心部件是热水驱动的吸收式热泵，该吸收式热泵与常规吸收式热泵相比较具有以下特点：

1）一次网水在蒸发器进、出口的温差大。大温差换热机组中的吸收式热泵蒸发器进、出口水温差达到 30℃以上，而一般的吸收式热泵仅有 5℃左右。

2）一次网水在发生器进、出口的温差大。大温差换热机组中的吸收式热泵发生器进、出口水温差达到 30℃以上，而一般的吸收式热泵仅有 10℃左右。

3）二次网水进、出口温差大。大温差换热机组中的吸收式热泵二次网水进、出口水温差达到 20℃左右，而一般的吸收式热泵仅有 5～10℃。

4）运行工况变化范围大。一次网进水从严寒期的 120℃左右变化到初、末寒期的 70℃左右，二次网供水也由严寒期的 60℃左右变化到初、末寒期的 40℃左右，而常规吸收式热泵的热源温度一般比较稳定，其在结构设计时没有考虑如此大的工况变动，因此应用于该场合就会表现出严重的不适应，突出表现在溶液泵、溶剂泵的频繁吸空及传热管的浸没，不能在整个供暖期稳定运行。

鉴于大温差换热机组吸收式热泵的上述特点，在设计时采取以下针对性改进措施：第一，采用多级蒸发和多级吸收的结构形式，使一次网水在多级蒸发器中逐步降温，二次网水在多级吸收器中逐步升温；第二，发生器采用多回程逆流换热；第三，增大溶液的放汽范围（浓度差），从而减小溶液循环量，提高溶液的温度变化范围。图 7-36 所示为目前应用较广的两级蒸发、吸收结构的大温差换热机组流程，从图 7-36 中可以看出：发生器出口浓溶液先进入上吸收器，再进入下吸收器，分别吸收上、下蒸发器的制冷剂蒸汽，下吸收器出口的稀溶液通过溶液泵打入发生器，被一次网水加热浓缩为浓溶液完成循环。发生器采用了多回程错流滴淋降膜结构，形成近似逆流的换热方式。一次网水为串联方式，先后通过发生器、可拆卸板式换热器、下蒸发器、上蒸发器逐级降温；二次网水为并联方式，一部分先后通过下吸收器、上吸收器、冷凝器逐级升温，另一部分通过可拆卸板式换热器升温，最终两部分汇合后送出供热。

3. 隔压站

远距离供热时，热源与热用户的距离长、落差大，只有在较高压力下才能保证远距离输

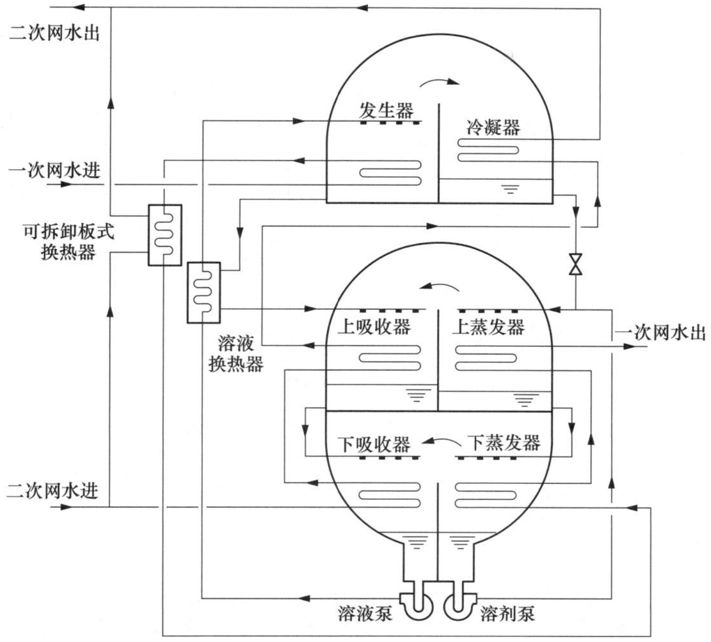

图 7-36　两级蒸发、吸收结构的大温差换热机组流程

送网的正常循环；而集中供热一次网距离较短、落差小，在较低压力下就能正常循环。若将远距离供热输送网与城市供热一次网直接连通，不仅增加能耗，还会影响城市供热一次网的安全运行。因此，在远距离集中供热系统中，远距离供热输送网与城市供热一次网之间设置了隔压站，隔压站由多台板式换热器组合而成，远距离供热输送网与城市供热一次网的介质分别以不同的压力通过板式换热器两个通道，将远距离供热输送网的热能传递给城市供热一次网。

由于远距离供热输送网与城市供热一次网的工质都是水，且压力不太高，隔压站采用可拆卸板式换热器，考虑远距离供热输送网与城市供热一次网之间的换热负荷大，且供、回水的温差也较大，若单台板式换热器容量太大，其制造、运输和检修都不方便，因此，实际应用中采用多台板式换热器先分组串联后再并联组合，图 7-37 所示为某隔压站可拆卸板式换热器的系统图。该隔压站系统中，每 3 台可拆卸板式换热器串联成一组，15 组可拆卸板式换热器并联，共 3×15＝45（台）可拆卸板式换热器构成了隔压站的换热系统。

（三）集中供热的调节

采暖集中供热的热负荷随环境温度的变化而改变，热电厂对外供热要满足各用户的要求，就必须对集中供热系统进行合理调节。调节时，既可从不同位置进行调节，也可通过改变运行方式进行调节。

1. 从不同位置对供热进行调节

从不同位置对供热进行调节分为中央调节（集中调节）、局部调节（地方调节）和单独调节（个体调节）三种。中央调节是在热源处进行的供热调节，局部调节是在热力站或热用户总入口处进行的供热调节，单独调节是直接在用热设备处进行的供热调节。中央调节是上述三种供热调节方式中最为经济的一种，但是单纯的中央调节仅适用于热负荷类型一致的场

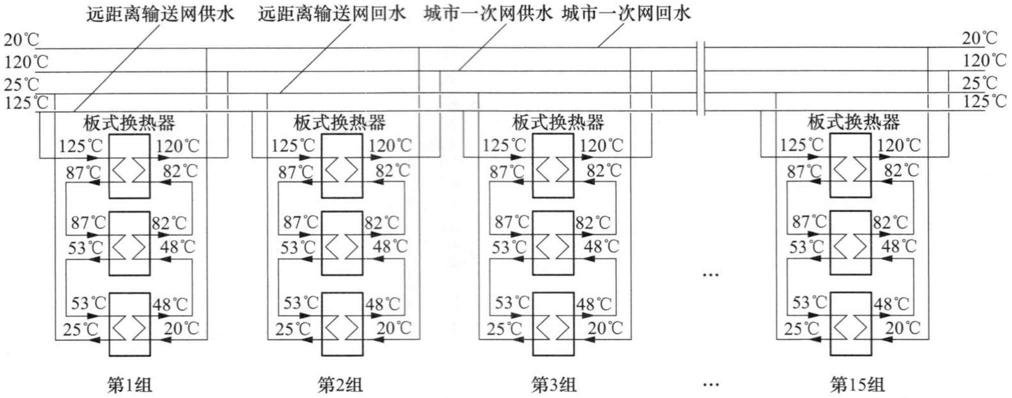

图 7-37　隔压站可拆卸板式换热器的系统

合，对不同类型的热负荷在用户总入口处调节，是对中央调节的一种补充，它是根据热用户的更高要求，做进一步调节。

2. 通过改变运行方式对供热进行调节

通过改变运行方式对供热进行调节分为质调节、量调节和质-量混合调节。质调节是热网水流量不变，只改变供水温度；量调节是热网的供水温度不变，只改变热网的供水流量；质-量混合调节是既改变热网的供水温度，又改变热网的供水流量。

质调节的主要优点是当热负荷减少时，热网供水温度降低，供热机组抽汽压力也降低，抽汽在汽轮机中做功增多，由于供水流量不变，热网的水力工况稳定，容易实现供热调节自动化；缺点是当热负荷减少时，热网供水泵的耗电较多。量调节的优点是当热负荷减少时，热网供水量降低，热网供水泵的耗电较小；缺点是供水温度不变，当热网和用户系统流量改变时，容易产生水力失调，影响自动调节。质-量混合调节是综合了质调节和量调节的优点，避免了其缺点。质-量混合调节的方法是根据室外温度变化将热网供水流量分为几级，完成粗调节；在每级流量范围内采用质调节方法，实现细调节。

第三节　热电联产机组集中供热实例

随着热电联产技术和集中供热技术的不断发展，利用热电联产机组集中供热在我国的应用越来越广泛，热电联产机组集中供热种类很多，下面重点介绍几种有代表性的热电联产机组集中供热实例。

一、实例 A（湿冷凝汽机组抽汽供热）

A 厂装有两台 350MW 超临界湿冷热电联产机组，背压范围是 5～12kPa。非供热期，两台机组以凝汽方式运行；供热期以抽汽凝汽热电联产方式运行，在发电的同时向附近 1200 万 m^2 居民供热，这种供热方式是最基础的热电联产形式。

（一）供热系统与参数

A 厂供热系统由热网循环水系统、热网蒸汽系统、热网疏水系统、热网补水系统组成，见图 7-38。

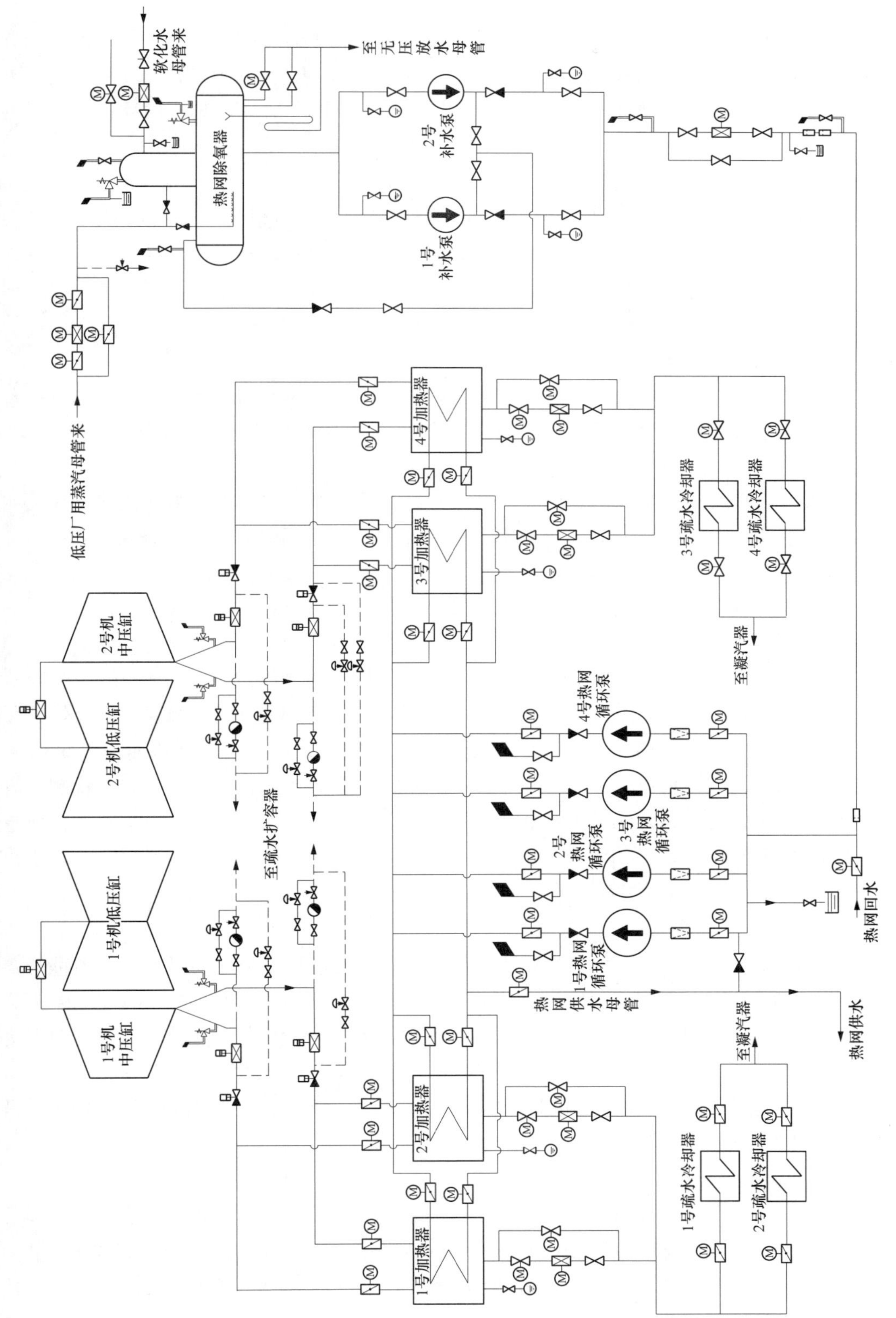
软化水母管来
至无压放水母管
热网除氧器
1号补水泵
2号补水泵
低压厂用蒸汽母管来
2号机中压缸
2号机低压缸
1号机低压缸
1号机中压缸
至疏水扩容器
4号加热器
3号加热器
2号加热器
1号加热器
3号疏水冷却器
4号疏水冷却器
1号疏水冷却器
2号疏水冷却器
至凝汽器
1号热网循环泵
2号热网循环泵
3号热网循环泵
4号热网循环泵
热网供水母管
热网供水
热网回水

图 7-38 A厂供热系统

1. 热网循环水系统

每台机组设置2台加热器，两台机组共有4台加热器和4台热网循环泵，加热器采用并联方式布置，热网回水由热网循环泵升压送入4台加热器，水温由70℃升至130℃送至外网，热网循环泵均采用液力耦合器无级变速调节转速，4台泵全部运行时，循环供水流量为11 100t/h。

2. 热网蒸汽系统

供热蒸汽均由1、2号机中压缸排汽（五段抽汽）抽出，1号机带1、2号加热器，2号机带3、4号加热器，蒸汽压力为0.35～0.55MPa，蒸汽温度为240～245℃，单机额定抽汽量为500t/h（最大抽汽量为580t/h），最大供热负荷为1271GJ/h，单机最大供热面积为860万m^2。

3. 热网疏水系统

抽汽在加热器内加热循环水的同时凝结成水，再经热网加热器内置疏水冷却段深度冷却至85℃，为提高经济性及给水品质，再经疏水冷却器冷却后送入汽轮机凝汽器进行除氧。

4. 热网补水系统

热网补水由化学软化水箱送至热网除氧器进行除氧，由2台热网补水泵送入热网循环水系统，最大补水能力为200t/h；正常运行时一台补水泵运行，另一台补水泵备用。

（二）供热系统的主要设备

供热系统中的设备较多，现对主要设备做简要介绍。

1. 热网加热器

供热系统中装有4台固定管板式热网加热器。热网加热器长11 000mm，直径为2400mm；换热管规格为ϕ25×1.2mm，材质为316L，额定传热量为190MW，最大传热量为224MW，管侧设计压力为2.5MPa，有效换热面积为2400m^2，管内设计流速为1.65m/s，管板厚度为160mm，循环水量为2750t/h，进水温度为70℃，出水温度为130℃，管侧压降为0.06MPa；额定加热蒸汽压力为0.4MPa，额定加热蒸汽流量261t/h，最大加热蒸汽流量307t/h，汽侧设计压力为1.0MPa，汽侧设计温度为280℃，汽侧压降为0.04MPa，疏水出水温度为85℃，疏水箱总容积为5m^3。

2. 热网循环泵

供热系统中装有4台单级双吸离心式热网循环泵，热网循环泵由电动机通过液力耦合器驱动。电动机功率为2000kW，电压为6000V，电流为223.6A，频率为50Hz，转速为1490r/min，绝缘等级为F，效率为96.7%，功率因数为0.89。液力耦合器额定输出功率为2500kW，输入转速为1500r/min，输出转速为300～1455r/min，调速范围为25%～97%，额定滑差为3%。热网循环泵额定流量为2950m^3/h，扬程为180m，必需汽蚀余量为9.0m，额定转速为1480r/min，效率为86%。

3. 热网补水泵

供热系统中装有2台热网补水泵，热网补水泵为单级离心泵，采用变频调节转速，额定参数：流量为150m^3/h、扬程为50m、转速为2900r/min、效率为82%、必需汽蚀余量为5m。热网补水泵电动机功率为45kW，电压为380V，电流为84A，转速为2970r/min，功率因数为0.89，绝缘等级为F。

4. 热网除氧器

供热系统中装有一台 XMC-150-D 型旋膜式除氧器，旋膜式除氧器是一种新型热力式除氧器。除氧器设计压力为 0.4MPa，额定出力为 150t/h，额定出口水温为 40℃，最低稳定运行出力为 60t/h，保证给水含氧量小于或等于 3μg/L，除氧水箱有效容积为 $45m^3$，除氧塔容积为 $5.4m^3$。

（三）供热系统的运行

1. 热网系统的投运

热网系统投运前必须进行全面检查，并按以下步骤投运。

（1）热网供水系统投运。

1）热网供水系统充水。

a. 热网除氧器上水冲洗，直至含铁量小于或等于 30μg/L，水位正常后，逐步投运加热蒸汽。

b. 注水前检查系统各放水门关闭，系统各排空门开启。

c. 待除氧器运行正常后，解除补水泵联锁，启动一台补水泵向系统注水。

d. 注水期间系统中各排空气门排尽空气后关闭。

e. 注水期间应检查系统，如发现泄漏应立即停止注水，并进行处理，泄漏消除后继续注水。

f. 系统注水完毕，系统压力升至 0.35MPa 后，将补水泵停运列入备用。

g. 热网补水期间，加强对除氧器水位的监视。

2）热网供水系统投运。

a. 待回水压力至 0.25～0.35MPa，启热网循环泵。

b. 逐渐提高供水压力至所需压力（1.0～1.55MPa），再稍开系统空气门，检查系统空气是否放尽。

（2）热网抽汽的投运。当机组负荷大于或等于 175MW 时，按以下步骤投运热网抽汽。

1）检查热网供汽母管至凝汽器疏水门关闭，至地沟疏水门开启，检查机组真空正常。

2）检查热网循环水已投运正常，检查供热调节阀（CV）在全开位，抽汽供热止回阀、快关调节阀（EV1、EV2）在关位。

3）检查加热器疏水冷却器正常，热网加热器水位正常，加热器联锁保护传动正常且已投运。

4）在 DCS 画面按“中压抽汽控制”键，点击“抽汽投入”按钮。

5）在目标区域输入供热调节阀开度值，并确认供热调节阀油动机逐渐关小，抽汽压力逐渐升高。

6）点击“热网抽汽控制”进入热网抽汽控制画面，点击“热网投入”按钮亮；开启供热抽汽止回阀，在目标区域输入 EV1 较小开度值并确认，检查热网供热抽汽快关调节阀（EV1）开至目标开度；同样开启 EV2，保持供热抽汽快关调节阀后压力为 0.02～0.03MPa，暖管 1h，控制金属温升速率在 2～3℃/min。

7）暖管结束后，关闭供热管道疏水阀，逐渐开大供热抽汽快关调节阀。检查管道无水击声及管道振动。

8）检查热网疏水冷却器疏水侧进出水门关闭，开启热网加热器疏水至冷却器的排地沟手动门。

9）稍开加热器进汽电动门，对加热器进行预热冲洗，疏水水质合格后，将疏水倒至凝汽器，根据供热要求，逐渐开大进汽电动门。

10）调整加热器水位，开启加热器运行排气门，关闭启动排气门。

11）当供热快关调节阀全开后，通过DEH使供热调节阀油动机逐渐关小，提高抽汽供热压力；当热网供水温度达到要求（130℃）且稳定后，将供热控制方式投“自动”或保持“手动”运行。

2. 供热系统的日常维护

供热系统启动后应做好日常维护及调整工作，确保供热系统安全可靠运行。

（1）正常运行中，为了保护中压末级叶片，供热抽汽压力维持在0.4MPa左右。供热抽汽压力小于或等于0.18MPa时，发出报警；供热抽汽压力小于或等于0.15MPa时，故障停机；供热抽汽压力大于或等于0.65MPa时，故障停机。为了保护低压末级叶片，供热调节阀后压力应大于或等于0.1MPa，以保证通过低压缸冷却流量大于90t/h，确保低压末级叶片安全运行。此时若增加供热必须提高机组负荷。

（2）正常运行中要注意监视汽侧的压力、温度和水侧温度，监视加热器的水位保持在正常范围，防止水位过高造成加热器汽水冲击。

（3）当凝汽器水位过低系统补水困难时，可以适当减小供热用汽，确保机组安全。

（4）机组供热状态运行时，应采用协调控制（CCS）方式。

3. 供热系统的停运

供热系统停运时，先停汽侧后停水侧，做好准备工作后按以下步骤操作。

（1）解除机组AGC（自动发电控制），投入功率反馈，投入供热压力自动调节。

（2）依次缓慢关闭各加热器进汽电动门，逐渐开启供热调节阀。热网水温变化小于或等于0.5℃/min。

（3）调整疏水调整门开度，保持各加热器水位。

（4）开启进汽管道疏水，加热器进汽电动门全部关闭（供热调节阀全部开启）后，解除供热压力自动调节。

（5）关闭疏水至热网疏水冷却器的调整门、手动门及空气门。

（6）将热网补水泵联锁解除后停运。

（7）先关闭热网除氧器补水门，再关闭热网除氧器进汽门，以避免骤然降温产生很大的应力。

（8）在DCS或DEH（数字电液控制）画面切除供热状态。

（9）开启加热器、疏水冷却器至地沟的危急放水门，开启蒸汽管道的放水门、排空气门，注意监视汽轮机真空。

（10）检查热网循环泵入口压力稳定，热网进出水管道联通门开启。

（11）将热网循环泵联锁解除后依次停运，热网循环泵停运时，应缓慢调整勺管开度，循环水母管压力应缓慢降低，出口门全关后可停泵。

（12）热网停运后，做好热网维护保养工作。

1）热网循环水管道保养。热网系统停止后，补水系统继续运行，维持热网循环水管道系统内压力不低于0.2MPa，防止漏入空气，腐蚀设备。

2）热网加热器的保养。热网加热器长期停运，应排净水侧及汽侧余水，打开加热器进水门、出水门及人孔门，从进水侧送热风，使热网加热器水侧处于干燥状态；或当排净余水后充入氮气，防止锈蚀，并长期保证热网加热器内氮气压力大于 0.02MPa。

二、实例 B（湿冷高背压凝汽式单转子供热和旁路供热技术）

B厂共有两台 350MW 超临界湿冷热电联产机组。非供热期，两台机组以凝汽方式运行（背压为 4～12kPa）。供热期两台机组在发电的同时向附近 1600 万 m^2 居民供热，1 号机以单转子高背压凝汽式热电联产方式运行，运行背压为 37kPa，其自身的乏汽和中压缸排汽抽汽共同匹配供热，最高供热负荷达到 1767GJ/h，单机最高供热面积达到 1200 万 m^2；2 号机以正常背压抽汽凝汽式热电联产方式运行，运行背压为 4～12kPa，额定蒸发量下中压缸排汽实际最高抽汽量为 490t/h，最高供热负荷为 1271GJ/h，供热面积为 860 万 m^2，为了保证在 1 号机组故障时，2 号机组的供热能力不小于全厂总供热负荷 75％的需求，2 号机采用了旁路供热技术，以提高供热能力，使 2 号机最高供热负荷增加到 1771GJ/h（与 1 号机的供热能力相当）。

（一）供热系统与参数

B厂供热系统由热网蒸汽系统、热网疏水系统、热网补水系统、热网循环水系统组成，见图 7-39。其中，热网蒸汽系统、热网疏水系统、热网补水系统与实例 A 相同，下面只对 B厂热网循环水系统做简要介绍。

在 1 号机凝汽器循环冷却水进出口管道上增设热网循环水进出口管道切换系统，供热期以热网循环水作为汽轮机排汽的冷却水，凝汽器循环冷却水系统切除（1 号机的辅机冷却水由 2 号机提供），此时 1 号机组在高背压（37kPa）下运行，热网循环水回水作为 1 号机组排汽的冷却水进入凝汽器加热后温度升到 71℃，从 1 号机凝汽器出来的热网循环水送到热网循环泵入口母管，升压后进入 1、2 号机组热网加热器升温至外网所需供热温度后对外供热。

为保证供热系统的安全稳定，在 1 号机凝汽器的热网循环水进出水管道上装有一旁路阀，当 1 号机组停运时，热网循环水直接经热网循环泵送到热网加热器；在热网加热器出入口循环水母管之间也装有一旁路阀，在供暖初末期，热网循环水供水温度在 70℃以下时，可停运热网加热器，热网循环水由 1 号机凝汽器加热后直接经热网循环泵从旁路阀供热。

在非供热期，热网停运，1 号机凝汽器的冷却水切换回原循环冷却水系统，机组恢复为纯凝运行方式。

（二）实例 B 与实例 A 的比较

由于实例 B 中 1 号机利用了冷源损失，其供热量和经济性都有了明显的提高。下面对实例 B 与实例 A 的供热情况进行比较。

1. 设备方面

（1）低压缸转子。A 厂两台机的低压缸转子末级叶片长度为 1080mm，最高连续稳定运行背压为 12kPa，对应的排汽饱和温度为 49.4℃，无法回收利用汽轮机的乏汽余热。为了回收机组乏汽余热，将 B 厂 1 号机低压缸转子末级叶片长度改为 712mm，最高连续稳定运行背压为 37kPa，对应的排汽饱和温度为 73℃，为乏汽余热利用创造了条件。

（2）凝汽器。B 厂 1 号机的凝汽器与 A 厂的凝汽器相比较，不仅有冷却乏汽的作用，而且在供热期还有加热水的功能，凝汽器的工作压力和温度都较高，必须具有较高的耐压能力以适应供热期凝汽器内通流高压热网循环水的要求，且能有效吸收由于排汽温度升高引起的膨胀。

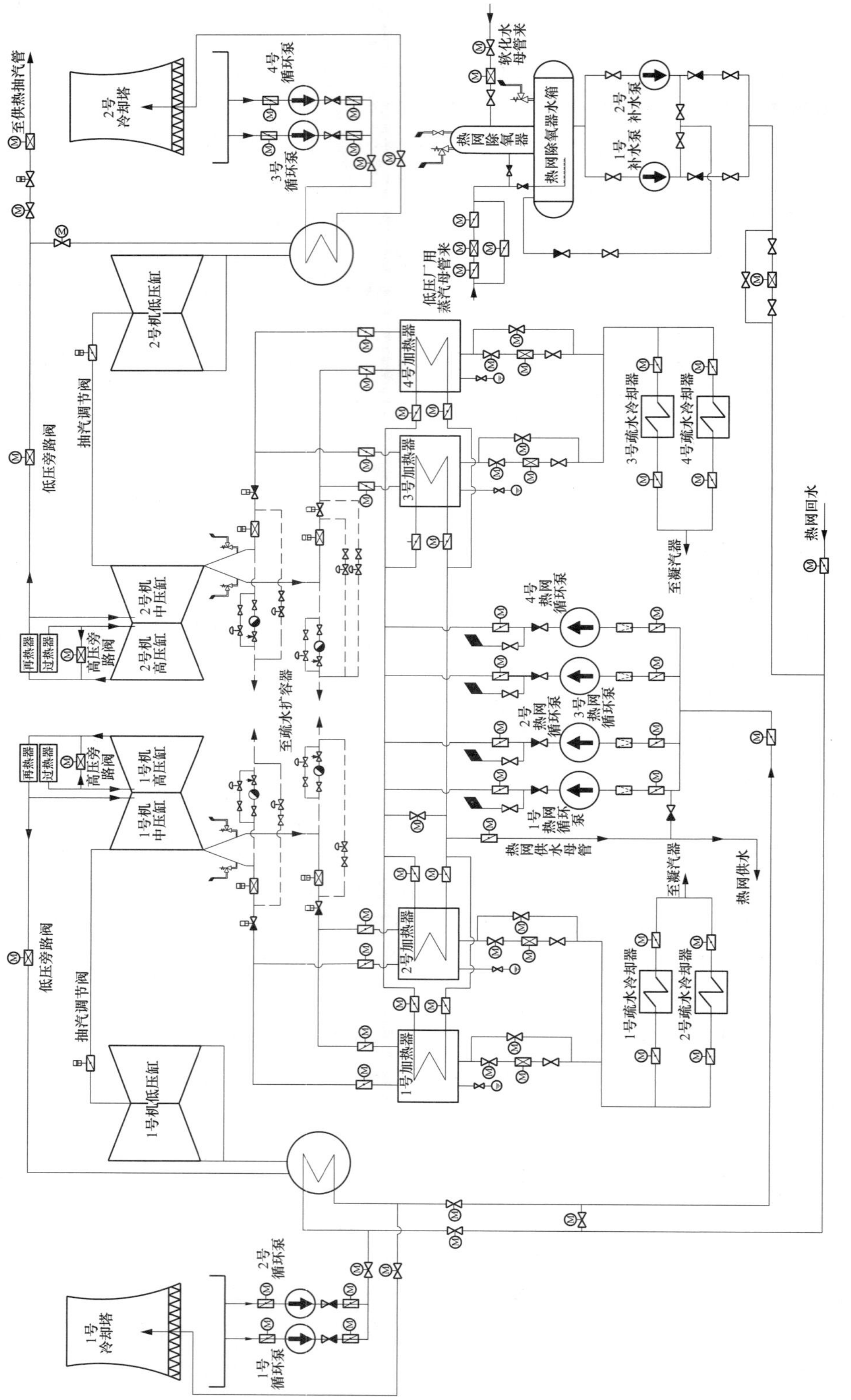

至供热抽汽管
2号冷却塔
3号循环泵
4号循环泵
软化水母管来
热网除氧器
热网除氧器水箱
1号补水泵
2号补水泵
低压厂用蒸汽母管来
2号机低压缸
低压旁路阀
抽汽调节阀
4号加热器
3号加热器
3号疏水冷却器
4号疏水冷却器
至凝汽器
热网回水
再热器
过热器
高压旁路阀
2号机高压缸
2号机中压缸
至疏水扩容器
4号热网循环泵
3号热网循环泵
2号热网循环泵
1号热网循环泵
1号机高压缸
1号机中压缸
热网供水母管
热网供水
至凝汽器
2号加热器
1号加热器
1号疏水冷却器
2号疏水冷却器
1号机低压缸
1号冷却塔
1号循环泵
2号循环泵

图7-39　B厂供热系统

（3）精处理装置。由于B厂1号机供热期的背压明显提高，供热期凝结水温度将达到70℃左右，为保证正常运行，在凝结水系统的精处理装置前加装水-水换热器，以热网循环水回水作为冷却介质，将凝结水冷却到50℃左右后再进入凝结水精处理装置。

（4）热网循环泵。由于B厂1号机为高背压凝汽式热电联产机组，利用了1号机组的冷源损失，供热能力显著增加，全厂供热面积达到1600万m^2，全厂热网循环水量达到14 000m^3/h左右，因此热网循环水泵容量较大。

（5）供热系统。由于B厂1号机为高背压凝汽式热电联产机组，增加了热网循环水管道与凝汽器循环冷却水管道切换系统，增设了1号机凝汽器热网循环水旁路及热网加热器旁路等，使B厂的系统比较复杂。

（6）2号机旁路供热系统。B厂2号汽轮机旁路供热是经高压旁路将部分主蒸汽经高、低压旁路减温减压，从低压旁路后抽汽作为供热抽汽的补充汽源。汽轮机旁路供热机组的高、低压旁路管道直径较大，例如：350MW超临界机组正常情况下，高压旁路阀前的管道内径为178mm，高压旁路阀后的管道内径为400mm，低压旁路阀前的管道内径为470mm，低压旁路阀后的管道内径为894mm；采用旁路供热时，高压旁路阀前的管道内径为235mm，高压旁路阀后的管道内径为600mm，低压旁路阀前的管道内径为600mm，低压旁路阀后的管道内径为1000mm，并且在低压旁路阀至凝汽器的管道上装有一阀门（汽轮机旁路供热时，关闭该阀门；汽轮机旁路不供热时，打开该阀门）。在低压旁路阀后的抽汽管道上装有截止阀、快关阀和调节阀（汽轮机旁路供热时，开启上述阀门；汽轮机旁路不供热时，关上述阀门）。

汽轮机旁路供热技术是从低压旁路阀后抽汽作为供热抽汽汽源，必须匹配高、低压旁路蒸汽流量，避免锅炉再热器温度超限和汽轮机轴向推力超限，才能确保安全。另外，汽轮机旁路供热是直接将高品质蒸汽减温减压用于供热，热经济性差，因此，只有在供热期1号机组故障停运或电网深度调峰的特殊情况下才使用。

2. 经济性方面

经济性比较分供热期和非供热期两个时段分析。

（1）供热期经济性分析。实例A中，两台机组采用中压缸排汽抽汽供热，每台机组额定蒸发量下中压缸排汽实际最高抽汽量为500t/h，最高供热负荷为1271GJ/h，单机最高供热面积为860万m^2，全厂供热面积为1200万m^2，此时机组发电出力为270.23MW，发电煤耗为213.87g/kWh。

实例B中，1号机在供热期机组乏汽余热可全部回收利用，为发挥1号机组的最高供热能力，1号机组可由自身的乏汽和中压缸排汽抽汽共同匹配供热，最高供热负荷达到1767.4GJ/h，单机最高供热面积达到1200万m^2，此时1号机组发电出力285.49MW，发电煤耗仅为137.2g/kWh。

（2）非供热期经济性分析。在非供热期，两台机组均在纯凝工况下运行。由于1号机组低压末级叶片长度为712mm，2号机组低压末级叶片长度为1080mm，两台机组的经济性有所差异。经核算，在额定出力为350MW工况下，1号机（短末级叶片712mm）与2号机（长叶片1080mm）相比较，低压缸效率下降2.86%，导致机组热耗升高60.1kJ/kWh，发电煤耗增加2.3g/kWh；另外，由于1号机组燃煤量增加，在额定负荷时风机、水泵、磨煤机等辅机设备的厂用电率增加0.12%。随着机组负荷及背压的变化，机组的热耗也随之变化，见图7-40。

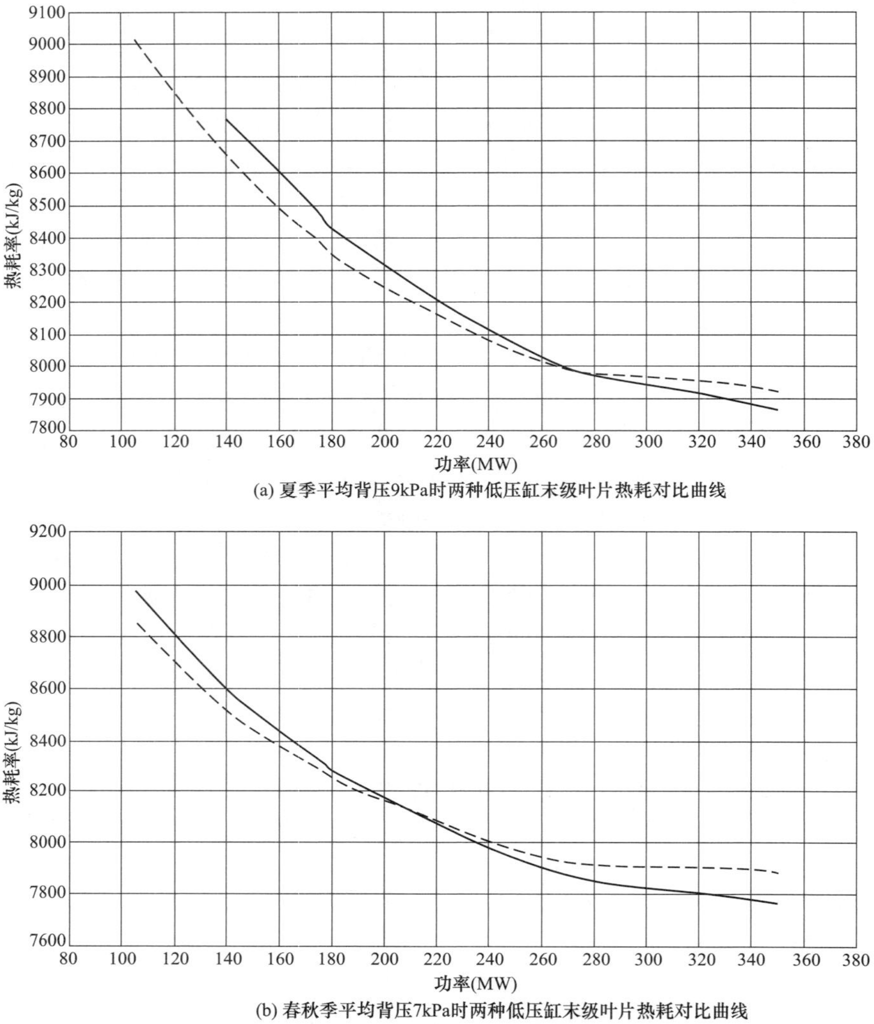

图 7-40　不同背压下两种低压缸末级叶片热耗对比曲线

--712mm 末级叶片；—1080mm 末级叶片

从夏季和春秋季的机组热耗对比曲线可以看出：在高负荷运行时，长叶片转子的经济性较高，而在机组低负荷运行时，短叶片转子的经济性更高。夏季平均背压为 9kPa 运行，机组发电负荷低于 280MW 时，采用 712mm 末级叶片转子的机组热耗较低；春秋季平均背压为 7kPa 运行，机组发电负荷低于 215MW 时，采用 712mm 末级叶片转子的机组热耗较低，机组的发电负荷越低，采用短叶片转子的热耗越小，运行的经济性越好。

由于目前我国并网机组的富余容量较大，机组绝大多数时间处于中低负荷运行，低压缸末级采用短叶片不仅不会对机组的夏季出力造成影响，在低负荷工况条件下的运行经济性更好。在非供热期两台机组运行时，尽量使 2 号机组带大负荷，1 号机组带小负荷，以提高整体经济性。

（三）供热系统的运行

在供热期用热网循环水作为 1 号机凝汽器的冷却水，以 1 号机的凝汽器作为基本加热器，4台热网加热器作为尖峰加热。当热网投运时，将1号机凝汽器的冷却水由冷却塔的循环水切换成热网循环水；当热网停运时，将1号机凝汽器的冷却水由热网循环水切换成冷却塔的循环水。其他运行操作与实例A相同，这里不再重复。

三、实例C（湿冷高背压凝汽式双转子供热和旁路供热技术）

C厂共有两台350MW超临界湿冷热电联产机组，供热期两台机组在发电的同时向附近1600万m^2居民供热。非供热期两台机组以凝汽方式运行，背压为4～12kPa；为了提高供热期机组效率，1号机更换低压转子后以高背压凝汽式热电联产方式运行，运行背压为45kPa，2号机以抽汽凝汽式热电联产方式运行，背压为4～12kPa。供热期1号机组由自身的乏汽和中压缸排汽抽汽共同匹配供热，最高供热负荷为1767GJ/h，单机最高供热面积为1200万m^2；2号机可从低压旁路出口和中压缸排汽口抽汽共同匹配供热，最高供热负荷为1771GJ/h，可以保证75%的热负荷需求。

（一）供热系统与参数

C厂供热系统与参数和B厂相似，见图7-39。

（二）实例C与实例B的比较

C厂与B厂的主要区别是C厂1号机为双转子双背压，双转子双背压供热机组在供热期间使用动静叶片级数相对较少、效率较高的低压转子，机组以高背压凝汽方式运行，排汽压力最高可达45kPa，热网循环水在凝汽器中加热，凝汽器出口的热网循环水温度最高可达77℃；非供热期恢复正常低压转子，满足凝汽工况的需要。C厂1号机有以下特点。

1. 低压缸双转子

1号机配有两根低压转子，分别在供热期和非供热期使用。正常背压的低压转子为2×6级，末级叶片高度为1080mm；高背压的低压转子通流热力设计主要体现在焓降分配的变化上，这种变化主要集中在末几级，具体做法是减少低压缸的级数并采用较短的末级叶片，即高背压低压转子为2×5级，末级动叶片高度为350mm，保留正常背压低压转子的前3级，第4、5级重新设计，取消了正常背压转子的末级（第6级），将末级隔板、动叶处设计成导流结构，并配重低压转子，使轴承载荷与原转子相同。

2. 低压内缸及轴承

将低压内缸直接落在基础上，增强内缸的稳定性；另外，为了防止高背压下排汽温度升高影响轴承的标高，低压转子轴承设计成落地式结构。

3. 低压缸喷水

在供热期机组变工况或负荷太低时，会造成低压末级叶片温度升高，需要增加减温水的喷水量，在导流板上增加一组喷水装置。

4. 低压转子联轴器

由于两根低压转子在供热期与非供热期需要进行互换，高背压低压转子与正常背压低压转子联轴器的螺栓孔精度应完全一致。

（三）供热系统的运行

实例C中，供热前应对1号机组进行停机检修，将低压转子换成高背压转子；供热期结束后也应对1号机组进行停机检修，将低压转子换成正常背压转子。供热系统的运行操作与实例B相同，这里不再重复。

四、实例D（直接空冷高背压凝汽式单转子供热）

D厂共有两台350MW直接空冷超临界热电联产机组。非供热期两台机组以直接空冷凝汽方式运行，背压为8～17kPa；供热期两台机组在发电的同时向附近2000万m^2居民供热，为了提高机组效率，1号机组设置了2台凝汽加热器，与空冷表面式凝汽器并联布置，凝汽加热器用热网循环水作冷却水，可与空冷表面式凝汽器相互切换，凝汽加热器投运时1号机组以湿冷高背压凝汽式热电联产方式运行，运行背压为54kPa；2号机组仍为直接空冷抽汽凝汽式热电联产方式运行，运行背压为8～17kPa。

（一）供热系统与参数

D厂供热系统分为热网循环水系统、热网蒸汽系统、热网疏水系统、热网补水系统，见图7-41。

1. 热网循环水系统

每台机组设置2台加热器，两台机组共有4台加热器和4台热网循环泵，加热器采用并联方式布置；另外，1号机组设置了2台凝汽加热器，与空冷表面式凝汽器并联布置。热网循环水回水经过两台凝汽加热器，利用1号汽轮机乏汽加热（背压54Pa对应的饱和温度约为83℃），热网循环水温由52℃加热至81℃，然后进入热网循环泵升压，送至4台热网加热器入口母管。在热网加热器出、入口母管之间设有一电动旁路阀，供热初、末期负荷较小，凝汽加热器即可以满足供热要求，热网循环水经电动旁路阀（不经热网加热器）直接供热。在供热严寒期负荷较大，凝汽加热器无法满足供热要求，关闭热网加热器电动旁路阀，从1号机凝汽加热器出来的热网循环水进入热网加热器，利用机组抽汽继续加热提高温度，以满足供热要求。热网循环泵采用变频调节转速，3台运行，1台备用，热网循环供水流量为12 000t/h。

2. 热网蒸汽系统

（1）1号机乏汽加热系统。两台凝汽加热器的加热蒸汽由1号汽轮机低压缸排汽至空冷岛的管道抽出，通过改变空冷岛背压和隔离阀开度调节凝汽加热器进汽量。1号汽轮机排汽口背压最高可提升至54kPa，排汽温度最高为83℃，可将热网循环水加热到81℃。

（2）蒸汽加热系统。在严寒期供热量增加，两台凝汽加热器无法满足供热需求，应投入热网加热器。热网加热器的蒸汽均由1、2号机中压缸排汽（五段抽汽）提供，1号汽轮机对应1、2号加热器，2号汽轮机对应3、4号加热器，蒸汽压力为0.35～0.55MPa，蒸汽温度为240～245℃，单机额定抽汽量为500t/h，最大抽汽量为580t/h。

3. 热网疏水系统

1号汽轮机凝汽加热器凝结水经水-水换热器降温后排入1号汽轮机排汽装置底部；热网加热器的疏水经内置疏水冷却段深度冷却后排出温度约为80℃，由疏水泵排到7号低压加热器后凝结水管。

4. 热网补水系统

热网补水由化学软化水箱送至热网除氧器进行除氧，由热网补水泵升压后送入热网循环水系统，最大补水能力为200t/h；正常运行时一台补水泵运行，另一台补水泵备用。

5. 检漏装置

每台凝汽加热器都装有一套检漏装置，作用是监视凝汽加热器管束泄漏情况。凝汽加热器检漏装置是利用真空泵将处于真空运行状态下的凝汽加热器热井中的凝结水抽出，通过在

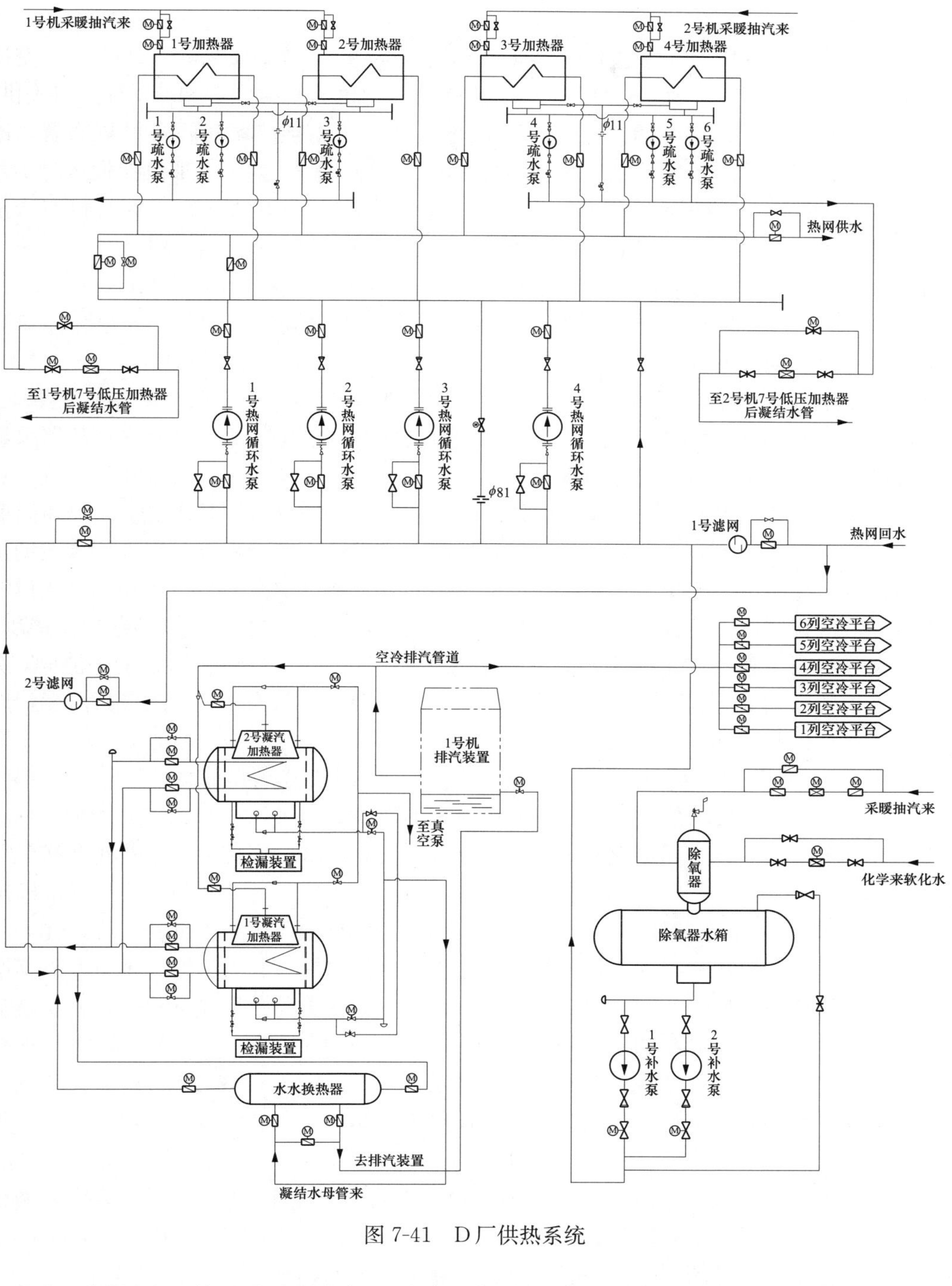

图 7-41 D厂供热系统

线化学分析仪表测量其相关化学指标，综合比较分析其测量值以确定凝汽加热器有无泄漏并计算出泄漏率。检漏装置由检漏取样架、检漏盘和电气控制设备组成。

（二）实例 D 与实例 A 的比较

由于实例 D 在供热期利用了 1 号汽轮机的冷源损失，其经济性有了明显的提高，现对实例 D 与实例 A 的设备和经济性进行比较。

1. 设备方面

(1) 冷却方式与低压末级叶片长度。实例A中两台机为闭式水冷机组，低压末级叶片长度为1080mm，正常背压为4～12kPa。实例D中两台机为直接空冷机组，低压末级叶片长度为665mm，1号汽轮机的两台凝汽加热器与空冷表面式凝汽器并联布置。非供热期D厂1号机空冷表面式凝汽器投运（凝汽加热器停运），运行背压为8～17kPa；供热期D厂1号机凝汽加热器投运（空冷表面式凝汽器停运），运行背压为54kPa。

(2) 凝汽器。实例A中，两台机各装有一台水冷表面式凝汽器。实例D中，1号汽轮机有两台凝汽加热器与空冷表面式凝汽器并联布置，2号机只装有空冷表面式凝汽器。

1) 凝汽加热器的结构。凝汽加热器的结构与水冷表面式凝汽器相似，为单壳体双流程表面式，冷却面积为8080m^2、冷却水设计进口温度为52℃，冷却水设计流量为3.2m^3/s，设计背压为54kPa。凝汽加热器由喉部、壳体（包括热井、水室）、膨胀节和支座等组成。

a. 喉部。喉部由钢板焊接而成，上部是与排汽管道连接的上圆下方短节，喉部内侧装有一定数量的支撑，保证整个喉部的刚性。

b. 壳体和水室。壳体为圆筒形，内部换热管为ϕ18的TP316L不锈钢管，防冲区及空冷区采用加厚管。换热管的两端采用胀接+焊接的方式固定在端管板上，端管板为不锈钢复合板，端管板与壳体采用焊接形式构成一整体，中间管板通过支撑板与壳体相焊。壳体下部为热井，凝结水管出口处设置了滤网和消涡装置。前后水室采用封头结构，水室内壁涂防腐层。前水室分为两个独立腔室，后水室一个腔室。在喉部、壳体下部、水室上方均设有人孔，以便进行检修和维护。水室还开有放水孔、放气孔等。在壳体上装有水位计，运行中，可对热井水位进行监测。

c. 膨胀节和支座。凝汽加热器与排汽管道采用不锈钢波形膨胀节挠性连接，下部为刚性支承，运行时垂直方向的热膨胀由上面的不锈钢波形膨胀节补偿。在壳体的底部设有1个固定支座和4个滑动支座，固定支座位于凝汽加热器壳体底部中间位置，该位置与排汽管道中心点一致。

2) 凝汽加热器的工作过程。热网循环水从前水室进入，经过壳体内换热管，在后水室转向，再经过壳体内换热管回到前水室排出。乏汽由排汽口进入，然后均匀地分布到换热管全长上，经过管束中央通道及两侧通道使乏汽进入主管束区，与热网循环水进行热交换后被凝结；部分蒸汽由中间通道和两侧通道进入热井对凝结水进行回热。凝结水通过一个水-水换热器降温后排入1号机排汽装置底部，由凝结水泵升压后输入主凝结水系统。剩余的汽气混合物经空气冷却区再次进行热交换凝结后，少量未凝结的蒸汽和空气混合物经抽气口由抽真空设备抽出。

(3) 精处理装置。供热期由于D厂1号机凝结水温度将达到80℃左右，为保证精处理装置的正常运行，在凝结水系统的精处理装置前加装了水-水换热器，用热网循环水回水作为冷却介质，将凝结水冷却到50℃左右，再送入凝结水精处理装置。

2. 经济性方面

实例A中，两台机组采用中压缸排汽抽汽供热，每台机组额定蒸发量下中压缸排汽实际最高抽汽量为500t/h，供热负荷为1271GJ/h，单机最大供热面积为860万m^2，全厂供热面积为1200万m^2，此时机组发电出力为270.23MW，发电煤耗为213.87g/kWh。

实例D中，在供热期1号汽轮机以高背压凝汽方式运行（54kPa），机组乏汽余热可全部回收利用，可将热网循环水温升至 81℃，只有在极寒期需要少量抽汽，机组能带更大的电负荷，1 号汽轮机最大供热量约为 1800GJ/h，最大供热面积为 1200 万 m^2，发电煤耗为 140g/kWh。

（三）供热系统的运行

1. 供热系统的投运

在供热初期和末期，环境温度相对较高，只投运凝汽加热器就可满足供热需求，热网循环水在凝汽加热器加热后直接送到一次网；在严寒期，根据供热需要投运热网加热器，热网循环水在凝汽加热器和热网加热器内加热后送到一次网。

（1）热网除氧器冲洗。

1）启动软化水泵，开启出口门。

2）开启热网除氧器补水调整门向除氧器充水。

3）水位补至高限时对水质进行化验，当水质不合格时，开启放水门，将水放尽，重新补水，直到水质合格为止。

4）开启热网补水泵入口门，启动一台补水泵，开启再循环门。

（2）热网充水。

1）关闭一次网的放水门，开启补水泵出口门向系统充水，流量控制在 150t/h。

2）开启热网供、回水总门向热网水系统充水，热网各供、回水管道以及热网循环泵充水排空正常后，关闭排空门。

3）当热网回水压力达 0.4MPa，冲洗水质合格后方可启动热网循环水泵。

（3）启动热网循环水泵。

1）关闭热网循环泵旁路门，逐台启动热网循环泵，通过调节热网循环泵的转速控制热网循环水流量及压力。

2）当热网循环水 1 号滤网的差压达 40kPa 时，自动进行滤网反冲洗。

3）将补水泵投入自动调节。

（4）凝汽加热器水侧投运。

1）开启凝汽加热器循环水供、回水总门的旁路门，向凝汽加热器水侧充水。

2）凝汽加热器排空门见水后将其关闭。

3）凝汽加热器水侧充满水后，由汽侧水位计检查凝汽加热器有无泄漏。

4）开启 1、2 号凝汽加热器循环水侧放水门，直到凝汽加热器水侧水质清澈后关闭凝汽加热器水侧放水门。

5）开启凝汽加热器循环水系统供、回水总门，关闭旁路门，建立水循环。

6）循环正常后再次从凝汽加热器汽侧水位计检查有无泄漏。

7）当热网循环水 2 号滤网的差压达 25kPa 时，自动启动旋转滤网电动机，并开启排污门，进行滤网反冲洗；差压小于 10kPa 时，自动关闭排污门，旋转滤网电动机停止。

（5）蒸汽和凝结水系统的投运。

1）检查凝汽加热器循环水侧已运行正常。

2）缓慢开启 1 号凝汽加热器抽真空门，注意汽轮机排汽口背压变化，不能影响汽轮机的正常运行。

3）当 1 号凝汽加热器背压与汽轮机排汽口背压一致时（凝汽加热器背压-汽轮机排汽口

背压小于或等于 2kPa)，全开 1 号凝汽加热器抽真空门。

4）逐渐开启 1 号凝汽加热器进汽门，逐渐降低空冷风机转速，逐渐关闭空冷岛进汽隔离阀，提高机组背压，注意检查凝汽加热器循环水温升小于或等于 0.5℃/min。

5）逐渐开启 1 号凝汽加热器的凝结水门，并注意汽轮机排汽口背压变化。

6）当 1 号凝汽加热器水位大于 600mm 时，开启 1 号凝汽加热器的凝结水电动门，开启冲洗水泵入口总门。

7）当 1 号凝汽加热器水位达 1000mm 时，启动冲洗水泵，开启冲洗水泵出口门进行系统冲洗，并保持 1 号凝汽加热器水位在 1000mm。

8）冲洗水泵出口水质合格后，逐步降低空冷岛背压，将凝汽加热器水位控制在 425mm，关冲洗水泵出口门，停止冲洗水泵。

9）关闭 1 号凝汽加热器进汽门和凝结水门。

10）对 2 号凝汽加热器进行冲洗，冲洗方法与 1 号凝汽加热器相同。

11）当两台凝汽加热器单独冲洗合格后，两台凝汽加热器同时送汽进行整体冲洗。

12）两台凝汽加热器凝结水水质合格后，开启 1、2 号凝汽加热器进汽门、凝结水门，开启凝汽加热器至排汽装置凝结水总电动门，将凝结水回收至排汽装置，开启凝汽加热器至排汽装置凝结水电动总门时，注意机组排汽口背压变化情况，通过空冷岛背压控制凝汽加热器水位在 200mm，且在凝汽加热器凝结水回收前降低机组排汽装置水位至 600mm，防止回收时排汽装置水位过高。

13）根据供热温度要求，逐列停运空冷岛，并注意空冷岛隔离阀后温度，防止隔离阀关闭不严，发生空冷岛管束冻结。

14）凝汽加热器汽侧投入正常后，投入凝汽加热器检漏装置。

15）空冷岛停运后，保持进汽隔离阀及该列空冷岛抽真空门在关闭状态，凝结水门在开启状态，保持空冷岛与凝汽加热器背压一致。

16）根据供水温度要求逐步提高机组背压，但是必须控制机组排汽口背压小于或等于 54kPa。

17）当机组背压达到 54kPa，凝汽加热器供水温度达 81℃以上，凝汽加热器不能满足供热要求时，关闭热网加热器旁路门，循环水通过热网加热器，按以下程序投入供热网加热器的五段抽汽，满足供热温度要求。

a. 开启汽轮机供热抽汽止回阀，稍开汽轮机五段抽汽供热网电动门的旁路手动门，五段抽汽至热网抽汽管道暖管，控制抽汽管道温升率小于或等于 3℃/min，且充分疏水，旁路手动门全开后，根据管道温升率逐渐开启五段抽汽供热网电动门，直至全开，电动门全开后关闭旁路手动门。

b. 抽汽管排空门排出蒸汽后，关闭排空门；抽汽管疏水排尽后，关闭抽汽管道疏水门。

c. 稍开加热器进汽旁路门，加热器暖体 20min。

d. 加热器暖体结束后逐渐开启加热器进汽电动门直至全开，注意加热器出口水温升率小于或等于 0.5℃/min。

e. 加热器水位达 1000mm 时，启动一台疏水泵，开出口门，开启疏水调整门控制加热器水位，疏水经疏水管冲洗门排地沟对系统进行冲洗，将疏水调整门及疏水泵再循环门投自动。

f. 当疏水硬度为 0、Fe≤50μg/L 时，开启热网疏水至凝结水管手动门，将疏水回收至 7 号低压加热器水侧出口。

g. 根据供热温度要求逐渐开大五段抽汽供热网快关阀，注意加热器出口温升率小于或等于 0.5℃/min。

h. 缓慢关小供热调节蝶阀，抽汽室压力提高到 0.4MPa，控制加热器出口温升率小于或等于 0.5℃/min。

i. 根据供热要求，及时调整热网供水温度。

2. 供热系统的运行维护

（1）主要运行参数。

1）凝汽加热器经济背压为 25～54kPa。

2）热网回水压力为 0.09～0.45MPa，供水压力小于或等于 1.45MPa。

3）凝汽加热器出水温度为 81℃。

4）凝汽加热器背压小于或等于 54kPa。

5）凝汽加热器端差小于 3.0℃。

6）凝汽加热器水位为 775mm。

7）凝结水过冷度小于 1.0℃。

8）加热器蒸汽压力为 0.35～0.55MPa。

9）加热器出口供水温度小于或等于 130℃。

10）热网回水温度小于或等于 70℃。

11）加热器水位为 1000mm。

12）热网除氧器水位为 1700mm。

（2）凝汽加热器凝结水水质合格，检漏装置运行正常，系统无泄漏。

（3）凝汽加热器运行时注意检查监视空冷岛停运期间空冷表面式凝汽器蒸汽隔离阀后温度，防止由于阀门不严造成空冷岛管束冻结。

（4）当凝汽加热器满负荷（背压 54kPa）运行，1 号汽轮机空冷岛未完全停运时，凝汽加热器供热未满足部分，尽可能多采用 1 号机五段抽汽供热；当凝汽加热器满负荷运行（背压为 54kPa），1 号汽轮机空冷岛完全停运时，凝汽加热器供热未满足部分，尽可能多采用 2 号汽轮机五段抽汽供热。

3. 供热系统的停运

供热系统停运时为了合理利用热能，应根据外界环境变化先停运热网加热器，由凝汽加热器继续供热；到供热期结束时，凝汽加热器停运，投入机组的空气冷却系统。

（1）严寒期过后应先停运热网加热器，由凝汽加热器继续供热，热网加热器停运程序如下。

1）逐台停运热网加热器，停热网加热器时缓慢关小抽汽快关阀，注意热网水温变化小于或等于 0.5℃/min。

2）当蒸汽压力降至 0.05MPa 时，关闭热网加热器蒸汽门，关闭汽轮机供热抽汽电动门，开启蒸汽管道疏水门，关闭汽轮机供热抽汽止回阀。

3）当热网加热器水位降至 100mm 时，停止疏水泵运行，关闭出口门。

4）开启热网加热器事故疏水门。

5）开启热网加热器水侧旁路门，关闭加热器水侧出口门和入口门，热网加热器停运后由凝汽加热器继续供热，直至供热期结束。

（2）供热期结束后，应按下列程序停运供热系统。

1）逐列投入 1 号汽轮机空冷系统，并逐渐提高空冷风机转速，降低汽轮机排汽口背压，注意控制热网循环水降温速度不超过 0.5℃/min。

2）关闭凝汽加热器进汽蝶阀及凝汽加热器凝结水门。

3）当两台凝汽加热器凝结水门全部关闭时，关闭凝汽加热器凝结水电动总门。

4）关闭凝汽加热器抽真空电动门。

5）若凝汽加热器停运后汽侧需要放水时，必须将凝汽加热器进汽电动门、凝结水电动门、抽真空电动门关闭严密，并做好可靠防止开启的措施，方可开启凝汽加热器放水门，防止影响汽轮机排汽口背压，造成机组故障停机。

6）停运热网除氧器。

7）逐台停运热网循环泵，停止热网循环泵时先将热网循环泵转速降至最低，减少循环水流量，关闭热网循环泵出口门后停泵，在此过程中应注意热网回水母管压力变化，防止回水母管压力过高，待热网循环泵入口母管压力稳定后，再依次停运下一台热网循环泵，直到停止最后一台热网循环泵。

8）关闭凝汽加热器循环水侧进、出口水门，关闭凝汽加热器循环水入口总门，关闭凝汽加热器循环水出口总门。

9）热网系统停运后做好停运保护，停运保护方法有三种：

a. 将内部积水放尽，用压缩空气干燥，密封各管口后抽去内部空气，形成真空后充入氮气，充氮压力为 0.1～0.5MPa，并经常检查，使氮气压力维持在 0.05～0.15MPa 之间。

b. 汽侧采用充氮气保护，水侧采用加药充满除盐水湿法保护，保持水侧压力为 0.05～0.2MPa，并定期检查水侧充满水，定期化验 pH 值维持在 9～10 之间。

c. 采用系统内部放水并通风干燥保护。

五、实例 E（空冷汽轮机切除低压缸供热）

E 厂装有两台 350MW 直接空冷超临界供热机组。非供热期两台机组以凝汽方式运行，背压为 8～17kPa。供热期两台机组在发电的同时向附近 1600 万 m^2 居民供热，1 号机采用切除低压缸（低压缸微出力）运行方式，最大供热能力为 493.45MW，2 号汽轮机采用凝汽抽汽运行方式，最大供热能力为 400MW。

（一）供热系统

E 厂供热系统与 A 厂相似，参见图 7-38，主要差异是 E 厂 1 号汽轮机的供热抽汽量较大。其他相同之处这里不再重述。

（二）实例 E 与实例 A 的比较

由于实例 E 中 1 号机供热期采用切除低压缸运行方式，其供热和调峰能力有了明显提高，现对实例 E 与实例 A 的设备和经济性进行比较。

1. 设备方面

（1）冷却方式与低压末级叶片长度。实例 A 中两台机为闭式水冷机组，低压末级叶片长度为 1080mm，正常背压为 5～12kPa。实例 E 中，两台机均为直接空冷，低压末级叶片长度为 665mm，正常背压为 8～17kPa，1 号汽轮机可根据供热情况切除低压缸运行（低压缸只有少量低压蒸汽冷却，背压为 1.5～3kPa）。

（2）低压缸。实例 E 中，为了能使 1 号汽轮机切除低压缸运行，对 1 号汽轮机低压缸进行了以下特殊处理。

1）中、低压缸联通管供热抽汽调整蝶阀必须关闭严密（该阀关闭时无内漏），阀门尺寸为 DN1400，阀门采用液压控制。

2）中、低压缸联通管供热抽汽调整蝶阀关闭后实现了低压缸可不进汽的要求，但是低压缸漏气的问题无法避免，微量的漏气在缸内流动性能较差，为了缩短其在缸内的滞留时间，防止鼓风超温的危险发生，需要适量的冷却蒸汽进入低压缸，保证缸内合理的流动性，将鼓风所产生的热量顺利带走，同时投入低压缸喷水减温系统降低缸温，以防止低压缸因超温膨胀而造成胀差超限、不平衡振动以及密封性能降低等。为了保证低压缸有适量蒸汽通过并且可控，安装了供热抽汽调整蝶阀的旁路管，旁路管上串联设置了高精度流量计、关断阀和旁路调节阀（旁路调节阀前的管径为 DN350，旁路调节阀后的管径为 DN500），切除低压缸时可将少量的中压缸排汽从旁路调节阀引入低压缸，带走其中的热量。

3）机组切除低压缸运行期间，低压缸排汽量大幅减少，低压缸喷水需要长期投运，因此必须安装减温水流量测量孔板，以便精确控制喷水量。

4）机组在切除低压缸运行期间，低压缸内少量蒸汽依然处于鼓风状态，并且鼓风会前移（不限于末几级长叶片），如果低压缸鼓风温度太高，会对机组造成不可恢复的热变形损伤等，因此需要对末几级长叶片附近的蒸汽温度进行监测，应在末级、次末级动叶之后装设温度测点。

2. 供热量和经济性方面

实例 A 中，两台机组采用中压缸排汽抽汽供热，每台机组额定蒸发量下中压缸排汽实际最高抽汽量为 500t/h，最高供热负荷为 1271GJ/h，单机最大供热面积为 860 万 m^2，全厂供热面积为 1200 万 m^2，此时机组发电出力为 270.23MW，发电煤耗为 213.87g/kWh。

实例 E 中，1 号机可在切除低压缸的背压工况下运行，其供热能力大幅提高，最大供热负荷为 1775GJ/h，单机最大供热面积为 960 万 m^2，此时机组发电出力为 254MW，发电煤耗为 171.42g/kWh。

（三）供热系统的运行

实例 E 中，1 号汽轮机的运行方式比较灵活，可在凝汽工况、凝汽抽汽工况和切除低压缸工况运行，凝汽工况和凝汽抽汽工况与实例 A 相似，下面主要对切除低压缸工况做简要介绍。

1. 切除低压缸

当热负荷很大或电网要求机组深度调峰时，可将实例 E 中 1 号机的低压缸切除。

(1) 供热快关阀全开，首站加热器进汽门全开。

(2) 逐步关小低压缸进汽调整蝶阀，使低压缸进汽量维持在150t/h。

(3) 开启旁路关断阀和旁路调节阀。

(4) 继续关小低压缸进汽调整蝶阀，直到全部关闭。

(5) 继续关小旁路调节阀，使低压缸进汽量逐步降到设计值，排汽压力维持在1.5～3kPa。

(6) 切除低压缸过程中严密监视机组振动、胀差及排汽温度的变化，必要时投低压缸喷水，发生异常变化时恢复低压缸运行。

2. 投运低压缸

当热负荷减小或电网要求机组深度调峰结束时，可将实例E中1号机低压缸投入运行，步骤如下。

(1) 逐步开大旁路调节阀直到全开位置，增加低压缸的进汽量。

(2) 开启低压缸进汽调整蝶阀，直到低压缸进汽量达到150t/h，在此过程中密切监视机组振动、胀差及排汽温度的变化，视情况停低压缸喷水。

(3) 根据需要开大低压缸进汽调整蝶阀，直到满足供热要求。

(4) 关小旁路调节阀，直到完全关闭。

(5) 排汽压力维持在8～17kPa。

六、实例F（空冷汽轮机利用溴化锂吸收式热泵供热）

F厂共有两台350MW直接空冷超临界供热机组。非供热期，两台机组以凝汽方式运行；供热期，两台机组在发电的同时利用8组（16台）溴化锂吸收式热泵和热网加热系统向附近1000万m^2居民供热。

（一）供热系统与参数

F厂供热系统由2×8台溴化锂吸收式热泵和热网加热系统串联而成，热网加热系统与A厂相似，下面重点介绍溴化锂吸收式热泵供热系统。

溴化锂吸收式热泵以供热抽汽作为驱动热源，回收汽轮机乏汽余热，并转换成可供城市热网利用的高品质热源。溴化锂吸收式热泵系统由驱动蒸汽系统、乏汽进汽系统、抽真空系统、凝结水系统和热网循环水系统等组成，并且自带一套监视、测量、控制系统，对进入热泵的蒸汽、乏汽、热网水及热泵内部换热介质等进行独立监控，通过通信系统与DCS控制系统连接。每台机组配套8台热泵，每两台热泵为一组（每两台热泵公用一根乏汽管），共计4组热泵，每组热泵供热能力为38.9MW，总供热能力为155.6MW，其中回收余热量为64.2MW。下面以1号机对应的4组（8台）热泵为例进行介绍。

1. 驱动蒸汽系统

热泵驱动蒸汽管道自1号机五段抽汽管道接出（1根DN800的蒸汽管道，抽汽量为129t/h），经过一台减温装置减温，参数由0.4MPa/245℃降至0.4MPa/147℃，作为热泵驱动汽源（喷水量为11t/h，减温后蒸汽量为140t/h），向4组（8台）热泵提供驱动蒸汽（每台热泵驱动蒸汽为17.5t/h），见图7-42，每台热泵有两个管径为DN300的蒸汽进口，蒸汽总管装有一个电动关断阀和一个电动旁路阀。减温装置前后设置蒸汽压力、温度等测点，通过改变减温水调节阀的开度对蒸汽温度进行自动控制。每台热泵蒸汽进口设有一个电动调节阀和一个电动关断阀，电动调节阀由热泵自带PLC控制系统自动控制其开度。

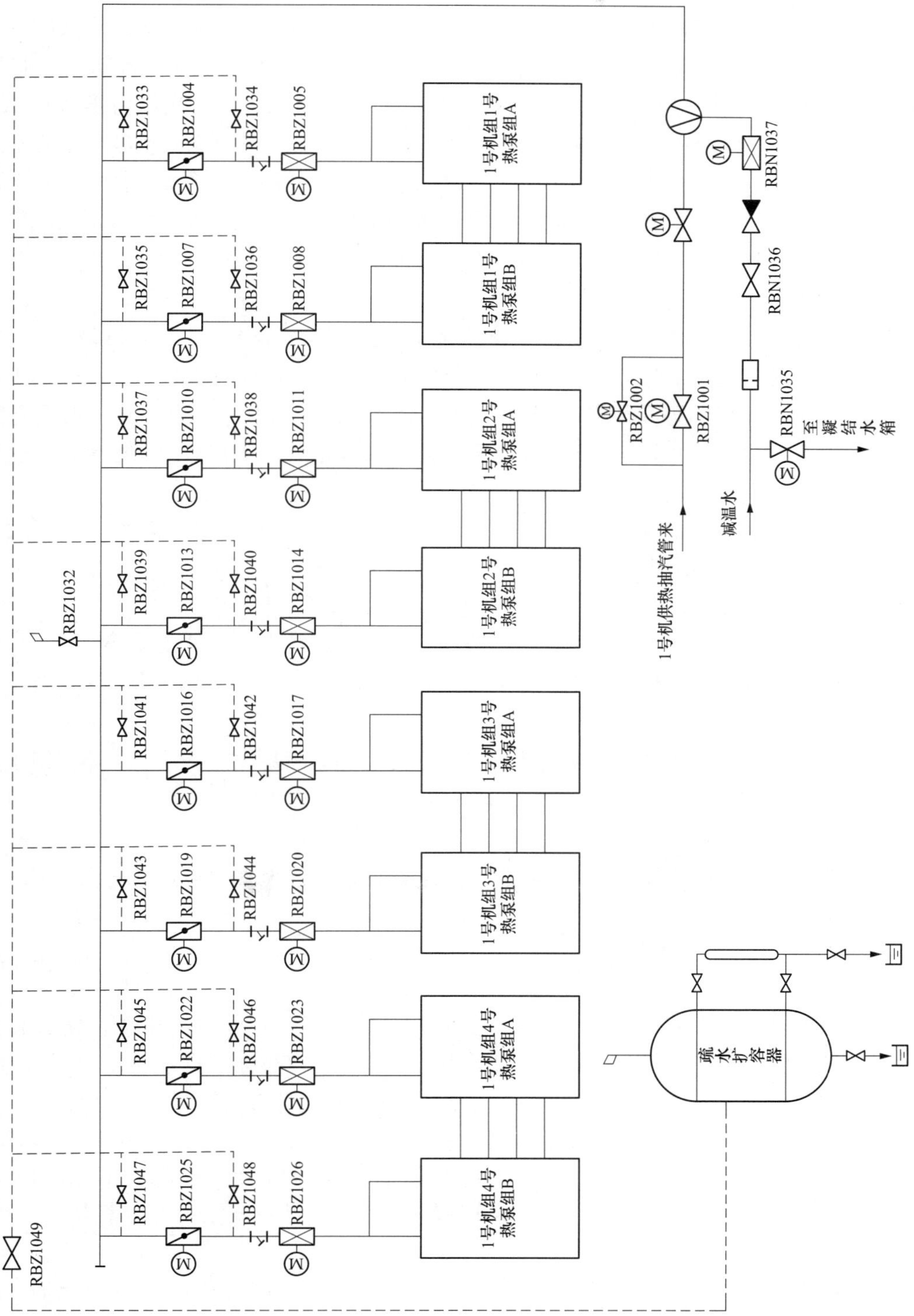
1号机组1号热泵组A
1号机组1号热泵组B
1号机组2号热泵组A
1号机组2号热泵组B
1号机组3号热泵组A
1号机组3号热泵组B
1号机组4号热泵组A
1号机组4号热泵组B
RBZ1033
RBZ1004
RBZ1034
RBZ1005
RBZ1035
RBZ1007
RBZ1036
RBZ1008
RBZ1037
RBZ1010
RBZ1038
RBZ1011
RBZ1039
RBZ1013
RBZ1040
RBZ1014
RBZ1032
RBZ1041
RBZ1016
RBZ1042
RBZ1017
RBZ1043
RBZ1019
RBZ1044
RBZ1020
RBZ1045
RBZ1022
RBZ1046
RBZ1023
RBZ1047
RBZ1025
RBZ1048
RBZ1026
RBZ1049
RBZ1002
RBZ1001
RBN1037
RBN1036
RBN1035
至凝结水箱
1号机供热抽汽管来
减温水
疏水扩容器

图 7-42 驱动蒸汽系统

2. 乏汽进汽系统和抽真空系统

热泵乏汽母管（DN2800）从1号机组空冷岛乏汽入口立管（DN5800）上引出，分别将乏汽引入每组热泵，乏汽母管根据热泵乏汽流量逐级变径，并由4根乏汽支管（DN1600）将乏汽送到4组热泵，见图7-43。在热泵乏汽母管上装有隔离真空蝶阀，该阀在采暖期开启，非采暖期关闭。每组热泵的乏汽用量为23.59t/h，4组热泵的乏汽用量为94.34t/h。

热泵乏汽系统与空冷岛乏汽系统相连，为保证机组真空，在热泵系统里容易聚集不凝结气体之处设了抽真空管道，抽真空管道和空冷岛的抽真空系统相连，系统运行中由真空泵抽出系统中的不凝结气体，见图7-43，每台热泵设置一个抽气口，经抽真空母管接入汽轮机抽真空系统，通过汽轮机真空泵建立启动及运行期间的真空。

3. 凝结水系统

凝结水系统分为驱动蒸汽凝结水系统和乏汽凝结水系统两部分，见图7-44。

（1）驱动蒸汽凝结水系统。1号机共有8台热泵，每台热泵有两路驱动蒸汽凝结水汇合后流入凝结水箱，凝结水箱旁装有3台变频凝结水泵（正常情况下一台运行、两台备用），凝结水箱内的水质合格后经凝结水泵供至6号低压加热器出口，不合格的凝结水排入热网回水管道。

（2）乏汽凝结水系统。每台热泵都设有1个乏汽凝结水箱和1台乏汽凝结水泵，乏汽凝结水由乏汽凝结水泵经凝结水母管送至汽轮机排汽装置的热井。

4. 热网循环水系统

从热用户返回的热网回水经热网除污器过滤后有三种运行方式，见图7-45。

（1）供热初（末）期，热网回水经热泵加热，从55℃升到82.5℃，再经热网循环泵升压后直接对外供热。

（2）供热严寒期，经热泵加热后的热网循环水温度不能满足供热需求时，热网回水先经热泵加热，从55℃升到82.5℃，再进入热网加热器进行二次加热之后温度可升到101.6℃对外供热。

（3）供热期热泵系统故障停运时，热网回水经热网加热器单独供热，根据用户需求调节抽汽量，确保对外供热温度。

（二）供热系统的主要设备

1. 热泵

2×350MW热电联产机组共配置了16台RHP-260W溴化锂吸收式热泵，分别由1、2号机的供热抽汽（258t/h）作为驱动蒸汽，利用1、2号机的部分乏汽（188.68t/h）供热。溴化锂吸收式热泵的工作原理已在本章第一节作过介绍，现主要对单台热泵的相关参数作简要说明。制热量为19 480kW，驱动蒸汽消耗量为17 411.5kg/h，驱动蒸汽压力为0.2MPa，驱动蒸汽温度为145℃，乏汽耗量为12 029kg/h，热网循环水流量为625m^3/h，溶剂泵功率为1.5kW，溶液泵功率为6.5kW，抽气泵功率为0.75kW，乏汽凝结水泵功率为5.5kW。

2. 喷水减温器

为了保证热泵驱动蒸汽参数的稳定，驱动蒸汽母管装有一喷水减温器，将供热抽汽温度由245℃降至147℃，作为热泵的驱动蒸汽。

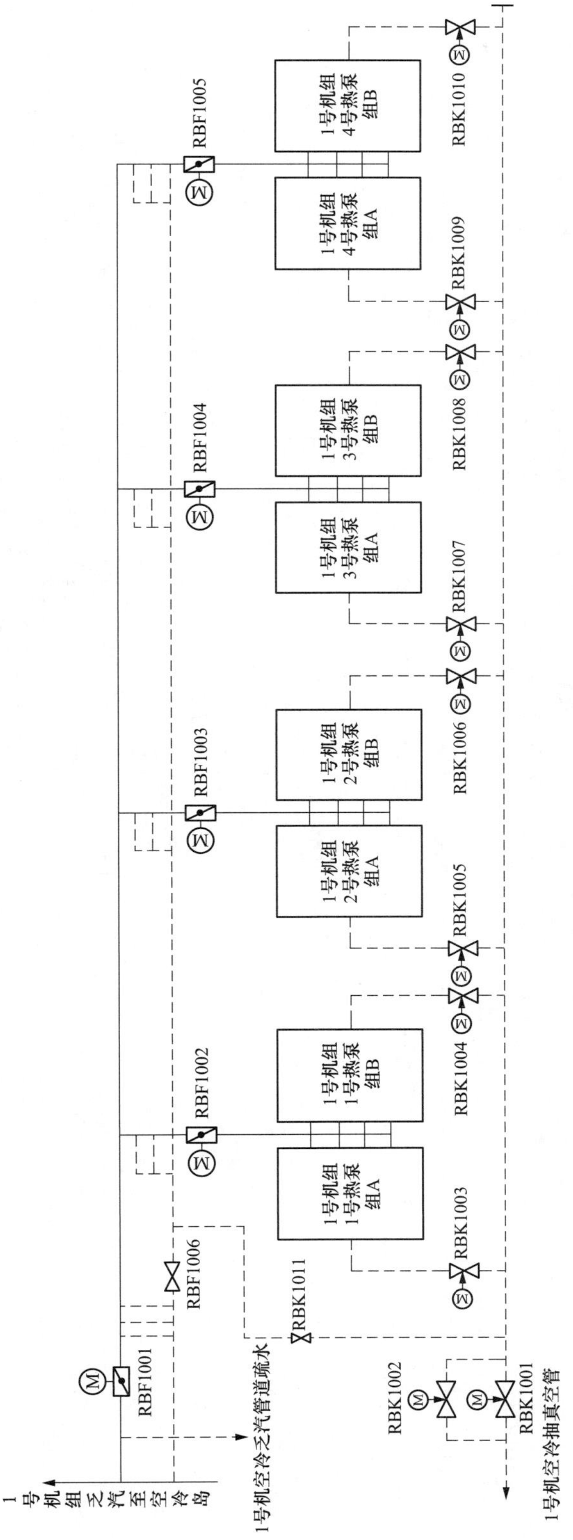

图 7-43 乏汽进汽系统和抽真空系统

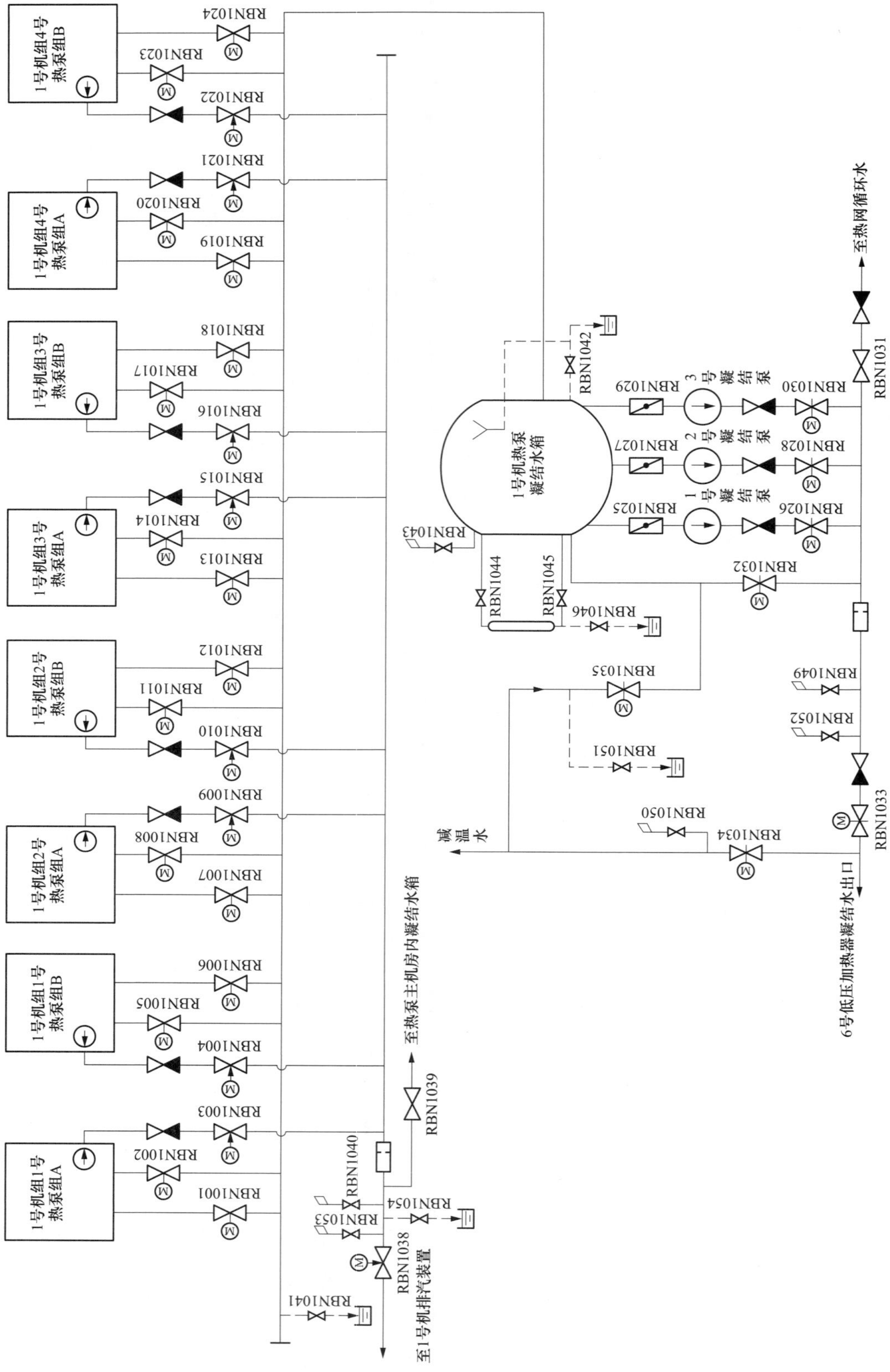
1号机组1号热泵组A
1号机组1号热泵组B
1号机组2号热泵组A
1号机组2号热泵组B
1号机组3号热泵组A
1号机组3号热泵组B
1号机组4号热泵组A
1号机组4号热泵组B
RBN1001
RBN1002
RBN1003
RBN1004
RBN1005
RBN1006
RBN1007
RBN1008
RBN1009
RBN1010
RBN1011
RBN1012
RBN1013
RBN1014
RBN1015
RBN1016
RBN1017
RBN1018
RBN1019
RBN1020
RBN1021
RBN1022
RBN1023
RBN1024
1号机热泵凝结水箱
1号凝结泵
2号凝结泵
3号凝结泵
RBN1025
RBN1026
RBN1027
RBN1028
RBN1029
RBN1030
RBN1031
RBN1032
RBN1033
RBN1034
RBN1035
RBN1038
RBN1039
RBN1040
RBN1041
RBN1042
RBN1043
RBN1044
RBN1045
RBN1046
RBN1049
RBN1050
RBN1051
RBN1052
RBN1053
RBN1054
至热网循环水
减温水
6号低压加热器凝结水出口
至热泵主机房内凝结水箱
至1号机排汽装置

图 7-44　凝结水系统

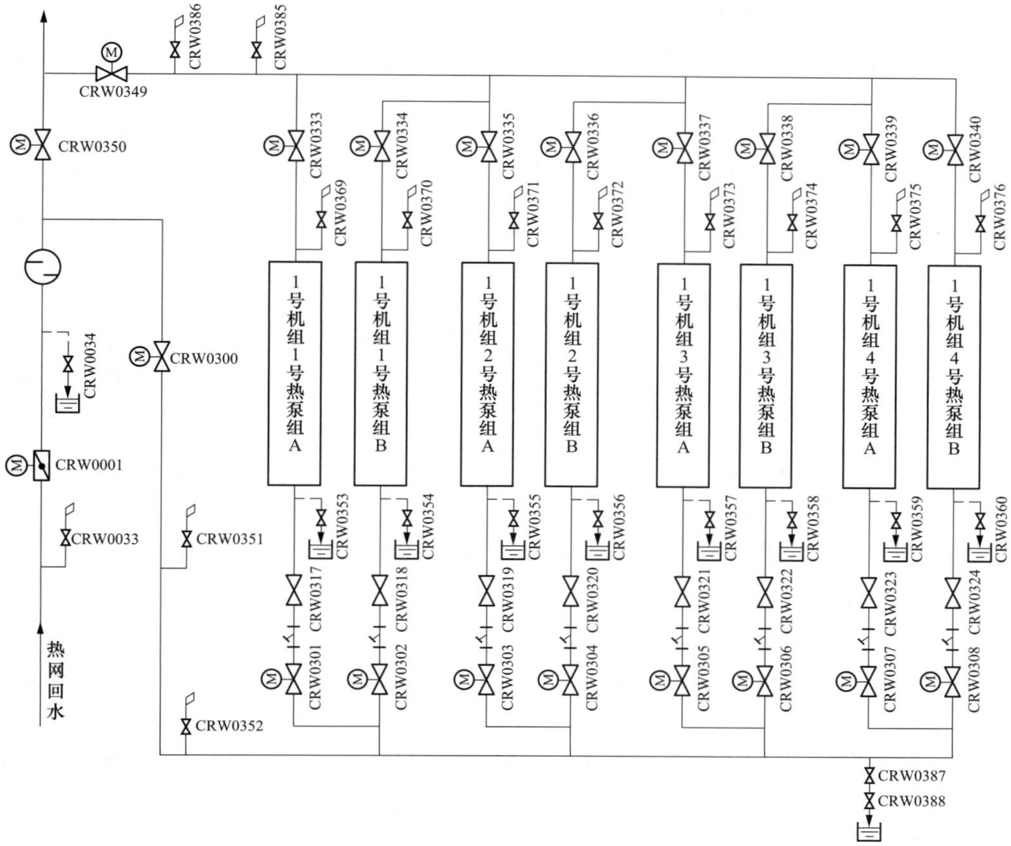

图 7-45 热网循环水系统

3. 凝结水泵和凝结水箱

1 号机组的 8 台热泵驱动蒸汽凝结后汇合在一起，由 3 台凝结水泵（1 台运行、2 台备用）送至 6 号低压加热器出口（不合格的凝结水排入热网回水系统），凝结水泵采用变频调节，额定功率为 75kW，出口压力为 1.5MPa。为了便于收集热泵驱动蒸汽的凝结水，每台机组装有一个 25m^3 的热泵驱动蒸汽凝结水箱，可储存 8 台热泵 5min 驱动蒸汽凝结水量；为了便于收集每台热泵乏汽的凝结水，每台热泵装有一个 3m^3 乏汽凝结水箱，每台热泵自带一台乏汽凝结水泵，乏汽凝结水泵的功率为 5.5kW，将热泵内的乏汽凝结水送至机组排汽装置的热井。

（三）供热系统的运行

F 厂利用溴化锂吸收式热泵供热，热泵通过驱动蒸汽管道和乏汽管道与汽轮机相连接，对汽轮机本身的影响很小，热负荷调节简单，经济性较好，安全可靠，下面对热泵供热系统的运行介绍如下。

1. 供热系统的投运

供热系统的投运顺序是：热泵热网循环水系统、热泵抽真空系统、热泵乏汽系统、热泵乏汽凝结水系统、热泵驱动蒸汽凝结水系统、热泵驱动蒸汽系统、热泵蒸汽减温水系统、热泵。

（1）热网循环水系统投运。

1）检查热网站循环水系统阀门开关位置正确，处于良好备用状态。

2）检查热网管线放水门关闭，开启热网管线排空门。

3）开启补水门向系统注水，用补水调整门控制流量在150t/h左右进行注水。

4）开启热网循环泵再循环门、供水总门及回水总门，向热网系统注水。

5）当排空门有水流出后，关闭排空门。

6）当系统排空门（最高点）空气排尽后，且回水管压力达0.3MPa时，按以下方法启动热网循环水泵，建立水循环。

a. 检查热网循环泵正常后，稍开泵入口门，进行泵内排空气，排空气结束后开启泵的入口门，启动热网循环泵并开启泵的出口门，调整热网循环泵的转速，注意循环水流量及压力变化，检查系统无泄漏。

b. 逐台启动热网循环泵，缓慢调整泵的转速以满足热网所需压力、流量。

c. 全面检查正常后，投入热网循环泵保护及联锁。

7）当热网回水滤网差压达0.05MPa时，进行滤网冲洗。

8）开启热泵站供水母管排空气门，稍开热泵供水电动门注水，待供水母管排空气门见水后关闭排空气门，缓慢开启热泵站供水电动门。

9）开启热泵站回水母管排空气门，稍开热泵站回水电动门注水，待回水母管排空气门见水后，关闭排空气门，全开热泵站回水电动门。

10）开启单台热泵热网循环水排空气门，全开单台热泵进水电动门，稍开单台热泵进水手动门注水，待泵体排空气门见水后关闭排空气门，全开单台热泵进水手动门、出水电动门，依次完成各台热泵注水。

（2）抽真空系统投运。

1）检查热泵站抽真空电动门关闭，抽真空旁路电动门关闭；检查热泵组各个抽真空电动门关闭；每组热泵乏汽电动门关闭，热泵站乏汽电动总门及疏水手动门关闭。

2）缓慢开启热泵站抽真空旁路电动门，检查机组背压无明显上升。

3）依次开启各个热泵抽真空电动门，检查机组背压无明显上升。

4）待真空建立完成后（机组背压稳定），开启抽真空电动总门，关闭抽真空旁路电动门，建立真空完成。

5）操作过程中如背压异常上升，立即停止操作并关闭热泵站抽真空电动总门及抽真空旁路门。

（3）乏汽系统投运。

1）关闭各个热泵乏汽进汽电动门。

2）开启乏汽管道疏水手动门，缓慢开启热泵乏汽进汽总门，检查乏汽母管压力、温度及疏水正常。

3）依次缓慢开启每组热泵乏汽电动门。

（4）乏汽凝结水系统投运。

1）关闭乏汽凝结水至排汽装置电动门。

2）开启热泵站各个热泵乏汽凝结水电动门。

3）开启乏汽凝结水母管至热泵主厂房内凝结水箱手动门。

4）关闭热泵主厂房内凝结水箱至工业废水井手动门。

5）热泵乏汽凝结水经热泵自身凝结水泵增压后，送至热泵主厂房内凝结水箱，由水泵送入热网回水母管。

6）待乏汽凝结水质合格后，关闭乏汽凝结水母管至热泵主厂房内凝结水箱手动门，开启乏汽凝结水回水至排汽装置电动门，凝结水回收至排汽装置。

(5) 驱动蒸汽凝结水系统投运。

1）打开凝结水箱补水电动阀。

2）打开排空气阀，管道充满水后关闭。

3）打开热泵驱动蒸汽凝结水再循环电动阀。

4）凝结水箱水位升至500mm，启动一台凝结水泵，投入凝结水系统。

5）热泵驱动蒸汽凝结水均流入站内凝结水箱，初期凝结水水质不合格，凝结水排至热网回水管道；水质合格后，经凝结水泵供至6号低压加热器出口凝结水管道。

6）调节凝结水泵频率，使水位维持在正常范围内（600±100mm）。

(6) 驱动蒸汽系统投运。

1）检查热泵进汽总门及旁路门关闭。

2）关闭驱动蒸汽减温器减温水调整门及手动门。

3）检查热泵进汽入口调整门、调整门后电动门、调整门旁路门关闭，开启热泵蒸汽调整门前进汽门。

4）依次开启驱动蒸汽管道疏水门和各个热泵进汽门前疏水门。

5）开启蒸汽管道排空气门。

6）开启蒸汽进汽旁路门，待排空气门冒汽后依次关闭排空气门，暖管至热泵蒸汽调整门前，检查疏水温度达到100℃以上，暖管结束，关闭驱动蒸汽管道疏水门。

7）系统暖管结束后，缓慢开启热泵站进汽总门，关闭进汽旁路门。

(7) 蒸汽减温水系统投运。

1）打开热泵站减温器减温水调整门前手动门。

2）当减温水压力大于或等于0.6MPa时，开启减温水调整门，缓慢调整减温器后蒸汽温度至147℃。

(8) 热泵投运。

1）热泵投运前的检查。

a. 确认热网循环水已经充满热泵，按规定流量通入热泵吸收器-冷凝器管程。

b. 确认热泵抽真空系统投运，背压与汽轮机背压一致。

c. 确认乏汽及乏汽凝结水系统投运。

d. 确认驱动蒸汽系统投运，凝结水系统投运。

e. 确认热网循环泵、汽轮机真空泵、乏汽凝结水泵、溶液泵、溶剂泵均处于正常状态，无报警显示，汽轮机处于正常状态，热泵的联锁保护投入。

f. 驱动蒸汽凝结水及乏汽凝结水充分冲洗，蒸汽凝结水不合格时排至热网回水管道，凝结水合格后回收。

g. 凝结水系统冲洗时注意机组补水。

2）热泵投运前的准备。

a. 合上控制盘配线专用断路器开关。

b. 确认触摸屏的“POWER”灯正常。

c. 确认触摸屏无任何报警显示，否则禁止启动。

d. 启动前必须确认就地及DCS蒸汽调节门关闭，DCS显示绿色。

e. 检查热泵的启停控制方式为“远方控制”。

3）启动热泵。

a. 远程按下控制盘“运转”按键。

b. 确认“安全回路确认中”文字出现，确认各安全回路完成系统自检。

c. 自检完成后显示“溶液移送中”，溶液泵（SP1和SP2）开始运转，由绿色变为红色。

d. 显示“软启动中”，蒸汽调节门处于自动状态时，蒸汽调节门打开。

e. 软启动开始后，蒸汽调节门由绿色变为红色，蒸汽门慢慢打开，根据热水出口温度自动进行调节。

f. 软启动通常需要15～30min。

g. 各热泵运转时，与其相对应的运转指示灯亮起。

h. 软启动是为防止对热泵的过度热应力作用及溶液被急剧加热产生沸腾液滴引起的冷媒污染而采取的必要控制手段。

（9）热网加热器的投运。在供热严寒期，环境温度很低，只用热泵供热系统不能满足用户要求，应将热网加热器投运；严寒期过后，环境温度升高，应将热网加热器停运。热网加热器投运与停运与实例A相同，不再重述。

2. 热泵供热系统的运行维护

热泵供热系统正常运行中应加强监视，及时调整。

（1）热泵站正常运行时热泵站回水温度稳定，无大幅波动。

（2）热泵站循环水流量稳定，调节热泵供水流量不得低于300t/h。

（3）热泵站减温器后温度控制在147℃左右，不得高于157℃。

（4）凝结水箱水位设定值在（600±100）mm，凝结水箱水位高二值（≥800mm）时联启备用泵。

（5）凝结水水质合格（SiO_2≤20μg/L，Fe≤20μg/L，pH值为9.0～9.5，电导率小于或等于0.2μS/cm）。

（6）凝结水泵自动调节正常，电流不大于197A，轴承温度小于或等于70℃。

（7）热泵自动调节过程中监视机组背压，及时调节空冷风机运行。

（8）热泵自动调节过程中乏汽用量的变化会引起机组背压变化，应及时调节空冷风机运行。

（9）制冷剂水温正常（>2℃）。

3. 供热系统的停运

热泵供热系统正常停运时，先停运热网加热器，再停运热泵。停运热网加热器与实例A相同，下面主要介绍热泵的停运。热泵停运顺序是热泵、热泵驱动蒸汽系统、热泵蒸汽减温水系统、热泵驱动蒸汽凝结水系统、热泵乏汽凝结水系统、热泵乏汽系统、热泵抽真空系统和热泵循环水系统。

（1）按热泵组控制面板上“停止”键，吸收式热泵开始约 15min 的稀释运转，（完全稀释时间大约为 30min），检查蒸汽调节门慢慢关闭（最后全部关闭），稀释过程中，监视面板显示「稀释中」状态，在溶剂泵运转中稀释门打开，将制冷剂送到溶液侧，稀释门开时 LED 灯亮，检查其他各泵也在运转，当制冷剂箱内没有了制冷剂时，溶剂泵停止运转。在显示画面显示稀释的剩余时间；在稀释过程中，乏汽要继续通入，待热泵完全停止后方可停止乏汽通入；各种泵停止运行，吸收式热泵完全停止。

（2）热泵停运后，确认蒸汽隔离门已关严，溶液泵自动停止后，延时 3min 后自动关闭乏汽进汽门。进汽门关闭后，打开疏水阀，排尽管内疏水，关闭疏水阀。在驱动蒸汽停运过程中，减温调整门自动关小，直至全关，然后关闭凝结水至减温水电动门。

（3）待水箱水位降至 100mm 时，开启凝结水泵再循环门，关闭热泵凝结水出口电动门。

（4）若机房温度低于 5℃且停运时间超过 24h，停运时必须将蒸发器中的制冷剂水全部旁通入吸收器。

（5）停运后热泵蒸汽电动门前压力应下降至 0.05MPa 以下；若此压力大于 0.05MPa，说明热泵蒸汽调整门不严，必须关闭热泵蒸汽手动门并开启热泵蒸汽管道疏水门泄压，防止蒸汽窜入热泵发生干烧事故。

（6）乏汽凝结水泵停运后，检查乏汽凝结水泵出口电动门联关。

（7）停止凝结水泵运行，关闭凝结水泵出口门。

（8）关闭热泵抽真空电动门及旁路门。

（9）开启热泵热网循环水旁路门，关闭热网循环水供、回水总门。打开放水门，放尽管内存水。

（10）热泵停运和备用期间必须保持系统真空，并定期检查记录；真空下降至不合格时，应及时处理。

4. 热泵的停运保护

（1）短期停运热泵保养。短期停运热泵是指停运时间不超过 2 周，在此期间应做以下工作。

1）将热泵内的溶液充分稀释，当环境温度低于 5℃，停机时间超过 24h 时，蒸发器中的制冷剂水必须旁通入吸收器，以使溶液稀释，防止结晶。

2）保持机内的真空，若热泵内压力升高，应启动真空泵抽气。

3）冬季热泵停运时，应保持机房温度在 5℃以上，并将凝结水系统、乏汽系统、热网水系统（含热泵）中的所有积水放尽。

4）热泵内不可侵入大气，检修工作完成后，及时抽真空。

（2）长期停运热泵保养。长期停运热泵是指停运时间超过 2 周，在此期间应做以下工作。

1）停运热泵前拆下凝结水热交换器端盖，放尽其中的蒸汽凝结水；同时还必须将安装在凝结水换热器壳体下的放水门打开，排放干净凝结水换热器内的热网水。

2）对于气密性好，溶液颜色清晰的热泵，长期停机期间可将溶液留在热泵内；对于腐蚀较严重，溶液外观混浊的热泵，应将溶液送入储液罐中，以便通过沉淀除去溶液中的杂物。

3）长期停运期间应将热网水系统和乏汽系统的管内清理干净并进行干燥，具体方法如下。

a. 把热泵内的水从水系统中排出。

b. 对管内进行冲洗，清除管内附着的水锈和杂物（用冲洗方法不能除去时，可采用药清洗）。

c. 进行充分的水清洗后，把水全部排出。

4）在热泵停运期间，应密切关注热泵内的真空，真空不合格时，应及时处理。

七、实例 G（空冷汽轮机高背压凝汽式机组远距离输送供热）

热电联产机组集中供热实例 G 主要介绍太古供热，太古供热是指古交兴能电厂向太原市供热，由于输送距离长（37.8km）、落差大（180m），所以必须采用远距离输送网。太古供热项目由古交兴能电厂，太古远距离输送网，太原市一次网、二次网及热用户组成，见图 7-46。

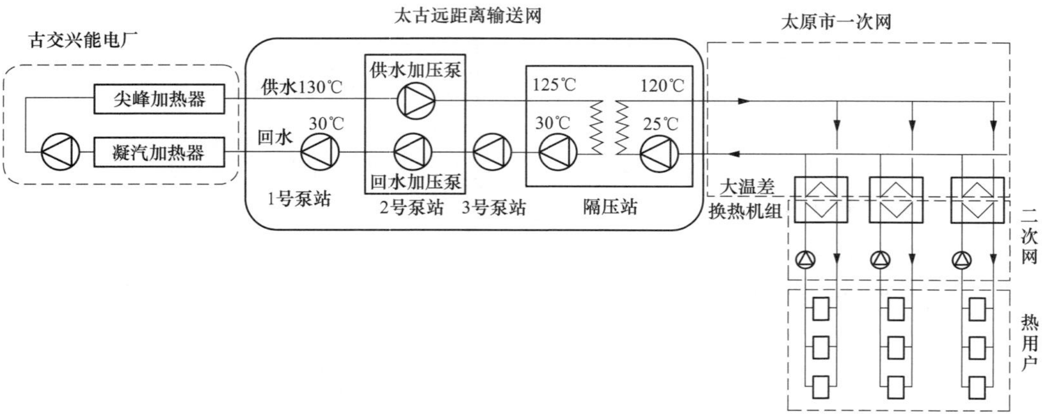

图 7-46　太古供热系统

（一）古交兴能电厂

古交兴能电厂是为了推进《太原市清洁能源供热方案（2013—2020 年）》新建的清洁供热项目，建设地点位于古交市木瓜会村，分三期建设。一期工程为 2×300MW 亚临界直接空冷机组，二期工程为 2×600MW 超临界直接空冷机组，三期工程为 2×660MW 超超临界直接空冷机组。为了有效利用机组的乏汽余热，每台机组除了装有空冷装置外还配有凝汽加热器，空冷装置和凝汽加热器并列布置。在供热期凝汽加热器运行，空冷装置备用，乏汽进入凝汽加热器凝结成水，同时乏汽通过凝汽加热器加热热网循环水，利用机组的冷源损失供热；在非供热期空冷装置运行，凝汽加热器停用，乏汽进入空冷装置凝结成水。为了合理利用各台机组的冷源损失，热网循环水根据各台机组的背压依次串联通过对应的凝汽加热器，实现机组乏汽的梯级利用。古交兴能电厂总供热能力为 3484MW，除了利用双回路远距离输送向太原市 7600 万 m^2 居民供热外，同时还向古交市附近 800 万 m^2 居民供热。下面主要介绍古交兴能电厂向太原市供热，简称太古供热。太古供热由循环水系统、蒸汽系统、乏汽系统、抽真空系统等组成。

1. 循环水系统

循环水作为热负荷的承载介质，其在热源处吸热，在用户端释热，循环水在吸热过程中梯级利用高背压凝汽式汽轮机乏汽的低位热能，使不同品位乏汽热能合理利用。在实际运行过程中，凝汽加热器出口热网循环水温度均小于各背压下对应的饱和温度，两者的温度差即为端差，该指标大小与循环水量、乏汽量、凝汽加热器管束的换热系数、抽真空系统的运行状态等都有直接的关系。循环水系统中循环水经凝汽加热器入口进入凝汽加热器水室，之后经过管束内部与管束外的乏汽进行换热后经凝汽加热器出口流出，然后流入下一个凝汽加热器，每个凝汽加热器进出口均设置蝶阀。为了方便凝汽加热器的解列，在凝汽加热器进出口设置了旁路。为了消除管道热胀冷缩，在凝汽加热器进出口管道上设置了补偿器。循环水系统为双回路，分别为1号循环水系统和2号循环水系统。

(1) 1号循环水系统。1号循环水系统见图7-47。1号循环水系统回水首先通过除污器除污，之后依次串联通过5号机凝汽加热器、4号机1A和1B凝汽加热器、3号机1A和1B凝汽加热器、2号机1A凝汽加热器、1号机1A凝汽加热器进行梯级吸热，然后通过热网循环泵和热网加热器，最终完成整个加热过程。在循环水加热过程中，根据机组的运行状态、室内温度要求和室外环境情况，每一级加热过程均可以被单独解列，以达到热负荷的供需平衡，系统中的每一台换热设备均可单独解列，以应对设备运行中的故障检修等。

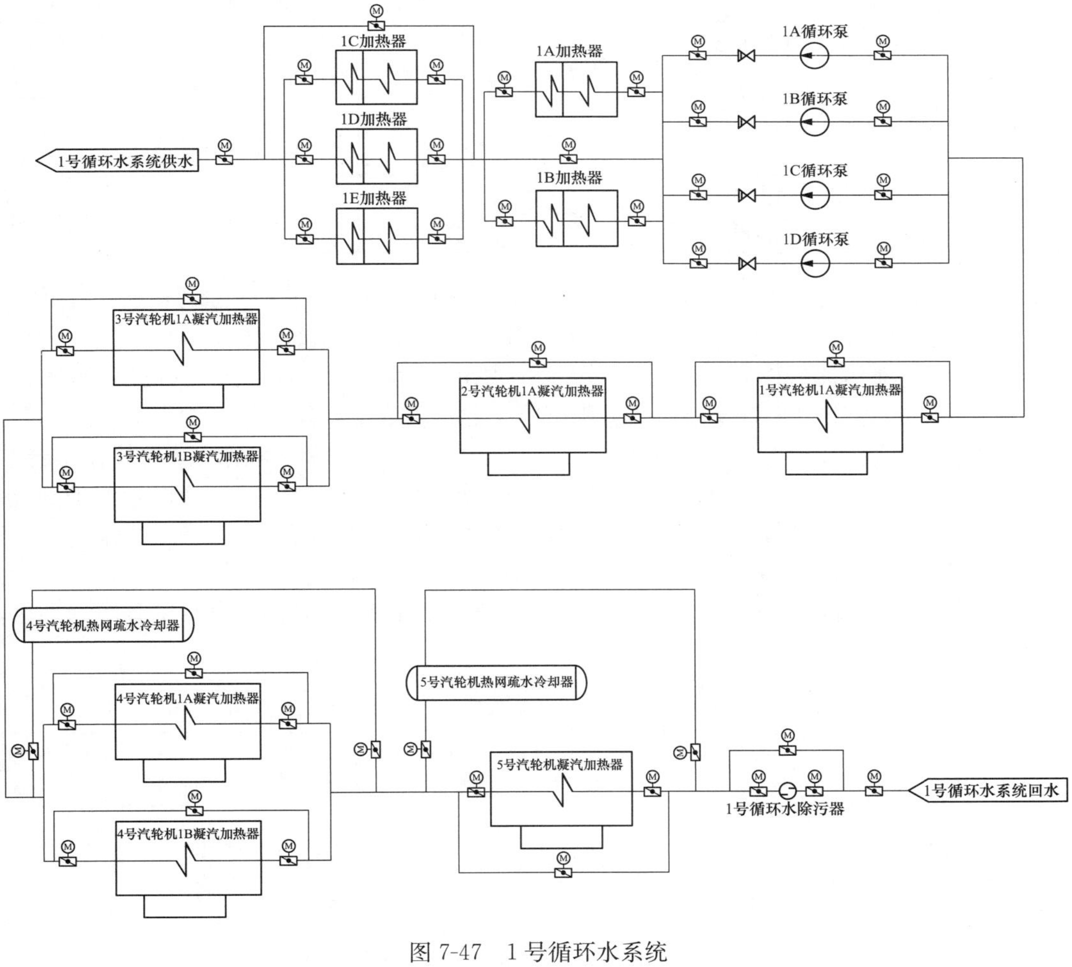

图7-47 1号循环水系统

1）1 号循环水系统主要设计参数及运行参数。1 号循环水系统主要设计参数及运行参数见表 7-3。

表 7-3　　1 号循环水系统主要设计参数及运行参数

序号	项　目	单位	设计参数	运行参数（通常）
1	管径	mm	DN1400	—
2	供水压力	MPa	1.0	0.65
3	供水温度	℃	130	110
4	循环水流量	t/h	15 000	12 500
5	5 号机组背压	kPa	10	11.5
6	5 号机组出水温度（4 号机组的进水温度）	℃	45	47
7	4 号机组背压	kPa	15	17
8	4 号机组出水温度（3 号机组的进水温度）	℃	54	56
9	3 号机组背压	kPa	35	35
10	3 号机组出水温度（2 号机组的进水温度）	℃	72	72
11	2 号机组背压	kPa	54	54
12	2 号机组出水温度（1 号机组的进水温度）	℃	82	82
13	1 号机组背压	kPa	70	70
14	1 号机组出水温度	℃	89	89
15	循环泵扬程	m	110	85
16	1A、1B 热网加热器出水温度	℃	—	95
17	1C、1D、1E 热网加热器出水温度	℃	130	110

2）1 号循环水系统主要设备介绍。1 号循环水系统主要设备有 1 台除污器、7 台凝汽加热器、5 台热网加热器、4 台循环水泵 、6 台稳压罐、1 台调压塔。

a. 除污器。除污器的作用是除去热网循环水中的污垢，循环水由进水口进入筒体，经过滤网过滤的循环水由出水口流出，污垢则沉降于除污器底部，经排污口排出。

b . 凝汽加热器。1 号循环水系统有 7 台凝汽加热器，分别是 5 号机凝汽加热器 1 台、4 号机凝汽加热器 2 台（1A、1B）、3 号机凝汽加热器 2 台（1A、1B）、2 号机凝汽加热器 1 台（1A）、1 号机凝汽加热器 1 台（1A）。凝汽加热器中装有大量的管束，管内的循环水与管外来自汽轮机的乏汽进行间接换热，在换热过程中，乏汽因受到管内循环水的冷却而释放汽化潜热变成凝结水，循环水吸收乏汽液化潜热而使自身温度升高。1 号循环水系统各凝汽加热器参数见表 7-4。

表 7-4　　1 号循环水系统各凝汽加热器参数

项 目	单位	5 号机凝汽加热器	4 号机凝汽加热器	3 号机凝汽加热器	2 号机凝汽加热器	1 号机凝汽加热器
安装数量	台	1	2	2	1	1
凝汽加热器总有效面积	m^2	13 000	5000	7200	8000	15 100
抽空气区的有效面积	m^2	600	260	420	400	800
流程数/壳体数		2/1	2/1	2/1	2/1	2/1
热负荷	kJ/s	195 524	156 069	142 999	158 995	157 000

续表

项 目	单位	5 号机凝汽加热器	4 号机凝汽加热器	3 号机凝汽加热器	2 号机凝汽加热器	1 号机凝汽加热器
循环水流量	m^3/s	3.4	2.10	2.12	4.27	4.17
循环水最高流速	m/s	1.83	1.6	1.44	1.8	2.3
循环水设计流速	m/s	1.5	1.51	1.38	1.7	1.2
清洁系数		0.85	0.85	0.85	0.85	0.85
循环水温升	℃	13.76	14.8	16.5	9	9
水室设计压力	MPa	1.2	1	1	1	1
壳侧设计压力	MPa	−0.1～0.1	−0.1～0.1	−0.1～0.1	−0.1～0.1	−0.1～0.1
凝汽加热器凝结水氧含量	μg/L	≤20	≤20	≤20	≤20	≤20
凝汽加热器汽阻	m	0.02	0.01	0.01	0.01	0.01

c. 热网加热器。1 号循环水系统有 5 台热网加热器，分别是 1A、1B、1C、1D、1E，热网加热器中装有大量的管束，管内的循环水与管外来自汽轮机中压缸排汽的蒸汽进行间接换热，在换热过程中，蒸汽受到管内循环水的冷却而释放汽化潜热变成凝结水，循环水吸收蒸汽液化潜热而使自身温度升高。1 号循环水系统热网加热器参数见表 7-5。

表 7-5　1 号循环水系统热网加热器参数

项 目		单位	1A、1B 加热器	1C、1D、1E 加热器	
				工况一	工况二
单台换热负荷		MW	165	287.1	188
型式			卧式管壳式	卧式 U 形光管管壳式	
管侧压力降		MPa	≤0.03	0.036	
管侧（热网循环水）	设计压力	MPa	2.5	2.5	
	设计温度	℃	150	150	
	循环水流量	t/h	7500	5213.95	5000
	循环水进口压力	MPa	1.6	1.6	
	循环水进口温度	℃	80	83.07	98
	循环水出口温度	℃	99	130	
壳侧（高温蒸汽）	设计压力	MPa	1.6	1.0	
	设计温度	℃	380	320	
	蒸汽流量	t/h	215	420	
	蒸汽进口压力	MPa	1	0.4	
	蒸汽进口温度	℃	330	229.5	
	疏水流量	t/h	215	420	
	疏水温度	℃	85	≤110	

注 1. 工况一为 1A、1B 加热器未投运状态，工况二为 1A、1B 加热器投运状态。
2. 1A、1B 加热器由 3、4 号机中压缸排汽供汽，1C、1D、1E 加热器由 5 号机中压缸排汽供汽。

d. 循环泵。1 号循环水系统有 4 台循环泵（1A、1B、1C、1D），均为离心泵，其作用是维持循环水的正常循环。1号循环水系统循环泵的参数见表7-6。

表7-6　　1号循环水系统循环泵的参数

水泵型号		600RS110	
泵使用工况点		正常运行点（保证效率点）	最大运行点
进水允许温度	℃	≤100	
进水压力	MPa	≥0.1	
流量	m^3/h	4300	4800
扬程	m	110	101
效率	%	88	87
轴功率	kW	1465	1518
必需汽蚀余量	m	9.0	10.9
转速	r/min	1480	1480
进口/出口公称直径	mm/mm	DN600/DN450	
进口/出口公称压力	MPa	PN1.6/PN1.6	
旋转方向		从电动机端看，泵顺时针旋转	
水泵本体质量	kg	5005	

e. 稳压罐。1号循环水系统有6台稳压罐，稳压罐是为了维持循环水管网内的压力能够保持在一定范围内而设置的设备，主要用于系统的自动补水。

f. 调压塔。1号循环水系统有1台调压塔，该调压塔为箱式结构，采用上、下不等面积的活塞增压原理，使活塞上部压力与活塞下部管道压力相等，使活塞达到动态平衡，当管网压力大于其设计值时，活塞上移，打开泄水口，管道压力得以释放，从而保护管道安全。

（2）2号循环水系统。2号循环水系统与1号循环水系统相似，见图7-48。回水首先通过除污器除污之后依次串联通过6号机凝汽加热器、4号机2A和2B凝汽加热器、3号机2A和2B凝汽加热器、2号机2A凝汽加热器、1号机2A凝汽加热器进行梯级加热，然后通过热网循环泵和热网加热器，最终完成整个加热过程。在循环水加热过程中，根据机组的运行状态、室内温度要求和室外环境情况，系统中每一级换热设备均可以单独解列，以应对设备运行中的故障检修和热负荷的供需平衡。

2号循环水系统主要设备与1号循环水系统主要设备及运行参数相同，只是序号不同。例如：7台凝汽加热器分别为6号机凝汽加热器、4号机2A和2B凝汽加热器、3号机2A和2B凝汽加热器、2号机2A凝汽加热器、1号机2A凝汽加热器，5台热网加热器分别为2A、2B、2C、2D、2E热网加热器。

2. 蒸汽系统

蒸汽系统是为了应对极寒天气而设置的系统，共有10台热网加热器，分别是1A、1B、1C、1D、1E、2A、2B、2C、2D、2E（其中：1A、1B、1C、1D、1E与1号循环水系统对应，2A、2B、2C、2D、2E与2号循环水系统对应），见图7-49和图7-50。1B、2B热网加热器的加热蒸汽为3号机中压缸排汽，1A、2A热网加热器的加热蒸汽为4号机中压缸排汽，1C、1D、1E热网加热器的加热蒸汽为5号机中压缸排汽，2C、2D、2E热网加热器的加热蒸汽为6号机中压缸排汽。3、4号机抽汽量各为530t/h，压力为1.0MPa，温度为

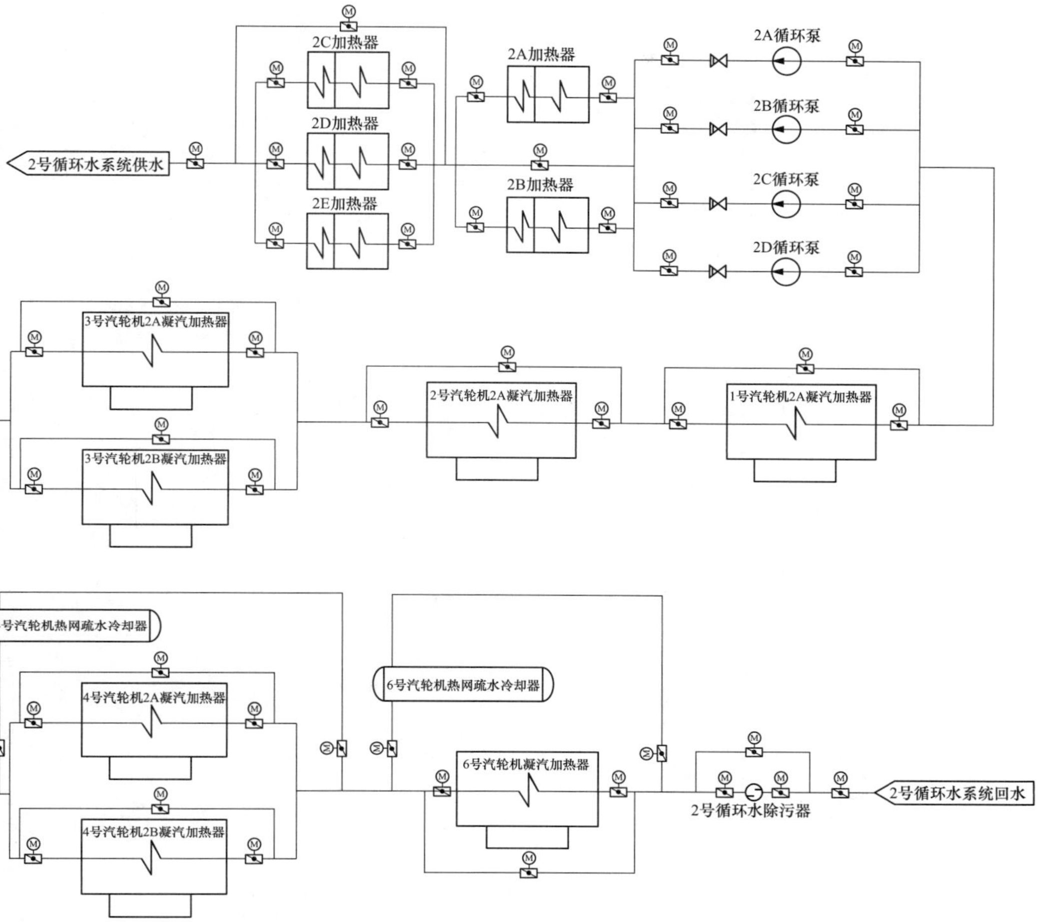

图 7-48 2 号循环水系统

330℃；5、6 号机抽汽量各为 800t/h，压力为 0.4MPa，温度为 229.5℃。

3. 乏汽系统

乏汽系统利用各台机组的凝汽加热器进汽温度的不同作为梯级加热循环水的热源，能够将循环水温度从 30℃提升至 89℃左右，向用户提供基本的热负荷。乏汽系统共有 14 台凝汽加热器，分别是 5 号机 1 台（5 号机凝汽加热器）、6 号机 1 台（6 号机凝汽加热器）、4 号机 4 台（1A、1B、2A、2B 凝汽加热器）、3 号机 4 台（1A、1B、2A、2B 凝汽加热器）、2 号机 2 台（1A、2A 凝汽加热器）、1 号机 2 台（1A、2A 凝汽加热器），见图 7-51。其中，5 号机凝汽加热器、4 号机 1A 和 1B 凝汽加热器、3 号机 1A 和 1B 凝汽加热器、2 号机 1A 凝汽加热器、1 号机 1A 凝汽加热器与 1 号循环水系统对应；6 号机凝汽加热器、4 号机 2A 和 2B 凝汽加热器、3 号机 2A 和 2B 凝汽加热器、2 号机 2A 凝汽加热器、1 号机 2A 凝汽加热器与 2 号循环水系统对应。5、6 号机组背压为 10kPa（乏汽温度为 45.83℃），4 号机组背压为 15kPa（乏汽温度为 54℃），3 号机组背压为 35kPa（乏汽温度为 72.03℃），2 号机组背压为 54kPa（乏汽温度为 83.2℃），1 号机组背压为 70kPa（乏汽温度为 89.96℃）。

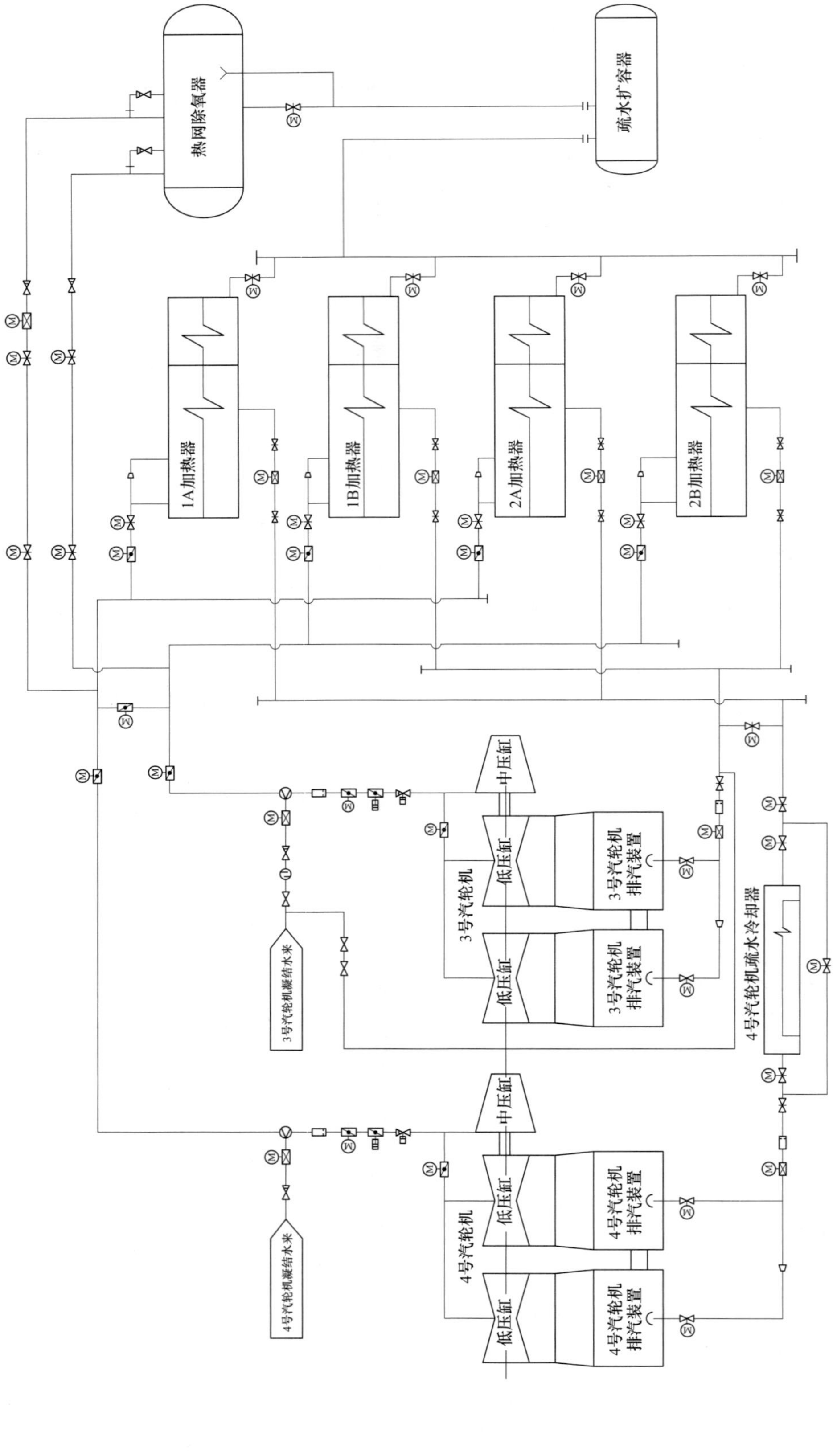

图 7-49　3 号机和 4 号机蒸汽加热系统

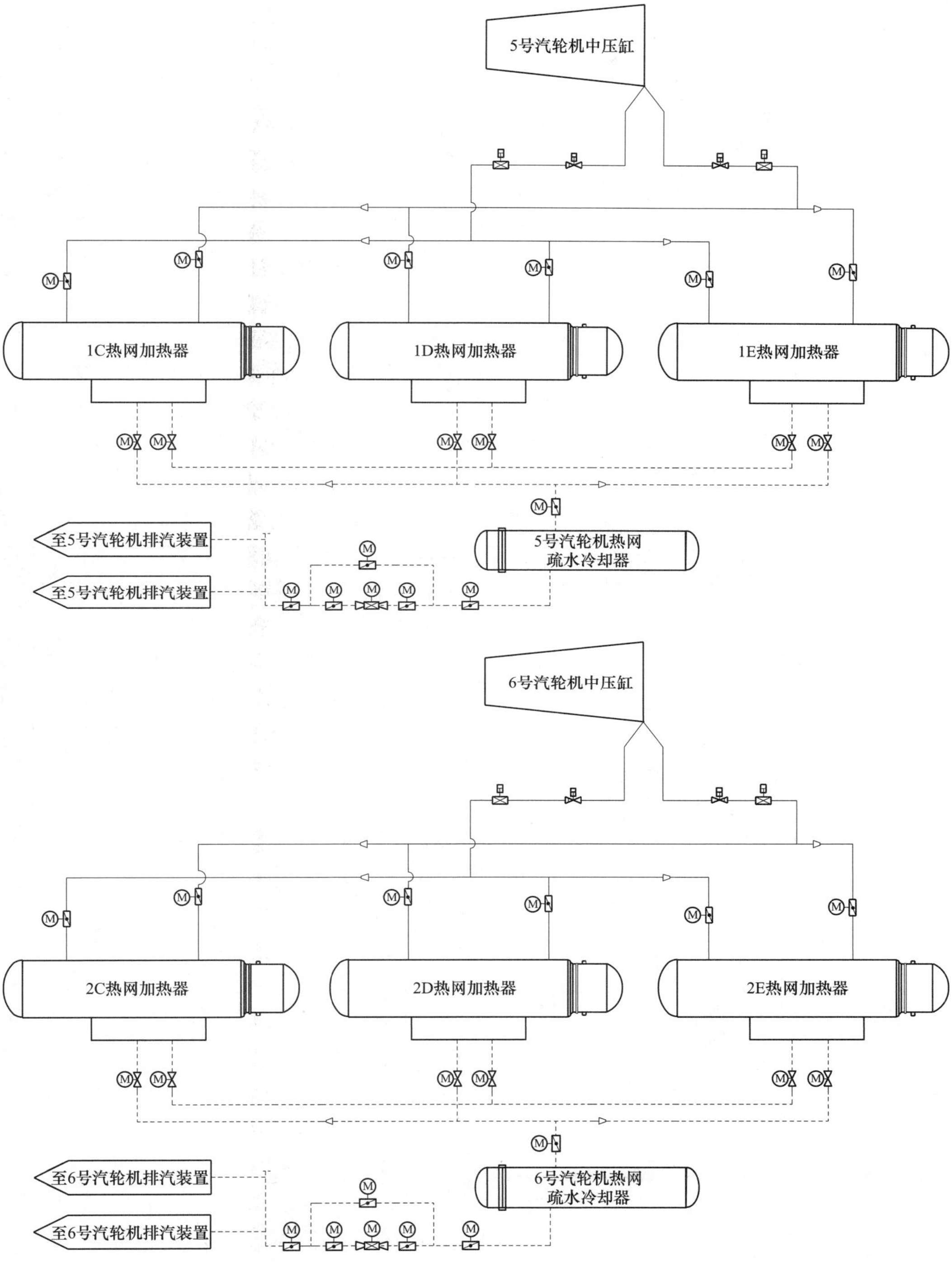

图 7-50　5 号和 6 号机蒸汽加热系统

各台机的乏汽在凝汽加热器内冷却后凝结成水。由于 4、5、6 号机凝汽加热器的凝结水温度较低，凝结水直接排到各自的排汽装置；1、2、3 号机凝汽加热器的凝结水温度较高，凝结水经过各自的凝结水冷却器降温后排到各自的排汽装置。

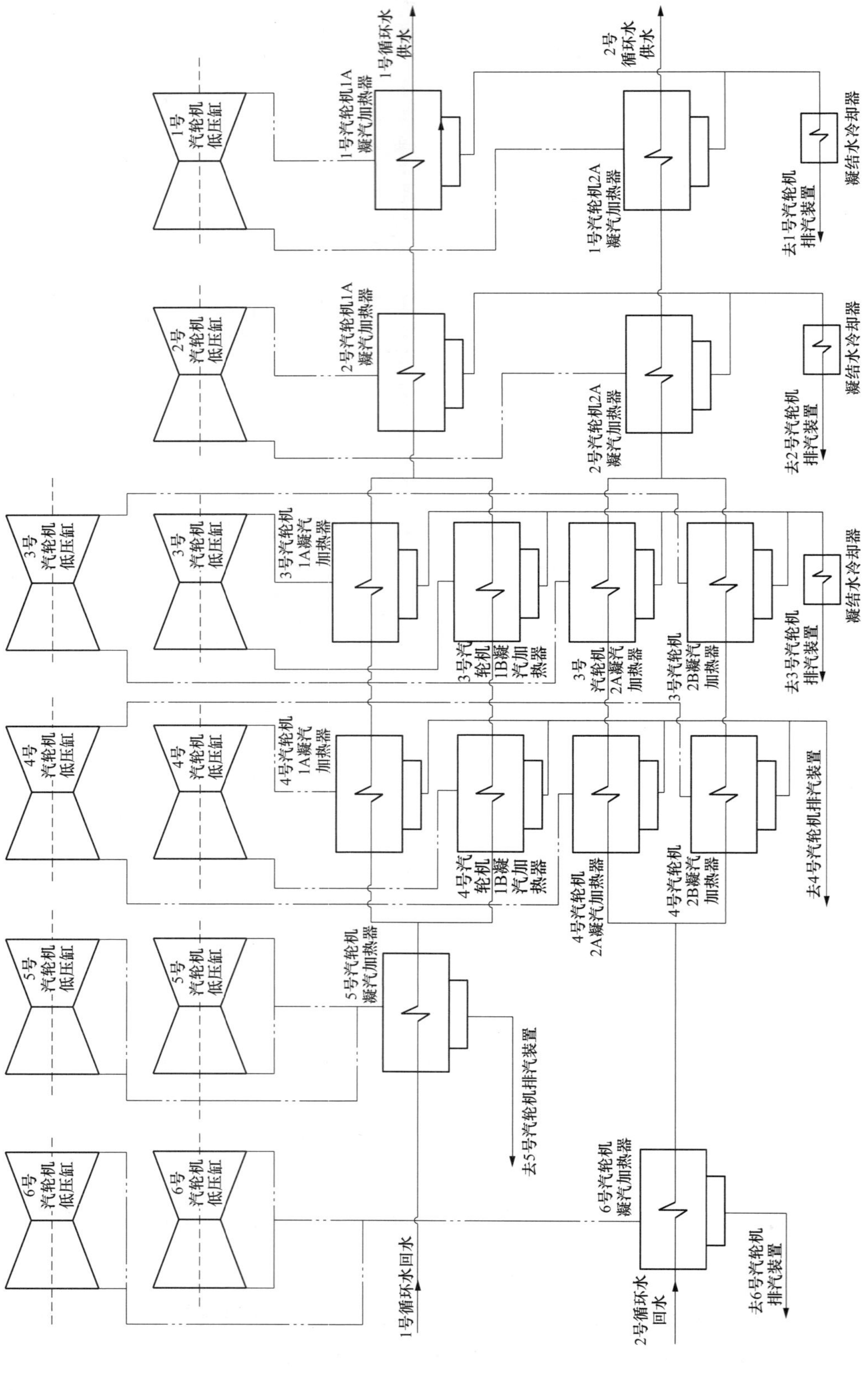
1号循环水供水
2号循环水供水
1号汽轮机低压缸
1号汽轮机1A凝汽加热器
1号汽轮机2A凝汽加热器
凝结水冷却器
去1号汽轮机排汽装置
2号汽轮机低压缸
2号汽轮机1A凝汽加热器
2号汽轮机2A凝汽加热器
去2号汽轮机排汽装置
3号汽轮机低压缸
3号汽轮机1A凝汽加热器
3号汽轮机1B凝汽加热器
3号汽轮机2A凝汽加热器
3号汽轮机2B凝汽加热器
去3号汽轮机排汽装置
4号汽轮机低压缸
4号汽轮机1A凝汽加热器
4号汽轮机1B凝汽加热器
4号汽轮机2A凝汽加热器
4号汽轮机2B凝汽加热器
去4号汽轮机排汽装置
5号汽轮机低压缸
5号汽轮机凝汽加热器
去5号汽轮机排汽装置
6号汽轮机低压缸
6号汽轮机凝汽加热器
去6号汽轮机排汽装置
1号循环水回水
2号循环水回水

图 7-51　乏汽系统

4. 抽真空系统

抽真空系统的作用是在凝汽加热器汽侧形成负压，使汽轮机乏汽更容易进入凝汽加热器，同时将凝汽加热器内不凝结气体（空气）排出，增强管束的换热效果。抽真空系统的主要设备是真空泵，每台机装有两台水环式真空泵（与空冷表面凝汽器共用），正常情况下一台运行，另一台备用。

（二）太古远距离输送网

太古远距离输送网是古交兴能电厂向太原市集中供热的主干线，主干线输送距离为37.8km，其中隧道为15.17km，输送高差为180m，2套供热系统共有4根DN1400供热管道，总供热面积为7600万m^2，图7-52是其中的一套供热系统，该系统由供水管、回水管、循环泵、泵站及中继能源站组成。

1. 供水管和回水管

每套供热系统各有一根DN1400供水管和回水管，两套供热系统共有4根DN1400水管。太古远距离输送网由3个泵站分为4段，总长度为37.8km。第一段为古交兴能电厂（标高为1030m）至1号泵站（标高为972m），长度为12.6km，地形为顺坡而下。第二段为1号泵站至2号泵站（标高为955m），长度为6.6km，地形为顺坡而下。第三段为2号泵站至3号泵站（标高为897m），长度为19km（其中有3个隧道，1号隧道长1.4km、2号隧道长2.4km、3号隧道长11.8km，供热管线在隧道内两侧敷设，上供下回，隧道高点标高为985m）。第四段为3号泵站至中继能源站（标高为850m），长度为1.6km，地形为顺坡而下。

由于太古远距离输送网供水和回水管道长、管径大，输送过程中必须解决管道的热损失。为了解决这一问题，应用了供热管道及支架的工厂化预制保温技术。即隧道内架空敷设的供热管道保护层采用1.2mm镀锌铁皮螺旋咬口，使工作钢管、聚氯酯及螺旋咬口外护管形成“三位一体”。在固定支架中加入固定节保温套管，既可有效保证管道的固定又能很好地减少供热管的热损失，不需要对整个固定支架进行保温处理。工作钢管和滑动管托采用小传导截面金属构件连接，使传导产生的热能损失降至最低。通过以上技术有效提高了保温效果，减少了输送热能损失，使长达37.8km的远距离输送供热网温降仅有1.5℃（设计值为5℃）。另外，为了有效吸收管线收缩与膨胀，在钢桁架管线段安装了压力平衡型波纹管补偿器。

2. 循环泵和泵站

为了降低远距离输送网的流动阻力，根据水力分析和计算分级设置循环泵，经过对太古远距离输送网管线阻力、流量分配、运行安全和运行控制等方面综合分析，太古远距离输送网管线共设置六级循环泵。六级循环泵的布置情况：古交兴能电厂装有一级主循环泵，每套供热系统4台，扬程为130m；1号泵站装有一级回水加压循环泵，每套供热系统4台，扬程为60m；2号泵站装有一级回水加压循环泵和一级供水加压循环泵，每套供热系统有4台回水加压循环泵和4台供水加压循环泵，回水加压循环泵扬程为100m，供水加压循环泵扬程为80m；3号泵站装有一级回水加压循环泵，每套供热系统4台，扬程为60m；中继能源站装有一级回水加压循环泵，每套供热系统4台，扬程为80m。在循环泵入口装有旋流除污器，以除去热网循环水的杂质，除污器规格为DN1200。

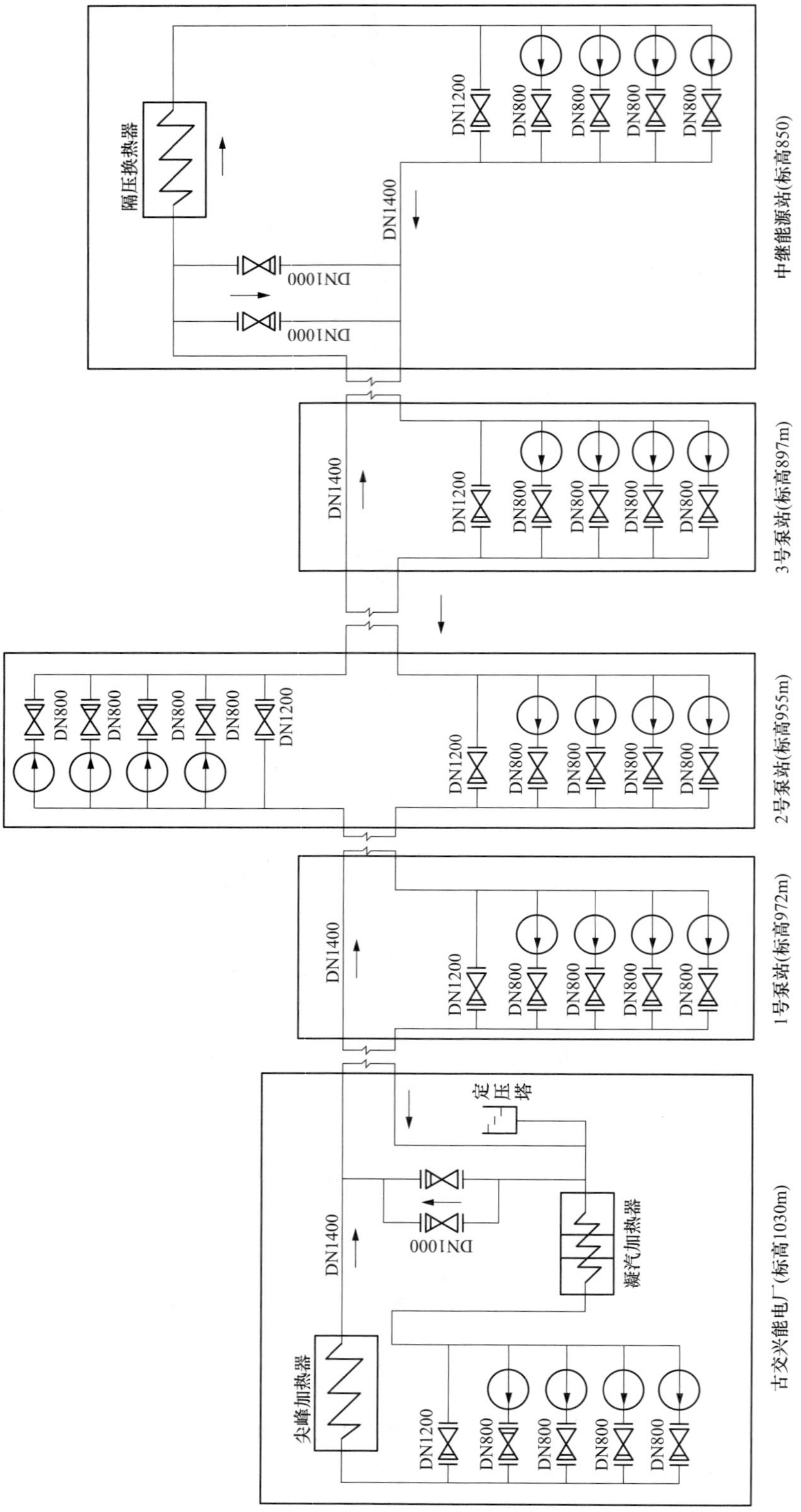

图 7-52　大古远距离输送网

3. 中继能源站

中继能源站占地 12 万 m^2，位于远距离输送网的最低点，此处系统的静压值已经达到 2.3MPa（设计压力为 2.8MPa），如此高的压力不能与太原市供热一次管网直接连通，必须利用隔压站与一次网换热。中继能源站内装有一级回水循环泵（2×4 台）和两个隔压站，每个隔压站由 3×15 个板式换热器组成，参见图 7-37。在高压侧是来自古交兴能电厂的远距离输送网供水（125℃），每套系统由 5 路 DN700 管道进入 5 台 DN700 旋流除污器后通过 15 组板式换热器阵列，与低压侧一次网循环水换热后降到 25℃，经 4 台循环水加压泵加压后送至 3 号泵站。高压侧设置整体旁通，防止停泵时发生水锤。在低压侧是一次网回水（水温为 20℃），每套系统 DN1400 管道分为 2 路 DN1200 管道进入 2 台 DN1200 旋流除污器，再经 5 台循环水泵加压后进入 15 组板式换热器阵列升温至 120℃，供至太原市区。

（三）一次网与二次网

中继能源站的隔压站低压侧即为太原市供热一次网，一次网为环网，全长 31km。一次网通过大温差换热机组将热能传给二次网向用户供热。二次网长度及大温差换热机组的容量应根据用户确定，采用大温差换热机组换热的特点是突破了常规换热器的换热温差极限，使一次网回水温度显著低于二次网回水温度，在保持二次网运行工况不变的前提下，可将一次网的回水温度由 50～60℃ 降低到 15～30℃，使远距离输送供热网的供、回水温差由传统的 60℃提升到 100℃以上，提高了远距离输送网的输送能力（比常规技术的热量输送能力提高 70%以上），同时，较低的热网回水温度也为在热源处进行余热回收创造了条件。大温差换热机组换热的工作原理见本章第二节。

第八章

汽轮机的启动

将汽轮机转子从静止状态加速至额定转速，并将负荷逐步地加到额定值的过程称为汽轮机的启动。汽轮机的启动过程是蒸汽向金属传递热量的复杂换热过程。在此过程中，汽轮机各金属部件将受到蒸汽的加热（例如，冷态启动时，金属部件从室温和大气压的状态要转变到与汽轮机额定蒸汽压力和温度对应的热力状态）。

第一节　汽轮机的启动方式

分析汽轮机的合理启动方式，就是分析汽轮机合理的加热方式，合理的加热方式就是汽轮机各部件金属温度差及转子与汽缸相对膨胀差在允许范围内，在不发生异常振动、动静之间摩擦和过大热应力的条件下，以尽可能短的时间完成汽轮机的启动。

一、汽轮机启动方式分类

汽轮机的启动方式可根据新蒸汽参数、汽轮机冲转时进汽方式、启动冲转时控制进汽的阀门和机组状态进行分类。

（一）根据新蒸汽参数分类

根据汽轮机冲转时新蒸汽参数不同，可将汽轮机的启动分为额定参数启动和滑参数启动。

1. 额定参数启动

汽轮机启动过程中，从冲转到机组带额定负荷，蒸汽参数（压力、温度）始终保持额定值。这种方式操作简单，但是，随着机组容量的增大、蒸汽初参数的升高，冷态启动时采用额定参数启动，必然会导致汽轮机进汽与汽轮机金属之间温差过大，调节级后蒸汽温度变化剧烈，汽轮机各金属部件加热不均匀，对金属产生较大热冲击，不利于设备的安全；另外，冲转时蒸汽流过调节阀受到节流，经济性差。因此，小型机组采用母管制时，采用这种启动方式，现代大型汽轮机已不再采用这种启动方式。

2. 滑参数启动

滑参数启动是相对额定参数启动而言的。额定参数启动时进汽压力、温度都很高，在蒸汽管道和汽轮机零部件中可能引起较大的热应力和热变形。为了安全起见，额定参数启动时，只能把进汽量控制得很小，即使如此，阀门和调节级处的汽缸和转子仍然会产生较大的热应力和热变形，严重时会使零部件受到损耗，甚至引起动静部分摩擦。为了避免发生事故，额定参数启动必须延长启动时间。

滑参数启动是在汽轮机启动过程中，当锅炉出口蒸汽参数达到规定值时汽轮机即开始进汽，伴随着汽轮机的冲转、升速、暖机、升负荷等过程，锅炉继续升温升压，当蒸汽参数和蒸发量达到规定值时，汽轮机也刚好带上规定负荷。这种方式不仅可以减小启动时蒸汽在调节阀中的节流损失，而且调节级后面圆周方向的加热均匀，蒸汽与金属部件间的温差较小，在现代大型机组启动时一般都采用滑参数启动方式。按冲转时主汽阀前的压力大小，滑参数启动又可分为真空法启动和压力法启动。

(1) 真空法启动。真空法启动是指锅炉点火前，把锅炉与汽轮机之间主蒸汽管道上的空气阀、直通疏水阀和过热器及再热器的空气阀全部关闭；然后投盘车和抽气设备，待真空能将锅炉蒸汽系统内积水抽入凝汽器（即真空达－40～－50kPa）时，锅炉开始点火，产生蒸汽送往汽轮机；汽压不到 0.1MPa 时，就开始冲转；当汽轮机达额定转速时蒸汽压力为 0.5～1.0MPa；当汽轮机并网带初负荷时，新蒸汽温度为 250℃左右；此后按汽轮机要求，锅炉升温、升压，增加负荷，直到正常运行。由于这种启动方式是用低参数蒸汽暖管、暖机、升速和带负荷，蒸汽温度是从低到高逐渐上升，所以允许通汽流量较大，有利于暖管、暖机，可使过热器和再热器得到充分冷却，促进锅炉水循环及减小热偏差，也可使锅炉产生的蒸汽得以充分利用，所以比较安全、经济。但由于采用这种启动方式时，汽轮机升速或带负荷决定于锅炉的运行状态，汽轮机的升速率或带负荷率较难控制，而且启动过程中抽真空也比较困难。因此，这种启动方式很少采用。

(2) 压力法启动。压力法启动是在汽轮机冲转时，主汽阀前蒸汽具有一定的压力和温度。压力法启动的特点是抽真空和投盘车时，主汽阀和调节阀是关闭状态；锅炉点火，蒸汽升温、升压，待主汽阀前压力达 0.5～1.0MPa 以上时，才开始冲转升速。在这一过程中，为保持汽压和汽温稳定，锅炉不宜进行大幅度的燃烧调整。

（二）根据汽轮机冲转时进汽方式分类

根据汽轮机冲转时汽轮机进汽方式不同，可将汽轮机的启动分为高中压缸联合启动和中压缸启动两类。

1. 高中压缸联合启动

当采用高中压缸联合启动时，蒸汽同时进入高中压缸冲动转子，高压调节阀控制机组转速及负荷，中压调节阀跟踪高压调节阀开度或跟踪负荷参与机组的转速及负荷控制，一般在30%负荷左右中压调节阀全开，这种启动方式可以使汽缸和转子所受的热冲击减小，加热均匀，启动时间也短，尤其是高中压缸合缸的机组分缸处加热比较均匀，是传统的启动方式，但这种方式因高压缸排汽温度低，造成再热蒸汽温度低，中压缸升温慢，限制了启动速度。

2. 中压缸启动

中压缸启动时，首先由中压调节阀控制机组转速及负荷，负荷升至一定值时（10%～13%额定负荷）进行进汽方式切换（从中压缸到高、中压缸的切换——倒缸），由高压调节阀控制机组负荷，直到带满负荷，切换进汽方式时的负荷叫作切换负荷（有些机组不是在带负荷后切换进汽方式，而是在机组中速暖机后就从中压缸进汽方式切换成高中压缸联合进汽方式，这种方式也称中压缸启动）。在中压缸启动前，若高压内缸低于 150℃，应在冲转前对高压缸进行倒暖（由于高压缸进汽采用喷嘴调节，是部分进汽，若对高压缸采用正暖，其加热不均匀，因此采用倒暖），使高压内缸高于150℃（使高压转子提前安全通过低温脆性转变温度）。因此，中压缸启动分为高压缸倒暖（热态启动可省去）、冲转升速、并网升负荷和高中压缸切换提升负荷至目标值四个阶段。

（1）中压缸启动的优点。

1）中压缸启动为全周进汽，中压缸和中压转子加热均匀；同时，对高压缸进行倒暖，使高压缸及其转子的受热也较均匀，不会产生预热过程中温升率过大的问题，这就减少了启动过程中汽缸和转子的热应力，延长了机组的使用寿命。

2）易于实现蒸汽与金属温度的匹配。中压缸启动，一方面冲转蒸汽经过连续两次的加热，其温度极易实现与中压进汽部分的汽缸及转子金属温度的匹配；另一方面再热蒸汽与主蒸汽间的温差比高中压缸联合启动时小得多，容易实现主蒸汽、再热蒸汽温度与高压调节级、中压第一级处金属温度同时匹配，对机组避免热冲击，减少因蒸汽与金属温差引发的寿命损耗有一定益处。

3）高中压缸联合启动时，由于蒸汽流量小，转子往往不能得到有效的加热，尤其是在冷态启动时，转子温度不能很快加热到转子的脆性转变温度以上，延长了中低速暖机时间，影响启动速度；在中压缸启动时，由于中、低压转子通过的蒸汽流量大，因而可以通过增加锅炉蒸发量和提高再热蒸汽压力来加快再热汽温的提升速度，使中压转子快速通过脆性转变温度。同时可以通过倒暖使高压缸在进汽前转子温度通过脆性转变温度，加快机组的启动速度，提高机组在高速下的安全性。

4）中压缸启动使低压缸进汽量增加，能有效地带走低压缸的鼓风热，防止了低压缸的鼓风超温，同时进汽量的增加可防止小容积流量下低压叶片的颤振，保证了低压转子的安全性。

5）可在空负荷或带厂用电长时间运行，便于在启动并网过程中处理各种故障及进行电气或其他试验。因为中压缸启动可通过关闭高压排汽止回阀、开启通风阀，就可隔离高压缸使之在真空状态下运行，从而避免了传统高中压缸联合启动时因空负荷或低负荷长时间运行而引起的高压缸超温问题。

（2）中压缸启动的缺点。为了提供中压缸冲转所需汽源，必须装设可靠的高低压串联旁路系统；为了在汽轮机冷态冲转前进行高压缸倒暖，必须安装高压缸暖缸阀（即高压排汽止回阀的旁路阀），以确保高压缸暖缸时温度均匀；为了防止中压缸启动过程中高压缸内鼓风摩擦产生的热量使高压缸内温度过高，必须安装直接与凝汽器相连的高压排汽通风阀（也称高压缸抽真空阀），将高压缸内鼓风摩擦产生的热量排入凝汽器；为了在中压缸启动期间能精确控制中压调节阀的开度并且高压缸不进汽，调节系统必须能够对中压调节阀单独控制。因此，采用中压缸启动时，对汽轮机的要求较高，系统也比较复杂，图8-1是比较典型的中压缸启动示意图。另外，有的电厂为了缩短启动时间，利用辅助蒸汽对高压缸进行倒暖，因此，还需要增加辅助蒸汽倒暖管道。

（3）中压缸启动过程。由于采用中压缸启动的优点比较明显，因此，对于具备中压缸启动条件的机组尽可能采用中压缸启动，下面以350MW超临界机组为例介绍中压缸启动过程。

1）旁路运行状态。锅炉点火后，将高、低压旁路及其喷水投入自动控制，高、低压旁路阀开度为0%；主蒸汽压力达到0.3MPa时，高、低压旁路阀开度自动置10%；随着锅炉

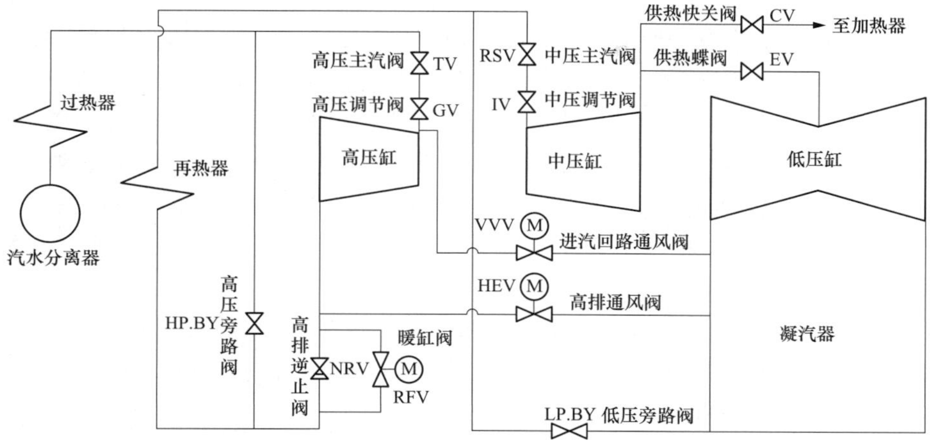

图 8-1 中压缸启动示意图

升温升压，主蒸汽压力达到 3.3MPa 时，高压旁路阀控制方式转入升压控制，直至主汽压力达到 8.73MPa 后，转入定压控制方式。再热蒸汽压力升至 1.1MPa 时，低压旁路阀也转入定压控制方式。

2）预热。预热包括高压缸预热和高压调节阀阀壳的预热，高压缸预热在汽轮机挂闸前进行，高压调节阀阀壳预热在汽轮机挂闸后进行。

a. 高压缸预热。高压缸预热的有效措施是高压缸通入蒸汽使汽缸内蒸汽压力升高，从而使汽缸金属温度升高至蒸汽压力对应的饱和温度或更高。当高压缸第 1 级后汽缸金属内表面温度低于 150℃时应该进行高压缸预热（高压缸金属温度与预热时间关系见图 8-2），当高压内缸第 1 级处内层金属温度比这一值高时不需要预热。高压缸预热蒸汽过热度不得低于 28℃，预热蒸汽压力不得高于 0.7MPa，否则机组会产生附加的推力。预热前检查确认汽轮机未挂闸、NRV（高排止回阀）关、盘车投运、背压小于或等于 14.5kPa、冷段再热蒸汽过热度大于或等于 28℃。通过调整 RFV（暖缸阀）和导汽管上的疏水阀、高压排汽止回阀前疏水阀开度来调整汽缸的金属温升率，严格控制高压缸金属温升率在允许范围内：维持高压缸内蒸汽压力为 0.39～0.49MPa（不得＞0.7MPa），汽缸温升率小于 50℃/h。当高压缸第一级后汽缸内壁金属温度升至 150℃时停止高压缸预热（关闭暖缸阀）。关闭暖缸阀后及时打开高压排汽通风阀，将高压缸里蒸汽尽可能抽出，防止残留在高压缸中的余汽冲动汽轮机。

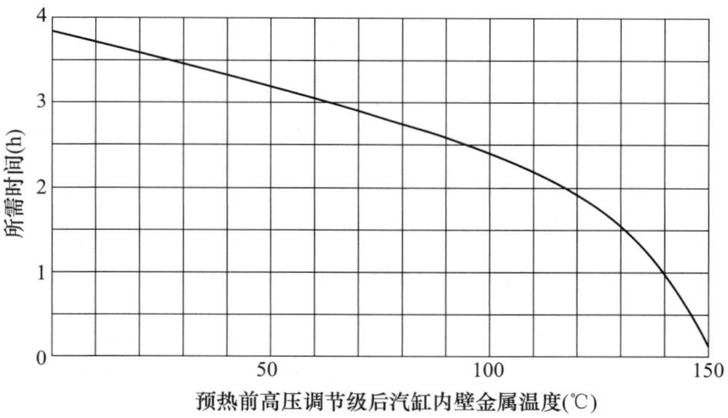

图 8-2 高压缸金属温度与预热时间的关系

b. 阀壳预热。当高压调节阀（GV）蒸汽室内壁或外壁温度低于 150℃时，汽轮机冲转前必须预热调节阀蒸汽室，以免汽轮机启动时调节阀蒸汽室遭受过大的热冲击。从调节阀蒸汽室预热开始，直至完成预热前，1 号高压主汽阀（TV1）不开启。预热用的主蒸汽通过 2

号高压主汽阀（TV2）的预启阀进入调节阀蒸汽室，可同时对 4 个 GV 阀壳进行预热。

暖阀前检查确认主蒸汽温度大于 271℃，TV 的疏水阀、GV 与汽缸间导汽管上的疏水阀打开。汽轮机挂闸，在“汽轮机控制面板”投入阀壳预热，此时 TV2 开启至预热位置 20.8%，开始对 GV 进行加热。当 GV 蒸汽室内外壁金属温差大于 80℃时，关闭 TV2；当 GV 蒸汽室内外壁金属温差小于 70℃时，将 TV2 开至预热位置。当 GV 蒸汽室内外壁金属的温度大于 180℃且温差小于 50℃或者预热时间大于或等于 1h 时，阀壳预热结束，汽轮机打闸。由于阀壳预热需在机组挂闸下进行，所以要特别注意主汽调节阀的严密性，防止主汽调节阀不严导致汽轮机冲转。

3）挂闸。蒸汽参数达到冲转条件后，准备汽轮机冲转。

a. 在 OIS（Operator Interface Stations，即操作员站）“自动控制”画面，点击“汽轮机挂闸”，OIS 上“汽轮机挂闸”状态变为“挂闸”。

b. 在 OIS“自动控制”画面上或“手动控制”画面上按“自动/手动”按钮，在弹出的对话框中选择“自动”，控制方式显示“自动”。

c. 在 OIS“自动控制”画面上点击“启动方式”按钮，在弹出的窗口中选择相应的启动方式，若未选择，DEH 将以默认的“中压缸启动”方式运行。

d. 在 OIS“自动控制”画面上按“运行”按钮，DEH 开始运行。此时画面上所有的高中压主汽阀全开，所有的高中压调节阀都应在全关位，汽轮机转速为零。

4）冲转及并网。

a. 在 OIS“自动控制”画面上，操作人员按“目标”按钮，设定目标转速为 500r/min；按“速率”按钮，设定升速率为 $100r/min^2$。

b. 在 OIS“自动控制”画面上按“进行/保持”按钮，状态显示“进行”，开始升速。

c. 当转速大于盘车转速时，检查盘车小齿轮自动脱扣，盘车喷油电磁阀应关闭。

d. 当实际转速达到 500r/min 时，在 OIS“自动控制”画面上点击“摩擦检查”，在弹出的对话框中选择“投入”，状态显示“投入”，此时，中压调节阀关闭。

e. 此时汽轮机转速逐渐下降，并且蒸汽流动噪声消失，便于汽轮机运转声音的传出，进行摩擦检查，在此期间机组不允许停转。

f. 转速下降至 100r/min 以下时，在“自动控制”画面上点击“暖机运行”，在弹出的窗口中选择“投入”，画面显示为“投入”。设定目标转速为 1500r/min，升速率设置为 $100r/min^2$。

g. 在 OIS“自动控制”画面上按“进行/保持”按钮，状态显示“进行”，开始升速。

h. 检查高压调节阀开始开启，汽轮机冲转至 400r/min 时，高压调节阀开度保持不变（电液调节器锁定 GV 的开度），延时 60s 后，中压调节阀开始开启，汽轮机继续冲转至 1500r/min，进行中速暖机。（若不选择暖机运行方式，则 GV 不开启，仅开启中压调节阀）。当高压缸调节级处内壁温度和中压缸进汽室温度均大于 320℃或在汽轮机冲转参数条件下暖机时间超过 4h，中速暖机结束。切除“暖机”，联关 GV。在暖机结束到倒缸完成过程中应高度关注高压排汽温度，防止因高压缸未进汽而引起鼓风使得高压排汽超温。在此过程中，高压排汽通风阀（HEV）一直处于开启状态。选择目标转速为 3000r/min，汽轮机直接升速至 3000r/min 后定速。

i. DEH 收到电气同期请求后，汽轮机转速自动受电气同期增益控制完成并网，并网后机组自动带初负荷（5%额定负荷）。

5）倒缸。机组带初负荷暖机30min后，确认机组旁路运行正常，进行中压缸启动的倒缸操作。点击控制画面上“LOAD UP”加负荷，负荷开始上升，高压旁路阀开始关闭。当IV开度为80%左右时，GV开始开启，主蒸汽将从高压旁路逐渐转移到高压缸。随着高压缸压力的建立，高压排汽止回阀被冲开，高压排汽通风阀（HEV）关闭，高、低压旁路阀逐渐至全关，高压缸结束隔离进入正常通流状态，倒缸完成。倒缸阶段整个过程为1～2min，倒缸开始后高压排汽温度有一个短暂的升高和回落。

为了充分发挥中压缸启动的优势，加快中低压缸的加热和膨胀，倒缸负荷越高越有利。但机组实际倒缸负荷大小要受到轴向推力、蒸汽参数、高压旁路阀容量、IV开度等因素的限制。通常情况下，切换负荷下的轴向推力值应远小于机组极限轴向推力值。倒缸负荷的大小主要是由进入中压缸的流量决定，不同机组因配置的高压旁路容量及选择的主、再热蒸汽参数不同，切换时IV开度不同，因此倒缸负荷值也不同，一般倒缸负荷为10%～13%额定负荷。

6）倒缸后升负荷。倒缸操作完成后，高中压缸和低压缸的金属温度已达到高中压缸联合启动带20%～25%额定负荷下的温度水平。为防止汽缸被冷却，需要快速提升主蒸汽和再热蒸汽参数，负荷升至20%～25%ECR（锅炉额定节能出力）时，升负荷速率为5MW/min，并进行低负荷暖机。待机组带上与缸温对应的负荷后，再按制造厂提供的启动曲线带负荷至满负荷。中压调节阀在30%额定负荷以下时起调节作用，以维持再热器内必要的最低压力，负荷大于30%额定负荷时，中压调节阀全开并一直保持，仅由高压调节阀调节负荷。

（三）根据启动冲转时控制进汽的阀门分类

1. 调节阀冲转

调节阀冲转是指启动冲转时，主汽阀全开，调节阀依据机组蒸汽流量逐一打开。调节阀冲转的优点是升速过程中无需进行阀切换，操作简单；缺点是冲转过程中是部分进汽，汽轮机调节级受热不均匀。为了防止汽轮机冲转时调节级受热不均匀，大部分机组采用调节阀冲转时，通过单阀控制使几个调节阀开度保持一致，实现全周进汽。

2. 主汽阀冲转

主汽阀冲转是指启动冲转时调节阀全开，用主汽阀控制冲转时的进汽量，并在危急情况下（如超速时快速）切断汽轮机进汽，实行停机。主汽阀冲转的优点是可以实现全周进汽，汽轮机金属加热较均匀；缺点是会使主汽阀磨损加快，严密性下降，导致汽轮机安全性下降，并且在升速过程中要进行“阀切换”操作。为了防止主汽阀磨损，大型汽轮机的主汽阀内通常设有一个预启阀，在设计压力下，其通流量为25%的额定蒸汽流量，启动冲转时先打开主汽阀预启阀，预启阀流量小，可在冲转及低转速下控制进汽量，从而控制转速及汽轮机金属的加热速度，并且不会磨损主汽阀。因此，大型机组多数采用主汽阀的预启阀进行冲转。

（四）根据机组状态分类

根据汽轮机金属温度（一般指调节级处高压内缸内壁温度，若汽轮机冲转为中压缸启动，则根据中压缸内壁金属温度划分启动状态）的高低，汽轮机可以分为冷态启动和热态启动（热态启动又可分为温态启动、热态启动和极热态启动）。通常的划分方法是当温度低于

180℃时，称为冷态启动；当高压或中压转子金属温度介于181～350℃时，称为温态启动；当高压或中压转子金属温度介于351～450℃时，称为热态启动；当高压或中压转子金属温度高于450℃时，称为极热态启动。由于汽轮机金属的温度与停机时间相对应，也可用停机时间划分汽轮机的状态。

关于汽轮机冷态、温态、热态及极热态的划分原则主要是考虑汽轮机转子材料的性能。试验研究表明：转子金属材料的冲击韧性随温度的下降而显著降低，呈现冷脆性，这时即使在较低的应力作用下，转子也有可能发生脆性断裂破坏；随着金属温度的升高，金属的冷脆性消失。因此，必须根据汽轮机启动状态（冷态、温态、热态及极热态）制定相应的启动程序，确保汽轮机启动安全。

另外，机组启动时，锅炉和汽轮机所处的冷热状态可能不同，这是因为机组停运后，锅炉冷却速度要远远快于汽轮机冷却速度，当再次启动时，就可能出现锅炉已处于冷态，而汽轮机仍处于热态的情况。此时，锅炉启动时按冷态启动方式选择升压率和升温率，汽轮机应根据实际状态选择启动方式。

二、350MW超临界供热机组的启动方式和启动状态划分

350MW超临界供热机组采用高中压联合启动方式，汽轮机的启动状态根据高压内缸第一级金属温度进行划分，选择不同的启动蒸汽参数，见表8-1；锅炉的启动状态根据停炉时间和汽水分离器内压力进行划分，见表8-2。

表8-1　汽轮机启动状态及时间

启动状态	高压内缸第一级金属温度 T（℃）	冲转至额定转速时间（min）	额定转速至并网时间（min）	并网至额定负荷时间（min）	冲转至额定负荷时间（min）	主/再热蒸汽压力（MPa）	主/再热蒸汽温度（℃）	凝汽器真空（kPa）
冷态	$T<204$	84	15	142	241	6/0.2	370/350	−89
温态	$204\leqslant T<350$	60	15	83	158	6/0.2	420/400	−92
热态	$350\leqslant T<450$	25	3	47	75	6/0.2	475/425	−94
极热态	$T\geqslant 450$	25	2	23	50	12/0.2	520/495	−95

表8-2　锅炉启动状态

启动方式	停炉时间（h）	锅炉启动压力（MPa）
冷态	$t>72$	$p<0.5$（汽水分离器）
温态	$10<t<72$	$0.5<p<7.0$（汽水分离器）
热态	$1<t<10$	$7.0<p<9.0$（汽水分离器）
极热态	$0<t<1$	$p>9.0$（汽水分离器）

第二节　350MW超临界供热汽轮机的冷态滑参数启动

一、启动前的必备条件

（1）各部套和各系统安装正确、连接牢固、无松动、无泄漏，冲洗和调试合格。各运动部件动作灵活，无卡涩。

（2）油系统必须按《汽轮机安装维护说明书》和《汽轮机投运前油系统冲洗技术条件》要求进行冲洗并验收合格。所使用的抗燃油和汽轮机油要进行验收，油质必须符合标准。

（3）各部套、各系统须经单独试验合格，动作灵活、准确。

（4）确认各调节和保护系统正常，机组配备的所有仪器、仪表、测点齐全，安装、接线正确牢固，并已经校验合格。仪器仪表指示正确、清晰，性能稳定，标识明显。

（5）机组保温必须良好，保温层与基础等固定件之间应留有足够的膨胀间隙。

（6）设备检修结束，工作票已终结。

二、机组启动前的检查和准备

汽轮机启动前做好充分准备工作是安全启动和缩短启动时间的重要保证和基础。运行人员应熟知汽轮机的全部设备，包括汽轮机本体、调速系统、凝汽设备、加热器、除氧器、各种水泵等的构造和工作原理。熟知汽、油、水、空气等系统，能根据需要正确切换各个系统。熟知每个阀门的位置、仪表的用途、各种保护及自动装置的动作原理和作用。熟练地掌握汽轮机设备的启动、停机和正常运行操作。能根据规程要求，正确迅速处理所发生的各种事故等。

（一）监视仪表

主要监视仪表必须完备，指示准确并经校验合格，包括以下设备。

（1）轴向位移指示表。

（2）汽缸膨胀指示表。

（3）汽缸和转子胀差指示表。

（4）转速指示表。

（5）支承轴承金属温度表。

（6）推力轴承金属温度表。

（7）蒸汽温度、压力、汽缸金属温度和温差的仪表装置。

（8）轴承（轴）振动测量指示仪表。

（9）排汽缸温度表。

（10）凝汽器真空表、水位计和温度计。

（11）各种压力容器的压力表、水位计和温度计。

（12）各油系统的压力、油箱油位、温度计等。

（二）主、辅机油系统

1．润滑油系统

（1）检查主油箱油位，油位指示器应显示在最高油位，检查各油泵工作正常，电气控制系统必须保证各油泵能正常切换。

（2）启动排烟风机，油箱内的负压维持在－196～－254Pa，轴承箱内负压应维持在－98～－196Pa，轴承箱内负压不宜过高，否则易造成油中进水。

（3）启动交流润滑油泵（润滑油温度不得低于10℃），对调节系统和润滑油系统进行油循环，清洗两个系统的设备和管道，排出系统中的空气，润滑油母管油压应达到0.083～0.124MPa。同时观察各轴承回油管中回油的流动和温升情况，回油管中油位应不大于管道截面的1/2。检查油系统管道、法兰、阀门等无漏油现象。

2. 密封油系统

(1) 投运发电机密封油系统，检查平衡阀、差压阀跟踪正常，密封油压低联锁试验正常。密封油泵事故联锁试验正常后投联锁，检查主油箱，空、氢侧油箱及消泡箱油位正常。

(2) 关发电机周围的动火作业结束，发电机气密性试验合格后，发电机置换氢气，置换合格后充氢压至0.25MPa，严密监视氢压的下降速率。

(3) 当发电机内开始充氢后，密封油箱除油雾装置必须连续运行。

3. 顶轴油系统及盘车

(1) 检查开启顶轴油泵的供油门和盘车装置的润滑油门，向顶轴油系统内充油，排尽系统内部的空气。启动顶轴油泵，调整单向节流阀的开度，使各轴承的顶轴油压达到6.5MPa，各轴径的顶起高度在0.03～0.05mm。在盘车装置运行前，必须建立足够的轴承润滑油压和轴承顶轴油压。

(2) 空负荷试验盘车电动机方向正确后方可启动盘车。盘车启动后检查盘车电流正常，无摩擦。做润滑油压低、顶轴油压低保护及盘车联锁掉闸试验，正常后投入盘车连续运行，记录转子偏心度和核对相位，偏心应小于0.076mm（双幅度），与转子原始值相比较，变化量不超过±0.02mm，相位未发生变化，确认转子没有发生弯曲。

(3) 机组启动前连续盘车时间应执行制造商的有关规定，至少不得少于2h，热态启动时不少于4h，盘车中断应重新计时。

(4) 大修后启动时，启动前应该在每个轴承处安装千分表，在轴承油环处测量大轴的晃度并记录。

4. EH油系统

(1) 检查EH油箱的油位在高限值，在系统投入运行前，油温必须不低于10℃。开启两台EH油泵的出、入口阀，启动第一台EH油泵，检查油泵电流、声音和出口压力正常，系统无泄漏。若油温较低，运行泵会有轻微的噪声，当液体温度达到正常的运行温度范围时，噪声会自行消失。

(2) 当EH油温度达到43℃时，应调整进入热交换器的冷却水流量，来维持系统内的EH油温度在38～54℃。

(3) 当系统油压、油温达到正常运行范围时，做油泵的事故联锁和低油压联锁试验（包括就地和遥控），同时检查低油压开关是否正常。

(4) EH油系统运行正常后，维持一台EH油泵正常运行，另一台油泵投入联锁位置。

5. 高压启动油泵

当上述油系统运行稳定后，投运高压启动油泵，循环提升润滑油温，保持轴承进油温度在40～45℃范围内，调速保安油压应达到1.6～2.0MPa。可进行汽轮机保护传动试验、调速系统静态试验以及主汽阀、调节阀和供热蝶阀等的开关试验，对发现的缺陷及时消除。

6. 高、低压旁路油系统

启动一台高、低压旁路油泵，检查油压、油温正常，系统无泄漏；旁路阀开关试验及油泵联锁试验正常，处于备用状态。

7. 给水泵油系统

电动和汽动给水泵组油系统冲洗合格投入运行，各保护联锁试验正常。

（三）投运各辅助系统

投运压缩空气系统、循环水系统、闭式冷却水系统、除盐水系统和厂用辅助蒸汽系统等，各系统参数运行正常，凝汽器已冲洗合格并保持正常的水位。

（四）机组启动前各系统的相关试验合格

（1）各电动、液动、气动阀门的开关行程和联锁试验。

（2）各转机保护及联锁试验。

（3）各分系统联锁保护试验。

（4）主汽阀、调节阀开关行程和保护联锁试验。

（5）DEH 静态特性试验。

（6）汽轮机 ETS 通道和联锁保护试验。

（7）在机组启动前，所有抽汽止回阀应进行联动试验，检查各阀门操纵装置和抽汽止回阀的动作是否灵活、可靠，不允许有任何卡涩现象。新投产和大修后的机组，应测试止回阀的关闭时间是否符合要求。

（8）凝汽器、除氧器和各加热器的水位传动和保护试验。

（9）空冷岛相关的保护试验（空冷机组）。

（10）机、炉、电大联锁试验。

（五）机组禁止启动范围

机组在启动前或冲转带负荷过程中，若发生以下任一情况则禁止启动。

（1）任一安全保护系统失灵。

（2）汽轮机调速系统不能维持空负荷运行，机组甩负荷后不能将转速控制在危急遮断器动作转速以下。

（3）任一主汽阀、调节阀、抽汽止回阀卡涩或关不严。

（4）汽轮机转子弯曲值相对于原始值变化大于 0.02mm。

（5）盘车时有清晰的金属摩擦声或盘车电流明显增大或出现大幅度摆动。

（6）油质不合格。

（7）主要仪表失灵，包括测量转速、振动、轴向位移、相对膨胀、调节油压、润滑油压、冷油器出口油温、轴承回油温度、主蒸汽及再热蒸汽压力/温度、凝汽器真空等的传感器和显示仪表以及测量金属温度的双支热电偶和显示仪表。

（8）交、直流油泵、润滑油系统、抗燃油系统故障或顶轴装置、盘车装置失常。

（9）回热系统中，主要调节及控制系统（如除氧器水位、压力自动调节、旁路系统保护及自动调节、电动和汽动给水泵控制系统等）失灵。

（10）高压外缸上、下缸温差超过 50℃，高压内缸上、下缸温差超过 35℃或汽轮机进水。

（11）机组保温不完善。

（12）蒸汽温度低于汽缸最高金属温度 50℃或蒸汽过热度低于 50℃。

（13）机组启动、运行过程中，超过参数限制值。

（14）水、汽品质超过允许范围。

三、冷态滑参数启动

（一）启动条件的确定

1. 冷态启动冲转参数的选择

冷态滑参数启动时，虽然汽轮机零部件中所产生的热应力比额定参数启动要小，但启动过程是相当复杂的不稳定传热过程。蒸汽进入汽缸首先与汽缸内壁和转子表面接触，将热量传给接触部位，而汽缸外壁和转子中心只有经过一段时间的传热过程才能随着汽缸内壁和转子表面的温升而升温，因此在整个启动的非稳态过程中，汽缸内外壁之间和转子的半径方向上出现了温差，其结果使金属产生热应力和热变形。以汽缸受热为例，冷态启动时，一定压力的过热蒸汽，接触冷的汽缸内壁，主要以凝结放热的形式传给金属，蒸汽在金属壁上凝结成水，放出汽化潜热，这时由于凝结放热系数很高，所以加热开始的瞬间，汽缸内壁（主要是调节级前的蒸汽室）很快升到进入汽轮机内蒸汽压力下的饱和温度，这时的传热温差大致可看作是该蒸汽的饱和温度与室温之差。启动时所选择的蒸汽压力越高，这一温差越大，这将使金属升温速度过快而产生过大的热冲击。在蒸汽开始凝结后，金属壁面上形成一层水膜，水膜会使放热系数减小，使金属壁的继续加热得以缓和。蒸汽的凝结放热阶段结束后，随着暖机的进行，蒸汽以对流的方式向金属放热，蒸汽对流放热系数比凝结放热系数低得多，在一般的蒸汽流速范围内，流速相同时，高压蒸汽和湿蒸汽的放热系数较大［高压蒸汽为6280～8374kJ/(cm^2·h·℃)］，低压微过热蒸汽放热系数较小［为628～837kJ/(cm^2·h·℃)］。放热系数大，则表示单位时间内传给金属单位面积的热量大，与蒸汽接触表面的金属温升速度就快，从而引起汽缸内外壁的温差变大；反之，传给金属表面的热量就小，引起汽缸内外壁之间的温差就小。因此，冷态启动时，采用低压微过热蒸汽更有利于汽轮机部件的加热和寿命延长，另外，进行汽轮机启动操作时，蒸汽压力需满足汽轮机能通过临界转速到达全速的要求。这样在启动过程中，就不必再要求锅炉进行调整，也不需要调整旁路系统，可以简化操作。

综合上述原则，冷态滑参数启动时冲转参数选择如下：主汽压力为5～6MPa，主蒸汽温度为360～380℃；再热蒸汽压力为0.2～0.4MPa，再热蒸汽温度为330～360℃。蒸汽温度的选择应保证蒸汽至少有50℃的过热度。启动中，若受到膨胀的限制，冲转参数一般选择更低一些，如主蒸汽温度为320～340℃，其他参数也做相应调整。

2. 凝汽器的真空

凝汽式汽轮机启动时，都要求建立必要的真空，因为凝汽器的真空对启动过程有很大影响。启动中维持一定的真空，一方面，可使汽缸内气体密度减小，低压转子转动时与气体摩擦产生的鼓风热量减小，使低压缸排汽温度降低；另一方面，汽缸内保持一定的真空，可增大进汽做功的能力，减少汽耗量；此外，冲动转子的瞬间，大量的蒸汽进入汽轮机内（蒸汽量比低速暖机还多），真空将有不同程度的降低，如果启动时真空太低，冲转时可能使凝汽器内产生正压，甚至可能引起排大气安全门动作或排汽缸温度过高，使凝汽器铜管急剧膨胀，造成胀口松弛，导致凝汽器漏水。但是，启动时真空也不需要太高，在其他冲转条件都具备时，若真空过高，则要为等待形成真空而延长启动时间。

对供热机组而言，启动过程初期，不向外供热，因此，对真空的要求和凝汽式汽轮机一样，一般要求冲转前的真空应大于－75kPa。

3. 大轴晃动

对于大轴晃动度，不仅要监视其绝对值，而且还要注意其相对值，即以大修后冷态测得值为基数，以便进行比较。当机组大轴弯曲大于规定值时，禁止汽轮机启动。冷态启动前，汽缸和转子温度比较低，即使停机后转子产生了轻微的热弯曲，这时也基本趋于平直。一般大型机组大轴的热弯曲允许值小于0.02mm。

4. 油压

为保证调节系统工作可靠和轴承润滑，润滑油压应达到0.089～0.124MPa，EH油压应达到12～14MPa。

5. 油温

润滑油冷油器出口油温就是轴承的进油温度，应保持在38～49℃之间，以保证润滑油有一定的黏度，在轴承中能形成良好的油膜。为保证调速系统的稳定，EH油温应保持在38～54℃之间。

（二）启动过程

1. 启动前的准备

（1）投运各辅助系统，并检查各辅助系统运行正常。调整定子水压力低于氢气压力0.035MPa以上，保持定子冷却水温高于氢气温度2～3℃，否则投入定子水加热器。

（2）检查盘车已连续运行4h以上，盘车期间注意检查汽轮机动静之间无不正常的摩擦声音，大轴弯曲度正常。同时，注意检查汽轮机冲转前可能有部分蒸汽进入机内，保证汽轮机上下缸温差在正常范围内。

（3）凝汽器充水至正常水位，启动凝结水泵，投入凝结水系统，并进行系统冲洗。凝结水系统投运后，凝结水至各系统用的减温水、冷却水、密封水及补水可视各系统情况随时投运，并检查凝结水系统各放水门关闭严密，检查低压加热器无泄漏。同时检查低压缸喷水冷却装置能正常工作，并作投入试验。

（4）除氧器冲洗合格（含铁量小于200μg/L）后，水位上至正常水位下200mm，投入除氧器水位自动。给水泵系统注水排空气，投入除氧器加热，维持水温70～100℃、除氧器压力0.147MPa。

（5）按照锅炉运行规程完成锅炉上水冲洗、炉膛吹扫、锅炉点火及升参数等，为汽轮机启动做准备。

（6）汽轮机侧进行暖管时，会有大量的蒸汽进入凝汽器，如果凝汽器没有建立一定的真空，汽水进入凝汽器，会使凝汽器内形成正压，此时不仅会损坏设备，同时影响机组冲转，因此，必须在冲转前对凝汽器抽真空。启动真空泵，当真空大于－20kPa时关闭真空破坏门，根据需要启动备用真空泵。当真空大于－86kPa时，备用真空泵可投入联锁。

（7）真空泵投入运行后，为防止空气进入凝汽器内，汽轮机轴封都使用蒸汽进行密封。凝汽式汽轮机启动过程中，凝汽器的真空值对启动过程影响很大，为了使凝汽器顺利达到冲转要求的真空，在汽轮机冲转前，要求对轴封进行供汽。轴封送汽前确认扩容器减温水系统投运，汽封系统暖管疏水正常，汽封供汽温度、压力合格，缓慢投入汽封系统并调整汽轮机及给水泵汽轮机汽封压力，投入低压汽封及给水泵汽轮机汽封减温水，严格控制低压汽封温度，注意监视汽缸金属温度及胀差变化。

轴封供汽时应注意：

a. 向轴封供汽的时间必须恰当。过早向轴封供汽，使供汽时间过长，虽然转子在连续盘车下不致发生弯曲，但会使上下汽缸温差增大，引起汽缸变形，使动、静部分径向间隙减小，此外高温轴封蒸汽会使转子轴封处受热膨胀，胀差正值增大，使动静部分轴向间隙减小。冲转前轴封供汽的时间越长，胀差正值变化越大；若轴封供汽太晚，不仅会影响真空的建立，还可能使转子受到冷却，启动时产生负胀差。

b. 轴封供汽温度应合适。轴封供汽温度越高产生的正胀差越大，还会使轴封处的转子产生过大的热应力；轴封供汽温度太低，会造成汽中带水。

c. 轴封供汽压力应适当。压力过高会使蒸汽沿轴溢出，并顺轴承油挡间隙窜入油中，引起油中含水增加，油质恶化；压力过低会造成轴封漏入空气，影响真空的建立。

d. 严禁转子在静止状态下向轴封供汽。

e. 冷态启动时，应先抽真空后送轴封；热态启动时，应先送轴封后抽真空。

（8）当蒸汽进入低温管道时，必然会急剧凝结产生大量的凝结水，如果不能及时从疏水管排走，高速汽流通过管路时便会发生水冲击，引起管道振动，造成支吊架松动，甚至造成管道焊口撕裂，引起泄漏。如果这些水由蒸汽带入汽轮机，将会发生水冲击，使轴向推力增大，可能引起轴瓦烧坏，产生动静摩擦。尤其是机组热态启动时，蒸汽带水会使金属应力发生急剧变化，造成大轴弯曲事故。因此，汽轮机冲转前必须对主、再热蒸汽管道进行暖管。一般暖管与锅炉点火、升温升压同时进行，可以利用锅炉点火后产生的低温蒸汽对管道进行预热。在每个高压调节阀后的主汽管道上接有进汽通风管（进汽通风管上装有进汽通风阀），进汽通风管的另一端与凝汽器相连；在高压排汽止回阀前的管道上接有排汽通风管（排汽通风管上装有排汽通风阀），排汽通风管的另一端与疏水扩容器相连。为了充分暖管并达到冲转参数，需要旁路系统的配合，暖管时应控制温升速率不超过 3～5℃/min，以防止因金属热应力过大而损坏设备。检查开启旁路系统疏水门、汽轮机本体及主、再热蒸汽管道疏水门。锅炉主蒸汽压力达到 0.21MPa 时，检查高、低压旁路阀及减温水门投自动位，开启高低压旁路阀 10%，检查减温水门跟踪正常，按升温升压曲线要求，调整高、低压旁路系统，监视高压旁路阀后温度不超过 320℃，低压旁路阀后温度不超 80℃。开启高、低压旁路阀时注意凝汽器的真空，要保证凝器设备的正常运行，影响到凝汽器真空时，应关闭低压旁路和排往凝汽器的所有疏水门，开启排大气阀门。暖管疏水过程中应严密监视蒸汽室温度及汽缸温度不应上升。

2. 汽轮机冲转的条件

（1）机组无禁止启动的条件。

（2）蒸汽品质合格（电导率＜1μS/cm、SiO_2＜25μg/L、Fe＜50μg/L、Na＜20μg/L）。

（3）蒸汽参数达到以下值：主蒸汽压力为 5～6MPa，主蒸汽温度为 360～380℃，再热蒸汽压力为 0.2～0.4MPa，再热蒸汽温度为 330～360℃。

（4）润滑油温为 38～49℃，油压为 0.089～0.124MPa，各瓦回油畅通。

（5）EH 油温为 38～54℃，油压为 12～14MPa；OPC、AST 母管油压正常。

（6）真空大于－75kPa。

（7）汽轮机上、下缸温差小于 42℃。

（8）检查汽轮机主保护均已试验合格并投运，无异常报警信号。

（9）机组连续盘车大于4h，盘车电流正常，机组内部及各轴承处无异声。

（10）大轴弯曲度（偏心）小于76μm且不超过原始值±0.02mm。

3. 冲车前应检查DEH系统

（1）DEH系统仪表、仪器齐全，指示正确。

（2）检查旁路系统处于全自动控制方式，运行正常。

（3）旁路系统在“旁路投入”方式。

（4）控制方式：“操作员自动”方式。

（5）汽轮机调节阀控制方式为“单阀”。

（6）检查汽轮机高压主汽阀、中压主汽阀、高压调节阀、中压调节阀、EV、CV的阀位指令和反馈均为0，各阀门指令与就地相符。

（7）超速保护钥匙在“投入”位置。

（8）传感器无故障点报警，DPU状态良好。

（9）OPC站测速卡指示为“绿灯”亮，OPC电磁阀指示为“红灯”亮。

（10）检查各控制回路除一次调频为投入（红色），其余均为切除（绿色）状态。

（11）热网抽汽为切除位（绿色）。

（12）高低限制检查。

1）阀位限制为0；

2）高负荷限值投入为绿色、负荷高限动作为绿色；

3）低负荷限值投入为绿色、负荷低限动作为绿色；

4）主汽压限值投入为绿色、汽压低限动作为绿色。

4. 汽轮机冲转

汽轮机启动采用高中压缸联合启动，按以下程序进行冲转操作。

（1）在DEH硬手盘上按“挂闸”按钮，检查隔膜阀关闭，PS1、PS2、PS3开关复位，指示为绿色，“挂闸”灯亮，AST电磁阀试验压力低开关63-2/ASP复位，指示为绿色，同时中压主汽阀RSV、低压供热蝶阀CV全开，高压排汽通风阀、进汽通风阀开启，供热快关阀EV关闭。63-1/AST、63-2/AST、63-3/AST复位，指示为绿色，OPC、AST油压建立。

（2）点击阀限输入“100”并确认，检查高压调节阀（GV）全开，检查机组转速，若急剧上升盘车脱开，立即手动脱扣汽轮机，不允许再次复置；若缓慢上升，维持在20r/min以下，盘车脱开，可手动脱扣一次，盘车重新投入后，再次挂闸。

（3）打开“转速控制”操作面板，设定目标转速为600r/min，升速率为100r/min^2，按“执行”键，IV逐渐开启，机组开始升速。转速大于3r/min，检查盘车自动脱开，停止盘车电动机，若盘车未脱开应立即打闸停机。

（4）现场检查机组声音、振动正常，无摩擦声。

（5）汽轮机升速至600r/min，进行“摩擦检查”，检查机组偏心无上升且小于85μm。

检查正常后重新挂闸冲至600r/min，系统自动计时保持120s，进行仪表检查，大轴晃度小于76μm，检查进汽通风阀（VVV阀）关闭，计时过程中保持主、再热蒸汽压力稳定。

（6）DEH状态记忆120s计时结束，转速转为IV、TV共同控制（TV开始与IV按一定比例开启）。设定目标转速为2100r/min，升速率为100r/min^2，继续升速，机组过临界转速时，检查升速率自动改变为500r/min^2，快速通过并注意机组振动和轴承温度。

（7）切除备用顶轴油泵联锁，转速大于2000r/min，检查顶轴油泵自停。

（8）转速升至2100r/min，点击“暖机时间设定”，根据启动暖机曲线进行中速暖机。

（9）暖机期间，低压加热器随机投入，注意调整各加热器水位；注意氢冷器、定子水冷却器排空气，并投入温度自动调节。

（10）暖机期间检查厂用蒸汽至给水泵汽轮机进汽管道暖管疏水正常，第一台给水泵汽轮机暖机，并注意调整汽封压力。

（11）暖机结束，检查汽缸膨胀及滑销系统情况，全面检查机组运行正常，设定目标转速为2900r/min，以100r/min^{2}升速率继续升速。

（12）汽轮机转速升至2600r/min时，检查低压缸喷水自动投入，检查低压缸排汽温度正常，注意润滑油冷油器温度自动调节正常。

（13）转速升至2800r/min后，检查主油泵供油情况，注意润滑油母管油压升高，交流油泵电流降低。

（14）转速升至2950r/min，自动计时保持240s，“阀切换”闪烁，准备阀切换。

1）检查高压进汽室内壁金属温度超过主蒸汽压力对应下的饱和温度且主蒸汽温度满足要求，检查汽室内外壁温差小于83℃。

2）阀切换条件满足后，检查主、再热蒸汽压力稳定，按下“GV控制”，当GV全关转速约下降30r/min，TV逐渐全开，GV开始控制转速，切换时间不大于2min。

（15）设定目标转速为3000r/min，升速率为50r/min^2，继续升速至目标转速，逐渐投入高压加热器，注意防止高压加热器振动，尤其投入2号高压加热器时应更加缓慢。

（16）机组定速后，检查主油泵供油正常，做汽轮机喷油试验，正常后停止高压启动油泵（SOB）和交流润滑油泵（BOP），交流润滑油泵、直流事故油泵及高压启动油泵投联锁，检查润滑油压及隔膜阀油压正常。

（17）汽轮机冲转及升速注意事项。汽轮机在启动过程中，不仅转速发生变化，而且各部分金属温度也在逐渐升高。汽轮机各个部件的热膨胀、热变形、热应力和振动都随时发生变化，因此，为了机组的顺利启动，机组冲转时应注意以下事项：

1）冲转时，现场应设专人监听汽轮发电机组声音正常，各轴承就地振动、温度及回油量正常。

2）主控值班员应严密监视润滑油温、油压、轴承温度、轴和轴承振动等。

3）机组在600r/min以下轴振动不大于76μm，如大于此值，不允许机组继续升速；机组通过一阶临界转速（850r/min）前，若轴承振动大于30μm，应立即打闸停机。

4）通过临界转速时应迅速通过（系统内部自动提高升速率为500r/min^2，临界区通过后升速率自动恢复），若轴承振动大于100μm或相对轴振动值大于254μm应立即打闸停机，不得强行通过临界转速或降速暖机。

5）机组因振动大停机后，必须回到盘车状态，全面检查，认真分析，查明原因。当机组启动条件满足时，连续盘车不少于4h才能再次启动。

6）冲车升速期间应注意高、低压旁路调节正常，否则手动调节，以维持蒸汽参数稳定，保证符合冲车参数要求，主、再热蒸汽左右侧进汽温度偏差小于14℃。

7）汽轮机本体、管道应无冲击、振动现象。

8）汽轮机各金属部件温差、胀差在控制范围内，汽缸膨胀均匀，轴向位移正常。

9）维持凝汽器真空在规定范围内。

10）暖机转速应避开转子临界转速及叶片共振转速，严禁在临界转速下停留；暖机时间应从中压缸进汽温度大于260℃开始计时，同时限制主汽温度小于或等于427℃；暖机过程中，轴承振动变化±15μm或轴相对振动突变50μm，应查明原因设法消除；若轴承振动突增50μm应立即打闸停机。

11）暖机结束后，检查机组汽缸膨胀、胀差正常无阶跃现象，左右侧膨胀一致，继续升速时应注意调整汽轮机润滑油温度。

12）检查低压缸喷水减温动作正常，排汽温度正常，若排汽温度异常，可适当提高凝结水压力或开启冷却水旁路。

13）注意监视主再热蒸汽温度、高中压缸排汽温度、上下缸温差、汽封温度、第一级金属温度变化率、高压进汽室内外壁温差等。

14）注意监视高中压转子应力正常，如果转子应力超限或高压进汽室内外温差超限时，应进行转速保持。

15）升速过程中应密切注意润滑油压及密封油差压变化。

16）检查发电机密封油系统、氢气系统、定子冷却水系统运行正常，其介质参数均符合发电机运行要求。启动过程中发电机定子冷却水进水温度至少要高于机内氢温2～3℃，以防结露。

17）对安装和检修后第一次启动的机组，应缓慢升速并监听汽轮发电机组的声音，轴瓦温度在规定范围内。汽轮机监视内容及数值见表8-3。

表8-3　汽轮机监视内容及数值

序号	项　　目	报　　警	极限值
1	轴振动（低于临界转速时，mm）		0.076
2	轴振动（通过临界转速时，mm）	0.160	0.254
3	轴振动（正常运行时，mm）	0.127	0.254
4	胀差（mm）	−2.10/16.8	−2.86/17.56
5	汽缸内外壁温差（℃）	42	83
6	轴向位移（mm）	±0.89	±1.0
7	汽缸上、下温差（℃）	42	56
8	高压缸排汽压力（MPa）		5.74

续表

序号	项　　目	报　　警	极限值
9	高压缸排汽温度（℃）	390	427
10	主汽阀内外壁温差（℃）	83	
11	凝汽器绝对压力（kPa）	24.7	31.3
12	支持轴承金属温度（℃）	107	113
13	推力轴承金属温度（℃）	99	107
14	轴承回油温度（℃）	70	75
15	主、再热蒸汽两侧汽温偏差（℃）	14	41.7
16	低压缸排汽温度（℃）	79	120（连续运行时间超过15min）或超过121

18）暖机是指送入少量蒸汽使汽轮机在一定转速或一定负荷下维持一段时间运行，使其各部件均匀受热膨胀的操作过程。暖机一般分为低速暖机（500r/min）、中速暖机（1000～2000r/min）、高速暖机（2000～3000r/min）、初始负荷暖机（并网后带5%额定负荷）和低负荷暖机（15%额定负荷），不论哪种暖机都要避开转子的临界转速。低速暖机的转速为500r/min左右，主要对机组全面检查，并使汽轮机各部件温升均匀，避免产生过大的热应力，由于低速暖机进汽量小，蒸汽参数低，换热系数不大，暖机效果不明显，一般停留30min。中速暖机的转速为1500r/min左右，是汽轮机启动的一个重要环节，因为中速暖机后，机组要通过临界转速，蒸汽流量变化较大，升速较快，金属温升率也会增大，如果中速暖机不充分，会使金属各部件产生较大的温差，汽轮机变形，振动增大，胀差超限，中速暖机一般停留90～120min。高速暖机的转速接近汽轮机的临界转速和低压叶片共振转速，一般不进行高速暖机。初始负荷暖机在机组并网后负荷维持在5%额定负荷进行，作用是弥补机组为了避开临界转速而不进行高速暖机的缺陷，进一步提高金属温度，防止材料脆性损坏，避免过大的热应力，初始负荷暖机一般为30min。低负荷暖机在15%额定负荷进行，目的是进一步提高金属温度，以适应汽温、汽压及负荷大幅度增加，防止金属热冲击、胀差超限和机组振动，低负荷暖机一般为60～90min。低负荷暖机后，若要解列进行超速试验，则暖机时间应维持4～5h，待转子中心孔内壁温度超过其低温脆性转变温度（约121℃）后，才可解列进行超速试验。

5. 并网及带负荷

发电机并网操作后，机组升负荷。

（1）在发电机-变压器组出口断路器合闸后，检查DEH自动由“转速控制”切为“负荷控制”方式，DEH将显示出以MW为单位的功率数值，将自动带初负荷（5%额定负荷），若在现有压力下负荷低于5%额定负荷，应迅速开大调节阀，禁止长时间在5%额定负荷以下停留。旁路投入期间不能投入“功率控制”回路。

（2）机组自动并网1min后，检查高压排汽通风阀关闭，手动关闭高压排汽通风阀前疏水门，开启高压排汽止回门，注意高压排汽温度的变化，若高压排汽温度高或高压排汽压力低报警，应开大低压旁路阀或增加机组负荷，无效时应迅速开启高压排汽通风阀。

(3) 并网后，检查高、低压旁路阀自动关小，维持主蒸汽压力和再热蒸汽压力。

(4) 根据冷态启动曲线，确定5%额定负荷下暖机时间，低负荷暖机期间应注意：

1) 暖机期间维持锅炉汽压、汽温稳定，若主汽阀前汽温每升高2℃，则应增加暖机时间1min。

2) 注意汽轮机振动、胀差、绝对膨胀、轴向位移正常。

3) 注意汽轮机各轴承金属温度、润滑油压及轴承回油温度正常。

4) 注意汽轮机EH油压、油温正常。

5) 汽缸上、下壁温差在允许范围内。

6) 确认汽轮机各冷油器、氢冷却器、定子冷却器冷却水调整门跟踪正常，主控显示的温度与就地相符。

7) 确认定子冷却水系统及氢冷系统运行正常，投入氢气干燥机运行。

8) 开启给水泵汽轮机供汽（再热冷段、四段抽汽）管道疏水，供汽电动门微开暖管。

(5) 暖机结束后，设定目标负荷为35MW，升负荷率为3MW/min，开始升负荷。检查负荷限制（上限为350MW，下限为0MW），随着负荷的升高，高、低压旁路自动逐渐关闭，根据情况投入“功率反馈”回路，应及时增加燃料量。

(6) 负荷升至35MW（10%额定负荷）时，检查中压主汽阀上游疏水阀关闭。

(7) 负荷升至70MW（20%额定负荷）时，检查低压缸喷水减温调整门及旁路门关闭，低压缸排汽温度正常。

(8) 负荷升至70MW时，第二台给水泵汽轮机冲转暖机，检查再热冷段供给水泵汽轮机管道蒸汽温度正常，全开再热冷段供给水泵汽轮机电动门。

(9) 负荷升至80MW时，检查中压主汽阀下游疏水阀关闭。

(10) 当四段抽汽压力大于0.147MPa后可将除氧器汽源切至四段抽汽供。

(11) 及时化验高压加热器疏水水质，水质合格后回收；调整高压加热器水位，投入疏水逐级自流的自动调节，当3号高压加热器压力高于除氧器压力0.3MPa时，将高压加热器疏水倒至除氧器。

(12) 根据需要，将预热后的一台给水泵汽轮机并入给水系统，注意调整给水泵负荷、除氧器及凝汽器水位。

(13) 保持参数暖机10min，对机组进行全面检查。

(14) 当锅炉给水旁路调整门开度达到75%左右时，将给水旁路阀切换为给水主阀运行，切换期间，应注意分离器出口温度、给水流量和汽动给水泵转速等参数的变化。

(15) 机组负荷至100MW前，检查给水品质合格，将给水切为CWT（加氧）方式运行，关小脱氧门。

(16) 当机组负荷达到100MW时进行以下操作。

1) 高、低压旁路阀关闭，注意关闭旁路减温水门；检查中压调节阀（IV）全开，DEH画面将机组启动模式切为“旁路切除”模式；旁路阀关闭后，根据需要投入“功率反馈”回路。

2) 给水泵汽轮机冷段汽源暖管结束，检查冷段汽源温度满足给水泵汽轮机参数要求，将给水泵汽轮机汽源切换为冷段，注意给水泵汽轮机转速及给水泵汽轮机振动。锅炉干湿态转换完毕，若给水泵汽轮机汽源切换较晚仍采用辅助汽源时，应注意凝汽器水位涨幅，提前关闭凝汽器补水门，尽快倒换给水泵汽轮机汽源。

3）检查汽轮机高压调节阀（GV）开度不变，机组进入滑压运行阶段。

（17）设定机组升负荷率为5MW/min，目标负荷为175MW。

（18）负荷升至140MW时，检查四段抽汽至给水泵汽轮机暖管充分，将给水泵汽轮机汽源切为四段抽汽供，将第二台给水泵汽轮机并入系统，注意给水调整及汽温调整。

（19）当机组负荷升至175MW时，停运电动给水泵。

（20）当四段抽汽压力大于0.8MPa时将辅助蒸汽汽源倒为本机组四段抽汽供。

（21）逐步投入机炉自动控制及CCS运行，CCS投运前注意切除“功率反馈”回路；将机组切为顺序阀运行。（新安装机组在投运6个月内，汽轮机进汽方式固定为“单阀”方式），可根据调度要求投入机组AGC运行，注意机组跟踪情况。

（22）若机组需要供暖，待机组运行稳定，热网系统充分暖管后，根据供热要求，投入供热系统，注意供热压力及低压缸进汽压力，防止保护动作。

（23）负荷升至210MW时，检查自密封系统工作正常，维持汽封母管压力为22～32kPa，切换蒸汽联箱汽源为本机供，并将冷段供辅助蒸汽联箱调整门投入压力自动。

（24）当机组负荷升至280MW时，机组压力达额定压力，投运“功率反馈回路”，若投入CCS，之前应解除该控制回路。机组继续升负荷（从280MW升到350MW），高压调节阀随负荷的增加而开大，保持定压运行，维持主蒸汽压力为额定值。

（25）机组负荷升至350MW时，确认机组各运行参数正常，对机组进行全面检查。

（26）升负荷期间应注意以下事项。

1）机组升负荷期间应注意高压排汽温度。

2）机组升负荷期间，应密切注意除氧器、凝汽器及各加热器水位，各调整门动作正常，各变频器输出及温度正常。

3）检查各冷却器温度正常，回水管温度正常，注意主、辅机轴承温度正常，检查各电动机电流、振动正常。

4）控制升负荷、主再热蒸汽温升率和锅炉升压率，使胀差及高、中压转子应力不超限，严格控制汽缸金属温升不超限。

5）在低压缸排汽温度高时，应注意胀差、振动、轴承油温和轴承金属温度的变化，如排汽温度已达报警值79℃，除投入喷水减温系统外，还应采取提高真空或增加负荷等方法来降低排汽温度，汽轮机低压缸排汽温度不得高于79℃长期运行。

6）升负荷及配汽方式切换时，检查调速系统动作平稳，无跳动、卡涩现象，密切注意机组振动及瓦温变化。

7）监视TSI各参数（胀差、轴向位移、汽缸膨胀等）在正常范围内，变化异常时应检查暖机时间是否足够、蒸汽参数是否匹配、滑销系统是否卡涩等。此时应停止升负荷，采取措施设法消除。

8）给水泵汽轮机汽源切换时，应充分疏水，注意监视给水泵汽轮机振动及转速变化；给水泵并泵过程中应注意汽温和水位的变化。

9）额定负荷后，应对机组进行一次全面检查，并对系统各疏放水门手紧一次，机组并网24h后要检查各疏放水门和排空门是否有内漏现象。

（三）冷态启动曲线

汽轮机冷态启动必须严格按照规程操作，其冷态启动的过程用图8-3表示。

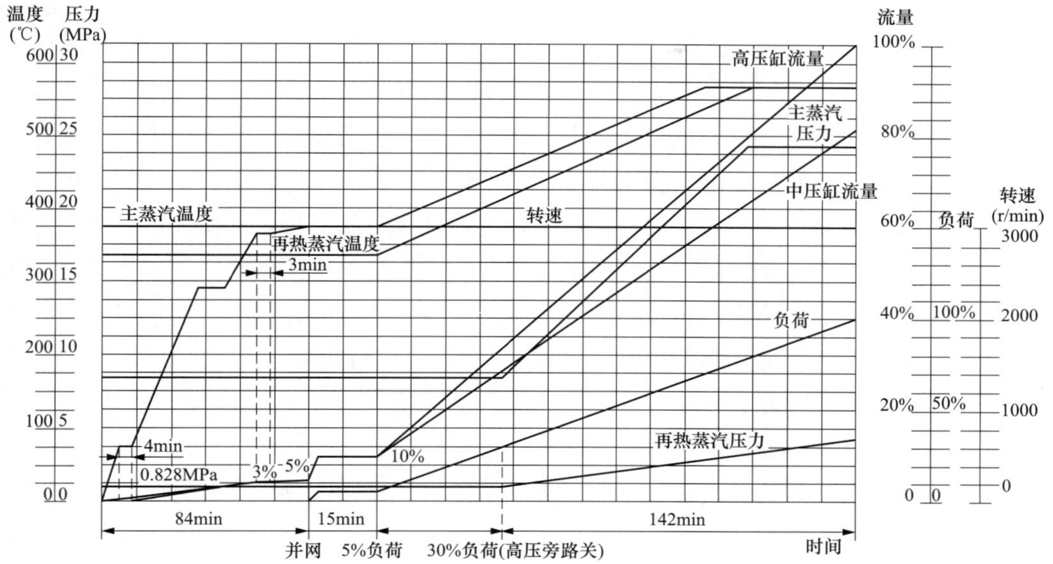

图 8-3　汽轮机冷态启动曲线

第三节　350MW 超临界供热汽轮机的热态滑参数启动

热态启动时，由于汽轮机在热态启动前停机时间较短，各部件的金属温度都比较高，在启动升速过程中不需要暖机，只要操作跟得上，就尽快地达到该温度水平所对应的热态滑参数启动工况。但是，由于各部件在启动前的冷却速度不同而存在温差，使汽轮机在启动前就存在着一定的热变形，引起动静部件间隙发生变化，可能造成汽轮机不具备热态启动条件。因此，必须掌握机组热态启动的条件和规律，严格按照规程进行操作和检查。

一、热态启动的特点

汽轮机在热态启动前各部件的金属温度都比较高，启动速度快，在启动过程中加强对以下参数进行监督，发现异常要及时处理，防止热态启动过程中设备损坏。

1. 大轴晃动度

当转子存在弹性弯曲时，转子重心就会偏离转子的回转中心线，如果偏心度达到 0.1mm，在 3000r/min 时产生的离心力大小约等于转子的质量大小，所以转子若在弯曲下启动，中速以下就可能发生振动，造成动静摩擦，如果处理不当，就会造成大轴永久性弯曲，因此对大轴晃动度要给予足够的重视。在停机后，连续盘车过程中要定期测量，特别是热态启动前，必须仔细检查。若检查出晃动值超过了允许值，可以通过连续盘车来消除；如果大轴晃动度有增加的趋势，并有金属摩擦声，应采用手动盘车 180℃的方法检查。其方法是先手动盘车 360℃，测量并记录大轴晃动值及晃动最大值的部位，然后把转子停放在晃动表指示最大的位置（即转子温度较高的一侧处于下缸，而温度较低的一侧处于上缸），在上、下缸温差和空气对流的作用下，缩小转子两侧径向温差使转子暂时性弯曲得以消除。当晃动值减小到初始最大晃动一半时，马上投入连续盘车，继续检查，如果晃动值还大于允许值，则重复以上手动盘车，再次消除暂时弯曲。

2. 上、下缸温差

经验证明，汽轮机冷态启动过程中，上、下缸温差一般都在允许范围之内，而热态启动时，由于机组停运后金属从高温状态逐渐冷却，下缸比上缸冷却快，上、下汽缸出现较大温差，沿汽缸壁厚的温差也相当大，使汽轮机出现“猫拱背”状变形，从而使调节级下部动静径向间隙减小，甚至消失。因此，热态启动时，为防止汽缸出现大变形，一般要求上、下汽缸温差不得超过允许值，防止冲转过程中动静摩擦造成大轴弯曲，若温差超过极限值时严禁机组启动。汽轮机上、下缸产生温差的主要原因有以下几个方面。

（1）汽轮机本身结构较为复杂，下汽缸比上汽缸金属质量大。

（2）下汽缸带有抽汽管道、疏水管道等增大了散热面积。

（3）缸内空气自然对流造成热空气流向上缸，冷空气直接吹到下汽缸。

（4）装饰板上部中间有热空气滞留也促使上下缸温差加大。

（5）下汽缸保温条件差而且保温层又容易脱落。

（6）停机后，新蒸汽阀门、抽汽阀门以及汽缸疏水门不严密，向汽缸内漏入汽水或蒸汽；轴封蒸汽由轴封漏入汽缸等。

为了减小上下缸温差，一般采取的措施是选用良好的保温方法和保温材料；与汽缸连接的管道阀门选用密闭性较好的阀门；另外，有的机组还设汽缸加热装置。

3. 进汽温度

热态启动时由于汽轮机金属部件温度较高，对进汽温度提出更严格的要求。通常热态启动要求主蒸汽和再热蒸汽温度高于汽缸最高金属温度 50～100℃，否则一旦发生了冷却过程，转子的冷却快于汽缸，因而产生相对收缩（或负胀差），可能引起动静部分的轴向摩擦。另外，从应力的角度分析（以汽缸为例），若主蒸汽和再热蒸汽温度低于汽缸最高金属温度，汽缸将发生冷却，使汽缸内壁温度低于外壁温度，此时汽缸内壁要承受拉应力；随着进汽温度的提高，汽缸被加热，使得内壁温度高于外壁温度，此时汽缸内壁承受压应力，即在此次热态启动中，汽缸承受了一次交变应力，每次交变应力的作用对汽缸和转子寿命都有一定影响。

汽轮机启动时，主蒸汽温度较容易满足要求，应取上限。因为冲转时蒸汽通过高压调节阀时产生节流损失，并在高压调节阀后的导汽管还要散热，在调节级喷嘴中膨胀后还有热降，使得调节级后的蒸汽温度比主蒸汽温度低 30～40℃，因此一般主蒸汽温度取上限值。

当主蒸汽温度满足冲转要求时，再热汽温往往跟不上。因为锅炉点火升压过程中，再热汽温的提升，一般要慢于主蒸汽温度，但中压缸通常没有调节级，所以再热蒸汽温度一般高于中压缸最高金属温度 30～40℃就行，但暖管要充分，以防止中压缸进水，同时还应注意胀差负值的变化趋势。

4. 润滑油冷油器出口油温

热态启动时，润滑油冷油器出口油温不得低于 38℃，如果油温过低而升速又较快，可能因油膜不稳而引起振动，有些机组曾发生过这类事故。

5. 真空

热态启动时真空应高一些，因为主蒸汽和再热蒸汽管道疏水通过扩容器排至凝汽器，真空高可使疏水迅速排出，有利于提高蒸汽温度。特别是在炉内余压较高时，凝汽器真空应维持较高，这样旁路投入后，不致使凝汽器真空下降过多。但真空也不能太高，以防主汽阀、调节阀严密性较差时，可能因漏汽使汽缸冷却。

6. 汽轮机振动

热态启动升速过程中如发现中速以下汽轮机轴承振动超过规定值（0.03mm）时应打闸停机，投入盘车，查明原因，消除缺陷后方可再次启动。

二、热态启动注意事项

1. 热态（温态）启动注意事项

（1）汽轮机冲转参数选择：主、再热汽温与高、中压缸第一级金属温度失配值应不超过－55～＋110℃，且主、再热汽温必须有56℃以上的过热度。（注：失配值为主蒸汽对应节流或喷嘴调节情况下第一级蒸汽温度与第一级金属温度差。）

（2）机组热态（温态）启动前，注意汽轮机上、下缸温差小于42℃，防止进冷汽冷水；应打开所有汽轮机防进水保护阀门，保证汽轮机疏水畅通。

（3）检查汽轮机胀差等重要TSI参数在合格范围内，不影响机组启动。

（4）热态启动时，应根据缸温确定汽封汽源，先送汽封后抽真空，汽封送汽前应充分暖管疏水，严禁将汽水带入轴封。

（5）汽轮机冲转时汽轮机润滑油温应保持在38～49℃。

（6）机组冲转及带负荷过程应加强机炉协调配合及机炉参数的匹配。

（7）汽轮机冲转后尽量提前冲转给水泵汽轮机，及时并入给水系统。

（8）汽轮机定速后及时并网带负荷，并迅速升至与汽缸金属温度相匹配的负荷，当第一级处蒸汽与金属温差为正值时，并网后初负荷一般为5％额定负荷，应避免在5％额定负荷以下停留；当第一级处蒸汽与金属温差为负值时，并网后初负荷应从“启动曲线”中根据温度失配情况确定。

（9）机组热态（温态）启动时，通过PCV或过热器疏水门把锅炉主汽压泄至8.44MPa，再热汽压泄至0.5MPa以下，方可投入旁路系统。机组超临界状况下跳闸，应将锅炉主汽压力降到亚临界压力以下方可进行点火。

（10）汽轮机带初始负荷后，应保证参数的平稳均匀上升，避免汽温波动过大，尤其杜绝汽温突降的现象发生。

2. 极热态启动注意事项

（1）机组跳闸停运，查明原因后，复位所有跳闸信号。

（2）调节锅炉总风量至30％～40％BMCR（锅炉最大连续出力工况）进行炉膛吹扫。

（3）如果锅炉在高压时跳闸，则锅炉蒸汽的压力必须先降到定-滑-定曲线的下限压力8.44MPa才能重新启动，可通过主汽PCV阀及过热器疏水阀泄压。

(4) 机组冲转前，应保证高压旁路阀开度大于50%，主蒸汽压力大于6MPa，低压旁路阀尽量投入自动，保证冲转过程中蒸汽压力稳定。

(5) 机组冲转前确保汽缸本体疏水开启。

(6) 为确保主、再热汽温稳定，特别注意在机组带负荷后，应快速通过干湿态转换。干湿态转换时主蒸汽压力大约为9MPa，分离器出口温度大约为336℃。

三、热态启动曲线

汽轮机热态启动时，根据其内缸温度高低可分为温态启动、热态启动和极热态启动，这三种启动程序比较相似，但也有所不同，如图8-4～图8-6所示。

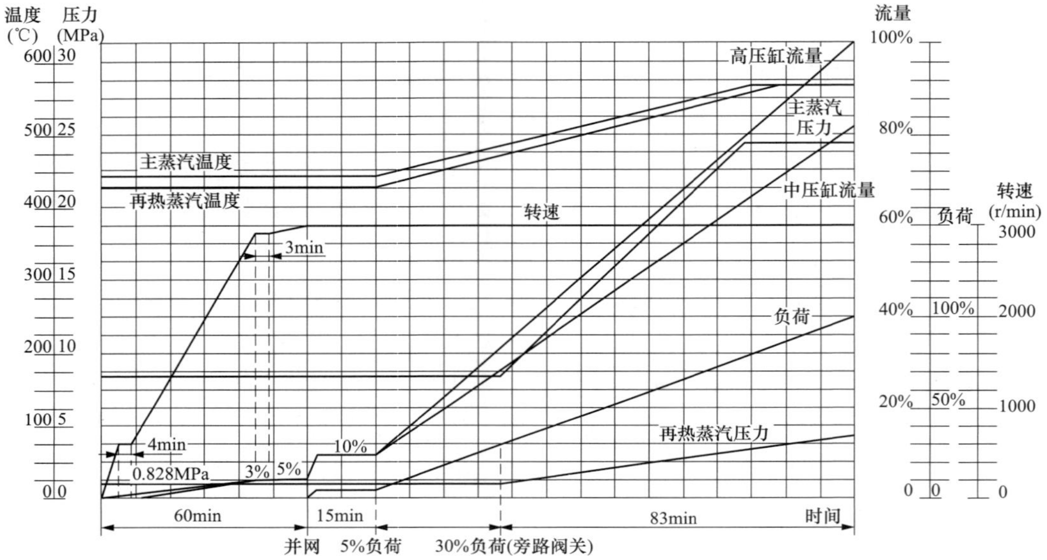

图8-4　汽轮机温态启动曲线（停机时间10～72h）

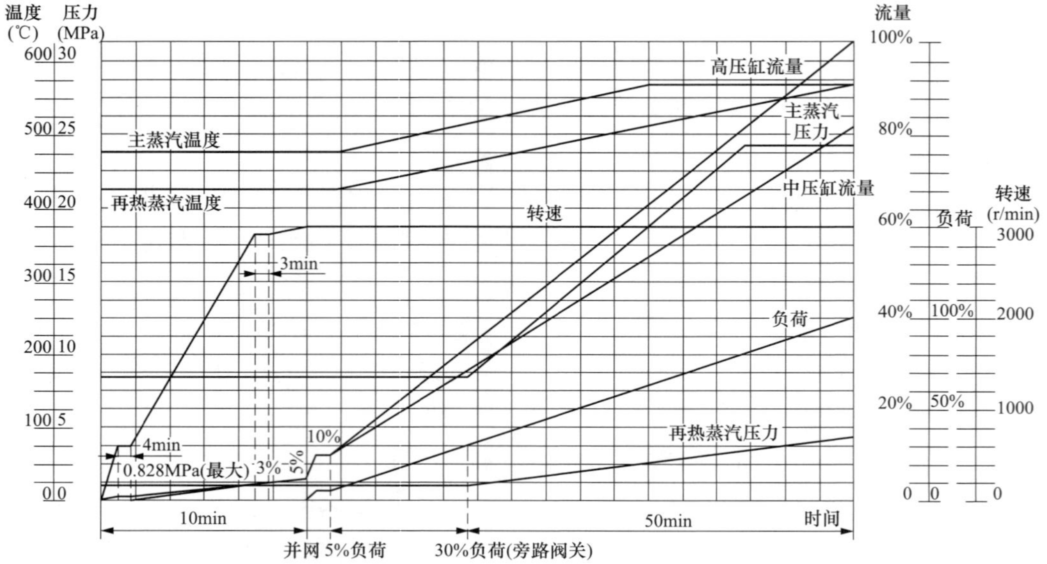

图8-5　汽轮机热态启动曲线（停机时间1～10h）

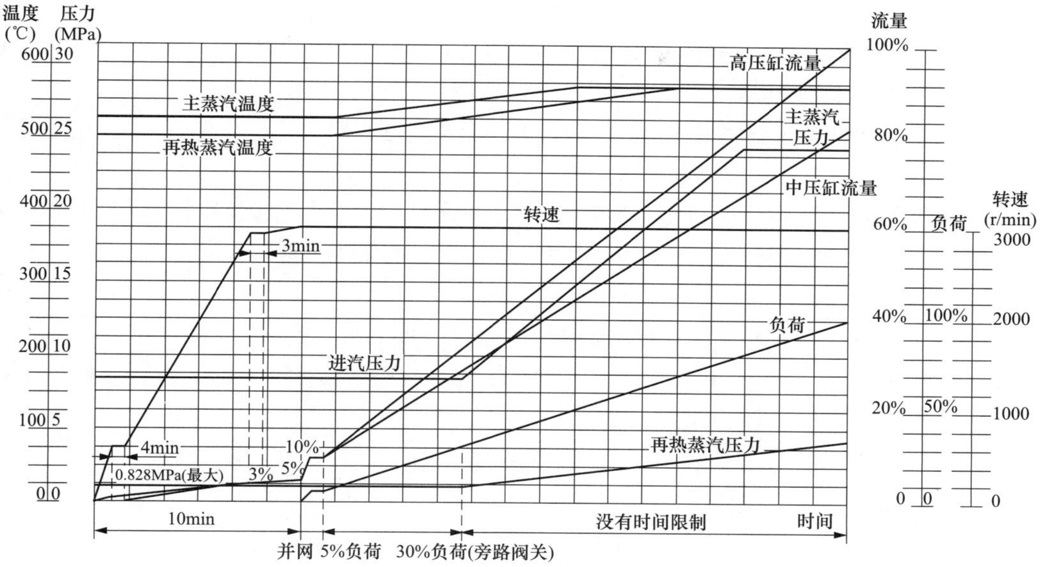

图 8-6 汽轮机极热态启动曲线（停机时间小于 1h）

四、汽轮机热态启动步骤

汽轮机热态启动步骤与冷态启动步骤相似，但应根据热态启动特点及注意事项，按照温态、热态和极热态启动曲线进行。

第四节 350MW 超临界供热汽轮机试验

为了确保在异常情况下汽轮机及辅助设备按照设计的保护规定自动停运，以防止事故扩大，机组大小修后（或汽轮机运行一段时间后），必须对主辅设备的保护和联锁进行试验。运行设备试验时，应做好隔离工作，不得影响其他运行设备的安全，下面对汽轮机的主要试验做一介绍。

一、静态脱扣试验

1. 试验条件

汽轮机静态脱扣试验在启动前进行，试验前应具备以下条件。

（1）EH 油泵运行正常；

（2）高压启动油泵运行正常；

（3）热工解除低真空联锁保护。

2. 试验方法

（1）检查 DEH 画面控制方式为“操作员自动”“单阀”“旁路投入”方式。

（2）就地手动复位，检查隔膜阀油压大于 0.5MPa，点击 ETS“复位”，点击“挂闸”，点击“执行”，确认“挂闸”，“执行”灯点亮，AST、OPC 电磁阀关闭，ASP 监视油压正常，RSV1、RSV2 全开，TV、GV、IV 均全关，汽轮机所有抽汽止回阀处于自由状态。

（3）输入阀位限制 100％，检查 GV1、GV2、GV3、GV4 开启至 100％。

（4）就地将汽轮机手动脱扣手柄拨到“脱扣”位置，脱扣汽轮机，确认 GV1、GV2、GV3、GV4、RSV1、RSV2 关闭，开度显示 0.0%，RSV1、RSV2 全关灯亮，汽轮机所有抽汽止回阀关闭，限制开启。

二、汽轮机跳闸通道试验 ETS（以 EH 油压低试验为例）

1. 试验条件

汽轮机跳闸通道试验可在机组正常运行中（在线试验）进行，试验时必须两个通道分别试验（严禁两通道同时进行），在就地操作各试验阀门时须对准通道。

2. 试验步骤

（1）值长下命令，进行 ETS 跳闸通道试验操作（EH 油压低试验）。

（2）点击“ETS 首出条件”画面，点击 EH 油压试验“试验 1”键，进行 1 通道试验。

（3）就地检查 EH 油压力正常。

（4）监视 EH 油压低试验继电器 PS1、PS3 指示灯亮。

（5）点击 EH 油压低试验“试验完成”。

（6）确认 ASP 监视油压正常，指示灯变绿。

（7）确认 EH 油压力正常。

（8）再点击 EH 油压试验“试验 2”键，进行 2 通道试验。

（9）就地检查 EH 油压力正常。

（10）监视 EH 油压低试验继电器 PS2、PS4 指示灯亮。

（11）点击 EH 油压低试验“试验完成”。

（12）确认 ASP 监视油压正常，指示灯变绿。

（13）确认 EH 油压力正常。

（14）操作完毕，做好记录，汇报值长。

三、汽轮机危急保安器注油试验（喷油试验）

1. 试验条件

机组大修或调速系统部件检修后的初次启动和机组运行满 2000h，均应做危急保安器注油试验，以检查保安器飞锤和注油系统动作正常。汽轮机危急保安器注油试验须经遥控或就地脱扣试验正常后方可进行；试验期间，不准松开“超速试验手柄”，否则会导致机组跳闸；注油门关闭严密，试验结束，延长一段时间（时间一般不少于 2min），检查试验油压降至 0 且脱扣器手柄恢复至“正常”位后再松开“超速试验手柄”。

2. 试验步骤

（1）维持汽轮机 3000r/min，保持交流润滑油泵、高压启动油泵运行。

（2）在机头将危急保安器试验手柄从“正常”扳到“试验”位置并保持（即切除机械脱扣停机油路）。

（3）缓慢开启试验油门、油压逐渐上升。

（4）密切注意 DEH“脱扣”灯亮，观察机头脱扣器手柄由“正常”切至“脱扣”位置，危急保安器已动作，记录动作试验油压。

（5）关闭试验油门，当 DEH“脱扣”灯灭，记录复位油压，待试验油压降至“0”，将脱扣器手柄恢复至“正常”位置后，方可将危急保安器试验手柄复归至“正常”位置。

（6）试验结束，停用交流润滑油泵、高压启动油泵，汇报值长并做好记录。

四、主汽阀和调节阀严密性试验

（一）试验条件

当汽轮机大修后、连续运行 12 个月后、机组超速试验前、机组甩负荷试验前或主汽阀（或调节阀）解体检修后都必须进行主汽阀和调节阀严密性试验。进行主汽阀和调节阀严密性试验时，应满足以下条件。

（1）发电机主开关在断开位。

（2）主蒸汽压力不低于 50%额定汽压。

（3）汽轮机在 3000r/min 运行平稳。

（4）旁路系统运行，自动调节正常。

（5）润滑油泵、高压启动油泵运行正常。

（6）保持真空在规定范围内。

（7）DEH 系统未进行其他试验，系统无异常报警。

（8）DEH 在“转速控制”方式。

（9）退出主汽阀关闭联跳锅炉联锁。

（10）若试验时主蒸汽压力低于额定压力，则确定严密性合格的转速应小于按公式 $n=p/p_0\times1000$ 计算得出的转速［其中：p 为试验时主汽压力，p_0 为汽轮机额定主蒸汽压力（24.2MPa）］。

（二）试验方法

1. 主汽阀严密性试验

（1）点击“DEH 自动控制主画面”，点击“主汽阀严密性”，确认试验允许有效。

（2）检查汽轮机就地进汽门状态。

（3）点击“试验允许投入”，再点击“试验开始”进行试验。

（4）检查高、中压主汽阀全关后，高中压调节阀逐渐全开，汽轮机转速开始下降。

（5）转速降至（$p/p_0\times1000$）以下的转速为试验合格，否则应停机消除缺陷后再进行严密性试验。

（6）在试验过程中若转速降至临界转速且下降速度较慢，机组振动大超限时应打闸停机，停止试验。

（7）转速降至 2000r/min 检查顶轴油泵联启，油压正常。

（8）试验结束后可再按下“主汽阀严密性试验”键，该灯灭退出试验状态，汽轮机重新恢复至 3000r/min。

2. 调节阀严密性试验

（1）在 DEH 画面中，选择“调节阀严密性”，进入严密性试验状态。

（2）检查高、中压调节阀全关（高、中压主汽阀全开），汽轮机转速开始下降。

（3）其他与主汽阀试验相同。

（4）试验结束后可再按下“调节阀严密性”键，该灯灭退出试验状态，汽轮机重新恢复至 3000r/min。

五、汽轮机调速系统超速试验

为了检验汽轮机危急保安器动作是否正常以及超速动作转速是否在规定范围内，在下列条件下进行汽轮机调速系统超速试验：新安装汽轮机首次启动、大修或调速系统检修后启动、汽轮机危急保安器解体或调整后启动、汽轮发电机组甩负荷试验前、停机一个月后再启动。

（一）试验条件及注意事项

（1）汽轮机调速系统超速试验必须在汽轮机危急保安器注油试验动作正常、主汽阀和调节阀严密性试验合格后方可进行。

（2）机组冷态启动过程中做超速试验，在10%～25%额定负荷运行3～4h，且运行参数平稳。

（3）机组不能在高转速下长时间运行（试验应在15min内完成）。

（4）试验过程中，就地手动跳闸手柄必须有专人负责，前箱处装设的转速表指示应同控制室一致。

（5）在试验中，当汽轮机转速超过危急保安器动作转速而未动作时，应立即手动脱扣，检查汽轮机进汽已切断，转速已下降。

（6）机械超速和危急遮断（ETS）超速试验应分别试验二次，二次的动作转速差值不应大于18r/min（0.6%额定转速）。

（7）超速脱扣后，汽轮机转速小于2800r/min，重新复置启动，完成2800r/min记忆，升速率可选择在100r/min^2，在临界转速区机组闭锁挂闸。

（8）超速试验时汽轮机真空大于－91kPa。

（9）做危急遮断（ETS）超速试验时，系统能自动屏蔽超速保护（OPC）动作；做机械超速试验时，系统能自动屏蔽超速保护（OPC）和危急遮断（ETS）超速保护动作（或将危急遮断超速动作值自动设定为高于机械超速动作的某个适当值）。

（二）试验方法

汽轮机调节系统配有超速保护（OPC）、危急遮断（ETS）超速保护和机械超速保护，试验时应依次分别进行。

1. 超速保护（OPC）试验

（1）机组带在10%～25%额定负荷运行3～4h后，解列发电机，维持机组转速3000r/min。

（2）检查DEH系统在“转速控制”方式，ATC（自动控制）监控画面无报警。

（3）启动交流润滑油泵及高压启动油泵运行正常。

（4）打开DEH阀门试验画面，按亮“103%试验允许”按钮。

（5）打开DEH（数字电液调节系统）主控画面，设定升速率为50r/min^2，设置目标转速为3100r/min，机组转速逐渐升高，到3090r/min时OPC电磁阀动作，检查高、中压调节阀全关，抽汽止回阀、电动门关闭，供热蝶阀、快关阀关闭。

（6）103%超速动作后，DEH自动置目标转速值为3000r/min，机组维持3000r/min运行。

（7）按灭“103%试验允许”按钮，试验结束。

2. 汽轮机危急遮断（ETS）超速试验

（1）检查机组超速试验条件满足。

（2）设置专人在机头监视汽轮机转速，做好手动脱扣停机准备。

（3）解除电跳机保护连接片（电子间发电机-变压器组保护ABC屏关主汽阀保护连接

片）。

（4）启动交流润滑油泵（BOP）和高压启动油泵（SOB），检查润滑油压应正常。

（5）机组快速降负荷至零，汽轮机打闸，发电机解列；汽轮机重新挂闸，定速至3000r/min。

（6）在DEH操作画面上点击“超速试验投入”。

（7）就地将超速试验手柄扳至“试验”位，防止机械超速误动。

（8）在超速试验画面上，点击“超速试验”，灯亮。

（9）设定目标转速3300r/min和升速率50r/min^2，提升汽轮机转速。

（10）汽轮机转速上升至超速动作转速3300r/min时，超速保护动作，检查主汽阀、调节阀全关，高压排汽止回阀及各段抽汽止回阀、电动门关闭，供热蝶阀CV关闭，检查汽轮机转速下降，记录动作转速。

（11）若汽轮机转速上升至超速动作转速3300r/min，110%超速保护未动作，应手动脱扣。

（12）在超速试验画面上，点击“取消试验”按钮。

（13）在机头将危急遮断手柄扳至“正常”位置，重新复置汽轮机。

（14）设定目标转速至2800r/min，TV/GV阀切换后升速至3000r/min并维持，试验结束。

3. 机械超速试验

（1）维持汽轮机3000r/min运行，启动交流润滑油泵（BOP）和高压启动油泵（SOB），注意润滑油压应正常。

（2）充油试验、手动脱扣试验、超速保护（103%额定转速）试验和危急遮断超速保护（110%额定转速）已完成，且合格。

（3）将危急遮断超速保护动作值改为112%额定转速。

（4）解除电跳机保护连接片。

（5）将机组负荷降至0，解列发电机，注意机组转速平稳，振动正常。

（6）在超速试验画面上，点击“超速试验投入”，灯亮；点击“机械超速试验投入”，灯亮。

（7）设定目标转速3350r/min和升速率50r/min^2，提升汽轮机转速。

（8）汽轮机转速上升至危急保安器动作转速，汽轮机脱扣，脱扣指示灯亮，转速下降，记录动作转速值，动作转速应在108%～110%额定转速。

（9）当转速升至3300r/min，危急保安器未动作，立即手动脱扣。

（10）重复做一次机械超速试验，记录动作转速，两次偏差小于18r/min。

（11）汽轮机重新复置，升速至3000r/min维持。

（12）试验结束，超速试验画面上，点击“取消试验”，确认“试验允许”按钮灯灭，将超速保护位置投入。

（13）停运交流润滑油泵（BOP）和高压启动油泵（SOB），并投备用。

（14）将危急遮断超速保护动作值恢复正常（110%额定转速）。

六、汽轮机阀门活动试验

汽轮机的主汽阀和调节阀长期工作在高温和高压环境中，容易发生阀杆的蠕变和氧化，导致阀门卡涩，一旦阀门卡涩将严重影响汽轮机的正常运行，特别是在故障情况下阀门无法及时关闭，可能造成汽轮机超速飞车事故。在汽轮机运行中，为了防止由于主汽阀和调节阀卡涩造成重大事故，必须对主汽阀和调节阀进行定期活动试验。正常情况下，每周进行一次阀门活动试验，试验中若发现有卡涩现象，应及时采取措施。主机阀门活动试验有全行程关闭试验和部分行程（例如20%行程）关闭试验两种，部分行程关闭试验也叫松动试验，根据350MW热电联产汽轮机阀门试验负荷曲线，高、中压主汽阀和调节阀全行程关闭试验应在50%～69%额定负荷范围内进行，高、中压主汽阀和调节阀的松动试验可在100%额定负荷以下的任何负荷进行。大型机组的汽轮机阀门活动试验都是根据阀门的特点编制程序，由运行人员下达指令后自动执行。

（一）试验条件

（1）DEH控制必须在“操作员自动”方式。

（2）投入功率回路。

（3）DEH顺序阀方式切为“单阀”控制方式下进行。

（4）DEH画面选择在“阀位”画面。

（5）做该试验时无其他试验进行，且应有热控人员在场。

（6）“松动试验”与“全行程试验”是互锁的，同一时刻只有一只灯亮。

（7）试验时应有专人就地观察阀门实际动作情况。

（二）试验注意事项

（1）试验前应检查机组负荷及蒸汽参数符合阀门试验要求的范围。

（2）试验时若CCS未投应检查DEH功率回路投入，第一级压力回路切除，防止功率大幅波动。

（3）试验过程中应注意主汽压、再热汽压不超限，汽轮机振动、轴向位移、胀差等监测参数正常。

（4）若试验过程中出现异常情况，如阀门卡涩、控制及自动失灵等应立即停止试验，恢复原状态，尽快联系有关人员处理。若无法消除汽门卡涩，应停机处理。

（5）每一项试验结束且工况稳定后，方可进行下一项试验。

（6）当汽水品质较差时，应适当增加主汽阀、调节阀的活动次数和活动行程范围。

（三）试验方法

1．高、中压主汽阀及调节阀全行程关闭试验

（1）减负荷至设定目标负荷值，锅炉燃烧稳定，机组运行正常，DEH操作盘无“执行”指令。

（2）确认阀门方式在“单阀”控制方式。检查TV1、TV2、RSV1、RSV2全开，GV1至GV4处调节状态，IV1、IV2全开。

（3）点击“主汽阀全行程试验”。

（4）点击TV1，点击“开始”键，开始做一组（TV1、GV1、GV3）阀门的全行程关闭试验。

（5）注意观察GV1、GV3开始动作，待GV1、GV3关闭到零TV1即自行关闭。

（6）点击“试验取消”，TV1立即开启，待TV1全开后GV1、GV3跟随开启并恢复至原来开度。

（7）在阀门关闭或开启过程中，如发现异常情况，可按下“保持”键，灯亮后，阀门保

持不动。

（8）第一组阀门试验正常后，可用同样方法做第二组（TV2、GV2、GV4）阀门全行程关闭试验。

（9）用同样方法做中压主汽阀和调节阀（RSV1、IV1 和 RSV2、IV2）阀门全行程关闭试验。

（10）阀门试验结束，做好记录，恢复机组负荷。

2. 高压主汽阀、中压主汽阀、中压调节阀的松动试验

（1）将试验机组切为单阀方式。

（2）按下“阀门试验进入”按钮，变红，进入阀门试验状态；按下“阀门松动试验”按钮，变红。

（3）按下“TV1”（“RSV1”）或“TV2”（“RSV2”）键，灯亮。

（4）按下“关闭”键，灯亮，“TV1”（“RSV1”）或“TV2”（“RSV2”）阀位指令和反馈值在当前位置上关闭20%。

（5）按“复位”键，所选阀门恢复全开，观察各阀门开度的变化，应自由无卡涩。

（6）按下“IV1”或“IV2”键，灯亮。

（7）按下“关闭”键，灯亮，“IV1”或“IV2”阀位指令和反馈值在当前位置上关闭10%。

（8）按“复位”键，所选阀门恢复全开，观察各阀门开度的变化，应自由无卡涩。

（9）试验结束后按“阀门试验退出”键，灯灭，退出阀门试验功能。

七、抽汽止回阀活动试验

抽汽止回阀是保证汽轮机安全运行的重要设备之一，当汽轮机甩负荷时，它们迅速关闭，保护汽轮机不致因蒸汽的回流而超速，并防止加热器满水或管路带水进入汽轮机。机组正常运行中，运行人员要定期（一般每月做一次）对抽汽止回阀进行活动试验，若有卡涩应及时处理，以保证在事故情况下能可靠动作，保护汽轮机。

1. 试验条件

（1）联系相关人员到达现场。

（2）维持机组负荷低于270MW左右。

（3）机组运行稳定，抽汽止回阀开启。

（4）各加热器运行正常，疏水调节门自动调节良好。

（5）各加热器危急疏水门开关试验良好。

2. 试验步骤

（1）检查各抽汽止回阀气缸压缩空气压力在0.5～0.7MPa。

（2）就地将抽汽止回阀试验电磁阀切至试验位，观察行程开关关小，DCS画面显示该抽汽止回阀关小。

（3）就地将抽汽止回阀试验电磁阀复位，观察行程开关全开，DCS画面显示该抽汽止回阀全开。

（4）试验过程中，止回阀如有卡涩现象，应及时处理。

（5）以同样的试验程序逐一对各抽汽止回阀进行活动试验。

3. 注意事项

（1）做四段抽汽止回阀活动试验时，必须先将给水泵汽轮机、除氧器汽源倒至辅助蒸汽

后，按上述方法做；试验结束后，恢复正常供汽方式。

（2）抽汽止回阀试验应逐一进行，做完一个复位后方可进行下一个试验。

（3）抽汽止回阀活动试验过程中加强加热器水位监视。

（4）试验中操作试验手柄应迅速，以防止抽汽止回阀关闭，影响对应设备的正常运行。

八、凝汽器真空严密性试验

汽轮机真空的高低对汽轮机运行的经济性有着直接的关系。真空高，排汽压力低，有用焓降增大，被冷却介质带走的热量减少，机组的热效率提高；当凝汽器内漏入空气影响到真空时，有用焓降减少，冷却介质带走的热量增多，机组的热效率降低。通过凝汽器的真空严密性试验结果，可以鉴定凝汽器的工作好坏，以便采取对策消除泄漏点，以保证汽轮机效率。正常情况下，每个月做一次凝汽器真空严密性试验，汽轮机在大、小修前后也要做凝汽器真空严密性试验。

1. 凝汽器真空严密性试验的条件

（1）机组负荷不低于80%额定负荷，运行稳定，参数调节正常。

（2）汽轮机及给水泵汽轮机的汽封压力正常后停运。

（3）运行真空泵和备用真空泵试验良好，凝汽器冷却系统运行正常。

（4）真空数值（就地、LCD及DEH）显示均正常。

（5）ETS系统电磁阀无异常。

2. 试验方法

（1）记录机组负荷、凝汽器排汽温度、凝结水温度、真空等有关数据。

（2）解除备用真空泵联锁，试验备用真空泵正常，停止真空泵运行。

（3）停止运行真空泵后30s起，每隔1min，记录一次以上的有关数据。

（4）试验共进行8min，试验结束立即启一台真空泵运行。

（5）取后5min平均值分析凝汽器的严密性，真空下降速度小于或等于0.100kPa/min为优秀，小于或等于0.200kPa/min为良好，小于或等于0.26kPa/min为合格。

（6）试验过程中，若凝汽器真空下降总值超过2kPa，应停止试验并恢复到试验前状态。

第九章

汽轮机的停机

汽轮机的停机是启动的逆过程，停机时汽轮发电机组的输出功率由运行工况降至零，切断汽轮机进汽，发电机与电网解列，机组转速由于摩擦鼓风作用逐渐降至零。在停机过程中汽轮机的进汽量逐渐减小至零，汽缸和转子等部件被逐渐冷却。因此，停机过程实质上是汽轮机各部件降温冷却的过程，由于停机过程中各部件的冷却条件不同，将会出现温差，产生热应力和热变形，其情况与启动过程正好相反，但汽轮机快速冷却比快速加热更危险，因此在停机过程中，对汽轮机金属温差和温度变化率的控制比启动过程更为严格。另外，由于通流部分的动叶进口边与静叶出口边的轴向间隙小于动叶出口边与下级静叶的轴向间隙，当停机出现负胀差时，对汽轮机的安全威胁更大。

按停机过程中进汽参数变化的特点，可分为额定参数停机和滑参数停机；按停机的原因或目的可分为正常停机和事故停机两大类。正常停机又可分为检修停机和调峰停机两种；事故停机分为一般事故停机和紧急事故停机两种。

检修停机后若要打开汽缸进行检修，则必须待汽缸金属温度降至100℃左右才能进行，因汽缸外侧具有较好的保温材料，依靠停机后的自然冷却需要较长的时间，为了缩短冷却降温的时间，在降负荷过程中，采用逐步降低主蒸汽压力和温度的办法（即滑参数停机），进行强制冷却。调峰停机是在电网负荷低谷期间，将某些机组停机备用，待电网负荷增大时，再将此机组启动。由于机组启动时间与冲转时汽缸最高金属温度有关，冲转前汽缸的金属温度越高，启动时加热的温升量越小，在热应力相同的条件下，启动所需的时间越短。因此，调峰停机应采用额定参数停机，在降负荷过程中尽可能保持主蒸汽和再热蒸汽温度不变，使停机后汽缸的金属温度较高，以缩短下一次启动的时间，减小启动损失，提高调峰的机动性。事故停机是在设备或系统出现异常、可能危及安全运行时，保护系统动作或操作员按动“停机”按钮，主汽阀和调节阀快速关闭，机组负荷瞬间降至零，与电网解列，进入惰走阶段，使机组降速至零的停机过程。紧急事故停机与一般事故停机之间的差别是紧急事故停机在主汽阀关闭后，必须立即打开凝汽器的真空破坏阀，破坏凝汽器的真空，使汽缸内的压力快速升至大气压力，加大转子惰走过程的摩擦鼓风作用，迫使转速迅速降至零，以避免转子长时间转动造成机组事故扩大；而一般事故停机时，在主汽阀关闭后不必立即破坏凝汽器的真空。额定参数停机和事故停机过程比较简单，下面以350MW超临界汽轮机为例，重点介绍滑参数停机。

第一节　滑参数停机

滑参数停机是在调节阀全开的情况下，通过逐渐降低蒸汽参数来减负荷，这种停机方式与额定参数停机相比有以下优点：在同样的负荷下，蒸汽流量大，而且是全周进汽，因此汽轮机的金属冷却比较均匀，热应力和热变形小；在整个停机过程中锅炉几乎可以不对空排汽，几乎全部汽水和能量都用于滑参数停机时的发电，同时在停机过程中，汽轮机、锅炉、蒸汽管道及附件所储存的热能，都逐渐被蒸汽吸收，用于发电；滑参数停机后，可以减少锅炉放水、通风以及汽轮机润滑盘车装置等设备长时间运行的耗电量；在滑参数停机的过程中，可清洗汽轮机通流部分的盐垢。

一、滑参数停机的注意事项

1. 做好停机前的准备工作

为了保证停机过程中和盘车时轴承的润滑及轴颈的冷却，需做好交、直流润滑油泵的空负荷试验，顶轴油泵启动试验，盘车电动机的空转试验。

2. 按规定降低机组负荷和蒸汽参数

带额定负荷的机组在额定蒸汽参数下先减去15%～20%额定负荷，随后将蒸汽参数降到正常允许值的下限，进一步减弱燃烧，让蒸汽参数滑降。滑参数停机过程中，必须严格控制蒸汽降温的速度，这是滑参数停机成败的关键。先降温再降压，分阶段交替进行，一般主、再热蒸汽的降温速度应控制在1℃/min以下，降压速度应控制在0.098MPa/min以下；主、再热蒸汽温度保证有56℃以上的过热度，汽轮机金属温降率控制在0.5～1℃/min；不应有汽温突变，主、再热汽温在10min内下降超过50℃应立即停机；蒸汽与金属温差在要求的范围内，调节级后汽温不得小于金属温度30℃，否则暂停降温稳定参数；高压及中压主汽阀前两侧温差小于14℃，温差达41.7℃应打闸停机；负荷下降速率应控制在3MW/min以下。

再热蒸汽温度将随主蒸汽温度的降低和锅炉燃料的减少而自然下降，其降温速度比主蒸汽慢，减负荷时应等到再热蒸汽温度接近主蒸汽温度时，再进行一次降温，以防滑参数停机过程中主蒸汽温度已降至很低而中压缸温度还较高。

3. 禁止进行汽轮机超速试验

滑参数停机过程中禁止做汽轮机超速试验，因为滑参数停机时蒸汽参数低，超速试验时必须关小调节阀提高压力，当压力提高后，蒸汽温度可能会低于对应压力下的饱和温度，在超速试验开始后，就可能产生大量的凝结水进入汽轮机，造成严重事故。

4. 加强凝汽器真空的监视

密切注意凝汽器真空及排汽温度，负荷低于50MW时，应开启低压缸喷水减温装置，根据需要及时调整凝汽器冷却设备的运行方式。

5. 加强对汽轮机的监视

在整个滑参数停机过程中要严密监视汽轮机胀差、轴向位移、上下缸温差、轴承振动及轴承温度在规程规定范围内，超过限值应打闸停机；加强对机组声音的监视，定期倾听汽轮机有无动静摩擦的现象。检查汽轮机及主、再热蒸汽管道应无水击现象，各疏水阀动作情况应正常，并根据规程要求及时打开各疏水阀，滑停过程中若出现下列情况之一，应打闸停机。

（1）主、再热汽温在10min内下降超过50℃或主、再蒸汽温过热度小于56℃。

（2）高、中压主汽阀前两侧蒸汽温差达41.7℃。

（3）转子应力超出允许范围。

二、滑参数停机的主要操作

机组由额定负荷降至280MW，采用定压运行，顺序阀控制；负荷由280MW降至210MW，滑压运行，单阀控制。稳定运行10min，注意机组振动正常，逐渐开启GV流量至60%以上，蒸汽温度降至520℃左右。满负荷至210MW期间降负荷率可控制在5MW/min。机组负荷由210MW降至175MW，主蒸汽压力至13MPa以下，主、再热汽温维持在500℃，稳定参数30min，继续降负荷，负荷变化率小于3MW/min，注意主、再热汽温差在规定范围内，开启汽轮机本体疏水阀。机组负荷降至140MW时，根据锅炉运行情况及时投入旁路系统，控制主蒸汽压力在9MPa，主、再热汽温在471℃左右。负荷至100MW时，控制主蒸汽压力在6MPa，主、再热汽温在460℃左右；干湿态转换完成后，暖机20min，进行给水系统切换，注意减温水及汽温变化。负荷降至70MW时，机组运行方式切为OA（操作员自动）方式，主、再热蒸汽温度降至430℃，检查中压主汽阀后的疏水阀门组开启。负荷降至35MW时，主、再热蒸汽温度降至410℃左右，检查中压主汽阀前的疏水阀门组开启。继续降负荷，在18MW以下不得长时间停留，启动汽轮机交流油泵正常，检查直流油泵在联锁备用状态，迅速降负荷至0MW。汽轮机打闸，检查发电机有功到零，解列发电机，汽轮机转速应下降。滑参数停机过程中做好以下工作。

1. 减负荷期间的系统切换

负荷至210MW时，密切注意汽封压力，及时进行轴封汽源的切换。负荷降至175MW，可启动电动给水泵组，待给水负荷切换后，停止一台汽动给水泵；负荷降至100MW后，可停运第二台汽动给水泵组。负荷至60MW时，注意除氧器、辅助蒸汽汽源的切换。负荷至52MW时，检查投入低压缸喷水。此时应检查高压排汽温度是否正常，否则调整旁路开度，降低再热蒸汽压力。

2. 减负荷时高、低压加热器的操作

高、低压加热器一般随机停运，但应注意高、低压加热器逐级自流疏水不畅时，高、低压加热器的危急疏水门应自动投运正常，以免造成加热器水位异常。

3. 汽轮机打闸，检查下列阀门动作正常

（1）汽轮机高、中压主汽阀和调节阀关闭。

（2）供热快关阀（EV）、供热止回阀关闭。

（3）各段抽汽电动门、止回阀关闭，各段抽汽疏水门开启。

（4）高压排汽止回阀关闭。

（5）进汽通风阀（VVV）开启。

（6）高压排汽通风阀（HEV）开启。

（7）主、再热蒸汽管道疏水及汽缸本体疏水门开启。

4. 汽轮机打闸后的检查和操作

（1）发电机解列后，汽轮机转速应开始下降。

（2）检查汽轮机润滑油温、油压、密封油温、氢油压差正常，及时停运定子冷却水冷却器及氢冷泵。

(3) 关闭高压旁路及减温水，确认再热器无压力后，将旁路系统隔离，待锅炉消压至零后开启旁路疏水门。

(4) 转速降至 2600r/min，注意低压缸喷水减温水门关闭，检查低压缸排汽温度小于 79℃。

(5) 机组降至临界转速时，注意振动，若振动超限时破坏真空，加速惰走。若破坏真空，则应关闭主/再热蒸汽管道疏水门、主汽阀前疏水门、锅炉至凝汽器疏放水门等高温高压疏水门。

(6) 转速降至 1950r/min，顶轴油泵联启，检查顶轴油压正常，系统无泄漏。

(7) 检查除氧器、凝汽器及轴封加热器水位正常，真空破坏后禁止除氧器水溢流至凝汽器。

(8) 机组转速降至 400r/min，确认汽动给水泵水封筒回水已切至地沟；确认无蒸汽及有压疏水进入凝汽器后，解除真空泵联锁，停真空泵，开真空破坏门。随真空变化调整轴封压力，转速到零，真空到零，停汽封供汽系统及汽封减温水。没有特殊情况，400r/min 之前严禁开启真空破坏门。关闭汽轮机侧所有疏水门，并定期检查真空破坏门，发现其向外冒汽时应查明原因，同时应注意监视疏水扩容器温度变化，发现温度升高应开大减温水，查明原因。

(9) 转速到零，记录惰走时间；检查盘车齿轮啮合良好，顶轴油压正常，手动投运盘车，倾听机内无异声，维持油温 35～38℃。

(10) 停机后，记录转子偏心度、盘车电流、顶轴油压、缸胀、胀差、轴向位移、高压内缸温度、中压持环温度，上下缸温差、各抽汽管道的上下壁温差，以及凝汽器和除氧器水位、压力及温度的变化等。

(11) 停机后认真执行汽缸防进水措施，严密监视汽缸金属温度变化趋势，杜绝冷汽、冷水进入汽轮机。如出现上、下缸温差急剧增大，应立即查明进水或进冷汽的原因，并切断水、汽来源，排除积水。

(12) 机组冬季停运后，定子冷却水系统若无工作应维持运行，根据需要投运水箱加热系统，定子冷却水温度大于氢温 2～3℃，或根据要求对系统进行反冲洗，反冲洗结束后恢复正常方式。

(13) 高压内缸金属温度小于 350℃后，根据需要可投运汽轮机快冷装置。

(14) 停机 12h 后，停运 EH 油泵。

(15) 汽轮机高压缸第一级内壁及中压第一持环金属温度小于 150℃时，停运快冷系统，汽轮机各部件金属温度无明显反弹。

(16) 盘车停运规定：

1) 盘车在运行中跳闸，应立即试投，若因阻力大引起投入不成功（盘车装置正常），则表明转子已弯曲。盘车中断后在恢复连续盘车前应先转动转子 180°。严禁强行投入连续盘车，同时检查汽缸疏水系统，查找原因。

2) 在连续盘车期间，汽缸内有明显的金属摩擦声，且盘车电流大幅度晃动（非盘车装置故障），应立即停止连续盘车，改为手动盘车进行直轴，直至可以恢复使用盘车装置为止。

3) 顶轴油系统工作异常，盘车出现“爬行”现象，经增开直流润滑油泵并降低油温（不低于21℃）仍不能消除，应停止连续盘车，每隔10min转动转子180°以保持转子伸直，直到投用连续盘车而不发生“爬行”为止。

4）高压缸第一级内壁温在350℃以上时，停盘车不能超过3min；每停1min，应进行10min的连续盘车，直到转子偏心度恢复正常为止。

5）高压缸第一级内壁温度在220℃以上时，如有紧急工作，每停30min，应盘车180°直轴或连续盘车直至转子偏心度恢复正常为止。

6）盘车应连续运行直至高压缸第一级金属内壁温度小于150℃；当该处壁温小于120℃时，停止盘车，转子静止后停止顶轴油泵运行。

7）盘车期间禁止检修与汽轮机本体有关的系统，以防冷空气倒入汽缸。

8）盘车停运后，可进行发电机氢气置换；气体置换合格后，降低气压至零，停运密封油系统。气体置换期间注意油、氢差压和密封油箱油位，防止发电机进油和油箱溢油。

9）盘车停运后，润滑油温可控制在21～35℃，交流油泵继续运行8h，各瓦温在正常范围内，且密封油系统已停运，可停止汽轮机润滑油系统。注意监视轴瓦温度，如轴瓦温度上升较快，应恢复油系统运行；汽轮机油系统停运时同步停运主油箱加热器，同时注意主油箱油位不应超过上限，防止跑油，否则应提前适当降低主油箱油位。

（17）凝结水系统无用户且低压缸排汽温度小于50℃，可停止凝结水系统。

（18）确认闭式冷却水系统无用户后停运。

（19）根据情况停运凝汽器冷却设备。

（20）做好停机后各系统设备的停运保养及检修隔离工作。

（21）冬季停运时应做好各设备设施的防冻措施。

第二节 事故停机

事故停机分为紧急事故停机和一般事故停机两种，两者的主要区别是危险程度不同，紧急事故停机要破坏真空，尽快降低汽轮机转速，防止事故扩大；而一般事故停机不破坏真空。

一、事故停机的条件

1. 紧急事故停机的条件

（1）汽轮机转速升至3300r/min而超速保护不动作。

（2）汽轮机轴向位移达±1.0mm而轴位移保护不动作。

（3）汽轮机胀差达17.56mm或−2.86mm而胀差保护不动作。

（4）汽轮机发生强烈振动或汽轮机内部有明显的金属撞击或摩擦声。

（5）汽轮机发生水冲击，上下缸温差达56℃以上或10min内汽温下降50℃。

（6）汽轮机润滑油压低至0.07MPa，启动交、直流油泵无效。

（7）汽轮机支持轴承温度达113℃或推力轴承温度达107℃。

（8）汽轮机任一轴承断油冒烟或回油温度达75℃。

（9）汽轮机润滑油箱油位低至−420mm且补油无效。

（10）汽轮机周围或油系统着火短时间不能扑灭，危及汽轮机或人身安全。

（11）轴封端部摩擦冒火花。

（12）汽轮发电机密封油系统断油大量漏氢或氢系统着火，危及设备或人身安全。

（13）厂用电中断。

2. 一般事故停机的条件

（1）汽轮机启动过程中，在中速暖机之前，轴承振动超过 30μm；通过临界转速时，轴承振动达 100μm 或轴振动超过 254μm；正常运行中轴承振动突然增加 50μm。

（2）EH 油压低至 9.3MPa。

（3）汽轮机无蒸汽运行大于或等于 1min。

（4）主、再热蒸汽管道及给水管道爆破，危及人身及设备安全。

（5）主、再热汽温达 580～594℃连续运行 15min，调整无效或超过 594℃。

（6）主蒸汽压力达 29MPa。

（7）调节级压力/高压缸排汽压力比小于 1.7 延时 60s。

（8）高压排汽温度达 427℃。

（9）频率低于 47Hz 或高于 51.5Hz。

（10）旁路系统故障、误开，控制失灵。

（11）DEH 电源消失。

（12）真空突然下降至－81kPa。

（13）主、再热蒸汽进汽阀前左右两侧温差达 41.7℃。

（14）发电机定子冷却水断水超过 30s 而断水保护未动作。

二、紧急停机方法

当设备或系统出现异常、可能危及安全运行时，保护系统动作或操作员按动“停机”按钮，主汽阀和调节阀快速关闭，机组负荷瞬间降至零，与电网解列，进入惰走阶段，机组停运后必须认真分析事故原因，彻底消除隐患。下面以操作人员按动“停机”按钮为例，介绍紧急停机方法。

1. 紧急停机步骤

（1）机组运行中达到事故停机的条件时，立即按动“停机”按钮（若达到紧急事故停机的条件时，开真空破坏门）。

（2）检查汽轮机交流润滑油泵启动正常，油压正常。

（3）检查锅炉、汽轮机、发电机联锁动作正确，如锅炉主燃料未跳闸，应立即手动打闸；如厂用电快切不成功，应手动恢复。

（4）强制关闭高、低压旁路及主、再热蒸汽管道等所有排往凝汽器的疏水（若不破坏真空无需此项操作）。

（5）打闸后，汽封汽源及时倒为辅助蒸汽供，无邻机供辅助蒸汽时，倒为本机再热冷段供，有真空期间必须保证汽封供汽。

（6）解除真空泵联锁，停止真空泵运行。

（7）检查电动给水泵正常且阀门位置正确后启动。

（8）检查除氧器汽源切换正常，维持除氧器水位、凝汽器水位，防止除氧器溢流（若破坏真空）。

（9）检查低压缸喷水减温投入，注意低压缸排汽温度。

（10）停机过程中注意维持汽封压力正常，真空到零后，停止汽封供汽。

（11）转速降至1950r/min，顶轴油泵联启，检查顶轴油压正常。

（12）转子惰走期间，检查机组振动、声音、胀差、轴向位移及惰走时间有无异常。

（13）转子静止后，投入盘车系统运行。

（14）发生水冲击破坏真空时，按水冲击事故处理。

2. 汽轮机跳闸后的联锁

（1）联跳发电机。

（2）负荷大于30%额定负荷或负荷小于30%额定负荷且旁路小于5%，锅炉MFT。

（3）联启汽轮机交流润滑油泵、高压启动油泵。

（4）关闭高压主汽阀（TV1、TV2）及高压调节阀（GV1～GV4）。

（5）关闭中压主汽阀（RSV1、RSV2）及中压调节汽阀（IV1、IV2）。

（6）高压排汽通风阀HEV、进汽回路通风阀VVV开启；关闭高压排汽止回阀NRV、供热快关阀CV、供热蝶阀EV。

（7）关闭各段抽汽止回阀、电动阀、供热止回阀。

（8）检查机组低负荷10%、20%疏水阀自动开启，否则手动打开。

第十章

汽轮机的运行监视与调整

汽轮机运行中必须对相关参数加强监视并及时调整，确保机组在安全、经济工况下运行，下面以 350MW 超临界热电联产机组为例，介绍汽轮机的运行监视与调整。

第一节　汽轮机的运行监视

一、汽轮机运行监视的主要内容

（1）确保各主要参数在正常范围内运行，及时发现和处理设备存在的缺陷，充分利用各种监控功能，使机组安全、经济、高效地运行。

（2）注意各监视段压力与负荷对应关系正常，发现异常及时分析，必要时限制负荷；监视汽轮机 TSI、DEH、MEH 系统运行参数在正常范围，DCS、就地 LCD 无报警指示，负荷与高压调节阀开度相对应，高中压主汽阀、调节阀与控制指令相对应，各主汽阀、调节阀无卡涩和晃动现象。

（3）汽轮机润滑油、EH 油、密封油及冷却水系统运行正常，压力、温度不超限。

（4）保持除氧器、凝汽器、膨胀水箱水位正常。

（5）维持各加热器水位及端差（5.6℃）正常，各疏水调整门动作正常，无卡涩。

（6）保持机组汽封压力正常，高压侧不冒汽，低压侧不吸气，防止轴瓦油系统进水和真空系统泄漏。

（7）维持机组真空系统运行正常，当湿冷机组带 50%～60%额定负荷运行时，允许凝汽器半边清洗、检修；另外，必须注意低压转子轴承（3 号、4 号）振动、回油温度和金属温度的变化。凝汽器单侧运行时，应控制凝汽器压力不超过 15kPa，否则应降低机组负荷。

（8）监视发电机定子冷却水系统运行正常，水质合格。

（9）监视发电机氢气冷却系统压力、温度正常，氢纯度合格。

（10）监视辅机设备运行正常，各辅助设备状态良好，轴承温度正常，振动值合格，电动机电流不超过额定值，无泄漏现象。

（11）供热期间，密切监视中压缸排汽温度、压力及低压缸进汽压力正常，热网加热器水位正常，热网循环水来回水温度及热网补水正常。

（12）监视主、再热蒸汽温度、给水压力、减温水流量与机组负荷匹配，参数稳定。

（13）各阀门、挡板动作灵活无卡涩。

（14）检查高、低压旁路系统正常。

二、汽轮机运行参数控制规定

汽轮机正常运行中必须将各参数严格控制在规定的范围内，当运行参数超过规定值时，应及时调整，使之尽快恢复正常；当主要运行参数严重超过规定值时，应事故停机。汽轮机运行参数控制见表10-1。

表10-1　汽轮机运行参数控制

项目	内容	单位	正常值	低报警值	高报警值	跳闸值
蒸汽参数	主蒸汽温度	℃	566		574	594
	主蒸汽压力	MPa	24.2		25.4	29
	主蒸汽压力下降	MPa	TPL（主汽压控制器）投运，压力下降至80%设定压力，卸去负荷，停机			
	再热蒸汽压力	MPa	3.95		4.66	
	再热蒸汽温度	℃	566		574	594
	调节级压力	MPa	17.2		21.9	
	主、再热汽温差	℃	＜28（满负荷）	再热蒸汽可比主蒸汽低42（非满负荷）		
	主、再热汽温下降	℃	TPL投入，主、再热汽温30min内降低66℃，卸去负荷停机			
	高压排汽温度	℃	328		390	≥427
	高压排汽压力	MPa	4.39		5.74	
	中压排汽压力（供热）	MPa		0.4		
	中压排汽温度（供热）	℃	294		388	
	一段抽汽压力	MPa	6.672		6.989	
	二段抽汽压力	MPa	4.589		4.907	
	三段抽汽压力	MPa	2.363		2.482	
	四段抽汽压力	MPa	0.966		1.03	
	五段抽汽压力	MPa	0.61		0.65	
	六段抽汽压力	MPa	0.132 3		0.141 5	
	七段抽汽压力	MPa	0.057 6		0.061 6	
	八段抽汽压力	MPa	0.021 1		0.021 46	
	低压缸进汽压力（供热）	MPa		0.1		
	启动蒸汽失配值	℃		−56	111	
汽轮机本体参数	凝汽器真空	kPa			−84.4	−81
	蒸汽室深浅金属温差	℃			83	
	汽轮机偏心	mm	＜0.076	超过原始值±0.02禁止机组启动		
	轴振	mm	＜0.076		0.127	0.254

续表

项目	内容	单位	正常值	低报警值	高报警值	跳闸值
汽轮机本体参数	轴向位移	mm		−0.89	0.89	±1.0
	胀差	mm		−2.1	16.8	17.56/−2.86
	支持轴承温度	℃	<90.5		107	113
	推力轴承温度	℃	<85		99	107
	发电机轴承温度	℃	<85		99	107
	轴承回油温度	℃	<65		70	75
	高中压缸上下缸温差	℃	<42		42	56
	低压缸排汽温度	℃			79	121
	轴封母管压力	MPa	0.027～0.031		0.031 溢流阀开	
	低压汽封温度	℃	149	121	177	
润滑油系统	润滑油压力	MPa	0.083～0.124	油压降至 0.08 联启交流油泵 油压降至 0.07 联启直流油泵，机组掉闸 油压降至 0.048 盘车掉闸		
	润滑油温度	℃	38～49			
	盘车时润滑油温度	℃	21～35			
	油泵启动时的最低油温	℃		21		10 禁启
	主油箱油位	mm	0±50	−152.4	+152.4	−420
	主油泵入口压力	MPa	0.118～0.125			
	主油泵出口压力	MPa	1.6～1.82			
	隔膜阀油压	MPa	0.5～0.688 9	AST 压力 13.8 时，隔膜阀油压降至 0.34 时打开隔膜阀		
	交流油泵出口油压	MPa	0.3			
	高压启动油泵出口油压	MPa	1.6～2.0			
	直流油泵出口油压	MPa	0.3			
	顶轴油泵出口油压	MPa	32.5			
	顶轴油母管油压	MPa	8～12	6.5	4.2 联跳盘车	
EH 油	EH 油母管压力	MPa	12.41～15.17	11.38		9.3
	EH 油温	℃	38～54		60	
	EH 油箱油位	mm	676	438.15	914.4	193.54
定子冷却水	定子冷却水流量	t/h	55	44		38.5
	定子冷却水进水温度	℃	45～50	42	53	
	定子冷却水出水温度	℃	≤80		85	90
	定子冷却水电导率	μS/cm	≤1.5		5	9.5
	定子绕组两端水压降	MPa	0.12			
氢及密封油系统	发电机氢纯度	%	96	90		
	发电机氢气压力	MPa	0.41	0.37	0.45	
	密封油进油温度	℃	45	40	49	

续表

项目	内容	单位	正常值	低报警值	高报警值	跳闸值
氢及密封油系统	空/氢侧密封油进油温差	℃	1.1		2.2	
	空/氢侧密封油压差	MPa	0.048			
	氢/油压差	MPa	0.084	<0.084MPa 联启高压启动油泵； <0.056MPa 备用差压阀动作		
	氢与定子冷却水压差	MPa	>0.035			

三、汽轮机运行监视的说明

（一）调节级及各抽汽段压力的监视

在凝汽式汽轮机中，除最末一、二级外，调节级压力和各段抽汽压力均与蒸汽流量近似成比例变化，汽轮机运行过程中应根据这个近似规律来监视通流部分工作是否正常，因此，也称上述压力为“监视段压力”，汽轮机额定负荷（THA 工况）时各段抽汽压力见表 2-4。通过“监视段压力”变化可以判断汽轮机运行状况，例如：当负荷不变，监视段压力升高（或监视段压力不变，负荷降低）时，可能该监视段以后各级叶栅中积结了盐垢，或后面某级叶片式围带脱落堵在了下一级喷嘴上；当调节级和一、二段抽汽压力同时升高时，可能是中压联合汽阀开度不够或高压排汽止回阀不正常。如果某几级监视段的压差增大，可能造成该级隔板、围带变形增大，使某级叶片过负荷，此时，应停止加热器运行，减小汽轮机组负荷，以免抽汽压力升高，通流部分损坏。运行中应监视汽轮机通流部分结垢情况，定期记录调节级压力相对增长率。在相同的运行方式下和相同的蒸汽流量（经汽压、汽温修正后的数值）下，调节级压力的相对增长率 Δp 按下式计算，即

$$\Delta p = (p_z - p_j)/p_j \times 100\%$$

式中 p_z——叶片结垢时的调节级压力，MPa；

p_j——叶片干净时的调节级压力，MPa。

调节级压力相对增长率的极限值为 10%，如调节级压力相对增长率超过极限值，应检查分析，确认是通流部分结垢引起时，则需采取措施予以清除，必要时应申请停机处理。

（二）轴向位移的监视

汽轮机转子的轴向位移通常称为串轴，通过轴向位移的变化，可以监视推力轴承的工作情况以及汽轮机通流部分动静轴向间隙的变化情况。

1. 影响轴向位移的主要因素

汽轮机在带负荷运行时，轴向推力全部由推力轴承来承担，推力轴承包括固定在主轴上的推力盘以及两侧由青铜或钢制成的工作推力瓦块和非工作推力瓦块，见图 3-61。推力瓦块上浇有乌金，一般厚度为 1.5mm，在正常情况下，转子的推力盘靠向工作瓦块，推力盘的压力由工作推力瓦来承受。轴向位移指示表是将推力盘靠向推力轴承的瓦块时定为零位的。轴向位移的极限位置取决于汽轮机的最小轴向间隙。例如，若推力盘在推力轴承中的窜动间隙为 0.45mm，则正常的轴向位移应为 0.45mm。在汽轮机启停和负荷变化过程中，转子的轴向位移在一定范围内随之变化是正常的，因为推力盘和工作推力瓦块后的轴承座、垫片、瓦架等在汽轮机负荷增大时，发生弹性变形引起轴向推力增加，这种随着负荷的变化而引起的轴向位移称为转子的轴向弹性位移。当汽温、汽轮机真空、回热抽汽等情况不变时，汽轮

机在不同负荷下有一定的轴向弹性位移，由于各种类型汽轮机的推力轴承的构造不相同，各类机组轴向弹性位移值也不相同，一般在 0.2～0.4mm 范围内。汽轮机通过试验，可以求出负荷和轴向位移的关系曲线作为标准值。在运行中，将轴向位移监视表的指示值和标准值作比较，就可鉴别出推力瓦是否有磨损。

轴向位移与轴向推力有关，汽轮机运行中影响轴向推力变化的因素很多，一般来说，进入汽轮机蒸汽参数的变化对轴向推力影响较大。例如：当蒸汽温度降低时，要保持负荷不变，就要增加进汽量，使轴向推力增大；对于高中压缸对称布置的中间再热机组，当新蒸汽温度降低或高压缸发生水冲击时，整个汽轮机将产生很大的负向轴向推力；而再热蒸汽温度降低或中压缸进水时，会引起很大的正向轴向推力；汽轮机的真空降低、通流部分结垢以及汽封漏汽等情况同样会使轴向推力增大。

2. 防止轴向位移大的措施

汽轮机运行中，如果发现轴向位移（窜轴）增大时，应对机组进行全面检查，倾听机组内部声响，测量轴承振动；若轴向位移指示比该负荷下轴向位移正常值增大时，应减负荷，使轴向位移恢复到正常值；如果检查发现推力轴承的工作瓦块与非工作瓦块的回油温度差超过 6～7℃，并且推力瓦的乌金温度高达 99℃以上时，虽然轴向位移指示不超过正常值，也必须减负荷，使油温恢复正常，保持推力瓦块金属温度不超过 99℃。

为了防止由于推力瓦块烧熔、转子发生窜动造成的机组损坏事故，汽轮机装设轴向位移监视与保护装置。它的作用是在汽轮机运行时，监视转子的轴向位移变化情况，也就是监视推力瓦块乌金磨损情况，一旦由于轴向推力突然增大或润滑油油膜破坏发生推力瓦烧损故障，转子轴向位移超过允许限值，轴向位移保护装置动作，汽轮机掉闸并发出灯光音响报警信号，实现紧急停机，以保护机组的安全。例如，350MW 超临界供热机组轴向位移的保护设定是当轴向位移大到±0.89mm 时，发出“轴向位移过大信号”；当轴向位移达到±1.0mm 时，轴向位移大保护动作，机组掉闸停机。

（三）汽轮机寿命的监视

汽轮机寿命管理是实现汽轮机科学管理的一项重要工作，其任务是正确评价汽轮机部件的寿命（包括无裂纹寿命和剩余寿命），合理分配机组服役期内各种工况下的寿命损耗率，延长汽轮机的使用寿命。做好机组寿命管理工作，有助于合理使用材料，充分利用设备潜力，避免灾难性事故的发生。关于汽轮机寿命问题早有研究，并对寿命监测、损耗以及合理的分配进行了一系列分析、试验，为汽轮机管理和运行提供了科学的指导。

1. 汽轮机寿命的定义

汽轮机寿命取决于其最危险部件的寿命。一般来讲，汽轮机转子作为汽轮机的一个关键件，其材料性能、几何形状和运行工况都对汽轮机的正常运行影响很大。汽轮机转子的工作环境较恶劣，热应力变化大，运行温度高，不仅会引起低周疲劳损耗，而且还会引起高温蠕变损耗。另外，转子旋转速度高，应力集中部位多，一旦出现裂纹，既不能用改变运行方式阻止裂纹的继续扩展，又不易修复，还容易造成转子转动的不平衡，因此转子是整个机组中最危险的部件，它的寿命决定了整台汽轮机的寿命，汽轮机寿命实际上指的就是转子寿命。转子寿命一般分为无裂纹寿命和剩余寿命两种，所谓无裂纹寿命是指转子从第一次投入运行开始到产生第一条工程裂纹（约 0.5m 长，0.15mm 深）为止所经历的运行时间，无裂纹寿命又称致裂寿命。根据断裂力学分析，当出现第一条裂纹时，并不意味着转子寿命的终结，还有一定的剩余寿命，而且这一部分寿命在总寿命中占有相当大的比例，只有当裂纹扩展超过临界裂纹时，才会出现裂纹失稳扩展，造成转子断裂。因此，剩余寿命是指从产生第一条工程裂纹开始到裂纹扩展到临界裂纹为止所经历的安全工作时间。无裂纹寿命和剩余寿命之和就是转子的总寿命。

2. 汽轮机寿命的影响因素

影响汽轮机寿命的因素很多，但总的来说影响汽轮机寿命的主要原因是因高温和工作应力的作用而产生的蠕变损耗以及受到交变应力作用引起的低周疲劳损耗。从汽轮机寿命的定义可以看出，汽轮机寿命不仅与运行时间的长短有关，还与转子能够承受交变载荷次数的多少有关。

(1) 高温蠕变损耗。金属在高温下工作，即使所受的应力低于金属在该温度下的屈服点，但在这样应力的长期作用下也会发生缓慢的、连续的塑性变形（这种变形在温度不太高或应力不太大的情况下几乎觉察不出来），这一现象叫蠕变，长期的塑性变形必然会对材料产生损耗。汽轮机转子长期处于高温下工作，因此应考虑满负荷稳定运行时，高温蠕变所造成的损耗。衡量蠕变损耗的标准是在应力 σ 下达到蠕变断裂的时间 τ_b。蠕变对金属材料的寿命损耗一般用百分数来表示，如果材料没有疲劳损耗，只是单纯的蠕变，则当其寿命损耗积累到 100%时，材料会现首条宏观裂纹，通常用蠕变寿命损耗率 ϕ_C 来表示蠕变对金属材料的寿命损耗。如果考虑汽轮机部件工作温度及承受的应力是变化的，其蠕变寿命损耗将以累计的方式给出，即

$$\phi_C = \sum \tau_i / \tau_{bi}$$

式中 τ_i——第 i 种工作条件下累计运行时间；

τ_{bi}——第 i 种工作条件下金属部件蠕变断裂时间。

为确定蠕变损耗，必须确定每一种运行工况下汽轮机转子关键部位的温度和应力，同时要充分考虑到蠕变应力分布不同于弹性应力分布，应力分布的不同对蠕变损耗计算影响很大。

(2) 低周疲劳损耗。汽轮机在启停或负荷变化过程中转子所承受的是交变热应力。启动加热时转子表面承受热压应力，停机冷却时则为冷拉应力，在这种交变应力作用下，经过一定周次的循环，就会在金属表面出现疲劳裂纹并逐渐扩展以致断裂。汽轮机转子承受的这种交变应力的特点是交变周期长、频率低、疲劳裂纹萌生的循环周次少，即便是汽轮机每天启停一次参与调峰运行，其循环周次也不会超过 10 000 次，故称为低周疲劳。

确定转子低周疲劳寿命时，首先要确定造成裂纹的周次数与应力（或应变）的关系（即转子材料的低周疲劳曲线）。低周疲劳损耗不仅与材料本身的微观结构、物理性质、化学成分有关，而且还与温度变化量、温度变化速率、加载频率和加载方式等有关，因此只有对具体的转子进行大量的低周疲劳试验，才能得到适用于该材料的低周疲劳曲线。

对于确定的转子，材料一定，若转子内部热应力不同，则造成转子材料的疲劳损耗的程度也不同，热应力越大，每次循环对材料所造成的损耗也越大，即材料损坏越快。若在应力 σ_1 反复作用下，材料经过 N_1 次循环就发生裂纹，那么经过 n_1 次循环的损耗指数为 n_1/N_1；同样，在应力 σ_2 的反复作用下，材料经过 N_2 次循环产生裂纹，经过 n_2 次循环的寿命损耗指数为 n_2/N_2。根据 Miner 线性损耗积累法则，转子总的疲劳损耗指数为

$$\phi_f = n_1/N_1 + n_2/N_2 + \cdots + n_n/N_n = \sum n_i/N_i$$

若不考虑材料蠕变，则寿命损耗指数 ϕ_f 达到 1 时，认为转子到达寿命终点，即产生宏观裂纹。在使用 Miner 定律时应符合下列条件：

1）载荷必须是对称循环。

2）在任一给定的应力状况下，累积损耗的速度与以前的载荷历程无关。

3）载荷顺序的变化不影响寿命。

实际上汽轮机的启停循环过程是一个非对称循环过程，在估算转子疲劳损耗时，可把启动和停机各自作为两个完整的对称热循环来处理，分别计算各自的寿命损耗，然后取其 1/2 作为启动或停机一次的寿命损耗值。

（3）蠕变和疲劳同时产生的总损耗。评价高温蠕变和低周疲劳产生的总损耗时，为了使问题简化，通常采用线形累积损耗法，即认为蠕变和疲劳独立发生作用，然后把两者简单叠加起来，总损耗为 $\phi = \phi_f + \phi_C$，当 $\phi = 1$ 时，发生初始裂纹。实际应用中，转子的损耗是由高温蠕变和低周疲劳交互作用的结果，并且还受到其他因素的影响（例如，材料软化对无裂纹寿命的影响），因此采用线形累积损耗法对转子寿命预测有一定误差。

3. 汽轮机寿命分析

汽轮机寿命由无裂纹寿命和剩余寿命组成，故应分别进行分析。

（1）无裂纹寿命。通常，汽轮机设计寿命为 30 年，只要汽轮机保证不在超温状态下长时间运行，其蠕变损耗一般只占总损耗的 20%～30%，其余损耗基本都归低周疲劳损耗，因此在研究汽轮机寿命管理的问题时，主要针对低周疲劳损耗。转子温度变化幅度越大，温度变化率越大，在转子内引起的热应力也越大，损耗转子寿命的百分数也越大。因此，在汽轮机启动及工况变化时，要控制好蒸汽温度的变化情况，严防寿命损耗率增大。

（2）剩余寿命。汽轮机转子产生第一条宏观裂纹，并不意味着转子使用寿命到达终点。事实上如果裂纹是表面或近表面的，经过适当的处理，消除裂纹后，仍可使转子寿命保持相当高的值，即使是内部埋藏裂纹，也不能简单认为转子完全报废，因为裂纹从初始尺寸扩展到临界尺寸仍有相当长的寿命。

剩余寿命以临界裂纹作为转子寿命的终点，因此估算剩余寿命要了解裂纹的扩展和应力场的关系、材料抵抗脆性破坏的能力（即材料的断裂韧性）以及临界裂纹的计算等。估算转子剩余寿命，实质上就是研究裂纹的发展规律，根据理论与试验研究表明，裂纹扩展与暂态运行工况下的疲劳交变次数和稳定运行工况下的蠕变时间有关。

4. 汽轮机寿命管理

随着电网容量的增加和用电结构的不断变化，机组调峰的频次和深度也在增加，机组调峰时，蒸汽参数和汽轮机转子金属温度均发生变化，使转子产生较大的交变应力，其寿命损耗有所增加。汽轮机寿命管理的任务就是正确评价汽轮机部件的寿命（包括无裂纹寿命和剩余寿命），合理分配机组服役期内各种工况下的寿命损耗率，延长汽轮机的使用寿命。

为了合理使用汽轮机，必须对汽轮机的寿命进行计划管理，主要包括两个方面的内容：第一，对汽轮机在总运行年限内的使用情况作出明确的、切合实际的规划，也就是确定汽轮机的寿命分配方案，事先给出汽轮机在整个运行年限内的启动类型、启停次数、工况变化次数以及甩负荷次数等；第二，根据寿命分配方案，制订出汽轮机启停和变工况运行的最佳方案，保证在汽轮机寿命损耗不超限的前提下，启停迅速，经济性最好。

（1）确定汽轮机的寿命分配方案。在正常运行条件下，汽轮机的寿命损耗主要包括低周疲劳损耗和蠕变损耗两部分，其比例因机组承担的负荷性质不同而有所差异，同时还要考虑工况变化、甩负荷等造成的寿命损耗。在制定汽轮机的寿命规划时，汽轮机的使用年限要根据国家能源政策和机械加工水平等因素综合考虑。我国汽轮机的使用年限，一般认为 30 年比较合适。

如果机组承担基本负荷，启停和工况变化的次数较少。在稳定工况下，转子材料（CrMoV 钢）的蠕变断裂时间约为 6.5×10^5 h，汽轮机使用年限按 30 年计算，年运行 7000h，30 年运行 2.1×10^5 h，30 年内由于转子蠕变造成的汽轮机寿命损耗率为 $2.1\times10^5/6.5\times10^5=32\%$，因此，由于低周疲劳造成的汽轮机寿命损耗比例应小于 68%。若机组参与启、停机调峰，汽轮机使用年限仍按 30 年计算，年运行 5000h，则 30 年内由于转子蠕变造成的汽轮机寿命损耗率为 $1.5\times10^5/6.5\times10^5=23\%$，由于低周疲劳造成的汽轮机寿命损耗比例应小于 77%，表 10-2 所示为某 350MW 调峰机组汽轮机的寿命分配情况。

表 10-2　　350MW 调峰机组汽轮机的寿命分配情况

运行方式	温度变化量（℃）	温度变化时间（min）	极限循环次数	每次寿命损耗（%）	30 年内使用次数	30 年内寿命损耗（%）	控制应力极限（MPa）
冷态启动	500	300	10 000	0.010	100	1.0	460
温态启动	300	200	10 000	0.010	1000	10.0	460
热态启动	200	100	11 000	0.009 1	3000	27.3	440
极热态启动	180	30	3500	0.029	10	0.3	690
正常停机	100	60	50 000	0.02	4000	8.0	290
强迫冷却停机	170	180	40 000	0.002 5	100	0.3	310
正常负荷变化	80	30	40 000	0.002 5	12 000	30	310
带厂用电	180	20	3000	0.033	10	0.3	720
总计						77.2	

从表 10-2 可以看出：

1）带厂用电和极热态启动应力水平最高，每次寿命损耗都在 0.03%左右。由此可见，机组从高负荷突变成低负荷运行，或者在高负荷下突然停机再立即启动接带较低负荷时，容易形成很大的温差，应尽可能避免这种运行方式，或者尽量缩短这种方式的运行时间。

2）在正常负荷变化工况下，尽管应力水平不高，汽轮机寿命损耗也较小，但由于次数多，30 年内发生 12 000 次（每年平均 400 次），汽轮机寿命损耗达 30%。因此，机组负荷变化要加以控制，否则可能影响汽轮机的寿命。

3）温态启动和热态启动共损耗寿命 37.3%，两者的应力水平很相近，每次的寿命损耗率在 0.01%左右，在 30 年内分别启动 3000 次和 1000 次（每年启动 100 次和 30 次），具有很强的启、停机调峰能力。

（2）确定汽轮机运行的最佳方案。确定汽轮机的寿命分配数据后，应该根据汽轮机的寿命分配数据确定汽轮机运行的最佳方案。从理论上讲，给出了寿命损耗值，就可以从转子材料的疲劳曲线，推算出某种启动方式下允许的应力值，启动方案就可根据这个应力值进行优化。要实现机组的寿命管理和优化启动，必须提高机组的自动化水平，使机组具备自动启动的功能，实时控制机组的应力，实现在应力不超限的情况下，保持最快的启动速度。

汽轮机转子热应力监测是汽轮机优化启动与寿命管理的基础，开展转子热应力监测必须建立科学合理的热应力模型，热应力模型的精度直接影响热应力监控的可靠性，用计算机控制的汽轮机转子热应力计算框图可用图 10-1 表示。

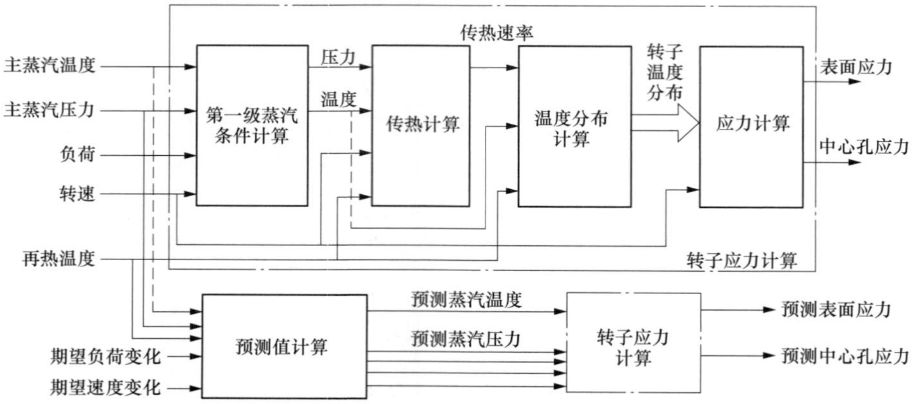

图 10-1　汽轮机转子热应力计算框图

第二节　汽轮机的运行调整

汽轮机的运行调整通常采用自动调节，特殊情况下由操作员人为调节，运行调整的主要任务是满足电网负荷要求，保证机组安全稳定运行；满足供热负荷要求，保证热网系统安全稳定运行；按照机组正常控制参数限额规定，监视、调整机组运行工况，提高经济性；调整各辅机设备满足汽轮机运行需要，按照规定进行设备的定期检查、轮换及维护；对参数异常及时进行分析调整，确保机组安全经济运行。

一、负荷调整

汽轮机负荷调整既可采用定压方式，也可采用定-滑-定方式，一般优先采用定-滑-定方式。机组 90%以上额定负荷采用定压（24.2MPa）运行，即保持主蒸汽参数为额定，通过改变高压调节阀开度来调节负荷。机组在 90%～30%额定负荷之间运行时，应保持高压调节阀开度不变，锅炉进入滑压运行，负荷随锅炉压力降低而降低；30%以下负荷，采用定压方式，汽轮机运行方式切为单阀，高压调节阀和中压调节阀同时参与调整负荷；新机组或机组大修半年内，采用单阀调节，正常运行时采用顺序阀控制，禁止单侧高、中压主汽阀及调节阀长时间关闭运行，负荷调整采用变压+喷嘴调节的方式。

（1）在 AGC 投入的情况下，机组在接收到调度来的负荷指令后按照设定的升降负荷速率在机组设定的负荷上、下限内自动进行负荷调整。在协调运行良好的情况下控制系统自动进行燃料量、风量、给水量的调整并协调汽轮机 DEH 系统保证主蒸汽压力与机组负荷相适应。

（2）在 AGC 未投入，但协调系统投入的情况下，运行人员手动输入负荷目标值、负荷变化率（一般不超过 6MW/min），由控制系统自动完成负荷调整。

（3）回热系统加热器解列时，负荷限制原则。

1）在全部高压加热器切除时，可以保证机组发额定出力（350MW），但不允许超发；高压加热器切除必须从高压向低压依次进行，不允许只切除 2 号或 3 号高压加热器。高压加热器全部切除后，注意汽轮机调节级压力、各段抽汽压力不超过规定值，否则应限负荷，将监视段压力控制在允许范围内。

2）高压加热器全部解列后，如果再继续解列低压加热器运行，则汽轮机的出力应该降低；在高压加热器全部解列的基础上，每解列一台低压加热器，机组出力减少5%的额定负荷，同时保证各监视段压力不超限。

3）高压加热器运行，当5号低压加热器解列时，可以保证机组发额定出力（350MW），但不允许超发。

4）高压加热器运行，当5号、6号低压加热器解列时，机组出力将减少10%的额定负荷，即必须将机组负荷减至90%额定负荷，同时保证各监视段压力不超限。

5）高压加热器运行，当低压加热器解列后，机组允许最高负荷为70%的额定负荷，同时保证各监视段压力不超限。

（4）额定供热抽汽流量下，机组最大负荷为285MW，最小负荷为265MW。

二、给水调整

给水调整是确保锅炉安全稳定运行的重要环节，在各种负荷下应连续均匀地向锅炉供水。当汽水分离器湿态运行时，需保持省煤器入口流量大于341t/h，以保证水冷壁的安全运行，并维持汽水分离器贮水箱液位在安全范围6.8m内波动，防止汽水分离器贮水箱水位超限。当汽水分离器干态运行时，需保持给水流量同给煤量相匹配，防止因锅炉水煤比失调而引起汽温波动。给水调整一般采用自动调节，调节过程如下。

（1）当机组启动，锅炉负荷小于30%BMCR、电动给水泵运行时，锅炉给水自动调节采用单冲量调节系统，通过给水旁路调节门来控制。

（2）当锅炉负荷大于30%BMCR时，锅炉给水自动调节切换为通过汽动给水泵转速来控制，给水泵投入自动，给水旁路调节门视情况切换至主给水电动门。

（3）正常运行时主给水电动门应全开，利用汽动给水泵转速来控制。

（4）给水投入自动运行时，应监视蒸汽过热度、给水流量、机组负荷、给煤量等的变化趋势，发现大幅度扰动应立即切为手动调整。

（5）当给水投入自动时要加强对给水泵的转速、给水流量、给水压力、给水温度的监视；当给水自动失灵或主蒸汽温度异常时，应立即解除自动改为手动进行调整，维持主蒸汽温度在正常范围内。

（6）当机组安全门起座或与给水控制有关的测量元件故障等，影响给水自动控制的异常情况出现时，应尽量保持给煤量稳定，将给水自动控制切至手动调节，避免给水流量大幅波动，造成锅炉水煤比失调，引起汽温波动，并保证省煤器入口给水流量大于跳闸值，防止MFT动作。

（7）在机组发生故障情况下，将给水自动控制切至手动调节。

三、加热器水位调节

高、低压加热器应该在正常水位运行，加热器下端差控制在5.6℃以内。水位高时，检查其事故水位调节门应自动开启调节，如没自动开启应手动开启。如正常疏水调整门跟踪不好应解除自动，手动调节，并联系处理。

（1）在调节过程中应注意机组负荷变化及加热器的水位情况，同时应保持相邻高压加热器之间压差不小于0.3MPa，注意除氧器压力、水位和凝汽器水位稳定。调节时应保持加热器水位不低于正常值低限，防止造成对加热器管壁及疏水冷却段的冲刷。

（2）加热器水位超过解列值时，应检查保护联锁动作正常，加热器解列，并应及时手动开启事故疏水门降低加热器水位。

（3）加热器水位手动调节时，在水位调节接近正常值时，若无自动强制手动信号且无机械故障的情况下，应及时投入水位自动。

四、除氧器水位调节

正常运行时两台变频凝结水泵运行，第三台凝结水泵工频备用。凝结水泵变频运行时，除氧器水位调节门全开，通过变频装置控制凝结水泵转速来调整除氧器水位。

（1）若变频装置故障，则由除氧器水位主调节门三冲量自动控制除氧器水位，应尽量维持自动运行，只有在自动被强制手动或调节品质不好的情况下方可手动调整。手动调整时加强对主凝结水流量、主给水流量、除氧器水位的监视，并考虑到高压加热器疏水的流量。在调节过程中应注意与除氧器进汽量的匹配，防止造成除氧器失压或超压，并注意维持凝汽器水位正常。在除氧器水位主调节门处理正常后，调整除氧器水位接近正常值稳定，检查无强制手动信号后投入调节门自动，检查主调节门跟踪正常。

（2）正常运行时在除氧器水位调节阀机械故障无法操作时，若变频装置正常，则全开除氧器水位调节阀旁路门，通过变频装置控制凝结水泵转速来调整除氧器水位。若变频装置故障，则通过调整除氧器水位调节阀旁路门开度来调整除氧器水位，此方法不宜长期运行，期间应维持机组负荷稳定。

五、凝汽器水位调整

正常运行时凝汽器水位由凝汽器水位自动调节门自动调节。机组大量补水时，注意除盐水压力、膨胀水箱水位及邻机补水情况，若膨胀水箱水位无法维持，应联系化学启动备用除盐水泵。

六、供热调节

汽轮机在非供热期为纯凝工况运行，中、低压缸连通管上的供热蝶阀（CV）全开，供热快关阀 EV 全关；在供热期为凝抽工况运行，供热调节为双阀控制模式，如投入供热时应先投入连通管压力调节阀（CV），再投入抽汽管道快关阀（EV）。

（1）为了保证中压缸末级叶片的安全可靠性，在投入供热时，中压缸排汽压力不得低于0.4MPa，如供热压力低于此压力时，可通过调整管道抽汽快关阀（EV）调节。

（2）为防止末级叶片排汽容积流量太小，进入鼓风状态，不同进汽流量下，有最大抽汽流量限制，对应低压缸最低进汽压力为0.1MPa。

（3）中压缸排汽温度不得大于388℃，当中压缸排汽温度高报警或热网加热器突然解列时，应开大供热蝶阀（CV）。

（4）为保证机组稳定运行，禁止在投入旁路系统的同时，投入供热系统；因此，在额定抽汽压力下限制30%额定负荷为汽轮机最低供热负荷。

（5）在投入供热时，若机组投入 AGC 运行，应注意负荷变化时供热压力跟踪正常，各加热器及疏水冷却器水位变化正常。

第三节　机组运行方式

单元机组有基本模式（BM）、炉跟机方式（BF）、机跟炉方式（TF）、机炉协调方式（CCS）和自动发电控制（AGC）五种运行方式。在 BF、TF、CCS 及 AGC 方式下主蒸汽压力控制分为定压和滑压两种方式，切换时应注意压力设定值与滑压曲线设计控制的压力保持一致，以及机组的工况是否稳定，避免引起工况扰动。

一、基本模式（BM）

基本模式是一种比较低级的控制模式，汽轮机主控和锅炉主控都在手动方式运行。在该方式下，单元机组的运行由操作员手动操作，机组的目标负荷指令跟踪机组的实发功率，为投入更高级的控制模式做准备。机组功率变化通过手动调整汽轮机调节阀控制；主蒸汽压力设定值接受机组滑压曲线设定，实际主蒸汽压力和设定值的偏差作为被调量，由燃料、给水以及旁路系统共同调节。在任何控制模式下，只要给水主控从自动切换为手动，则机组的控制模式都将强制切换为基本模式控制。

二、炉跟机方式（BF）

炉跟机方式是锅炉主控自动，调节主蒸汽压力；汽轮机主控调节机组功率，可以自动也可以手动。主蒸汽压力设定值接受滑压曲线设定，锅炉主控根据实际主蒸汽压力和主蒸汽压力设定值的偏差进行调节。当汽轮机主控在手动时，机组功率通过操作员手动调节或由DEH自动调节，称之为BF1方式，适用范围是锅炉运行正常，汽轮机部分设备工作异常或机组负荷受到限制。当汽轮机主控在自动时，称之为BF2（协调的炉跟机）方式，此时锅炉主控同时接受目标负荷的前馈信号，机组功率由汽轮机调节，目标负荷由操作员手动给定，适用范围是锅炉、汽轮机都运行正常，需要机组参与调峰运行。

1. 炉跟机方式投用

（1）机组负荷大于175MW，且运行稳定。

（2）主蒸汽压力、主蒸汽温度、再热汽温正常。

（3）炉膛风压自动投入。

（4）磨组的一次风温、一次风量及二次风量控制挡板自动投入。

（5）运行的给煤机投入自动。

（6）燃料主控投入自动，确认其输出指令正常。

（7）锅炉主控投入自动，机组压力定值为当前值，锅炉主控输出指令正常。

2. 炉跟机方式退出

发生下列情况之一时，控制系统自动退出炉跟机方式。

（1）事故减负荷保护（RB）动作。

（2）锅炉主控退出自动。

（3）燃料主控退出自动。

（4）炉膛负压控制退出自动。

（5）所有二次风量控制挡板退出自动。

（6）给水泵调节退出自动。

三、机跟炉方式（TF）

机跟炉方式是汽轮机主控自动，根据汽压偏差改变汽轮机调节阀开度及进气流量，以维持主蒸汽压力在设定范围内；值班员根据强度的机组负荷要求，改变锅炉主控的负荷指令，改变锅炉燃烧率（及相应的给水流量），以适应负荷的能量需求，锅炉主控可以自动也可手动。在此方式下由于锅炉侧主蒸汽压力对燃烧率的响应缓慢，通过改变锅炉燃烧率并不能马上转化为适应负荷需求的蒸汽能量，对负荷指令响应能力差，但主蒸汽压力的动态偏差较小。当锅炉主控在手动，机组功率决定于锅炉所能提供的输出负荷，不接受任何负荷要求指令，称之为 TF1 方式，适用范围是汽轮机运行正常，锅炉不具备投入自动的条件，例如：锅炉运行不稳定或发生异常情况。当锅炉主控在自动，称之为 TF2（协调的机跟炉）方式，此时汽轮机主控和锅炉主控都接受目标负荷的前馈信号，机组功率由锅炉调节，目标负荷由操作员手动给定，适用范围是锅炉和汽轮机运行正常，带基本负荷。

1. 机跟炉方式投运

(1) 机组负荷大于 175MW，且运行稳定。

(2) DEH 在遥控状态。

(3) 汽轮机主控投入自动，且汽轮机主控输出指令正常。

2. 机跟炉方式退出

发生下列情况之一时，控制系统自动退出机跟炉方式。

(1) 汽轮机主控退出自动。

(2) DEH 退出遥控。

四、机炉协调方式（CCS）

机炉协调方式实际是机跟炉协调方式和炉跟机协调方式的合成，要求汽轮机主控和锅炉主控都为自动，同时接受目标负荷的前馈信号，可以参与一次调频，优点是机组运行稳定，压力波动小；缺点是调峰能力稍弱。机炉协调按照所依赖的控制方式不同，可分为以下两种控制方式：第一种是以炉跟机为基础的机炉协调方式，在该方式下，锅炉主控调节主蒸汽压力，主蒸汽压力设定值接受机组滑压曲线设定；汽轮机主控既调节机组功率又调节主蒸汽压力，但其调功系数大于调压系数，即调功为主、调压为辅，目标负荷为操作员手动给定，锅炉主控和汽轮机主控同时接受目标负荷的前馈信号，可以参与电网一次调频。第二种是以机跟炉为基础的机炉协调方式，在该方式下，锅炉主控调节机组功率，目标负荷为操作员手动给定；汽轮机主控既调节主蒸汽压力又调节机组功率，但其调压系数大于调功系统，即调压为主、调功为辅。

1. 机炉协调方式投运

(1) 机组负荷大于 175MW，且运行稳定。

(2) 将汽轮机主控、锅炉主控投入自动，确认其输出指令正常。

(3) 检查机组负荷指令为当前值。

(4) 根据情况设定机组的变负荷率及目标负荷。

(5) 在投入 CCS 方式运行时，发现异常应及时退出自动，稳定机组运行。

2. 机炉协调方式退出

发生下列情况之一时，控制系统自动将 CCS 方式退出。

(1) 事故减负荷保护（RB）动作。

(2) 锅炉主控退出自动。

(3) 汽轮机主控退出自动。

五、自动发电控制（AGC）

自动发电控制方式和机组协调方式大致相同，唯一区别在于目标负荷指令的来源不同，当在机炉协调控制方式下满足自动发电控制的条件时，可以采用自动发电控制模式，此时机组的目标负荷指令由调度控制系统给定，操作员不能进行干预（为防止在低负荷阶段产生危险工况，必须对自动发电控制的负荷低限作出限制）。

1. 自动发电控制投运

（1）机组 AGC 必须在 CCS 协调投入情况下才能投入，投运前应将机组负荷控制方式切至机端功率控制，并检查 AGC 负荷指令与机组机端负荷一致（相差大会产生波动）。

（2）火力发电厂对自动发电控制（AGC）要求达标速率为 9MW/min（主要是满足调度加减负荷需要），该速率值班员可以在 0～9MW/min 之间设定。

2. 自动发电控制退出

（1）当机组参数波动危急机组安全时，值班员应及时解除 AGC 及协调控制，并进行处理。

（2）发生下列情况之一时，控制系统自动将 AGC 切出。

1）燃料主控、锅炉主控、汽轮机主控中任一退出自动。

2）发生 RB 或 MFT 工况。